VORLESUNGEN ÜBER FUNKTIONENTHEORIE

VON

DR. ALEXANDER DINGHAS

O. PROFESSOR DER MATHEMATIK
AN DER FREIEN UNIVERSITÄT BERLIN

MIT 25 ABBILDUNGEN

SPRINGER-VERLAG
BERLIN · GÖTTINGEN · HEIDELBERG
1961

Softcover reprint of the hardcover 1st edition 1961
BERLIN · GÖTTINGEN · HEIDELBERG 1961
ISBN-13: 978-3-642-94819-0   e-ISBN-13: 978-3-642-94818-3
DOI: 10.1007/ 978-3-642-94818-3

BRÜHLSCHE UNIVERSITÄTSDRUCKEREI GIESSEN

DIE GRUNDLEHREN DER MATHEMATISCHEN WISSENSCHAFTEN

IN EINZELDARSTELLUNGEN MIT BESONDERER BERÜCKSICHTIGUNG DER ANWENDUNGSGEBIETE

HERAUSGEGEBEN VON

B. ECKMANN · R. GRAMMEL · E. HEINZ
F. HIRZEBRUCH · E. HOPF · H. HOPF · W. MAAK
W. MAGNUS · F. K. SCHMIDT · K. STEIN
B. L. VAN DER WAERDEN

BAND 110

VORLESUNGEN ÜBER FUNKTIONENTHEORIE

VON

ALEXANDER DINGHAS

SPRINGER-VERLAG
BERLIN · GÖTTINGEN · HEIDELBERG
1961

MEINEN FREUNDEN

ERNST JACOBSTHAL UND IWAN STRANSKI

Vorwort

Die vorliegende Einführung in die Funktionentheorie ist aus Vorlesungen entstanden, die ich vor 15 Jahren an der *Friedrich-Wilhelms-Universität Berlin* und später, wenn man von einem einsemestrigen Kursus über Modern Theory of Functions an der *Columbia University New York* im Herbst 1952 absieht, wiederholt an der *Freien Universität Berlin* gehalten habe.

Offen gesagt, hätte ich kaum die Zeit gefunden, diese Vorlesungen für den Druck bereitzustellen, wenn nicht die Verzweiflung vieler meiner Hörer, die manches Vorgetragene in der vorhandenen Literatur schwer finden konnten, mich zu dem Entschluß geführt hätte, auf Kosten anderer Arbeiten die Herausgabe dieses Buches zu beschleunigen.

Was in diesen Vorlesungen geboten wird, ist nichts anderes als die Grundlage der Cauchy-Riemann-Nevanlinnaschen Funktionentheorie unter Zugrundelegung moderner Gesichtspunkte. Sie führen den Leser bis an die Grenze eines großen Teiles moderner Forschung und enthalten das, was meiner Meinung nach den Inhalt eines zwei- bzw. dreisemestrigen Kursus über Funktionentheorie an einer größeren deutschen Universität ausmachen soll.

Die Darstellung eines so umfangreichen Gebietes wie der Funktionentheorie zwingt natürlich jeden Verfasser zur Auswahl und zur gelegentlichen Betonung dessen, was er (mit mehr oder weniger Recht) für wichtig hält. Trotzdem glaube ich nicht, beim Aufbau dieser Vorlesungen allzu stark von der orthodoxen Linie abgewichen zu sein. Das geschah mehr aus pädagogischen Gründen als aus dem Wunsch heraus, einen allgemeinen und abstrakten Weg (der wohl auch wesentlich kürzer gewesen wäre) zu wählen. Ein solcher nämlich müßte mit der Theorie der Riemannschen Mannigfaltigkeiten und dem Weierstraßschen Monodromiesatz beginnen und über die Homologie-Theorie zu der Cauchyschen Integraltheorie auf einer Riemannschen Fläche führen. Das wäre aber für ein Lehrbuch unmöglich.

Die Voranstellung der Cauchyschen Integraltheorie und somit die Bevorzugung der schlichten komplexen Ebene hat neben den erwähnten pädagogischen Rücksichten auch den Vorzug, den Lernenden mit einer Fülle an Material vertraut zu machen, aus dem er dann leicht die Riemannschen Konzeptionen selbst zusammenfügen kann. Mein Hauptziel war es, dem Leser, insbesondere dem Studierenden, Methoden zu übermitteln und ihn für funktionentheoretisches Denken zu interessieren.

Ich habe mich deswegen nicht gescheut, manche Sätze und Fragenkomplexe zweimal mit verschiedenen Verfahren zu behandeln, wenn ich nur dabei das Gefühl hatte, dem Leser einen neuen Aspekt des Problems entwickeln zu können. Der aufmerksame Leser sowie mancher Referent wird an vielen Stellen auf Entwicklungen stoßen, die, ohne daß dies jedesmal hervorgehoben wird, auf geistiges Eigentum des Verfassers zurückgehen. Andererseits soll hier zum Ausdruck gebracht werden, daß ich von einigen Fachbüchern, insbesondere von dem Ahlforsschen Lehrbuch und den Landauschen Ergebnissen vieles gelernt habe.

Wenn man von dem für seine Zeit bahnbrechenden Buch von BIEBERBACH absieht, der vor mehr als 30 Jahren zum ersten Male die damals in der Entstehung befindlichen Theorien von R. NEVANLINNA einem breiteren mathematischen Publikum in seinen Hauptzügen zugänglich machte, gibt es im deutschen Sprachgebiet kaum ein Lehrbuch der Funktionentheorie, das dem Durchschnittsstudenten ein Bild der modernen Funktionentheorie, insbesondere der Werteverteilung, gibt. Von den beiden ausgezeichneten Büchern von R. NEVANLINNA ist das erste in französischer Sprache erschienen, zum Teil durch spätere Forschung überholt, das zweite, in derselben Sammlung wie vorliegendes Buch, für den Hörer eines normalen Kursus über Funktionentheorie viel zu hoch und höchstens für einen späteren Forscher auf diesem Gebiet geeignet. Eigentümlicherweise gehen die meisten in den letzten Jahren erschienenen Lehrbücher der Funktionentheorie (wie z. B. die ausgezeichneten Bücher von CARATHÉODORY und BEHNKE-SOMMER sowie auch von KNESER) an der Nevanlinnaschen Theorie vorbei und begnügen sich lediglich mit einem Hinweis auf die erwähnten Monographien.

Beim Aufbau des Stoffes im einzelnen stellte ich mich auf die Cauchy-Riemann-Weierstraß-Nevanlinnasche Linie. Die beiden ersten Teile enthalten ziemlich alles, was der Studierende braucht, um sich ein vollständiges Bild der analytischen Funktion zu machen, wobei der Weg zunächst über CAUCHYs Definition der regulären Funktion in einem gegebenen Gebiet zu der fundamentalen Konzeption des analytischen Gebildes von WEIERSTRASS und der Riemannschen Fläche führt. Der dritte Teil behandelt, wenn man von Majorisierungsproblemen absieht, vorwiegend Fragen der konformen Abbildung und der Werteverteilung.

Hoffentlich wird mein Entschluß, den Turánschen Beweis des Fabryschen Satzes in das vorliegende Buch aufzunehmen, begrüßt. Dieser Beweis ist, wie ich auch an anderer Stelle dieses Buches betone, nicht nur für den Beweis des fraglichen Satzes wichtig, sondern stellt eine allgemeine Methode dar (deren Ursprünge auf BOHR zurückgehen), die für eine Reihe wichtiger Probleme der Funktionentheorie und der analytischen Zahlentheorie von Bedeutung ist.

Den Fragenkomplex des Denjoy-Carleman-Ahlforsschen Satzes sowie eine Reihe von Sätzen von LINDELÖF und einen Satz von WIMAN behandele ich, statt den Verzerrungssatz von AHLFORS zu benutzen, mit Hilfe einer Methode, deren Grundidee auf CARLEMAN zurückgeht. Hoffentlich findet auch dieser Versuch die Zustimmung einiger Fachkollegen. Im Gegensatz zu allen bisherigen Darstellungen der Nevanlinnaschen Werteverteilungstheorie, die den Fall einer in der ganzen Ebene meromorphen Funktion behandeln, studiere ich (um das Analogon des Casorati-Weierstraßschen Satzes zu erzielen) die Werteverteilung einer eindeutigen analytischen Funktion in der Umgebung einer isolierten wesentlichen Singularität. Somit dürfte das durch WEIERSTRASS eröffnete Feld durch die Nevanlinnasche Vertiefung der Sätze von PICARD und BOREL eine mehr oder weniger endgültige Form gefunden haben. Daß ich in diesem Zusammenhang auf die Nevanlinna-af Hällströmsche Theorie der meromorphen Funktionen in mehrfach zusammenhängenden Gebieten nicht ausführlich eingehen konnte, wird dem Leser einleuchten, der die Fülle des Materials übersieht, das ich hier zur Behandlung hätte bringen müssen.

An Vorkenntnissen setze ich hier nur die wichtigsten Sätze der klassischen Analysis voraus, nämlich: Eine gute Kenntnis der Theorie des Riemannschen Integrals und der daran anschließenden Theorie der Linienintegrale, die Sätze über die Vertauschung der Reihenfolge der Integrationen bei mehrfachen Integralen und die grundlegenden Tatsachen aus der Theorie des Stieltjesschen Integrals. Das sind Sätze, die alle in jedem normalen Kursus über Analysis behandelt werden. Die Theorie der algebraischen Funktionen und ihrer Riemannschen Flächen ist viel zu kurz gekommen, ich hoffe jedoch, daß das als ein nicht allzu großer Mangel des Buches angekreidet wird. Dasselbe gilt für die Theorie der elliptischen Funktionen, die aus Raummangel nur in kurzen Zügen angedeutet werden konnte, sowie für die Theorie der Uniformisierung. Sonst findet der Studierende, soweit ich es übersehen kann, mit Ausnahme trivialer Rechnungen und einfacher Abschätzungen, die zur reellen Analysis gehören, jeden Beweisschritt ausführlich dargestellt und jede (mir als wichtig erscheinende) Rechnung bis ins Einzelne durchgeführt.

Zum Schluß noch einige Worte über die Ergänzungen. Diese, insbesondere diejenigen der letzten Kapitel, gehören eigentlich zum Text und unterscheiden sich von ihm nur durch den gedrängten Stil und die knappe Darstellung. Der größte Teil des Stoffes ist hinreichend entwickelt und dürfte von jedem Leser verstanden werden, der die kurzen Angaben durch Nachrechnen sowie eigene Überlegungen vervollständigen will. Ein kleiner Teil der Ergänzungen ist wieder ohne Zuhilfenahme der Originalliteratur schwer verständlich. Hoffentlich wird dadurch der Leser irgendwie angeregt werden, die Originalarbeiten entweder genau zu studieren oder sie mindestens durchzublättern.

Beim Lesen eines Teiles der Fahnen haben mich an erster Stelle Herr L. Bieberbach und Herr Dr. H. Waadeland in Trondheim unterstützt. Herr Dr. K. Habetha sowie Herr Dipl. Math. H.-W. Rohde haben insgesamt die zweite Hälfte des druckfertigen Manuskriptes gelesen und mir bei der Durchsicht der Fahnenkorrekturen wertvolle Hilfe geleistet. Herr B. Watzek hat mir außer beim Korrekturlesen noch bei der Herstellung eines Teiles des Literatur- und des Sachverzeichnisses geholfen. Fräulein Hertha Schleiff hat mit größter Sorgfalt die Maschinenabschrift angefertigt und Fräulein Inge Scholl die Figuren sowie die Formeln eingetragen. Neben dem hier genannten Personenkreis gebührt mein besonderer Dank auch dem Springer-Verlag für das Eingehen auf jeglichen Wunsch, sowie für die rasche Drucklegung.

Berlin, Frühjahr 1961

Alexander Dinghas

Inhaltsverzeichnis

Erster Teil
Die Grundlagen der Funktionentheorie

Erstes Kapitel
Die komplexe Ebene

1. Die Formel von MOIVRE. 2. Gleichungen elementarer Gebilde. 3. Das Doppelverhältnis von vier Punkten. 4. Spezielle Gruppen. 5. Drehungen der Riemannschen Kugel. 6. Bewegungen des Einheitskreises. 7. Wurzeloperationen.

Zweites Kapitel
Topologie der komplexen Ebene. Die Cauchysche Konvergenztheorie. Stetige Abbildungen

1. Oberer und unterer Limes von Punktmengen. 2. Anwendungen. 3. Offener Kern. 4. Der Kern einer Gebietsfolge. 5. Topologische Abbildungen. 6. Vereinigung von offenen und abgeschlossenen Punktmengen.

Drittes Kapitel
Lokale Eigenschaften der eindeutigen analytischen Funktionen

1. Der Konvergenzradius einer Potenzreihe. 2. MORERAs Definition der eindeutigen analytischen Funktion. 3. Eine Definition der regulären analytischen Funktion. 4. Der Satz von LOOMAN-MENCHOFF. 5. Der Satz von CAUCHY-LIOUVILLE. 6. Bestimmung einer eindeutigen analytischen Funktion durch abzählbar viele Werte. 7. Aufgaben dazu.

Viertes Kapitel

Die Hauptsätze der Cauchyschen Funktionentheorie

1. Definition der trigonometrischen Funktionen. 2. Nullstellenfragen. 3. Residuen von cotg πz bzw. $1/\sin \pi z$. 4. Die Formel von PLANA-ABEL-CAUCHY. 5. Eine allgemeine Formel von CAUCHY. Der Satz von ROUCHÉ. 6. Die Ungleichungen von HADAMARD und BOREL. 7. Eine Ungleichung von BOREL und CARATHÉODORY. 8. Eine Verallgemeinerung des Cauchy-Liouvilleschen Satzes. 9. Aufgaben. 10. Ein Satz von LIOUVILLE. 11. Eine Ungleichung von H. A. SCHWARZ.

Zweiter Teil

Die Grundlagen der Riemann-Weierstraßschen Funktionentheorie

Fünftes Kapitel

Erzeugung analytischer Funktionen durch Grenzprozesse
Der Riemann-Weierstraßsche Begriff der analytischen Funktion

1. Ein Beweis des Auswahlsatzes. 2. Der Satz von Mittag-Leffler.
3. Nochmals die trigonometrischen Funktionen. 4. Die Weierstraßsche
Produktdarstellung von $w(z)$. 5. Die elliptischen Funktionen. 6. Additionsformeln. 7. Der Monodromiesatz. 8. Das Weierstraßsche Permanenzprinzip der Funktionalgleichungen. 9. Algebroide und algebraische Funktionen. 10. Pólyas Vermutung über Potenzreihen mit Fabry-Lücken.
11. Ostrowskis Vertiefung des Hadamardschen Lückensatzes. 12. Mordells Beweis des Hadamardschen Lückensatzes. 13. Ein Satz von Fatou
und Pólya. 14. Die Umkehrung einer Potenzreihe.

Sechstes Kapitel

Die Eulersche Gammafunktion und die Riemannsche Zetafunktion

1. Ein allgemeiner Satz von Hurwitz. 2. Zwei Funktionalgleichungen
von Legendre. 3. Kummers Fourier-Entwicklung von $\log \Gamma(\sigma)$. 4. Die
Konvergenzabszissen einer allgemeinen Dirichlet-Reihe. 5. Der Abelsche
Grenzwertsatz für allgemeine Dirichlet-Reihen. 6. Der Satz von Vivanti-
Pringsheim-Landau. 7. Fabrys Lückensatz für Dirichlet-Reihen. 8. Ein
Satz von Harald Bohr. 9. Der Fall linear unabhängiger Exponenten.
10. Die Laurent-Weierstraßsche Entwicklung der Zetafunktion.

Dritter Teil

Maximumprinzip und Werteverteilung

Siebentes Kapitel

Majorisierungs- und Wachstumsprobleme

Achtes Kapitel

Geometrische Funktionentheorie. Konforme Abbildung

Neuntes Kapitel

Eindeutige analytische Funktionen in der Umgebung einer wesentlichen isolierten Singularität

1. LITTLEWOODs Begriff der subordinierten Funktion. LEHTOs Maximumprinzip. 2. Eine Ungleichung von AHLFORS. 3. Nochmals der Picard-Borelsche Satz. 4. BEURLINGs Verallgemeinerung eines Satzes von FATOU. 5. Die Theorie von NEVANLINNA-AF HÄLLSTRÖM. 6. Die Nevanlinna-Selbergsche Theorie der algebroiden Funktionen. 7. Umkehrung des Nevanlinnaschen Fundamentalsatzes. 8. Abhängigkeit des Defektes von der Wahl des Nullpunktes. 9. Ein allgemeiner Satz über die Defektmenge einer meromorphen Funktion.

ERSTER TEIL

Die Grundlagen der Funktionentheorie

Erstes Kapitel

Die komplexe Ebene

1. Der Körper K der komplexen Zahlen. Bildet man das kartesische Produkt[1] der reellen Zahlengerade

$$(1.1) \qquad E^1 : -\infty < a < +\infty \,,$$

deren Theorie hier als bekannt vorausgesetzt wird, mit sich selbst, so liefert die entsprechende Bildung $E^1 \times E^1$ die Ebene E^2 (sprich: E zwei) der analytischen Geometrie, deren Punkte die geordneten Paare (a, b) $(a, b \in E^1)$ sind.

Schreibt man für (1.1) die Gleichung

$$(1.2) \qquad E^1 = \{a \mid a \; reell\} \,,$$

so ist

$$(1.3) \qquad E^2 = \{(a, b) \mid a, b \in E^1\} \,.$$

Definitionsgemäß sollen zwei Elemente (a, b), (a', b') von E^2 dann und nur dann gleich heißen, wenn $a = a'$ und $b = b'$ gilt. In diesem Falle soll $(a, b) = (a', b')$ geschrieben werden.

Innerhalb E^2 definieren wir nun die (kommutativen) Operationen Addition und Multiplikation durch die Gleichungen

$$(1.4) \qquad (a, b) + (a', b') = (a + a', b + b')$$

und

$$(1.5) \qquad (a, b) \cdot (a', b') = (aa' - bb', ab' + a'b) \,.$$

Zuerst folgt mit Rücksicht auf (1.4), daß aus

$$(1.6) \qquad (a, b) + (x, y) = (a, b) + (x', y')$$

stets $(x, y) = (x', y')$ folgt. Diese Gleichung liefert auch den Beweis dafür, daß das Nullelement $(0, 0)$ (kurz die Null) eindeutig definiert ist. Ferner folgt aus

$$(1.7) \qquad (a, b) \cdot (x, y) = (a, b) \cdot (x', y') \,,$$

---

[1] Sind A und B zwei nichtleere Mengen, so besteht ihr kartesisches Produkt $A \times B$ aus allen geordneten Paaren (a, b), wo $a \in A$ und $b \in B$ ist. Im allgemeinen ist $A \times B$ nicht kommutativ.

sofern $(a, b) \neq (0, 0)$ ist, daß $(x, y) = (x', y')$ ist, und somit die Gültigkeit des Kürzungsgesetzes. Ein Spezialfall von (1.7) belehrt uns, daß neben $(1, 0)$ (der Einheit) kein Element (x, y) mit der Eigenschaft $(a, b) \cdot (x, y) = (a, b)$ für alle Elemente von E^2 existiert.

Was die Subtraktion und Division anbetrifft, so zeigen die Gleichungen

$$(1.8) \qquad (a, b) + (-a, -b) = (0, 0)$$

und

$$(1.9) \qquad (a, b) \cdot \left(\frac{a}{a^2 + b^2} , \frac{-b}{a^2 + b^2} \right) = (1, 0) \, ,$$

daß diese Operationen unter denselben Voraussetzungen wie im Körper der reellen Zahlen durchführbar sind.

Def. *Die Gesamtheit K aller geordneten Paare (a, b), innerhalb derer die Grundoperationen durch* (1.4), (1.5) *sowie* (1.8), (1.9) *definiert werden, soll der Körper der komplexen Zahlen heißen.*

Der Leser möge im Anschluß an diese Entwicklungen zeigen:

1. Die Operation Addition ist assoziativ, d. h. es gilt

$$\{(a, b) + (a', b')\} + (a'', b'') = (a, b) + \{(a', b') + (a'', b'')\} \, .$$

2. Die Multiplikation ist assoziativ, d. h. es gilt

$$\{(a, b) \cdot (a', b')\} \cdot (a'', b'') = (a, b) \cdot \{(a', b') \cdot (a'', b'')\} \, .$$

3. Es gilt das distributive Gesetz:

$$(a, b) \cdot \{(a', b') + (a'', b'')\} = (a, b) \cdot (a', b') + (a, b) \cdot (a'', b'') \, .$$

Mit Hilfe von (1.4) und (1.5) wird

$$(1.10) \qquad (a, b) = (a, 0) \cdot (1, 0) + (b, 0) \cdot (0, 1) \, .$$

Somit wird das Operieren mit geordneten Paaren (a, b) auf das Rechnen mit speziellen Paaren, nämlich $(a, 0)$, $(1, 0)$ und $(0, 1)$, zurückgeführt.

2. Der Körper der reellen Zahlen als Teilkörper von K. Isomorphe Darstellungen. Wir erinnern nun an die Definition der Isomorphie zweier Körper K und K':

Def. *Die Körper K und K' sollen isomorph heißen, wenn zwischen den Elementen x von K und den Elementen x' von K' eine eineindeutige Zuordnung $x \leftrightarrow x'$ hergestellt werden kann, die bei den Operationen Addition und Multiplikation erhalten bleibt.*

Mit anderen Worten: Gilt $x \leftrightarrow x'$ und $y \leftrightarrow y'$, so ist

$$x + y \leftrightarrow x' + y'; \; x \cdot y \leftrightarrow x' \cdot y' \, .$$

Betrachtet man nun den Körper

$$K_1 = \{(a, 0) \mid a \in E^1\} \, ,$$

so ist dieser offenbar zum Körper der reellen Zahlen isomorph. In der Tat zeigt die Zuordnung $(a, 0) \leftrightarrow a$ leicht, daß aus $(a, 0) \leftrightarrow a$, $(b, 0) \leftrightarrow b$ die Zuordnungen

$$(a + b, 0) \leftrightarrow a + b; \; (ab, 0) \leftrightarrow ab$$

folgen, da nach (1.4) bzw. (1.5)

$$(a + b, 0) = (a, 0) + (b, 0); \; (ab, 0) = (a, 0) \cdot (b, 0)$$

gilt.

Da isomorphe Körper mathematisch völlig äquivalent sind, kann nun (1.10) in der Form

$$(2.1) \qquad\qquad (a, b) = a + ib \qquad\qquad (i = (0, 1))$$

geschrieben werden.

Das Element $i = (0, 1)$ heißt die imaginäre Einheit von K und genügt wegen $(0, 1)^2 = (-1, 0)$ der Gleichung $i^2 + 1 = 0$. Die Elemente von K nennt man komplexe Zahlen. Die beiden Komponenten a, b heißen entsprechend Real- bzw. Imaginärteil von (a, b). Ist $a = 0$, so heißt (a, b) rein imaginär.

Folgende isomorphe Darstellungen des Körpers K sind von grundlegender Bedeutung:

1. Man betrachte die Gesamtheit K' der Binome

$$(2.2) \qquad\qquad A = a + bx$$

mit reellen a, b, wobei x zunächst eine algebraische Größe darstellen soll. Zwei Binome $A = a + bx$ und $A' = a' + b'x$ sollen dann und nur dann gleich heißen, wenn $a = a'$ und $b = b'$ gilt. Unterwirft man nun bei der Operation Multiplikation die Größe x der Bedingung $x^2 + 1 = 0$, so erhält man das Multiplikationsgesetz (1.5). Der Leser möge zeigen, daß unter Zugrundelegung dieser Bedingung die Gesamtheit K' eine isomorphe Darstellung von K (mit der Zuordnung $A \leftrightarrow (a, b)$) liefert.

2. Die linearen Transformationen

$$(2.3) \qquad\qquad \begin{aligned} x' &= ax - by \\ y' &= bx + ay \end{aligned} \qquad\qquad (\text{kurz } z' = Tz)$$

ordnen dem Punkt z von E^2 mit den Koordinaten x, y (kurz $z(x, y)$) den Punkt $z'(x', y')$ zu.

Unter Komposition der linearen Transformation

$$(2.4) \qquad\qquad \begin{aligned} x'' &= a'x' - b'y' \\ y'' &= b'x' + a'y' \end{aligned} \qquad\qquad (z'' = T'z')$$

mit der Transformation (2.3) verstehen wir das Ergebnis des Einsetzens von (2.3) in die Gleichungen (2.4). Man erhält dann

$$(2.5) \qquad\qquad \begin{aligned} x'' &= (a'a - b'b)\,x - (a'b + ab')\,y \\ y'' &= (a'b + ab')\,x + (a'a - b'b)\,y \,, \end{aligned}$$

d. h. wieder eine Transformation von derselben Struktur. Dieses Einsetzen drückt sich auch durch die Gleichung

$$(2.6) \qquad z'' = T'(Tz) = (T'T)\,z = T''z$$

aus.

Die Transformationen (2.3) haben noch folgende Eigenschaft: Schreibt man in (2.4) x, y für x', y', so erhält man

$$(2.7) \qquad \begin{aligned} x' + x'' &= (a + a')\,x - (b + b')\,y \\ y' + y'' &= (b + b')\,x + (a + a')\,y, \end{aligned}$$

d. h. in symbolischer Form

$$(2.8) \qquad z' + z'' = (T + T')\,z\,.$$

Die Gleichungen (2.8) und (2.6) definieren innerhalb der Gesamtheit K'' aller Matrizen

$$(2.9) \qquad M = \begin{pmatrix} a & -b \\ b & a \end{pmatrix}, \quad M' = \begin{pmatrix} a' & -b' \\ b' & a' \end{pmatrix}, \dots$$

mit reellen $a, b, a', b', \dots$ die Matrizen

$$(2.10) \qquad M + M' = \begin{pmatrix} a + a' & -b - b' \\ b + b' & a + a' \end{pmatrix}$$

und

$$(2.11) \qquad M \cdot M' = \begin{pmatrix} aa' - bb' & -ab' - a'b \\ ab' + a'b & aa' - bb' \end{pmatrix},$$

die wieder von derselben Struktur wie die Ausgangsmatrizen sind. Der Leser möge nun nachweisen, daß die Zuordnung

$$(2.12) \qquad (a, b) \leftrightarrow \begin{pmatrix} a & -b \\ b & a \end{pmatrix}$$

eine isomorphe Abbildung von K'' auf K (also auch auf K') und umgekehrt darstellt.

3. Nachfolgende Darstellung von K ist für die geometrischen Anwendungen der Funktionentheorie wohl die wichtigste. Sie geht von der Bemerkung aus, daß die Transformationen (2.3) in der Form

$$(2.13) \qquad (x', y') = (a, b) \cdot (x, y)$$

geschrieben werden können und somit auch (bei entsprechender Definition der Gleichheit zweier Matrizen) in der Form

$$(2.14) \qquad \begin{pmatrix} x' & -y' \\ y' & x' \end{pmatrix} = \begin{pmatrix} a & -b \\ b & a \end{pmatrix} \begin{pmatrix} x & -y \\ y & x \end{pmatrix}.$$

Man schreibe jetzt für einen Punkt $z = z(x, y)$ von E^2

$$(2.15) \qquad z \leftrightarrow \begin{pmatrix} x & -y \\ y & x \end{pmatrix}$$

und definiere die Operationen $z + z'$ (Addition) und $z \cdot z'$ (Multiplikation)[1] durch die (vermöge der Zuordnung) entsprechenden Operationen von K''. Somit kann ein Körper K''' (isomorph zu K, K' und K'') konstruiert werden, dessen Elemente die Punkte z von E^2 sind. Bei dieser Darstellung der komplexen Zahlen soll jede Zahl z durch einen Punkt P mit den Koordinaten x und y (dem Real- bzw. dem Imaginärteil von z) dargestellt werden. Im folgenden wird oft Re z für x und Im z für y geschrieben werden. Die geometrische Darstellung der komplexen Zahlen durch die Punkte der Ebene der analytischen Geometrie und die geometrische Veranschaulichung der elementaren Operationen knüpft sich historisch an die Namen von Caspar Wessel (1745—1818), Robert Jean Argand (1768—1822), Carl Friedrich Gauss (1777—1855) und Augustin-Louis Baron Cauchy (1789—1857). Da Gauss und Cauchy die berühmteren unter ihnen sind, heißt diese oft, je nach der vorzuziehenden Nationalität, die Gaußsche bzw. Cauchysche Ebene. Im folgenden sprechen wir lediglich von der (komplexen) z-Ebene oder auch von der E-Ebene.

3. Elementare Geometrie der komplexen Ebene. Ist $z = x + iy$ eine komplexe Zahl, so wird $x - iy$ als die zu z konjugierte Zahl definiert und im allgemeinen mit $\bar{z}$ bezeichnet. Die (nichtnegative) Zahl $|z| = \sqrt{x^2 + y^2}$ heißt die Norm bzw. der absolute Betrag (kurz der Betrag) von z. Danach gilt $|\bar{z}| = |z|$ und

$$(3.1) \qquad z\,\bar{z} = x^2 + y^2 = |z|^2 \,.$$

Ist $z = x + iy$ eine komplexe Zahl, so ist

$$z = r(\xi + i\,\eta) \qquad\qquad (r = |z|\,;\ \xi^2 + \eta^2 = 1)$$

und somit

$$(3.2) \qquad z = r(\cos\vartheta + i\sin\vartheta) = r\,\varepsilon\,(\vartheta)$$

mit $\xi = \cos\vartheta$, $\eta = \sin\vartheta$. Ist $r > 0$, so ist ϑ im Intervall $-\pi \le \vartheta < \pi$ eindeutig definiert. Der Leser, der die Theorie der Exponentialfunktion und die klassische Eulersche Formel

$$(3.3) \qquad e^{i\alpha} = \cos\alpha + i\sin\alpha \qquad\qquad (\alpha\ \text{reell})$$

kennt, kann aus (3.2) ohne weiteres die Darstellung $z = r e^{i\vartheta}$ ableiten. Hierbei ist ϑ modulo 2π definiert. Der Anfänger muß jedoch gleich gewarnt werden: So leicht auf den ersten Blick die Gleichung (3.3) erscheint, so schwierig ist es, den Winkel α allgemein auf einfache Weise zu definieren. Aus diesem Grunde werden im folgenden die trigonometrischen Funktionen $\sin\vartheta$, $\cos\vartheta$ $(-\pi \le \vartheta < \pi)$, soweit es nötig ist, verwendet, jedoch soll die Funktion (Argument) ϑ erst später genau definiert werden. Bis

---

[1] Im folgenden wird, wie üblich, das Multiplikationszeichen in der Regel fortgelassen.

dahin soll α in (3.3) den bekannten Winkel der analytischen Geometrie $(-\pi \leqq \alpha < \pi)$ darstellen.

Setzt man $z_1 = |z_1|\, e^{i\,\alpha_1}$, $z_2 = |z_2|\, e^{i\,\alpha_2}$, so erhält man

$$(3.4) \qquad\qquad z_1\, z_2 = |z_1| \cdot |z_2|\, e^{i\,(\alpha_1 + \alpha_2)}\,1$$

und somit

$$(3.5) \qquad\qquad |z_1\, z_2| = |z_1| \cdot |z_2|\, .$$

Entsprechend findet man

$$\frac{z_1}{z_2} = \left|\frac{z_1}{z_2}\right|\, e^{i\,(\alpha_1 - \alpha_2)} \qquad\qquad\qquad (z_2 \neq 0)$$

und

$$(3.6) \qquad\qquad \left|\frac{z_1}{z_2}\right| = \frac{|z_1|}{|z_2|}\, .$$

Es sei jetzt

$$z_1 + z_2 = |z_1 + z_2|\, e^{i\,\alpha}$$

gesetzt. Dann ist

$$|z_1 + z_2| = |z_1|\, e^{i\,(\alpha_1 - \alpha)} + |z_2|\, e^{i\,(\alpha_2 - \alpha)}$$

und somit

$$(3.7) \qquad |z_1 + z_2| = |z_1|\, \cos\,(\alpha_1 - \alpha) + |z_2|\, \cos\,(\alpha_2 - \alpha)\, .$$

Diese Identität zeigt, daß stets

$$(3.8) \qquad\qquad |z_1 + z_2| \leqq |z_1| + |z_2|$$

gilt und daß das Gleichheitszeichen dann und nur dann eintritt, wenn $\alpha_1 = \alpha_2 = \alpha$ ist.

Mit Hilfe der Formeln

$$(3.9) \qquad\qquad x = \frac{1}{2}\,(z + \bar{z})\,, \quad y = \frac{1}{2i}\,(z - \bar{z})$$

sieht man:

Jede reelle Beziehung zwischen x und y auf E geht in eine Beziehung zwischen z und $\bar{z}$ der komplexen Ebene über. Hat man insbesondere auf E die Kurve $F\,(x, y) = 0$, so erhält man denselben Sachverhalt, wenn man in der z-Ebene die Gleichung

$$(3.10) \qquad\qquad F\left(\frac{1}{2}\,(z + \bar{z})\,, \frac{1}{2i}\,(z - \bar{z})\right) = 0$$

zugrunde legt.

Als Beispiele möge der Leser die beiden wichtigsten Fälle, nämlich Gerade und Kreis, studieren und ihre Gleichungen in der z-Ebene aufstellen.

4. Die Riemannsche Kugel und die Zahl $z = \infty$. Man erweitere das rechtwinklige System der z-Ebene zu einem rechtwinkligen System des

---

[1] Hier ist eine Reduktion von $\alpha_1 + \alpha_2$ auf das Intervall $-\pi \leqq \alpha < \pi$ nicht notwendig, da $e^{i\alpha}$ die Periode 2π hat.

Raumes $E^3 = \overset{3}{\underset{1}{\times}} E^1$ und bezeichne mit $\xi, \eta, \zeta \, (\xi = x, \eta = y)$ die Koordinaten eines Punktes von E^3. Setzt man dann bei gegebenen $z = x + iy$

$$(4.1) \qquad \frac{x}{1 + |z|^2} = \xi, \quad \frac{y}{1 + |z|^2} = \eta, \quad \frac{|z|^2}{1 + |z|^2} = \zeta,$$

so gilt

$$(4.2) \qquad \xi^2 + \eta^2 + \left(\zeta - \frac{1}{2}\right)^2 = \frac{1}{4},$$

und somit liegt der Punkt $P = (\xi, \eta, \zeta)$ auf einer Kugel R mit dem Radius $\frac{1}{2}$ um den Punkt $\left(0, 0, \frac{1}{2}\right)$. Der Studierende kann sofort bestätigen, daß der Übergang von z zu dem Punkt P sich geometrisch dadurch bewerkstelligen läßt, daß man den Punkt $N(0, 0, 1)$ (den „Nordpol" von R) mit z durch eine Strecke verbindet und den Schnittpunkt dieser Strecke mit R nimmt. Diesen Prozeß nennt man die stereographische Projektion von E auf R. Löst man das System (4.1) nach ξ, η, ζ auf, so findet man leicht

$$(4.3) \qquad x = \frac{\xi}{1 - \zeta}, \quad y = \frac{\eta}{1 - \zeta} \qquad\qquad (\zeta \neq 1),$$

und somit entspricht auch jedem Punkt $P \neq N$ von R ein Punkt z von E.

Die Gleichungssysteme (4.1) und (4.2) stellen somit eine eineindeutige Abbildung von E auf die in N punktierte Kugel R dar. Läßt man sich nun von dem Gedanken leiten, jedem Punkt von R (also auch N) einen Punkt der z-Ebene zuzuordnen, so muß man diese durch ein Element ergänzen, das von allen bisher betrachteten geordneten Paaren mit endlichen Komponenten verschieden ist. Wir wählen für dieses (abschließende) Element die Bezeichnung $z = \infty$ bzw. z_∞ (lies: z unendlich) und nennen es oft den unendlich fernen Punkt der komplexen Ebene. Ist $z = \infty$, so wird $|z| = \infty$ gesetzt[1]. Vom Standpunkt der Zahlenpaare aus bedeutet die Einführung $z = \infty$ die Ergänzung der Gesamtheit der Zahlenpaare durch solche mit mindestens einer unendlichen Komponente und zugleich die Zusammenfassung aller solchen Zahlenpaare zu einem einzigen Element von K. Der Anfänger soll jedoch gleich bei der Anwendung der elementaren Operationen auf uneigentliche Paare zur Vorsicht gemahnt werden, da diese Operationen zunächst nur für eigentliche geordnete Paare aufgestellt wurden. Folgende Rechenregeln führen zu keinem Widerspruch zu den aufgestellten Gesetzen von K:

$$1. \ a + z_\infty = z_\infty + a = z_\infty \qquad\qquad (a \in E)$$

$$2. \ z_\infty + z_\infty = z_\infty$$

$$3. \ a \, z_\infty = z_\infty \, a = z_\infty \qquad\qquad (a \in E, a \neq 0)$$

$$4. \ \frac{a}{z_\infty} = 0 \qquad\qquad (a \in E).$$

---

[1] Der Anfänger darf das Symbol $z = \infty$ mit den abschließenden Elementen $-\infty$ und $+\infty$ von E^1 nicht verwechseln. Dagegen hat die rechte Seite der Gleichung $|z_\infty| = \infty$ die übliche Bedeutung.

Die Ausdrücke $z_\infty - z_\infty$, $0 \cdot z_\infty$ und $\dfrac{z_\infty}{z_\infty}$ haben wie im Reellen keinen Sinn und werden in Spezialfällen, falls möglich, durch Stetigkeitsbetrachtungen ausgewertet werden.

Eine rechnerische Erfassung von $z = \infty$ liefert die Inversion. Als solche wird die Operation bezeichnet, welche jedem Punkt $z\,(z \neq 0)$ von E durch die Gleichung $z^* \, \bar{z} = 1$ einen Punkt $z^* \in E$ zuordnet. Man erweitert nun diese Operation auf $z = 0$, indem man die Verabredung trifft, daß dem Punkt $z = 0$ der Punkt z_∞ als inverser Punkt entsprechen soll. Durch diese Zuordnung kann ein Sachverhalt im Punkt z_∞ auf den Punkt $z = 0$ zurückgeführt werden. Jedoch werden oft auch in solchen Fällen Stetigkeitsbetrachtungen herangezogen werden.

Die Kugel R wurde im Zusammenhang mit tieferen Untersuchungen, von denen später ausführlicher die Rede sein wird, zunächst von BERNHARD RIEMANN (1826—1866) eingeführt und heißt oft die Riemannsche Kugel. Manchmal wird sie auch die komplexe Kugel genannt.

Die durch den Punkt z_∞ (bzw. $z = \infty$) ergänzte komplexe Ebene wird die volle komplexe Ebene genannt und oft mit $\bar{E}$ bezeichnet. Dagegen wird die durch die Zahl $z = \infty$ ergänzte Gesamtheit der komplexen Zahlen wieder mit K bezeichnet. Im folgenden soll z, falls allgemein die Rede von komplexen Zahlen ist, stets eine endliche Zahl bedeuten. Der Sonderfall eines nicht endlichen z wird entweder durch das Zeichen z_∞ oder durch Hinzufügung der Gleichung $z = \infty$ hervorgehoben.

5. Gruppen. Lineare Transformationen. Für die späteren Entwicklungen ist es von grundsätzlicher Bedeutung, den in 2. eingeführten Isomorphiebegriff zu erweitern und durch eine Reihe wichtiger Begriffsbildungen zu ergänzen.

Def. *Unter einem abstrakten Raum S wird eine Gesamtheit von Objekten, der Elemente von S, verstanden. Ist a ein Objekt, so schreiben wir $a \in S$ oder $a \notin S$, je nachdem a zu S gehört oder nicht.*

Die hier in Frage kommenden Räume sind Räume, deren Elemente a mathematische Begriffe sind. Für einen Raum wird auch oft die Bezeichnung Menge, Familie und Klasse verwendet. Die Zusammenfassung von Elementen zu einem (abstrakten) Raum wird im folgenden durch die Gleichung

$$(5.1) \qquad\qquad S = \{a \mid P(a)\}$$

zum Ausdruck gebracht. Dabei bedeutet $P(a)$ eine Aussageform, welche die Zugehörigkeit von a zu S sichert. Manchmal wird für die rechte Seite von (5.1) auch $\{a \mid a \in S\}$ geschrieben.

Zwei Räume A, B heißen gleich, wenn aus $a \in A$ $a \in B$ folgt und umgekehrt.

Folgt aus $a \in A$ stets $a \in B$, so heißt A ein Teilraum von B. Wir schreiben dann $A \subseteq B$ (A enthalten in B oder gleich B) und $A \subset B$ (A ein echter Teil von B), wenn ein $a \in B$ existiert, das kein Element von A ist.

Def. *Existiert eine binäre Operation* $\circ$, *welche zwei Elemente* a, b *von* S *derart verknüpft, daß*

1. $a \circ b$ *in* S *liegt und*

2. $(a \circ b) \circ c = a \circ (b \circ c)$

gilt, so heißt S *eine Halbgruppe.*

Ist die Operation $a \circ b$ kommutativ (also $a \circ b = b \circ a$), so heißt S eine kommutative bzw. eine abelsche (nach NIELS HENRIK ABEL, 1802—1829) Halbgruppe.

Def. *Eine Halbgruppe wird eine Gruppe genannt, wenn es*

1. ein Element e *gibt derart, daß*

$$(5.2) \qquad a \circ e = e \circ a = a$$

für alle $a \in S$ *gilt und*

2. zu jedem $a \in S$ *ein Element* a' *von* S *existiert mit der Eigenschaft*

$$(5.3) \qquad a \circ a' = a' \circ a = e.$$

Für das Element a' schreibt man dann a^{-1} und nennt es das zu a inverse Element.

Sind S und S' Gruppen und gilt $S' \subset S$, so heißt S' eine Teilgruppe von S.

Def. *Eine Operation* T, *die jedem Element* a *von* S *eindeutig ein Element* a' *eines Raumes* S' *zuordnet, heißt eine Abbildung von* S *auf* S'.

Ist die Abbildung $a \to Ta \in S'$ umkehrbar eindeutig (also $a' \to a \in S$ eine eindeutige Operation), so heißt T eine Transformation. Wir schreiben dann $S' = T(S)$ und $S = T^{-1}(S')$. Die Operation T^{-1} heißt dann die zu T inverse Transformation.

Ist $S = S'$ und T eine Transformation, so heißt T ein Automorphismus von S.

Automorphismen führen durch Komposition zu Gruppenbildungen. Es bedeute in der Tat G den abstrakten Raum aller Automorphismen von S. Da die identische Transformation $a \leftrightarrow a$ ein Automorphismus ist, so enthält G mindestens das Einheitselement.

Es seien nun

$$a' = T a, \quad b' = T' b \qquad (a, a', b, b' \in S)$$

zwei Automorphismen von S. Man setze $a'' = T'a'$. Dann liefert die Zuordnung $a \leftrightarrow a''$ einen Automorphismus T'' von S, den wir mit

Rücksicht auf die Gleichungen $a'' = T'(Ta) = T''a$ als die Komposition $T' \circ T$ von T' und T bezeichnen. Der Leser möge nachprüfen, daß hier alle vier Gruppenforderungen erfüllt sind.

Eine wichtige Klasse von Automorphismen von $\overline{E}$ liefern die linearen Transformationen

$$(5.4) \qquad z' = T z = \frac{az + b}{cz + d}$$

mit endlichen, komplexen oder reellen a, b, c, d und einer von Null verschiedenen Determinante $ad - bc$. Hierbei sollen den Punkten $z = -d/c$ und $z = \infty$ die Punkte $z' = \infty$ und $z' = a/c$ zugeordnet werden und entsprechend bei der inversen Abbildung

$$(5.5) \qquad z = T^{-1} z' = \frac{-dz' + b}{cz' - a}$$

den Punkten $z' = a/c$ und $z' = \infty$ die Punkte $z = \infty$ bzw. $z = -d/c$. Definitionsgemäß werden zwei Transformationen $z' = T z$ und

$$(5.6) \qquad z'' = T' z = \frac{a'z + b'}{c'z + d'} \qquad\qquad (a'd' - b'c') \neq 0$$

gleich genannt, wenn

$$a = \lambda a', \quad b = \lambda b', \quad c = \lambda c', \quad d = \lambda d'$$

mit einem endlichen $\lambda \neq 0$ gilt.

Kombiniert man die Transformation (5.6) mit der Transformation (5.4), indem man in (5.6) z durch z' ersetzt, so erhält man die lineare Transformation

$$(5.7) \qquad z'' = (T'T)z = \frac{(a'a + b'c) z + a'b + b'd}{(c'a + d'c) z + c'b + a'd} = \frac{a''z + b''}{c''z + d''}.$$

Man bestätigt leicht die Gleichung

$$a''d'' - b''c'' = (a'd' - b'c')(ad - bc).$$

Wir definieren nun innerhalb des Raumes S, der aus allen Matrizen von der Form

$$(5.8) \qquad \begin{pmatrix} a & b \\ c & d \end{pmatrix} \qquad\qquad (ad - bc \neq 0)$$

besteht, Äquivalenzklassen, indem wir zwei Matrizen

$$\begin{pmatrix} a_1 & b_1 \\ c_1 & d_1 \end{pmatrix}, \quad \begin{pmatrix} a_2 & b_2 \\ c_2 & d_2 \end{pmatrix}$$

(dann und nur dann) als äquivalent (kurz gleich) bezeichnen, wenn ein endliches $\lambda \neq 0$ existiert derart, daß

$$a_1 = \lambda a_2, \quad b_1 = \lambda b_2, \quad c_1 = \lambda c_2, \quad d_1 = \lambda d_2$$

gilt.

Es bezeichne nun $\left\{\begin{pmatrix} a & b \\ c & d \end{pmatrix}\right\}$ die durch die Matrix (5.8) erzeugte Äquivalenzklasse. Wir schreiben M, M', M'' für die Äquivalenzklassen

$$\left\{\begin{pmatrix} a & b \\ c & d \end{pmatrix}\right\}, \quad \left\{\begin{pmatrix} a' & b' \\ c' & d' \end{pmatrix}\right\}, \quad \left\{\begin{pmatrix} a'' & b'' \\ c'' & d'' \end{pmatrix}\right\}$$

und erhalten mit Hilfe von (5.7) das Kompositionsgesetz

$$(5.9) \qquad\qquad M'' = M' \circ M .$$

Dieses Kompositionsgesetz der Äquivalenzklassen ist im allgemeinen nicht kommutativ.

Der Raum $\widetilde{S}$ der Äquivalenzklassen von S bildet, wie man leicht feststellt, eine Gruppe. Das Einheitselement von $\widetilde{S}$ wird gegeben durch die Äquivalenzklasse

$$(5.10) \qquad\qquad \left\{\begin{pmatrix} 1 & 0 \\ 0 & 1 \end{pmatrix}\right\}$$

und die zu einer gegebenen Klasse M inverse Klasse durch die Klasse

$$(5.11) \qquad\qquad \left\{\begin{pmatrix} -d & b \\ c & -a \end{pmatrix}\right\} .$$

6. Metrisierungsfragen. Bewegungen der komplexen Ebene. Ist $z \in E$ und $\varepsilon\,(|\varepsilon| = 1)$ eine Einheitszahl, so stellt die Transformationsgruppe

$$(6.1) \qquad\qquad w = \varepsilon z + a \qquad\qquad (a \in E)$$

euklidische Bewegungen (d. h. Rotationen und Verschiebungen) dar. Nennt man w_1, w_2 die mit Hilfe von (6.1) transformierten Punkte von z_1, z_2, so ist

$$(6.2) \qquad\qquad |w_1 - w_2| = |z_1 - z_2| .$$

Den Ausdruck $|z_1 - z_2|\,(z_1, z_2 \in E)$ nennen wir die gewöhnliche (oder auch die Cauchysche) Entfernung von z_1 und z_2. Sie ist eine Invariante gegenüber allen euklidischen Bewegungen von E. Setzt man allgemeiner

$$(6.3) \qquad\qquad w = Tz = \frac{az - \bar{b}}{Kbz + \bar{a}} \qquad\qquad (a\bar{a} + Kb\bar{b} > 0)$$

mit einem reellen $K \gtrless 0$, so kann man zeigen:

1. Die Gesamtheit A aller Transformationen von der Form (6.3) bildet bei konstantem Wert von K eine Gruppe.

2. Es existiert ein Ausdruck $|z_1, z_2|$, der sich gegenüber allen Transformationen von A im Sinne von (6.2) invariant verhält.

In der Tat liegt zuerst wegen

$$(6.4) \qquad\qquad w = T^{-1}z = \frac{\bar{a}z + \bar{b}}{-Kbz + a}$$

die inverse Transformation von (6.3) in A. Ist ferner

$$w' = T'z = \frac{a'z - \bar{b}'}{Kb'z + \bar{a}'}$$

eine zweite Transformation aus A, so ist

$$T''z = \frac{(a'a - Kb\bar{b}')\,z - (a'\bar{b} + \bar{a}b')}{K(b'a + \bar{a}'b)\,z + (\bar{a}\bar{a}' - Kb'\bar{b})} = \frac{a''z - \bar{b}''}{Kb''z + \bar{a}''}$$

mit Rücksicht auf die Gleichung

$$(6.5) \qquad a''\bar{a}'' + Kb''\bar{b}'' = (a'\bar{a}' + Kb'\bar{b}')\,(a\bar{a} + b\bar{b})$$

ebenfalls eine Transformation aus A.

Es sei jetzt

$$(6.6) \qquad S = \{z \mid z \in \bar{E},\, 1 + K|z|^2 > 0\}\,.$$

Dann gilt

$$|Kbz + \bar{a}| > 0 \qquad\qquad (z \in S)\,,$$

und somit sind die Transformationen (6.3) wegen

$$(6.7) \qquad 1 + K|w|^2 = 1 + Kw\bar{w} = \frac{(1 + K\bar{z}z)\,(a\bar{a} + Kb\bar{b})}{|Kbz + \bar{a}|^2}$$

Automorphismen von S.

Man setze jetzt

$$(6.8) \qquad |z_1, z_2| = \frac{|z_1 - z_2|}{\sqrt{1 + K|z_1|^2}\,\sqrt{1 + K|z_2|^2}} \qquad\qquad (z_1, z_2 \in S)$$

und (für $K > 0$)

$$(6.9) \qquad |z_1, z_\infty| = \frac{1}{\sqrt{1 + K|z_1|^2}}\,, \qquad |z_\infty, z_\infty| = 0\,.$$

Dann kann man mit Hilfe von (6.7) und der Gleichung

$$(6.10) \qquad w_1 - w_2 = \frac{(z_1 - z_2)\,(a\bar{a} + Kb\bar{b})}{(Kbz_1 + \bar{a})\,(Kbz_2 + \bar{a})}$$

zeigen, daß der Ausdruck $|z_1, z_2|$ $(z_1, z_2 \in S)$ gegenüber allen Automorphismen (6.3) im Sinne der Gleichung

$$(6.11) \qquad |w_1, w_2| = |z_1, z_2|$$

invariant ist.

Für den Fall $K = 1$, in dem $[z_1, z_2]$ für $|z_1, z_2|$ geschrieben wird, kann man leicht eine geometrische Deutung dieser Größe geben. Es bezeichnen in der Tat P_1 bzw. P_2 die Punkte auf R, die man aus z_1 bzw. z_2 durch stereographische Projektion erhält. Dann zeigt eine elementare Rechnung, daß $[z_1, z_2]$ gleich der Länge P_1P_2 der Strecke ist. Mit Hilfe dieser Deutung möge der Leser noch beweisen:

Sind z_1, z_2, z_3 drei beliebige Punkte von $\bar{E}$, so ist stets

$$(6.12) \qquad [z_1, z_2] \leq [z_1, z_3] + [z_2, z_3]\,.$$

Die Größe $[z_1, z_2]$ bezeichnen wir im folgenden als die Ostrowski-Ahlforssche Entfernung von z_1, z_2. Sie ist stets ≤ 1 und insofern allgemeiner als die Cauchysche Entfernung $|z_1 - z_2|$, als sie die volle komplexe

Ebene metrisiert. Dabei versteht man allgemein unter der Metrisierung eines (nichtleeren) Raumes A die Angabe einer nichtnegativen Funktion $d(a, b)$ $(a, b \in A)$ mit den Eigenschaften:

    1. $d(a, a) = 0$,

    2. $d(a, b) = d(b, a) > 0$ $(a \neq b)$,

    3. $d(a, b) \leq d(a, c) + d(b, c)$ $(a, b, c \in A)$.

Die Metrisierung von $\overline{E}$ durch $[z_1, z_2]$ weist neben den hier angeführten drei Eigenschaften noch die Invarianzeigenschaft gegenüber den Transformationen (6.3) auf und gestattet somit die Einführung des Begriffs der Entfernung. Jedoch ist auch dieser Entfernungsbegriff gegenüber $|z_1 - z_2|$ unvollkommen, da er den Begriff der Geraden nicht aufdrängt und somit das bekannte Axiom der euklidischen Geometrie, daß für drei Punkte z_1, z_2, z_3 auf einer Geraden bei geeigneter Anordnung $|z_1 - z_2| = |z_1 - z_3| + |z_3 - z_2|$ gilt, nicht kennt. Eine Entfernung (unter Abänderung des Begriffs der Geraden), die man aus den vorherigen Entwicklungen für die Gruppe A konstruieren kann, sei hier kurz angeführt:

Es bedeute $A(x)$ die Funktion

$$(6.13) \qquad \int_{0}^{x} \frac{dt}{1 + K t^2} \qquad\qquad (1 + K x^2 > 0).$$

Dann definiert die Gleichung

$$(6.14) \qquad d(z_1, z_2) = A\left(\left| \frac{z_1 - z_2}{1 + K \bar{z}_2 z_1} \right| \right) \qquad\qquad (z_1, z_2 \in S)$$

eine Metrik in S, bei der die Rolle der Geraden der euklidischen Ebene von geeigneten Kreisen von S übernommen wird.

Wir kommen im Kap. 8 auf diese Frage zurück.

7. Bemerkungen und historische Zusammenhänge. Historisch gesehen geht die erste Anwendung der komplexen Zahlen auf Probleme der höheren Mathematik auf JOHANN BERNOULLI (1667—1748) zurück. Der Studierende, der meist seine Kenntnisse fertig auf axiomatische Art vorgesetzt erhält, kann sich schwer ein Bild von den Schwierigkeiten verschaffen, welche die großen Meister der Analysis bei der Einführung der komplexen Zahlen zu überwinden hatten. Er findet manches in der Korrespondenz von LEONHARD EULER (1707—1783), dem man eine Reihe genialer Entdeckungen verdankt, mit JOHANN BERNOULLI und NIKOLAUS BERNOULLI (1687—1759). Eigentlich ist JOHN WALLIS (1616—1703) wohl der erste Mathematiker gewesen, der in seiner Algebra (*Oxford*, 1685) einen ernstzunehmenden Versuch unternahm, die komplexen Wurzeln einer quadratischen Gleichung auf einer Ebene darzustellen. Ein größerer Erfolg beim Aufbau einer Vektoralgebra der komplexen Ebene (der intuitiv die richtigen Verhältnisse bei der Definition der Multiplikation erfaßt), war dem in JOSRUD in Norwegen 1745 geborenen Geodäten (eigentlich Oberfeldmesser) CASPAR WESSEL beschieden. Seine im Jahre 1797 in den Sitzungsberichten der Dänischen Akademie gedruckte Arbeit (Om Directionens analytiske Betegning) wurde jedoch vergessen und erst nach mehr als 90 Jahren wieder entdeckt und in französischer Sprache publiziert. Neben CASPAR WESSEL ist einerseits JEAN ROBERT ARGAND (1768—1822), andererseits CARL FRIEDRICH GAUSS (1777—1855) zu erwähnen. In der Argandschen Abhandlung (Essai sur une manière de représenter les quantités imaginaires dans les constructions géométriques, 1806) werden (ohne Kenntnis der Wesselschen Arbeit) die Operationen Addition und Multiplikation mehr oder weniger begründet und eine Reihe von komplexen Identitäten behandelt. GAUSS' Abhandlung: Theoria residuorum biquadraticorum, commentatio secunda (Gesammelte Werke, Bd. 2) trägt wesentlich dazu bei, das Rechnen mit den komplexen Zahlen durchzusetzen und das Mißtrauen der Mathematiker gegenüber dem Gebrauch des Komplexen (mehr oder weniger) zu beseitigen. GAUSS' Gedanken über komplexe Zahlen gehen höchstwahrscheinlich bis in die Zeit seiner Dissertation aus dem Jahre 1799 zurück. Seine Darstellung hat gegenüber der eingeschlagenen Methode seiner Vorgänger den Vorteil, daß hier die komplexen Zahlen als Punkte von E^2 (und nicht als Vektoren) definiert werden. Das wichtige abschließende Element von K, der Punkt z_∞, fehlt bei GAUSS ebenso wie bei seinen Vorgängern. Erst RIEMANNs Einführung der komplexen Kugel R hat die Notwendigkeit der Verwendung dieses Elements von K plausibel und anschaulich gemacht.

Die Arithmetisierung der komplexen Zahlen durch die Schaffung der Zahlenpaare (x, y) geht auf WILLIAM ROWAN HAMILTON (1805—1865) zurück. Die isomorphe Darstellung 2, d. h. die Verwendung von Matrizen der Form $\begin{pmatrix} a & -b \\ b & a \end{pmatrix}$, ist in einem Lehrbuch anscheinend zuerst von COPSON verwendet worden. Alle diese verschiedenartigen Einführungen der komplexen Zahlen münden ein in die geometrische Darstellung von K durch die komplexe Ebene, die in den 160 Jahren, die seit CASPAR WESSELs Arbeit verflossen sind, von ihrem Zauber und ihrer Wichtigkeit kaum etwas eingebüßt hat.

Die Bezeichnung der imaginären Einheit mit i ist von EULER (1777) eingeführt worden, wird aber erst durch GAUSS (1801) Gemeingut der Mathematiker.

In Zusammenhang mit dem abstrakten Gruppenbegriff sind hier an erster Stelle die Namen von GALOIS, ABEL und LIE sowie auch KLEIN zu nennen.

Diese kurzen Hinweise sollen dem Anfänger klar vor Augen führen, wie langsam oft die Entwicklung mathematischer Begriffe vor sich geht, und welch großer Gedankenarbeit es bedurfte, bis diese die uns heute geläufige Form angenommen haben.

Ergänzungen und Aufgaben zum ersten Kapitel

1. Die Formel von Moivre. Man zeige durch Induktion (ohne Heranziehung der Theorie der Exponentialfunktion), daß $\varepsilon(\vartheta)^n = \varepsilon(n\vartheta)$ (n ganz) gilt. [Diese Formel geht inhaltlich auf Abraham de Moivre (1667—1754) zurück.]

2. Gleichungen elementarer Gebilde. Mit Hilfe der in 3. gegebenen Formel zeige man, daß die Gleichung einer Geraden in der komplexen Ebene die Form $\bar{a}z + a\bar{z} + \gamma = 0$ (γ reell) hat. Die dazu senkrechten Geraden haben die Gleichung $\bar{a}z - a\bar{z} + i\delta = 0$ (δ reell).

Die Gleichung

$$\alpha z\bar{z} + \bar{a}z + a\bar{z} + \gamma = 0$$

soll einen reellen Kreis darstellen. Welcher Bedingung unterliegen die Parameter α, γ und a?

3. Das Doppelverhältnis von vier Punkten. Man setze für die vier voneinander verschiedenen Punkte z_1, z_2, z_3, z_4

$$(z_1, z_2, z_3) = \frac{z_3 - z_1}{z_3 - z_2} \qquad (z_1, z_2, z_3 \neq z_\infty)$$

und

$$(z_1, z_2, z_\infty) = 1 \,.$$

Wird dann

$$(z_1, z_2, z_3, z_4) = \frac{(z_1, z_2, z_3)}{(z_1, z_2, z_4)}$$

definiert, so zeige man, daß stets

$$(Tz_1, Tz_2, Tz_3, Tz_4) = (z_1, z_2, z_3, z_4)$$

gilt, sofern Tz eine lineare Transformation mit nicht verschwindender Determinante darstellt. Der Ausdruck (z_1, z_2, z_3, z_4) heißt das Doppelverhältnis der vier Punkte z_1, z_2, z_3, z_4.

Man beweise:

a) Liegen z_1, z_2, z_3, z_4 auf einem Kreis (oder auf einer Geraden), so ist (z_1, z_2, z_3, z_4) reell.

b) Es seien z_1, z_2, z_3 drei voneinander verschiedene Punkte von $\bar{E}$. Sind w_1, w_2, w_3 ebenfalls voneinander verschieden, so gibt es eine lineare Transformation $w = Tz$ derart, daß $w_k = Tz_k$ ($k = 1, 2, 3$) gilt. Die gesuchte Transformation wird durch die Gleichung

$$(w_1, w_2, w_3, w) = (z_1, z_2, z_3, z)$$

gegeben.

4. Spezielle Gruppen. Man zeige, daß folgende lineare Transformationen eine Gruppe bilden:

Die Familie aller linearen Transformationen

$$w = \frac{az + b}{cz + d} \qquad (ad - bc \neq 0)$$

a) mit reellen a, b, c, d,

b) mit reellen a, b, c, d und $ad - bc = 1$,

c) mit reellen a, b, c, d und $ad - bc > 0$.

Man beweise, daß die linearen Transformationen

$$w = \pm\, z, \quad w = \pm\frac{1}{z}, \quad w = \pm\, i\,\frac{z+1}{z-1}, \quad w = \pm\,\frac{z+i}{z-i}$$

und

$$w = \pm\,\frac{z-i}{z+i}, \quad w = \pm\, i\,\frac{z-1}{z+1}$$

eine Gruppe (die sog. Tetraeder-Gruppe) bilden.

Die unter c) genannte Gruppe hat die Eigenschaft, die obere Halbebene (Im $z > 0$) auf die obere Halbebene abzubilden. Beweis?

5. Drehungen der Riemannschen Kugel. Es sei

$$w = \frac{a z - \bar{b}}{b z + \bar{a}} \qquad\qquad (a\bar{a} + b\bar{b} > 0),$$

und es seien z_1, z_2 die beiden Wurzeln der Gleichung

$$b z^2 - (a - \bar{a})\, z + \bar{b} = 0 .$$

Die beiden Punkte z_1, z_2 heißen Fixpunkte der Transformation und weisen folgende Eigenschaft auf: Man verbinde z_1, z_2 mit dem Nordpol der Riemannschen Kugel R und bezeichne mit P_1, P_2 die entsprechenden Punkte auf R. Dann ist die Strecke P_1, P_2 ein Durchmesser von R, und die Transformation läßt sich durch eine Drehung von R um $P_1 P_2$ (und anschließende stereographische Projektion) bewerkstelligen. Beweis?

6. Bewegungen des Einheitskreises. Man studiere die lineare Transformation

$$(1) \qquad\qquad w = w(z) = \frac{z - z_0}{1 - \bar{z}_0 z} \qquad\qquad (0 < |z_0| < 1)$$

und zeige, daß sie einen Automorphismus von $|z| \leq 1$ darstellt. Dabei sollen beim Beweis neben der Eindeutigkeit von (1) und ihrer inversen Transformation

$$(2) \qquad\qquad z = \frac{w + z_0}{1 + \bar{z}_0 w}$$

nur noch Stetigkeitsbetrachtungen herangezogen werden.

(Anleitung. Man beginne damit, daß $|z| = 1$ und $|w| = 1$ eineindeutig aufeinander abgebildet werden. Ist dann z_1 ein Punkt mit $|z_1| < 1$, so kann für $w_1 = w(z_1)$ nicht $|w_1| \geq 1$ gelten.)

7. Wurzeloperationen. Ist $z \neq 0, \infty$ und n eine ganze Zahl > 0, so gibt es genau n Punkte $z_0, \ldots, z_{n-1}$ mit der Eigenschaft, daß $z_k^n = z$ ($k = 0, 1, 2, \ldots, n - 1$) ist. Setzt man

$$(1) \qquad\qquad z = |z|\, e^{i\vartheta} \qquad\qquad (0 \leq \vartheta < 2\pi),$$

so kann man die z_k durch die Gleichungen

$$(2) \qquad z_k = \sqrt[n]{|z|}\; e^{i\left(\frac{\vartheta}{n} + k\,\frac{2\pi}{n}\right)} \qquad\qquad (k = 0, 1, \ldots, n-1)$$

bestimmen. Allgemein liefern die Zahlen

$$(3) \qquad \zeta_n = \sqrt[n]{|z|}\; e^{\frac{i}{n}(\vartheta + 2\pi\alpha_k)} \qquad\qquad (k = 0, 1, \ldots, n-1)\,,$$

wobei je zwei α_k, α_l ganz und für $k \neq l$ inkongruent modulo n sind, die Gesamtheit aller n-ten Wurzeln von z. Wir schreiben dann $\zeta = z^{\frac{1}{n}}$ und verstehen darunter irgendeine der n n-ten Wurzeln von z.

Zweites Kapitel

Topologie der komplexen Ebene. Die Cauchysche Konvergenztheorie. Stetige Abbildungen

8. Grundlegende Begriffsbildungen. Es bedeute K die Gesamtheit aller komplexen Zahlen und A eine Teilmenge von K. Dann schreiben wir ähnlich wie vorhin

$$(8.1) \qquad A = \{a \mid P(a)\}$$

und stellen die Zahlen a durch Punkte von $\overline{E}$ dar. Dabei kann es vorkommen, daß verschiedene Elemente von A durch denselben Punkt von $\overline{E}$ repräsentiert werden. Ist die Zuordnung zwischen den komplexen Zahlen a von A und den Punkten von $\overline{E}$ eine $1-1$ Zuordnung, so sprechen wir von einer (schlichten) Teilmenge A von $\overline{E}$[1].

Folgt aus der Aussage $a \in A$ stets die Aussage $a \in B$ (wir sagen kurz, die Aussage $a \in A$ impliziere die Aussage $a \in B$, und schreiben $a \in A \to \to a \in B$), so nennen wir A eine Teilmenge von B und schreiben $A \subseteq B$ (oder auch $B \supseteq A$). Gilt $A \subseteq B$ und $B \subseteq A$, so sind A und B gleich. Die Menge A ist eine echte Teilmenge von B, wenn ein $a \in B$ existiert derart, daß $a \notin A$ (d. h. a kein Element von A) gilt. Im allgemeinen braucht für zwei Mengen A und B weder $A \subseteq B$ noch $B \subseteq A$ zu gelten. Sind zwei Mengen A und B nicht gleich, so schreiben wir $A \neq B$. Die Menge, die kein Element (im vorliegenden Fall keine komplexe Zahl) enthält, heißt die leere Menge und wird durch $\varnothing$ bezeichnet. Die leere Menge ist als Teilmenge in jedem A enthalten. Schreibt man nämlich die Implikation $a \in A \to a \in B$ in der gleichwertigen Form $a \notin B \to a \notin A$, so gilt $\varnothing \subseteq A$ für jedes A, denn die Implikation $a \notin A \to a \notin \varnothing$ ist stets richtig.

Ist A eine Teilmenge aus K, so wird die Menge A', die aus allen Zahlen besteht, die nicht in A enthalten sind, die zu A komplementäre Menge

---

[1] Die Zuordnung zwischen den Punkten von $\overline{E}$ und den komplexen Zahlen ist natürlich stets eineindeutig.

genannt. Allgemeiner wird bei gegebenen $A, B \subseteq K$ die Differenz $A \setminus B$ durch die Gleichung

$$(8.2) \qquad A \setminus B = \{a \mid a \in A, a \notin B\}$$

definiert. Mit dieser Definition wird dann $A' = K \setminus A$.

Im folgenden wird an Stelle von Teilmengen von K kurz von Punktmengen gesprochen. Nachfolgende Bildungen, ähnlich wie die vorherigen, gelten für beliebige Mengen:

Def. *Sind A, B zwei beliebige Mengen, so heißt die Menge*

$$(8.3) \qquad A \cup B = \{a \mid a \in A \text{ oder } a \in B\}$$

die Vereinigung von A und B und die Menge

$$(8.4) \qquad A \cap B = \{a \mid a \in A \text{ und } a \in B\}$$

der Durchschnitt von A und B.

Die Bildungen (8.3) und (8.4) können ohne weiteres auf mehrere bzw. unendlich viele Mengen übertragen werden. Hat man z. B. eine Familie von Punktmengen, etwa die Familie

$$(8.5) \qquad \mathfrak{A} = \{A \mid A \in \mathfrak{A}\},$$

so ist

$$\cup A = \{a \mid a \in A \text{ für mindestens ein } A \in \mathfrak{A}\}$$

und

$$\cap A = \{a \mid a \in A \text{ für jedes } A \in \mathfrak{A}\}.$$

Die Vereinigung und der Durchschnitt von endlich vielen Mengen A_k ($k = 1, 2, \ldots, n$) wird durch $\bigcup_1^n A_k$ bzw. $\bigcap_1^n A_k$ dargestellt. Entsprechendes soll für abzählbare Familien gelten.

9. Offene und abgeschlossene Punktmengen. Ist $a \in E$, so setzen wir für $0 < r < +\infty$

$$(9.1) \qquad K_a^r = \{z \mid z \in E, |z - a| < r\}$$

und

$$(9.2) \qquad K_\infty^r = \{z \mid z \in \overline{E}, |z| > r\}.$$

Def. *Ein Punkt a einer Punktmenge A heißt ein innerer Punkt von A, wenn es ein $\varepsilon > 0$ derart gibt, daß $K_a^\varepsilon \subseteq A$ gilt.*

Der Leser möge feststellen, daß man in dieser Definition (da es auf die spezielle Größe von ε nicht ankommt) die Kreisscheiben (9.1) und (9.2) einheitlicher durch die Punktmengen

$$\{z \mid [z, a] < \varepsilon, a \in \overline{E}\}$$

ersetzen kann.

Def. *Eine nichtleere Menge A heißt offen, wenn jeder Punkt von A ein innerer Punkt ist.*

Danach ist die volle Ebene $\overline{E}$ (d. h. K) eine offene Menge.

Def. *Jede offene Punktmenge U_a, die a enthält, heißt eine Umgebung von a. Danach ist A offen, wenn A mit a auch eine Umgebung von a enthält.*

Neben den offenen Teilmengen von K spielen im folgenden die abgeschlossenen Punktmengen eine wichtige Rolle. Die Definition solcher Punktmengen hängt mit dem Begriff des Häufungspunktes zusammen. Ist allgemein A eine nichtleere Menge, so wird angenommen, daß man aus A irgendein Element a herausgreifen und daß man diesen Prozeß wiederholen kann, sofern $A \setminus \{a\}$ nicht leer ist[1].

Man bezeichne nun das zuerst herausgegriffene Element mit a_1 und bilde die Menge

$$(9.3) \qquad A_0 = \{a_1, a_2, a_3, \ldots\},$$

indem man für $n = 1, 2, \ldots$

$$A_n = A \setminus \{a_1, a_2, \ldots, a_n\}$$

setzt und $a_n \in A_n$ wählt. Ist keine der Mengen A_n leer, so führt dieses Verfahren zu der Bildung einer abzählbaren (Auswahl-) Folge (a_n) ($n = 1, 2, \ldots$), deren Elemente a_n voneinander verschieden sind.

Die Bildung von (Auswahl-) Folgen ist hier mit der Tatsache verknüpft, daß A eine unendliche Menge ist, sowie daß ein willkürlich herausgegriffenes Element von allen übrigen Elementen von A verschieden ist. Neben solchen so konstruierten (Auswahl-) Folgen kommen in der reellen und komplexen Analysis auch solche Folgen in Frage, die man mit Hilfe der Elemente einer Menge A dadurch konstruiert, daß jedem $n = 1, 2, \ldots$ ein Element a (das allgemein durch a_n bezeichnet wird) zugeordnet wird. In diesem Falle werden je zwei a_m, a_n ($n \neq m$) als Glieder der Folge (a_n) auch dann als verschieden angesehen, wenn diese aus demselben Element von A gebildet sind. Bei späteren Anwendungen soll (a_n) dasselbe bedeuten wie $\{a_n\}$ mit voneinander verschiedenen Elementen a_n.

Def. *Ein komplexer Punkt a heißt ein Häufungspunkt einer unendlichen Teilmenge A von K, falls man durch das vorhin beschriebene Auswahlverfahren eine abzählbare Teilmenge $\{a_n\}$ konstruieren kann derart, daß jede Umgebung U_a von a mindestens ein a_k enthält.*

Die Vereinigung von A mit der Menge aller ihrer Häufungspunkte heißt die abgeschlossene Hülle von A und wird mit $\overline{A}$ bezeichnet. Es ist

---

[1] Ernst Zermelo (1871—1953) war der erste, der hervorgehoben hat, daß die Schlußweise des Herausgreifens eines Elements aus einer unendlichen Menge einen komplizierten Prozeß enthält. Das von ihm aufgestellte Auswahlaxiom lautet: *Unter den Abbildungen, bei welchen jeder nicht leeren Teilmenge M eines Raumes S ein Element a von S zugeordnet wird, existiert stets eine solche, bei der (das zugeordnete Element) a in M enthalten ist.*

stets $A \subseteq \overline{A}$ und dann und nur dann $\overline{A} = A$, wenn A jeden ihrer Häufungspunkte enthält. Offenbar gilt $\overline{K} = K$.

Def. *Die nichtleere Menge A heißt abgeschlossen, wenn $\overline{A} = A$ gilt*[1].

Definiert man die leere Menge $\emptyset$ sowohl als offen wie auch als abgeschlossen, so kann man mit Rücksicht darauf, daß K sowohl offen als auch abgeschlossen ist, den Satz beweisen:

Satz. *Ist A offen, so ist $K \setminus A$ abgeschlossen. Ist A abgeschlossen, so ist $K \setminus A$ offen.*

Beweis. Die Fälle $A = \emptyset$ bzw. $A = K$ sind mit Rücksicht auf die postulierte Gleichung $\overline{\emptyset} = \emptyset$ trivial. Im allgemeinen Fall kann nun die (nichtleere) Menge $K \setminus A$ keinen Häufungspunkt besitzen, der in A liegt, denn diese besteht nur aus inneren Punkten. Ist umgekehrt A abgeschlossen, so kann $K \setminus A$ nur aus inneren Punkten bestehen. Der einfache Schluß soll dem Leser überlassen werden.

10. Die Cauchysche Konvergenztheorie. Eine nichtleere Punktmenge A von $\overline{E}$ heißt beschränkt, wenn eine endliche positive Zahl M existiert derart, daß für alle $z \in A$ die Ungleichung $|z| \leq M$ gilt.

Def. *Ist A nicht leer, so heißt die Größe*

$$(10.1) \qquad d(A) = \sup \{ |z - z'| \mid z, z' \in A \}$$

der Durchmesser von A.

Für eine beschränkte Punktmenge A gilt wegen $|z - z'| \leq |z| + |z'|$ stets $d(A) \leq 2M$. Ist umgekehrt $d(A)$ endlich, so ist A wegen $|z| \leq$ $\leq |z - z_0| + |z_0| \leq d(A) + |z_0|$ ($z_0 \in A$ fest) beschränkt.

Um sowohl für beschränkte als auch für nicht beschränkte A einen endlichen Durchmesser zu erhalten, setzen wir noch

$$(10.2) \qquad D(A) = \sup \{ [z, z'] \mid z, z' \in A \}$$

und nennen $D(A)$ den sphärischen Durchmesser von A. Es ist stets $D(A) \leq 1$.

Def. *Eine gegebene Folge (z_n) $(n = 1, 2, \ldots)$ heißt konvergent, wenn eine Zahl $z_0 \in \overline{E}$ derart existiert, daß*

$$(10.3) \qquad \lim_{n \to \infty} [z_n, z_0] = 0$$

gilt. Ist dies der Fall, so schreiben wir

$$(10.4) \qquad z_0 = \lim_{n \to \infty} z_n$$

und nennen z_0 den Grenzwert der Folge (z_n).

Eine Folge (z_n) kann höchstens einen Grenzwert besitzen. Gäbe es nämlich zwei Zahlen z_0 und z_0' mit der Eigenschaft

$$\lim_{n \to \infty} [z_n, z_0] = 0 \quad \text{und} \quad \lim_{n \to \infty} [z_n, z_0] = 0 \, ,$$

---

[1] Man kann die abgeschlossenen Mengen auch als Komplemente von offenen definieren und anschließend die Eigenschaft $\overline{A} = A$ beweisen.

so würde wegen

$$[z_0, z_0'] \leqq [z_n, z_0] + [z_n, z_0']$$

die Gleichung $[z_0, z_0'] = 0$ folgen.

Ist (z_n) beschränkt (d. h. $|z_n| \leqq M < + \infty$), so ist z_0 endlich, und man kann in (10.3) die Kugelentfernung $[z_n, z_0]$ durch $|z_n - z_0|$ ersetzen. Ist dagegen die Folge (z_n) nicht beschränkt, so muß $z_0 = z_\infty$ sein.

Def. *Eine komplexe Zahlenfolge (z_n) $(n = 1, 2, \ldots)$ heißt eine Cauchy-Folge, wenn zu jedem $\varepsilon > 0$ ein Index $n_0 = n_0(\varepsilon)$ derart existiert, daß für alle $m, n \geqq n_0$*

$$(10.5) \qquad [z_m, z_n] < \varepsilon$$

gilt.

Mit Rücksicht auf die Ungleichung

$$[z_m, z_n] \leqq [z_m, z_0] + [z_n, z_0]$$

ist jede konvergente Folge eine Cauchy-Folge. Diese Tatsache bildet zusammen mit dem nachfolgenden Satz den Inhalt des sogenannten Cauchyschen Konvergenzkriteriums:

Satz. *Jede Cauchy-Folge von $\overline{E}$ ist konvergent.*

Beweis. Es sei zunächst (z_n) nicht beschränkt. Dann gibt es mit Rücksicht auf (10.5) zu jeder natürlichen Zahl k ein $n_0 = n_0(k)$ derart, daß für alle $n \geqq n_0$ $|z_n| \leqq \sqrt{k^2 - 1}$ gilt, also

$$[z_n, z_\infty] = \frac{1}{\sqrt{1 + |z_n|^2}} \leqq \frac{1}{k} \, .$$

Somit ist z_∞ der Grenzwert der Folge.

Ist (z_n) beschränkt ($|z_n| \leqq M$), so setze man

$$z_n = x_n + i y_n \qquad\qquad (n = 1, 2, \ldots)$$

und beachte, daß mit Rücksicht auf die Ungleichung

$$\mathrm{Max}\,\{|x_m - x_n|, |y_m - y_n|\} \leqq [z_m, z_n]\,(1 + M^2)$$

die Grenzwerte

$$x_0 = \lim_{n \to \infty} x_n; \quad y_0 = \lim_{n \to \infty} y_n$$

existieren[1]. Setzt man nun $z_0 = x_0 + i y_0$, so ist

$$[z_n, z_0] \leqq |x_n - x_0| + |y_n - y_0|$$

und somit auch

$$\lim_{n \to \infty} [z_n, z_0] = 0 \, .$$

---

[1] Die Vollständigkeit der reellen Gerade und somit die Cauchysche Konvergenztheorie in E^1 wird als bekannt vorausgesetzt.

Mit Hilfe dieses Cauchyschen Konvergenzprinzips kann man folgenden Satz beweisen:

Satz. *Es bedeute (A_n) $(n = 1, 2, \ldots)$ eine Folge von nichtleeren Punktmengen von $\overline{E}$ mit den Eigenschaften:*

1. $$A_{n+1} \subseteq A_n \qquad\qquad (n = 1, 2, \ldots)$$

2. $$\lim_{n \to \infty} D(A_n) = 0 .$$

Hat man dann eine beliebige Punktfolge (a_n) $(a_n \in A_n, n = 1, 2, \ldots)$, so ist diese stets konvergent.

In der Tat gibt es bei vorgegebenem $\varepsilon > 0$ ein $n_0 = n_0(\varepsilon)$ derart, daß $D(A_n) < \varepsilon$ für alle $n \geqq n_0$ gilt. Daraus folgt aber die Ungleichung

$$[a_m, a_n] < \varepsilon \qquad\qquad (m, n \geqq n_0)$$

und somit die Existenz des Grenzwertes a_0 der Folge (a_n).

Satz (CANTOR). *Sind die nichtleeren Punktmengen A_n im vorigen Satz abgeschlossen, so liegt a_0 in jedem A_n und es gilt*

$$(10.4) \qquad\qquad a_0 = \bigcap_1^\infty A_n{}^1 .$$

Beweis. Man setze $a_0 = \lim_{n \to \infty} a_n$ und betrachte ein A_k. Dann liegt a_0 in A_k. Da der Index k willkürlich ist, so liegt a_0 in jedem A_k und somit auch in $\bigcap_1^\infty A_n$. Nun kann wegen 2. der Durchschnitt $\bigcap_1^\infty A_n$ höchstens aus einem Punkt bestehen. Das beweist die Behauptung.

Der Leser möge selbst Vergleiche anstellen, daß jeder Häufungspunkt im Sinne der Definition von 10. auch Konvergenzpunkt der durch das Auswahlaxiom von ZERMELO konstruierten Folge (a_n) ist. Umgekehrt ist der Konvergenzpunkt einer Folge (a_n) ein Häufungspunkt dieser Folge.

11. Der Überdeckungssatz von HEINE-BOREL und der Satz von BOLZANO-WEIERSTRASS. Hat man eine Familie

$$(11.1) \qquad\qquad \mathfrak{G} = \{G \mid G \in \mathfrak{G}\}$$

von offenen, nichtleeren Teilmengen von $\overline{E}$, so wird gesagt, eine Punktmenge A besitze in $\mathfrak{G}$ eine endliche (bzw. unendliche) Überdeckung, falls für eine Teilklasse $\mathfrak{G}_1$ von $\mathfrak{G}$

$$(11.2) \qquad\qquad A \subseteq \bigcup G \qquad\qquad (G \in \mathfrak{G}_1)$$

gilt. Ist $\mathfrak{G}_1$ abzählbar, so heißt die Überdeckung abzählbar. Es ist einleuchtend, daß mit A auch jede Teilmenge von A überdeckt wird.

---

¹ Dieser Cantorsche Satz (GEORG CANTOR 1845—1918) kann bekanntlich unter wesentlich allgemeineren Voraussetzungen bewiesen werden und als Axiom genommen (Cantorsches Axiom) die Cauchysche Konvergenztheorie ersetzen.

Satz (HEINE-BOREL)[1]. *Ist A eine abgeschlossene Teilmenge von $\overline{E}$, so enthält jede unendliche Überdeckung von A eine endliche Überdeckung.*

Mit anderen Worten: Ist $\mathfrak{G}_1$ eine (unendliche) Überdeckung von A im Sinne von (11.2), so gibt es stets endlich viele $G_1, G_2, \ldots, G_n$ aus $\mathfrak{G}_1$ derart, daß

$$(11.3) \qquad A \subset \bigcup_1^n G_k$$

gilt.

Wir beginnen den Beweis mit folgender Konstruktion:

Es sei n eine (feste) natürliche Zahl. Wir betrachten die abgeschlossenen Quadrate

$$(11.4) \qquad \overline{Q}_{kl}: \begin{array}{c} \dfrac{k}{2^n} \leq x \leq \dfrac{k+1}{2^n} \\[2mm] \dfrac{l}{2^n} \leq y \leq \dfrac{l+1}{2^n} \end{array} \qquad (k,\, l \text{ ganz} \gtrless 0)$$

und bezeichnen ihre Gesamtheit mit $\mathfrak{Q}_n$. Zur Vereinfachung der Schreibweise schreiben wir noch kurz $\overline{Q}_n$ für $\overline{Q}_{kl}$ und drücken ihre Abhängigkeit von n durch die Schreibweise $\overline{Q}_n \in \mathfrak{Q}_n$ aus.

Enthält A den Punkt z_∞, so gibt es ein $G \in \mathfrak{G}_1$ derart, daß $z_\infty \in G$ ist. Da G offen ist, existiert ein $m\,(m$ ganz $\geq 1)$, so daß G die Punktmenge $\overline{E} \setminus \overline{Q}_0$, wobei $\overline{Q}_0$ das Quadrat

$$(11.5) \qquad -m \leq x,\, y \leq m$$

bedeutet, überdeckt. Somit genügt es für den Beweis des Satzes, lediglich den Fall zu betrachten, wo A in einem Quadrat, etwa $\overline{Q}_0$, liegt.

Wäre nun der Satz falsch, so gäbe es ein Quadrat $\overline{Q}_1 \in \mathfrak{Q}_1$ mit der Eigenschaft, daß für die (nichtleere, abgeschlossene) Menge $A_1 = A \cap \overline{Q}_1$ die Aussage nicht zutrifft. (Denn sonst wäre ja der Satz richtig.) Betrachtet man nun die Familien $\mathfrak{Q}_n\,(n = 2, 3, \ldots)$, so kann man eine Folge $(A_n)\,(n = 1, 2, \ldots)$ von nichtleeren, abgeschlossenen Punktmengen konstruieren mit folgenden Eigenschaften:

1. Es ist

$$A_n = A \cap \overline{Q}_n \quad \text{mit} \quad \overline{Q}_n \in \mathfrak{Q}_n$$

und

$$\overline{Q}_{n+1} \subset \overline{Q}_n, \quad \text{also} \quad A_{n+1} \subseteq A_n\,.$$

2. Es ist wegen

$$d(A_n) \leq d(Q_n) \leq \frac{1}{2^{n+1}_m}\, d(Q_0)$$

und

$$d(A_{n+1}) \leq d(A_n)$$

$$\lim_{n \to \infty} d(A_n) = 0\,.$$

---

[1] H. EDUARD HEINE (1821–1882); EMILE BOREL (1871–1956).

3. Für jedes A_n ist die Aussage des Satzes falsch.

Man setze jetzt

$$a_0 = \bigcap_1^\infty A_n \,.$$

Dann gilt $a_0 \in A$, und es existiert somit ein $G_0 \in \mathfrak{G}_1$ derart, daß $a_0 \in G_0$ ist. Da jedoch G_0 offen ist, so liegen von einem n an alle A_n in G_0, was der Eigenschaft 3. der A_n widerspricht.

Auf ähnliche Weise beweist man nachfolgenden wichtigen Satz von BOLZANO und WEIERSTRASS:

Satz (BOLZANO-WEIERSTRASS)[1]. *Jede unendliche Teilmenge A von K hat mindestens einen Häufungspunkt.*

Beweis. Ist z_∞ ein Häufungspunkt von A, so ist die Aussage richtig. Im entgegengesetzten Falle gibt es ein achsenparalleles Quadrat, etwa $\overline{Q}_0$, derart, daß $A \cap \overline{Q}_0$ eine unendliche Menge ist. In diesem Falle konstruieren wir die Quadratfolge $(\overline{Q}_n)$ $(\overline{Q}_n \in \mathfrak{Q}_n)$ durch die Forderung, daß die Mengen $A_n \cap \overline{Q}_n (n = 1, 2, \ldots)$ jedesmal unendlich viele Zahlen $a \in A$ enthalten.

Bildet man nun $a_0 = \bigcap_1^\infty A_n$, so ist offenbar a_0 ein Häufungspunkt von A.

Die beiden zuletzt bewiesenen Sätze sind in E^2 (wegen des Fehlens des abschließenden Elements z_∞) offenbar falsch, sofern A nicht in einem endlichem Quadrat liegt, d. h. beschränkt ist.

Mit Rücksicht auf den zuletzt bewiesenen Satz von BOLZANO-WEIERSTRASS haben abgeschlossene Teilmengen A von K die Eigenschaft, daß jede unendliche Folge (z_n) $(n = 1, 2, \ldots)$, die man mit Hilfe von Zahlen aus A bilden kann, mindestens einen (und somit jeden) Häufungspunkt in A hat. Das trifft natürlich auch für den Gesamtraum K (bzw. $\overline{E}$) zu. Diese Eigenschaft (die in E^2 nicht gilt) wird als Kompaktheit bezeichnet. Im folgenden wird, sofern es sich um Teilmengen von K handelt, anstelle von abgeschlossen auch die Bezeichnung kompakt verwendet.

12. Kurven. Der Kurvenbegriff ist für die komplexe Funktionentheorie von fundamentaler Bedeutung. Im folgenden sollen einige Klassen von Kurven definiert werden, die in den nachfolgenden Kapiteln eine wichtige Rolle spielen.

Def. *Ein stetiger Kurvenbogen γ wird durch die Gleichung*

$$(12.1) \qquad \gamma = \{z \mid z = z(t), t \in J\}$$

definiert, wobei $z(t) = x(t) + i y(t)$ ist und J ein abgeschlossenes Intervall

$$(12.2) \qquad \alpha \leqq t \leqq \beta$$

darstellt. Dabei werden die reellen eindeutigen Funktionen $x(t)$ und $y(t)$ als stetig in J vorausgesetzt. Ist $\alpha = \beta$, so besteht γ aus einem Punkt und wird ein ausgearteter Kurvenbogen genannt.

---

[1] BERNHARD BOLZANO (1781–1848); KARL WEIERSTRASS (1815–1897).

Die Punkte $a = z(\alpha)$ und $b = z(\beta)$ heißen der Anfangspunkt bzw. der Endpunkt von γ. Ein Kurvenbogen ist, ähnlich wie eine Folge, eine geordnete Menge. Hat man nämlich zwei Punkte $z_1 = z(t_1)$ und $z_2 = z(t_2)$ von γ, so kann man diese ordnen, indem man sagt, z_1 komme vor z_2 oder umgekehrt, je nachdem $t_1 < t_2$ bzw. $t_2 < t_1$ gilt.

Die Stetigkeit von $x(t)$ und $y(t)$ in J bewirkt, daß

$$\lim_{t' \to t} |z(t') - z(t)| = 0 \qquad (t, t' \in J)$$

gilt. Mit anderen Worten: Zu jedem $\varepsilon > 0$ existiert ein $\eta = \eta(\varepsilon, t)$ derart, daß für alle $t' \in J$ und $|t' - t| < \eta$, $|z(t') - z(t)| < \varepsilon$ gilt. Existiert in jedem Punkt t von J die Ableitung

$$z'(t) = \lim_{t' \to t} \frac{z(t') - z(t)}{t' - t} \qquad (t' \neq t)$$

und ist dort stetig, so heißt γ ein differenzierbarer Kurvenbogen. Gilt noch in jedem Punkt von J $z'(t) \neq 0$, so heißt γ regulär. Ein Kurvenbogen γ soll ferner stückweise stetig differenzierbar heißen, wenn $z'(t)$ in J mit Ausnahme von höchstens endlich vielen t-Werten stetig ist. Dabei soll in den Ausnahmepunkten die (endliche) hintere bzw. die vordere Derivierte von $z(t)$ existieren. Eine entsprechende Definition gilt für die regulären Kurvenbögen.

Der einfachste Kurvenbogen ist die Strecke, welche zwei Punkte z_0 und z_1 von E verbindet. Diese kann stets durch die Gleichung

$$z(t) = (1 - t) z_0 + t z_1$$

definiert werden. Hat man $n + 1$ Punkte $z_0, z_1, \ldots, z_n$ von E, so stellen die Gleichungen

$$(12.3) \qquad \gamma_k = (k - nt) z_{k-1} + (nt - k + 1) z_k \qquad \left(\frac{k-1}{n} \leq t \leq \frac{k}{n} \right)$$

für $k = 1, 2, \ldots, n$ n Strecken dar, deren (topologische) Summe $\gamma_1 + \gamma_2 + \cdots + \gamma_n$ den Polygonzug bildet, der die Punkte $z_0, z_1, \ldots z_n$ in der gegebenen Reihenfolge verbindet.

Jeder stetige Kurvenbogen γ stellt als Punktmenge eine kompakte (beschränkte und abgeschlossene) Teilmenge von E dar. Da $z(t)$ in J stetig ist, so muß $|z(t)|$ in J sein Maximum annehmen, und somit gilt $|z(t)| \leq M < \infty$ in J. Ist ferner (z_n) $(n = 1, 2, \ldots)$ eine Punktfolge auf γ und ist $z_n = z(t_n)$, $(t_n \in J)$, so enthält (t_n) eine konvergente Teilfolge (t_{n_k}) $(k = 1, 2, \ldots)$, die eine konvergente Teilfolge (z_{n_k}) $(k = 1, 2, \ldots)$ von (z_n) liefert. Das beweist die Behauptung.

Def. *Der Kurvenbogen* (12.1) *wird ein einfacher (offener) Jordanscher Kurvenbogen genannt*[1], *wenn dieser sich eineindeutig und stetig auf J abbilden läßt.*

---

[1] Nach CAMILLE JORDAN (1838—1922).

Mit anderen Worten: Jedem $t \in J$ entspricht eindeutig ein $z \in \gamma$ und jedem $z \in \gamma$ eindeutig ein $t \in J$. Ferner ist die Zuordnung $J \to \gamma$ stetig.

Def. *Der Kurvenbogen γ heißt eine (einfach geschlossene) Jordansche Kurve, wenn eine Darstellung $z = z(t)$ $(t \in J)$ mit einem stetigen $z(t)$ existiert derart, daß die Gleichung $z(t') = z(t'')$ nur die Lösungen $t' = t''$, $t' = \alpha$ und $t'' = \beta$ oder $t' = \beta$ und $t'' = \alpha$ hat.*

Jede einfach geschlossene Jordan-Kurve läßt sich eineindeutig und stetig auf die Punkte der Einheitsperipherie $|z| = 1$ abbilden.

Hat man für den Jordanschen Kurvenbogen γ eine zweite Darstellung, etwa die Darstellung $z = z(\bar{t})$ $(\bar{t} \in \bar{J},\ \bar{J}\!:\!\bar{\alpha} \leq \bar{t} \leq \bar{\beta})$, so gibt es eine eineindeutige und stetige Zuordnung der inneren Punkte der beiden Intervalle J und $\bar{J}$ aufeinander. Schreibt man dann $\bar{t} = \bar{t}(t)$, so muß $\bar{t}$ als Funktion von t eigentlich monoton sein. Führt man also die Grenzübergänge $t \to \alpha$ und $t \to \beta$ durch, so folgt aus der Monotonie und der Stetigkeit von $\bar{t}(t)$, daß entweder $\bar{t}(\alpha) = \bar{\alpha}$ und $\bar{t}(\beta) = \bar{\beta}$ oder $\bar{t}(\alpha) = \bar{\beta}$ und $\bar{t}(\beta) = \bar{\alpha}$ gelten muß, je nachdem $\bar{t}(t)$ monoton zunehmend bzw. monoton abnehmend ist. Jede in J stetige, eigentlich monoton wachsende Funktion $\bar{t} = \bar{t}(t)$ liefert eine (orientierungserhaltende) neue Parameterdarstellung von γ.

Wird γ durch (12.1) dargestellt, so wird definitionsgemäß $-\gamma$ durch die Gleichung

$$(12.4) \qquad -\gamma = \{z \mid z = z(-t),\, t \in -J\}$$

gegeben, wobei $-J$ das Intervall $-\beta \leq t \leq -\alpha$ bedeutet. Eine gleichwertige Darstellung von $-\gamma$ wird durch die Gleichung

$$(12.5) \qquad -\gamma = \{z \mid z = z(\alpha + \beta - t),\, t \in J\}$$

gegeben. Im folgenden wird oft statt $-\gamma$ auch γ^{-1} geschrieben.

Ist γ eine einfach geschlossene Jordansche Kurve, so kann diese, wie bereits erwähnt, eineindeutig auf die Punkte der Einheitsperipherie K_0 bezogen werden. Als Standarddarstellung von K_0 wird im folgenden die Darstellung

$$(12.6) \qquad \xi = e^{2\pi i t} \qquad (0 \leq t \leq 1)$$

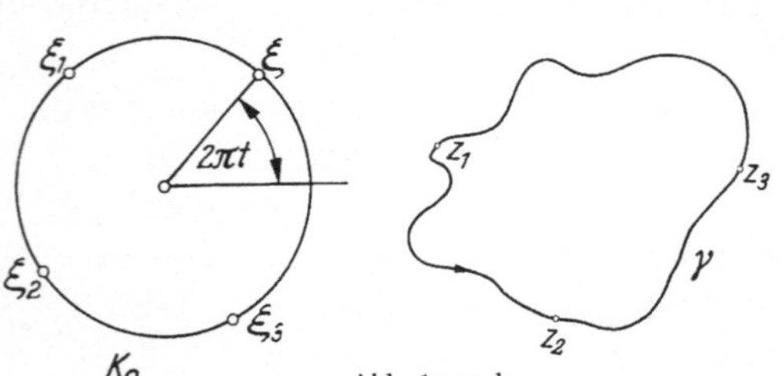

Abb. 1a u. b

zugrunde gelegt, wobei $2\pi t$ den Winkel bedeutet, den der durch den Punkt ξ bestimmte Radiusvektor mit der positiven x-Halbachse bildet. Unter Zugrundelegung dieser Darstellung kann jede einfach geschlossene Kurve γ stets orientiert werden, sofern man für drei bestimmte, voneinander verschiedene Punkte $\xi_k = e^{2\pi i t_k}$ $(k = 1, 2, 3)$ auf K_0 die entsprechenden Punkte $z_k = z(t_k)$ angeben kann (Abb. 1).

Stellt man das Intervall J als Vereinigung der Intervalle

$$J_k: \alpha_k \leqq t \leqq \beta_k$$

dar, so erscheint γ als Vereinigung der (gleich orientierten) Kurvenstücke

$$\gamma_k = \{z \mid z = z(t),\, t \in J_k\}\ .$$

In diesem Falle schreiben wir

$$\gamma = \gamma_1 + \gamma_2 + \cdots + \gamma_n$$

und nennen γ die (topologische) Summe von $\gamma_1, \gamma_2, \ldots, \gamma_n$. Auf die Summe von Kurvenbögen kommen wir im nächsten Kapitel nochmals zurück.

Für den Leser, der die Lebesguesche Integrationstheorie kennt, bringen wir noch zum Schluß den Begriff der totalstetigen Kurve, welche die Klasse der stückweise differenzierbaren Kurven umfaßt.

Def. *Eine in einem Intervall J definierte eindeutige Funktion $g = g(t)$ heißt in J totalstetig, wenn zu jedem vorgegebenen, beliebig kleinen $\varepsilon > 0$ ein $\eta = \eta(\varepsilon)$ bestimmt werden kann derart, daß für jedes t-System*

$$\alpha \leqq t_0 \leqq t_1 \leqq t_2 \leqq \cdots \leqq t_n \leqq \cdots \leqq \beta$$

mit

$$\sum_{k=1}^{\infty} |t_k - t_{k-1}| \leqq \eta$$

die Ungleichung

(12.7)
$$\sum_{k=1}^{\infty} |g(t_k) - g(t_{k-1})| \leqq \varepsilon$$

gilt.

Es zeigt sich dann, daß jede in J totalstetige Funktion $g(t)$ fast überall (d. h. höchstens mit Ausnahme einer Nullmenge) eine Ableitung $g'(t)$ besitzt und daß für jedes τ, $\alpha \leqq \tau \leqq \beta$ die Gleichung

(12.8)
$$g(\tau) = g(\alpha) + \int_{\alpha}^{\tau} g'(t)\, dt$$

gilt, wobei rechts das Integral im Lebesgueschen Sinne zu nehmen ist.

Def. *Die Kurve γ heißt in J totalstetig, falls in (12.1) die Funktionen $x(t)$ und $y(t)$ totalstetig sind.*

13. Eine Peano-Kurve. Damit der Leser einen Eindruck von der Allgemeinheit der Definition (12.1) gewinnt, soll das Beispiel einer Kurve γ gegeben werden, die ein Quadrat ausfüllt.

Man definiere vorerst die Funktion $g(t)$ im Intervall $J_0: 0 \leqq t < 2$ durch die Vorschrift

(13.1)
$$g(t) = \begin{cases} 0 & 0 \leqq t < \dfrac{1}{3} \\[2mm] 3t - 1 & \dfrac{1}{3} \leqq t < \dfrac{2}{3} \\[2mm] 1 & \dfrac{2}{3} \leqq t < 1 \\[2mm] g(2 - t) & 1 \leqq t < 2 \end{cases}$$

und anschließend im ganzen Intervall $J: -\infty < t < +\infty$ durch die Gleichung

$$(13.2) \qquad g(t) = g(t_0) \qquad (t \equiv t_0 \bmod 2),\ t_0 \in J_0 .$$

Die so definierte Funktion $g(t)$ ist dann in jedem Punkt von J stetig und in jedem abgeschlossenen Teilintervall derselben gleichmäßig stetig. Ferner ist $|g(t)| \leqq 1\,(t \in J)$. Es sei nun

$$(13.3) \qquad
\begin{aligned}
x(t) &= \sum_{k=0}^{\infty} \frac{g(3^{2k}t)}{2^{k+1}} \\
y(t) &= \sum_{k=0}^{\infty} \frac{g(3^{2k+1}t)}{2^{k+1}}
\end{aligned}
\qquad (t \in J_0)$$

gesetzt. Dann sind beide Funktionen mit Rücksicht darauf, daß die Reihen rechts (wegen $|g(t)| \leqq 1$) gleichmäßig konvergieren, stetig in jedem Punkt von J und gleichmäßig stetig in J_0.

Man bilde nun $z = z(t) = x(t) + iy(t)$ und bezeichne mit γ die dadurch definierte Kurve. Wegen $|x(t)| \leqq 1$, $|y(t)| \leqq 1$ liegt offenbar jeder Punkt von γ im Quadrat

$$(13.4) \qquad Q_0 : 0 \leqq x \leqq 1,\quad 0 \leqq y \leqq 1 .$$

Es bedeute jetzt $P_0(x_0, y_0)$ einen beliebigen Punkt von Q_0. Dann soll gezeigt werden, daß für ein geeignet gewähltes $t_0 \in J_0$, $x(t_0) = x_0$ und $y(t_0) = y_0$ wird. Das hat zur Folge, daß γ aus allen Punkten von Q_0 besteht.

Zum Beweis stelle man x_0 und y_0 in der Form

$$(13.5) \qquad x_0 = \sum_{k=0}^{\infty} \frac{a_{2k}}{2^{k+1}},\quad y_0 = \sum_{k=0}^{\infty} \frac{a_{2k+1}}{2^{k+1}}$$

mit $a_k\,(k = 0, 1, 2, \ldots)$ gleich Null oder Eins dar und betrachte den Wert

$$t_0 = 2 \sum_{k=0}^{\infty} \frac{a_k}{3^{k+1}} \qquad \left(0 \leqq t_0 \leqq 2 \sum_{k=1}^{\infty} \frac{1}{3^k} = 1 \right) .$$

Nun ist für $n \geqq 0$, ganz

$$3^n t_0 \equiv 2 \sum_{k=n}^{\infty} \frac{a_k}{3^{k-n+1}} \qquad (\bmod 2)$$

und somit

$$g(3^n t_0) = g\left(\frac{2 a_n}{3} + r \right) \qquad \left(0 \leqq r \leqq \frac{1}{3} \right) .$$

Daraus folgt mit Rücksicht auf die Definition von $g(t)$ in J_0

$$g(3^n t_0) = a_n \qquad (n = 0, 1, 2, \ldots)$$

und damit

$$x(t_0) = \sum_{n=0}^{\infty} \frac{a_{2n}}{2^{n+1}} = x_0 ,\quad y(t_0) = \sum_{n=0}^{\infty} \frac{a_{2n+1}}{2^{n+1}} = y_0 .$$

Wir haben also das Ergebnis: Durchläuft t die Teilmenge

$$J_1 = \left\{ t \,\middle|\, t = 2 \sum_{k=0}^{\infty} \frac{a_k}{3^{k+1}} \,,\ a_k = 0 \ \text{oder} \ a_k = 1 \right\}$$

von J_0, so durchläuft der Punkt $z = z(t)$ das Quadrat Q_0. Somit füllt γ das Quadrat Q_0 voll aus. Dieses verblüffende Ergebnis hat (mittels eines anderen Beispieles) zuerst PEANO (1858—1932) im Jahre 1890 gefunden. Das hier gegebene Beispiel stammt im wesentlichen von LEBESGUE[1], die elegantere und eindringlichere Darstellung von SCHOENBERG [*Bull. Amer. Math. Soc.* Vol. 44, 519 (1938)].

14. Gebiete und Kontinuen. Der Begriff des Zusammenhangs. Eine Teilmenge M von $\overline{E}$ heißt separierbar, wenn es eine Zerlegung von M in zwei nichtleere Punktmengen A und B gibt derart, daß $\overline{A} \cap B = \emptyset$ und $A \cap \overline{B} = \emptyset$ gilt. Eine nicht separierbare Menge M heißt zusammenhängend. Der Leser wird leicht beweisen können, daß man jeden Punkt einer offenen, zusammenhängenden Menge M mit jedem anderen ihrer Punkte durch einen in M verlaufenden Polygonzug verbinden kann.

Def. *Eine offene zusammenhängende Punktmenge der vollen komplexen Ebene heißt ein Gebiet. Eine abgeschlossene (kompakte) zusammenhängende Punktmenge heißt ein Kontinuum.*

Danach ist die volle komplexe Ebene sowohl ein Gebiet als auch ein Kontinuum. Ferner folgt aus den Überlegungen von 12., daß jeder durch (12.1) definierte Kurvenbogen γ ein Kontinuum ist. Ein einzelner Punkt soll als ein ausgeartetes Kontinuum aufgefaßt werden.

Def. *Ist A eine Punktmenge, so soll $\Gamma_A = \overline{A} \cap \overline{A}'$ der Rand von A heißen.*

Im folgenden soll der Kürze wegen an Stelle von Γ_A auch Γ geschrieben werden. Ist A leer oder mit der vollen komplexen Ebene identisch, so ist Γ leer. Für ein Gebiet G besteht der Rand Γ aus endlich oder unendlich vielen punktfremden Kontinuen.

Ist G ein Gebiet, so wird oft (das Kontinuum) $\overline{G} = G \cup \Gamma_G$ ein Bereich genannt.

Def. *Ein Gebiet G wird als einfach zusammenhängend definiert, wenn Γ entweder die leere Menge ist oder aus einem einzigen Kontinuum besteht. Besteht der Rand Γ von G aus genau $n\,(n > 1)$ punktfremden Kontinuen $\Gamma_1, \Gamma_2, \ldots, \Gamma_n$, so wird G n-fach zusammenhängend genannt.*

Für die einfach zusammenhängenden Punktmengen gelten folgende Sätze:

Satz (Approximationssatz). *Ist G ein einfach zusammenhängendes, beschränktes Gebiet der komplexen Ebene und A ein (nichtleeres) Kontinuum in G, so gibt es einen von einem einzigen, einfachen, achsenparallelen Polygonzug begrenzten (und somit einfach zusammenhängenden)*

---

[1] HENRI LEBESGUE (1875—1941).

Bereich $T \subset G$ derart, daß die Menge T_* der inneren Punkte von T das Kontinuum A enthält.

Beweis. Es bedeute allgemein a einen Punkt von G und Q_a das maximale achsenparallele Quadrat mit dem Mittelpunkt a, das Platz in G findet. Dieses kann man bestimmen, indem man zunächst alle achsenparallelen abgeschlossenen Quadrate mit dem Mittelpunkt a betrachtet und die (wegen der Beschränktheit von G endliche) obere Grenze $q_a (q_a > 0)$ der diesbezüglichen Seiten nimmt. Nennt man dann das dazugehörige Quadrat $\bar{Q}_a$, so hat Q_a die gewünschte Eigenschaft. Man ersetze nun jedes Q_a durch ein achsenparalleles Quadrat S_a mit demselben Mittelpunkt a und der Seitenlänge $q_a/2$. Damit erreichen wir, daß für jedes $a \in G$ $\bar{S}_a \subset G$ gilt. Jetzt betrachte man die Überdeckungsfamilie

$$(14.1) \qquad \mathfrak{A} = \{ S_a \mid a \in A \}$$

von A. Diese enthält nach dem Satz von HEINE-BOREL eine endliche Überdeckung von A, und somit existieren $n \, (n \geqq 1)$ Quadrate S_{a_1}, $S_{a_2}, \ldots, S_{a_n}$ derart, daß

$$(14.2) \qquad A \subset \bigcup_1^n S_{a_k} = S$$

und somit auch

$$(14.3) \qquad A \subset \bigcup_1^n \bar{S}_{a_k} = \bar{S}$$

ist.

Bildet man nun S_*, so gilt $\bar{S}_* = S$ und $\bar{S}_* \backslash S_*$ besteht aus endlich vielen einfach geschlossenen, achsenparallelen, punktfremden Polygonzügen $\Pi_1, \Pi_2, \Pi_3, \ldots, \Pi_q$, und wir dürfen annehmen, daß Π_1 die Polygonzüge $\Pi_2, \ldots, \Pi_q$ umschließt[1]. Letztere Polygonzüge sind nun Ränder von Gebieten $G_2, \ldots, G_q$, die alle in G liegen, da sonst $\bar{G} \backslash G$ nicht aus einem einzigen Kontinuum bestehen würde. Bildet man also die Menge

$$T = \bar{S} \cup \left\{ \bigcup_2^n G_k \right\} \qquad (T \subset G),$$

so ist T ein Bereich und T_* einfach zusammenhängend. Daß T_* nun mit Rücksicht auf (14.2) die Menge A überdeckt, ist trivial und bedarf keiner weiteren Erklärung. Der Beweis verläuft entsprechend, wenn man A durch eine abgeschlossene Teilmenge von G ersetzt. Ein ähnlicher Satz gilt für n-fach zusammenhängende Gebiete.

15. Abbildungen durch eindeutige komplexe Funktionen. Ordnet man jedem Punkt einer nichtleeren Punktmenge A von $\bar{E}$ eindeutig eine

---

[1] Der Begriff des Umschließens für zwei einfach geschlossene, achsenparallele Polygonzüge ist so trivial, daß er hier nicht erklärt zu werden braucht. Ebenfalls braucht hier die Tatsache nicht erklärt zu werden, daß ein einfach geschlossener, achsenparalleler Polygonzug ein (beschränktes) Gebiet umschließt.

komplexe Zahl $w = w(z)$ zu, so soll die Operation $z \to w(z)$ $(z \in A)$ im Einklang mit den Entwicklungen von 5. eine eindeutige Abbildung von A auf die Menge

(15.1) $$w(A) = \{w \mid w = w(z), z \in A\}$$

heißen. Ist B eine Teilmenge von $w(A)$, so soll $w^{-1}(B)$ diejenige Teilmenge von A bezeichnen, die durch die Abbildung $A \to w(A)$ in B übergeht. Die Menge $w^{-1}(B)$ heißt dann das inverse Bild von B.

Def. *Die Abbildung $A \to w(A)$ heißt im Punkt $z_0 \in A$ stetig, wenn aus* $\lim [z, z_0] = 0$ *die Gleichung* $\lim [w(z), w(z_0)] = 0$ *folgt.*

Darunter ist ausführlicher ausgedrückt folgendes zu verstehen: Zu jedem $\varepsilon > 0$ existiert ein $\eta = \eta(\varepsilon, z_0)$ derart, daß für alle $z \in A$ mit $[z, z_0] < \eta$ die Ungleichung $[w(z), w(z_0)] < \varepsilon$ gilt.

Def. *Die Abbildung $A \to w(A)$ heißt in A stetig, wenn sie in jedem Punkt von A stetig ist.*

Def. *Gilt für jedes $\varepsilon > 0$*

(15.1) $$\eta(\varepsilon) = \inf \{\eta(\varepsilon, z) \mid z \in A\} > 0 \,,$$

so heißt $w(z)$ gleichmäßig stetig in A.

Das ist mit folgendem Sachverhalt gleichbedeutend: Ist $\varepsilon > 0$ vorgegeben, so gibt es ein $\eta = \eta(\varepsilon) > 0$ derart, daß für alle $z, z' \in A$ mit $[z, z'] < \eta$ die Ungleichung

(15.2) $$[w(z), w(z')] < \varepsilon$$

gilt.

Ist $w(z)$ in A stetig und ist $a (a \notin A)$ ein Häufungspunkt von A derart, daß eine komplexe Zahl w_0 existiert mit der Eigenschaft $\lim [w(z), w_0] = 0$ für $\lim [z, a] = 0$ $(z \in A)$, so ist die Funktion

(15.3) $$w^*(z) = \begin{cases} w(z) \mid z \in A \\ w_0 \quad \mid z = a \end{cases}$$

stetig in $A \cup \{a\}$. Die Funktion $w^*(z)$ heißt dann die stetige Erweiterung von $w(z)$ im Punkt a.

In Verallgemeinerung des entsprechenden Satzes für Kurven gilt der Satz:

Satz. *Ist A kompakt und $w(z)$ stetig in A, so ist $w(A)$ kompakt.*

Beweis. Es bedeute (w_n) $(n = 1, 2, \ldots)$ eine Folge, die man aus Punkten von $w(A)$ bilden kann. Wegen $w = w(z)$ existiert eine Folge (z_n) $(z_n \in A)$ derart, daß $w_n = w(z_n)$ $(n = 1, 2, \ldots)$ gilt. Es sei jetzt w_0 ein Häufungspunkt und (w_{n_k}) $(k = 1, 2, \ldots)$ eine Teilfolge von (w_n), die gegen w_0 konvergiert, und man betrachte die Folge (z_{n_k}) $(k = 1, 2, \ldots)$. Wegen der Kompaktheit von A liegt jeder Häufungspunkt z_0 von (z_{n_k}) in A, und somit ist (wegen der Stetigkeit von $w(z)$) $w(z_0) = w_0$, also $w_0 \in w(A)$.

16. Linienintegrale komplexer Funktionen. Es sei

$$(16.1) \qquad \gamma = \{z \mid z = z(t), t \in J\}$$

eine stetige, stückweise stetig differenzierbare Kurve und $g = g(x, y)$ eine reelle, stetige Funktion des Punktes $z = x + iy$. Dann definiert man die Linienintegrale

$$\int_\gamma g\,dx, \quad \int_\gamma g\,dy$$

durch die Gleichungen

$$(16.2) \qquad \int_\gamma g\,dx = \int_\alpha^\beta g(x(t), y(t))\,x'(t)\,dt$$

und

$$(16.3) \qquad \int_\gamma g\,dy = \int_\alpha^\beta g(x(t), y(t))\,y'(t)\,dt\,.$$

Analog definiert man das Integral

$$\int_\gamma (g_1\,dx + g_2\,dy)$$

durch die Gleichung

$$(16.4) \qquad \int_\gamma (g_1\,dx + g_2\,dy) = \int_\gamma g_1\,dx + \int_\gamma g_2\,dy\,.$$

Ist nun $w(z) = u + iv$ (u, v reell) in G eindeutig und stetig, so wird das Linien- bzw. komplexe Integral

$$\int_\gamma w\,dz$$

(von w über γ) durch die Gleichung

$$(16.5) \qquad \int_\gamma w\,dz = \int_\gamma (u\,dx - v\,dy) + i \int (v\,dx + u\,dy)$$

definiert. Im Hinblick auf (16.2) und (16.3) kann noch

$$(16.6) \qquad \int_\gamma w\,dz = \int_\alpha^\beta w(z(t))\,z'(t)\,dt$$

geschrieben werden.

Das komplexe Integral hat folgende Eigenschaften:

   1. Es ist unabhängig von der Parameterdarstellung der Kurve γ.

   2. Ist c eine endliche (komplexe) Konstante, so ist

$$(16.7) \qquad \int cw\,dz = c \int_\gamma w\,dz\,.$$

   3. Es gilt für zwei komplexe, stetige Funktionen w_1, w_2

$$(16.8) \qquad \int (w_1 + w_2)\,dz = \int w_1\,dz + \int w_2\,dz\,.$$

4. Für $\alpha \leq \beta$ gilt

(16.9)
$$\left| \int_\gamma w \, dz \right| \leq \int_\alpha^\beta |w(z(t))| \, |z'(t)| \, dt \, .$$

Der Beweis von 1. ist leicht. Es sei nämlich

$$\zeta = \zeta(\tau) \qquad\qquad (\alpha_1 \leq \tau \leq \beta_1)$$

eine zweite (orientierungserhaltende) Parameterdarstellung von γ. Dann gibt es eine stetige, stückweise differenzierbare Funktion $\tau = \tau(t)$ ($\alpha \leq t \leq \beta$, $\alpha_1 = \tau(\alpha)$, $\beta_1 = \tau(\beta)$) derart, daß $\zeta(\tau(t)) = z(t)$ ist. Somit wird

$$\int_\gamma w \, dz = \int_\alpha^\beta w(z) \frac{dz}{dt} \, dt = \int_\alpha^\beta w(\zeta) \frac{d\zeta}{d\tau} \frac{d\tau}{dt} \, dt = \int_{\alpha_1}^{\beta_1} w \frac{d\zeta}{d\tau} \, d\tau \, .$$

Da der Beweis von 2. und 3. ohne weiteres zu erbringen ist, beweisen wir kurz 4. Dabei kann angenommen werden, daß

$$J = \int_\gamma w \, dz$$

nicht verschwindet. Man setze $J = |J| \, e^{i\vartheta}$. Dann ist

$$|J| = \int_\alpha^\beta \{ e^{-i\vartheta} w(z(t)) \, z'(t) \} \, dt$$

und somit auch

$$|J| = \int_\alpha^\beta \mathrm{Re} \, \{ e^{-i\vartheta} w(z(t)) \, z'(t) \} \, dt \, .$$

Daraus folgt mit Rücksicht auf die Ungleichung

$$\mathrm{Re} \, \{ e^{-i\vartheta} w(z(t)) \, z'(t) \} \leq |w(z(t)) \, z'(t)|$$

die Abschätzung (16.9).

Ist γ eine totalstetige Kurve, so gelten selbstverständlich 1.—4., sofern an Stelle des Riemannschen Integrals das Lebesguesche Integral zugrunde gelegt wird.

17. Bemerkungen und Literaturnachweis. Will der Leser über die hier zur Sprache gekommenen elementaren topologischen Begriffe und Sätze ausführlicher und tiefer unterrichtet werden, so möge er das kleine ausgezeichnete Buch über Topologie (Combinatorial Topology, *Rochester* N. Y., 1956) von ALEXANDROFF in die Hand nehmen. Eine Funktionentheorie, die wesentlich stärker den topologischen Aspekt funktionentheoretischer Zusammenhänge als manchen funktionentheoretischen betont, ist die Funktionentheorie von W. THRON (Introduction to the Theory of Functions of a Complex Variable. *New York*, 1953). Dort findet der Leser nicht nur die Theorie der reellen Zahlen ausführlich entwickelt, sondern auch eine Reihe topologischer Begriffe, die zum tieferen Verständnis der Funktionentheorie notwendig sind. Der Leser, der z. B.

eine strenge, mehr topologische als geometrisch-anschauliche Definition der Orientierung von geschlossenen Kurven haben will, täte gut, das diesbezügliche Kapitel bei THRON zu lesen. Studierende, welche Interesse an geschichtlichen Zusammenhängen haben, werden in dem wichtigen Vortrag von WILDER (The Origin and Growth of Mathematical Concepts, *Bull. Amer. Math. Soc.* **59**, 423—444, 1953) die Entwicklungsgeschichte einiger mathematischer Begriffe, vorwiegend topologischer Natur, finden. Insbesondere wird hier der Begriff der Kurve und seine Wandlung durch die Jahrhunderte eindrucksvoll dargestellt. Die im vorliegenden Buch getroffene Wahl hat den Zweck, den Leser lediglich mit den allerwichtigsten Tatsachen der Topologie der komplexen Ebene bekanntzumachen. Der Studierende wird im nächsten Kapitel sehen, daß man die ganze Cauchysche Integraltheorie fast ohne Rechnung aus einfachen, elementaren Tatsachen mit Hilfe des Approximationssatzes von 14. ableiten kann.

Neben dem Buch von THRON muß hier noch das ausgezeichnete Buch von AHLFORS (Complex Analysis, *New York*, 1953) erwähnt werden. Hier halten sich topologische Begriffsbildungen und funktionentheoretische Tatsachen die Waage, und der Studierende, der sich die Mühe machen wird, den dort dargebotenen Stoff auszuarbeiten, wird sich ein gutes Stück moderner Funktionentheorie aneignen.

Die Einführung topologischer Gesichtspunkte in die Funktionentheorie geht auf RIEMANN zurück. Aber erst mit dem Durchbruch der Cantorschen Ideen und den Arbeiten von CAMILLE JORDAN, HENRI POINCARÉ (1854—1912) und HERMANN WEYL (1885—1956) beginnen die topologischen Methoden, die Funktionentheorie entscheidend zu beeinflussen.

Ergänzungen und Aufgaben zum zweiten Kapitel

1. Oberer und unterer Limes von Punktmengen. Es sei

$$\mathfrak{A} = \{A \mid A \in \mathfrak{A}\}$$

eine (unendliche) Familie von Teilmengen von $\overline{E}$. Man bilde die Menge aller Punkte z von $\overline{E}$ mit der Eigenschaft, daß jeder Kreis $K_z^\varepsilon : [\xi, z] < \varepsilon$ einen nicht leeren Durchschnitt mit unendlich vielen A hat. Dann heißt diese (abgeschlossene) Menge der obere Limes von $\mathfrak{A}$ und wird durch $\overline{\lim} \, \mathfrak{A}$ (lies: Limes superior) bezeichnet. Dagegen heißt die (abgeschlossene) Menge aller Punkte z von $\overline{E}$ mit der Eigenschaft, daß $A \cap K_z^\varepsilon$ für jedes $\varepsilon > 0$ für fast alle $A \in \mathfrak{A}$ nicht leer ist, der untere Limes von $\mathfrak{A}$ und wird mit $\underline{\lim} \, \mathfrak{A}$ (lies: Limes inferior $\mathfrak{A}$) bezeichnet. Es gilt stets $\underline{\lim} \, \mathfrak{A} \subseteq \overline{\lim} \, \mathfrak{A}$. Ist $\underline{\lim} \, \mathfrak{A} = \overline{\lim} \, \mathfrak{A}$, so sagen wir, die Familie $\mathfrak{A}$ habe einen Limes, und schreiben dafür Lim $\mathfrak{A}$.

Besteht $\mathfrak{A}$ aus der abzählbaren Folge (A_n) $(n = 1, 2, \ldots)$, so schreiben wir für den oberen bzw. unteren (abgeschlossenen) Limes $\overline{\lim}\, A_n$ bzw. $\underline{\lim}\, A_n$.

Diese (von PAINLEVÉ im Jahre 1909 eingeführten) Limites dürfen nicht mit den Grenzmengen

$$\lim \sup A_n = \bigcap_1^\infty \left\{ \bigcup_{k=n}^\infty A_k \right\} \qquad \text{(obere Grenzmenge)}$$

und

$$\lim \inf A_n = \bigcup_1^\infty \left\{ \bigcap_{k=n}^\infty A_k \right\} \qquad \text{(untere Grenzmenge)}$$

verwechselt werden. Sind diese gleich, so schreiben wir dafür $\lim A_n$.

2. Anwendungen. Man zeige: Es gilt

1) $$(\overline{\overline{\lim}\, A_n}) = \overline{\lim}\, A_n = \overline{\lim}\, \overline{A}_n .$$

2) $$\overline{\lim}\, (A_n \cup B_n) = \overline{\lim}\, A_n \cup \overline{\lim}\, B_n .$$

3) $$\overline{\lim}\, (A_n \cap B_n) \subseteq \overline{\lim}\, A_n \cap \overline{\lim}\, B_n .$$

Entsprechend kann gezeigt werden:

4) $$(\overline{\underline{\lim}\, A_n}) = \underline{\lim}\, A_n = \underline{\lim}\, \overline{A}_n .$$

5) $$\underline{\lim}\, A_n \cup \underline{\lim}\, B_n \subseteq \underline{\lim}\, (A_n \cup B_n) .$$

6) $$\underline{\lim}\, (A_n \cap B_n) \subset \underline{\lim}\, (A_n \cap B_n) .$$

Ausführlicheres über den $\underline{\lim}$, $\overline{\lim}$ findet der interessierte Leser in dem monumentalen Buch von KURATOWSKI (Topologie Générale, Bd. 1, *Warschau*, 1952, S. 241 ff.).

7) Gilt $A_1 \subseteq A_2 \subseteq \ldots$, so existiert $\operatorname{Lim} A_n$, und es gilt

$$\operatorname{Lim} A_n = \left(\overline{\bigcup_{n=1}^\infty A_n} \right) .$$

Entsprechend gilt für $A_1 \supseteq A_2 \supseteq \ldots$

$$\operatorname{Lim} A_n = \left(\bigcap_{n=1}^\infty \overline{A}_n \right) .$$

3. Offener Kern. Ist A eine nichtleere Punktmenge von $\overline{E}$, so heißt die Menge aller inneren Punkte von A der offene Kern von A. Der offene Kern von A (der auch leer sein kann) wird mit A_* bezeichnet werden. Man zeige, daß

$$A_* = (\overline{(A')})'$$

ist.

4. Der Kern einer Gebietsfolge. Es bedeute (G_n) $(n = 1, 2, \ldots)$ eine Folge von Gebieten von E, die alle den Punkt $z = 0$ enthalten. Man setze $A = \lim\inf G_n$ und betrachte das größte Gebiet $G_0 \subseteqq A$, das den Punkt $z = 0$ enthält. Dann heißt $G_0 \cup \{z = 0\}$ der Kern der Gebietsfolge (G_n). Dieser Begriff spielt in der Konvergenztheorie von Funktionenfolgen eine wichtige Rolle und wurde von CARATHÉODORY [*Math. Ann.* 72, 107—144 (1912)] eingeführt.

5. Topologische Abbildungen. Man beweise: *Die Abbildung $A \to w(A)$ ist stetig in $z \in A$, falls zu jedem $U_w \cap w(A)$ $(w = w(z))$ ein U_z existiert derart, daß $w(U_z \cap A) \subseteqq U_w \cap w(A)$ gilt.* Bei einer stetigen Abbildung geht ein Gebiet stets in ein Gebiet über (Satz von der Gebietstreue).

Ist die Abbildung $A \to w(A)$ eine $1 - 1$ Abbildung und $w(z)$ nebst ihrer inversen Funktion w^{-1} stetig, so heißt $w(z)$ eine topologische Transformation bzw. ein Homöomorphismus. Man beweise den

Satz. *Ist A kompakt und $w(z)$ eine stetige $1 \leftrightarrow 1$ Abbildung von A auf $w(A)$, dann ist w^{-1} stetig und somit $A \leftrightarrow w(A)$ ein Homöomorphismus.*

6. Vereinigung von offenen und abgeschlossenen Punktmengen. Man beweise die Sätze:

Satz 1. *Die Vereinigung von endlich oder unendlich vielen offenen Mengen ist offen.*

Satz 2. *Der Durchschnitt von endlich vielen offenen Mengen ist offen.* Durch Betrachtung der komplementären Mengen beweise man:

Satz 3. *Die Vereinigung von endlich vielen abgeschlossenen Mengen ist abgeschlossen.*

Satz 4. *Der Durchschnitt von endlich vielen oder unendlich vielen abgeschlossenen Mengen ist abgeschlossen.*

Bei den Beweisen darf nicht übersehen werden, daß $\emptyset$ und $\overline{E}$ sowohl offen als auch abgeschlossen sind.

Drittes Kapitel

Lokale Eigenschaften der eindeutigen analytischen Funktionen

18. Definition der eindeutigen analytischen Funktion. Um die Definition der analytischen Funktion hat sich eine umfangreiche Literatur entwickelt, die mehr oder weniger darauf abzielt, mit Hilfe moderner analytischer Hilfsmittel die dazu notwendigen Bedingungen abzuschwächen. Unter den Mathematikern, welche zur Bildung des Begriffs der analytischen Funktion besonders beigetragen haben, und deren Arbeiten Wendepunkte innerhalb der begrifflichen Entwicklung der Funktionentheorie bilden, sind, sobald man von CAUCHY absieht, in erster Linie WEIERSTRASS, RIEMANN, MORERA und GOURSAT[1] zu nennen.

Def. *Die eindeutige, stetige, komplexe Funktion $w(z)$ möge in einem Gebiet G definiert sein, das den Punkt z_∞ nicht enthält. Dann heißt $w(z)$ differenzierbar in einem Punkt z von G, wenn eine endliche komplexe Zahl $A(z)$ existiert derart, daß*

$$(18.1) \qquad \lim_{\zeta \to z} \frac{w(\zeta) - w(z)}{\zeta - z} = A(z) \qquad\qquad (\zeta \neq z, \zeta \in G)$$

gilt. Die Zahl $A(z)$ heißt die Ableitung von $w(z)$ im Punkt z und wird durch $w'(z)$ bezeichnet.

Aus (18.1) folgt leicht: Es gilt für je zwei Punkte z, ζ von G

$$(18.2) \qquad w(\zeta) = w(z) + w'(z)(\zeta - z) + \varphi(\zeta, z)(\zeta - z)$$

mit einer bei festem z stetigen Funktion $\varphi(\zeta, z)$ von $\zeta \in G$, die für $\zeta \to z$ gegen Null konvergiert.

Schreibt man $w(z)$ in der Form $u + iv$, wobei u und v reelle Funktionen von x und y sind, so folgt leicht aus (18.1)

$$(18.3) \qquad w'(z) = \frac{\partial u}{\partial x} + i\,\frac{\partial v}{\partial x} = \frac{1}{i}\left(\frac{\partial u}{\partial y} + i\,\frac{\partial v}{\partial y}\right)$$

und somit das Gleichungspaar

$$(18.4) \qquad \frac{\partial u}{\partial x} = \frac{\partial v}{\partial y}\,; \quad \frac{\partial u}{\partial y} = -\,\frac{\partial v}{\partial x}\,.$$

Dieses System partieller Differentialgleichungen heißt das Cauchy-Riemannsche Differentialgleichungssystem bzw. die Cauchy-Riemannschen Differentialgleichungen[2].

Def. *Die eindeutige komplexe Funktion $w(z)$ heißt in einem Punkt z von G analytisch, wenn sie in jedem Punkt einer Umgebung $U_z \subseteq G$ eine Ableitung besitzt. Sie heißt eindeutig analytisch in G, wenn sie in jedem Punkt von G differenzierbar ist.*

Neben eindeutig analytisch bzw. analytisch werden im folgenden auch die Bezeichnungen eindeutig regulär bzw. regulär analytisch gebraucht. Dasselbe soll für die (modernere) Bezeichnung holomorph gelten.

Ist $w(z)$ analytisch und k eine Konstante, so ist offenbar auch $k\,w(z)$ analytisch. Sind ferner $w_1(z)$ und $w_2(z)$ in z analytisch, so sind $w_1(z) + w_2(z)$ und $w_1(z)\,w_2(z)$ analytisch in z. Dasselbe gilt für $1/w(z)$,

---

[1] GOURSAT, EDOUARD (1858—1936).

[2] Dieses System findet sich schon bei EULER, A. C. CLAIRAUT (1713—1765) und D'ALEMBERT (1717—1783). EULERs Arbeiten beginnen um das Jahr 1776, wurden jedoch erst im Jahre 1788 gedruckt. D'ALEMBERTs ausführliche Darstellung stammt aus dem Jahre 1752. (Essai d'une nouvelle Théorie de la Résistance des Fluides, *Paris 1752, Append. Art.* 161—165.)

sofern $w(z)$ in z nicht verschwindet. Der Leser möge behalten, daß die Regularitätseigenschaft von $w(z)$ eine Umgebungseigenschaft ist und mit der Existenz von $w'(z)$ in einer Umgebung des betreffenden Punktes zusammenhängt.

CAUCHY hatte noch in seiner Definition die Stetigkeit von $w'(z)$ vorausgesetzt. Erst GOURSAT hat diese Voraussetzung als entbehrlich erkannt.

19. Das Fundamentallemma der Funktionentheorie. Der Satz, aus dem man die gesamte Cauchysche Funktionentheorie fast ohne Rechnung ableiten kann, lautet:

(Hauptlemma der Funktionentheorie). *Ist $w(z)$ eindeutig regulär in G und D ein beliebiges abgeschlossenes Dreieck in G mit dem Rand Γ_D, so gilt*

$$(19.1) \qquad \int_{\Gamma_D} w(z)\, dz = 0 \, .$$

Beweis. Man teile jede Seite von D in 2^n $(n = 1, 2, \ldots)$ gleiche Teile und bilde 2^{2n} kongruente abgeschlossene Dreiecke, indem man von jedem Einteilungspunkt Parallelen zu den beiden übrigen Seiten des Dreiecks zieht (Abb. 2). Dabei orientiere man die Ränder Γ_k $(k = 1, 2, \ldots, 4^n)$ der so entstehenden 4^n Dreiecke D_k der n-ten Unterteilung $\mathfrak{A}_n$ so, daß $\Gamma_1 + \Gamma_2 + \cdots + \Gamma_{4^n} = \Gamma_D{}^1$ gilt.

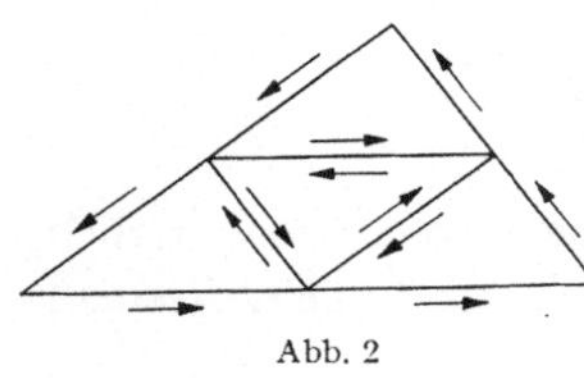

Abb. 2

Der Beweis von (19.1) kann folgendermaßen erbracht werden: Wäre

$$(19.2) \qquad \left| \int_{\Gamma_D} w\, dz \right| \geqq M > 0 \, ,$$

so müßte es eine Folge (Δ_n) $(n = 0, 1, 2, \ldots; \Delta_0 = D)$ von Dreiecken Δ_n mit folgenden Eigenschaften geben:

1) Δ_n gehört zu der Einteilung $\mathfrak{A}_n$.
2) Es gilt $\Delta_{n+1} \subset \Delta_n (n = 0, 1, 2, \ldots)$.
3) Es ist

$$(19.3) \qquad \left| \int_{\Gamma_{\Delta_n}} w\, dz \right| \geqq \frac{M}{4^n} \, .$$

Das kann durch Induktion gezeigt werden. Man nehme an, die Aussagen 1) bis 3) seien für $n = 0, 1, \ldots, k\,(k \geqq 0)$ richtig gezeigt. Geht man zu der Unterteilung $\mathfrak{A}_{k+1}$ über, so wird $\Delta_k = \overset{4}{\underset{1}{\bigcup}} D_\mu (D_\mu \in \mathfrak{A}_{k+1})$, und somit kann wegen

$$\frac{M}{4^k} \leqq \left| \int_{\Gamma_{\Delta_k}} w\, dz \right| \leqq \sum_{\mu=1}^{4} \left| \int_{\Gamma_{D_\mu}} w\, dz \right|$$

---

[1] Die Orientierung jedes hier in Frage kommenden, einfach geschlossenen Polygonzuges wird hier positiv angenommen.

nicht für alle vier Dreiecke D_1, D_2, D_3, D_4

$$\left| \int_{\Gamma_{D_\mu}} w\,dz \right| < \frac{M}{4^{k+1}}$$

gelten. Das beweist die Behauptung für $n = k + 1$ und mithin mit Rücksicht auf (19.2) für jedes n. Man setze jetzt

$$(19.4) \qquad\qquad z_0 = \bigcap_1^\infty \Delta_n \qquad\qquad (z_0 \in D)\,[1]$$

und schreibe $w(z)$ in der Form

$$w(z) = w(z_0) + w'(z_0)\,(z - z_0) + \varphi(z, z_0)\,(z - z_0)\,.$$

Dann wird nach leichten Überlegungen

$$\int_{\Gamma_{\Delta_n}} w\,dz = \int_{\Gamma_{\Delta_n}} \varphi(z, z_0)\,(z - z_0)\,dz$$

und somit

$$\frac{M}{4^n} \leqq \left| \int_{\Gamma_{\Delta_n}} w\,dz \right| \leqq \int_{\Gamma_{\Delta_n}} |\varphi(z, z_0)|\,|z - z_0|\,|dz|\,.$$

Schreibt man jetzt L_n für die Länge von Γ_{Δ_n}, so folgt daraus

$$L_n M \leqq L_0^2 \int_{\Gamma_{\Delta_n}} |\varphi(z, z_0)|\,|dz|\,,$$

was offenbar falsch ist, da mit Rücksicht auf (18.2) von einem n an (bei vorgegebenem $\varepsilon > 0$)

$$\int_{\Gamma_{\Delta_n}} |\varphi(z, z_0)| \cdot |dz| \leqq \varepsilon\, L_n$$

wird. Somit gilt (19.1).

20. Lokale Darstellungen von $w(z)$. Wir betrachten ein Teilgebiet S von G mit folgenden Eigenschaften:

1. Es ist $\bar{S} \subsetneqq G$.

2. Es existiert ein Punkt z_0 des Randes Γ von S, der in G liegt, mit der Eigenschaft, daß mit $z \in S$ auch die gesamte (abgeschlossene, gerichtete) Strecke $z_0\bar{z}$ in S liegt. (Sterneigenschaft von S in bezug auf z_0.)

Es sei nun $w(z)$ in G regulär analytisch. Bildet man dann für jedes $z \in S$ die Funktion

$$(20.1) \qquad\qquad F(z) = \int_{\overrightarrow{z_0 z}} w(\zeta)\,d\zeta\,,$$

so ist diese offenbar eindeutig, da sie durch einen eindeutigen Prozeß definiert wird. Man betrachte eine Umgebung K_z^ε von z und bilde für ein

---

[1] Daß $\bigcap_1^\infty \Delta_n$ ein Punkt sein muß, folgt mit Rücksicht darauf, daß

$$d(\Delta_n) \leqq \frac{1}{2}\,d(\Delta_{n-1}) \qquad\qquad (n = 1, 2, \ldots)$$

gilt.

$z' \in K_z^{\varepsilon}$ die Differenz

$$F(z') - F(z) = \int_{z_0 z'} w(\zeta)\, d\zeta - \int_{\overrightarrow{z_0 z}} w(\zeta)\, d\zeta \; .$$

Dann wird mit Rücksicht auf das Hauptlemma von 19

$$(20.2) \qquad F(z') - F(z) = \int_{\overrightarrow{z z'}} w(\zeta)\, d\zeta \; ,$$

wobei hier wieder $\overrightarrow{z z'}$ die (gerichtete) Strecke bedeutet, welche z und z' verbindet[1]. Aus (20.2) folgt nun für $z' \neq z$

$$\frac{F(z') - F(z)}{z' - z} - w(z) = \frac{1}{z' - z} \int_{\overrightarrow{z' z}} \{w(\zeta) - w(z)\}\, d\zeta$$

und somit

$$\left| \frac{F(z') - F(z)}{z' - z} - w(z) \right| \leq \operatorname*{Max}_{\zeta \in \overrightarrow{z z'}} |w(\zeta) - w(z)| \; ,$$

also mit Rücksicht auf die Stetigkeit von $w(z)$

$$\lim_{z' \to z} \left| \frac{F(z') - F(z)}{z' - z} - w(z) \right| = 0 \; .$$

Es gilt also der Satz:

Satz. *Die in S definierte eindeutige Funktion $F(z)$ ist analytisch, und es gilt $F'(z) = w(z)$.*

Mit Hilfe dieses Satzes kann folgender fundamentaler Satz von CAUCHY bewiesen werden:

Satz (CAUCHY). *Es sei γ eine geschlossene, stückweise stetig differenzierbare Kurve in S. Dann gilt*

$$(20.3) \qquad \int_{\gamma} w(z)\, dz = 0 \; .$$

Beweis. Es sei $z = z(t)$ $(t \in J)$ die Darstellung von γ. Dann gilt

$$(20.4) \qquad \frac{d}{dt} F(z(t)) = F'(z(t))\, z'(t) \; ,$$

und hiermit wird

$$\int_{\gamma} w\, dz = \int_{J} F'(z(t))\, z'(t)\, dt = \int_{J} \frac{d}{dt} F(z(t))\, dt \; .$$

Da γ geschlossen ist, so ist das letzte Integral gleich Null und somit (20.3) richtig.

Die Gleichung (20.3) gilt unter Zugrundelegung des Lebesgueschen Integralbegriffs auch dann, wenn γ eine totalstetige Kurve ist. Der Beweis folgt wieder aus der Identität (20.4) , die fast überall in J gilt.

---

[1] Da $z' \in K_z^{\varepsilon} \subseteq S$ gilt und die Strecke $\overline{z_0 z'}$ in S liegt, so liegt das Dreieck mit den Ecken z_0, z und z' in $\overline{S}$, d. h. in G.

Zwei wichtige Anwendungen des vorherigen Satzes führen zu interessanten Darstellungen von $w(z)$ durch Randwerte.

Es sei a ein Punkt des Regularitätsbereiches G von $w(z)$, und es bedeute $\overline{Q}_a$ ein nichtausgeartetes, abgeschlossenes, achsenparalleles Quadrat mit Mittelpunkt a, das ganz in G liegt. Ferner sei z ein innerer Punkt ($z \in Q_a$) von $\overline{Q}_a$. Man verbinde z mit dem Rand Γ_{Q_a} durch eine zur

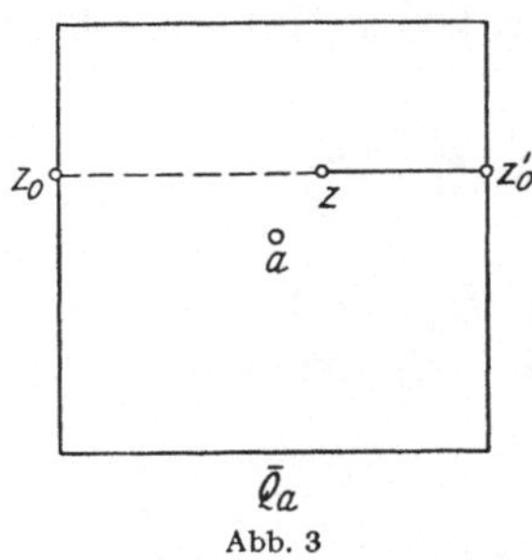

Abb. 3

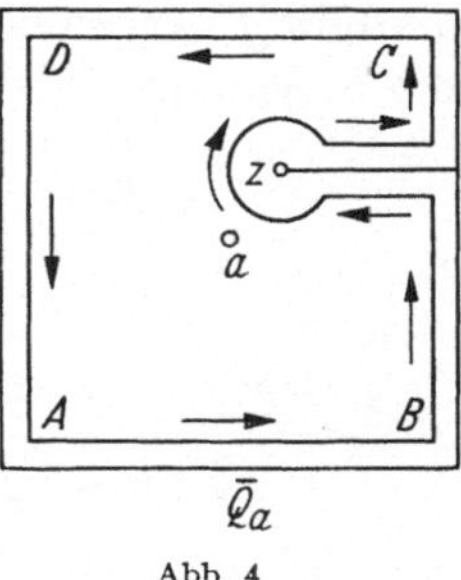

Abb. 4

x-Achse parallele Strecke und nehme z_0 auf Γ_{Q_a} auf der Gegenseite des Punktes z_0' (Abb. 3). Dann hat die Menge S_a, welche aus allen inneren Punkten von $\overline{Q}_a$ besteht, die nicht auf $\overline{zz_0'}$ liegen, die Eigenschaften 1) und 2).

Wir betrachten nun die Funktion

$$g(\zeta) = \frac{w(\zeta)}{\zeta - z} \qquad\qquad (\zeta \in S_a)$$

und nehmen als γ die in der Abb. 4 dargestellte und innerhalb S_a verlaufende Kurve. Dabei wird der Radius ϱ des Kreises um z so klein gewählt, daß dieser das achsenparallele Quadrat $\overline{Q}\colon A\,B\,C\,D$ nicht trifft. Man setze jetzt für jeden Punkt $\zeta \in S_a$

$$F(\zeta) = \int_{\overrightarrow{z\zeta}} g(\zeta)\,d\zeta \ .$$

Dann gilt

$$(20.5) \qquad\qquad \int_\gamma \frac{w(\zeta)}{\zeta - z}\,d\zeta = 0$$

und somit, wenn man die beiden achsenparallelen Strecken auf der Strecke $\overline{zz_0'}$ zusammenfallen läßt,

$$(20.6) \qquad \frac{1}{2\pi i} \int_{\Gamma_Q} w(\zeta)\,\frac{d\zeta}{\zeta - z} = \frac{1}{2\pi i} \int\limits_{|\zeta - z| = \varrho} w(\zeta)\,\frac{d\zeta}{\zeta - z}\ .$$

Dabei sind beide Integrale über die entsprechende Kurve im positiven Sinne zu nehmen.

Setzt man nun $\zeta = z + \varrho\,e^{i\vartheta}\,(0 \leq \vartheta \leq 2\pi)$, so wird

$$\frac{1}{2\pi i} \int\limits_{|\zeta - z| = \varrho} \frac{d\zeta}{\zeta - z} = \frac{1}{2\pi i} \int_0^{2\pi} i\,d\vartheta = 1$$

und hiermit

$$J = \frac{1}{2\pi i} \int_{|\zeta - z| = \varrho} \{w(\zeta) - w(z)\} \frac{d\zeta}{\zeta - z} = \frac{1}{2\pi i} \int_{|\zeta - z| = \varrho} w(\zeta) \frac{d\zeta}{\zeta - z} - w(z) \, .$$

Nun ist

$$|J| \leqq \underset{|\zeta - z| = \varrho}{\mathrm{Max}} |w(\zeta) - w(z)| \, ,$$

und somit strebt J (wegen der Stetigkeit von $w(\zeta)$) für $\varrho \to 0$ gegen Null. Das hat die Gleichung

$$(20.7) \qquad w(z) = \frac{1}{2\pi i} \int_{\Gamma_\varrho} w(\zeta) \frac{d\zeta}{\zeta - z}$$

zur Folge.

Nimmt man anstelle des Quadrates $\overline{Q}_a$ eine Kreisscheibe $\overline{K}_a^{r_0}$ um a, so daß $\overline{K}_a^{r_0} \subset G$ gilt, und wählt man z_0 bei gegebenem $z \in K_a^{r_0}$ auf dem

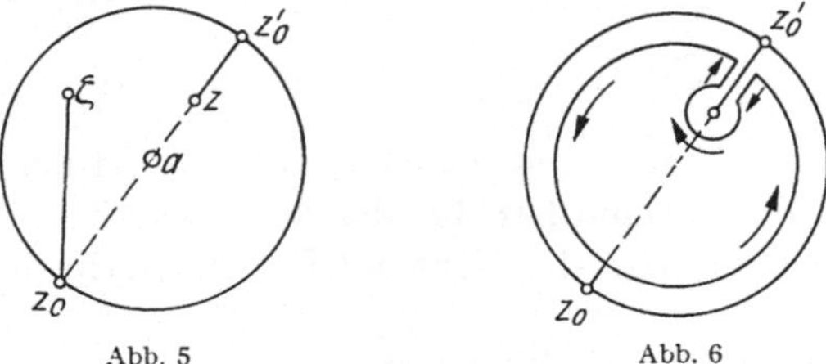

Abb. 5   Abb. 6

Rande Γ_{r_0} von $K_a^{r_0}$, (und zwar auf dem durch z bestimmten Durchmesser, so wie dies in der Abb. 5 gezeigt wird[1]), so erhält man durch ähnliche Überlegungen die Gleichung

$$(20.8) \qquad w(z) = \frac{1}{2\pi i} \int_{\Gamma_r} w(\zeta) \frac{d\zeta}{\zeta - z} \, .$$

Hierbei bedeutet Γ_r eine (positiv orientierte) Peripherie $|\zeta - a| = r < r_0$. Die Zusammensetzung des Integrationsweges ist in der Abb. 6 angegeben.

Somit haben wir folgenden Satz von CAUCHY bewiesen:

Satz (CAUCHY). *Es sei $w(z)$ in G analytisch. Ist dann a ein Punkt von G, so gilt für jeden inneren Punkt einer Kreisscheibe $\overline{K}_a^r \subseteqq G$ die Gleichung*

$$(20.9) \qquad w(z) = \frac{1}{2\pi i} \int_{\Gamma_r} w(\zeta) \frac{d\zeta}{\zeta - z} \, .$$

Hierbei ist das Integral rechts im positiven Sinne zu nehmen.

Dieser wichtige Satz wird nun in den nächsten Nummern dazu verwendet, neue grundlegende Eigenschaften der analytischen Funktionen aufzudecken.

---

[1] Fällt z mit a zusammen, so genügt es, irgendeinen Radius zu betrachten und z_0 auf dem entsprechenden Durchmesser zu nehmen.

21. Der analytische Charakter von $w'(z)$. Die Cauchy-Taylor-Entwicklung von $w(z)$. Aus der Darstellung (20.9) folgt ohne weiteres die Gleichung

$$(21.1) \qquad w'(z) = \frac{1}{2\pi i} \int_{\Gamma_r} w(\zeta) \frac{d\zeta}{(\zeta - z)^2}$$

und somit der analytische Charakter von $w'(z)$.

Allgemein kann man beweisen: *Die n-te Ableitung $(n = 1, 2, \ldots)$ einer in G eindeutigen analytischen Funktion ist ebenfalls analytisch, und es gilt*

$$(21.2) \qquad w^{(n)}(z) = \frac{n!}{2\pi i} \int_{\Gamma_r} w(\zeta) \frac{d\zeta}{(\zeta - z)^{n+1}} \qquad\qquad (z \in K_a^r).$$

Man nehme in der Tat an, die Formel sei richtig, und betrachte einen zweiten Punkt z' aus der Umgebung $|\zeta - a| < r$. Dann wird

$$w^{(n)}(z') - w^{(n)}(z) = \frac{n!}{2\pi i} \int_{\Gamma_r} w(\zeta) \left\{ \frac{1}{(\zeta - z')^{n+1}} - \frac{1}{(\zeta - z)^{n+1}} \right\} d\zeta$$

und somit wegen

$$(\zeta - z)^{n+1} - (\zeta - z')^{n+1} = (z' - z) \left\{ \sum_0^n (\zeta - z)^{n-k} (\zeta - z')^k \right\}$$

$$= (z' - z) J(z', z)$$

und

$$\lim_{z' \to z} J(z', z) = (n + 1)(\zeta - z)^n$$

$$\lim_{z' \to z} \frac{w^{(n)}(z') - w^{(n)}(z)}{z' - z} = \frac{(n + 1)!}{2\pi i} \int_{\Gamma_r} w(\zeta) \frac{d\zeta}{(\zeta - z)^{n+2}}.$$

Das beweist die Behauptung.

Def. *Es sei $a \in G$ fest und $a' \in G'$. Dann heißt die Größe*

$$(21.3) \qquad r(a) = \inf\{ |a' - a| \mid a' \in G' \}$$

der Cauchy- bzw. der Holomorphie-Radius von a[1].

Satz (CAUCHY). *Es sei $a \in G$ und es bedeute $K_a^{r_0}$ die offene Kreisscheibe um a mit dem Radius $r_0 = r(a)$. Man setze*

$$(21.4) \qquad P_n(z) = \sum_{k=0}^n a_k(z - a)^k \qquad\qquad (n = 0, 1, 2, \ldots)$$

mit

$$(21.5) \qquad k!\, a_k = w^{(k)}(a) \qquad\qquad (w^{(0)}(a) = w(a)).$$

Dann konvergiert die Polynomfolge $(P_n(z))$ in jedem Punkt z von $K_a^{r_0}$ gegen $w(z)$.

Beweis. Es sei z ein bestimmter Punkt von $K_a^{r_0}$. Man wähle r in (20.9) so, daß $|z - a| < r < r_0$ gilt. Bildet man die Differenz $w(z) - P_n(z)$, so

---

[1] Die zu G komplementäre Menge G' ist nicht leer, da $z_\infty \notin G$ gilt.

wird unter Heranziehung der Darstellung (20.9) sowie der Gleichungen (21.2), geschrieben für $z = a$,

$$w(z) - P_n(z) = \frac{1}{2\pi i} \int_{\Gamma_r} w(\zeta)\, K(\zeta, z)\, d\zeta$$

mit

$$K(z, \zeta) = \frac{1}{\zeta - z} - \sum_{k=0}^{n} \frac{(z-a)^k}{(\zeta - a)^{k+1}}\,.$$

Nun ist

$$\frac{1}{\zeta - z} = \frac{1}{\zeta - a} \cdot \frac{1}{1 - q} \quad \left(q = \frac{z-a}{\zeta - a},\ |q| < 1\right),$$

also

$$K(z, \zeta) = \frac{q^{n+1}}{(\zeta - a)(1 - q)} = \frac{q^{n+1}}{\zeta - z}\,.$$

Somit wird

$$(21.6) \qquad w(z) - P_n(z) = \frac{(z-a)^{n+1}}{2\pi i} \int_{\Gamma_r} w(\zeta)\, \frac{d\zeta}{(\zeta - a)^{n+1}(\zeta - z)}$$

und

$$(21.7) \qquad |w(z) - P_n(z)| \leq |q|^{n+1} \cdot \frac{M(r, w)}{r - |z-a|}$$

mit

$$(21.8) \qquad M(r, w) = \operatorname*{Max}_{|\zeta - a| = r} |w(\zeta)|\,.$$

Aus der Ungleichung (21.7) folgt mehr als die Aussage des Satzes. Setzt man nämlich $|z - a| < r' < r_0$ voraus, und wählt man r so, daß $r' < r < r_0$ gilt, so wird

$$(21.9) \qquad |w(z) - P_n(z)| \leq \left(\frac{r'}{r}\right)^{n+1} \cdot \frac{M(r, w)}{r - r'}\,,$$

und somit gilt die Abschätzung gleichmäßig für alle z, $|z - a| \leq r' < r$. Man drückt diesen Sachverhalt dadurch aus, daß man sagt, die Folge $(P(z_n))$ konvergiere gleichmäßig gegen $w(z)$ in jeder abgeschlossenen Kreisscheibe in G um den Punkt a.

Gilt nun $\lim\limits_{n \to \infty} P_n(z) = w(z)$, so schreibt man bekanntlich

$$(21.10) \qquad w(z) = \sum_{k=0}^{\infty} a_k (z - a)^k$$

und nennt die rechte Seite eine (komplexe) Potenzreihe. Somit haben wir das fundamentale Ergebnis von CAUCHY:

Jede eindeutige analytische Funktion $w(z)$ läßt sich in der Umgebung einer (endlichen) regulären Stelle a in eine Potenzreihe entwickeln. Diese konvergiert in jedem Kreis $|z - a| \leq r < r_0(a)$ gleichmäßig.

Aus (21.10) entnimmt man die Darstellung

$$(21.11) \qquad w(z) = (z - a)^n g(z) \quad (n \geq 0)$$

mit einer in einer Umgebung von a holomorphen Funktion $g(z)$, die dort nicht verschwindet. Ist die Zahl $n \geq 1$, so heißt sie die Ordnung bzw. die Vielfachheit oder auch die Multiplizität der Nullstelle a.

22. Hebbare Stellen. Erweiterung des Regularitätsbegriffes. Es sei
$w(z)$ in G eindeutig analytisch und γ ein Randteil von G derart, daß
$G \cup \gamma = G_\gamma$ wieder ein Gebiet ist. Kann dann $w(z)$ auf γ so definiert
werden, daß $w(z)$ in G_γ eindeutig analytisch bleibt, so heißt γ ein hebbarer Randteil von G. Besteht γ aus einem Punkt c, so heißt dieser eine
hebbare (isolierte) Singularität bzw. eine hebbare Stelle.

Ist c ein isolierter Randpunkt von G($G \cup c$ ist dann ein Gebiet[1]), so
kann man unter bestimmten Bedingungen $w(z)$ im Punkt c so definieren,
daß $w(z)$ in G_c regulär wird. Man setze $G'_c = \overline{E} \setminus G_c$ und definiere $r_0(c)$
durch die Gleichung

$$(22.1) \qquad\qquad r_0(c) = \inf \{ |\zeta - c| \mid \zeta \in G_c \} \,.$$

Ferner setze man wieder

$$(22.2) \qquad\qquad M(r, w) = \operatorname*{Max}_{|z-c|\,=\,r} |w(z)| \qquad\qquad (0 < r < r_0(c)).$$

Dann gilt der Satz:

Satz (RIEMANN). *Gilt*

$$(22.3) \qquad\qquad \lim_{r \to 0} \{ r\, M(r, w) \} = 0 \,,$$

so kann man eine in G_c eindeutige analytische Funktion finden, die in G
mit $w(z)$ übereinstimmt.

Beweis. Es sei $z_0(z_0 \neq c)$ ein Punkt der offenen Kreisscheibe $K_c^{r_0}$.
Man betrachte den Durchmesser $\overline{z'_0 z''_0}$, der durch z_0 und c bestimmt wird,

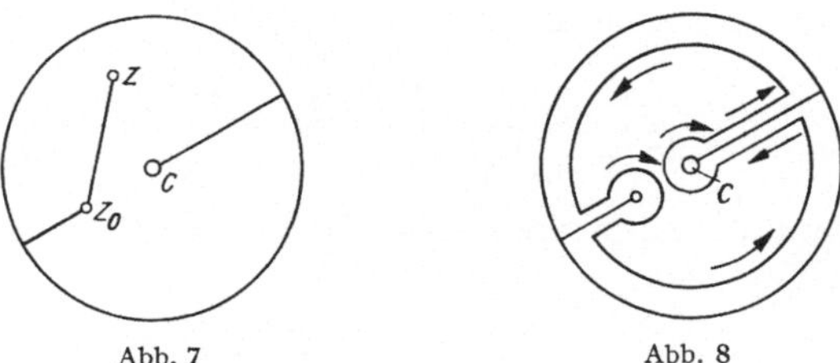

Abb. 7   Abb. 8

und entferne die Strecken $\overline{z'_0 z_0}$ und $\overline{c z''_0}$. Das übrigbleibende Gebiet hat
die Sterneigenschaft in bezug auf z_0 (Abb. 7), und somit kann man dort
die eindeutige Funktion $F(z)$ definieren mit der Eigenschaft

$$F'(z) = \frac{w(z) - w(z_0)}{z - z_0} \,.$$

Nimmt man dann die Kurve γ, wie dies in der Abb. 8 angedeutet wird,
so erhält man durch Wiederholung der Überlegungen von 20. die

---

[1] $G \cup c$ soll im folgenden auch allgemein dasselbe wie $G \cup \{c\}$ bedeuten.

Gleichung

$$(22.4) \quad \frac{1}{2\pi i} \int\limits_{|\xi-z_0|=\varrho_0} w(\zeta)\,\frac{d\zeta}{\zeta-z_0} = \frac{1}{2\pi i} \int\limits_{|\zeta-c|=r_2} w(\zeta)\,\frac{d\zeta}{\zeta-z_0} - \frac{1}{2\pi i} \int\limits_{|\zeta-c|=r_1} w(\zeta)\,\frac{d\zeta}{\zeta-z_0}\,.$$

Dabei sind alle drei Integrale im positiven Sinne zu nehmen, und der (positive) Radius ϱ_0 so klein, daß die Peripherie $|\zeta-z_0|=\varrho_0$ die beiden Peripherien $|\zeta-c|=r_1$ und $|\zeta-c|=r_2$ nicht schneidet. Letztere Peripherien unterliegen lediglich den Bedingungen

$$0 < r_1 < |z_0-c| < r_2 < r_0(c)$$

und können sonst willkürlich gewählt werden.

Ersetzt man die linke Seite der Gleichung (22.4) durch $w(z_0)$ und schreibt man z für z_0, so erhält man durch Grenzübergang $\varrho_0 \to 0$ eine Darstellung von $w(z)$ in jedem Punkt des punktierten Kreises $0 < |\zeta-c| < r_0(c)$ durch die Gleichung

$$(22.5) \quad w(z) = \frac{1}{2\pi i} \int\limits_{|\zeta-c|=r_2} w(\zeta)\,\frac{d\zeta}{\zeta-z} - \frac{1}{2\pi i} \int\limits_{|\zeta-c|=r_1} w(\zeta)\,\frac{d\zeta}{\zeta-z}\,.$$

Man setze jetzt bei festem r_2

$$(22.6) \quad J(z) = \frac{1}{2\pi i} \int\limits_{|\zeta-c|=r_2} w(\zeta)\,\frac{d\zeta}{\zeta-z}$$

und beachte, daß dieser Ausdruck in $|z-c| < r_2$ eine eindeutige reguläre Funktion ist mit der Ableitung

$$J'(z) = \frac{1}{2\pi i} \int\limits_{|\zeta-c|=r_2} w(\zeta)\,\frac{d\zeta}{(\zeta-z)^2}\,.$$

Bildet man dann die Differenz $w(z)-J(z)$, so wird

$$|w(z)-J(z)| \leqq \frac{M(r_1,\,w)\,r_1}{|z-c|-r_1}$$

und somit wegen (22.3)

$$w(z) = J(z)$$

in jedem Punkt $z \neq c\,(|z-c| < r_2)$. Setzt man also

$$w^*(z) = \begin{cases} w(z) \mid z \in G \\ J(c) \mid z = c\,, \end{cases}$$

so ist $w^*(z)$ in G_0 regulär und $w^*(z) = w(z)$ in G.

Somit ist der Riemannsche Satz bewiesen worden.

Die Behandlung des Falles $c = z_\infty$ verbinden wir mit der Definition der Regularität von $w(z)$ im Unendlichen.

Def. *Die in einem Gebiet G, das den unendlich fernen Punkt z_∞ der komplexen Ebene enthält, definierte, endlichwertige, eindeutige, stetige, komplexe Funktion $w(z)$ heißt in z_∞ differenzierbar, wenn eine endliche Zahl A existiert derart, daß*

$$(22.7) \qquad w(z) = w(z_\infty) + \frac{A}{z} + \frac{\varepsilon(z)}{z} \qquad (z \neq 0,\ z \in G \cap E)$$

gilt mit $\lim\limits_{|z| \to \infty} \varepsilon(z) = 0$.

Der Leser kann ohne weiteres feststellen, daß die hier zugrundegelegte Definition der Differenzierbarkeit mit der Forderung äquivalent ist, daß die Funktion

$$g(z) = w\left(\frac{1}{z}\right) \quad (g(0) = w(z_\infty))$$

im Nullpunkt differenzierbar ist.

Die Frage der Hebbarkeit im Unendlichen läßt sich nun im Sinne der Definition der Regularität von $w(z)$ in $z = z_\infty$ folgendermaßen erledigen:

Satz. *Es bedeute Γ_r die positiv orientierte Peripherie $|z| = r\ (0 < r < \infty)$. Dann gilt*

$$(22.8) \qquad J(z) = \frac{1}{2\pi i} \int_{\Gamma_r} \frac{d\zeta}{\zeta - z} = \begin{cases} 0 \text{ für } |z| > r \\ 1 \text{ für } |z| < r . \end{cases}$$

Beweis. Es ist

$$J'(z) = \frac{1}{2\pi i} \int_{\Gamma_r} \frac{d\zeta}{(\zeta - z)^2} = \frac{1}{2\pi i} \int_{\Gamma_r} \frac{d}{d\zeta}\left(\frac{1}{\zeta - z}\right) = 0 .$$

Es sei $|z| > r$. Man nehme $z' = \alpha z$ mit $\alpha > 1$ und verbinde z und z' durch die Strecke $\overline{zz'}$. Dann ist

$$J(z) = J(z') - \int_{\overline{zz'}} J'(\zeta)\, d\zeta = J(z')$$

und somit

$$J(z) = \lim_{\alpha \to \infty} J(\alpha z) = 0 .$$

Ist $|z| < r$, so findet man

$$J(z) = J(0) + \int_{\overline{zz'}} J'(\zeta)\, d\zeta = J(0) = \frac{1}{2\pi i} \int_{\Gamma_r} \frac{d\zeta}{\zeta} = 1 .$$

Es sei nun $c = z_\infty$ und $w(z)$ in $0 < \eta < r_1 \leqq |z| \leqq r_2 < + \infty$ eindeutig und regulär. Dann gilt die Darstellung

$$(22.9) \qquad w(z) = \frac{1}{2\pi i} \int_{\Gamma_{r_2}} w(\zeta)\, \frac{d\zeta}{\zeta - z} - \frac{1}{2\pi i} \int_{\Gamma_{r_1}} w(\zeta)\, \frac{d\zeta}{\zeta - z} .$$

Daraus folgt leicht für $|z| = r$

$$\frac{1}{2\pi i} \int_{\Gamma_r} w(z)\, \frac{dz}{z} = \frac{1}{2\pi i} \int_{\Gamma_{r_2}} w(\zeta)\, J_1(\zeta)\, d\zeta - \frac{1}{2\pi i} \int_{\Gamma_{r_1}} w(\zeta)\, J_1(\zeta)\, d\zeta$$

mit

$$J_1(\zeta) = \frac{1}{2\pi i} \int_{\Gamma_r} \frac{dz}{z(\zeta - z)} = \frac{1}{2\pi i \zeta} \int_{\Gamma_r} \frac{dz}{z} - \frac{1}{2\pi i \zeta} \int_{\Gamma_r} \frac{dz}{z - \zeta} ,$$

also

$$\zeta\, J_1(\zeta) = \begin{cases} 1 \mid \zeta \in \Gamma_{r_2} \\ 0 \mid \zeta \in \Gamma_{r_1} \end{cases}.$$

Somit wird

$$\frac{1}{2\pi i} \int\limits_{|z|=r} w(z)\,\frac{dz}{z} = \frac{1}{2\pi i} \int\limits_{|\zeta|=r_2} w(\zeta)\,\frac{d\zeta}{\zeta}\,,$$

also auch

$$(22.10) \qquad \frac{1}{2\pi i} \int\limits_{|\zeta|=r_1} w(\zeta)\,\frac{d\zeta}{\zeta} = \frac{1}{2\pi i} \int\limits_{|\zeta|=r_2} w(\zeta)\,\frac{d\zeta}{\zeta}\,.$$

Mit Hilfe dieser Gleichung findet man

$$(22.11) \quad w(z) = \frac{z}{2\pi i} \int\limits_{|\zeta|=r_2} w(\zeta)\,\frac{d\zeta}{\zeta(\zeta-z)} - \frac{z}{2\pi i} \int\limits_{|\zeta|=r_1} w(\zeta)\,\frac{d\zeta}{\zeta(\zeta-z)}\,.$$

Man halte jetzt r_1 und z fest und lasse $r_2 \to \infty$ konvergieren unter der Voraussetzung, daß

$$(22.12) \qquad \lim_{r\to\infty} \frac{M(r,w)}{r} = 0$$

ist. Dann konvergiert das erste Integral gegen Null, und man erhält

$$(22.13) \qquad w(z) = -\,\frac{z}{2\pi i} \int\limits_{|\zeta|=r_1} w(\zeta)\,\frac{d\zeta}{\zeta(\zeta-z)}\,.$$

Diese Darstellung gilt für alle z, $\eta < |z| < +\infty$. Aus (22.13) folgt leicht: Ist $w(z)$ regulär in z_∞ oder gilt (22.12), so besitzt sie dort die Entwicklung

$$(22.14) \qquad w(z) = \sum_{k=0}^{\infty} \frac{A_k}{z^k}$$

mit

$$(22.15) \qquad A_k = \frac{1}{2\pi i} \int_{\Gamma_{r_1}} w(\zeta)\,\frac{d\zeta}{\zeta^{-k+1}} \qquad (k = 0,\,1,\,2,\,\ldots)\,.$$

Ähnlich wie im endlichen Fall kann hier gezeigt werden, daß man anstelle r_1 irgendeine Peripherie Γ_r mit $r > \eta$ nehmen kann. Den kleinsten Wert r_∞ von η kann man durch die Gleichung

$$(22.16) \qquad r_\infty = \inf\{\eta \mid \overline{E}\setminus K_0^\eta \subset G\}$$

bestimmen.

23. Pole und wesentliche Singularitäten. Die Entwicklung von Laurent-Weierstrass. Isolierte, nicht hebbare Randstellen von $w(z)$ können entweder Pole oder wesentliche Singularitäten sein. Unter isoliert verstehen wir wieder ausgeartete (d. h. aus einem Punkt bestehende) Komponenten des Randes von G.

Def. *Eine isolierte, nicht hebbare Randstelle c heißt ein Pol von $w(z)$, wenn c eine hebbare Stelle für die Funktion $\dfrac{1}{w(z)}$ ist. Jede isolierte Rand-*

stelle von G, die weder für $w(z)$ noch für $\dfrac{1}{w(z)}$ hebbar ist, soll eine wesentliche isolierte Singularität bzw. eine Laurent-Stelle heißen.

Satz. *Ist $c \in E$ ein Pol von $w(z)$, so gibt es eine natürliche Zahl k derart, daß $(z-c)^k\, w(z)$ in einer Umgebung U_c von c regulär und von Null verschieden ist.*

Beweis. Da die Stelle c für $\dfrac{1}{w(z)}$ hebbar ist, gilt

$$(23.1) \qquad \frac{1}{w(z)} = a_k(z-c)^k + a_{k+1}(z-c)^{k+1} + \cdots \qquad (a_k \neq 0)\,,$$

wobei die Reihe rechts in einem Kreis um c, etwa in dem Kreis $|z-c| < r_0(c)$, konvergiert. Setzt man dann

$$(23.2) \qquad g(z) = a_k + a_{k+1}(z-c) + \cdots,$$

so kann $g(z)$ aus Stetigkeitsgründen (wegen $g(c) \neq 0$) in beliebiger Nähe von c nicht verschwinden. Somit gibt es ein r_1, $0 < r_1 < r_0$ derart, daß in $|z-c| < r_1$ $g(z) \neq 0$ ist und mithin $g_1(z) = 1/g(z)$ dort regulär. Es ist also

$$(23.3) \qquad w(z) = \frac{g_1(z)}{(z-c)^k}\,, \qquad (g_1(c) \neq 0)\,.$$

Hier mögen zwei Bemerkungen angeschlossen werden:

1. Es muß in (23.1) ein $a_k \neq 0$ existieren. Wären nämlich alle a_k gleich Null, so wäre $w(z)$ in der Umgebung von c nicht regulär.

2. Die ganze Zahl k ist größer als Null. Wäre nämlich $k = 0$, so hätte $w(z)$ eine hebbare Stelle in c gegen die Voraussetzung.

Def. *Die natürliche Zahl k in der Darstellung (23.3) heißt die Ordnung bzw. die Vielfachheit oder auch die Multiplizität des Pols.*

Man kann nun ohne weiteres sehen, daß die Darstellung (23.3) innerhalb des Kreises $|z-c| < r_0(c)$ gilt. Verwendet man dann (23.2), so erhält man für $w(z)$ die Entwicklung

$$(23.4) \qquad w(z) = \frac{C_k}{(z-c)^k} + \frac{C_{k+1}}{(z-c)^{k-1}} + \cdots + C_{2k} + C_{2k+1}(z-c) + \cdots,$$

welche das Verhalten von $w(z)$ in der Nähe des Pols c bestimmt. So kann man z. B. beweisen: Zu jedem $\varepsilon > 0\,(0 < \varepsilon < 1)$ existiert ein $r(\varepsilon) > 0$ derart, daß für alle $|z-c| \leq r(\varepsilon)$ die Doppelungleichung

$$(23.5) \qquad |C_k|\,\frac{1-\varepsilon}{|z-c|^k} \leq |w(z)| \leq |C_k|\,\frac{1+\varepsilon}{|z-c|^k}$$

gilt.

Ist $c = z_\infty$, so gilt anstelle von (23.1) die Darstellung

$$(23.6) \qquad \frac{1}{w(z)} = \frac{a_k}{z^k} + \frac{a_{k+1}}{z^{k+1}} + \cdots \qquad (a_k \neq 0)\,,$$

und mithin wird

$$(23.7) \qquad w(z) = z^k\, g(z)\,,$$

wobei $g(z)$ außerhalb eines bestimmten Kreises $|z| = r_0$ die Darstellung

$$g(z) = C_0 + \frac{C_1}{z} + \frac{C_2}{z^2} + \cdots$$

gestattet. Auch hier wird k die Ordnung des Pols z_∞ genannt. Ordnet man jedem Pol c von $w(z)$ als Wert von $w(z)$ den Punkt z_∞ zu, so ist $w(z)$ an jeder solchen Stelle im Sinne der Gleichung

$$\lim_{z \to c} [w(z), z_\infty] = 0 \qquad\qquad (z \in G)$$

stetig. Im folgenden soll jedem Pol c von $w(z)$ der Wert $w = z_\infty$ zugeordnet werden.

Def. *Die Gesamtheit R aller regulären Stellen und aller Pole von $w(z)$ wird als der Rationalitätsbereich von $w(z)$ bezeichnet. Jeder Punkt $z \in R$ heißt dann eine Stelle rationalen Charakters.*

Ist jedes ausgeartete Randkontinuum von G eine hebbare Stelle oder ein Pol, so heißt $w(z)$ in G meromorph (oder von rationalem Charakter).

Wir kommen nun zur Darstellung von $w(z)$ in der Umgebung einer Laurent-Stelle und beweisen den Satz:

Satz (LAURENT-WEIERSTRASS). *Es sei $c \in E$ eine Laurent-Stelle von $w(z)$. Dann gilt*

$$(23.8) \qquad w(z) = \sum_{-\infty}^{+\infty} a_n (z - c)^n \qquad (0 < |z - c| < r_0(c))$$

mit

$$(23.9) \qquad a_n = \frac{1}{2\pi i} \int_{\Gamma_r} w(\zeta)\, \frac{d\zeta}{(\zeta - c)^{n+1}}.$$

Dabei ist Γ_r eine beliebige (positiv orientierte) Peripherie um c mit dem Radius r, $0 < r < r_0(c)$.

Ist $c = z_\infty$, so gilt analog

$$(23.10) \qquad w(z) = \sum_{-\infty}^{+\infty} a_n z^n \qquad\qquad (|z| > r_\infty)$$

mit

$$(23.11) \qquad a_n = \frac{1}{2\pi i} \int_{\Gamma_r} w(\zeta)\, \frac{d\zeta}{\zeta^{-n+1}}.$$

Beweis. Daß die Integrale (23.9) und (23.11) vom Radius r von Γ_r unabhängig sind, kann der Leser dadurch beweisen, daß er bei gegebenem n die Funktion

$$(23.12) \qquad g(z) = \frac{\overset{\cdot}{w}(z)}{(z - c)^{n+1}}$$

betrachtet, von einem Peripheriepunkt $z_0(r_2 < r_0 < r_0(c))$ aus die Funktion

$$F(z) = \int_{\overrightarrow{z_0 z}} g(\zeta)\, d\zeta$$

konstruiert (Abb. 9), die Gleichung $F'(z) = g(z)$ in jedem inneren Punkt des längs des Radius $c\,z_0'$ aufgeschlitzten Kreises $|z - c| \leqq r_0'$ nachweist und den Integrationsweg (mit den anschließenden Grenzübergängen der geradlinigen Stücke) wie in der Abbildung nimmt. Der Fall $c = z_\infty$ erledigt sich auf ähnliche Weise.

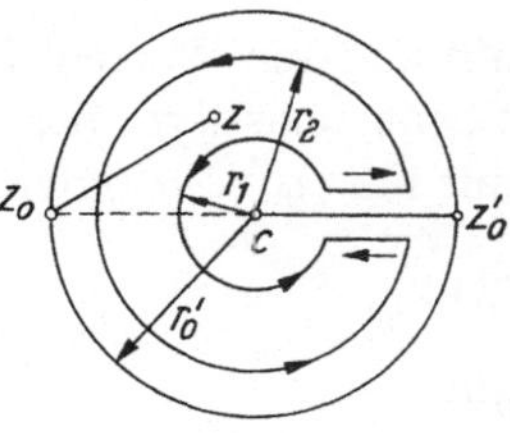

Abb. 9

Ist dies nun gezeigt, so betrachte man den Ring

$$0 < r_1 \leqq |\zeta| \leqq r_2 < r_0(c)$$

und nehme z so, daß $r_1 < |z| < r_2$ gilt.

Man bilde jetzt die Summen

$$S_1(n) = \sum_{k=0}^{n} \left\{ \frac{(z - c)^k}{2\pi i} \int_{\Gamma_{r_2}} w(\zeta)\, \frac{d\zeta}{(\zeta - c)^{k+1}} \right\}$$

und

$$S_2(m) = \sum_{k=-m}^{-1} \left\{ \frac{(z - c)^k}{2\pi i} \int_{\Gamma_{r_1}} w(\zeta)\, \frac{d\zeta}{(\zeta - c)^{k+1}} \right\}.$$

Dann gilt

$$\frac{1}{2\pi i} \int_{\Gamma_{r_2}} w(\zeta)\, \frac{d\zeta}{\zeta - z} - S_1(n) = \frac{(z - c)^{n+1}}{2\pi i} \int_{\Gamma_{r_2}} w(\zeta)\, \frac{d\zeta}{(\zeta - z)(\zeta - c)^{n+1}}$$

und

$$\frac{1}{2\pi i} \int_{\Gamma_{r_1}} w(\zeta)\, \frac{d\zeta}{\zeta - z} + S_2(m) = \frac{(z - c)^{-m}}{2\pi i} \int_{\Gamma_{r_1}} w(\zeta)\, \frac{d\zeta}{(\zeta - z)(\zeta - c)^{-m}}.$$

Da nun

$$\left| \frac{z - c}{\zeta - c} \right| < 1 \qquad\qquad (\zeta \in \Gamma_{r_2})$$

und

$$\left| \frac{\zeta - c}{z - c} \right| < 1 \qquad\qquad (\zeta \in \Gamma_{r_1})$$

gilt, konvergieren $S_1(n)$ und $S_2(m)$ für $m \to \infty$ und $n \to \infty$ (absolut und in jedem Teilring $r_1 < r_1' \leqq |z| \leqq r_2' < r_2$ gleichmäßig) gegen die entsprechenden Integrale. Somit wird wegen (22.9)

$$\sum_{-\infty}^{+\infty} a_n (z - c)^n = \frac{1}{2\pi i} \int_{\Gamma_{r_2}} w(\zeta)\, \frac{d\zeta}{\zeta - c} - \frac{1}{2\pi i} \int_{\Gamma_{r_1}} w(\zeta)\, \frac{d\zeta}{\zeta - z} = w(z).$$

Den Fall $c = z_\infty$ möge der Leser auf ähnliche Weise selbst erledigen.

24. Der Satz von Casorati-Weierstrass. Ist c ein isolierter Randpunkt von R, so gibt nachfolgender wichtiger Satz von Weierstrass und Casorati[1] Aufschluß über das merkwürdige Verhalten von $w(z)$ in der Umgebung von c.

---

[1] Felice Casorati (1835—1890). Der Satz wird in vielen Büchern lediglich nach Weierstrass benannt.

Satz (CASORATI-WEIERSTRASS). *Ist c ein isolierter Randpunkt von R und $U_c' = U_c \setminus c$ eine beliebige punktierte Umgebung von c, die in G liegt, so gilt*

$$(24.1) \qquad \overline{w(U_c')} = \overline{E} \, .$$

Mit anderen Worten: Zu jedem Punkt a der abgeschlossenen komplexen Ebene existiert bei vorgegebenem $U_c' \subseteq G$ eine Folge (z_n) $z_n \in \mathsf{U}_c'$ mit $\lim\limits_{n \to \infty} [z_n, c] = 0$ derart, daß

$$(24.2) \qquad \lim_{n \to \infty} [w(z_n), a] = 0$$

gilt.

Beweis. Man setze

$$A = \overline{E} \setminus \overline{w(U_c')} \, .$$

Ist der Satz falsch, so enthält die (offene) Menge A eine Kreisscheibe $[w, a] < \eta$ $(\eta > 0)$, und somit gilt

$$(24.3) \qquad [w(z), a] \geqq \eta \, ,$$

das heißt

$$(24.4) \qquad \frac{1}{[w(z), a]} \leqq \frac{1}{\eta} < + \infty \qquad\qquad (z \in U_c') \, .$$

Berücksichtigt man nun die Ungleichungen

$$\frac{1}{|w(z) - a|} \leqq \frac{1}{[w(z), a]} \leqq \frac{1}{\eta} \qquad\qquad (a \in E)$$

und

$$|w(z)| \leqq \frac{1}{[w(z), w_\infty]} \leqq \frac{1}{\eta} \, ,$$

so folgt daraus, daß c eine hebbare Stelle für die Funktion $\dfrac{1}{w(z) - a}$ bzw. $w(z)$ sein muß. Das ist jedoch unmöglich, da die Funktionen $w(z) - a$ bzw. $w(z)$ eine wesentliche Singularität bei c haben. Somit ist (24.3) falsch.

Dieser von WEIERSTRASS im Jahre 1876 bewiesene wichtige Satz wurde einige Jahre später von EMILE PICARD[1] dahin verallgemeinert, daß er bewies, daß die Gleichung $w(z) - a = 0$ mit Ausnahme von höchstens zwei a-Werten in jedem U_c' unendlich viele Wurzeln aufweist. Wir kommen auf diese Zusammenhänge im achten Kapitel zurück.

25. Bemerkungen und Literaturnachweis. Nach anfänglichem Schwanken zog ich vor, zuerst die lokalen Eigenschaften der eindeutigen analytischen Funktionen zu entwickeln und erst im nächsten Kapitel die beiden fundamentalen Sätze von CAUCHY im Großen zu beweisen. Der Grund dafür war neben den sich daraus ergebenden didaktischen Gesichtspunkten noch die Tatsache, daß die Konstruktion der eindeutigen

---

[1] EMILE PICARD (1856—1941).

Funktion $F(z)$, wovon der gesamte Beweis abhängt, für allgemeine einfach zusammenhängende Gebiete, welche die Sterneigenschaft nicht besitzen, mehr oder weniger schwierig ist. Die meisten in den Lehrbüchern gegebenen Beweise führen oft nur deswegen leicht zum Ziel, weil die Beifügung einer einfachen Zeichnung (d. h. einer Kurve von erschreckender Einfachheit) den Lernenden von den auftretenden topologischen Schwierigkeiten ablenkt. Die Verwendung von Strecken bei der Definition von $F(z)$ scheint mir bei dem Eindeutigkeitsbeweis eine wesentliche Vereinfachung zu bringen. Im nächsten Kapitel wird noch (durch einen einfachen Kunstgriff) gezeigt, daß man aus den hier bewiesenen Sätzen im Kleinen die entsprechenden Sätze im Großen sowie den Cauchyschen Residuensatz fast ohne Rechnung ableiten kann.

Der hier behandelte Stoff stellt den Grundstoff jeder Vorlesung über Funktionentheorie dar und geht, geschichtlich gesehen, mehr oder weniger auf CAUCHY zurück. Zweifellos hat GAUSS vor CAUCHY den Begriff des bestimmten Integrals besessen und darüber erstmalig in einem Brief vom 18. Dezember 1811 an den Astronomen WILHELM BESSEL (1784—1846) berichtet. Ob dieser Brief als die Geburtsstunde der Funktionentheorie als selbständiger Disziplin betrachtet werden kann, ist angesichts der Tatsache, daß dessen Inhalt erst viel später bekannt wurde, schwer zu sagen. Tatsache bleibt, daß GAUSS um diese Zeit das Integral $\int \frac{dz}{z}$ über eine geschlossene Kurve, die den Nullpunkt umschlingt, schon ausgewertet hatte und somit eines der grundlegenden Ergebnisse der elementaren Funktionentheorie vorweggenommen hat. Mit weit mehr Berechtigung als der Gaußsche Brief an BESSEL können die beiden Cauchyschen Abhandlungen aus den Jahren 1814 und 1825 (Mémoire sur les intégrales définies und Mémoire sur les intégrales définies, prises entre des limites imaginaires) als der Beginn der Funktionentheorie als selbständige Disziplin bezeichnet werden. Die erste Abhandlung ist in der Sitzung der Pariser Akademie am 22. August 1814 vorgetragen worden, jedoch erst am 14. September 1825 in den Mémoires présentés par divers Savants gedruckt worden. Die zweite, bei weitem wichtigere Arbeit erschien als Buch in Paris im Jahre 1825 und wird im allgemeinen als das Gründungswerk der Funktionentheorie angesehen. CAUCHY setzt bei der Definition der analytischen Funktion $w(z)$ die Stetigkeit von $w'(z)$ voraus und verwendet, nachdem er das System (18.4) aufgestellt hat, Methoden der reellen Analysis, insbesondere die Transformation von Doppelintegralen in Linienintegrale und umgekehrt. Eine eingehende Darstellung der Leistungen CAUCHYs nebst ausführlichen Literaturangaben findet der Leser in dem ausgezeichneten Artikel von OSGOOD (1864—1943) in der Enzyklopädie der Mathematischen Wissenschaften.

Den ersten wesentlichen Schritt über CAUCHY hinaus in der Definition der eindeutigen regulären Funktion hat, wie bereits erwähnt, zum Beginn des 20. Jahrhunderts GOURSAT in seiner Arbeit: Sur la définition génerale des fonctions analytiques, die in den *Trans.* der *Amer. Math. Soc.*, Bd. 1 (1900), veröffentlicht wurde, getan, indem er die Voraussetzung der Stetigkeit von $w'(z)$ als überflüssig erkannte. Diese Abhandlung wurde zum Ausgangspunkt einer Reihe wichtiger Arbeiten über die Grundlegung der Funktionentheorie, von denen die wichtigsten in dem schönen Buch von Herrn HEFFTER (Begründung der Funktionentheorie auf alten und neuen Wegen, *Springer-Verlag* 1955) zusammengefaßt und kritisch erläutert werden. Eigentlich erscheint die Diskussion, ob man das Hauptlemma der Funktionentheorie vorerst für Dreiecke oder für achsenparallele Rechtecke beweisen soll, etwas müßig. Vielleicht dürfte die Frage, wie man weiterkommt, nachdem man dieses Lemma bewiesen hat, interessanter sein. Nachfolgende allgemeine Überlegungen sollen dem Leser die Tragweite des Zerstückelungsverfahrens abgrenzen.

Es bedeute K eine beschränkte, abgeschlossene Teilmenge der komplexen Ebene und $\{G\}$ eine Familie von nicht leeren Gebieten in K mit folgender Eigenschaft: Zu jedem $\varepsilon > 0$ gibt es (endlich viele) disjunkte Elemente $G_1, \ldots, G_n$ von $\{G\}$ mit $d(G_k) < \varepsilon \, (k = 1, 2, \ldots, n)$ und

$$(25.1) \qquad\qquad K = K \cap \bigcup_1^n \overline{G}_k \qquad\qquad (n = n(\varepsilon)).$$

Wir sagen in diesem Falle, K sei ε-zerstückelbar. Im folgenden nehmen wir an, daß K für jedes ε_n einer (eigentlich) monoton gegen Null konvergierenden Folge (ε_n) $(n = 1, 2, \ldots)$ von positiven Zahlen zerstückelbar ist und daß $\{G\}$ nur die zu jedem ε_n gehörenden Pflastergebiete G enthält. Ein einfaches Zerstückelungssystem $\{G\}$ liefert offenbar der Unterteilungsprozeß.

Man nehme jetzt an, K sei selbst ein Bereich (also $K = \overline{G}_0$) und bezeichne mit $\mathfrak{B}_n$ das System der (für jedes ε_n fest gewählten) Gebiete G_k, die K (im Sinne von (25.1) mit $\varepsilon = \varepsilon_n$) ausmachen. Wir setzen $\mathfrak{B}_0 = \{G_0\}$ und $\mathfrak{B} = \bigcup_0^\infty \mathfrak{B}_n$. Dann soll ein additives Funktional F auf $\mathfrak{B}$ dadurch gegeben sein, daß man jedem G aus $\mathfrak{B}$ eine endliche, reelle bzw. komplexe Zahl $F(G)$ zuordnet mit der Eigenschaft, daß für je zwei disjunkte Elemente G_1, G_2 von $\mathfrak{B}_n$ $(n = 1, 2, \ldots)$ die Gleichung

$$(25.2) \qquad\qquad F(G_1 \cup G_2) = F(G_1) + F(G_2)$$

gilt. Wir setzen $F(\overline{G}) = F(G)$ $(G \in \mathfrak{B})$ und nehmen ein ebenfalls auf $\mathfrak{B}$ definiertes Funktional $\Phi(G)$ (wobei wir wieder $\Phi(\overline{G}) = \Phi(G)$ setzen) mit den Eigenschaften:

1. $\Phi(G) > 0 \quad (G \in \mathfrak{B})$
2. $\Phi(G_1 \cup G_2) \geqq \Phi(G_1) + \Phi(G_2) \quad (G_1 \cap G_2 = \emptyset)$

für $G_1, G_2 \in \mathfrak{B}_n \, (n = 1, 2, \ldots)$.

Dann kann man leicht folgenden Satz beweisen:

Satz. *Gibt es bei festem $z_0 \in K$ und vorgegebenem $\varepsilon > 0$ ein $\eta = \eta(\varepsilon, z_0)$ derart, daß für alle $G \in \{\mathfrak{B}\}$, die in der Kreisscheibe $|z - z_0| < \eta$ liegen, die Ungleichung*

$$(25.3) \qquad |F(G)| \leqq \varepsilon \, M_0 \, \Phi(G)$$

mit einer nur von z_0 abhängigen Konstante M_0 erfüllt ist, so gilt $F(K) = 0$.

Beweis. Man verwende (25.1) mit $\varepsilon = \varepsilon_n$. Dann wird wegen (25.2) (mit ε_n an Stelle von ε)

$$|F(K)| \leqq \Phi(K) \, \mathrm{Max} \left\{ \frac{|F(G)|}{\Phi(G)} \,\Big|\, G \in \mathfrak{B}_{\varepsilon_n} \right\}.$$

Wir betrachten jetzt die Gebiete $G_n \, (n = 1, 2, \ldots)$ mit

$$\frac{|F(G_n)|}{\Phi(G_n)} = \mathrm{Max} \left\{ \frac{|F(G)|}{\Phi(G)} \,\Big|\, G \in \mathfrak{B}_n \right\}$$

und beachten, daß es infolge der Bedingung $d(G_n) < \varepsilon_n$ einen Punkt $z_0 \in K$ geben muß, in dessen Umgebung unendlich viele G_n liegen. Wählt man nun η wie in der Ungleichung (25.3), so erhält man für unendlich viele Indizes n

$$|F(K)| \leqq \varepsilon_n \, M_0 \, \Phi(K)$$

und mithin den Beweis des Satzes.

Gehen die Systeme $\mathfrak{B}_n$ durch Unterteilung nach dem Vorbild von 19. auseinander hervor, so kann leicht gezeigt werden, daß sich eine Folge (G_n) von ineinandergeschachtelten Gebieten $G_n \, (G_n \in \mathfrak{B}_n)$ bestimmen läßt, für welche (25.3) (mit G_n statt G) für alle hinreichend großen n gilt.

Der Leser möge als Übungsaufgabe mit Hilfe des hier entwickelten Verfahrens das Cauchysche Fundamentallemma für einen Kreis bzw. ein achsenparalleles Rechteck direkt beweisen. Ist dieser Beweis geführt, so kann $\left(\text{wegen } \int_{\Gamma_R} w(\zeta) \, \dfrac{d\zeta}{\zeta - z} = 0 \text{ für jedes } z \notin \overline{R}\right)$ durch geeignete Zerstückelung (man vgl. die Entwicklungen von 26.) direkt gezeigt werden, daß

$$(25.4) \qquad w(z) = \frac{1}{2\pi i} \int_{\Pi_0} w(\zeta) \, \frac{d\zeta}{\zeta - z} - \sum_1^q \frac{1}{2\pi i} \int_{\Pi_k} w(\zeta) \, \frac{d\zeta}{\zeta - z}$$

für jeden Punkt eines Gebietes G gilt, das von endlich vielen einfachen achsenparallelen Polygonzügen $\Pi_0, \Pi_1, \ldots, \Pi_q$ begrenzt ist, und (samt seinem Rand) im Regularitätsgebiet G_0 von $w(z)$ liegt. Hierbei wurde durch Π_0 die äußere Polygonallinie bezeichnet, welche die übrigen einschließt. Auf die Formel (25.4) und einige allgemeine Folgerungen, die man daraus ziehen kann, kommen wir Anfang des nächsten Kapitels zurück.

Den vorhin bewiesenen Satz über additive Funktionale kann man noch dazu verwenden, um klassische Sätze der Analysis einheitlich zu beweisen. Man betrachte der Einfachheit halber ein Dreieck Δ_0 der komplexen Ebene und bilde nach dem Vorbild von 19. die Familie $\{\Delta\}$ der Unterteilungsdreiecke Δ. Man nehme an, daß zwei auf $\overline{\Delta}_0$ definierte, eindeutige, reelle Funktionen $A(\zeta)$ bzw. $B(\zeta)$ in jedem Punkt $z_0 \in \overline{\Delta}_0$ eine partielle Ableitung nach x bzw. nach y haben und betrachte das (additive) Funktional

$$F(\Delta) = \int_\Delta (A_x + B_y)\, dx\, dy + \int_\Gamma (B\, dx - A\, dy) ,$$

wobei Γ den (positiv orientierten) Rand von Δ bedeutet. Dann gilt für jede Teilfamilie (Δ) von Unterteilungsdreiecken, die einen (jedesmal festgewählten) Punkt von Δ enthalten,

$$\lim_{d(\Delta)\to 0} \frac{|F(\Delta)|}{|\Delta|} = 0$$

und somit auch $F(\Delta_0) = 0$. Die Gleichung

$$(25.5) \qquad -\int_{\Delta_0} (A_x + B_y)\, dx\, dy = \int_{\Gamma_0} (B\, dx - A\, dy)$$

drückt den Inhalt des Greenschen Lemmas aus. Für $A = \dfrac{\partial U}{\partial x}$ und $B = \dfrac{\partial U}{\partial y}$ erhält man entsprechend

$$(25.6) \qquad -\int_{\Delta_0} \Delta U\, dx\, dy = \int_{\Gamma_0} \left(\frac{\partial U}{\partial y}\, dx - \frac{\partial U}{\partial x}\, dy \right) .$$

Für den hier entwickelten Beweis der Gleichungen (25.5) und (25.6) (auf Grund der Goursatschen Ideen) vgl. man die weitergehende Note von ERHARD SCHMIDT in den *Monatsheften für Mathem. und Physik* (Bemerkung zum Fundamentalsatz der Theorie der linearen partiellen Differentialgleichungen erster Ordnung), Bd. 48, 1939.

Ergänzungen und Aufgaben zum dritten Kapitel

1. Der Konvergenzradius einer Potenzreihe. Es sei

$$(1) \qquad P(z) = a_0 + a_1 z + a_2 z^2 + \cdots$$

eine komplexe Potenzreihe. Man setze

$$(2) \qquad R = \frac{1}{\varlimsup_{n\to\infty} \sqrt[n]{|a_n|}} \qquad\qquad (0 \leq R \leq +\infty) .$$

Ist dann $R > 0$, so konvergiert (1) in jedem Punkt z mit $|z| < R$. Der Kreis $|z| = R$ heißt der Konvergenzkreis von (1) und R ihr Konvergenzradius.

Man zeige noch: *Ist $R > 0$, so ist die Konvergenz in jeder Kreisscheibe $|z| \leqq R' < R$ gleichmäßig.* (Das bedeutet: Bei vorgegebenem $\varepsilon > 0$ kann man n so wählen, daß

$$|a_{n+1}z^{n+1} + \cdots + a_{n+p}z^{n+p}| \leqq \varepsilon \qquad (n \geqq n_0)$$

wird für alle z, $|z| \leqq R'$. Dabei hängt n_0 von ε und R' ab, und p ist beliebig.)

Man sagt, die Reihe (1) konvergiere absolut, wenn die reelle Potenzreihe

(3) $$|a_0| + |a_1|\,|z| + |a_2|\,|z|^2 + \cdots$$

konvergiert.

Folgender Satz ist leicht zu beweisen: *Gilt für ein $z_0 \neq 0$*

$$|a_n z_0^n| \leqq M < +\infty \qquad (n = 0, 1, 2, \ldots),$$

so konvergiert (1) für alle z, $|z| < |z_0|$ absolut.

Insbesondere folgt daraus der Satz: *Konvergiert (1) für ein z_0, $z_0 \neq 0$, so konvergiert sie absolut in der offenen Kreisscheibe $|z| < |z_0|$.*

Ist

$$P(z) = \sum_{k=0}^{\infty} a_k z^k$$

in $|z| < R$ konvergent, so zeige man, daß $P'(z)$ existiert und durch die Gleichung

$$P'(z) = \sum_{k=0}^{\infty} k a_k z^{k-1}$$

gegeben wird. (Gliedweise Differentiation von Potenzreihen.)

2. MORERAs Definition der eindeutigen analytischen Funktion. MORERA (1856—1909) bezeichnet die eindeutige stetige Funktion $w(z)$ als analytisch in z, wenn *für jede geschlossene, stückweise stetig differenzierbare Kurve γ in einer Umgebung U_z*

(1) $$\int_{\gamma} w(z)\,dz = 0$$

gilt. Man zeige, *daß aus (1) die Existenz von $w'(\zeta)$ ($\zeta \in U_z$) folgt* (Satz von MORERA).

3. Eine Definition der regulären analytischen Funktion. Die Frage nach einer möglichen Einschränkung der Klasse der zulässigen Kurven γ wird durch folgenden Satz von J. WOLFF beantwortet: *Es bezeichne $\mathfrak{Q}_z$ die Familie aller achsenparallelen Quadrate $\overline{Q}$, die den Punkt z in ihrem Inneren enthalten. Man setze*

$$(1) \qquad \underline{w(z)} = \varliminf_{d(Q)\to 0} \left\{ \frac{1}{|Q|} \left| \int_{\Gamma_Q} w(\zeta)\, d\zeta \right| \right\} \qquad (\overline{Q} \in \mathfrak{Q}_z)$$

und

$$(2) \qquad \overline{w(z)} = \varlimsup_{d(Q)\to 0} \left\{ \frac{1}{|Q|} \left| \int_{\Gamma_Q} w(\zeta)\, d\zeta \right| \right\} \qquad (\overline{Q} \in \mathfrak{Q}_z)\,.$$

Gilt dann $\underline{w(z)} = 0$ *für fast alle* $z \in G$ *und mit Ausnahme von höchstens abzählbar vielen* z $\overline{w(z)} < +\infty$, *so ist* $w(z)$ *regulär in* G [WOLFF, J.: *Nieuw Arch. Wiskde.* (2) **14**, 337—339 (1925)].

4. Der Satz von LOOMAN-MENCHOFF. Sind u_x, u_y, v_x, v_y in jedem Punkt von G stetig und gilt

$$(1) \qquad u_x = v_y\,, \quad u_y = -v_x\,,$$

so ist $u + iv$ im Sinne der Definition (18.1) analytisch (Beweis?). Im Zuge der Verallgemeinerung dieses Satzes haben LOOMAN [*Nachr. Ges. Göttingen* 1923, S. 97—108, *Nieuw Arch. Wiskde. Wiss.* (2), **14**, 234—239 (1925)] und MENCHOFF [*Fundam. Math.* **25**, 59—97 (1935)] folgenden wichtigen Satz bewiesen[1]:

Existieren die Ableitungen u_x, u_y, v_x, v_y *überall in* G *mit Ausnahme von höchstens abzählbar vielen Punkten und gilt das Cauchy-Riemannsche Differentialgleichungssystem fast überall in* G, *so ist die stetige, eindeutige Funktion* $w(z) = u + iv$ *analytisch in* G.

Man zeige, daß aus der Existenz der Differentiale du und dv und dem Cauchy-Riemannschen Differentialgleichungssystem (1) die Existenz von $w'(z)$ folgt. Der einfachste Beweis ist der, der die Identität (25.6), d. h. das Greensche Lemma

$$(2) \qquad \int_{\Gamma_R} (P\,dx + Q\,dy) = \int_{\overline{R}} (Q_x - P_y)\, dx\, dy$$

verwendet, wobei $\overline{R}$ ein achsenparalleles abgeschlossenes Rechteck mit dem (positiv orientierten) Rand Γ_R ist. Hierbei wird angenommen, daß P und Q in jedem Punkt von $\overline{R}$ ein totales Differential besitzen. Der Beweis kann wieder durch Unterteilung von $\overline{R}$ erbracht werden.

Aus dem System (2) folgen (unter Voraussetzung der Differenzierbarkeit) ohne weiteres die partiellen Differentialgleichungen

$$(3) \qquad u_{xx} + u_{yy} = 0, \quad v_{xx} + v_{yy} = 0\,.$$

Man schreibt allgemein diese Gleichungen in der Form $\Delta u = 0$ bzw. $\Delta v = 0$ $\left(\Delta = \dfrac{\partial^2}{\partial x^2} + \dfrac{\partial^2}{\partial y^2} \right)$ und nennt Δ den Laplaceschen Operator

---

[1] Eine Zusammenfassung der wichtigsten Literatur zum Looman-Menchoffschen Satz sowie zu dem gesamten Fragenkomplex der Cauchy-Goursatschen Definition der holomorphen Funktion findet der Leser in dem bekannten Buch von S. SAKS (Theory of the Integral, *Warsaw* 1937).

(nach SIMON DENIS Marquis DE LAPLACE, 1749—1827). Genügt eine in G eindeutige Funktion der Gleichung $\Delta u = 0$ (wobei die entsprechenden partiellen Ableitungen existieren müssen), so heißt u harmonisch bzw. regulär harmonisch in G. Ist $w(z) = u + iv$ eindeutig und regulär in G, so sind u und v harmonisch in G. Die Funktion v heißt dann die zu u konjugiert harmonische Funktion[1].

Es sei $U_Q \subseteqq G$ und $w(z)$ eindeutig und regulär in G. Man setze

$$\xi = \xi(x, y) , \quad \eta = \eta(x, y) \qquad (z \in U_Q)$$

und setze voraus, daß die Abbildung

$$\xi + i\eta = \zeta \leftrightarrow z \qquad (\zeta \in \zeta(U_Q), z \in U_Q)$$

eineindeutig und stetig differenzierbar ist.

Man fasse w als Funktion des Punktes ζ auf und leite aus den Gleichungen

$$\frac{\partial w}{\partial x} = \frac{\partial w}{\partial \xi} \xi_x + \frac{\partial w}{\partial \eta} \eta_x ,$$

$$\frac{\partial w}{\partial y} = \frac{\partial w}{\partial \xi} \xi_y + \frac{\partial w}{\partial \eta} \eta_y$$

und

$$\frac{\partial w}{\partial x} = \frac{1}{i} \frac{\partial w}{\partial y} = w'(z)$$

das entsprechende Cauchy-Riemannsche Differentialgleichungssystem ab. Man wende diese allgemeinen Überlegungen auf den Fall von Polarkoordinaten

$$x = r \cos \vartheta , \quad y = r \sin \vartheta$$

an und zeige, daß

$$(4) \qquad \frac{\partial u}{\partial r} = \frac{1}{r} \frac{\partial v}{\partial \vartheta} , \quad \frac{\partial v}{\partial r} = -\frac{1}{r} \frac{\partial u}{\partial \vartheta}$$

und

$$(5) \qquad \Delta u = \frac{\partial^2 u}{\partial r^2} + \frac{1}{r} \frac{\partial u}{\partial r} + \frac{1}{r^2} \cdot \frac{\partial^2 u}{\partial \vartheta^2}$$

gilt.

5. Der Satz von CAUCHY-LIOUVILLE. *Ist $w(z)$ eindeutig und regulär in E und gilt*

$$(1) \qquad |w(z)| \leqq M < +\infty \qquad (z \in E) ,$$

so ist $w(z)$ konstant. Diesen Satz, der sonst als Liouvillescher Satz[2] geführt wird, hat eigentlich CAUCHY [*C. R. Acad. Sci. (Paris)* **19**, 1377—1378

---

[1] Die Definition einer in z_∞ harmonischen Funktion u (mit Hilfe der Transformation $z' = 1/z$ und im Einklang mit dem Riemannschen Satz über hebbare Stellen) wird in **70.** gegeben.

[2] J. LIOUVILLE (1809—1882).

(1844)] bewiesen. Allgemein gilt der Satz: *Gilt anstelle* (1) *die Gleichung*

$$(2) \qquad \overline{\lim_{r \to \infty}} \, \frac{M(r)}{r^{q+1}} = 0 \qquad\qquad (q \geqq 0,\ q \text{ ganz})\,,$$

so ist $w(z)$ *ein Polynom vom Grade* $\leqq q$.

In der Tat gilt für ein z, $|z| < r$

$$\left| w(z) - \sum_{k=0}^{q} \frac{w^{(k)}(0)}{k!}\, z^k \right| \leqq \frac{M(r)\,|z|^{q+1}}{r^q (r - |z|)}$$

und somit

$$\lim_{r \to \infty} \left| w(z) - \sum_{k=0}^{q} \frac{w^{(k)}(0)}{k!}\, z^k \right| = 0\,.$$

Das beweist die Behauptung.

6. Bestimmung einer eindeutigen analytischen Funktion durch abzählbar viele Werte. Es bedeute (z_n) $(n = 1, 2, \ldots)$ eine Folge von voneinander verschiedenen Punkten von G mit $\lim\limits_{n \to \infty} z_n = z_0 \in G$. Wir nehmen an, die Kreisscheibe $K_{z_0}^r : |z - z_0| \leqq r$ liege in G, und setzen voraus, daß $|z_n - z_0| < r$ für alle n gilt.

Man setze für $k = 1, 2, \ldots, n+1$

$$\psi_k(z) = \prod_{n=1}^{k} (z - z_n) \qquad\qquad (|z - z_0| < r)$$

und beachte, daß

$$(1) \qquad \frac{1}{\zeta - z} = S_n + \frac{\psi_{n+1}(z)}{\psi_{n+1}(\zeta)\,(\zeta - z)}$$

mit

$$S_n = \sum_{k=0}^{n} \frac{\psi_k(z)}{\psi_{k+1}(\zeta)} \qquad\qquad (\psi_0(z) = 1)$$

gilt.

Man setze jetzt

$$A_k = \frac{1}{2\pi i} \int_{\Gamma} w(\zeta)\, \frac{d\zeta}{\psi_{k+1}(\zeta)} \qquad\qquad (k = 0, 1, \ldots, n)$$

und

$$R_{n+1}(z) = \frac{1}{2\pi i} \int_{\Gamma} w(\zeta)\, \frac{d\zeta}{\psi_{n+1}(\zeta)\,(\zeta - z)}\,,$$

wobei Γ die (positiv orientierte) Peripherie $|\zeta - z_0| = r$ ist.

Dann gilt

$$(2) \qquad w(z) = \lim_{n \to \infty} \left\{ \sum_{k=0}^{n} A_k \psi_k(z) \right\}.$$

Der Beweis folgt aus (1) durch Bildung der Cauchyschen Darstellung von $w(z)$ mit Hilfe des Randintegrals über Γ. Man findet dann

$$w(z) - \sum_{k=0}^{n} A_k \psi_k(z) = \psi_{n+1}(z)\, R_{n+1}(z)$$

und somit

$$\left| w(z) - \sum_{k=0}^{n} A_k \psi_k(z) \right| \leq \operatorname*{Max}_{|\zeta - z_0| = r} \left| \frac{\psi_{n+1}(z)}{\psi_{n+1}(\zeta)} \right| \cdot \frac{M(r)\,r}{r - |z - z_0|} \,.$$

Nun ist

$$M_k = \frac{|z - z_k|}{|\zeta - z_k|} \leq \frac{|z - z_0| + |z_k - z_0|}{||\zeta - z_0| - |z_k - z_0||}$$

und somit für hinreichend große k $M_k \leq \alpha < 1$. Das beweist (2). Der Leser möge noch beweisen: *Gilt* $|z - z_0| \leq r' < r$, *so gibt es zu vorgegebenem* $\varepsilon > 0$ *stets ein* $n_0 = n_0(\varepsilon, r')$ *derart, daß für alle* $n \geq n_0$

$$(3) \qquad \left| w(z) - \sum_{k=0}^{n} A_k \psi_k(z) \right| \leq \varepsilon$$

ausfällt.

7. Aufgaben dazu. Mit Hilfe der Identität

$$\frac{1}{\psi_{k+1}(z)} = \sum_{\nu=1}^{k+1} \frac{1}{(z - z_\nu)\,\psi'_{k+1}(z_\nu)} \qquad (k = 0, 1, \ldots)$$

beweise man die Gleichungen

$$A_n = \sum_{k=1}^{n+1} \frac{w(z_k)}{\psi'_{n+1}(z_k)} \qquad (n = 0, 1, 2, \ldots).$$

Entsprechend zeige man, daß

$$w(z_n) = \sum_{0}^{n-1} A_k \psi_k(z_n)$$

gilt.

Aus den vorherigen Überlegungen folgt, daß eine in G eindeutige analytische Funktion $w(z)$ durch die Werte $w(z_k)$ $(k = 1, 2, \ldots)$ vollkommen definiert ist, wenn die Menge z_k aus (voneinander verschiedenen) Punkten $z_k \in G$ besteht, die gegen einen Punkt z_0 von G konvergieren. Der Studierende darf jedoch nicht glauben, es sei stets möglich, bei gegebener Menge $\{z_k\}$ die Werte von $w_k (w_k = w(z_k))$ beliebig vorzuschreiben. Das diesbezügliche Problem ist sehr schwierig und in großer Allgemeinheit kaum in Angriff genommen worden. Was man relativ leicht beweisen kann, ist folgender Spezialfall:

Es bedeute $z_n (n = 1, 2, \ldots)$ *eine abzählbare Teilmenge von* G *von voneinander verschiedenen Punkten* z_n *mit*

$$\lim_{n \to \infty} z_n = z_0 \in G \,.$$

Gilt dann $w(z_n) = 0$ $(n = 1, 2, \ldots)$, *so verschwindet* $w(z)$ *in* G *identisch.*
Der Beweis stützt sich auf folgenden Satz:
Enthält die Menge

$$E^0 = \{z \mid z \in G,\, w(z) = 0\}$$

eine offene, nicht leere Teilmenge G_1 *von* G, *so gilt* $w(z) = 0$ *für alle* $z \in G$.

Beweis. Es bedeute in der Tat E_*^0 den offenen Kern von E^0 und es sei $E_*^0 \subset G$ (also $G \backslash E_*^0 \neq \emptyset$). Dann hat E_*^0 mindestens einen Randpunkt in G. Das bedeutet: Es gibt einen Punkt $z_0 \in G$ mit der Eigenschaft, daß jede Kreisscheibe $|z - z_0| < r$ mit einem hinreichend kleinen r sowohl Punkte von E_*^0 als auch Punkte von $G \backslash E_*^0$ enthält. Das bedeutet wieder: Der Punkt z_0 läßt sich als Grenzwert einer Folge (z_n) $(n = 1, 2, \ldots)$ von voneinander verschiedenen Punkten von E_*^0 darstellen. Wegen $w(z_n) = 0 \, (n = 1, 2, \ldots)$ und der Gleichungen

$$w(z_n) = A_0 + A_1 \psi_1(z_n) + \cdots + A_{n-1} \psi_{n-1}(z_n)$$

verschwinden die Koeffizienten A_n und somit auch $w(z)$ in jedem Kreis $|z - z_0| < r \, (r < r(z_0))$. Somit ist $z_0 \in E_*^0$ und kann kein Randpunkt von E_*^0 sein. Gilt nun $w(z_n) = 0 \, (n = 1, 2, \ldots)$, so muß $w(z)$ in einer Kreisscheibe um z_0 verschwinden, und hiermit ist E_* nicht leer. Das beweist die Behauptung[1].

Man setze allgemein bei festem $a \in E$

$$E^a = \{z \mid w(z) = a, z \in G\} \qquad\qquad (w(z) \not\equiv a) \,.$$

Dann kann E^a keinen Häufungspunkt in G haben. Daraus folgt: *Jeder Bereich $\overline{G}_1 \subset G \, (G_1 \neq \emptyset)$ enthält höchstens endlich viele a-Stellen von $w(z)$.* Wie läßt sich das Ergebnis verallgemeinern, wenn man noch den Wert $a = z_\infty$ zuläßt?

Viertes Kapitel

Die Hauptsätze der Cauchyschen Funktionentheorie

26. Der Fundamentalsatz der Funktionentheorie. Es sei $w(z)$ in einem einfach zusammenhängenden Gebiet G der komplexen Ebene E eindeutig und regulär, und es sei γ eine geschlossene, stückweise stetig differenzierbare Kurve in G. Nach dem Approximationssatz von 14. existiert ein von einem einfach geschlossenen, achsenparallelen Polygonzug begrenztes Gebiet T mit der Eigenschaft $T \supset \gamma$ und $T \subset G$.

Es bezeichne jetzt Γ_T den (positiv orientierten) Rand von T. Dann kann gezeigt werden: *Für jedes $z \in T$ ist*

$$(26.1) \qquad\qquad w(z) = \frac{1}{2\pi i} \int_{\Gamma_T} w(\zeta) \, \frac{d\zeta}{\zeta - z} \,.$$

Zum Beweis lege man ein achsenparalleles Quadrat $\overline{Q}$ so um den Punkt z, daß Q in T liegt, und zerlege $T \backslash Q$ in achsenparallele Rechtecke durch folgendes Verfahren: Es seien

$$E_1 = \{x_k \mid k = 1, 2, \ldots, m\} \,, \quad E_2 = \{y_k \mid k = 1, 2, \ldots, n\}$$

---

1. Dem Beweis liegt folgender allgemeine Satz zugrunde: *Ist S ein zusammenhängender Raum, so fällt jede nicht leere Teilmenge von S, die zugleich offen und abgeschlossen (relativ zu S) ist, mit S zusammen.*

die Projektionen der Ecken von $\overline{T}\backslash Q$ auf die x- bzw. y-Achse. Man bilde das kartesische Produkt

$$E_1 \times E_2 = \{(x_i, y_l) \mid x_i \in E_1, y_l \in E_2\}$$

und zerlege $\overline{T}\backslash Q$ in achsenparallele Rechtecke $\overline{R}_1, \ldots, \overline{R}_l$ mit Hilfe derjenigen Punkte (x_i, y_l), die in $\overline{T}\backslash Q$ liegen. Bezeichnet dann γ_i den (positiv orientierten) Rand von $\overline{R}_i$ und γ_Q den Rand von Q, so gilt

$$(26.2) \qquad \Gamma_T = \gamma_1 + \gamma_2 + \cdots + \gamma_l + \gamma_Q$$

und

$$\frac{1}{2\pi i} \int_{\gamma_i} w(\zeta)\, \frac{d\zeta}{\zeta - z} = 0 \qquad (i = 1, 2, \ldots, l)\,.$$

Verbindet man diese Gleichungen mit der Darstellung

$$w(z) = \frac{1}{2\pi i} \int_{\gamma_Q} w(\zeta)\, \frac{d\zeta}{\zeta - z}\,,$$

so erhält man

$$(26.3) \qquad w(z) = \frac{1}{2\pi i} \int_{\gamma_Q} w(\zeta)\, \frac{d\zeta}{\zeta - z} + \sum_{\nu=1}^{l} \left\{ \frac{1}{2\pi i} \int_{\gamma_\nu} w(\zeta)\, \frac{d\zeta}{\zeta - z} \right\},$$

d. h. wegen (26.2)

$$(26.4) \qquad w(z) = \frac{1}{2\pi i} \int_{\Gamma_T} w(\zeta)\, \frac{d\zeta}{\zeta - z}\,.$$

Man bilde jetzt

$$(26.5) \qquad J = \int_\gamma w(z)\, dz\,.$$

Dann folgt aus (26.4)

$$J = \frac{1}{2\pi i} \int_\gamma \left\{ \int_{\Gamma_T} w(\zeta)\, \frac{d\zeta}{\zeta - z} \right\} dz\,,$$

also

$$J = \int_{\Gamma_T} w(\zeta) \left\{ \frac{1}{2\pi i} \int_\gamma \frac{dz}{\zeta - z} \right\} d\zeta\,,$$

und somit wegen

$$(26.6) \qquad J(\zeta) = \frac{1}{2\pi i} \int_\gamma \frac{dz}{z - \zeta} = 0$$

auch

$$(26.7) \qquad \int_\gamma w(z)\, dz = 0\,.$$

Den Beweis von (26.6) kann der Leser selbst erbringen, indem er wieder die Gleichung $J'(\zeta) = 0\,(\zeta \in E\backslash T)$ nachweist und $\zeta \to z_\infty\,(\zeta \in E\backslash T)$ konvergieren läßt.

Somit ist folgendes bewiesen worden:

Satz (Fundamentalsatz der Funktionentheorie). *Ist G einfach zusammenhängend und $w(z)$ eindeutig analytisch in G, so gilt für jede einfach geschlossene, stückweise stetig differenzierbare Kurve γ die Gleichung*

$$(26.8) \qquad \int_\gamma w(z)\, dz = 0\,.$$

Daß diese Gleichung (unter Zugrundelegung des Lebesgueschen Integrals) auch dann gilt, wenn γ totalstetig ist, ist trivial und bedarf keiner weiterer Erläuterung.

27. Die allgemeine Cauchy-Formel. Will man die (lokalen) Cauchy-Formeln (20.7) bzw. (20.8) für jede in G verlaufende, einfach geschlossene und stückweise stetig differenzierbare Kurve γ beweisen, so muß man den Ausdruck

$$(27.1) \qquad J = \frac{1}{2\pi i} \int_\gamma \frac{1}{z-a} \left\{ \frac{1}{2\pi i} \int_{\Gamma_T} w(\zeta)\, \frac{d\zeta}{\zeta - z} \right\} dz$$

für ein $a \notin \gamma$, $a \in T$ auswerten.

Def. *Es sei γ eine (nicht notwendig geschlossene) orientierte, stückweise stetig differenzierbare Kurve in G und es sei z ein Punkt von G, der nicht auf γ liegt. Dann heißt*

$$(27.2) \qquad n(z,\gamma) = \frac{1}{2\pi i} \int_\gamma \frac{d\zeta}{\zeta - z}$$

der Windungsindex von z in bezug auf den Bogen γ.

Es ist offenbar

$$n(z, \gamma_1 + \gamma_2) = n(z, \gamma_1) + n(z, \gamma_2)$$

und somit

$$n(z, -\gamma) = -n(z, \gamma) .$$

Ist γ geschlossen, so ist $n(z, \gamma)$ stets eine ganze Zahl. Wir nennen dann $n(z, \gamma)$ die Windungszahl von z in bezug auf γ.

Um dies einzusehen, setze man (bei festem z)

$$\zeta - z = |\zeta - z|\, e^{i\vartheta}$$

und bilde $\dfrac{d\zeta}{\zeta - z}$. Man findet dann wegen

$$\int_\gamma d \log |\zeta - z| = 0$$

$$(27.3) \qquad n(z, \gamma) = \frac{1}{2\pi} \int_\gamma d\vartheta = \frac{1}{2\pi} \int_\gamma d \arg(\zeta - z) = \textit{ganze Zahl}^1.$$

Wegen $n'(z, \gamma) = 0$ ist $n(z, \gamma)$ gebietsweise konstant. Das bedeutet:

Für je zwei Punkte z_1, z_2 von G $(z_1, z_2 \notin \gamma)$, die man durch eine Kurve in G verbinden kann, welche γ nicht trifft, gilt

$$n(z_1, \gamma) = n(z_2, \gamma) .$$

---

[1] Faßt man hier die beiden Integrale als Stieltjessche Integrale auf, so kann man den Windungsindex $n(z, \gamma)$ für jede stetige Kurve γ definieren. Die Größe $n(z, \gamma)$ wurde erstmalig in der Topologie von A. SCHOENFLIES *(Göttinger Nachr.* 1896) eingeführt und spielt beim Beweis des sog. Jordanschen Satzes (wonach jede einfach geschlossene Jordansche Kurve $\overline{E}$ in zwei Gebiete zerlegt) eine wichtige Rolle.

Man kehre jetzt zur Auswertung von J zurück und setze

$$J_1 = \frac{1}{2\pi i} \int_\gamma \frac{dz}{(z-a)(z-\zeta)} \qquad (\zeta \in \Gamma_T) \,.$$

Dann wird wegen

$$\frac{a-\zeta}{(z-a)(z-\zeta)} = \frac{1}{z-a} - \frac{1}{z-\zeta}$$

$$J_1 = \frac{n(a,\gamma)}{a-\zeta} - \frac{n(\zeta,\gamma)}{a-\zeta} = \frac{n(a,\gamma)}{a-\zeta}$$

und somit

$$J = n(a,\gamma) \left\{ \frac{1}{2\pi i} \int_{\Gamma_T} \frac{w(\zeta)}{\zeta-a}\, d\zeta \right\} = n(a,\gamma)\, w(a) \,.$$

Wir haben also das Ergebnis:

Satz (Allgemeine Cauchy-Formel). *Es bedeute γ eine geschlossene, stückweise stetig differenzierbare Kurve in einem einfach zusammenhängenden Gebiet G und z einen Punkt von G, der nicht auf γ liegt. Dann gilt*

$$(27.4) \qquad n(z,\gamma)\, w(z) = \frac{1}{2\pi i} \int_\gamma w(\zeta)\, \frac{d\zeta}{\zeta-z} \,.$$

Begrenzt γ einen einfach zusammenhängenden Bereich $\overline{G}_1 (\overline{G}_1 \subset G)$, so gilt für jeden Punkt z von G_1

$$(27.5) \qquad w(z) = \frac{1}{2\pi i} \int_\gamma w(\zeta)\, \frac{d\zeta}{\zeta-z} \,,$$

sofern die Orientierung von γ positiv genommen wird. Das kann man am einfachsten so sehen:

Es sei z_0 ein Punkt auf γ (Abb. 10), für den

$$|z_0 - z| = \operatorname*{Min}_{\zeta \in \gamma} |\zeta - z|$$

gilt. Man schneide G_1 längs der Strecke $\overline{z_0 z}$ auf und konstruiere den in der Abbildung angegebenen einfach geschlossenen Kurvenzug, wobei man den Radius ϱ des kleinen Kreises K_ϱ um z gleich $\alpha |z_0 - z|$ $(0 < \alpha < 1)$ nimmt. Die Einzelheiten der Durchführung sollen dem Leser überlassen werden[1].

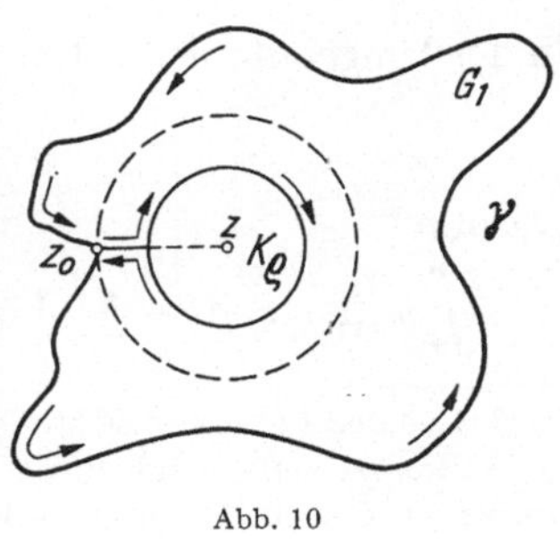

Abb. 10

28. Der Residuensatz von Cauchy. Ist die Vereinigung von G mit der Menge aller isolierten Singularitäten L von $w(z)$ einfach zusammenhängend, so kann man auf einfache Weise einen fundamentalen Satz beweisen, den man ebenfalls Cauchy verdankt.

---

[1] Der Leser wird später, nachdem er die Anfangsgründe der Homotopietheorie gelernt hat, einen auf allgemeineren Grundlagen beruhenden Beweis dieses Satzes geben können.

Satz (Residuensatz von Cauchy). *Ist $w(z)$ in G eindeutig regulär und $G \cup L$ einfach zusammenhängend, so gilt für jede geschlossene differenzierbare[1] Kurve γ von G mit $\gamma \cap L \neq \emptyset$*

$$(28.1) \qquad \int_\gamma w\,dz = 2\pi i \sum_{c \in L} n(c, \gamma)\, A_{-1}(c) \,.$$

Hierbei bedeutet jedesmal $A_{-1}(c)$ den Koeffizienten von $1/(z - c)$ in der Laurent-Weierstraßschen Entwicklung von $w(z)$ in der Umgebung von $z = c$.

Der Beweis von (28.1) kann am einfachsten folgendermaßen geführt werden: Man konstruiere bei gegebenem $\gamma \in G$ die Menge $T \subset G \cup L$ der vorigen Nummer und nehme an, daß der Rand Γ_T von T keine Punkte von L enthält[2]. Es sei L_1 die Teilmenge von L mit $c \in T$, und es bedeute $w_s(z - c)$ den „singulären" Teil der Laurent-Weierstraßschen Entwicklung von $w(z)$ in der Umgebung der Stelle c. Dann ist

$$(28.2) \qquad w_s(z - c) = \sum_1^\infty \frac{A_{-k}(c)}{(z - c)^k}\,,$$

und die Reihe rechts konvergiert in jedem Punkt $z \neq c$ und außerhalb jedes Kreises $|z - c| = \delta\,(\delta > 0)$ absolut und gleichmäßig[3].

Man bilde jetzt die Funktion

$$(28.3) \qquad g(z) = w(z) - \sum_{c \in L_1} w_s(z - c)$$

und beachte, daß diese mit Rücksicht auf die Laurent-Weierstraßsche Entwicklung

$$(28.4) \qquad w(z) = \sum_0^\infty A_k(c)\,(z - c)^k + w_s(z - c) \qquad (c \in L_1)$$

in der Umgebung jedes Punktes von $\overline{T}$ regulär ist[4]. Somit wird zunächst

$$\int_\gamma g(z)\, dz = 0 \,.$$

Da nun

$$\int_\gamma w_s(z - c)\, dz = \sum_1^\infty A_{-k}(c) \int_\gamma (z - c)^{-k} dz = 2\pi i\, A_{-1}(c)\, n(c, \gamma)$$

---

[1] Das heißt stückweise stetig differenzierbare Kurve.

[2] Das ist stets möglich, da die isolierten Stellen keinen Häufungspunkt in G aufweisen dürfen. Denn ein solcher Häufungspunkt kann offenbar keine isolierte Singularität sein (man überzeuge sich mit Hilfe der dann gültigen Laurent-Weierstraßschen Entwicklung) und auch keine reguläre Stelle.

[3] Letzteres bedeutet: Ist $\varepsilon > 0$ vorgegeben, so ist bei geeignetem n_0 ($n_0 = n_0(\varepsilon, \delta)$)

$$w_s(z - c) = \sum_{k=1}^{n_0} \frac{A_{-k}(c)}{(z - c)^k} + \varepsilon(z)$$

mit $|\varepsilon(z)| \leq \varepsilon$ für alle z, $|z - c| \geq \delta$.

[4] Die Funktion $g(z)$ kann unter Umständen identisch verschwinden. Das ist z. B. für die Funktion $w = e^{\frac{1}{z}}$ der Fall.

ist, wird

$$(28.5) \qquad \int_{\gamma} w(z)\, dz = 2\pi i \sum_{c \in L_1} n(c, \gamma)\, A_{-1}(c) \,.$$

Daß man aus der zuletzt bewiesenen Gleichung zu der rechten Seite von (28.1) übergehen darf, liegt daran, daß für alle c, die nicht in T liegen, $n(c, \gamma) = 0$ gilt.

Die Größen $A_{-1}(c)$ heißen nach CAUCHY die Residuen von $w(z)$ an den Stellen c. Wie bekannt, gilt für jedes Residuum $A_{-1}(c)$ die Gleichung

$$(28.6) \qquad A_{-1}(c) = \frac{1}{2\pi i} \int_{\Gamma_r} w(z)\, dz \,,$$

wobei Γ_r eine (positiv orientierte) Peripherie um c mit einem Radius $r < r_0(c)$ darstellt.

Begrenzt γ einen einfach zusammenhängenden Bereich $\overline{G}_1$ derart, daß $G_1 \subset G$ gilt, so erhält man leicht die Gleichung

$$(28.7) \qquad \int_{\gamma} w(z)\, dz = 2\pi i \sum_{c} A_{-1}(c) \,.$$

Hierbei ist die Summation über alle isolierten Singularitäten zu erstrecken, die in G_1 liegen.

Anstelle von $A_{-1}(c)$ wird oft auch Res $w(z)|_{z=c}$ geschrieben[1]. Beachtet man noch die Gleichung Res $w(z)|_{z=c} = 0$ für jede reguläre Stelle $c \in G$, so kann man (28.1) bzw. (28.7) in der Form

$$(28.8) \qquad \int_{\gamma} w(z)\, dz = 2\pi i \sum n(z, \gamma)\, \text{Res } w(z)|_{z \in G}$$

bzw.

$$(28.9) \qquad \int_{\gamma} w(z)\, dz = 2\pi i \sum \text{Res } w(z)|_{z \in G}$$

schreiben.

Ist $w(z)$ in G eindeutig regulär, so findet man durch Anwendung des Residuensatzes auf die Funktion $w(z)/(z-a)$ ($a \in G$, fest) die Cauchy-Formeln (27.4) und (27.5) wieder.

29. Erste Anwendungen des Residuensatzes. Die Poissonschen Formeln für den Vollkreis und den Halbkreis. Hat $w(z)$ in c einen einfachen Pol, so gilt

$$(29.1) \qquad w(z) = \sum_{k=-1}^{\infty} A_k (z-c)^k \qquad (|z-c| < r_0(c)) \,,$$

---

[1] Ist $z_\infty \in G \cap \overline{E}$ eine isolierte Singularität oder ein regulärer Punkt von $w(z)$, so wird

$$\text{Res } w(z)|_{z=\infty} = -\frac{1}{2\pi i} \int_{\Gamma_r} w(\zeta)\, d\zeta \qquad (r > r_\infty) \,.$$

gesetzt, also gleich dem negativ genommenen Koeffizienten a_{-1} in der Entwicklung (23.10). Das liegt darin, daß in diesem Falle Γ_r als Randteil des außerhalb Γ_r liegenden Teiles von $G \cap \overline{E}$ aufgefaßt wird. Am besten werden diese Zusammenhänge verdeutlicht, wenn statt $\overline{E}$ die Riemannsche Kugel genommen und diese in endlich viele Gebiete mit einem zulässigen, orientierten Rand zerlegt wird.

und somit ist

$$(29.2) \qquad A_{-1} = \lim_{z \to c} \{(z - c)\, w(z)\}.$$

Ist nun $w(z)$ innerhalb und auf der (positiv orientierten) Peripherie $\Gamma_\varrho : |z| = \varrho \,(\varrho > 0)$ eindeutig regulär und a ein Punkt mit $|a| < \varrho$, so hat die Funktion

$$(29.3) \qquad w(z)\, \frac{z + a}{z - a} \cdot \frac{1}{z}$$

zwei einfache Pole bei $z = 0$ und $z = a$ und somit dort die Residuen

$$\lim_{z \to 0} w(z)\, \frac{z + a}{z - a} = -w(0)$$

und

$$\lim_{z \to a} w(z)\, \frac{z + a}{z} = 2w(a).$$

Es gilt also

$$(29.4) \qquad \frac{1}{2\pi i} \int_{\Gamma_\varrho} w(z)\, \frac{z + a}{z - a} \cdot \frac{dz}{z} = 2w(a) - w(0).$$

Entsprechend ist

$$(29.5) \qquad \frac{1}{2\pi i} \int_{\Gamma_\varrho} w(z)\, \frac{\varrho^2 + \bar{a}z}{\varrho^2 - \bar{a}z} \cdot \frac{dz}{z} = w(0).$$

Jetzt beachte man, daß auf der Peripherie Γ_ϱ $\dfrac{dz}{iz}$ reell ist und bilde $\overline{w(0)}$. Dann wird wegen $z\,\bar{z} = \varrho^2$

$$(29.6) \qquad \frac{1}{2\pi i} \int_{\Gamma_\varrho} \overline{w(z)}\, \frac{z + a}{z - a} \cdot \frac{dz}{z} = \overline{w(0)}.$$

Daraus folgt mit Rücksicht auf (29.4)

$$(29.7) \qquad \frac{1}{2\pi i} \int_{\Gamma_\varrho} \operatorname{Re} w(z)\, \frac{z + a}{z - a} \cdot \frac{dz}{z} = w(a) - i \operatorname{Im} w(0).$$

Schreibt man hier ζ für z und z für a, so erhält man die Formel

$$(29.8) \qquad w(z) = i \operatorname{Im} w(0) + \frac{1}{2\pi i} \int_{\Gamma_\varrho} \operatorname{Re} w(\zeta)\, \frac{\zeta + z}{\zeta - z} \cdot \frac{d\zeta}{\zeta}.$$

Zerlegt man $w(z)$ in seine beiden Komponenten u und v, so erhält man die Gleichung

$$(29.9) \qquad u(z) = \frac{1}{2\pi} \int_0^{2\pi} u(\varrho\, e^{i\vartheta})\, \frac{\varrho^2 - |z|^2}{|\varrho e^{i\vartheta} - z|^2}\, d\vartheta.$$

Die Formeln (29.9) und (29.8) werden (nach dem Mathematiker SIMÉON DENIS POISSON, 1781—1840) als Poissonsche Formeln bezeichnet. Gleichung (29.8) bringt zum Ausdruck, daß man die Werte einer in $|z| \leq \varrho$ eindeutigen regulären Funktion $w(z)$ innerhalb $|z| = \varrho$ durch die Werte ihres Realteiles auf $|z| = \varrho$ (Randwerte von $u(z)$) ausdrücken kann.

Eine zweite Anwendung des Residuensatzes in dieser Richtung soll das Analogon der Darstellung (29.9) für einen Halbkreis Γ_ϱ

$$(29.10) \qquad \operatorname{Re} z \geqq 0; \quad |z| \leqq \varrho$$

sein.

Es bedeute $\Gamma_\varrho^{\varrho_0}$ den (positiv orientierten) Rand des Halbringes

$$(29.11) \qquad \operatorname{Re} z \geqq 0,\ 0 < \varrho_0 \leqq |z| \leqq \varrho\,.$$

Dann wird für einen Punkt a $(\varrho_0 < |a| < \varrho)$ von (29.11)

$$\frac{1}{2\pi i} \int_{\Gamma_\varrho^{\varrho_0}} w(z) \left\{ \frac{z+a}{z-a} - \frac{\varrho^2 - az}{\varrho^2 + az} \right\} \frac{dz}{z} = 2w(a)\,.$$

Nun ist

$$\frac{1}{2} \left\{ \frac{z+a}{z-a} - \frac{\varrho^2 - az}{\varrho^2 + az} \right\} \frac{dz}{z} = -\frac{dz}{z} + \left\{ \frac{1}{z-a} + \frac{a}{\varrho^2 + az} \right\} dz\,,$$

und somit konvergiert das (im positiven Sinne genommene) Integral

$$\frac{1}{2\pi i} \int_{\Gamma_{\varrho_0}} w(z) \left\{ \frac{z+a}{z-a} - \frac{\varrho^2 - az}{\varrho^2 + az} \right\} \frac{dz}{z}$$

auf der Halbperipherie $\Gamma_{\varrho_0}: \operatorname{Re} z \geqq 0, |z| = \varrho_0$ für $\varrho_0 \to 0$ gegen $-w(0)$. Bezeichnet also S_ε die Strecke $-\varepsilon \leqq y \leqq \varepsilon$ $(0 < \varepsilon < \varrho)$ der y-Achse und $\Gamma_\varrho^\varepsilon$ die Differenz $\Gamma_\varrho \backslash S_\varepsilon$, so wird

$$\lim_{\varepsilon \to 0} \left\{ \frac{1}{2\pi i} \int_{\Gamma_\varrho^\varepsilon} w(z) \left\{ \frac{z+a}{z-a} - \frac{\varrho^2 - az}{\varrho^2 + az} \right\} \frac{dz}{z} \right\} = 2w(a) - w(0)\,.$$

Es ist üblich, Grenzwerte von komplexen Integralen, wie die hier auftretenden, bei denen der singuläre Punkt von beiden Seiten der Integrationskurve (hier die y-Achse) symmetrisch approximiert wird, als Integral im Cauchyschen Sinne bzw. als Cauchyschen Hauptwert zu bezeichnen. Im folgenden verwenden wir anstelle der linken Seite die kürzere Schreibweise

$$\frac{1}{2\pi i} \int_{(\Gamma_\varrho)} w(z) \left\{ \frac{z+a}{z-a} - \frac{\varrho^2 - az}{\varrho^2 + az} \right\} \frac{dz}{z}$$

und haben somit

$$(29.12) \quad 2w(a) - w(0) = \frac{1}{2\pi i} \int_{(\Gamma_\varrho)} w(z) \left\{ \frac{z+a}{z-a} - \frac{\varrho^2 - az}{\varrho^2 + az} \right\} \frac{dz}{z}\,.$$

Analog erhalten wir

$$w(0) = \frac{1}{2\pi i} \int_{(\Gamma_\varrho)} w(z) \left\{ \frac{\varrho^2 + \bar{a}z}{\varrho^2 - \bar{a}z} - \frac{z - \bar{a}}{z + \bar{a}} \right\} \frac{dz}{z}$$

und mithin nach leichten Überlegungen

$$\overline{w(0)} = \frac{1}{2\pi i} \int_{(\Gamma_\varrho)} \overline{w(z)} \left\{ \frac{z+a}{z-a} - \frac{\varrho^2 - az}{\varrho^2 + az} \right\} \frac{dz}{z}\,.$$

Daraus folgt durch Addition zu der Gleichung (29.12)

$$w(a) = i \operatorname{Im} w(0) + \frac{1}{2\pi i} \int_{(\Gamma_\varrho)} \operatorname{Re} w(z) \left\{ \frac{z+a}{z-a} - \frac{\varrho^2 - az}{\varrho^2 + az} \right\} \frac{dz}{z}\,,$$

also

$$(29.13) \quad w(z) = i \operatorname{Im} w(0) + \frac{1}{2\pi i} \int_{(\Gamma_\varrho)} \operatorname{Re} w(\zeta) \left\{ \frac{\zeta + z}{\zeta - z} - \frac{\varrho^2 - z\zeta}{\varrho^2 + z\zeta} \right\} \frac{d\zeta}{\zeta}$$

für jeden inneren Punkt der Halbperipherie Γ_ϱ.

Die Formeln (29.8) und (29.13) spielen in der modernen Funktionentheorie eine wichtige Rolle und gestatten, eine Reihe von klassischen Sätzen auf elegante und einfache Weise zu beweisen. Wir kommen später darauf zurück.

30. Bestimmte Integrale rationaler und trigonometrischer Funktionen. Wie bereits erwähnt, ist der Residuensatz von CAUCHY eines der mächtigsten Hilfsmittel zur Berechnung bestimmter Integrale, sobald der Integrand analytischen Charakter besitzt. Wir behandeln in dieser Nummer bestimmte Integrale, die einer der drei Klassen angehören:

1. Integrale von der Form

$$(30.1) \qquad \int_{-\infty}^{+\infty} R(x)\,dx \qquad \text{(Klasse I)},$$

wobei der Integrand $R(x)$ eine rationale Funktion mit den Eigenschaften $R(x) \neq \infty \; (-\infty < x < +\infty)$ und $\lim\limits_{x \to \infty} x\,R(x) = 0$ ist.

2. Integrale von der Form

$$(30.2) \qquad \int_{-\infty}^{+\infty} R(x)\cos x\,dx$$

bzw.

$$(30.3) \qquad \int_{-\infty}^{+\infty} R(x)\sin x\,dx \qquad \text{(Klasse II)}$$

mit

$$(30.4) \qquad |x|\,|R(x)| \leq M < +\infty \qquad (-\infty < x < +\infty)$$

und schließlich

3. Integrale von der Form

$$(30.5) \qquad \int_0^{2\pi} f(\cos\vartheta,\, \sin\vartheta)\,d\vartheta \qquad \text{(Klasse III)}.$$

Dabei soll die Funktion $f(\cos\vartheta,\, \sin\vartheta)$ so gebaut sein, daß der Ausdruck

$$(30.6) \qquad w(z) = f\left(\frac{1}{2}\left(z + \frac{1}{z}\right),\; \frac{1}{2i}\left(z - \frac{1}{z}\right)\right)$$

eine bis auf endlich viele isolierte Singularitäten in $|z| < 1$ in dem abgeschlossenen Kreis $|z| \leq 1$ reguläre Funktion von z darstellt.

Da in (30.1) der Nenner $Q(x)$ auf der reellen Achse nicht verschwindet, so hat $Q(z)$ den Grad $2n\,(n \geq 1)$ und somit n Nullstellen $a_1, a_2, \ldots, a_n$ in der oberen Halbebene. Es bedeute Γ_r den (positiv orientierten) Rand des Halbkreises

$$(30.7) \qquad \operatorname{Im} z \geq 0, \quad |z| \leq r \qquad (r > \operatorname*{Max}_{k=1,2,\ldots,n} |a_k|).$$

Dann wird nach dem Residuensatz von CAUCHY

$$(30.8) \qquad \int_{\Gamma_r} R(z)\, dz = 2\pi i \sum_1^n A_{-1}(a_k)$$

und somit

$$\left| \int_{-r}^{+r} R(x)\, dx - 2\pi i \sum_1^n A_{-1}(a_k) \right| \leq \pi r M(r)$$

mit

$$M(r) = \mathop{\mathrm{Max}}_{|z|=r} |R(z)|\,.$$

Gilt nun

$$(30.9) \qquad \lim_{x\to\infty} x\, R(x) = 0\,,$$

so gilt auch

$$(30.10) \qquad \lim_{r\to\infty} r^2 M(r) = k \qquad\qquad (0 \leq k < +\infty)\,,$$

und somit existiert

$$\lim_{r\to\infty} \int_{-r}^{+r} R(x)\, dx = \int_{-\infty}^{+\infty} R(x)\, dx\,.$$

Die Berechnung des Residuums $A_{-1}(a)$ an einer der singulären Stellen a geschieht im Falle eines Pols von der Ordnung n durch die Entwicklung von $(z-a)^n\, w(z)$ in eine Potenzreihe

$$c_0 + c_1(z-a) + \cdots + c_k(z-a)^k + \cdots \qquad\qquad (c_0 \neq 0)$$

und Division durch $(z-a)^n$. Man findet dann $A_{-1}(a) = c_{n-1}$.

Bei der Berechnung von Integralen von der Klasse II ersetzen wir den geradlinigen Teil $-r_0 \leq x \leq r_0\,(0 < r_0 < r)$ von Γ_r durch den Halbkreis K_{r_0} der oberen Halbebene und setzen

$$A_{-1}(0) = \lim_{z\to 0} \{z\, R(z)\}\,.$$

Ferner setzen wir

$$J_1(r_0) = \int_0^\pi e^{iz}\{z\, R(z) - A_{-1}(0)\, e^{-iz}\} \frac{dz}{z} \qquad\qquad (z = r_0 e^{i\vartheta})$$

und

$$J_2(r) = \int_0^\pi e^{iz} R(z)\, dz \qquad\qquad (z = r e^{i\vartheta})\,.$$

Dann wird

$$\int_{-r}^{-r_0} e^{ix} R(x)\, dx + \int_{r_0}^{r} e^{ix} R(x)\, dx - \pi i A_{-1}(0) - 2\pi i \sum{}' A_{-1}(a_k)$$
$$= J_1(r_0) - J_2(r)$$

und somit

$$\left| \int_{r_0}^{r} (e^{ix} R(x) + e^{-ix} R(-x))\, dx - \pi i A_{-1}(0) - 2\pi i \sum{}' A_{-1}(a_k) \right| \leq$$
$$\leq |J_1(r_0)| + |J_2(r)|\,.$$

Hierbei bedeutet Σ' (für hinreichend kleines r_0 und hinreichend großes r) die Summation über alle Pole von $R(z)$ mit positivem Imaginärteil.

Wegen

$$\lim_{|z|\to\infty} |z\,R(z) - A_{-1}(0)\,e^{-iz}| = 0$$

konvergiert offenbar $|J_1(r_0)|$ mit r_0 gegen Null. Andererseits ist für $0 < \eta < \pi$

$$|J_2(r)| \leq \int_0^\eta |R(z)|\,|dz| + \int_\eta^{\pi-\eta} |e^{iz}R(z)|\,|dz| + \int_{\pi-\eta}^\pi |R(z)|\,|dz|$$

und somit mit Rücksicht auf (30.4)

$$|J_2(r)| \leq M_1(2\,\eta + \pi\,e^{-r\sin\eta})$$

mit einem $M_1 \geq M$ [1]. Daraus folgt

$$\overline{\lim_{r\to\infty}} |J_2(r)| \leq 2\,\eta\,M_1\,,$$

also auch

$$\lim_{r\to\infty} |J_2(r)| = 0\,.$$

Es gilt also

$$J = \pi\,i\,A_{-1}(0) + 2\,\pi\,i\,\Sigma'\,A_{-1}(a_k)$$

mit

$$J = \lim_{\substack{r_0\to 0 \\ r\to +\infty}} \int_{r_0}^r (e^{ix}R(x) + e^{-ix}R(-x))\,dx\,.$$

Ist $A_{-1}(0) = 0$, so bleibt offenbar $|x^2 R(x)|$ für große x beschränkt, und somit existiert das Integral

$$\int_{-\infty}^{+\infty} e^{ix}R(x)\,dx = \int_{-\infty}^{+\infty} R(x)\cos x\,dx + i\int_{-\infty}^{+\infty} R(x)\sin x\,dx\,.$$

Demnach wird

(30.11)
$$\int_{-\infty}^{+\infty} R(x)\cos x\,dx = \mathrm{Re}\,\{2\,\pi\,i\,\Sigma'\,A_{-1}(a_k)\}$$

und

(30.12)
$$\int_{-\infty}^{+\infty} R(x)\sin x\,dx = \mathrm{Im}\,\{2\,\pi\,i\,\Sigma'\,A_{-1}(a_k)\}\,.$$

Von besonderem Interesse sind folgende Fälle

1.
$$R(x) = R_1(x^2)$$

und

2.
$$R(x) = \frac{1}{x}\,R_1(x^2)\,.$$

Man erhält dann die Gleichungen

(30.13)
$$\int_0^\infty R_1(x^2)\cos x\,dx = \pi\,i\,\Sigma'\,A_{-1}(a_k)$$

---

[1] Da $R(z)$ eine rationale Funktion in E ist (also Quotient von zwei Polynomen in z), so folgt aus (30.4), daß $|z|\,|R(z)|$ für große $|z|$ beschränkt ist.

und

$$(30.14) \qquad \int_0^\infty R_1(x^2) \frac{\sin x}{x} \, dx = \frac{\pi}{2} R_1(0) + \pi i \, \Sigma' A_{-1}(a_k) \,.$$

Für $R_1(x^2) \equiv 1$ erhält man die bekannte Gleichung

$$(30.15) \qquad \int_0^\infty \frac{\sin x}{x} \, dx = \frac{\pi}{2} \,.$$

Für die Integrale der Klasse III kann mit Rücksicht auf die Gleichung (30.6) folgende allgemeine Anleitung gegeben werden: Es bedeute K die positiv orientierte Einheitsperipherie. Dann ist

$$\frac{dz}{z} = i \, d\vartheta \qquad\qquad (z = e^{i\vartheta})$$

und

$$\cos\vartheta = \frac{1}{2}\left(z + \frac{1}{z}\right), \quad \sin\vartheta = \frac{1}{2i}\left(z - \frac{1}{z}\right)$$

und somit

$$J = \int_0^{2\pi} f(\cos\vartheta, \sin\vartheta) \, d\vartheta = \frac{1}{i} \int_K w(z) \frac{dz}{z} \,.$$

Bedeuten also $a_1, \ldots, a_n$ die isolierten Singularitäten von $w(z)/z$ innerhalb des Einheitskreises, so wird

$$J = \frac{1}{i} \int_K w(z) \frac{dz}{z} = 2\pi \sum_1^n A_{-1}(a_k) \,.$$

Der Leser findet Beispiele am Ende des Kapitels.

31. Die Cauchyschen Integralsätze in allgemeinen Gebieten von endlichem Zusammenhang. Wir betrachten ein Gebiet G, das aus einem einfach zusammenhängenden und beschränkten Gebiet G_0 dadurch entsteht, daß man aus G_0 n $(n \geq 1)$ punktfremde Bereiche $\overline{G}_1, \ldots, \overline{G}_n$ (worunter auch Kontinuen zu verstehen sind) entfernt. Bezeichnet dann $\varGamma_0$ den Rand von G_0, so besteht der Rand von G aus den getrennten Kontinuen $\varGamma_0$, $\varGamma_1, \ldots, \varGamma_n$. Eine leichte Abänderung des in 14. zum Beweis des Approximationssatzes verwendeten Verfahrens zeigt nun: Es gibt ein Teilgebiet T von G mit folgenden Eigenschaften:

1. Es gilt $\overline{T} \subset G$.

2. Der Rand $\overline{T}\backslash T$ besteht aus $n+1$ achsenparallelen, einfach geschlossenen (nichtausgearteten) Polygonzügen $\varPi_0, \varPi_1, \ldots, \varPi_n$ mit den Eigenschaften:

A. $\varGamma_0$ verläuft außerhalb $\varPi_0$ und

B. Jedes $\varPi_k (k = 1, 2, \ldots, n)$ begrenzt (Abb. 11) ein T_k, das $\overline{G}_k$ (und nur dieses) enthält[1].

---

[1] Wie schon erwähnt, werden bei polygonaler bzw. geometrisch einfacher Begrenzung (wie z. B. Kreis) die Begriffe Inneres enthalten usw. nicht noch näher erläutert.

3. Ist K eine kompakte Teilmenge von G, so kann T so gewählt werden, daß $K \subset T$ gilt.

Man orientiere nun alle Polygonzüge $\Pi_k (k = 0, 1, \ldots, n)$ im positiven Sinne und bilde bei gegebenem $z \in T$ die Integrale

$$(31.1) \qquad \frac{1}{2\pi i} \int_{\Pi_k} w(\zeta)\, \frac{d\zeta}{\zeta - z}\,.$$

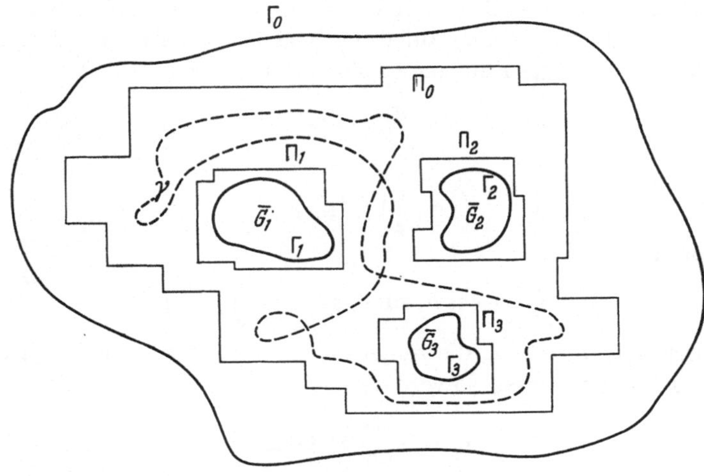

Abb. 11

Dann wird durch Wiederholung des Verfahrens von 26.

$$(31.2) \qquad w(z) = \frac{1}{2\pi i} \int_{\Pi_0} w(\zeta)\, \frac{d\zeta}{\zeta - z} - \sum_{k=1}^{n} \frac{1}{2\pi i} \int_{\Pi_k} w(\zeta)\, \frac{d\zeta}{\zeta - z}\,.$$

Es sei jetzt γ eine in G verlaufende, geschlossene, stückweise stetig differenzierbare Kurve. Man wähle T so, daß $\gamma \subset T$ gilt, und bilde mit Hilfe von (31.2) das Integral von $w(z)$ über γ. Dann wird zunächst

$$(31.3) \qquad \int_\gamma w(z)\, dz = - \int_{\Pi_0} n(\zeta, \gamma)\, w(\zeta)\, d\zeta + \sum_{k=1}^{n} \int_{\Pi_k} n(\zeta, \gamma)\, w(\zeta)\, d\zeta\,.$$

Nun kann der Leser leicht folgendes feststellen:

1. Für jeden Punkt ζ von Π_0 gilt $n(\zeta, \gamma) = 0$.

2. Für jeden Punkt $\zeta \in \Pi_k (k = 1, 2, \ldots, n)$ ist $n(\zeta, \gamma)$ konstant und gleich einer ganzen Zahl a_k.

Die erste dieser Behauptungen folgt aus der Tatsache, daß man jeden Punkt ζ von Π_0 mit dem Punkt z_∞ durch eine Polygonallinie verbinden kann, die zweite aus der leicht zu beweisenden Gleichung

$$(31.4) \qquad n(\zeta, \gamma) = n(\zeta_k, \gamma) \qquad\qquad (k = 1, 2, \ldots, n)\,,$$

sofern ζ_k in $\overline{G}_k$ liegt. Es wird also

$$(31.5) \qquad \int_\gamma w(z)\,dz = \sum_{k=1}^n a_k \int_{\Pi_k} w(\zeta)\,d\zeta$$

mit ganzzahligen a_k.

Mit Hilfe nachfolgender Überlegung kann die rechte Seite dieser Gleichung allgemeiner gefaßt werden. Es bedeuten $\gamma_k (k = 1, 2, \ldots, n)$ n in G verlaufende, punktfremde, stückweise stetig differenzierbare, positiv orientierte, einfach geschlossene Kurven mit der Eigenschaft, daß jedes γ_k nur das Polygon Π_k umschließt. Dann folgt aus (31.2)

$$\int_{\gamma_k} w(z)\,dz = \int_{\Pi_k} n(\zeta,\,\gamma_k)\,w(\zeta)\,d\zeta$$

und somit wegen

$$n(\zeta,\,\gamma_k) = 1 \qquad\qquad (\zeta \in \Pi_k)$$

$$\int_{\gamma_k} w(z)\,dz = \int_{\Pi_k} w(\zeta)\,d\zeta\ .$$

Mithin ist folgender Satz bewiesen worden:

Satz. *Es bedeute γ eine in G verlaufende stückweise stetig differenzierbare, geschlossene Kurve. Dann gilt:*

$$(31.6) \qquad \int_\gamma w(z)\,dz = \sum_{k=1}^n \alpha_k \int_{\gamma_k} w(\zeta)\,d\zeta$$

mit

$$(31.7) \qquad \alpha_k = \frac{1}{2\pi i} \int_\gamma \frac{dz}{z - \zeta_k} \qquad (\zeta_k \in \overline{G}_k,\ k = 1, 2, \ldots, n)\ .$$

Die Kurven γ_k unterliegen lediglich der Bedingung, daß sie die Bereiche $\overline{G}_k$ (und nur diese) umschließen. Hat man in der Tat n einfach zusammenhängende Gebiete G_k^*, deren (positiv orientierter) Rand γ_k differenzierbar ist, mit den Eigenschaften $\overline{G}_k \subset G_k^* (k = 1, 2, \ldots, n)$ und $\overline{G}_i^* \cap \overline{G}_k^* = \emptyset\,(i \neq k)$, so kann man stets die (einfachen) Polygone Π_k so wählen, daß jedes Π_k in $G_k^* \backslash \overline{G}_k$ liegt. Ist das erreicht, so liefert das hier entwickelte Verfahren die Gleichung (31.6) ohne zusätzliche Schwierigkeit.

32. Nullhomologe und nullhomotope Kurven. Die allgemeine Form des Fundamentalsatzes der Funktionentheorie. Ist G im Sinne der Entwicklungen von 31. n-fach zusammenhängend und γ eine geschlossene Kurve in G^1, so entsteht die Frage, unter welchen allgemeinen (topologischen) Voraussetzungen die linke Seite von (31.6) für alle in G eindeutigen analytischen Funktionen $w(z)$ im Sinne des Fundamentalsatzes der Funktionentheorie verschwindet.

---

[1] Als Abkürzung von: stückweise stetig differenzierbare, geschlossene Kurve.

Def. *Ist γ eine geschlossene Kurve in G und gilt*

$$(32.1) \qquad J(w) = \int_\gamma w(z)\, dz = 0$$

für jede in G eindeutige analytische Funktion $w(z)$, so soll γ nullhomolog heißen.

Satz. *Eine notwendige und hinreichende Bedingung dafür, daß γ nullhomolog ist, ist die, daß die Windungszahlen $n(\zeta_k, \gamma)$ $(\zeta_k \in \overline{G}_k)$ für $k = 1, 2, \ldots, n$ verschwinden.*

Beweis. Die Bedingung ist offenbar hinreichend. Um nun zu zeigen, daß sie auch notwendig ist, betrachte man die in G eindeutige analytische Funktion

$$(32.2) \qquad g(z) = \sum_{k=1}^{n} \frac{n(\zeta_k, \gamma)}{z - \zeta_k} \qquad\qquad (\zeta_k \in \overline{G}_k)$$

und bilde

$$\int_\gamma g(z)\, dz\,.$$

Dann wird mit Rücksicht auf die Gleichung (31.6)

$$(32.3) \qquad J(g) = \int_\gamma g(z)\, dz = 2\,\pi i \sum_{k=1}^{n} n(\zeta_k, \gamma)^2$$

und somit wegen (32.1) $n(\zeta_k, \gamma) = 0$ für $k = 1, 2, \ldots, n$.

Im Hinblick darauf, daß die ζ_k in den Bereichen $\overline{G}_k$ willkürlich genommen werden dürfen, kann die vorherige notwendige und hinreichende Bedingung folgendermaßen gefaßt werden:

Dafür, daß eine geschlossene Kurve γ eines beschränkten Gebietes G von endlichem Zusammenhang nullhomolog sei, ist notwendig und hinreichend, daß für jedes $z \in \overline{E}\backslash G$ die Windungszahl $n(z, \gamma)$ verschwindet.

Der Begriff nullhomolog hängt mit einem anderen wichtigen topologischen Begriff zusammen, den wir hier kurz entwickeln:

Def. *Eine geschlossene Kurve γ*

$$(32.4) \qquad \gamma = \{z \mid z = z(t), t \in J\} \qquad\qquad (J: 0 \leqq t \leqq 1)$$

in G heißt nullhomotop, wenn eine Funktion

$$(32.5) \qquad z = z(t, \alpha) \qquad\qquad (t \in J, \alpha \in J_\alpha: 0 < \alpha \leqq 1)$$

mit folgenden Eigenschaften existiert:

 1. Es gilt

$$(32.6) \qquad z(t, 1) = z(t) \qquad\qquad (t \in [0, 1])\,.$$

 2. Bei festem $\alpha \in J_\alpha$ ist $z(t, \alpha)$ stetig in t und stellt eine (stückweise stetig differenzierbare) geschlossene Kurve γ_α in G dar.

3. *Ist* $\varepsilon > 0$ *vorgegeben und* α *fest, so gibt es ein* $\eta > 0$ *derart, daß*

$$\underset{t \in J}{\mathrm{Max}} \, |z(t, \alpha') - z(t, \alpha)| < \varepsilon \qquad\qquad (|\alpha' - \alpha| < \eta)$$

gilt.

4. *Es existiert ein Punkt* z_0 *in G derart, daß*

$$(32.7) \qquad\qquad \lim_{\alpha \to 0} \underset{t \in J}{\mathrm{Max}} \, |z(t, \alpha) - z_0| = 0$$

ist.

Ist γ nullhomolog, so schreiben wir dafür $\gamma \sim 0$. Entsprechend wird die Eigenschaft nullhomotop durch die Schreibweise $\gamma \simeq 0$ zum Ausdruck gebracht.

Die Möglichkeit der stetigen Deformation einer geschlossenen Kurve γ zu einem Punkt (was das Wesen des Begriffes nullhomotop ausmacht) erlaubt nun folgende Formulierung des Fundamentalsatzes der Funktionentheorie:

Satz. *Für jede nullhomotope Kurve* γ *in G gilt*

$$(32.8) \qquad\qquad \int_{\gamma} w(z) \, dz = 0 \,.$$

Beweis. Man setze

$$F_{\alpha}(w) = \int_{\gamma} w(z) \, dz \; (\alpha \in J_{\alpha})$$

und beachte, daß dieses Integral zunächst in J_{α} stetig ist. Andererseits kann $F_{\alpha}(w)$ mit Rücksicht auf (31.6) (geschrieben jedesmal für γ_{α}) höchstens Sprünge erleiden. Daraus folgt, daß $F_{\alpha}(w)$ in der Umgebung von jedem α konstant sein muß. Da nun noch $F_{\alpha}(w)$ mit Rücksicht auf das (lokale) Ergebnis von 20. für alle hinreichend kleinen α verschwindet, gilt $F_{\alpha}(w) \equiv 0 \; (\alpha \in T_{\alpha})$.

33. Homologie- und Homotopiegruppen. Mehrdeutige Funktionen.
Die Betrachtung von Systemen orientierter Kurven in G in Verbindung mit komplexen Linienintegralen führt zu folgenden Begriffsbildungen:

Def. *Ein System von orientierten Kurven* $\gamma_1, \gamma_2, \ldots, \gamma_q$ *in G heißt eine Kette.*

Def. *Ein System von geschlossenen orientierten Kurven* $\gamma_1, \ldots, \gamma_q$ *in G heißt ein Zyklus.*

Hat man eine Kette bzw. einen Zyklus γ, der aus den Kurven $\gamma_1, \gamma_2, \ldots, \gamma_q$ besteht, so schreiben wir dafür $\gamma = \gamma_1 + \gamma_2 + \cdots + \gamma_q$. Ändert man die Orientierung einer Komponente von γ, etwa der Kurve γ_1, so schreiben wir dafür $-\gamma_1$. Gilt insbesondere $\gamma = \gamma_1 + \cdots + \gamma_q$, so setzen wir $-\gamma = -\gamma_1 - \gamma_2 - \cdots - \gamma_q$ und verstehen darunter die Kette bzw. den Zyklus, bei dem alle Orientierungen durch die entgegengesetzten ersetzt worden sind.

Def. *Ein Zyklus γ heißt im Sinne der Entwicklungen von 32. null-homolog, wenn für alle in G eindeutigen regulären Funktionen $w(z)$*

$$(33.1) \qquad \gamma(w) = \int_{\gamma} w(z)\, dz = 0$$

gilt.

Ebenso wie für den Fall einer geschlossenen Kurve kann man zeigen, daß die Bedingung (33.1) mit den Bedingungen

$$(33.2) \qquad n(\zeta_k, \gamma) = \frac{1}{2\pi i} \int_{\gamma} \frac{dz}{z - \zeta_k} = 0 \qquad (\zeta_k \in \overline{G}_k,\ k = 1, 2, \ldots, n)$$

äquivalent ist.

Def. *Zwei Zyklen γ, γ' heißen homolog, wenn $\gamma - \gamma' \sim 0$ ist.*

Wegen $n(z, \gamma - \gamma') = n(z, \gamma) - n(z, \gamma')$ kann die Definition der Homologie zweier Zyklen auch folgendermaßen gefaßt werden:

Zwei Zyklen γ, γ' heißen homolog, wenn für jeden Punkt $z \in \overline{E} \setminus G$

$$(33.3) \qquad n(z, \gamma) = n(z, \gamma')$$

gilt.

Def. *Hat ein Zyklus Γ mit n Komponenten $\Gamma_1, \Gamma_2, \ldots, \Gamma_n$ die Eigenschaft, daß für jeden Zyklus γ die Gleichung*

$$(33.4) \qquad n(\zeta, \gamma) = \sum_{k=1}^{n} \lambda_k n(\zeta, \Gamma_k) \qquad (\zeta \in E \setminus G)$$

mit ganzzahligen Koeffizienten λ_k besteht, so heißt Γ eine Homologiebasis von G.

Diese Gleichung hat zunächst zur Folge, daß für die in 31. konstruierte Basis $\gamma_1, \gamma_2, \ldots, \gamma_n$

$$(33.5) \qquad n(\zeta, \gamma_\mu) = \sum_{1}^{n} \lambda_{\mu k}\, n(\zeta, \Gamma_k) \qquad (\mu = 1, 2, \ldots, n)$$

gilt. Andererseits folgt aus (31.6), wenn man dort

$$w(z) = \frac{1}{z - \zeta} \qquad (\zeta \in \overline{G}_\mu)$$

nimmt und Γ_μ für γ schreibt,

$$(33.6) \qquad n(\zeta, \Gamma_\mu) = \sum_{1}^{n} \alpha_{\mu k}\, n(\zeta, \gamma_k)$$

mit

$$\alpha_{\mu k} = \frac{1}{2\pi i} \int_{\Gamma_\mu} \frac{dz}{z - \zeta_k} \qquad (\zeta_k \in \overline{G}_k)\,.$$

Mit Hilfe der Homologiebasis $\Gamma_1, \Gamma_2, \ldots, \Gamma_n$ läßt sich (31.6) in der allgemeinen Form

$$(33.7) \qquad \int_{\gamma} w(z)\, dz = \sum_{k=1}^{n} \lambda_k \int_{\Gamma_k} w(z)\, dz$$

schreiben, wobei die Koeffizienten λ_k aus der Gleichung (33.4) zu entnehmen sind.

Es sei jetzt allgemein γ ein Zyklus von G. Man setze $1 \cdot \gamma = \gamma$ und definiere für $k > 1$ ganz $k\gamma$ durch die Gleichung $k \cdot \gamma = \gamma + (k-1)\,\gamma$. Entsprechend setze man $k \cdot \gamma = -k(-\gamma)$ $(k < 0)$ und $0 \cdot \gamma = 0^1$. Dann erhält man aus (33.4) die Gleichung

$$(33.8) \qquad n(\zeta, \gamma) = n\left(\zeta, \sum_{k=1}^{n} \lambda_k \Gamma_k\right).$$

Es gilt offenbar

$$(33.9) \qquad \gamma \sim \sum_{k=1}^{n} \lambda_k \Gamma_k.$$

Die Homologiedarstellung (33.9) ist für jeden Zyklus γ von G eindeutig. Wäre nämlich neben (33.9) noch die Gleichung

$$(33.10) \qquad \gamma \sim \sum_{k=1}^{n} \lambda_k' \Gamma_k$$

richtig, so würde daraus

$$n\left(\zeta, \sum_{k=1}^{n} (\lambda_k - \lambda_k')\, \Gamma_k\right) = 0 \qquad\qquad (\zeta \in \overline{E} \setminus G)$$

folgen und somit die Gleichungen

$$\sum_{k=1}^{n} (\lambda_k - \lambda_k')\, n(\zeta_i, \Gamma_k) = 0 \qquad\qquad (\zeta_i \in \overline{G}_k)\,.$$

Letztere können aber (wegen des Nichtverschwindens der Determinante der $n(\zeta_i, \Gamma_k)$) dann und nur dann erfüllt werden, wenn alle Größen $(\lambda_k - \lambda_k')$ verschwinden.

Die hier entwickelten Zusammenhänge zeigen, daß die Gesamtheit aller Zyklen γ von G einen Modul $\mathfrak{Z}$ von der Dimension n bildet.

Hat man n Zyklen $\gamma_1, \ldots, \gamma_n$ derart, daß

$$\sum_{1}^{n} \lambda_k\,\gamma_k \sim 0 \qquad\qquad (\zeta \in \overline{E} \setminus G)$$

mit ganzzahligen λ_k dann und nur dann gilt, wenn sämtliche λ_k verschwinden, so bilden diese eine Modulbasis, und man kann jedes $n(\zeta, \gamma)$ als lineare Kombination der $n(\zeta, \gamma_k)$ mit ganzzahligen Koeffizienten darstellen. Der Modul $\mathfrak{Z}$ (der eine abelsche Gruppe ist) heißt die Homologiegruppe von G.

Def. *Eine Modulbasis* $(\gamma_1, \gamma_2, \ldots, \gamma_n)$ *heißt normiert, wenn*

$$(33.11) \qquad n(\zeta_i, \gamma_k) = \begin{cases} 1 \mid i = k \\ 0 \mid i \neq k \end{cases} \qquad (\zeta_i \in \overline{G}_i,\ i, k = 1, \ldots, n)$$

---

[1] Das bedeutet, die Kurve $0 \cdot \gamma$ wird nicht in Betracht gezogen.

gilt[1]. *Hat man dann eine in G eindeutige reguläre Funktion* $w(z)$, *so heißen in diesem Falle die Integrale*

$$(33.12) \qquad P_i = \int_{\gamma_i} w(z)\, dz$$

die Periodizitätsmoduln von $w(z)$.

Der Leser kann offenbar ohne weiteres zeigen, daß die Größen P_i von der speziellen (normierten) Basis $(\gamma_1, \gamma_2, \ldots, \gamma_n)$ unabhängig sind.

Der weitere Ausbau des Begriffs nullhomotop führt zu wesentlichen Zusammenhängen bei der Bildung mehrdeutiger Funktionen.

Es seien z_0, z zwei (zunächst feste) voneinander verschiedene Punkte von G und γ, γ' zwei diese verbindende[2] (zulässige, von z_0 nach z orientierte) Kurven. Dann sollen γ und γ' (bei festen Endpunkten) homotop heißen, wenn eine stetige Überführung von γ' in γ (innerhalb G) nach dem Vorbild von **32.** möglich ist.

Sind γ_1, γ_2 homotop, so schreiben wir dafür $\gamma_1 \cong \gamma_2$. Durch den Homotopiebegriff wird die Gesamtheit Γ_{z_0} der Kurven von G, die einen festen Punkt z_0 von G mit den Punkten von G verbinden, in Klassen äquivalenter Kurven (Homotopieklassen) eingeteilt.

Man kann leicht zeigen, daß der Homotopiebegriff eine Äquivalenzrelation ist[3] und daß die Gesamtheit der Homotopieklassen eine abelsche Gruppe bildet, deren Struktur vom Punkt z_0 unabhängig ist.

Wichtiger für die Funktionentheorie ist folgende Tatsache:

Betrachtet man den festen Punkt z_0 *und bildet die Integrale*

$$(33.13) \qquad F_\gamma(z) = \int_\gamma w(z)\, dz$$

längs aller Kurven γ, *die* z_0 *mit* z *verbinden, so gilt für zwei solche Kurven* γ, γ' *die Gleichung*

$$(33.14) \qquad F_\gamma(z) = F_{\gamma'}(z) + 2\pi i \sum_{k=1}^{n} c_k P_k$$

mit ganzzahligen c_k. Wie man unmittelbar sieht, kann man sowohl in (33.16) wie auch in (33.14) die Kurve γ bzw. γ' durch entsprechende homotope Kurven ersetzen, ohne daß die c_k eine Veränderung erfahren.

---

[1] Die Existenz einer solchen Basis wird durch die Konstruktion von **31.** gewährleistet.

[2] Der Leser, der aus der in **14.** gegebenen Definition eines Gebietes G die Verbindbarkeit eines festen Punktes z_0 von G mit jedem $z \in G$ durch einen Polygonzug bzw. durch eine Treppenkurve in G noch nicht beweisen konnte, möge jetzt zu beweisen versuchen, daß die Teilmenge E_0 aller Punkte von G, die mit z_0 in dem vorhin erklärten Sinne verbindbar sind, eine (relativ zu G) zugleich offene und abgeschlossene nicht leere Menge und somit nicht separierbar ist. Damit fällt E_0 mit G zusammen.

[3] Das bedeutet: 1. Es ist $\gamma \cong \gamma$. 2. Aus $\gamma_1 \cong \gamma_2$ folgt $\gamma_2 \cong \gamma_1$. 3. Aus $\gamma_1 \cong \gamma_2$ und $\gamma_2 \cong \gamma_3$ folgt $\gamma_1 \cong \gamma_3$.

34. Literaturhinweise. Das wichtigste Ergebnis des zum Abschluß gekommenen vierten Kapitels ist offenbar der Cauchysche Residuensatz, den CAUCHY in den in **25.** erwähnten Arbeiten in weniger allgemeiner Form publiziert hat. Selbstverständlich sind die dort verwendeten Beweise, soweit sie der modernen Strenge genügen, von den jetzt gebräuchlichen (und mehr auf die Goursatsche Definition der regulären analytischen Funktion zugeschnittenen) Beweisen verschieden. Für den interessierten Leser sei hier bemerkt, daß CAUCHY den Begriff der wesentlichen isolierten Singularität noch nicht kannte und somit zunächst mit Funktionen arbeitete, die höchstens Pole hatten. Auch die Ausbildung der Homologie- bzw. der Homotopietheorie ist späteres Werk.

Den besten lehrbuchmäßigen Einblick in die (später so berühmt gewordene) Cauchysche Residuentheorie[1] gibt zusammen mit einer Reihe wertvoller historischer Bemerkungen E. LINDELÖF (1870—1946) in seinem klassischen Buch: Le calcul des résidus et ses applications à la théorie des fonctions, *Paris, Gauthier-Villars*, 1905. Daneben dürfte in diesem Zusammenhang noch der (schon erwähnte) Enzyklopädieartikel von OSGOOD genannt werden.

Was in diesem Kapitel hier dem Studierenden geboten wurde, ist mit Ausnahme der Tatsache, daß der allgemeine Residuensatz aus einem Spezialfall der Cauchyschen Formel ohne großen rechnerischen Aufwand abgeleitet wurde, mehr oder weniger bekannt und bildet nur einen Teil der Homologietheorie auf Riemannschen Flächen, deren Begriff erst im nächsten Kapitel entwickelt werden soll. Der Leser, der das Lebesguesche Integral beherrscht, wird ohne weiteres sehen, daß man bei allen Homologiebetrachtungen (und a fortiori bei allen Homotopiebetrachtungen) die Kurven, die hier als stückweise stetig differenzierbar vorausgesetzt wurden, durch totalstetige ersetzen kann. Methodisch ist die hier gewählte Darstellung der beiden letzten Nummern durch die Darstellung von AHLFORS in seinem schon erwähnten Buch beeinflußt und somit indirekt durch die Arbeit von ARTIN (On the theory of complex functions, Notre Dame Mathem. Lectures, Nr. 4, *Univ. of Notre Dame, Indiana*, 1944). Eine schöne Darstellung der Homologie- und Homotopietheorie von Kurven der komplexen Ebene gibt auch das am Ende des zweiten Kapitels erwähnte Buch von NEWMAN.

Der Leser, der die Entwicklungen von **25.** aufmerksam gelesen hat, wird keine Schwierigkeit haben, aus der Formel (25.9) die allgemeinen

---

[1] POISSON scheint von der Cauchyschen Abhandlung von 1814 nicht sonderlich beeindruckt gewesen zu sein («. . . je n'ai remarqué aucune intégrale qui ne fût pas déjà connue, ce qui tient sans doute à ce que son procédé, quoique très général et très uniforme, n'est pas essentiellement distinct de ceux qu'on a employés jusqu'ici». Bericht von POISSON, publiziert im *Bull. de la Soc. Philomatique*, **1814**, 185—188 und nachgedruckt in den Ges. Werken von CAUCHY, (2) Bd. 2, S. 194—198).

Aussagen von CAUCHY durch Integration bzw. durch Bildung von

$$\frac{1}{2\pi i}\int_{\gamma} w(z)\,\frac{dz}{z-z_0}$$

nach dem Vorbild der Nummern 26., 27. und 28. zu erhalten. Auch kann er leicht den Satz von RIEMANN über hebbare Stellen in folgender allgemeiner Form beweisen:

Satz. *Die Funktion $w(z)$ sei in einem Gebiet G eindeutig regulär. Man nehme an, es gäbe einen Randteil H von G und ein Treppenpolygon Π_0 in G derart, daß H ganz in dem durch Π_0 begrenzten (und im endlichen liegenden) Gebiet der komplexen Ebene liegt. Ferner setze man voraus, daß man zu jedem $\varepsilon > 0$ ein System von einfach geschlossenen Treppenkurven $\Pi_1, \Pi_2, \ldots, \Pi_q\,(q = q(\varepsilon))$ in Π_0 derart bestimmen kann, daß*

1. Die von $\Pi_0, \Pi_1, \ldots, \Pi_q$ begrenzte Punktmenge ein Gebiet $G_0 \subset G$ ist und

2. Für die in (15.9) eintretenden Integrale rechts

$$\sum_1^q \left| \frac{1}{2\pi i}\int_{\Pi_k} w(\zeta)\,\frac{d\zeta}{\zeta - z} \right| < \varepsilon \qquad\qquad (z \in G_0)$$

gilt.

Dann gibt es eine in $G \cup H$ eindeutige analytische Funktion $g(z)$, die in G mit $w(z)$ übereinstimmt. Es kann leicht nachgewiesen werden, daß $g(z)$ in jedem Punkt z des von Π_0 begrenzten Gebietes durch das Integral

$$\frac{1}{2\pi i}\int_{\Pi_0} w(\zeta)\,\frac{d\zeta}{\zeta - z}$$

gegeben wird.

Ich schließe diese Betrachtungen mit einem kurzen Hinweis auf die Begründung entsprechender Formeln für reguläre analytische Funktionen von n komplexen Veränderlichen. Dabei beschränke ich mich der Einfachheit halber auf den Fall $n = 2$.

Es seien E_1, E_2 zwei komplexe Ebenen, $G_1 \subset E_1$, $G_2 \subset E_2$ zwei beschränkte, nichtleere Gebiete und $G = G_1 \times G_2$. Ist dann $z_1 \in G_1$ und $z_2 \in G_2$, so ist

$$G = \{z = (z_1, z_2) \mid z_1 \in G_1, z_2 \in G_2\}.$$

Eine auf G definierte komplexwertige Funktion $w = w(z_1, z_2)$ soll dort holomorph oder regulär analytisch heißen, wenn sie folgenden Bedingungen genügt:

1. Sie ist stetig unter Zugrundelegung der Entfernung

$$d(z, z') = |z_1 - z_1'| + |z_2 - z_2'| \qquad (z' = (z_1', z_2')).$$

2. Für jedes $z_2 \in G_2$ existiert der Grenzwert

$$(34.1) \qquad w_{z_1} = \frac{\partial}{\partial z_1} w(z_1, z_2) = \lim_{\substack{z_1' \to z_1 \\ z_1' \neq z_1}} \frac{w(z_1', z_2) - w(z_1, z_2)}{z_1' - z_1}$$

und für jedes $z_1 \in G_1$ der Grenzwert

$$(34.2) \qquad w_{z_2} = \frac{\partial}{\partial z_2}\, w\,(z_1,\, z_2) = \lim_{\substack{z_2' \to z_2 \\ z_2' \neq z_2}} \frac{w\,(z_1,\, z_2') - w\,(z_1,\, z_2)}{z_2' - z_2} \cdot {}^1$$

Mit Hilfe der Entwicklungen von **25.** kann man dann folgendes beweisen:

Es bedeuten $R_1,\, R_2$ zwei achsenparallele Rechtecke von $G_1,\, G_2$ mit $\overline{R}_1 \subset G_1$ und $\overline{R}_2 \subset G_2$, und es sei $R = R_1 \times R_2$. Ferner seien $\Gamma_1,\, \Gamma_2$ die (positiv orientierten) Ränder von R_1 und R_2. Dann gilt für jeden Punkt $z = (z_1,\, z_2)$ von R

$$(34.3) \qquad w\,(z_1,\, z_2) = \frac{1}{(2\,\pi i)^2} \int_{\Gamma_1} \int_{\Gamma_2} w\,(\zeta_1,\, \zeta_2)\, \frac{d\zeta_1\, d\zeta_2}{(\zeta_1 - z_1)\,(\zeta_2 - z_2)} \cdot$$

Schöpft man G durch Gebiete aus, die man durch Zusammensetzung von achsenparallelen Bereichen R bilden kann, so erhält man bei vorgegebenen geschlossenen Kurven $\gamma_1 \subset G_1,\ \gamma_2 \subset G_2$ und $z_1 \notin \gamma_1,\, z_2 \notin \gamma_2$ die Formel

$$n\,(z_1,\, z_2 \mid \gamma_1,\, \gamma_2)\, w\,(z_1,\, z_2) = \frac{1}{(2\,\pi i)^2} \int_{\gamma_1} \int_{\gamma_2} w\,(\zeta_1,\, \zeta_2)\, \frac{d\zeta_1\, d\zeta_2}{(\zeta_1 - z_1)\,(\zeta_2 - z_2)}$$

mit

$$n\,(z_1,\, z_2 \mid \gamma_1,\, \gamma_2) = \frac{1}{(2\,\pi i)^2} \int_{\gamma_1} \int_{\gamma_2} \frac{d\zeta_1\, d\zeta_2}{(\zeta_1 - z_1)\,(\zeta_2 - z_2)} \cdot$$

Der Anfänger möge durch die Ähnlichkeit der lokalen Methoden und durch die Übereinstimmung einiger (elementarer) Formeln nicht dazu verleitet werden, die Schwierigkeiten, welche in dem Falle $n = 2$ auftreten, als nur äußerlich und formeller Natur einzuschätzen. Wie schwierig die Theorie der analytischen Funktionen mehrerer komplexer Veränderlichen ist, und welche wichtige Rolle die Topologie beim Aufbau der Theorie der komplexen Mannigfaltigkeiten spielt, erfährt der Leser durch das Studium der einschlägigen Literatur.

Ergänzungen und Aufgaben zum vierten Kapitel

1. Definition der trigonometrischen Funktionen. Die Definition der Funktion e^z durch die Reihe

$$(1) \qquad e^z = 1 + \frac{z}{1!} + \frac{z^2}{2!} + \cdots \qquad\qquad (z \in E)$$

wird aus der Analysis als bekannt vorausgesetzt, ebenfalls die der Funktionen

$$(2) \qquad \sin z = \frac{e^{iz} - e^{-iz}}{2i}$$

und

$$(3) \qquad \cos z = \frac{e^{iz} + e^{-iz}}{2} \cdot$$

---

[1] Daß man hier die Bedingung 1. streichen kann (Satz von HARTOGS), findet der Leser am besten in der Funktionentheorie von CARATHÉODORY (Bd. 2, S. 103 ff.) entwickelt.

Man zeige auf Grund der Eigenschaft

$$(4) \qquad e^{z+z'} = e^z \cdot e^{z'},$$

(die der Leser durch Ausmultiplizieren der entsprechenden Reihen (1) beweisen möge) daß die beiden Funktionen dem Funktionalgleichungssystem

$$(5) \qquad \begin{aligned} \sin(z+z') &= \sin z \cos z' + \cos z \sin z' \\ \cos(z+z') &= \cos z \cos z' - \sin z \sin z' \end{aligned}$$

genügen.

2. Nullstellenfragen. Die Funktionen $\sin z$, $\cos z$ haben lediglich reelle Nullstellen. Man kann dies am besten auf Grund der Funktionalgleichung (4) beweisen. Zunächst kann e^z keine Nullstelle z_0 im endlichen haben. Denn sonst wäre für jedes z

$$e^{z+z_0} = e^z \cdot e^{z_0} = 0,$$

und das ist für $z = -z_0$ falsch. Es sei jetzt $e^{z_0} = 1$ ($z_0 = x_0 + iy_0$). Dann ist wegen

$$e^{iy_0} = \cos y_0 + i \sin y_0$$

$|e^{z_0}| = 1 = e^{x_0}$, $x_0 = 0$, und somit kann die Gleichung $e^{z_0} = 1$ außer $z_0 = 0$ nur noch die Wurzeln $z_0 = 2k\pi i$ ($k = \pm 1, \ldots$) haben. Ist nun $\sin z_0 = 0$, so muß wegen

$$2 \sin z_0 = i e^{-iz_0}(1 - e^{2iz_0}) \qquad\qquad (e^{-iz_0} \neq 0)$$

$e^{2iz_0} - 1 = 0$ gelten. Entsprechendes gilt für $\cos z$. Somit können die Funktionen $\sin z$, $\cos z$ neben den reellen Nullstellen $k\pi$ bzw. $k\pi + \dfrac{\pi}{2}$ ($k = 0, \pm 1, \ldots$) keine anderen Nullstellen haben.

Die Funktionen $\sin z$, $\cos z$ haben die Periode 2π, d. h. es gilt

$$(6) \qquad \sin(z + 2\pi) = \sin z, \quad \cos(z + 2\pi) = \cos z.$$

Dagegen hat die Funktion

$$(7) \qquad \operatorname{tg} z = \frac{1}{i} \frac{e^{iz} - e^{-iz}}{e^{iz} + e^{-iz}} = \frac{1}{i} \frac{e^{2iz} - 1}{e^{2iz} + 1}$$

die Periode π. Ferner gilt

$$(8) \qquad \operatorname{tg}(z + z') = \frac{\operatorname{tg} z + \operatorname{tg} z'}{1 - \operatorname{tg} z \operatorname{tg} z'} \qquad\qquad (z, z' \in E).$$

3. Die Residuen von $\cot \pi z$ bzw. $\dfrac{1}{\sin \pi z}$. Man zeige, daß $\cot \pi z$ bzw. $\dfrac{1}{\sin \pi z}$ an den Stellen $z = k$ ($k = 0, \pm 1, \ldots$) die Residuen $\dfrac{1}{\pi}$ bzw. $(-1)^k \dfrac{1}{\pi}$ haben.

4. Die Formel von Plana-Abel-Cauchy. Als Anwendung des Cauchyschen Residuensatzes soll der Beweis einer berühmten Formel gegeben werden, die unabhängig voneinander von drei Mathematikern, Plana (um 1820), Abel (um 1825) und Cauchy (um 1826) aufgestellt wurde.

Es seien m, n ganz, $m < n$ und $T > 1$. Man entferne aus dem Rechteck R

$$(1) \qquad m \leqq x \leqq n \,, \quad |y| \leqq T$$

die zwei (offenen) Halbkreisscheiben um m und n vom Radius ε ($0 < \varepsilon < 1$) und bezeichne mit R_ε den dadurch entstehenden Bereich (Abb. 12).

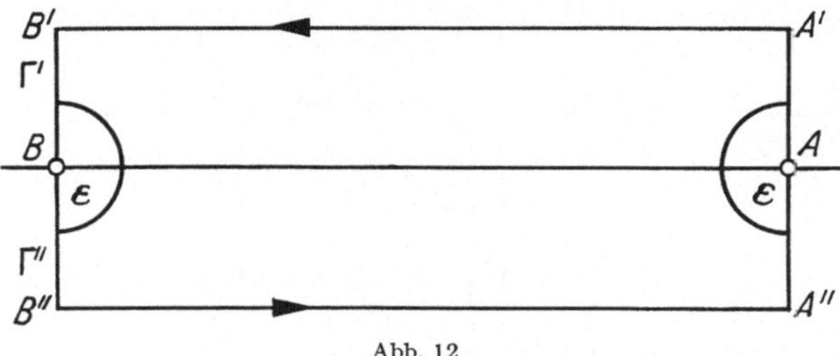

Abb. 12

Ist dann $w = w(z)$ eine in jedem endlichen Punkt des Streifens

$$(2) \qquad m \leqq x \leqq n$$

eindeutige reguläre Funktion von z, so hat $g(z) = \pi w(z) \operatorname{cotg} \pi z$ einfache Pole an den Stellen $z = k (k = m, m+1, \ldots, n)$ mit dem Residuum $w(k)$. Setzt man in der Tat $z = z' + k$, so ist

$$(z - k)\, g(z) = z'\, \pi w(z' + k)\, \operatorname{ctg} \pi z'$$

und somit

$$\lim_{z \to k} (z - k)\, g(z) = \lim_{z' \to 0} w(z' + k) = w(k) \,.$$

Wendet man also (bei festem ε) den Cauchyschen Residuensatz an, so erhält man

$$(3) \qquad \frac{1}{2\pi i} \int_{\Gamma_\varepsilon} g(z)\, dz = \sum_{m+1}^{n-1} w(k) \,,$$

wobei Γ_ε den Rand von R_ε bedeutet.

Wie man leicht feststellt, sind die beiden Integrale von $g(z)$ über die Halbkreise um m bzw. n gleich $-\frac{1}{2} w(m)$ bzw. $-\frac{1}{2} w(n)$, vermehrt um eine Größe (ε), die mit ε gegen Null konvergiert. Somit wird

$$(4) \qquad \frac{1}{2\pi i} \int_{(\Gamma)} g(z)\, dz = \frac{1}{2} w(m) + \frac{1}{2} w(n) + \sum_{k=m+1}^{n-1} w(k) \,,$$

wobei das Integral links als Cauchyscher Hauptwert zu nehmen ist.

Es bedeuten jetzt (unter Beibehaltung des Durchlaufungssinnes) Γ' bzw. Γ'' die Teile des Randes Γ von R oberhalb bzw. unterhalb der x-Achse. Dann ist

$$\int_{\Gamma'} w(z)\, dz = -\int_m^n w(x)\, dx$$

und

$$\int_{\Gamma''} w(z)\, dz = \int_m^n w(x)\, dx \ .$$

Nun ist

$$\operatorname{ctg} \pi z - i = i\,\frac{e^{i\pi z} + e^{-i\pi z}}{e^{i\pi z} - e^{-i\pi z}} - i = \frac{2i}{e^{2i\pi z} - 1}$$

und

$$\operatorname{ctg} \pi z + i = i\,\frac{e^{i\pi z} + e^{-i\pi z}}{e^{i\pi z} - e^{-i\pi z}} + i = \frac{2i}{1 - e^{-2i\pi z}} \ .$$

Definiert man also die Funktion $\psi(z)$ durch die Gleichung

$$\psi(z) = \begin{cases} \dfrac{1}{e^{2i\pi z} - 1} & z \in \Gamma'' \\[2mm] \dfrac{1}{1 - e^{-2i\pi z}} & z \in \Gamma' \end{cases} \ ,$$

so erhält man leicht die Gleichung

$$(5) \qquad \sum_m^n w(k) = \frac{1}{2} w(m) + \frac{1}{2} w(n) + \int_m^n w(x)\, dx + \int_{(\Gamma)} w(z)\, \psi(z)\, dz \ .$$

Es seien nun x_1, x_2 zwei feste Zahlen $x_1 \leqq m$, $n \leqq x_2$, und es sei für $y > 0$

$$M(y) = \operatorname{Max}\{|w(\zeta + i\eta)| \mid x_1 \leqq \xi \leqq x_2,\ |\eta| = y\}$$

gesetzt. Wir machen die Voraussetzung

$$(6) \qquad \lim_{y \to \infty}\{M(y)\, e^{-2\pi y}\} = 0$$

und lassen dann in (5) $T \to \infty$ konvergieren. Dann konvergieren, wie man ohne weiteres feststellt, die beiden Integrale über die Strecken $A'\,B'$ und $B''\,A''$ gegen Null, während die beiden übrigen (zusammengefaßt) den Beitrag

$$-2\int_0^\infty \frac{\sigma(m,\, y) - \sigma(n,\, y)}{e^{2\pi y} - 1}\, dy$$

mit

$$(7) \qquad \sigma(x,\, y) = \frac{1}{2i}\{w(z) - w(\bar z)\}$$

liefern. Somit wird

$$(8) \qquad \begin{aligned} \sum_m^n w(k) = {}& \frac{1}{2} w(m) + \frac{1}{2} w(n) + \int_m^n w(x)\, dx - \\ & -2\int_0^\infty \frac{\sigma(m,\, y) - \sigma(n,\, y)}{e^{2\pi y} - 1}\, dy \ . \end{aligned}$$

Das ist die berühmte summatorische Formel von PLANA, ABEL und CAU-CHY. Eine Reihe wichtiger Ergebnisse der Analysis und der Funktionentheorie können mit Hilfe dieser Formel bewiesen werden. Nimmt man in (7) $m = 1$ an, und setzt man voraus, daß die Reihe

$$w(1) + w(2) + w(3) + \cdots$$

konvergiert und

$$\lim_{n \to \infty} \int_0^\infty \frac{\sigma(n, y)}{e^{2\pi y} - 1}\, dy = 0$$

gilt, so erhält man

$$(9) \qquad \sum_1^\infty w(k) = \frac{1}{2}\, w(1) + \int_1^\infty w(x)\, dx - 2 \int_0^\infty \frac{\sigma(1, y)}{e^{2\pi y} - 1}\, dy\,.$$

Wichtige Anwendungen dieser Formel sollen am Ende des sechsten Kapitels gegeben werden.

5. Eine allgemeine Formel von CAUCHY. Der Satz von ROUCHÉ. Sind $w(z)$ meromorph (d. h. bis auf Pole regulär) in einem einfach zusammenhängenden Gebiet G und $g(z)$ regulär in G, so liefert der allgemeine Residuensatz von CAUCHY eine Auswertung des Integrals

$$J_\gamma(w) = \frac{1}{2\pi i} \int_\gamma g(\zeta)\, \frac{w'(\zeta)}{w(\zeta)}\, d\zeta\,,$$

sofern die Kurve γ nicht durch Nullstellen und Pole von $w(z)$ hindurchgeht. Es bezeichnen in der Tat a bzw. b die Nullstellen bzw. die Pole von $w(z)$. Setzt man dann

$$f(z) = g(z)\, \frac{w'(z)}{w(z)}\,,$$

so ist $f(z)$ bis auf einfache Pole bei a und b regulär. Bezeichnen dann $k(a)$ bzw. $k(b)$ die Ordnung der betreffenden Stelle, so erhält man für die zugehörigen Residuen die Gleichungen

$$A_{-1}(a) = k(a)\, g(a)\,,\quad A_{-1}(b) = -\,k(b)\, g(b)\,.$$

Zählt man hier jede Stelle a bzw. b so oft, wie es ihre Vielfachheit erfordert (also eine k-fache Nullstelle k-mal usw.), so erhält man leicht die Cauchy-Formel

$$(1) \qquad J_\gamma(w) = \sum_a n(a, \gamma)\, g(a) - \sum_b n(b, \gamma)\, g(b)\,.$$

Hier kann mit Rücksicht auf die Tatsache, daß die Windungszahlen für höchstens endlich viele a bzw. b von Null verschieden sein dürfen, über alle a bzw. b summiert werden.

Der Beweisgang von (1) führt zu einem wichtigen Satz über den Zusammenhang der drei Integrale $J_\gamma(w_1)$, $J_\gamma(w_1 + \lambda w_2)$ und $J_\gamma\!\left(1 + \lambda \frac{w_2}{w_1}\right)$.

Satz. *Es seien $w_1(z)$, $w_2(z)$ meromorph (d. h. bis auf Pole regulär) in G und γ so, daß sie durch keine Nullstelle bzw. keinen Pol von $w_1(z)$ bzw. $w_2(z)$ hindurchgeht. Ist dann λ eine feste komplexe Zahl, so daß $w_1 + \lambda w_2$ auf γ nicht verschwindet, so gilt*

$$(2) \qquad J_\gamma(w_1 + \lambda w_2) = J_\gamma(w_1) + J_\gamma\left(1 + \lambda \frac{w_2}{w_1}\right).$$

Der Beweis dieser Gleichung läßt sich leicht aus der Identität

$$\frac{w_1' + \lambda w_2'}{w_1 + \lambda w_2} - \frac{w_1'}{w_1} = \lambda \frac{w_1 w_2' - w_1' w_2}{w_1(w_1 + \lambda w_2)} = \frac{\left(1 + \lambda \dfrac{w_2}{w_1}\right)}{\left(1 + \lambda \dfrac{w_2}{w_1}\right)}$$

ableiten.

Ersetzt man in (2) $w_1 + \lambda w_2$ durch w_1 und w_1 durch w_2, so erhält man noch die Identität

$$(3) \qquad J_\gamma(w_1) = J_\gamma(w_2) + J_\gamma\left(\frac{w_1}{w_2}\right).$$

Man nehme in (2) $g(z) \equiv 1$ und setze allgemein $w(\gamma) = \gamma_w$. Dann lassen sich (2) und (3) in der Form

$$(4) \qquad n(0, \gamma_{w_1 + \lambda w_2}) = n(0, \gamma_{w_1}) + n(-1, \gamma_{\lambda w_2/w_1})$$

bzw.

$$(5) \qquad n(0, \gamma_{w_1}) = n(0, \gamma_{w_2}) + n(0, \gamma_{w_1/w_2})$$

schreiben. Aus (4) folgt leicht der Satz:

Die Kurve γ möge ein einfach zusammenhängendes Gebiet G_1 von G beranden. Ferner sei $w_1(z)$ holomorph in G_1 und $\neq 0$ auf γ. Ist dann $w_2(z)$ regulär in $G_1 \cup \gamma$ und $\neq 0$ auf γ und gilt

$$(6) \qquad n(-1, \gamma_{\lambda w_2/w_1}) = 0,$$

so haben die Funktionen w_1 und $w_1 + \lambda w_2$ die gleiche Anzahl von Nullstellen in G.

E. Rouché (1832—1910) hat einen leicht prüfbaren Fall gefunden, für den stets (6) erfüllt ist. Er hat nämlich den Satz bewiesen:

Satz (Rouché). *Gilt*

$$(7) \qquad |\lambda|\, |w_2(z)| < |w_1(z)| \qquad\qquad (z \in \gamma),$$

so ist die Anzahl der Nullstellen von $w_1 + \lambda w_2$ gleich der Anzahl der Nullstellen von w_1.

Der Leser möge selbst beweisen, daß in diesem Falle tatsächlich (6) erfüllt ist.

Aus (3) lassen sich ähnliche Resultate ableiten. So gilt z. B. der Satz:

Satz. *Die Funktionen $w_1(z)$, $w_2(z)$ seien in $G_1 \cup \gamma$ regulär. Gilt dann auf γ*

$$\operatorname*{Min}_{z \in \gamma} |w_2(z)| = m > 0$$

und

$$\operatorname{Max} |w_1(z) - w_2(z)| \leqq \alpha\, m \qquad (0 < \alpha < 1),$$

so haben $w_1(z)$ und $w_2(z)$ dieselbe Anzahl von Nullstellen in G_1.

In der Tat ist

$$1 - \alpha \leqq 1 - \left| \frac{w_1 - w_2}{w_2} \right| \leqq \left| \frac{w_1}{w_2} \right| \leqq 1 + \left| \frac{w_1 - w_2}{w_2} \right| \leqq 1 + \alpha$$

und somit $n(0, \gamma_{w_1/w_2}) = 0$.

Der Satz von ROUCHÉ liefert einen besonders einfachen Beweis des Fundamentalsatzes der Algebra:

Es sei in der Tat

$$P(z) = z^n + a_{n-1} z^{n-1} + \cdots + a_0$$

ein Polynom in z vom Grade $n \geqq 1$ mit komplexen Koeffizienten. Man setze $w_1(z) = z^n$ und $w_2(z) = a_{n-1} z^{n-1} + \cdots + a_0$ an. Dann gibt es offenbar ein r_0 derart, daß

$$|w_2(z)| < r_0^n = |w_1(z)| \qquad (|z| = r_0)$$

gilt. Nach dem Rouchéschen Satz müssen dann $w_1(z) + w_2(z) = P(z)$ und $w_1(z) = z^n$ in $|z| < r_0$ dieselbe Anzahl von Nullstellen (also n) haben.

6. Die Ungleichungen von HADAMARD und BOREL. Es sei $w(z) = u(z) + iv(z)$ in $|z| \leqq R\,(0 < R < +\infty)$ holomorph. Dann folgt aus der Poissonschen Darstellung

$$(1) \qquad w(z) = iv(0) + \frac{1}{2\pi} \int_0^{2\pi} u(Re^{i\vartheta})\, \frac{Re^{i\vartheta} + z}{Re^{i\vartheta} - z}\, d\vartheta \qquad (|z| < R)$$

die Gleichung

$$(2) \qquad w(z) - w(0) = \frac{1}{2\pi} \int_0^{2\pi} u_0(Re^{i\vartheta})\, \frac{Re^{i\vartheta} + z}{Re^{i\vartheta} - z}\, d\vartheta$$

mit $u_0(Re^{i\vartheta}) = u(Re^{i\vartheta}) - u(0)$. Nun ist

$$\int_0^{2\pi} u_0(Re^{i\vartheta})\, d\vartheta = 0$$

und somit auch

$$(3) \qquad w(z) - w(0) = \frac{z}{\pi} \int_0^{2\pi} u_0(Re^{i\vartheta})\, \frac{d\vartheta}{Re^{i\vartheta} - z}.$$

Es sei nun in $|z| \leq R$

$$w(z) - w(0) = \sum_{1}^{\infty} a_n z^n$$

gesetzt. Dann wird für $n = 1, 2, \ldots$

$$(4) \qquad a_n R^n = \frac{1}{\pi} \int_0^{2\pi} u_0 (\mathrm{Re}^{i\vartheta})\, e^{-ni\vartheta}\, d\vartheta\,.$$

Man setze jetzt

$$u_1 = \mathrm{Max}\,\{0, u_0\}\,, \; - u_2 = \mathrm{Min}\,\{0, u_0\}$$

und

$$A(R) = \mathop{\mathrm{Max}}_{0 \leq \vartheta \leq 2\pi}\,\{u(\mathrm{Re}^{i\vartheta})\}\,.$$

Dann folgt aus (4) mit Rücksicht auf die Gleichungen $u_0 = u_1 - u_2$ und $|u_0| = u_1 + u_2$.

$$|a_n|\, R^n \leq 4 \cdot \frac{1}{2\pi} \int_0^{2\pi} u_1 (\mathrm{Re}^{i\vartheta})\, d\vartheta\,,$$

also auch

$$(5) \qquad |a_n|\, R^n \leq 4\,(A(R) - u(0))\,.$$

Man kann auch schreiben

$$(6) \qquad |a_n|\, R^n \leq 4\,(A(R) + |w(0)|)\,.$$

Diese Ungleichungen sind zunächst (in einer etwas schwächeren Form) von J. HADAMARD [Sur les fonctions entières de la forme $e^{g\,(x)}$, *Compt. rend. Acad. Sci. Paris* 14, 1053 (1892)] gegeben worden.

Ist $w(0) = 0$ und $w(z) \not\equiv 0$ in $|z| \leq R$, so liefert das Schwarzsche Lemma die Ungleichung

$$\left| \frac{w(z)}{w(z) - 2A(R)} \right| \leq \frac{r}{R} \qquad\qquad (r = |z|)\,,$$

denn

$$g(z) = \frac{w(z)}{w(z) - 2A(R)}$$

verschwindet in $z = 0$ und genügt auf $|z| = R$ der Ungleichung $|g(z)| \leq 1$[1].

---

[1] Es sei bei festem $z\,(0 < |z| < R)$

$$f(\zeta) = \frac{1}{R}\, g\left(R^2\, \frac{\zeta + z}{R^2 + \bar{z}\zeta}\right) \frac{R^2 + \bar{z}\zeta}{\zeta + z}$$

gesetzt. Dann ist $f(\zeta)$ in $|\zeta| \leq R$ holomorph, und somit wird wegen $|f(\mathrm{Re}^{i\vartheta})| \leq 1$ und (20.8) (geschrieben für $a = 0$ und Γ_R statt Γ_r)

$$R\, \frac{|g(z)|}{|z|} = |f(0)| \leq \frac{1}{2\pi} \int_0^{2\pi} |f(\mathrm{Re}^{i\vartheta})|\, d\vartheta \leq 1\,.$$

Daraus folgt $|g(z)| \leq \dfrac{|z|}{R}$ in $|z| \leq R$.

Den vollen Wortlaut des Schwarzschen Lemmas erfährt der Leser in 55., Kap. 7.

Daraus folgt leicht

$$(7) \qquad A(r) \leqq \frac{2r}{R+r} A(R)$$

und

$$(8) \qquad |w(z)| \leqq \frac{2r}{R-r} A(R).$$

Die beiden letzten Ungleichungen gehen auf BOREL (*Acta Mathem.* **20**) zurück.

7. Eine Ungleichung von BOREL und CARATHÉODORY. *Ist* $w(0) \neq 0$, *so liefert die Ungleichung* (8) *von* 6. *die Abschätzung*

$$|w(z) - w(0)| \leqq \frac{2r}{R-r} (A(R) - u(0)),$$

d. h.

$$(1) \qquad |w(z)| \leqq |w(0)| \frac{R+r}{R-r} + \frac{2r}{R-r} A(R).$$

Diese Ungleichung geht auf CARATHÉODORY (man vgl. LANDAU, Darstellung und Begründung einiger neuerer Ergebnisse der Funktionentheorie, *Berlin, Verlag Jul. Springer* 1916, S. 89) zurück und verallgemeinert die entsprechende Ungleichung von BOREL. Sie wird als die Ungleichung von BOREL und CARATHÉODORY bezeichnet[1]. Eine weitere Abschätzung von $|w(z) - w(0)|$ nach oben erhält man folgendermaßen: Es bedeute $\theta(R)$ die Gesamtlänge der Intervalle von $0 \leqq \vartheta \leqq 2\pi$, für die $u(\mathrm{Re}^{i\vartheta}) - u(0) > 0$ gilt. Dann wird wegen

$$\int_0^{2\pi} (u(\mathrm{Re}^{i\vartheta}) - u(0))\, d\vartheta = 0$$

$$(2) \qquad |w(z) - w(0)| \leqq \frac{2r}{R-r} \left\{ \frac{1}{\pi} \int_{\theta(R)} (u(\mathrm{Re}^{i\vartheta}) - u(0))\, d\vartheta \right\}$$

und somit auch

$$(3) \qquad |w(z) - w(0)| \leqq \frac{2r}{R-r} \cdot \frac{\theta(R)}{\pi} (A(R) - u(0)).$$

Für kleine $\theta(R)$ ist (3) vorteilhafter als (1).

8. Eine Verallgemeinerung des Cauchy-Liouvilleschen Satzes. Aus der Ungleichung (1) von 7. folgt in Verbindung mit dem klassischen Satz von LIOUVILLE und CAUCHY folgender Satz:

Ist $w(z)$ *holomorph und gilt*

$$\varlimsup_{R \to \infty} \frac{A(R)}{R^n} < +\infty \qquad\qquad (n \text{ ganz } \geqq 0),$$

so ist $w(z)$ *ein Polynom vom Grade* $g \leqq n$.

---

[1] EMILE BOREL (1871—1956), CONSTANTIN CARATHÉODORY (1873—1950).

9. Aufgaben. Man bestätige mit Hilfe der in 31. entwickelten Methoden die Gleichungen:

1.
$$\int_{-\infty}^{+\infty} \cos a x \, \frac{d x}{1 + x^2} = \pi e^{-a} \qquad\qquad (a > 0),$$

2.
$$\int_{-\infty}^{+\infty} \cos a x \, \frac{x^2 d x}{(b^2 + x^2)^2} = \frac{\pi}{2 b} (1 - a b) \, e^{-ab}$$

3.
$$\int_{-\infty}^{+\infty} \cos a x \, \frac{d x}{(b^2 + x^2)^3} = \frac{\pi}{8 b^5} (3 + 3 a b + a^2 b^2) \, e^{-ab}.$$

Ferner zeige man: Es ist

4.
$$\int_0^{\infty} \sin a x \, \frac{x d x}{(b^2 + x^2)^2} = \frac{\pi}{4 b} \, a e^{-ab},$$

5.
$$\int_0^{\infty} \sin a x \, \frac{x^3 d x}{(b^2 + x^2)^2} = \frac{\pi}{4} (2 - a b) \, e^{-ab},$$

6.
$$\int_0^{\infty} \operatorname{arc} \operatorname{tg} \frac{a}{x} \, \frac{x d x}{b^2 + x^2} = \frac{\pi}{2} \log \left(1 + \frac{a}{b}\right) \qquad (a, b > 0).$$

Folgende Auswertungen sind schwieriger zu bestätigen:

7.
$$\int_0^{\pi} \left(\operatorname{tg} \frac{x}{2}\right)^a d x = \frac{\pi}{\cos \dfrac{a \pi}{2}} \qquad\qquad (0 < a < 1),$$

8.
$$\int_0^{\pi} \cos \frac{a x}{2} \left(\cos \frac{x}{2}\right)^{-a} d x = 2^a \pi \qquad\qquad (0 < a < 1).$$

Das erste dieser Integrale kann durch eine einfache Substitution auf das Integral

$$\int_0^{\infty} \frac{x^{\alpha - 1}}{1 + x} d x \qquad\qquad \left(\alpha = \frac{a + 1}{2}\right)$$

zurückgeführt und durch die Auswertung des (bei $\zeta = 0$ im Cauchyschen Sinne genommenen) Integrals

$$\int_{(\Gamma)} \frac{\zeta^{\alpha - 1}}{1 + \zeta} \, d \zeta \qquad\qquad \left(\zeta^\alpha = |\zeta|^\alpha \, e^{i \alpha arg \zeta}\right),$$

erstreckt über den (doppelt gezählten) Rand des Gebietes

$$0 < |\zeta| < + \infty, \quad 0 < \arg \zeta < 2 \pi,$$

nach der Residuenmethode berechnet werden. (Eine auf anderen Grundlagen beruhende Auswertung findet der Leser in 49.)

Das zweite Integral ist gleich

$$- 2^{a-1} i \int_{(K)} \frac{1}{(1 + \zeta)^a} \cdot \frac{d \zeta}{\zeta},$$

wobei K die (positiv orientierte) Einheitsperipherie bedeutet.

[Alle hier vorgeschlagenen Aufgaben gehen auf Cauchy zurück. Der interessierte Leser findet in seiner Abhandlung: Recherche d'une formule générale qui fournit la valeur de la plupart des intégrales définies connues et celle d'un grand nombre d'autres, *Ann. d. Mathem.* **17**, 84—127 (1826), *Ges. Werke, Ser.* II, Bd. **2**, S. 352—387, neben den hier angegebenen Gleichungen eine Reihe von bestimmten Integralen nach der Residuenmethode ausgewertet.]

10. Ein Satz von Liouville. Man beweise folgenden Satz von Liouville: Hat die eindeutige analytische Funktion $w(z)$ in der abgeschlossenen komplexen Ebene höchstens Pole, so ist sie eine rationale Funktion. (Anleitung: Es gibt ein Polynom $Q(z)$ derart, daß $w(z)\,Q(z)$ in jedem endlichen Punkt der komplexen Ebene regulär ist. Da $z = \infty$ höchstens ein Pol sein kann, so kann $w(z)\,Q(z)$ höchstens ein Polynom sein.)

[Die erste explizite Formulierung dieses Satzes geht auf Ch. Méray, *Compt. rend.* **40**, 788 (1855) zurück.]

11. Eine Ungleichung von H. A. Schwarz. Ist die reelle Funktion $\psi(\vartheta)$ $(\psi(0) = \psi(2\pi))$ auf $J:0 \leq \vartheta \leq 2\pi$ eindeutig, beschränkt und integrierbar, so ist

$$g(z) = \frac{1}{2\pi} \int_J \psi(\vartheta)\, \frac{\zeta + z}{\zeta - z}\, d\vartheta \qquad (z = r\,e^{i\,\varphi})$$

holomorph (und somit $u(z) = \mathrm{Re}\,g(z)$ regulär harmonisch) in $|z| < 1$. Es sei $\zeta_0 = e^{i\,\vartheta_0}$ ein fester Punkt von $|\zeta| = 1$ und $\delta\,(0 < 4\,\delta < \pi)$ fest. Man fasse $\psi(\vartheta)$ als Funktion des Punktes ζ auf $(\psi(\vartheta + 2\pi) = \psi(\vartheta)!)$ und nehme an, es existieren $\psi(\vartheta_0 - 0)$ und $\psi(\vartheta_0 + 0)$. Setzt man dann

$$s(\vartheta_0) = \frac{1}{2}\left\{\psi(\vartheta_0 - 0) + \psi(\vartheta_0 + 0)\right\},$$

so gilt wegen

$$s(\vartheta_0) = \frac{1}{2\pi} \int_J s(\vartheta_0)\, \mathrm{Re}\left\{\frac{\zeta + z}{\zeta - z}\right\} d\vartheta$$

$$u(z) - s(\vartheta_0) = \frac{1}{2\pi} \int_J \left\{\psi(\vartheta) - s(\vartheta_0)\right\} \mathrm{Re}\left\{\frac{\zeta + z}{\zeta - z}\right\} d\vartheta\,.$$

Es sei nun

$$\omega_1(\delta) = \underset{\vartheta \in J_1}{\mathrm{Max}}\, |\psi(\vartheta) - \psi(\vartheta_0 - 0)| \qquad (J_1 : \vartheta_0 - \delta \leq \vartheta < \vartheta_0)\,,$$

$$\omega_2(\delta) = \underset{\vartheta \in J_2}{\mathrm{Max}}\, |\psi(\vartheta) - \psi(\vartheta_0 + 0)| \qquad (J_2 : \vartheta_0 < \vartheta \leq \vartheta_0 + \delta)$$

und

$$\omega(\delta) = \mathrm{Max}\,(\omega_1(\delta),\, \omega_2(\delta))\,.$$

Man zerlege J in die Intervalle $\bar{J}_1$, $\bar{J}_2$ und $\bar{J}_3$ mit $\bar{J}_3 = J \setminus \bar{J}_1 \cup \bar{J}_2$ und schätze für $z = \mathrm{re}^{i\,\vartheta_0}(0 < r < 1)$ die entsprechenden Integrale nach oben ab. Es ergibt sich dann

$$(1) \qquad |u\,(\mathrm{re}^{i\vartheta_0}) - s\,(\vartheta_0)| \leqq \omega\,(\delta) + \frac{4\,M}{\pi}\,\mathrm{arc\ tg}\left(\frac{1-r}{1+r}\,\mathrm{cotg}\,\frac{\delta}{2}\right)$$

mit $M = \sup\limits_{\vartheta \in J} |\psi(\vartheta)|$. Wegen $\mathrm{arc\,tg}\ x \leqq x$ und $x\,\mathrm{cotg}\ x \leqq 1\,(0 < 2\,x < \pi)$ wird noch

$$(2) \qquad |u\,(\mathrm{re}^{i\vartheta_0}) - s\,(\vartheta_0)| \leqq \omega\,(\delta) + \frac{8\,M}{\pi\,\delta}\cdot\frac{1-r}{1+r}\,.$$

Ist $\psi(\vartheta)$ stetig in ϑ_0 und $z = \mathrm{re}^{i\varphi}$, $|\varphi - \vartheta_0| \leqq \alpha < \delta$, so liefert dieselbe Zerlegung die Abschätzung

$$|u\,(z) - \psi\,(\vartheta_0)| \leqq \omega\,(\delta) + \frac{4\,M}{\pi}\,\mathrm{arc\ tg}\left(\frac{1-r}{1+r}\,\mathrm{cotg}\,\frac{\delta_0}{2}\right)$$

mit $\delta_0 = \delta - \alpha$ und somit auch die Gleichung

$$(3) \qquad \lim_{\zeta \to \zeta_0} u\,(z) = \psi\,(\vartheta_0)\,.$$

Die Ungleichungen (1), (2) sowie die Gleichung (3) gehen auf H. A. SCHWARZ [Zur Integration der partiellen Differentialgleichung $\Delta u = 0$, *Journ. für reine u. angew. Mathem.* **74**, 218—253 (1872)] zurück.

ZWEITER TEIL

Die Grundlagen der Riemann-Weierstraßschen Funktionentheorie

Fünftes Kapitel

Erzeugung analytischer Funktionen durch Grenzprozesse. Der Riemann-Weierstraßsche Begriff der analytischen Funktion

35. Funktionenräume. Ist G ein Gebiet der vollen komplexen Ebene und F eine Gesamtheit von analytischen Funktionen $w(z)$, die alle in G definiert sind, so sprechen wir kurz von einem Funktionenraum. Dabei sind lediglich die Fälle interessant, wo F unendlich viele Elemente $w = w(z)$ enthält und durch die Einführung einer Metrik als ein metrischer abstrakter Raum definiert werden kann.

Im folgenden fassen wir G als den Koordinatenraum auf und definieren ein Element w von F mit Hilfe seiner Koordinaten z durch die Gleichung

$$(35.1) \qquad (w = w(z) \mid z \in G) \, .$$

Zwei Elemente f, g von F werden dann als gleich bezeichnet werden, wenn

$$(35.2) \qquad f(z) = g(z) \qquad\qquad (z \in G)$$

gilt.

Def. *Sind f, g zwei Elemente von F, so soll*

$$(35.3) \qquad [f, g] = \sup \{[f(z), g(z)] \mid z \in G\}$$

die Entfernung von f und g heißen.

Man bestätigt ohne weiteres:

1. $\qquad\qquad [f, g] = [g, f] \geqq 0 \qquad\qquad (f, g \in F)$

2. $\qquad\qquad [f, f] = 0 \qquad\qquad (f \in F)$

3. $\qquad\qquad [f, g] = 0 \rightarrow f = g \qquad\qquad (f, g \in F)$

4. $\qquad\qquad [f, g] \leqq [f, h] + [g, h] \qquad (f, g, h \in F) \, .$

Ist die Größe

$$(35.4) \qquad |f, g| = \sup \{|f(z) - g(z)| \mid z \in G\}$$

für alle $f, g \in F$ endlich, so hat diese alle Entfernungseigenschaften von $[f, g]$.

Im vorliegenden Kapitel werden vorerst folgende wichtige Fragen beantwortet werden:

1. Vollständigkeits- und Kompaktheitsfragen eines gegebenen Raumes F.

2. Lockerung der Gleichheitsbedingung (35.2) in Verbindung mit 1. Wir beginnen mit dem einfachen Satz:

Satz. *Gilt $f(z) = g(z)$ auf einer unendlichen Teilmenge A von G mit $(\overline{A} \setminus A) \cap G \neq \emptyset$, so ist $f = g$.*

Beweis. Man bilde $\sigma(z) = f(z) - g(z)$. Dann verschwindet $\sigma(z)$ auf einer Punktmenge mit einem Häufungspunkt in G. Daraus folgt $\sigma(z) = 0$ für alle $z \in G$.

36. Kompaktheitsfragen. Vorbereitende Tatsachen. Die Frage, unter welchen Bedingungen eine Funktionenfamilie bzw. ein Funktionenraum F vollständig bzw. kompakt ist, hängt mit folgenden Tatsachen zusammen:

Def. *Eine Familie F von analytischen Funktionen heißt gleichgradig stetig, wenn bei gegebenem $\varepsilon > 0$ stets ein $\eta = \eta(\varepsilon)$ existiert derart, daß*

$$(36.1) \qquad |w(z) - w(z')| < \varepsilon$$

für jedes Paar (z, z'), $z, z' \in G$, $|z - z'| < \eta$ gilt.

Def. *Eine abzählbare Teilfolge (w_n) $(n = 1, 2, \ldots)$ von Elementen eines Raumes F heißt konvergent, wenn eine in G komplexe Funktion $w = w(z)$ existiert derart, daß*

$$(36.2) \qquad \lim_{n \to \infty} w_n(z) = w(z) \qquad (z \in G)$$

gilt. Die Folge (w_n) heißt gleichmäßig konvergent, wenn anstelle von (36.2) die Gleichung

$$(36.3) \qquad \lim_{n \to \infty} |w_n, w| = 0$$

gilt.

Die Gleichung (36.2) besagt: Zu jedem $\varepsilon > 0$ existiert ein Index $n_0 = n_0(\varepsilon, z)$ derart, daß

$$(36.4) \qquad |w_n(z) - w(z)| < \varepsilon$$

für alle $n \geq n_0$ wird. Dagegen besagt Gleichung (36.3): Zu jedem $\varepsilon > 0$ existiert ein Index $n_0(\varepsilon)$ derart, daß

$$(36.5) \qquad |w_n(z) - w(z)| < \varepsilon$$

für alle $n \geq n_0(\varepsilon)$ gilt.

Eine Konvergenz im Sinne der Gleichung (36.3) (gleichmäßige Konvergenz) wird durch die Bezeichnung $w_n \Rightarrow w$ zum Ausdruck gebracht. Für gewöhnliche Konvergenz schreibt man $w_n \to w$[1].

---

[1] Die Existenz der (endlichen) Grenzfunktion $w(z)$ ist offenbar gewährleistet, wenn die Folge $(w_n(z))$ punktweise unter Zugrundelegung der Entfernung (35.4) eine Cauchy-Folge bildet (notwendige und hinreichende Bedingung). Die Verwendung der Ostrowski-Ahlforsschen Metrik gestattet, auch nicht endlichwertige Funktionen in die Konvergenztheorie einzubeziehen.

Def. *Die Funktionenfamilie F heißt punktweise beschränkt, wenn*

$$(36.6) \qquad \sup\{|w(z)| \mid w \in F\} = M(z) \qquad (z \in G)$$

endlich ist.

Man kann ohne weiteres zeigen: Ist F punktweise beschränkt, so gibt es zu jeder kompakten Teilmenge K[1] von G eine endliche Konstante $M = M(K)$ derart, daß

$$(36.7) \qquad M(z) \leq M \qquad (z \in K)$$

gilt.

Satz. *Ist $z_\infty \notin G$ und F punktweise beschränkt, so ist F gleichgradig stetig in jeder kompakten Teilmenge K von G.*

Beweis. Man setze

$$d_0 = \inf\{|z - z'| \mid z \in K, \, z' \in \overline{E} \setminus G\}$$

und nehme $0 < d < d_0$. Nach dem Heine-Borelschen Satz kann man K bei willkürlichem $d_1 \left(0 < d_1 < \dfrac{d}{2}\right)$ durch endlich viele Kreisscheiben $K_{\zeta_1}, \ldots, K_{\zeta_q}$ (kurz $K_1, \ldots, K_q$) mit dem Radius d_1 und den Mittelpunkten $\zeta_1, \ldots, \zeta_q \in K$ überdecken. Dabei hängt q bei festem K nur von d_1 ab.

Man setze jetzt

$$K^d = \{z \mid \operatorname*{Min}_{\zeta \in K} |z - \zeta| \leq d\}$$

und

$$M = \sup\{M(z) \mid z \in K^d\}.$$

Dann folgt aus der Darstellung

$$(36.8) \qquad w(z) = \frac{1}{2\pi i} \int\limits_{|\zeta - \zeta_k| = d} w(\zeta)\, \frac{d\zeta}{\zeta - z} \qquad (|z - \zeta_k| < d)$$

die Ungleichung

$$|w(z) - w(\zeta_k)| \leq \frac{2M}{d} |z - \zeta_k| \qquad (|z - \zeta_k| \leq d_1,\, k = 1, \ldots, q).$$

Man wähle jetzt bei vorgegebenem ε, $0 < \varepsilon < M$,

$$d_1 = \frac{d\varepsilon}{8M}$$

und betrachte zwei beliebige Punkte z, z' von K mit

$$(36.9) \qquad |z - z'| < \frac{d\varepsilon}{4M}.$$

Liegt dann z in K_r und z' in K_s, so gilt

$$|\zeta_r - \zeta_s| \leq 2d_1 + |z - z'| < \frac{d\varepsilon}{2M}$$

---

[1] Kompakt stets im Sinne von: beschränkt und abgeschlossen.

und somit (mit Rücksicht auf (36.8), angewandt auf den Kreis K_r)

$$|w(\zeta_s) - w(\zeta_r)| \leqq \frac{2M}{d}\,|\zeta_r - \zeta_s| < \varepsilon\;.$$

Nun ist

$$|w(z) - w(z')| \leqq |w(z) - w(\zeta_r)| + |w(\zeta_s) - w(\zeta_r)| + |w(z') - w(\zeta_s)|$$

und daher

$$|w(z) - w(z')| \leqq 2\,\frac{2M}{d}\,d_1 + \varepsilon < 2\varepsilon\;.$$

Das beweist den Satz.

Nachfolgender Satz ist für die Konvergenztheorie von großer Bedeutung:

Satz. *Konvergiert eine Folge (w_n) $(n = 1, 2, \ldots)$ von holomorphen Funktionen in jeder kompakten Teilmenge K von G gleichmäßig gegen eine Funktion $w(z)$, so ist diese notwendigerweise regulär in G. Darüber hinaus gilt $w_n'(z) \Rightarrow w'(z)$ für jede kompakte Teilmenge K von G.*

Beweis. Es bedeute z einen Punkt von G. Man betrachte eine Umgebung

$$(36.10) \qquad |\zeta - z| < r < r(z)$$

von z und eine dort stückweise stetig differenzierbare, geschlossene Kurve γ. Da $w_n(z)$ dort gleichmäßig konvergiert, so ist zunächst $w(z)$ stetig. Nun ist

$$\int_\gamma w\,d\zeta = \int_\gamma (w - w_n)\,d\zeta + \int_\gamma w_n\,d\zeta = \int_\gamma (w - w_n)\,d\zeta$$

und somit

$$\left|\int_\gamma w\,d\zeta\right| \leqq \int_\gamma |w - w_n|\ |d\zeta|\;.$$

Wählt man hier n hinreichend groß, so erhält man

$$\left|\int_\gamma w\,dz\right| \leqq \varepsilon \qquad\qquad (\varepsilon > 0 \text{ vorgegeben})\,,$$

also

$$\int_\gamma w\,dz = 0\;.$$

Das beweist die Regularität von $w(z)$.

Es sei nun K eine kompakte Teilmenge von G. Man wiederhole die beim Beweis des vorherigen Satzes verwendete Konstruktion und differenziere die Integrale

$$w_n(z) = \frac{1}{2\pi i}\int\limits_{|\zeta - \zeta_0| = d} w_n(\zeta)\,\frac{d\zeta}{\zeta - z} \qquad\qquad (\zeta_0 \in K)$$

und

$$w(z) = \frac{1}{2\pi i}\int\limits_{|\zeta - \zeta_0| = d} w(\zeta)\,\frac{d\zeta}{\zeta - z}\;.$$

Dann erhält man für $|z - \zeta_0| \leq \dfrac{d}{2}$

$$|w_n'(z) - w'(z)| \leq \frac{4}{d^2}\, \frac{1}{2\pi} \int\limits_{|\zeta - \zeta_0| = d} |w_n(\zeta) - w(\zeta)|\, |d\zeta|\,.$$

Setzt man $K_0 = K^{d/2}$ und

$$\varepsilon_n(K) = \mathrm{Max}\,\{|w_n(z) - w(z)| \mid z \in K_0\}\,,$$

so wird

$$|w_n'(z) - w'(z)| \leq \frac{4}{d}\,\varepsilon_n(K)$$

und somit wegen $\lim\limits_{n\to\infty} \varepsilon_n(K) = 0$

$$\lim\limits_{n\to\infty} \mathrm{Max}\,\{|w_n'(z) - w'(z)| \mid z \in K\} = 0\,.$$

Eine wichtige Frage in der Theorie der analytischen Funktionen ist nun die: *Gegeben sei ein Raum F von regulären Funktionen $w(z)$ $(z \in G)$. Unter welchen (möglichst schwachen) Voraussetzungen enthält jede unendliche Folge (w_n) von F eine Teilfolge $w_{n_k} (k = 1, 2, \ldots)$, die gegen eine in G reguläre Funktion $w(z)$ konvergiert?* Diese wichtige Frage soll in der nächsten Nummer behandelt werden.

37. Die Sätze von Ascoli und Vitali. Der Hauptsatz der Konvergenztheorie analytischer Funktionen kann folgendermaßen formuliert werden:

Satz (Ascoli-Arzelà-Montel). *Jede unendliche punktweise beschränkte (und somit in jeder kompakten Teilmenge von G gleichgradig stetige) Familie F regulärer Funktionen enthält mindestens eine gegen eine in G reguläre Funktion konvergente Teilfolge. Die Konvergenz ist in jeder kompakten Teilmenge von G gleichmäßig*[1].

Beweis. Es bezeichne N die (abzählbare) Menge aller Punkte von G mit rationalen Koordinaten. Sind dann $z_1, z_2, \ldots$ die Elemente von N, so sind die oberen Grenzen $M(z_1), M(z_2) \ldots$ von $|w(z)|\, (w \in F)$ in den entsprechenden Punkten endlich, und somit kann man vorerst aus F eine Folge

$$T_1 : w_{n_{11}},\, w_{n_{12}},\, w_{n_{13}},\, \ldots$$

auswählen derart, daß

$$(37.1) \qquad\qquad \lim\limits_{k\to\infty} w_{n_{1k}}(z_1) = w(z_1)$$

existiert. Aus der Folge T_1 wähle man nun eine neue Teilfolge, etwa die Folge

$$T_2 : w_{n_{21}},\, w_{n_{22}},\, w_{n_{23}},\, \ldots,$$

---

[1] Die ursprüngliche Formulierung des Satzes durch Ascoli (1843—1896) war bei weitem enger als die hier gegebene. Der Satz in der jetzigen Formulierung geht vorwiegend auf die Arbeiten von Ascoli, Arzelà (1847—1912), Vitali (1875—1932) und Montel zurück.

die im Punkte z_2 von N konvergiert. Die Fortsetzung dieses Auswahl-verfahrens führt zu folgendem unendlichen Schema:

$$T_1 : w_{n_{11}},\ w_{n_{12}},\ w_{n_{13}} \ldots$$

$$T_2 : w_{n_{21}},\ w_{n_{22}},\ w_{n_{23}} \ldots$$

$$\cdots\cdots\cdots\cdots$$

$$T_k : w_{n_{k1}},\ w_{n_{k2}},\ w_{n_{k3}} \ldots$$

$$\cdots\cdots\cdots\cdots$$

wobei allgemein T_k eine Teilfolge von T_{k-1} ist und in den Punkten $z_1, z_2, \ldots, z_k$ von N konvergiert.

Wir behaupten nun: Die Diagonalfolge $(w_{n_{rr}})$ $(r = 1, 2, \ldots)$ konvergiert in allen Punkten von N. Denn ist z_s ein Punkt von N, so liegen alle Funktionen $w_{n_{rr}}$ mit $r \geq s$ in T_s, und somit existiert

$$\lim_{r \to \infty} w_{n_{rr}}(z_s) = \lim_{k \to \infty} w_{n_{sk}}(z_s) .$$

Das beweist die Behauptung.

Es sei nun K eine kompakte nichtleere Teilmenge von G. Man überdecke wieder K durch die Kreisscheiben $K_1, \ldots, K_q$ und beachte, daß für alle $z, z' \in K$ mit $|z - z'| \leq d/4$ die Ungleichung

$$(37.2) \qquad\qquad |w(z) - w(z')| \leq \frac{8M}{d}\, |z - z'| \qquad\qquad (w \in F)$$

gilt. Es sei wieder $\varepsilon\,(0 < \varepsilon < M)$ vorgegeben. Man nehme $d_1 = d\varepsilon/24\,M$ und wähle in jeder Kreisscheibe $K_s\,(s = 1, 2, \ldots, q)$ einen Punkt $z_{n_s} \in N$. Dann gibt es einen Index k_0 derart, daß für alle $k, l \geq k_0$

$$|w_{n_{kk}}(z_{n_i}) - w_{n_{ll}}(z_{n_i})| < \frac{\varepsilon}{3} \qquad\qquad (i = 1, 2, \ldots, q)$$

wird. Beachtet man dann, daß für ein $z \in K_\mu$

$$|w_{n_{kk}}(z) - w_{n_{ll}}(z)| \leq J_1 + J_2 + J_3$$

mit

$$J_1 = |w_{n_{kk}}(z) - w_{n_{kk}}(z_{n_\mu})| \leq \frac{\varepsilon}{3} ,$$

$$J_2 = |w_{n_{kk}}(z_{n_\mu}) - w_{n_{ll}}(z_{n_\mu})| < \frac{\varepsilon}{3}$$

und

$$J_3 = |w_{n_{ll}}(z_{n_\mu}) - w_{n_{ll}}(z)| \leq \frac{\varepsilon}{3}$$

ist, so folgt daraus leicht die Ungleichung

$$|w_{n_{kk}}(z) - w_{n_{ll}}(z)| < \varepsilon \qquad\qquad (k, l \geq k_0) .$$

Das beweist mit Rücksicht darauf, daß jedes $z \in K$ in einem der endlich vielen K_s liegt, die gleichmäßige Konvergenz der Folge $(w_{n_{kk}}(z))$ $(k = 1, 2, \ldots)$ in jeder kompakten Teilmenge von G.

Da nun G sich durch eine ansteigende Folge (G_n) $(n = 1, 2, \ldots)$ von Gebieten G_n ausschöpfen läßt derart, daß jedes $\overline{G}_n$ kompakt und in G enthalten ist, so konvergiert $(w_{n_{kk}}(z))$ $(k = 1, 2, \ldots)$ in G gegen eine analytische Funktion $w(z)$, und zwar gleichmäßig in jedem $\overline{G}_n$[1].

Vitali und Porter[2] haben aus den hier entwickelten Zusammenhängen folgenden wichtigen Satz abgeleitet:

Satz (Vitali-Porter). *Konvergiert eine punktweise beschränkte Folge* $(w_n(z))$ $(n = 1, 2, \ldots)$ *von analytischen Funktionen* $w_n(z)$ *auf einer abzählbaren Teilmenge* $\{z_n\}$ $(n = 1, 2, \ldots)$ *von* G *mit* $\lim\limits_{n \to \infty} z_n = z_0 \in G$, *so konvergiert* $(w_n(z))$ *in* G *gegen eine analytische Funktion* $w(z)$. *Die Konvergenz ist in jeder kompakten Teilmenge von* G *gleichmäßig.*

Beweis. Wir beweisen lediglich die Konvergenz von $(w_n(z))$. Wäre der Satz falsch, so würde die gegebene Folge zwei Teilfolgen $(w_{m_k}(z))$ und $(w_{n_k}z))$ $(k = 1, 2, \ldots)$ enthalten, die gegen zwei Grenzfunktionen, etwa $\widetilde{w}$ bzw. $\widetilde{\widetilde{w}}$, konvergieren würden, und die in mindestens einem Punkt z von G verschieden wären. Setzt man dann

$$\widetilde{w}(z) - \widetilde{\widetilde{w}}(z) = w(z) \, ,$$

so gilt in dem Punkt z, $|w(z)| > 0$, und somit kann $w(z)$ in G nicht identisch verschwinden. Andererseits (da beide Folgen (w_{m_k}) und (w_{n_k}) Teilfolgen von (w_n) sind) verschwindet $w(z)$ auf der Punktmenge $\{z_n\}$ und somit auf einer Teilmenge von G, die einen Häufungspunkt in G besitzt. Das hat aber zur Folge, daß $w(z)$ in G identisch verschwinden muß.

Blaschke hat den hier bewiesenen Satz von Vitali vertieft und gezeigt, daß dieser unter bestimmten Voraussetzungen auch dann gilt, wenn z_0 auf dem Rande von G liegt. So kann man z. B. zeigen: *Ist G die Kreisscheibe* $|z| < 1$ *und* $|z_0| = 1$, *so ist der Vitali-Portersche Satz richtig, sofern die Reihe*

$$\sum_1^\infty (1 - |z_n|)$$

divergiert. Der Leser wird diesen Satz selbst beweisen können, nachdem er die Ausführungen von **56.** gelesen hat.

---

[1] Der Fall $z_\infty \in G$ sowie derjenige, wo F noch meromorphe Funktionen enthält, erledigen sich durch die Verwendung der Ostrowski-Ahlforsschen Entfernung. Auf eine ausführliche Behandlung beider Fälle wird hier nicht eingegangen.

[2] Vitali und Porter stützen sich beide auf die Arbeit von Arzelà aus dem Jahre 1902. Porters Arbeit ist einige Monate nach der Arbeit Vitalis erschienen. Der Satz wird in der Literatur oft als Vitalischer Konvergenzsatz geführt.

38. Reihen. Unendliche Produkte. Integrale. WEIERSTRASS hat ein einfaches hinreichendes Kriterium dafür gegeben, daß eine Folge (w_n) $(n = 1, 2, \ldots)$ von analytischen Funktionen gegen eine analytische Funktion konvergiert.

Satz. (Weierstraß-Kriterium für gleichmäßige Konvergenz). *Gilt in jeder kompakten Teilmenge K des Regularitätsgebietes G der regulären Funktionen $w_n(z)$*

$$(38.1) \qquad \mathrm{Max}\ |w_{n-1}(z) - w_n(z)| \leqq M_n = M_n(K) < + \infty$$

und konvergiert

$$(38.2) \qquad M_1 + M_2 + \cdots,$$

so konvergiert die Folge (w_n) in G gegen eine analytische Funktion. Die Konvergenz ist in jedem K gleichmäßig.

Beweis. Es sei $m < n$. Dann ist

$$|w_m - w_n| \leqq \sum_{k=m}^{n-1} |w_k - w_{k+1}| \leqq \sum_{m+1}^{\infty} M_k < \varepsilon.$$

Das beweist die gleichmäßige Konvergenz der Folge (w_n) in jeder kompakten Teilmenge K von G.

Folgende Grenzprozesse spielen in der Funktionentheorie eine wichtige Rolle:

1. Reihen regulärer Funktionen

$$(38.3) \qquad w(z) = w_1(z) + w_2(z) + \cdots$$

2. Unendliche Produkte

$$(38.4) \qquad w(z) = (1 + w_1(z))\,(1 + w_2(z)) \ldots$$

3. Integrale

$$(38.5) \qquad J(z) = \int_\alpha^\beta w(z, t)\, dt \qquad\qquad (\alpha < \beta).$$

Satz (WEIERSTRASS). *Gilt in G*

$$(38.6) \qquad \mathrm{Max}_{z \in K}\ |w_n(z)| \leqq M_n = M_n(K) < + \infty$$

für jede kompakte Teilmenge K von G und konvergiert

$$(38.7) \qquad M_1 + M_2 + \cdots,$$

so ist (38.3) regulär in G.

Beweis. Man setze

$$s_n(z) = \sum_1^n w_k(z).$$

Dann ist für $m < n$ und $z \in K$

$$|s_m(z) - s_n(z)| \leqq \sum_{k=m+1}^{n} |w_k(z)| \leqq \sum_{k=m+1}^{\infty} M_k.$$

Das beweist den Satz.

Satz (WEIERSTRASS). *Gilt in jeder kompakten Teilmenge K von G (38.6) und ist (38.7) konvergent, so ist die Funktion*

$$(38.8) \qquad w(z) = \lim_{n \to \infty} \prod_{1}^{n} (1 + w_k(z))$$

in G analytisch.

Beweis. Man setze

$$(38.9) \qquad \Pi_n = \Pi_n(z) = \prod_{1}^{n} (1 + w_k(z)) \qquad (n = 1, 2, \ldots)$$

und schätze $|\Pi_n - \Pi_m|$ in K ab.

Wegen

$$|1 + w_n(z)| \leqq 1 + |w_n(z)| \leqq e^{|w_n(z)|} \leqq e^{M_n}$$

ist

$$|\Pi_n - \Pi_m| \leqq M \left(e^{\sum_{m+1}^{n} M_k} - 1 \right)$$

mit

$$M = e^{\sum_{1}^{\infty} M_k} < + \infty.$$

Wählt man m so, daß

$$\sum_{m+1}^{\infty} M_k < \varepsilon \qquad \left(0 < \varepsilon < \frac{1}{2} \right)$$

ausfällt, so wird

$$(38.10) \qquad |\Pi_n - \Pi_m| \leqq M (e^{\varepsilon} - 1) < 2 M \varepsilon \qquad (z \in K).$$

Das beweist die Behauptung.

Def. *Ist für ein $z \in G$*

$$1 + w_n(z) \neq 0 \qquad (n = 1, 2, \ldots),$$

so heißt (38.8) konvergent, wenn

$$\lim_{n \to \infty} \prod_{1}^{n} (1 + w_k(z))$$

existiert und von Null verschieden ist. Wir schreiben dann

$$(38.11) \qquad w(z) = \prod_{1}^{\infty} (1 + w_k(z)).$$

Diese Definition hat den Vorteil, daß ein konvergentes Produkt dann und nur dann verschwinden kann, wenn einer seiner Faktoren verschwindet.

Aus der Konvergenzdefinition folgt wegen

$$\Pi_{n-1}(z)\, w_n(z) = \Pi_n(z) - \Pi_{n-1}(z)$$

die Bedingung: Konvergiert die rechte Seite von (38.11) in einem Punkt z, so ist $\lim\limits_{n\to\infty} w_n(z) = 0$.

Daß diese Bedingung nicht hinreichend ist, sieht man am einfachsten an dem Beispiel $w_k(z) = \dfrac{-z}{k}$, indem man z reell positiv und < 1 voraussetzt. In der Tat gilt

$$1 - x \leqq e^{-x} \qquad\qquad (0 < x < 1)$$

und somit

$$0 < \prod_1^n \left(1 - \frac{x}{k}\right) \leqq e^{-x\left(\sum\limits_1^n \frac{1}{k}\right)}.$$

Daraus folgt wegen der Divergenz der harmonischen Reihe

$$\lim_{n\to\infty} \prod_1^n \left(1 - \frac{x}{k}\right) = 0 \,.$$

Das Produkt (38.11) heißt definitionsgemäß im Punkt $z \in G$ absolut konvergent, wenn der (endliche) Grenzwert $\lim\limits_{n\to\infty} \prod\limits_1^\infty (1 + |w_k(z)|)$ existiert. Ist $A \subseteq G$ und konvergiert $(s_n(z))$ bzw. $(\Pi_n(z))$ gleichmäßig, so heißen die entsprechenden Funktionen (38.3) bzw. (38.4) gleichmäßig konvergent in A. Ist A ein Gebiet, so ist in beiden Fällen die Grenzfunktion (für reguläre $w_k(z)$) holomorph in A. Es versteht sich von selbst, daß die vorhin bewiesenen Sätze von WEIERSTRASS lediglich ein hinreichendes Kriterium für die Regularität der Grenzfunktion darstellen[1].

Zum Schluß soll noch der Integralbegriff (38.5) erläutert und verallgemeinert werden.

Wir betrachten eine stückweise stetig differenzierbare Kurve

$$(38.12) \qquad \gamma = \{\zeta \mid \zeta = \zeta(\alpha)\,, \quad \alpha \in J = [\alpha_1, \alpha_2]\}$$

und nehmen an, die Funktion $w(z, \zeta)$ $(\zeta \in \gamma)$ genüge folgenden Bedingungen:

1. Für jedes $\zeta \in \gamma$ ist $w(z, \zeta)$ eine in einem festen Gebiet G von E eindeutige reguläre Funktion von z.

---

[1] Man kann leicht zeigen, daß man im Falle der absoluten Konvergenz von (38.3) bzw. (38.4) die Summanden bzw. die einzelnen Faktoren beliebig umordnen kann. Diese Bedingung hat wiederum die absolute Konvergenz von (38.3) bzw. (38.4) zur Folge. Eine erschöpfende Theorie der Reihen bzw. der unendlichen Produkte findet der interessierte Leser in dem ausgezeichneten Buch von K. KNOPP, Theorie und Anwendung der unendlichen Reihen (diese Samml. Bd. 2, 4. Aufl. 1947).

2. Die Funktion $w(z, \zeta)$ ist bei festem $z \in G$ stetig in jedem Punkt $\zeta \in \gamma$.

3. Konvergiert $z' \to z (z' \in G)$, so konvergiert $w(z', \zeta)$ gleichmäßig in ζ gegen $w(z, \zeta)$. Das bedeutet: Ist $\varepsilon > 0$ vorgegeben, so gibt es ein η derart, daß

$$|w(z', \zeta) - w(z, \zeta)| < \varepsilon \qquad\qquad (|z' - z| < \eta)$$

für alle $\zeta \in \gamma$ gilt.

Wir bilden nun das Integral

$$(38.13) \qquad w(z) = \int_\gamma w(z, \zeta)\, d\zeta = \int_J w(z, \zeta(\alpha))\, \zeta'(\alpha)\, d\alpha$$

und beweisen den Satz:

Satz. *Die durch* (38.13) *definierte eindeutige komplexe Funktion* $w(z)$ *ist in* G *regulär.*

Beweis. Wegen 3. ist $w(z)$ stetig in G. Man betrachte ein achsenparalleles Rechteck R von G und eine geschlossene, stückweise stetig differenzierbare Kurve Γ, die in R verläuft. Dann ist

$$\int_\Gamma w(z)\, dz = \int_\Gamma \left\{ \int_\gamma w(z, \zeta)\, d\zeta \right\} dz$$

und somit auch

$$\int_\Gamma w(z)\, dz = \int_\gamma \left\{ \int_\Gamma w(z, \zeta)\, dz \right\} d\zeta = 0\,.$$

Das beweist den Satz.

Der Leser wird wohl gemerkt haben, daß das bekannte Cauchysche Integral

$$\int_\gamma w(\zeta)\, \frac{d\zeta}{\zeta - z}$$

ein Spezialfall von (38.13) ist. Die Anwendung von Grenzprozessen führt zu verschiedenen Verallgemeinerungen und Vertiefungen. Folgende Prozesse sind von Interesse:

1. Betrachtung von Kurvenfolgen (γ_n) $(n = 1, 2, \ldots)$.

2. Heranziehung von konvergenten Funktionenfolgen $(w_n(z, \zeta))$ $(n = 1, 2, \ldots)$ unter Beibehaltung der Integrationskurve γ.

3. Verbindung der Fälle 1. und 2.

Diese drei Fälle führen zu Integralen von der Form

$$(38.14) \qquad w_n(z) = \int_{\gamma_n} w(z, \zeta)\, d\zeta$$

$$(38.15) \qquad w_n(z) = \int_\gamma w_n(z, \zeta)\, d\zeta$$

und

$$(38.16) \qquad w_n(z) = \int_{\gamma_n} w_n(z, \zeta)\, d\zeta\,.$$

Eine Reihe von Beispielen für alle hier angeführten Integrale findet der Leser am Ende des Kapitels.

39. Der Weierstraßsche Begriff der analytischen Funktion. Der Satz von POINCARÉ-VOLTERRA. Die bisher über den Begriff einer analytischen Funktion $w(z)$ gewonnenen Erkenntnisse gestatten, diese auch in der Form

$$(39.1) \qquad w = \{P(\zeta - z) \mid z \in G\}$$

darzustellen[1], mit anderen Worten, $w(z)$ als die Gesamtheit aller ihrer Potenzreihenentwicklungen aufzufassen. Dabei kann bei gegebenem $z \in G$ als Entwicklungsgebiet die offene Kreisscheibe $K_z^{r_z}: |\zeta - z| < r(z) = r_z$ bzw. jede abgeschlossene Kreisscheibe $|\zeta - z| \leqq r$ $(0 < r < r(z))$ zugelassen werden.

Die durch die rechte Seite von (39.1) dargestellte Gesamtheit von Potenzreihen hat folgende wichtige Eigenschaft:

Sind $P(\zeta - z_1)$, $P(\zeta - z_2)$ *zwei Potenzreihen mit den Konvergenzradien* r_1, r_2 *und ist* $|z_1 - z_2| < r_1 + r_2$, *so gilt für jeden Punkt* ζ *von* $K_{z_1}^{r_1} \cap K_{z_2}^{r_2}$

$$(39.2) \qquad P(\zeta - z_1) = P(\zeta - z_2) \, .$$

WEIERSTRASS hat nun unter Ausschaltung von $w(z)$ letztere Gleichung zum Ausgangspunkt eines mit voller begrifflicher Schärfe durchgebildeten Prozesses der analytischen Fortsetzung gemacht und daraus mit Hilfe einer Familie

$$(39.3) \qquad W = \{P(z - a)\}$$

von Funktionselementen den bisherigen Begriff der eindeutigen analytischen Funktion wesentlich erweitert.

Def. *Es sei*

$$(39.4) \qquad P(z - a) = \sum_{k=0}^{\infty} a_k (z - a)^k \qquad\qquad (z \in K_a^{r_a})\,{}^{2}$$

eine Potenzreihe, und es sei b *ein beliebiger Punkt von* $K_a^{r_a}$. *Dann heißt die Reihe*

$$(39.5) \qquad P(z - b) = \sum_{0}^{\infty} b_n (z - b)^n$$

mit

$$(39.6) \qquad b_n = \sum_{n}^{\infty} \binom{n+k}{k} a_{n+k} (b - a)^k$$

---

[1] Ist $z = \infty$, so ist dafür $P(1/\zeta)$ zu schreiben.

[2] Der Konvergenzradius r_a ist entweder stets gleich ∞ oder eine stetige Funktion von a. Nimmt man nämlich $|b - a|$ hinreichend klein, so gilt $r_b \geqq r_a - |b - a|$. Andererseits gilt $r_b \leqq r_a + |b - a|$. Daraus folgt $|r_a - r_b| \leqq |b - a|$.

eine Umbildung von $P(z-a)$. Die neue Reihe konvergiert offenbar mindestens in der Kreisscheibe $|z-b| < r_a - |b-a|$, und es gilt dort

$$(39.7) \qquad\qquad P(z-a) = P(z-b) \, .$$

Man findet leicht

$$(39.8) \qquad\qquad b_n = \frac{1}{n!} \frac{d^n}{dz^n} P(z-a) \Big|_{z=b} \, .$$

Def. *Die Potenzreihen*

$$P(z-a_k) \qquad (|z-a_k| < r_k, k = 1, 2, \ldots, q)$$

bilden eine endliche Kette, wenn $a_k (k = 2, 3, \ldots, q)$ *in* $K_{a_{k-1}}^{r_{k-1}}$ *liegt und* $P(z-a_k)$ *durch Umbildung aus der Reihe* $P(z-a_{k-1})$ *hervorgeht.*

Mit Hilfe des Begriffs der Kette kann man nun nach WEIERSTRASS den allgemeinen Begriff der analytischen Funktion folgendermaßen definieren:

Def. *Die Gesamtheit (39.3) heißt eine analytische Funktion, wenn je zwei beliebige Elemente* $P(z-a)$ *und* $P(z-b)$ *von* W *als Anfangs- bzw. Endglied einer endlichen Kette aufgefaßt werden können. In diesem Falle heißen die Elemente von* W *ihre Funktionselemente.*

Die so definierte analytische Funktion wird eine allgemeine analytische Funktion genannt. Enthält W mit einem Funktionselement auch alle möglichen analytischen Fortsetzungen dieses Elements, so soll sie eine vollständige analytische Funktion heißen[1].

Die Mittelpunkte der Funktionselemente einer vollständigen analytischen Funktion W bilden ein Gebiet, das wir mit G_0 bezeichnen werden. Dieses spielt, geeignet erweitert, eine grundlegende Rolle für die Auffassung von W als eine über der z-Ebene ausgebreitete Fläche.

Der Übergang von einer in $K_a^{r_a}: |z-a| < r_a$ konvergenten Potenzreihe zu der Potenzreihe $P(z-b)$ $(|b-a| < r_a)$ durch Umbildung der ersten Reihe nach dem Weierstraßschen Vorbild gestattet, eine in $K_a \cup K_b^{r_b}$ analytische Funktion zu definieren, die in $K_a^{r_a}$ mit $P(z-a)$ und in $K_b^{r_b}$ mit $P(z-b)$ zusammenfällt.

Diese Erweiterung des Definitionsbereiches einer analytischen Funktion im Stil VAUBANS[2] ist zwar für begriffliche Fixierungen von Bedeutung, stellt jedoch in vielen Fällen ein zu schwerfälliges (dafür aber sicheres) Instrument zur Gewinnung der gewünschten Fortsetzung und zur Erhaltung eines Überblicks über den Wertevorrat der betreffenden Funktion dar. In dieser Nummer soll deshalb zunächst das Problem

---

[1] AHLFORS loc. cit. S. 210.

[2] SÉBASTIAN VAUBAN (1633—1707), französischer General, berühmt für seine methodisch bis ins einzelne ausgearbeiteten Pläne, sowie für seine Befestigungsanlagen zur Sicherung des eroberten Gebietes (H. POINCARÉ, La Valeur de la Science, *E. Flammarion, Paris,* 1905, Kap. 1).

der Fortsetzung von einem allgemeinen Standpunkt aus behandelt und anschließend eine allgemeine (obwohl immer noch vorläufige) Definition der allgemeinen analytischen Funktion gegeben werden.

Die Cauchysche Definition der eindeutigen analytischen Funktion verknüpft jedesmal $w(z)$ mit dem Bereich, in dem diese definiert ist. Wir heben diese Tatsache durch die Schreibweise $(w\,|\,G)$ hervor und sprechen von einem (auf G definierten) Funktionselement[1].

Def. *Sind $(w_1\,|\,G_1)$, $(w_2\,|\,G_2)$ zwei Funktionselemente und gilt*

1. $$G_1 \cap G_2 \neq \varnothing$$

2. $$w_1(z) = w_2(z) \qquad\qquad (z \in G_1 \cap G_2)\,,$$

so heißt jedes der Funktionselemente die unmittelbare Fortsetzung des anderen.

Nachfolgender Satz weist auf die zentrale Bedeutung der unmittelbaren Fortsetzung innerhalb des begrifflichen Teiles der Funktionentheorie hin:

Satz. *Bei gegebenem $(w_1\,|\,G_1)$ kann es höchstens ein Funktionselement $(w_2\,|\,G_2)$ $(G_1 \cap G_2 \neq \varnothing)$ geben, das dieses in G_2 analytisch fortsetzt.*

Beweis. Man nehme an, es gäbe neben $(w_2\,|\,G_2)$ noch das Element $(\widetilde{w}_2\,|\,G_2)$, das $(w_1\,|\,G_1)$ analytisch fortsetzt. Dann ist

$$g(z) = w(z) - \widetilde{w}(z)$$

in G_2 eindeutig regulär, und es gilt (wegen $w(z) = w_1(z)$ für $z \in G_1 \cap G_2$) $g(z) = 0$ für alle $z \in G_1 \cap G_2$. Daraus folgt $g(z) \equiv 0$ $(z \in G_2)$.

Das einfachste Beispiel einer analytischen Fortsetzung im Sinne des eben bewiesenen Satzes wird wohl durch die Funktionselemente

$$\left(\sum_0^\infty z^k \,\middle|\, |z| < 1 \right)$$

und

(39.9)
$$\left(\frac{1}{1-z} \,\middle|\, \overline{E} \setminus z = 1 \right)$$

gegeben. Wegen

$$\sum_0^\infty z^k = \frac{1}{1-z} \qquad\qquad (|z| < 1)$$

liefert die Funktion

(39.10)
$$w(z) = \frac{1}{1-z}$$

die analytische Fortsetzung der Potenzreihe

$$P(z) = \sum_0^\infty z^k.$$

---

[1] AHLFORS schreibt dafür (w, G). Die in Frage kommenden Gebiete werden stets als nicht leer angenommen.

Die Definition der endlichen Kette lautet ähnlich wie bei Potenzreihen:

Def. *Die Funktionselemente $(w_k | G_k)$ $(k = 1, 2, \ldots, n)$ bilden eine (endliche) Kette, wenn*

$$G_{k-1} \cap G_k \neq \varnothing \qquad (k = 2, 3, \ldots, n)$$

gilt und $w_{k-1}(z) = w_k(z)$ $(z \in G_{k-1} \cap G_k)$ ist. Ist dann $n > 2$, so heißt $(w_n | G_n)$ eine mittelbare Fortsetzung von $(w_1 | G_1)$.

Mit Hilfe der (allgemeinen) Funktionselemente $(w | G)$ kann nun der Weierstraß-Riemannsche Begriff der analytischen Funktion folgendermaßen gefaßt werden:

Def. *Unter einer allgemeinen analytischen Funktion $W(z)$ wird jede (nichtleere) Menge von Funktionselementen $(w | G)$ verstanden mit der Eigenschaft, daß je zwei Elemente von $W(z)$ durch unmittelbare oder mittelbare Fortsetzung auseinander hervorgehen.*

Die allgemeine analytische Funktion $W(z)$ wird eine vollständige analytische Funktion genannt, wenn diese mit einem Element auch alle analytischen Fortsetzungen desselben enthält.

Ist $W(z)$ durch die Gleichung

$$(39.11) \qquad W(z) = \{(w | G) \mid (w | G) \in W(z)\}$$

definiert, so wird die Ableitung $W'(z)$ durch die Gleichung

$$(39.12) \qquad W'(z) = \{(w' | G) \mid (w | G) \in W(z)\}$$

definiert. Entsprechend verfährt man mit den höheren Ableitungen. Innerhalb der Gesamtheit der Funktionselemente kann eine Äquivalenzrelation definiert werden, die zu dem wichtigen Begriff des Zweiges führt.

Wir bezeichnen zwei Elemente $(w_1 | G_1)$, $(w_2 | G_2)$ in bezug auf den Punkt z_0 als äquivalent und schreiben dafür $(w_1 | G_1) \sim (w_2 | G_2)$, wenn

1. $z_0 \in G_1 \cap G_2$ gilt und
2. $w_1(z) = w_2(z)$ in einer Umgebung $U_{z_0} \subset G_1 \cap G_2$ von z_0 ist.

Der durch 1. und 2. definierte Äquivalenzbegriff hat (wie jede Äquivalenzrelation) die Eigenschaften:

1. $\qquad\qquad (w_1 | G_1) \sim (w_1 | G_1) \qquad\qquad$ (Symmetrie)

2. $\qquad\qquad (w_1 | G_1) \sim (w_2 | G_2) \to (w_2 | G_2) \sim (w_1 | G_1) \qquad$ (Reflexivität)

3. $\qquad\qquad (w_1 | G_1) \sim (w_2 | G_2)$ und $(w_2 | G_2) \sim (w_3 | G_3)$

implizieren $\qquad\qquad (w_1 | G_1) \sim (w_3 | G_3) \qquad\qquad$ (Transitivität) .

Mit Hilfe der so definierten Äquivalenzklassen gelangt man nun durch geeignete, schrittweise Verschmelzung der verschiedenen (schlichten)

Gebiete G einer vollständigen analytischen Funktion (indem man die gemeinsamen Punkte von zwei G identifiziert oder nicht, je nachdem diese Punkte die gleiche bzw. verschiedene Äquivalenzklassen erzeugen) zu einem mehr- bzw. unendlichblättrigen, anschaulich schwer überschaubaren Gebiet $\widetilde{G}_0$, dessen Punkte man eineindeutig auf die verschiedenen Äquivalenzklassen (die wir im folgenden mit (z, w) bezeichnen werden) abbilden kann. Dieses mehrblättrige Gebiet der z-Ebene, der „Existenzbereich" der Funktion $W(z)$, wird später, begrifflich vertieft, eine Riemannsche Fläche genannt. Die Punkte $\mathfrak{z} = (z, w)$ von $\widetilde{G}_0$ werden als analytische Punkte bzw. als Stellen bezeichnet. Jede Stelle $\mathfrak{z}_0$ bestimmt eine in der Umgebung von z_0 eindeutige Funktion $w(z)$, die für $z = z_0$ den Wert w_0 annimmt. Diese Funktion wird später (geeignet präzisiert) als der durch $\mathfrak{z}_0$ definierte Zweig von $W(z)$ bezeichnet.

Ist G die Vereinigung aller G aus (39.11), so kann man bei gegebenen $a, b \in G$ stets eine Kurve γ in G finden, welche die beiden Punkte verbindet, und längs derer die Fortsetzung eines Elements, etwa $P(z-a)$, von $W(z)$ bis zum Punkte b möglich ist. Dabei soll unter Fortsetzung längs γ die Tatsache verstanden werden, daß bei der Umbildung von $P(z-a)$ die sukzessiven Mittelpunkte auf γ liegen. Im allgemeinen braucht jedoch die Fortsetzung von $P(z-a)$ längs einer vorgegebenen Kurve

$$(39.13) \qquad \gamma = \{a_t \mid a_t = z(t), \, t \in [t_a, t_b], \, a_{t_a} = a, \, a_{t_b} = b\}$$

nicht immer durchführbar zu sein. In diesem Zusammenhang kann man zeigen: Ist die Fortsetzung von $P(z-a)$ längs γ bis zum Punkt b möglich, so kann diese stets durch eine endliche Kette (d. h. durch endlich viele Umbildungen von $P(z-a)$) von Funktionselementen bewerkstelligt werden. Der Leser kann den Beweis dieser Behauptung erbringen, indem er zeigt, daß die t-Menge aller Punkte a_t, bis zu denen man (durch endlich viele Umbildungen von $P(z-a)$ längs γ) fortsetzen kann, eine nicht leere, zugleich offene und abgeschlossene Teilmenge von $[t_a, t_b]$ ausmacht und somit mit diesem Intervall übereinstimmen muß.

Aus der eben bewiesenen Eigenschaft der Fortsetzung längs einer Kurve können leicht noch folgende Folgerungen gezogen werden:

1. Führt die Fortsetzung von $P(z-a)$ längs einer Kurve γ zum Funktionselement $P(z-c)$, so führt die Fortsetzung von $P(z-c)$ längs $-\gamma$ zum Funktionselement $P(z-a)$.

2. Die analytische Fortsetzung von $P(z-a)$ längs der Kurve γ ist, wenn überhaupt, auf nur eine Weise möglich.

3. Bei der analytischen Fortsetzung von $P(z-a)$ längs der Kurve γ, die a und b verbindet, kann γ durch eine Polygonallinie $\varPi_{ab}$ ersetzt werden mit dem Anfangspunkt a und dem Endpunkt b, deren Ecken auf γ liegen.

4. Das Endelement $P(z-b)$ bleibt unverändert, wenn man Π_{ab} durch eine neue Polygonallinie Π'_{ab} ersetzt, deren Ecken in einer hinreichenden Nähe der Ecken von Π_{ab} liegen.

Die Frage nach der Mächtigkeit der Vieldeutigkeit einer analytischen Funktion $W(z)$ wird durch folgenden berühmten Satz von POINCARÉ und VOLTERRA[1] gegeben:

Satz (POINCARÉ-VOLTERRA). *Jede Funktion $W(z)$ ist höchstens abzählbar vieldeutig.*

Mit anderen Worten: *Es gibt höchstens abzählbar viele (reguläre) Funktionselemente mit vorgeschriebenem Mittelpunkt a.*

Beweis. Zunächst wissen wir: Jede Fortsetzung von $P(z-a)$ zu $P(z-b)$ läßt sich, wie bereits erwähnt, durch Einschiebung von endlich vielen Zwischenelementen bewerkstelligen. Nun kann man jedes Zwischenglied einer Kette, die von $P(z-a)$ zu $P(z-b)$ führt, durch ein solches mit rationalem Mittelpunkt ersetzen. Denn sind (bei festem a, b) $a, c_1, c_2, \ldots, c_n, b$ die Mittelpunkte der einzelnen Elemente der Kette in natürlicher Reihenfolge, so wähle man einen rationalen Punkt ϱ_1 (d. h. eine komplexe Zahl mit rationalen Koordinaten) so nahe an c_1, daß ϱ_1 noch dem Konvergenzkreis von $P(z-a)$ angehört und daß der Konvergenzkreis des durch unmittelbare Fortsetzung von $P(z-a_1)$ erhaltenen Funktionselements $P(z-\varrho_1)$ noch c_2 enthält. Das auf diese Weise bestimmte Funktionselement $P(z-\varrho_1)$ ist nun ebenfalls eine unmittelbare Fortsetzung von $P(z-a)$ und hat einen rationalen Mittelpunkt. Fährt man so fort, so kann man alle Funktionselemente $P(z-c_2), \ldots, P(z-c_n)$ durch solche (etwa $P(z-\varrho_2), \ldots, P(z-\varrho_n)$) mit einem rationalen Mittelpunkt ersetzen. Betrachtet man dann die Kette $\{P(z-\varrho_k)\}$ $(k=1, 2, \ldots, n)$, so stellt man fest, daß $P(z-\varrho_k)$ unmittelbare Fortsetzung von $P(z-c_k)$ ist und umgekehrt, und somit führt diese zu demselben Element $P(z-b)$. Der letzte Teil des Beweises läuft nun so: Aus den vorherigen Entwicklungen folgt, daß es höchstens abzählbar viele rationale Ketten geben kann, welche die Elemente $P(z-a)$ und $P(z-b)$ verbinden. Denn eine solche Kette wird durch einen (geordneten) Satz $(\varrho_1, \ldots, \varrho_n)$ von stets endlich vielen Mittelpunkten gegeben, und somit ist auch ihre Gesamtzahl abzählbar. Andererseits bestimmt eine Kette mit rationalen Punkten (im Sinne der vorherigen Entwicklungen) sowohl das Anfangs- als auch das Endelement. Daraus folgt aber, daß es höchstens abzählbar viele Möglichkeiten gibt, von einem bestimmten Funktionselement ausgehend, das Endelement zu bestimmen. Das beweist den Poincaré-Volterraschen Satz. Man kann dieses

---

[1] POINCARÉ, H.: Sur une proprieté des fonctions analytiques. *Rend. Circolo matem. Palermo* 2, 197—200 (1888). — VOLTERRA, V.: Sulle funzioni analitiche polidrome. *Atti della reale Acad. de Lincei* (4), 42, 355—361 (1888).

Ergebnis von POINCARÉ und VOLTERRA[1] auch anders formulieren, indem man sagt, *daß jede vollständige analytische Funktion durch höchstens abzählbar viele Funktionselemente definiert werden kann.*

40. Analytische Fortsetzung in der Nähe einer isolierten singulären Stelle. Algebraische Funktionselemente. Die exakte Erfassung des abstrakten Raumes (des analytischen Gebildes von WEIERSTRASS), dessen Elemente die Stellen $\mathfrak{z}$ sind, erfordert das Studium des Verhaltens von $W(z)$ in der Umgebung einer isolierten Singularität und die Definition der algebraischen Stelle. Es sei $P(z-a)$ das Anfangselement einer endlichen Kette. Fügt man zu dieser Kette neue Elemente hinzu, so entsteht eine abzählbare Kette $\{P(z-a_n)\}$ $(n = 1, 2, \ldots)$ (mit $a_1 = a$), von der wir annehmen dürfen, daß $P(z-a_n)$ die unmittelbare Fortsetzung von $P(z-a_{n-1})$ ist. Damit wir auch den Punkt $z = \infty$ in die nachfolgenden Betrachtungen leicht einbeziehen können, nehme man an, die Potenzreihe $P(z-a_n)$ konvergiere in $[z, a_n] < r_n{}^2$. Man setze voraus, daß der Grenzwert $\lim\limits_{n\to\infty} a_n = c$ existiert. Ist dann $\lim\limits_{n\to\infty} r_n = r > 0$, so kann ohne Schwierigkeit gezeigt werden, daß c ein regulärer Punkt von $W(z)$ und mithin $c \in \widetilde{G}_0$ ist. Im Falle $r = 0$ definiert die Kette $(P(z-a_n))$ eine singuläre Stelle[3].

Im Hinblick auf den später einzuführenden Begriff der Riemannschen Fläche und die damit verknüpfte geometrische Vorstellung des vorhin eingeführten, die z-Ebene überdeckenden mehrblättrigen Gebietes $\widetilde{G}_0$ wird gesagt, die singuläre (und im Falle $r > 0$ reguläre) Stelle liege über dem Punkt c.

Da man je zwei Punkte a_{n-1}, a_n durch eine Jordansche Kurve γ_{n-1} derart verbinden kann, daß die Fortsetzung von $P(z-a_{n-1})$ auf γ_{n-1} zu dem Element $P(z-a_n)$ führt, so kann man den Begriff der (abzählbaren) Kette auch durch die Fortsetzung längs eines (Jordanschen bzw. spezielleren) Weges

$$(40.1) \qquad \gamma_c = \{z \mid z_t = z(t), \, t \in [0, \infty)\}$$

ersetzen, der zu dem Punkt c im Sinne der Gleichung

$$(40.2) \qquad \lim_{t \to \infty} [z(t), c] = 0$$

führt.

---

[1] VITO VOLTERRA (1860—1940).

[2] Unter r_n wird hier der auf der Riemannschen Kugel gemessene Abstand des Entwicklungspunktes vom Rand des Konvergenzkreises verstanden.

[3] Ist $\lim\limits_{n\to\infty} r_n = 0$ und haben die Grundpunkte a_n keinen Grenzpunkt, so spricht man von einer singulären Menge bzw. Linie. Der für diesen Fragenkomplex (der, in großer Allgemeinheit entwickelt, den Rahmen dieses Buches überschreiten würde) interessierte Leser erfährt wichtige Zusammenhänge aus der Arbeit von O. TEICHMÜLLER, Erreichbare Randpunkte, *Deutsche Mathem.* **4**, 455—461 (1939).

Im folgenden beschränken wir uns lediglich auf das Studium des Verhaltens der analytischen Funktion in der Nähe einer isolierten Singularität. Ihre Definition kann folgendermaßen gefaßt werden:

Def. *Gibt es ein $\varepsilon > 0$ derart, daß für alle t mit $z_t = z(t) \in U_c'$ und U_c': $0 < [z, c] < \varepsilon$ die Fortsetzung jedes $P(z - z_t)$ innerhalb von U_c' möglich ist, so heißt c eine isolierte Singularität bzw. eine isolierte singuläre Stelle.*

Es sei jetzt $z(t_0) = z_0 \in U_c' \cap \gamma_c$ und M_{z_0} die Menge aller Funktionselemente, die man aus $P(z - z_0)$ erhält, wenn man dieses Element auf allen möglichen Wegen innerhalb U_c' fortsetzt. Man teile die Elemente von M_{z_0} in Äquivalenzklassen, bilde also für jedes $z \in U_c'$ die Stellen $\mathfrak{z} = (z, w)$. Dann kann folgendes eintreten: Entweder ist für jedes $z \in U_c'$ die Anzahl der entsprechenden $\mathfrak{z}$ unendlich, oder es gibt einen Punkt $z' \in U_c'$ mit endlich vielen Stellen $\mathfrak{z}_k (k = 1, 2, \ldots, h)$. Letzterer Fall führt zum Begriff der algebraischen Stelle. Zunächst zeigen wir: Im zweiten Falle ist für jeden Punkt $z \in U_c'$ die Anzahl der entsprechenden Stellen gleich h. In der Tat besagt die Voraussetzung: Es gibt genau h Kurven (Wege) $\gamma_1', \gamma_2', \ldots, \gamma_h'$ in U_c', die von z_0 bis zu dem Punkt z' führen mit der Eigenschaft, daß je zwei der entsprechenden Funktionselemente $P_{\gamma_i'}(z - z')$ $(i = 1, 2, \ldots, h)$ in verschiedenen Äquivalenzklassen liegen.

Zum Beweis, daß die Zahl h vom Punkt z' unabhängig ist, betrachte man einen zweiten Punkt $z'' \neq z_0, z'$ und bezeichne mit $h'' (h'' \leqq \infty)$ die Anzahl der entsprechenden Stellen $\mathfrak{z}$. Wäre nun $h'' > h$, so gäbe es $h_0 (h_0 > h$ endlich) Wege $\gamma_1'', \gamma_2'', \ldots, \gamma_{h_0}''$ in U_c', die z_0 mit z'' verbinden mit der Eigenschaft, daß die Funktionselemente $P_{\gamma_i''}(z - z'')$ in verschiedenen Äquivalenzklassen liegen. Man verbinde jetzt z'' mit z' durch eine Kurve γ und setze alle $P_{\gamma_i''}(z - z'')$ längs γ fort. Dann müssen wegen $h < h_0$ mindestens zwei Funktionselemente zu einem und demselben Element, etwa dem Element $P_{\gamma_1'}(z - z')$, führen. Das würde aber bedeuten, daß die Fortsetzung von $P_{\gamma_1'}(z - z')$ längs der Kurve $-\gamma$ zu zwei Funktionselementen führt, was der Eigenschaft 2. von 39. widerspricht. Es ist also $h_0 \leqq h$ und somit auch $h'' \leqq h$. Vertauscht man nun die Rolle von z' und z'', so erhält man entsprechend $h \leqq h''$, also $h'' = h$.

Man nehme jetzt der Einfachheit halber $c = 0$ und betrachte die Funktion

$$(40.3) \qquad g(\zeta) = w(\zeta^h) = w(z)$$

in der Umgebung $V': 0 < [\zeta^h, 0] < \varepsilon$.

Definiert man dann $g(\zeta_0)$ durch irgendeine (feste) h-te Wurzel von z_0, so ist $g(\zeta)$ (von ζ_0 aus) in V' unbeschränkt fortsetzbar und dort eindeutig. Denn hat eine geschlossene Kurve Γ in V' durch ζ_0 den Windungsindex

$$m = \frac{1}{2\pi i} \int_\Gamma \frac{d\zeta}{\zeta}$$

in bezug auf $\zeta = 0$, so hat die daraus durch die Transformation $z = \zeta^h$ entstehende (geschlossene) Kurve γ durch z_0 den Index mh. Das beweist aber, daß die analytische Fortsetzung von $g(\zeta)$ längs einer geschlossenen Kurve in V' zum Ausgangselement führt, und zeigt zugleich, daß $g(\zeta)$ dort eindeutig ist.

Die Funktion $g(\zeta)$ besitzt in V' eine Laurent-Weierstraßsche Entwicklung, welche zunächst die Form

$$(40.4) \qquad\qquad g(\zeta) = \sum_{-\infty}^{\infty} A_n \zeta^n$$

hat, und somit gilt

$$(40.5) \qquad\qquad w(z) = \sum_{-\infty}^{\infty} A_n z^{\frac{n}{h}} .$$

Beachtet man, daß man für ζ_0 noch jede Zahl

$$\zeta_k = \zeta_0 e^{\frac{2\pi i}{h} k} \qquad\qquad (k = 1, 2, \ldots, h-1)$$

nehmen darf, so kann man in (40.5) unter $z^{\frac{1}{h}}$ irgendeine feste h-te Wurzel von z verstehen.

Die Voraussetzung $c = 0$ ist unwesentlich. Allgemeiner gilt unter denselben Voraussetzungen

$$(40.6) \qquad\qquad w(z) = \sum_{-\infty}^{+\infty} A_n (z-c)^{\frac{n}{h}} \qquad\qquad (c \neq \infty)$$

und

$$(40.7) \qquad\qquad w(z) = \sum_{-\infty}^{+\infty} A_n z^{-\frac{n}{h}} \qquad\qquad (c = \infty) .$$

Def. *Eine Stelle c heißt eine algebraische Singularität, wenn $h > 1$ ist und in (40.6) bzw. (40.7) alle A_n mit einem Index $n < p$ (p ganz) verschwinden. Oft sagt man, $w(z)$ habe dort einen Verzweigungspunkt bzw. einen Windungspunkt von der Ordnung $h - 1$.*

Die Gesamtheit aller Elemente, die man aus den Elementen $P(z - z_t)$ ($t \in U'_c$) durch analytische Fortsetzung erhalten kann, liefert durch Übergang zu den entsprechenden Äquivalenzklassen nach dem Vorbild von 39. eine Umgebung der über c liegenden singulären Stelle. Ist $h = \infty$, so liegen, wie bereits erwähnt, über jedem $z \in U'_c$ unendlich viele Stellen $\mathfrak{z}$, deren Gesamtheit wieder eine Umgebung einer über c liegenden Randstelle des vorhin (mehr oder weniger anschaulich) definierten mehrblättrigen Gebietes $\widetilde{G}_0$ bildet. Ist $1 \leqq h < \infty$ und $A_n = 0$ für $n \leqq p$, p ganz, so geben die Entwicklungen

$$(40.8) \qquad\qquad w(z) = \sum_{p}^{\infty} A_n (z-c)^{\frac{n}{h}} \qquad\qquad (c \neq \infty)$$

und

$$(40.9) \qquad\qquad w(z) = \sum_{p}^{\infty} A_n z^{-\frac{n}{h}} \qquad\qquad (c = \infty) ,$$

die in einer offenen Kreisscheibe um c als konvergent angenommen werden, eine übersichtliche Darstellung der durch die analytische Fortsetzung der $P(z-z_t)$ $(z_t \in U_c')$ gewonnenen Funktionselemente um c. Ist $h = 1$ und $p \geqq 0$, so erhält der Leser Gelegenheit, seine Kenntnisse über den Begriff der hebbaren Stelle (und allgemeiner der rationalen Stelle) zu vertiefen. Auch die Tatsache, daß allgemein singuläre Stellen durch ihre Umgebungen definiert werden, gehört zu den wichtigsten Erkenntnissen dieser Nummer. Es dürfte hier noch hinzugefügt werden, daß man auch im Falle $1 \leqq h < +\infty$ von einer über c liegenden (algebraischen) Singularität $\mathfrak{z}$ spricht, ohne daß man diese in der Form (z, w) darstellen kann. Solche Singularitäten werden durch ihre Umgebungen (kurz $U(\mathfrak{z})$) „getragen" und erst im Zusammenhang mit der gleich zu definierenden Ortsuniformisierung präziser erfaßt. Algebraische und rationale Stellen werden später zum geeignet erweiterten Gebiet $\widetilde{G}_0$ gezählt.

Die Betrachtungen, welche zu der Entwicklung (40.4) geführt haben, beantworten auch die Frage, was man unter äquivalenten Wegen, die (von einem Punkt ausgehend) zu demselben Punkt c führen, zu verstehen hat.

Def. *Zwei Wege γ_c und γ_c', die zu demselben regulären bzw. singulären Punkt führen, heißen äquivalent, wenn sie in einer hinreichend kleinen Kreisscheibe $[z, c] < \varepsilon \, (\varepsilon > 0)$ dieselben Umgebungen liefern.*

41. Der Begriff des analytischen Gebildes. Es ist seit WEIERSTRASS üblich, die Gesamtheit der Stellen $\mathfrak{z}$, ergänzt durch alle solche, die durch die algebraischen Singularitäten erzeugt werden, als einen abstrakten Raum W, das analytische Gebilde, aufzufassen und die Eigenschaften der diesen erzeugenden Funktion $W(z)$ aus der topologischen Struktur von W abzuleiten.

Wir beginnen mit einigen topologischen Begriffsbildungen.

Def. *Liegt ein nichtleerer, abstrakter Raum S vor, so heißt dieser ein topologischer Raum, wenn jedem Element a von S ein System $U(a)$ von Teilmengen von S (Fundamentalumgebungen oder kurz Umgebungen genannt) mit folgenden Eigenschaften zugeordnet werden kann:*

1. Für jedes $U \in U(a)$ gilt $a \in U$.

2. Sind U_1, U_2 zwei Umgebungen von a, so gibt es eine Umgebung U_3 von a mit $U_3 \subseteqq U_1$ und $U_3 \subseteqq U_2$.

3. Ist $U \in U(a)$ und $b \in U$, so gibt es eine Umgebung V von b (also $V \in U(b))$ derart, daß $V \subseteqq U$ gilt.

Neben diesen Forderungen könnte man noch verlangen, daß der Gesamtraum S jedem Punkt $a \in S$ als Fundamentalumgebung zugeordnet werden kann.

Ist A eine Teilmenge von S und $a \in S$, so heißt a ein innerer Punkt von A, falls es eine Umgebung $U \in U(a)$ gibt, die in A liegt. Besteht A aus lauter inneren Punkten, so heißt sie offen. Danach ist jede Fundamentalumgebung eines Punktes a von S eine offene Punktmenge. Im Einklang zu den Definitionen des zweiten Kapitels wird die Menge $S \setminus A$ bei offenem A als abgeschlossen bezeichnet. Sowohl S als auch $\emptyset$ sind zugleich offen und abgeschlossen.

In dieser allgemeinen Form spielen topologische Räume in der Funktionentheorie keine wesentliche Rolle. Dafür gibt es eine Klasse topologischer Räume, welche bei der begrifflichen Erfassung der analytischen Funktion große Dienste leisten.

Def. *Ein topologischer Raum S wird ein Hausdorffscher Raum genannt, wenn es zu je zwei a, $b \in S$, $a \neq b$, zwei Fundamentalumgebungen $U \in U(a)$, $V \in U(b)$ mit $U \cap V = \emptyset$ gibt.*

Ein topologischer Raum S heißt zusammenhängend, wenn es nicht möglich ist, diesen in zwei offene, nichtleere, punktfremde Teilmengen zu zerlegen.

Sind S, $\tilde{S}$ zwei topologische Räume, so heißt die eineindeutige (umkehrbar eindeutige) Abbildung $S \leftrightarrow \tilde{S}$ eine topologische (d. h. umkehrbar eindeutige und stetige), wenn folgender Sachverhalt stattfindet: Ist $a \in S$, $\tilde{a} \in \tilde{S}$, $a \leftrightarrow \tilde{a}$ und $U \in U(a)$, $\tilde{U} \in U(\tilde{a})$, so gibt es zwei Umgebungen $U' \in U(a)$, $\tilde{U}' \in U(\tilde{a})$ derart, daß $\tilde{U}'$ Bildmenge von U und U' Bildmenge von $\tilde{U}$ ist.

Man kann leicht feststellen, daß eine Abbildung $S \leftrightarrow \tilde{S}$ dann und nur dann topologisch ist, wenn die Bildmenge jeder offenen Menge wieder offen ist.

Es läßt sich mehr oder weniger leicht zeigen, daß die Gesamtheit aller regulären Elemente (wobei zu diesen hier auch diejenigen rationalen Charakters gezählt werden dürften), ergänzt durch die Menge aller algebraischen Potenzreihenelemente, zu einem zusammenhängenden Hausdorffschen Raum ausgebaut werden kann, sofern man die Fundamentalumgebungen seiner Punkte $\mathfrak{z}$ durch die vorhin erklärten Umgebungen $U(\mathfrak{z})$ (gebildet für die verschiedenen G, $c \in G$, der Funktionselemente $(w \mid G)$ der entsprechenden Äquivalenzklassen für den regulären Fall und alle $\mathfrak{z}$ allgemein) definiert. Der so definierte Raum W heißt nach Weierstrass das analytische Gebilde von $W(z)$. Man kann auch sagen, daß das analytische Gebilde aus der vollständigen analytischen Funktion dadurch entsteht, daß man zu der Gesamtheit der regulären Elemente noch die Potenzreihenelemente von der Form (40.8) bzw. (40.9) hinzufügt. Da jede hinreichend kleine Umgebung dieser Potenzreihenelemente lediglich aus regulären Stellen besteht, so kann unter Heranziehung des Poincaré-Volterraschen Satzes leicht geschlossen werden, daß ihre Anzahl höchstens abzählbar ist. Anders ausgedrückt bedeutet dies, daß W

durch höchstens abzählbar viele Umgebungen ihrer Punkte überdeckt werden kann.

Setzt man in (40.8) bzw. (40.9) $z = c + t^h$ bzw. $z = t^{-h}$, so werden dadurch (für hinreichend kleine $|t|$) geeignete Umgebungen von $\mathfrak{z}$ ein-eindeutig auf das Innere (bzw. das Äußere) einer Kreisscheibe $|t| < \varepsilon$ abgebildet.

Den Vorgang der ein-eindeutigen Abbildung von $U(\mathfrak{z})$ auf die schlichte t-Kreisscheibe nennt man lokale bzw. Ortsuniformisierung. Die entsprechenden Darstellungen

$$(41.1) \qquad z = c + t^h, \; w = \sum_{-p}^{\infty} A_n t^n \qquad (h \neq 0, \text{ ganz})$$

bzw.

$$(41.2) \qquad z = t^{-h}, \; w = \sum_{-p}^{\infty} A_n t^{-n}$$

heißen die Normal- bzw. kanonischen Darstellungen von $\mathfrak{z}$ und die Veränderliche t der lokal uniformisierende Parameter bzw. die Ortsuniformisierende.

Ist

$$(41.3) \qquad t = c_1 \tau + c_2 \tau^2 + \cdots \qquad (c_1 \neq 0)$$

in einer Kreisumgebung von $\tau = 0$ konvergent, so folgt aus (41.1) und (41.2), daß man jeden Punkt $\mathfrak{z}'$ aus einer hinreichend kleinen Umgebung $U(\mathfrak{z})$ von $\mathfrak{z}$ durch ein Gleichungssystem

$$(41.4) \qquad z = P_1(\tau) \,, \quad w = P_2(\tau)$$

darstellen kann, wobei $P_1(\tau)$ und $P_2(\tau)$ zwei nach ganzzahligen Potenzen fortschreitende Reihen (mit höchstens endlich vielen negativen Potenzen) sind. Nimmt man ε hinreichend klein und $|\tau| < \varepsilon$, so stellt man leicht fest, daß für je zwei $\tau_1, \tau_2, |\tau_1|, |\tau_2| < \varepsilon$ und $\tau_1 \neq \tau_2$, $(P_1(\tau_1), P_2(\tau_1)) \neq (P_1(\tau_2), P_2(\tau_2))$ gilt.

Mit Hilfe von $(P_1(\tau), P_2(\tau))$ kann nicht nur $\mathfrak{z}$ in der Form $\mathfrak{z} = (P_1(0), P_2(0))$ dargestellt werden, sondern auch jeder Punkt $\mathfrak{z}$ aus einer gewissen Umgebung $U(\mathfrak{z})$. Setzt man in der Tat $\tau' = \tau - \tau_1 (|\tau_1| < \varepsilon)$ und

$$P_1'(\tau') = P_1(\tau_1 + \tau') \,, \quad P_2'(\tau') = P_2(\tau_1 + \tau') \,,$$

so liefert die Gesamtheit der Paare $(P_1'(0), P_2'(0))$ die Darstellung einer gewissen Umgebung von $\mathfrak{z}$.

Das analytische Gebilde W kann dadurch geometrisiert werden, daß man jedem Punkt $\mathfrak{z} = (z, w)$ von W einen Punkt P „über dem Grundpunkt z" der (vollen) komplexen Ebene zuordnet, wobei noch diese Zuordnung (im dreidimensionalen Raum) als stetig angenommen wird. Im allgemeinen erhält man durch die Abbildung $\mathfrak{z} \to P$ eine aus endlich bzw. abzählbar vielen über der komplexen Ebene gelagerten Flächenstücken bestehende Fläche F, die als geometrisches Substrat (Überlagerungsfläche) dienen kann. Dabei äußert sich die Struktur von W in der entsprechenden Verheftungsvorschrift der verschiedenen Flächenstücke von $\widetilde{F}$. Darüber wird in der nächsten Nummer ausführlich gesprochen werden.

Ist $W(z)$ eindeutig (d. h. führt die Fortsetzung eines Funktionselements längs jedes möglichen geschlossenen Weges zum Ausgangselement zurück), so ist $\widetilde{G}_0$ ein schlichtes Gebiet G_0 der komplexen Ebene und heißt der natürliche Existenzbereich von $W(z)$. Jeder Randpunkt von G_0, der durch eine (Jordansche) Kurve in G_0 im Sinne der Gleichung (40.1) erreicht werden kann (erreichbarer Randpunkt!), ist eine singuläre Stelle von $W(z)$.

Das Studium der Singularitäten einer analytischen Funktion sowie ihre Klassifizierung in voller Allgemeinheit gehört zu den schwierigsten Problemen der Funktionentheorie. Der interessierte Leser gewinnt einen überzeugenden Eindruck der vielen unmittelbar damit zusammenhängenden Aufgaben, wenn er z. B. den Enzyklopädieartikel von BIEBERBACH studiert und die Noten von A. DENJOY [Un demi-siècle (1907 — 1956) des notes communiquées aux Academies] durchblättert, die zusammengefaßt 1957 bei *Gauthier-Villars* erschienen sind.

42. Der Begriff der Riemannschen Fläche. Überlagerungsflächen. Der Begriff der Riemannschen Fläche geht auf die ursprüngliche, geniale Konzeption von RIEMANN zurück, neben schlichten Überdeckungen der komplexen Ebene auch mehrfache Überdeckungen derselben zu betrachten und diese unter Heranziehung topologischer Gesichtspunkte dem analytischen Gebilde näherzubringen. Es zeigt sich nämlich beim letzteren, daß es weniger auf die spezielle analytische Funktion $W(z)$ ankommt als auf die topologische Struktur der Umgebungen der Punkte des zugehörigen analytischen Gebildes. Vor der Aufstellung der Definitionsaxiome einer Riemannschen Fläche soll dem Leser an Hand von zwei Beispielen demonstriert werden, was er von der Geometrisierung eines analytischen Gebildes zu erwarten hat.

Beispiel 1. Man betrachte die in $z = 0$ und $z = \infty$ punktierte komplexe Ebene (also das Gebiet $0 < |z| < +\infty$) und schlitze diese längs der negativen reellen Achse von $z = 0$ bis $z = \infty$ auf. Das so entstandene Gebiet

$$0 < |z| < +\infty, \quad -\pi \leqq \arg z < \pi$$

bezeichne man mit K_0.

Jetzt lege man über K_0 $n - 1$ kongruente Exemplare $K_1, \ldots, K_{n-1}$ ($n \geqq 1$) so, daß die Projektionen der aufgeschlitzten negativen reellen

Achse übereinstimmen und bezeichne allgemein durch T_k' bzw. T_k'' $(k = 0, 1, \ldots, n-1)$ das untere bzw. das obere Ufer des Schlitzes von K_k.

Man verstehe nun allgemein unter Verheftung von zwei gegenüberliegenden Ufern die Identifizierung der Punkte mit demselben absoluten Betrag. Wendet man dann diesen Prozeß auf die Paare (T_0'', T_1'), (T_1'', T_2'), \ldots, (T_{n-2}'', T_{n-1}') und (T_{n-1}'', T_0') an, so erhält man ein geometrisches Gebilde $\tilde{F}_n$, das die gewöhnliche Ebene ($\tilde{F}_1$!) verallgemeinert. Jeder Punkt $\tilde{z}$ von $\tilde{F}_n$ besitzt eine „Projektion" z auf der komplexen Ebene, der Spur von $\tilde{z}$. Die anschauliche Erfassung von $\tilde{F}_n$ geschieht am leichtesten, wenn man sich die „Blätter" $K_0, K_1, \ldots, K_{n-1}$ über die

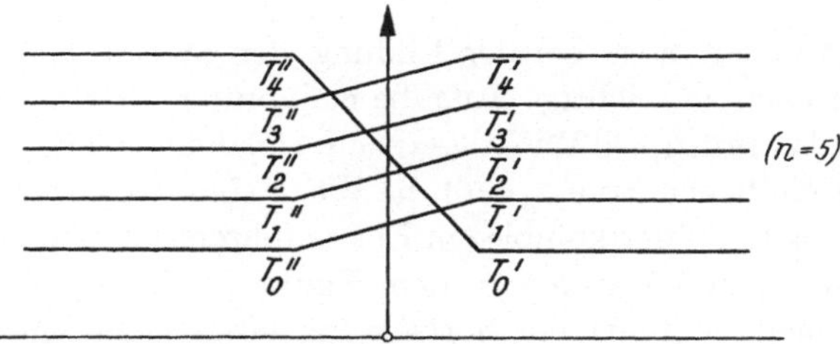

Abb. 13. Die negative reelle Achse steht senkrecht zum Blatt
und weist in die Richtung des Lesers hin.

komplexe Ebene K gelegt denkt, und zwar in einer Entfernung $d > 0$ voneinander, und diese dann (unter der vorläufigen Annahme, daß sie aus dehnbarem Stoff konstruiert sind) nach dem in der Abb. 13 angegebenen Schema verheftet.

Läßt man dann $d \to 0$ konvergieren, ohne die topologischen Zusammenhänge zu verletzen, so erhält man die geometrische Konfiguration $\tilde{F}$. Ihre analytische Beschreibung erhält man am einfachsten dadurch, daß man die Argumente von $\tilde{z}$ stets mod $2\pi n$ rechnet. Eine einfache Überlegung zeigt dann, daß man die Punkte $\tilde{z}$ von $\tilde{F}_n$ mit Hilfe der Zuordnung

$$\tilde{z} \leftrightarrow z^{\frac{1}{n}}$$

ein-eindeutig auf die z-Ebene abbilden kann.

Was man unter Umgebung eines Punktes $\tilde{z}$ von $\tilde{F}_n$ zu verstehen hat, sofern z nicht auf der negativen reellen Achse liegt, ist klar und bedarf wohl keiner eingehenden Erklärung. Ist $z = x \leqq 0$, so kann man leicht Kreisumgebungen von z angeben, die im Falle $z \neq 0, \infty$ aus zwei Kreishälften bestehen, die auf benachbarten (im Sinne von mod $2\pi n$) Blättern liegen. Ist schließlich $z = 0$ oder $z = \infty$, so wird jede Kreisumgebung des darüberliegenden Punktes von $\tilde{F}_n$ durch die Gesamtheit der Punkte von $\tilde{F}_n$ gegeben, deren Spur z in $|z| < M$ bzw. $|z| > M$ mit einem festen M, $0 < M < +\infty$, fällt.

Beispiel 2. Man konstruiere abzählbar viele kongruente Exemplare K_n $(n = 0, \pm 1, \pm 2, \ldots)$ von K_0 und verhefte T'_n mit T''_{n+1} nach dem Vorbild von 1. Dann erhält man eine unendlich vielblättrige Fläche $\tilde{F}_\infty$, auf der man das Winkelmaß $\varphi = \arg z$ eindeutig definieren kann, etwa durch Spurpunkt-Abbildung $\tilde{z} \to z$ und die Festlegung

$$(2n - 1)\,\pi \leqq \arg \tilde{z} < (2n + 1)\,\pi \qquad (\tilde{z} \in K_n)\,.$$

Durch diese Festlegung wird zugleich $w = \log z$ eindeutig auf $\tilde{F}_\infty$ abgebildet und liefert eine umkehrbar eindeutige Abbildung von $\tilde{F}_\infty$ auf die w-Ebene. Die Konfigurationen $\tilde{F}_n$ und $\tilde{F}_\infty$ realisieren eigentlich die analytischen Gebilde der Funktionen $w = z^{\frac{1}{n}}$ (bzw. $z = w^n$) und $w = \log z$ (bzw. $z = e^w$). Der Leser möge bei der Bildung der Stellen $\mathfrak{z} = \left(z, z^{\frac{1}{n}}\right)$ bzw. $\mathfrak{z} = (z, \log z)$ noch als wichtige Aufgabe nachprüfen, daß bei der Bildung der Stellen das prinzipiell Wichtige (nach Annahme einer Ausgangsstelle $\mathfrak{z}_0$ mit einer endlichen Spur $z_0 \neq 0$) die Wege sind, welche von z_0 zu den Punkten $z\,(z \neq 0, \infty)$ der komplexen Ebene führen. Faßt man (bei festem z_0) alle homotopen Wege, die zu dem Punkt z führen, zu einer Klasse $H(z)$ zusammen, so führt die Fortsetzung längs jeder Kurve $\gamma \in H(z)$ zu demselben Endelement, und mithin gilt $H(z) \leftrightarrow \mathfrak{z}$. Wir geben hier diese Tatsachen ohne Beweis.

Der Prozeß der Verheftung von „Blättern" nach dem Muster von $\tilde{F}_n$ und $\tilde{F}_\infty$ führt zur Definition eines geometrischen Gebildes, das man als eine Art „Gerippe" einer Riemannschen Fläche bezeichnen kann.

Kann eine (offene zusammenhängende) Teilmenge G eines topologischen Raumes S mit Hilfe einer topologischen (d. h. eineindeutigen und nach beiden Seiten stetigen) Transformation $T(G)$ auf eine Kreisscheibe K der komplexen Ebene abgebildet werden, so heißt G kreishomöomorph. Ist dann $a \in G$, so kann man stets erreichen, daß a in den Mittelpunkt von K kommt.

Def. *Besitzt ein zusammenhängender Hausdorffscher topologischer Raum S ein Überdeckungssystem von kreishomöomorphen Umgebungen, so heißt S eine zweidimensionale Mannigfaltigkeit.*

Jede Teilmenge A einer zweidimensionalen Mannigfaltigkeit M, die durch höchstens endlich viele kreishomöomorphe Umgebungen überdeckt werden kann, heißt kompakt. Trifft dieser Sachverhalt für die gesamte Mannigfaltigkeit M zu, so heißt diese kompakt. Sonst heißt M offen.

Kann man ein $A \subset M$ topologisch auf ein Dreieck D der komplexen Ebene abbilden, so heißt A ein Dreieck und wird im allgemeinen mit $\varDelta$ bezeichnet. Die Bilder der Ecken und Kanten von D werden dann als die Ecken bzw. die Kanten von $\varDelta$ bezeichnet. Daß $\varDelta$ eine kompakte

Teilmenge von M ist, kann der Leser mit Hilfe des (existierenden) Systems der kreishomöomorphen Abbildungen auf die komplexe Ebene leicht beweisen[1].

Haben die Dreiecke $\varDelta$, $\varDelta'$ eine gemeinsame Kante, etwa γ, so werden sie als miteinander verheftet bzw. als benachbart bezeichnet. In diesem Falle werden die entsprechenden Kanten der (Zahlen-) Dreiecke D, D' topologisch aufeinander bezogen, und zwar so, daß je zwei korrespondierenden Punkten dieser Kanten ein und derselbe Punkt a von γ entspricht. Einem solchen Punkt von γ schreiben wir je eine Halbumgebung (in $\varDelta$ und $\varDelta'$) zu, welche das Bild einer hinreichend kleinen halben Kreisscheibe in den entsprechenden Dreiecken von D und D' ist. Das Bild der Vereinigung der beiden halben Kreise ist dann eine Umgebung von a. Entsprechend wird bei einem inneren Punkt (d. h. bei einem Bild eines inneren Punktes von D) von $\varDelta$ und bei einem Eckpunkt verfahren.

Def. *Die Mannigfaltigkeit M heißt triangulierbar, falls eine Zerlegung von M in (endlich oder abzählbar unendlich viele abgeschlossene) Dreiecke mit folgenden Eigenschaften existiert:*

1. Jeder innere Punkt eines Dreiecks gehört nur diesem Dreieck an.

2. Eine Kante eines Dreiecks gehört genau zwei Dreiecken an, die dann längs dieser Kante verheftet sind.

3. Ein Eckpunkt eines Dreiecks gehört zu einem (endlichen) Dreieckszyklus $(\varDelta_1, \varDelta_2, \ldots, \varDelta_n)$, wobei zwei aufeinanderfolgende Dreiecke $\varDelta_k, \varDelta_{k+1}$ (sowie $\varDelta_n$ mit $\varDelta_1$) längs einer diesen Punkt enthaltenden Kante verheftet sind. Neben 1., 2. und 3. werden wir noch fordern:

4. M ist in dem Sinne zusammenhängend, daß man von jedem Dreieck über eine (endliche) Folge von angrenzenden Dreiecken zu jedem anderen gelangen kann.

Eine Mannigfaltigkeit, welche die Eigenschaften 1.—4. besitzt, wird kurz eine Fläche genannt und durch F bezeichnet[2].

---

[1] In moderner Terminologie heißen die Dreiecke, Kanten und Ecken auch (geradlinige) Simplexe. Ein (abgeschlossenes) Dreieck der Ebene der analytischen Geometrie ist z. B. ein 2-Simplex. Dieses kann dadurch orientiert werden, daß man seine Ecken in bestimmter Reihenfolge schreibt. Ein 1-Simplex ist eine (abgeschlossene) Strecke. Es kann dadurch orientiert werden, daß einer der beiden Randpunkte als Anfangs- und der andere als Endpunkt bezeichnet wird. Ein 0-Simplex ist ein Punkt. Die hier betrachteten Orientierungen des Simplexes übertragen sich natürlich bei festen topologischen Abbildungen auf die Dreiecke $\varDelta$ und die Kanten γ und bestimmen deren Orientierung.

[2] Es gibt zweidimensionale Mannigfaltigkeiten, welche nicht trianguliert werden können, da, wie man zeigen kann, diese kein abzählbares Überdeckungssystem von kreishomöomorphen Umgebungen (Abzählbarkeitsaxiom) besitzen. Die zwei bisher bekannten Beispiele von nichttriangulierbaren zweidimensionalen Mannigfaltigkeiten gehen auf H. PRÜFER und P. S. ALEXANDROFF zurück. Man vgl. darüber die Arbeit von T. RADÓ in den *Acta Szeged* 2.

Bei der so definierten Fläche F gehören, wie bereits erklärt wurde, Punkte einer Kante den beiden benachbarten Dreiecken an und Eckpunkte allen Dreiecken des betreffenden Zyklus. Die einfachsten und für die Funktionentheorie wichtigsten Fälle einer solchen Fläche liefern die sogenannten Überlagerungsflächen der komplexen Ebene, die im Sinne der obigen Definition triangulierbare, zweidimensionale Mannigfaltigkeiten, also Flächen darstellen.

Def. *Eine Fläche $\tilde{F}$ heißt eine Überlagerungsfläche einer gegebenen (Grund-)Fläche F, wenn eine Abbildung $f:\tilde{F} \to F$ mit folgenden Eigenschaften existiert:*

a) Jedes Dreieck $\tilde{\Delta}$ von $\tilde{F}$ wird eineindeutig und stetig (etwa affin) auf ein (Spur-)Dreieck Δ von F abgebildet.

b) Stoßen zwei Dreiecke $\tilde{\Delta}_1, \tilde{\Delta}_2$ an einer Kante zusammen, so haben die zugeordneten Dreiecke dieselbe Eigenschaft.

Die Überlagerungsfläche der komplexen Ebene erhält man aus dieser Definition, wenn man F als die (volle) komplexe Ebene bzw. die Riemannsche Kugel nimmt.

Es bedeutet offenbar keine Einschränkung der Allgemeinheit, wenn man die einem Dreieck Δ von F zugeordneten Dreiecke $\tilde{\Delta}$ als kongruente (über Δ liegende) Exemplare von Δ annimmt und die Zuordnung mit Hilfe der Spurabbildung $\tilde{z} \to z$ vornimmt. In diesem Falle führt die Verheftung zu einer Verschmelzung von Kanten- bzw. Eckpunkten von benachbarten Dreiecken.

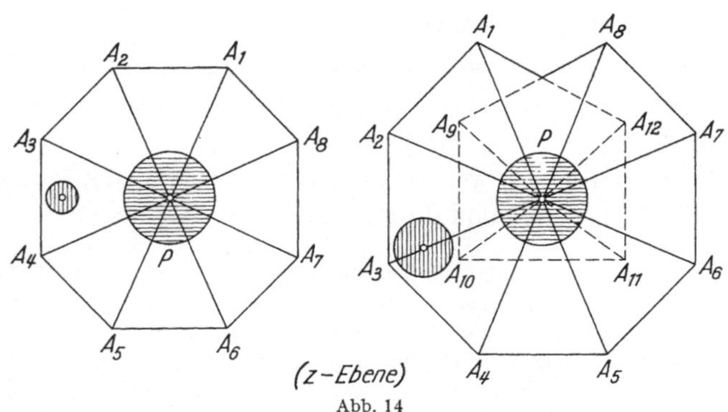

Abb. 14

Zu beachten wäre hier noch, daß Punkte von $\tilde{F}$ mit demselben Spurpunkt, sofern sie nicht durch die Verheftungsvorschrift der Kanten bzw. der Ecken identifiziert wurden, als verschieden zu betrachten sind, unabhängig davon, ob sie (auf der z-Ebene) dieselbe Spur besitzen oder nicht. Die in der vorstehenden Abbildung gezeichneten Dreieckszyklen definieren einen gewöhnlichen Punkt sowie einen Windungspunkt erster Ordnung. Gerade beim letzteren wird dem Anfänger anschaulich demonstriert, daß es bei der Definition der Fläche eigentlich auf die Identifizierung von Ecken sowie der dadurch bestimmten Seiten ankommt. So kann sich z. B. ein Punkt a von $A_9 P A_8$ unbehindert darauf bewegen, obwohl $A_1 P A_{12}$ durch Dreieck $A_9 P A_8$ „hindurchgeht".

Versteht man unter einer Unterteilung eines Dreiecks Δ jede Zerlegung des korrespondierenden Dreiecks D in endlich viele Dreiecke, wobei die Bedingungen 1., 2. und 3. nicht beeinträchtigt werden, so führt jede finite Anwendung dieses Prozesses zu einer Verfeinerung der Triangulierung. Daß dabei eine (eventuell vorgenommene) Orientierung der Kanten von F durch die Hinzufügung der neuen Kanten nicht beeinträchtigt wird, kann durch elementargeometrische Schlüsse leicht gezeigt werden.

Mit Rücksicht darauf, daß $\tilde{F}$ bis auf eine topologische Abbildung der Gestalt nach definiert wird[1], muß für den Übergang von einer Fläche zu einer Riemannschen Fläche eine neue Forderung gestellt werden.

Nachfolgende Forderung bezieht sich zunächst auf allgemeine zweidimensionale Mannigfaltigkeiten.

Def. *Eine zweidimensionale Mannigfaltigkeit M wird als Riemannsche Fläche bezeichnet, wenn es eine abzählbare Überdeckungsfamilie $\mathfrak{O} = \{O_k\}$ von kreishomöomorphen Umgebungen mit folgender Eigenschaft gibt:*

Es sei allgemein $a \in O$ und $z = T(a)$ der zugeordnete Punkt in der Kreisscheibe $K = T(O)$. Man betrachte zwei solche Umgebungen O_1, O_2 mit $O_1 \cap O_2 \neq \emptyset$ und setze $K_1 = T_1(O_1)$, $K_2 = T_2(O_2)$. Dann soll $T_2(T_1^{-1}(z))$ in der Umgebung jeder Stelle $z \in T_1(O_1 \cap O_2)$ analytisch sein, d. h. in eine konvergente Potenzreihe entwickelbar.

Den Sachverhalt, daß $T_2(T_1^{-1}(z))$ eine in der Umgebung jedes Punktes von $T_1(O_1 \cap O_2)$ analytische Funktion sein muß, nennt man (aus Gründen, die der Leser erst im achten Kapitel erfahren wird) eine (direkt) konforme Nachbarrelation.

Die mit den Arbeiten von F. KLEIN einsetzende Vertiefung und Ausarbeitung der von RIEMANN in der Theorie der algebraischen Funktionen eingeführten Begriffsbildungen gelangte (wenn man vom Einfluß POINCARÉS absieht) erst durch die Arbeiten von H. WEYL (Die Idee der Riemannschen Fläche) und T. RADÓ (Zum Begriff der Riemannschen

---

[1] Die bei Definition von $\tilde{F}$ angenommene Gleichheit der verhefteten Kanten ist natürlich nicht notwendig. Es genügt anzunehmen, daß unter den zu verheftenden Kanten eine affine (d. h. in den Koordinaten des Punktes lineare) Korrespondenz existiert, wodurch entsprechende Punkte (insbesondere Ecken mit Ecken) identifiziert werden. Allgemein kann man zum Dreieck jeden ebenen Bereich G erklären, den man topologisch auf ein gewöhnliches Dreieck D abbilden kann. In diesem Falle sind die Ecken bzw. die Kanten von G die Bilder der Ecken bzw. der Kanten von D. Entsprechendes gilt für die Verheftung von zwei solchen „benachbarten" Gebieten G und G'. Die Definition einer Riemannschen Fläche durch Verheftung von solchen Gebieten G bereitet keine wesentliche Schwierigkeit.

Fläche, *Acta Szeged* 2) zum Abschluß. Insbesondere zeigte RADÓ, daß die Triangulierbarkeit einer Fläche (über die Abzählbarkeit der Basis $\mathfrak{O}$) aus der Forderung der (direkten) Konformität der Nachbarrelationen im Sinne der vorherigen Definition folgt. Somit dürfte die Definition der Riemannschen Fläche folgendermaßen lauten:

Def. *Eine Riemannsche Fläche $\mathfrak{R}$ ist ein zusammenhängender Hausdorffscher Raum mit folgenden Eigenschaften:*

1. Es existiert ein System $(\mathfrak{O}, \mathfrak{T})$, $\mathfrak{O} = \{O\}$, $\mathfrak{T} = \{T\}$ von Umgebungen O (deren Vereinigung $\mathfrak{R}$ überdeckt) und topologischen Abbildungen T derart, daß zu jedem O mindestens ein $T \in \mathfrak{T}$ existiert, die O auf ein Gebiet $T(O)$ der komplexen Ebene abbildet.

2. Jedesmal, wenn zwei O, etwa O_1 und O_2, nicht punktfremd sind, ist die aus den zugehörigen Transformationen T_1, T_2 gebildete Funktion $w = T_2(T_1^{-1}(z))$ in $T_1(O_1 \cap O_2)$ analytisch.

Eine (abstrakte) Riemannsche Fläche wird oft auch eine (komplexe) analytische Mannigfaltigkeit genannt.

Die Definition der Überlagerung einer (zweidimensionalen) Mannigfaltigkeit M durch eine zweite, etwa $\tilde{M}$, kann auch durch folgende (lokale) Bedingungen gefaßt werden:

1. Es existiert eine stetige Abbildung $f: \tilde{M} \to M$ von $\tilde{M}$ auf M.

2. Es existiert ein lokaler (komplexer) Parameter $\tilde{z} = \tilde{T}(\tilde{a})$ für mindestens eine Umgebung jedes Punktes $\tilde{a}_0 \in \tilde{M}$ mit $\tilde{T}(\tilde{a}_0) = 0$.

3. Es existiert ein lokaler (komplexer) Parameter $z = T(a)$ $(a = f(\tilde{a}))$ mit $T(a_0) = 0$.

4. Es gilt $z = T(a) = T(f(\tilde{a})) = \tilde{z}^h$ mit einem $h \geq 1$.

Ist $h > 1$, so heißt hier wieder $\tilde{a}_0$ ein Verzweigungspunkt, bzw. ein Windungspunkt von der Ordnung $h - 1$.

Ist überall $h = 1$, so heißt $\tilde{M}$ eine (relativ zu M) unverzweigte Mannigfaltigkeit. Falls es Punkte mit $h > 1$ gibt, heißt sie eine (über diesen Punkten) verzweigte Überlagerungsfläche.

Im folgenden stellen wir uns auf den Standpunkt der triangulierten Überlagerungsfläche F[1] und nehmen (neben der Hausdorffschen Struktur und dem Zusammenhang) folgendes an:

1. Zu jeder Umgebung eines Punktes gehört eine Klasse von topologischen Abbildungen auf die komplexe Ebene.

2. Irgend zwei solche Abbildungen derselben Umgebung oder des Durchschnitts zweier Umgebungen sind (direkt) konform zueinander.

---

[1] Die Forderung nach der Triangulierbarkeit einer zweidimensionalen Mannigfaltigkeit M ist, wie bereits erwähnt, mit der Forderung äquivalent, daß eine abzählbare Familie von kreishomöomorphen Umgebungen O von M existiert, deren Vereinigung $\bigcup O$ die Mannigfaltigkeit M überdeckt. Das ist auch der ursprüngliche Weg von WEYL (loc. cit. S. 22) gewesen.

Das analytische Gebilde W einer Funktion $W(z)$ kann ohne Schwierigkeit durch eine Überlagerungsfläche realisiert werden, wenn man etwa die Stellen $\mathfrak{z}$ (wie dies bei der Einführung von $\tilde{G}_0$ implizit getan wurde) auf die entsprechenden Grundpunkte unter Heranziehung des Umgebungsbegriffes setzt, wobei natürlich diese Zuordnung nur in einer Richtung eindeutig ist. Im folgenden soll zunächst kurz gezeigt werden, daß man W durch eine ansteigende Folge (S_n) $(n = 1, 2, \ldots)$ von Flächenstücken S_n ausschöpfen und darstellen kann. Es sei in der Tat $(P(z - a_n))$ eine (nach dem Poincaré-Volterraschen Satz existierende) Folge von Funktionselementen (wobei jedesmal z in einer Kreisscheibe $\overline{K}_n : [z, a_n] \leqq$ $\leqq \varrho_n < r_n, 0 < \varrho_n < r_n$ liegt), welche $W(z)$ darstellt. Man nenne zwei Kreisscheiben K_i, K_e benachbart, wenn $K_i \cap K_e \neq \emptyset$ ist und für jedes $z \in K_i \cap K_e$ die Werte der entsprechenden Reihen übereinstimmen (Gleichheit der Stellen $\mathfrak{z}$!). Es sei nun $\overline{K}_{n_1}$ eine beliebige Kreisscheibe aus der Folge $(\overline{K}_n)$, und es sei $\overline{K}_{n_2}$ die zu $\overline{K}_{n_1}$ benachbarte Kreisscheibe mit dem kleinsten Index $(n_2 \neq n_1)$. Der nächste Schritt besteht darin, daß man die zu K_{n_1} oder K_{n_2} benachbarte (und von beiden verschiedene) Kreisscheibe K_{n_3} mit dem kleinsten Index bestimmt. Die Wiederholung dieses Verfahrens bis zur Ausschöpfung sämtlicher Kreisscheiben K_n, kombiniert mit der Identifizierung der Punkte mit gleichem $\mathfrak{z}$ in den entsprechenden Durchschnitten, führt zu einer Folge (F_n) von Flächenstücken F_n mit $F_1 = \overline{K}_{n_1}$, $F_2 = \overline{K}_{n_2} \setminus K_{n_1}, F_3 = \overline{K}_{n_3} \setminus K_{n_2} \setminus K_{n_1}, \ldots$, deren Punkte (unter Wahrung des Umgebungsbegriffes) eineindeutig auf die Stellen $\mathfrak{z}$ bezogen werden können. Dabei sollen hier unter gleichen Punkten diejenigen gemeinsamen Punkte der verschiedenen Kreisscheiben aufgefaßt werden, die zusammenfallende Umgebungen von Stellen $\mathfrak{z}$ besitzen. Setzt man nun

$$S_n = F_1 + F_2 + \cdots + F_n \qquad (n = 1, 2, \ldots)^1,$$

so erfaßt die (ansteigende) Folge (S_n) jede reguläre Stelle von W. Man kann leicht zeigen, daß bei vorgegebener algebraischer Stelle ein n

---

[1] Ich schreibe hier (wie vorhin in entsprechenden Fällen) $F_1 + F_2$ anstelle von $F_1 \cup F_2$, weil ich stärker herausstreichen möchte, daß die Verschmelzung (d. h. die Identifizierung) der gemeinsamen Teile der betreffenden Mengen nicht nach der Spur (auf die z-Ebene), sondern im Einklang mit dem Prozeß der analytischen Fortsetzung zu geschehen hat. Vor mehr als sechzig Jahren pflegte Leo Koenigsberger (ein begeisterter Schüler von Weierstrass) in seinen Vorlesungen die Erzeugung einer Riemannschen Fläche durch Aneinanderkleben (Identifizierung der Punkte von $G_1 \cap G_2$ usw.) von aus Papier geschnittenen Kreisscheiben $G_1, G_2, \ldots$ plausibel und verständlich zu machen. Jede Kreisscheibe $G_i : |z - a_i| \leqq r_i (r_i > 0)$ soll Konvergenzkreis eines Weierstraßschen Funktionselementes $P(z - a_i)$ sein. Man beginne mit G_1 und klebe darauf die (aus Papier geschnittene) Kreisscheibe G_2' so, daß die Projektion von G_2' mit G_2 übereinstimmt. Dieser Prozeß wird (für nicht kompakte Flächen) unbeschränkt fortgesetzt. Man vgl. darüber Bieberbach, Funktionentheorie I, S. 207.

gefunden werden kann derart, daß man deren Umgebung (40.8) bzw. (40.9) mit S_n „verschmelzen" kann. Entsprechend kann noch gezeigt werden (durch eine entsprechende Abänderung des Beweises des Poincaré-Volterraschen Satzes), daß man W durch „Verschmelzung" einer Gebietsfolge (G_n) ausschöpfen kann, deren Ränder jedesmal aus endlich vielen analytischen Kurven bestehen.

Gibt es ein schlichtes Gebiet $T (T \subseteqq G_0)$ der z-Ebene derart, daß bei gegebener regulärer Stelle $\mathfrak{z}_0 = (z_0, w_0) (z_0 \in T)$ die Fortsetzung des Elementes $P(z - z_0) (P(0) = w_0)$ von $W(z)$ in T eine eindeutige Funktion liefert (also $\mathfrak{z} \leftrightarrow z, z \in T$), so heißt diese (in Verallgemeinerung des in 39. definierten Zweiges im Kleinen) der durch die Stelle $\mathfrak{z}_0$ bestimmte Zweig von $W(z)$. Die Aufgabe, maximale T zu finden, sowie der Aufbau der Riemannschen Fläche $\tilde{G}_0$ (die durch die Windungspunkte ergänzt als Existenzgebiet von $W(z)$ definiert wird) durch geeignete Verheftung von endlich bzw. abzählbar vielen solchen zueinander kongruenten Exemplaren (Blätter genannt) nach dem Muster der Beispiele von 42. ist im allgemeinen eine schwierige Aufgabe.

Der Leser darf den vorhin definierten Existenzbereich von $W(z)$ durch die Riemannsche Fläche von W nicht mit dem (im allgemeinen auch bei eindeutigen Funktionen $w(z)$ mehrblättrigen) Überdeckungsgebiet der w-Ebene verwechseln, das man durch Zusammensetzung der Gebiete $w(G)$ erhalten kann. Vielmehr ist dieses durch $W(z)$ entworfene Bild die Riemannsche Fläche der zu $W(z)$ inversen Funktion (mit den Stellen (w, z)!), deren Definition in den Ergänzungen dieses Kapitels (Ergänzung 14) gegeben wird. Die Punkte dieser beiden Riemannschen Flächen können eineindeutig aufeinander bezogen werden.

Eine vollständige, meisterhafte Entwicklung der Theorie der Riemannschen Flächen findet der interessierte Leser in dem kürzlich[1] erschienenen Buch von AHLFORS und SARIO, Riemann Surfaces, *Princeton University Press*, 1960.

43. Nicht fortsetzbare Reihen. Der Turánsche Beweis des Fabryschen Lückensatzes. Daß es nicht fortsetzbare Potenzreihen gibt, zeigt am einfachsten das Beispiel der Reihe

$$(43.1) \qquad P(z) = \sum_0^\infty z^{n!} \qquad (0! = 1).$$

Man setze in der Tat

$$z = r e^{2\pi i \alpha} \qquad (0 < r < 1, 0 \leqq \alpha < 1)$$

und nehme an, α sei rational, etwa gleich $\dfrac{p}{q}$ (p, q ganz). Dann wird wegen $z^{n!} = r^{n!} (n \geqq q)$

$$\left| \sum_q^\infty z^{k!} \right| \geq \sum_q^n r^{k!}$$

---

[1] Nach der Fertigstellung des Manuskripts dieses Buches.

und somit

$$\varliminf_{r \to 1} |P(z)| \geqq - \left| \sum_0^q e^{2\pi i k!} \right| + (n-q) \qquad (n > q) .$$

Daraus folgt für $n \to \infty$

$$(43.2) \qquad \lim_{r \to 1} \left| P\left(r e^{2\pi i \frac{p}{q}} \right) \right| = \infty .$$

Wäre nun $P(z)$ über den Kreis $|z| = 1$ hinaus fortsetzbar, so müßte es einen Punkt z_0, $|z_0| = 1$ und eine Umgebung U_{z_0} geben derart, daß $P(z)$ in $U_{z_0} \cap \{z \mid |z| < 1\}$ beschränkt bleibt. Das ist aber nach (43.2) unmöglich.

Ist eine Potenzreihe $P(z)$ über ihren (endlichen) Konvergenzkreis $|z| \leqq R$ nicht fortsetzbar, so sagen wir, $P(z)$ habe die Kreisscheibe $|z| < R$ als Existenzbereich und die Peripherie $|z| = R$ als natürliche Grenze.

Nachdem WEIERSTRASS das Beispiel der nicht fortsetzbaren Reihe

$$P(z) = \sum_0^\infty a_n z^{b^n} \qquad (a_n > 0, b > 1 \text{ ganz})$$

gegeben hatte, bewies HADAMARD im Jahre 1892 folgenden allgemeinen Satz:

Satz (Hadamardscher Lückensatz). *Genügen die (ganzzahligen) Exponenten λ_n der Potenzreihe*

$$(43.3) \qquad P(z) = \sum_0^\infty a_k z^{\lambda_k} \qquad (\lambda_k < \lambda_{k+1})$$

mit

$$\varlimsup_{n \to \infty} \sqrt[\lambda_n]{|a_n|} = 1$$

der Bedingung

$$(43.4) \qquad \varliminf_{n \to \infty} \frac{\lambda_{n+1}}{\lambda_n} > 1 ,$$

so ist diese über ihren Konvergenzkreis nicht fortsetzbar.

Den bisher schärfsten Nichtfortsetzbarkeitssatz allgemeiner Art für Taylor-Reihen hat FABRY[1] im Jahre 1899 bewiesen.

Satz (FABRY). *Die Funktion $w(z)$ sei in der Umgebung von $z = 0$ regulär und besitze dort die Potenzreihenentwicklung*

$$(43.5) \qquad w(z) = \sum_0^\infty a_k z^{\lambda_k}$$

mit

$$(43.6) \qquad \lim_{n \to \infty} \frac{\lambda_n}{n} = \infty .$$

---

[1] E. FABRY (1856—1944).

Dann ist der Existenzbereich von $w(z)$ entweder die offene Ebene E oder das Innere eines endlichen Kreises um den Nullpunkt.

Nachfolgender Beweis dieses tiefliegenden Satzes von FABRY geht auf TURÁN zurück.

Hilfssatz (TURÁN). *Es seien $a_1, \ldots, a_n$ komplex und $\lambda_1, \ldots, \lambda_n$ $(0 < \lambda_1 < \lambda_2 < \cdots < \lambda_n)$ ganz. Man setze*

$$(43.7) \qquad S(x) = \sum_1^n a_k e^{i \lambda_k x}$$

und

$$(43.8) \qquad M_\delta = \mathrm{Max}\, \{|S(x)| \mid |x| \leq \delta \leq \pi\}\,.$$

Dann gilt:

$$(43.9) \qquad M_\pi \leq \left(\frac{48\,\pi}{\delta}\right)^n M_\delta\,.$$

Beweis. Es seien m, n ganz $m \geq n \geq 1$ und $z_1, z_2, \ldots, z_n$ komplexe Zahlen mit $|z_1| = |z_2| = \cdots = |z_n| = 1$[1]. Man setze bei gegebenen, festen, komplexen $b_1, b_2, \ldots, b_n$

$$S(z, q) = \sum_1^n b_\nu z_\nu^q \qquad\qquad (q \text{ reell} > 0)$$

und

$$S = \sum_1^n b_\nu\,.$$

Dann ist

$$(43.10) \qquad \mathrm{Max}_{m-n \leq q \leq m} |S(z, q)| \geq \left(\frac{n}{24\,m}\right)^n |S|\,.$$

Zum Beweis setze man

$$g(z) = \prod_1^n (1 - \bar{z}_\nu z) = 1 + \sum_1^n A_\nu z^\nu,$$

$$\frac{1}{g(z)} = 1 + \sum_1^\infty B_\nu z^\nu = S_{m-n}(z) + \sum_{m-n+1}^\infty B_\nu z^\nu \qquad (|z| < 1)$$

und

$$G(z) = 1 - g(z)\, S_{m-n}(z) = \sum_{m-n+1}^m C_\nu z^\nu\,.$$

Letzteres Polynom genügt den Bedingungen

$$G(z_1) = G(z_2) = \cdots = G(z_n) = 1\,,$$

und somit wird

$$(43.11) \qquad \sum_{m-n+1}^m C_\nu z_j^\nu = 1 \qquad\qquad (j = 1, 2, \ldots, n)\,.$$

---

[1] Der allgemeine Satz von TURÁN setzt $|z_k| \geq 1$ $(k = 1, 2, \ldots, n)$ voraus.

Aus diesen Gleichungen folgt

$$S = \sum_1^n b_k = \sum_{m-n+1}^m C_\nu \left\{ \sum_{k=1}^n b_k z_k^\nu \right\} = \sum_{m-n+1}^m C_\nu S(z, \nu) \,,$$

also

$$|S| \leq \left(\sum_{m-n+1}^m |C_\nu| \right) \operatorname*{Max}_{m-n+1 \leq q \leq m} |S(z, q)| \,.$$

Die Abschätzung der Summe

$$S_1 = \sum_{m-n+1}^m |C_\nu|$$

nach oben kann nun folgendermaßen durchgeführt werden:
Zuerst gilt

$$|A_\nu| \leq \binom{n}{\nu} \qquad\qquad (\nu = 1, 2, \ldots, n) \,.$$

Andererseits kann $|B_\nu|$ mit Rücksicht auf die Entwicklung

$$\frac{1}{(1-z)^n} = \sum_0^\infty \binom{n+\nu-1}{n-1} z^\nu$$

höchstens gleich $\binom{n+\nu-1}{n-1}$ sein. Durch eine analoge Überlegung stellt man schließlich fest, daß $|C_\nu|$ den Koeffizienten von z^ν in der Entwicklung von

$$\frac{(1+z)^n}{(1-z)^n} - 1$$

nicht übersteigen kann. Das gibt die Ungleichung

$$|C_\nu| \leq 2^n \binom{n+\nu-1}{n-1} \leq 2^n \frac{(m+n-1)^{n-1}}{(n-1)!} \,,$$

also wegen $n \leq m$

$$|C_\nu| \leq 2 \frac{(4m)^{n-1}}{(n-1)!} \,.$$

Nun bestätigt man leicht, daß für jedes $n \geq 1$

$$(43.12) \qquad\qquad \left(1 + \frac{1}{n}\right)^n < e$$

gilt, also

$$\left(\frac{n}{e}\right)^{n-1} \leq (n-1)! \qquad\qquad (n = 1, 2, \ldots) \,.$$

Man nehme in der Tat an, letztere Ungleichung sei für ein $n \geq 1$ richtig. Dann wird

$$n \left(\frac{n}{e}\right)^{n-1} < n!$$

und somit wegen (43.12)

$$\left(\frac{n+1}{e}\right)^n < n \left(\frac{n}{e}\right)^{n-1} < n! \,.$$

Das beweist die Behauptung. Wir haben also die Abschätzung

$$|C_\nu| \leqq 2 \left(\frac{4em}{n}\right)^{n-1} \qquad (m-n+1 \leqq \nu \leqq m)$$

bewiesen und mithin die Ungleichung

$$S_1 \leqq 2n \left(\frac{4em}{n}\right)^{n-1}.$$

Nun ist für $n \geqq 1$ stets $n \leqq 2^{n-1}$, und somit

$$2n \left(\frac{4em}{n}\right)^{n-1} < \left(\frac{24m}{n}\right)^{n}.$$

Das beweist die Ungleichung (43.10) für ein ganzzahliges m. Ist dies nicht der Fall, so verwende man $[m]$ und beachte, daß alle wesentlichen Abschätzungen richtig bleiben.

Aus (43.10) kann man nun den Beweis der Ungleichung (43.9) ohne Schwierigkeit ableiten. Man setze in der Tat bei gegebenem δ, $0 < \delta < \pi$,

$$1 \leqq n \leqq m \leqq \frac{2\pi}{\delta} n , \quad 1 \leqq \xi \leqq \frac{2\pi}{\delta} \qquad (\xi \text{ fest})$$

voraus und

$$q = nx \quad (\delta \leqq x \leqq 2\pi), \quad m = n\xi .$$

Dann folgt aus (43.10) mit

$$b_\nu = a_\nu e^{i\lambda_\nu \delta \xi}, \quad z_\nu = e^{-i\frac{\delta}{n}\lambda_\nu} \qquad (\nu = 1, 2, \ldots, n),$$

$$\left| \sum_1^n a_\nu e^{i\lambda_\nu \delta \xi} \right| \leqq \left(\frac{48\pi}{\delta}\right)^n \underset{\xi-1\leqq x \leqq \xi}{\mathrm{Max}} \left| \sum_1^n a_\nu e^{i\lambda_\nu \delta (\xi-x)} \right| .$$

Setzt man nun $\delta\xi = \vartheta$ und $\delta(\xi - x) = \psi$, so wird

$$\left| \sum_1^n a_\nu e^{i\lambda_\nu \vartheta} \right| \leqq \left(\frac{48\pi}{\delta}\right)^n \underset{|\psi|\leqq\delta}{\mathrm{Max}} \left| \sum_1^n a_\nu e^{i\lambda_\nu \psi} \right| \qquad (\delta \leqq \vartheta \leqq 2\pi) .$$

Das beweist (43.9).

Man kehre jetzt zum Fabryschen Satz zurück und nehme an (was keine Einschränkung der Allgemeinheit bedeutet), die Reihe (43.3) habe den Konvergenzradius $R = 1$ und $w(z)$ sei in der Umgebung des Punktes $z = 1$ regulär. Das bedeutet: Es existieren zwei positive Zahlen

$$\eta_1, \eta_2 \left(\eta_2 \leqq \eta_1 < \frac{1}{10}\right)$$

derart, daß $w(z)$ in dem von der Kurve

$$\gamma_1 = \begin{cases} |z| = 1 + \eta_2, \ |\arg z| < \eta_1 \\ 1 - \eta_2 \leqq |z| \leqq 1 + \eta_2, \ \arg z = \pm\,\eta_1 \\ |z| = 1 - \eta_2, \ \eta_1 < |\arg z| \leqq \pi \end{cases}$$

begrenzten Bereich B_1 regulär ist.

Es bezeichne nun B_2 den Teilbereich von B_1, der durch die Kurve

$$\gamma_2 = \begin{cases} |z| = 1 \pm \dfrac{\eta_2}{2}, \ |\arg z| < \dfrac{\eta_1}{2} \\[2mm] 1 - \dfrac{\eta_2}{2} \leqq |z| \leqq 1 + \dfrac{\eta_2}{2}, \ \arg z = \pm \dfrac{\eta_1}{2} \end{cases}$$

begrenzt wird. Gilt dann $z_0 \in B_2$ und $z \in \gamma_1$, so liegt $\zeta = \dfrac{z_0}{z}$ im Bereich B_3, der von der Kurve

$$\gamma_3 = \begin{cases} |\zeta| = \left(1 + \dfrac{\eta_2}{2}\right)(1 - \eta_2)^{-1}, \ \dfrac{\eta_1}{2} \leqq |\arg \zeta| \leqq \pi \\[2mm] \left(1 + \dfrac{\eta_2}{2}\right)(1 + \eta_2)^{-1} \leqq |\zeta| \leqq \left(1 + \dfrac{\eta_2}{2}\right)(1 - \eta_2)^{-1}, \ \arg \zeta = \pm \dfrac{\eta_1}{2} \\[2mm] |\zeta| = \left(1 + \dfrac{\eta_2}{2}\right)(1 + \eta_2)^{-1}, \ |\arg \zeta| < \dfrac{\eta_1}{2} \end{cases}$$

begrenzt wird. Wir wählen nun η_1 und bestimmen η_2 so, daß B_3 in der Halbebene

$$(43.13) \qquad\qquad \mathrm{Re}\, \zeta \leqq 1 - \eta_3 \qquad\qquad \left(0 < \eta_3 < \dfrac{1}{4}\right)$$

liegt. Ferner wählen wir in der Entwicklung von $\dfrac{1}{1 - \zeta}$

$$\frac{1}{1 - \zeta} = \frac{1}{1 + a}\left\{1 + \frac{\zeta + a}{1 + a} + \cdots + \left(\frac{\zeta + a}{1 + a}\right)^n\right\} + \frac{1}{1 - \zeta}\left(\frac{\zeta + a}{1 + a}\right)^{n+1}$$

$$= P_n(\zeta) + \frac{1}{1 - \zeta}\left(\frac{\zeta + a}{1 + a}\right)^{n-1}$$

$$= \sum_{v=0}^{n} b_v(n)\, \zeta^v + \frac{1}{1 - \zeta}\left(\frac{\zeta + a}{1 + a}\right)^{n+1}$$

die (komplexe) Zahl a derart, daß für alle Punkte $\zeta \in B_3$ die Ungleichung

$$\left|\frac{\zeta + a}{1 + a}\right| < 1 - \eta_4 \qquad\qquad \left(0 < \eta_4 < \dfrac{1}{4}\right)$$

gilt. Dann wird

$$\left|\frac{1}{1 - \zeta} - P_n(\zeta)\right| < \frac{1}{\eta_3}(1 - \eta_4)^{n+1} \qquad\qquad (\zeta \in B_3)\ .$$

Das bedeutet: Für jedes $z_0 \in B$ und $z \in \gamma_1$ ist

$$(43.14) \qquad\qquad \left|\frac{z}{z - z_0} - P_n\left(\frac{z_0}{z}\right)\right| < \frac{1}{\eta_3}(1 - \eta_4)^{n+1}\ .$$

Man führe jetzt die Polynome

$$\sigma_{\lambda_n}(z) = \sum_{0}^{n} b_{\lambda_v}(\lambda_n)\, a_v z^{\lambda_v}$$

ein und bilde die Differenz $D = w(z_0) - \sigma_{\lambda_n}(z_0)$. Dann wird

$$|D| = \left|\frac{1}{2\pi i}\int_{\gamma_1}\frac{w(z)}{z - z_0}\,dz - \frac{1}{2\pi i}\int_{\gamma_1} w(z)\left(\sum_{1}^{\lambda_n} b_v(\lambda_n)\left(\frac{z_0}{z}\right)^v\right)\frac{dz}{z}\right|$$

also

$$|D| \leq \left| \frac{1}{2\pi i} \int_{\gamma_1} w(z) \left\{ \frac{z}{z-z_0} - P_{\lambda_n}\left(\frac{z_0}{z}\right) \right\} \frac{dz}{z} \right|.$$

Verwendet man also (43.14), so ist, wenn man noch

$$M = \text{Max}\,\{|w(z)| \mid z \in B_1\}$$

setzt,

$$|D| < \left\{ (1 + \eta_2) + \frac{1}{\pi}(1 + \eta_2) \right\} \frac{M}{1-\eta_2}\, \frac{1}{\eta_3}\, (1-\eta_4)^{\lambda_n} < \frac{10\,M}{\eta_3}\, (1-\eta_4)^{\lambda_n}.$$

Jetzt wende man die Turánsche Ungleichung (43.9) auf die Polynome

$$S(\vartheta) = \sigma_{\lambda_{n+1}}(r_0 e^{i\vartheta}) - \sigma_{\lambda_n}(r_0 e^{i\vartheta})$$

mit $r_0 = |z_0|$ an und nehme dort $\delta = \frac{\eta_1}{2}$. Setzt man dann

$$\Delta_n = \text{Max}\,\{|\sigma_{\lambda_{n+1}}(z_0) - \sigma_{\lambda_n}(z_0)| \mid |z_0| = r_0\},$$

so wird

$$\Delta_n \leq \left(2\frac{48\,\pi}{\eta_1} \right)^{n+1} \underset{|\vartheta| \leq \frac{\eta_1}{2}}{\text{Max}}\ |\sigma_{\lambda_{n+1}}(r_0 e^{i\vartheta}) - \sigma_{\lambda_n}(r_0 e^{i\vartheta})|$$

und wegen

$$|\sigma_{\lambda_{n+1}}(z_0) - \sigma_{\lambda_n}(z_0)| \leq |\sigma_{\lambda_{n+1}}(z_0) - w(z_0)| + |\sigma_{\lambda_n}(z_0) - w(z_0)|$$

$$\Delta_n < \left(2\frac{48\,\pi}{\eta_1} \right)^{n+1} \cdot \frac{10\,M}{\eta_3} \left\{ (1-\eta_4)^{\lambda_{n+1}} + (1-\eta_4)^{\lambda_n} \right\}$$

oder

$$\Delta_n < \frac{20\,M}{\eta_3} \left(2\frac{48\,\pi}{\eta_1} \right)^{n+1} (1-\eta_4)^{\lambda_n} <$$

$$< \frac{8\,000\,M}{\eta_1\,\eta_3} \left\{ \left(2\frac{48\,\pi}{\eta_1} \right)^{\frac{n}{\lambda_n}} (1-\eta_4) \right\}^{\lambda_n}.$$

Nimmt man also n hinreichend groß, so kann mit Rücksicht auf die Fabry-Bedingung (43.6)

$$\left(2\frac{48\,\pi}{\eta_1} \right)^{\frac{n}{\lambda_n}} (1-\eta_4) \leq q < 1 \qquad\qquad (n \geq n_0)$$

gemacht werden und somit für $n \geq n_1$

$$\Delta_n \leq K q^{\lambda_n} \leq K q^n \qquad\qquad \left(K = \frac{8\,000\,M}{\eta_1\,\eta_3} \right).$$

Aus der gleichmäßigen Konvergenz der Polynomfolge $(\sigma_{\lambda_n}(z))$ im Ring-gebiet

$$1 - \frac{\eta_2}{2} \leq |z| \leq 1 + \frac{\eta_2}{2}$$

folgt wegen

$$\lim_{n \to \infty} \sigma_{\lambda_n}(z) = w(z) \qquad\qquad (z \in B_2),$$

daß $w(z)$ in der Kreisscheibe $|z| \leq 1 + \frac{\eta_2}{2}$ regulär sein muß und somit eine Potenzreihenentwicklung um den Nullpunkt besitzt, deren Konvergenzradius mindestens $1 + \frac{\eta_2}{2}$ ist. Das widerspricht jedoch der Tatsache, daß der Konvergenzradius von (43.3) genau eins ist.

Der hier zur Darstellung gekommene Beweis des Fabryschen Satzes geht, wie bereits erwähnt, auf TURÁN zurück und wurde im Jahre 1947 in den *Hungarica Acta Mathematica* gedruckt. Er hat gegenüber anderen Beweisen den Vorzug, daß die darin enthaltenen Gedanken (Turánscher Hilfssatz) auf eine Reihe wichtiger und schwieriger Probleme der analytischen Zahlentheorie und der Analysis anwendbar sind[1].

44. Geschichtliche Zusammenhänge und Literaturangaben. Wenn man von dem Begründer der Theorie der abstrakten Räume, MAURICE FRÉCHET, absieht, so ist für den ersten Teil dieses Kapitels, nämlich für die Konvergenztheorie, neben den grundlegenden Arbeiten von ASCOLI und ARZELÁ das Werk von PAUL MONTEL (zusammenfassende Darstellung der Montelschen Arbeiten: Leçons sur les familles normales de fonctions analytiques et leurs applications, *Paris, Gauthier-Villars*, 1927) zu erwähnen, der ältere Resultate auf diesem Gebiet zusammenfaßte und diese nebst vielen neuen Ergebnissen in eine allgemeine Theorie, die Theorie der normalen Familien, einordnete. Neben MONTELs Arbeiten zur Grundlegung der Theorie der normalen Familien sind noch die Arbeiten von OSTROWSKI [Über Folgen analytischer Funktionen und einige Verschärfungen des Picardschen Satzes, *Math. Z.* **24**, 215—258 (1925)] und CARATHÉODORY [Stetige Konvergenz und normale Familien von Funktionen, *Math. Ann.* **101**, 515—533 (1929)] zu erwähnen.

Hat man ein Gebiet G der z-Ebene, so bildet die Gesamtheit S_0 aller eindeutigen Funktionen $w(z)$, die in G von rationalem Charakter sind, einen abstrakten Raum. Ist dann $w(z) \in S_0$ und a ein Pol von $w(z)$, so setzen wir wie üblich $w(a) = \infty$. Da allgemein mit $w \in S_0$ auch $\frac{1}{w} \in S_0$ gilt, und die Konstante $w = 0$ in S_0 liegt, so lassen wir die Konstante $w = \infty$ als Element von S_0 zu.

Wir definieren nun: *Eine unendliche Teilmenge S von S_0 bildet eine normale Familie in G, wenn man aus jeder unendlichen Teilfolge (w_n) $(n = 1, 2, \ldots)$ von Elementen von S eine Teilfolge (w_{n_k}) $(k = 1, 2, \ldots)$ auswählen kann, die in jeder kompakten Teilmenge K von G gleichmäßig gegen ein Element von S_0 konvergiert.*

Liegt dieses Element stets in S, so heißt S eine kompakte normale Familie. Dabei soll bei der Konvergenz die Ostrowski-Ahlforssche Metrik zugrunde gelegt werden.

---

[1] Einen interessanten Beweis des Fabryschen Satzes hat kurz nach TURÁN GELFOND publiziert [*Doklady Akad. Nauk SSSR*, (N. S.) **64**, 437—440 (1949)].

Ein notwendiges und hinreichendes Kriterium dafür, daß S in G normal ist, wurde von AHLFORS gegeben:

Man setze für jedes $w \in S$, $w \not\equiv \infty$

$$\sigma(w) = \sup\left\{\frac{|w'|}{1+|w|^2}\ \Big|\ z \in K\right\}. \qquad (K \subset G).$$

Dann besteht die notwendige und hinreichende Bedingung dafür, daß die Familie S in G normal ist, darin, daß die obere Grenze der $\sigma(w)$ für alle $w \in S$, bei festem (sonst willkürlichem) kompaktem K endlich ist.

Gilt also für jedes $w \in S$, $w \not\equiv \infty$

$$\frac{|w'(z)|}{1+|w(z)|^2} \leqq M \qquad (M = M(K),\ z \in K)$$

mit einem endlichen M, so ist S normal in G.

Den Beweis dieses Normalitätskriteriums findet der Leser in dem schon zitierten Lehrbuch von AHLFORS (Complex Analysis, S. 169).

Ein einfaches hinreichendes Kriterium dafür, daß S in G normal ist, ist offenbar die gleichmäßige Beschränktheit der Funktionenklasse. Ein weiteres tieferliegendes Kriterium für die Normalität von S haben CARATHÉODORY und LANDAU gegeben. Sie haben *(Sitzungsberichte der Preußischen Akademie der Wissenschaften* 1916) bewiesen: *Läßt jedes Element $w(z)$ von S in G drei feste Werte a, b, c aus, so ist S normal in G.*

Eine historisch interessante Darstellung der Weierstraßschen Auffassung des Begriffes der analytischen Funktion bzw. des analytischen Gebildes nebst einer Konfrontierung dieser Begriffsbildung mit den Gedankengängen von CAUCHY und RIEMANN findet der Leser, wie bereits erwähnt, in einer 1884 geschriebenen und erst 1924 gedruckten Abhandlung von WEIERSTRASS (Zur Funktionentheorie, *Acta Math.* 45). Diese Arbeit knüpft an die grundlegenden Abhandlungen (Zur Theorie der eindeutigen analytischen Funktionen und Zur Funktionenlehre, *Ges. W.*, Bd. 2) aus den Jahren 1876 und 1880 an und hebt die Vorzüge seines Standpunktes hervor. Was dabei gewonnen wird, ist eigentlich nicht nur die Definition der analytischen Funktion durch Potenzreihen [was auch CH. MÉRAY (1835—1911) tat], sondern auch die Bereitstellung eines einfachen Mittels, nämlich der Umbildung derselben zur Gewinnung der analytischen Fortsetzung. (Der allgemeine Begriff der analytischen Fortsetzung war natürlich auch RIEMANN bekannt, und dies wird auch von WEIERSTRASS in der Abhandlung von 1884 erwähnt.)

Nimmt man an (was durch Verkleinerung des Konvergenzradius stets erreicht werden kann), daß jedes Funktionselement $P(z-a)$ in einer abgeschlossenen Kreisscheibe konvergiert, so liefert das Weierstraßsche Verfahren neben der Ausschöpfung des (natürlichen) Existenzbereiches durch Vereinigung von offenen Kreisscheiben auch eine solche durch abgeschlossene Kreisbereiche. Jede monoton wachsende Folge solcher Bereiche (d. h. Vereinigung von endlich vielen abgeschlossenen Kreisscheiben) definiert den Existenzbereich des Ausgangsfunktionselements. Oft werden solche Grenzmengen auch als W-Bereiche bezeichnet.

Daß ein analytischer Ausdruck (d. h. ein Ausdruck, dessen Wert man in jedem Punkt einer Punktmenge durch finite bzw. abzählbare Wiederholung der Operationen Addition, Subtraktion, Multiplikation und Division bestimmen kann) zwei oder mehrere eindeutige analytische Funktionen im Weierstraßschen Sinne darstellen kann, deren Regularitätsgebiete punktfremd sind, war schon WEIERSTRASS bekannt. So stellt z. B. der analytische Ausdruck

$$A_0(z) = \sum_0^\infty \frac{z^n}{1 + z^{2n}} \qquad\qquad (|z| \neq 1)$$

die beiden analytischen Funktionen

$$w_1(z) = A_0(z) \qquad\qquad (|z| < 1)$$

und

$$w_2(z) = A_0(z) \qquad\qquad (|z| > 1)$$

dar, die nach der Weierstraßschen Theorie (da $w_2(z)$ keine analytische Fortsetzung von $w_1(z)$ ist) nichts miteinander zu tun haben.

Nachfolgendes (auf POINCARÉ, GOURSAT und BOREL zurückgehendes) Beispiel ist von prinzipieller Bedeutung.

Es sei

$$A(z) = \sum_1^\infty \frac{A_n}{z - a_n}$$

mit $a_n = e^{2\pi i \alpha_n}$ und $\sum_1^\infty |A_n| < +\infty$, wobei $\{\alpha_n\}$ die Menge aller rationaler Zahlen des Intervalls $0 \leqq r < 1$ bedeutet. Dann konvergiert $A(z)$ für alle z, $|z| \neq 1$ und es scheint zunächst, als ob $A(z)$ wieder zwei voneinander unabhängige analytische Funktionen $w_1(z)$ und $w_2(z)$ darstellt, deren Existenzbereiche durch die Einheitsperipherie getrennt werden. Nun hat BOREL (man vgl. etwa Leçons sur les fonctions monogènes uniformes d'une variable complexe, *Paris, Gauthier-Villars* 1917) unter vielen anderen Dingen gezeigt, daß es eine Polynomreihe

$$P(z) = \sum_0^\infty P_k(z)$$

gibt und unendlich viele Strahlen α durch den Nullpunkt existieren derart, daß $P(z)$ in jedem Punkt z von $\alpha \cap \{z \mid |z| < 1\}$ bzw. $\alpha \cap \{z \mid |z| > 1\}$ den Wert $A(z)$ hat. Insofern weisen die entsprechend dem ersten Beispiel gebildeten analytischen Funktionen $w_1(z)$ und $w_2(z)$ einen Zusammenhang auf, den die Weierstraßsche Theorie nicht aufdeckt.

Diese groß angelegten Untersuchungen von BOREL, die 1894 mit seiner Dissertation *Sur quelques points de la théorie des fonctions* (nachgedruckt in den *Ann. Ec. Norm. Sup.* 1895) begannen, führten ihn schließlich [man vgl. etwa *Les fonctions monogènes non analytiques, Bull. soc. math. France* **40**, 205—219 (1912)] zum Begriff der monogenen Funktion, die den Cauchyschen (und Weierstraßschen) Begriff der analytischen Funktion erweitert. BOREL betrachtet Bereiche (C-Bereiche genannt), die als Grenzmengen von ansteigenden Folgen (C_n) $(n = 1, 2, \ldots)$ von Punktmengen C_n der komplexen Ebene mit folgenden Eigenschaften aufgefaßt werden können:

1. Jedes C_n ist eine perfekte Punktmenge (d. h. C_n ist abgeschlossen und jeder Punkt von C_n ist Häufungspunkt von C_n) und

2. Die komplementäre Menge von C_n besteht aus höchstens abzählbar vielen, punktfremden, offenen Kreisscheiben[1].

Danach kann C nirgends dicht sein (d. h. C kann einen leeren offenen Kern haben), während sein Komplement C' eine dichte Punktmenge vom Maß Null sein kann (also eine Nullmenge, deren abgeschlossene Hülle die gesamte Ebene ausfüllt).

Offenbar enthält der Raum aller C-Bereiche die Gesamtheit der W-Bereiche als Teilraum.

Eine komplexe Funktion $w(z)$ $(z \in C)$ soll in C stetig heißen, wenn sie in jedem C_n stetig ist. Ist $z \in C$, so heißt $w(z)$ dort differenzierbar, wenn für jedes n, für das $z \in C_n$ gilt, der Grenzwert

$$\lim_{z' \to z} \frac{w(z') - w(z)}{z' - z} \qquad (z' \neq z, \ z' \in C_n)$$

existiert. Eine komplexe Funktion, die in C stetig und differenzierbar ist, heißt monogen in C.

Nun hat BOREL folgende grundlegenden Resultate bewiesen:

1. Ist $w(z)$ monogen in C und verschwindet sie auf einem Kurvenbogen γ in C, so verschwindet sie identisch in C.

2. Gilt für einen Punkt z_0 von C

$$w^{(k)}(z_0) = 0 \qquad (k = 0, 1, 2, \ldots),$$

so verschwindet $w(z)$ identisch in C[2].

---

[1] Das gegenseitige Verhältnis der Radien dieser Kreisscheiben ist nicht willkürlich. Die allgemeine Theorie der C-Bereiche von BOREL findet der Leser im Kapitel 5 seines vorhin zitierten Buches dargestellt.

[2] Mehr als die hier gegebenen gedrängten Informationen über monogene Funktionen findet der Leser in dem Buch von BOREL. Einen imponierenden Eindruck vom Gesamtwerk BORELS gibt der Jubiläumsband. Selecta (Jubilé scientifique de M. EMILE BOREL, *Paris, Gauthier-Villars,* 1940).

Wichtige Einzelheiten über die verschiedenartigsten Methoden der analytischen Fortsetzung erfährt der Leser aus dem Enzyklopädieartikel von BIEBERBACH (Neuere Untersuchungen über Funktionen einer komplexen Veränderlichen, *Enzyklopädie der Mathematischen Wissenschaften II.3.1, Teubner* 1909—1921). Untersuchungen auf dem Gebiet der analytischen Fortsetzung nach dem Jahr 1921 sind in dem Buch von BIEBERBACH (Analytische Fortsetzung, *Ergebnisse der Mathematik und ihrer Grenzgebiete*, Springer-Verlag 1955) zusammengefaßt worden. Hier findet der Leser auch eine vollständige Aufzählung (mit kurzen Beweisen) der Ergebnisse über nicht fortsetzbare Reihen.

Den Durchbruch von der anschaulichen Riemannschen Fläche (man vgl. z. B. die ausgezeichnete Schrift von KLEIN, Über Riemanns Theorie der algebraischen Funktionen und ihrer Integrale, *Leipzig* 1882) zu der modernen Definition der abstrakten zweidimensionalen Riemannschen Mannigfaltigkeit, der Riemannschen Fläche, wie diese in 42. gebracht wurde, verdankt man HERMANN WEYL (Die Idee der Riemannschen Fläche, *Berlin und Leipzig* 1912, 3. Auflage, 1955) und TIBOR RADÓ [Über den Begriff der Riemannschen Fläche, *Acta Sci. Litt. Szeged* 2, 101—121 (1925)]. Der Leser, der sich für die damit zusammenhängenden Probleme sowie allgemein für die Entwicklung des Riemannschen Gedankens der mehrblättrigen Gebiete interessiert, sollte außer dem grundlegenden Buch von WEYL und der Arbeit von RADÓ noch einige der Kolloquiumsvorträge (zusammengefaßt unter dem Titel Contributions to the theory of RIEMANN surfaces, *Princeton University Press* 1953) studieren, die im Dezember 1951 in Princeton anläßlich des hundertjährigen Jubiläums der Riemannschen Dissertation gehalten wurden.

Einen noch besseren Eindruck der geleisteten Arbeit vermittelt in diesem Zusammenhang die vorhin in 42. zitierte, großangelegte Monographie von AHLFORS und SARIO.

Ergänzungen und Aufgaben zum fünften Kapitel

1. Ein Beweis des Auswahlsatzes. Ist die Funktionenfolge (w_k) $(k = 0, 1, 2, \ldots)$ in einem Kreis $|z| \leq 1$ eindeutig regulär und dort gleichmäßig beschränkt, etwa $|w_k(z)| \leq 1$ $(|z| \leq 1)$, so setze man

$$(1) \qquad w_k(z) = \sum_{n=0}^{\infty} a_{kn} z^n,$$

betrachte das Koeffizientenschema

$$
\begin{array}{l}
a_{00}\, a_{01}\, a_{02} \cdots \\
a_{10}\, a_{11}\, a_{12} \cdots \\
a_{20}\, a_{21}\, a_{22} \cdots \\
\cdots \cdots \cdots
\end{array}
$$

und beachte, daß mit Rücksicht auf die Cauchysche Koeffizienten-abschätzung

$$(2) \qquad\qquad |a_{kn}| \leqq 1 \qquad\qquad (k,\, n = 0,\, 1,\, \ldots)$$

gilt. Dann kann man mit Hilfe des Cantorschen Diagonalverfahrens ein Koeffizientenschema $(a_{k_r s})$ $(r,\, s = 0,\, 1,\, 2,\, \ldots)$ derart bestimmen, daß bei festem $s\,(s = 0,\, 1,\, 2,\, \ldots)$

$$(3) \qquad\qquad \lim_{r \to \infty} a_{k_r s} = a_s$$

existiert. Wegen (2) gilt dann $|a_s| \leqq 1$, und die Reihe

$$(4) \qquad\qquad w(z) = \sum_0^\infty a_s z^s$$

konvergiert in $|z| < 1$. Es sei jetzt $N > 2$ ganz. Dann gilt in $|z| \leqq r < 1$

$$|w_{k_\nu}(z) - w(z)| \leqq \sum_{s=0}^N |a_{k_\nu s} - a_s| + 2\,\frac{r^{N+1}}{1-r}\,.$$

Läßt man jetzt bei festem N $\nu \to \infty$ konvergieren, so erhält man

$$(5) \qquad\qquad \overline{\lim_{\nu \to \infty}}\; |w_{k_\nu}(z) - w(z)| \leqq 2\,\frac{r^{N+1}}{1-r}$$

und mithin (durch Grenzübergang $N \to \infty$)

$$\lim_{\nu \to \infty} w_{k_\nu}(z) = w(z)\,,$$

und zwar gleichmäßig in jeder Kreisscheibe $|z| \leqq r < 1$.

Man wende dieses Verfahren (unter Heranziehung des Heine-Borel-schen Überdeckungssatzes) zum Beweis des Auswahlsatzes bzw. des Vitalischen Konvergenzsatzes für ein beliebiges Gebiet G an.

2. Der Satz von Mittag-Leffler. *Es sei $(g_n(z))$ $(n = 1,\, 2,\, \ldots)$ eine Polynomfolge*

$$g_n(z) = \sum_1^{q_n} A_{nk} z^k$$

und (a_n) eine komplexe Zahlenfolge mit $|a_n| \leqq |a_{n+1}|$ $(n = 1,\, 2,\, \ldots)$ und $\lim_{n \to \infty} |a_n| = \infty$. Bildet man dann für jedes n

$$g_n\left(\frac{1}{z - a_n}\right) = \sum_{k=1}^{q_n} \frac{A_{nk}}{(z - a_n)^k}\,,$$

so kann eine Polynomfolge $(P_n(z))$ $(n = 1,\, 2,\, \ldots)$ bestimmt werden derart, daß die Reihe

$$(1) \qquad\qquad \sum_{n=1}^\infty \left\{ g_n\left(\frac{1}{z - a_n}\right) - P_n(z) \right\}$$

in jeder kompakten Teilmenge K von E, die keinen der Punkte a_n enthält, gleichmäßig konvergiert. Hat also eine in E meromorphe Funktion $w(z)$

mit den Polen a_n in der Umgebung jedes a_n die Entwicklung (Hauptteil)

$$w(z) = g_n\left(\frac{1}{z - a_n}\right) + \text{regulär},$$

so gilt in E die Darstellung

$$(2) \qquad w(z) = \sum_1^\infty \left\{ g_n\left(\frac{1}{z - a_n}\right) - P_n(z) \right\} + w_0(z)$$

mit einer in E regulären eindeutigen Funktion $w_0(z)$. Das ist einer der Sätze, die Mittag-Leffler[1] [*Öfversigt af Kongl. Vetenkaps Akadem. Förhandlinger* 34 (1877)] im Anschluß an die grundlegenden Arbeiten von Weierstrass über die Produktdarstellung meromorpher Funktionen bewiesen hat.

Der Beweis ist einfach. Man setze, falls $a_1 = 0$ ist, $P_1(z) \equiv 0$. Ist $|a_n| > 0$, so ist $g_n\left(\frac{1}{z - a_n}\right)$ in $|z| \le \frac{1}{2}|a_n|$ eindeutig regulär, und somit gilt dort

$$g_n\left(\frac{1}{z - a_n}\right) = \sum_0^\infty C_{n\,k} z^k.$$

Daraus folgt, daß man einen Abschnitt $P_n(z)$ der Taylor-Reihe rechts derart bestimmen kann, daß

$$\left| g_n\left(\frac{1}{z - a_n}\right) - P_n(z) \right| \le \frac{1}{2^n}$$

in $|z| \le \frac{1}{2}|a_n|$ gilt.

Das beweist mit Rücksicht auf das Weierstraßsche Kriterium der gleichmäßigen Konvergenz die (absolute und) gleichmäßige Konvergenz von (1) in jeder kompakten Teilmenge von E, die keinen der Punkte a_n enthält. Die Mittag-Lefflersche Konstruktion ist auch dann durchführbar, wenn die a_n nicht gegen $z = \infty$ konvergieren, sondern ihre Häufungspunkte auf dem Rand eines Gebietes G liegen. Daß die Konstruktion der Reihe (1) die Gleichung (2) zur Folge hat, möge der Leser selbst beweisen.

Der Mittag-Lefflersche Satz (in verallgemeinerter Form) liefert den einfachsten Zugang zum folgenden, wichtigen Satz von C. Runge [Zur Theorie der eindeutigen analytischen Funktionen, *Acta Math.* 6, 229—244 (1885)]: *Jede in einem Gebiet G der komplexen Ebene meromorphe Funktion w (z) läßt sich als Limes einer Folge $(R_n(z))$ von rationalen Funktionen darstellen, wobei jedesmal die innerhalb G gelegenen Pole der $R_n(z)$ mit einem Teil der Pole von w (z) zusammenfallen. Die Konvergenz der Folge $(R_n(z))$ ist in jedem Bereich innerhalb des Regularitätsgebietes von w (z) gleichmäßig.*

---

[1] G. Mittag-Leffler (1846—1927). Eine zusammenfassende Darstellung der Mittag-Lefflerschen Arbeiten findet der Leser in den *Acta Math.* 4 [Sur la représentation analytique des fonctions monogènes uniformes d'une variable indépendante. S. 1—79 (1884)].

Der Beweis läuft für $z_\infty \notin G$ kurz so: Man benutze die (verallgemeinerte) Gleichung (3) und schöpfe G durch eine monotone Folge (B_n) von Bereichen $B_n = G_n \cup \Gamma_n (B_n \subset G_{n+1})$ aus, deren Rand Γ_n aus endlich vielen analytischen Kurvenstücken besteht und nicht durch einen Pol von $w(z)$ hindurchgeht. Ist nun $z \in B_n$, so stelle man $w_0(z)$ durch ein Randintegral (nach dem Vorbild von (25.4)) dar, erstreckt über Γ_{n+1}, und approximiere dieses (nach dessen Zerlegung in geeignete Teilintegrale und Anwendung ähnlicher Methoden wie beim Beweis des Laurent-Weierstraßschen Satzes oder durch Verwendung approximierender Riemannscher Summen mit geeignet verschobenen Polen) gleichmäßig in B_n durch eine rationale Funktion, die in G keinen Pol besitzt. Der Fall $z_\infty \in G$ läßt sich leicht mit Hilfe einer linearen Transformation einbeziehen. Ferner läßt sich zeigen (und das wurde in einem Spezialfall beim Beweis des Fabryschen Satzes demonstriert), daß für ein einfach-zusammenhängendes, beschränktes G die Funktionen $R_n(z)$ durch Polynome $P_n(z)$ ersetzt werden können.

Der Satz von RUNGE gab den Anstoß zu einer umfangreichen Literatur und zu Entwicklungen, die erst in der neuesten Zeit zu einem gewissen Abschluß gekommen sind. Was neu hinzugekommen ist, erfährt der Leser aus dem Buch von J. L. WALSH, Interpolation und Approximation by Rational Functions in the Complex Domain (*Amer. Math. Soc. Coll. Public.* Bd. 20, 2. Aufl. 1956).

3. Nochmals die trigonometrischen Funktionen. Der Satz von MITTAG-LEFFLER erlaubt, ohne Schwierigkeit die Gleichung

$$(1) \qquad \frac{\pi^2}{\sin^2 \pi z} = \sum_{-\infty}^{+\infty} \frac{1}{(z-n)^2}$$

zu beweisen. Man setze

$$g(z) = \sum_{-\infty}^{+\infty} \frac{1}{(z-n)^2}.$$

Dann ist $g(z)$ meromorph und hat offenbar die Periode eins. Andererseits ist

$$\omega(z) = \frac{\pi^2}{\sin^2 \pi z} - g(z)$$

in E eindeutig regulär und hat ebenfalls die Periode eins. Man betrachte jetzt das Quadrat

$$Q_N: \quad |x| \le N + \frac{1}{2}, \quad |y| \le N + \frac{1}{2} \qquad (N \text{ ganz} \ge 1).$$

Dann gilt auf dem Rand Γ_N von Q_N

$$|\sin \pi z| = \left| \frac{e^{i\pi z} - e^{-i\pi z}}{2i} \right| \ge 1$$

und da $g(z)$ auf Γ_N für jedes N dem Betrag nach beschränkt ist (etwa $|g(z)| \le 8$), so gilt

$$|\omega(z)| \le 20 \qquad (z \in \Gamma_N, N = 1, 2, \ldots),$$

und somit muß $\omega(z)$ (nach dem Liouvilleschen Satz) konstant sein.

Daß nun $\omega(z)$ in E identisch verschwindet (was dann auch die Gleichung $\sum\limits_{1}^{\infty} \frac{1}{n^2} = \frac{\pi^2}{6}$ zur Folge hat), kann man am einfachsten mit Hilfe der leicht nachprüfbaren Identität

$$\omega(z) = \frac{1}{4}\left\{\omega\left(\frac{z}{2}\right) + \omega\left(\frac{z+1}{2}\right)\right\}$$

beweisen. Aus der Gleichung (1) erhält man durch Integration mit Rücksicht auf die gleichmäßige Konvergenz von $g(z)$ in jeder kompakten Teilmenge von E, die keinen der Punkte $z = 0, \pm 1, \pm 2, \ldots$ enthält, die Gleichung

$$(2) \qquad \pi \operatorname{ctg} \pi z = \frac{1}{z} + \sum_{n=\infty}^{+\infty}\left\{\frac{1}{z-n} + \frac{1}{n}\right\}.$$

Hierbei erstreckt sich die Summation rechts über alle n mit Ausnahme von $n = 0$. Schreibt man (2) in der Form

$$(3) \qquad \pi \operatorname{ctg} \pi z = \frac{1}{z} + \lim_{m\to\infty}\left\{\sum_{1}^{m}\left(\frac{1}{z-n} + \frac{1}{n}\right)\right\},$$

so erhält man

$$(4) \qquad \pi \operatorname{ctg} \pi z = \frac{1}{z} + 2\sum_{1}^{\infty} \frac{z}{z^2 - n^2}.$$

Daraus folgt durch erneute Integration

$$(5) \qquad \frac{\sin \pi z}{\pi z} = \prod_{1}^{\infty}\left(1 - \frac{z^2}{n^2}\right).$$

Wir werden diese Gleichung im nächsten Kapitel auf ganz anderem Wege beweisen.

4. Die Weierstraßsche Produktdarstellung von $w(z)$. Hat die ganze transzendente Funktion $w(z)$ $(w(0) \neq 0)$ die Nullstellen $a_1, a_2, \ldots$ geordnet nach nicht abnehmenden absoluten Beträgen (mehrfache Nullstellen mehrfach gezählt!), so hat $\frac{w'(z)}{w(z)}$ in a_n einen Pol erster Ordnung, und somit gilt nach dem Mittag-Lefflerschen Satz

$$(1) \qquad \frac{w'(z)}{w(z)} = g(z) + \sum_{1}^{\infty}\left\{\frac{1}{z-a_n} - P_n(z)\right\}$$

mit einer in E eindeutigen regulären Funktion $g(z)$. Man wähle jetzt als $P_n(z)$ das Polynom $-\frac{1}{a_n} W_{p_n}\left(\frac{z}{a_n}\right)$, wobei

$$W_p(z) = \begin{cases} 1 & \vert\, p = 0 \\ z + \frac{1}{2}z^2 + \cdots + \frac{1}{p}z^p & \vert\, p \geqq 1 \end{cases}$$

ist und bilde die Reihe

$$\sigma(z) = \sum_{1}^{\infty} \left\{ \frac{1}{z - a_n} + \frac{1}{a_n} W'_{p_n} \left(\frac{z}{a_n} \right) \right\}.$$

Dann ist für $\left| \dfrac{z}{a_n} \right| \leqq \dfrac{1}{2}$

$$\left| \frac{1}{z - a_n} + \frac{1}{a_n} W'_{p_n} \left(\frac{z}{a_n} \right) \right| \leqq 2 \left| \frac{z}{a_n} \right|^{|p_n+1|},$$

und somit konvergiert $\sigma(z)$ absolut und gleichmäßig in jeder kompakten Teilmenge von E, die keinen der Punkte a_n enthält, sofern man p_n geeignet wählt. So führt z. B. die Wahl $p_n = n$ stets zu einer konvergenten Reihe.

Daß man aus (1) durch Integration die Gleichung

$$(2) \qquad w(z) = e^{g_0(z)} \prod_{1}^{\infty} \left\{ \left(1 - \frac{z}{a_n} \right) e^{W_{p_n}\left(\frac{z}{a_n} \right)} \right\}$$

mit einer in E holomorphen Funktion $g_0(z)$ erhält, möge der Leser beweisen. Der einfachste Weg dabei ist folgender: Man setze

$$w_0(z) = \prod_{1}^{\infty} \left\{ \left(1 - \frac{z}{a_n} \right) e^{W_{p_n}\left(\frac{z}{a_n} \right)} \right\}.$$

Dann ist

$$\frac{w(z)}{w_0(z)} = f(z)$$

in E eindeutig und regulär und hat dort keine Nullstellen. Setzt man also

$$(3) \qquad \frac{f'(z)}{f(z)} = \sum_{0}^{\infty} c_n z^n = g'(z) \qquad\qquad (g(0) = 0),$$

so ist $g'(z)$ in E eindeutig regulär und

$$f(z) = f(0)\, e^{g(z)}.$$

Das beweist (2).

Die Produktdarstellung (2) ist erstmalig von WEIERSTRASS (Zur Theorie der eindeutigen analytischen Funktionen, *Abhandl. Kgl. Akad. Wiss.* 1876, Math. W. II, S. 77—124) gegeben worden und bildete den Ausgangspunkt der Untersuchungen von MITTAG-LEFFLER. Man vgl. auch die Entwicklungen von 80.

5. Die elliptischen Funktionen. Als elliptische (doppeltperiodische) Funktion bezeichnet man jede in E meromorphe Funktion $w(z)$ mit zwei Perioden $2\omega_1, 2\omega_2$, deren Verhältnis $\omega = \dfrac{\omega_1}{\omega_2}$ nicht reell ist. Man kann leicht zeigen, daß jede meromorphe Funktion, die den Gleichungen

$$(1) \qquad\qquad w(z + 2\omega_1) = w(z)$$

und

$$(2) \qquad\qquad w(z + 2\omega_2) = w(z)$$

mit einem reellen ω genügt, entweder einfach periodisch (falls ω rational) oder eine Konstante ist (falls ω irrational).

Im folgenden wird es sich um solche ω_1, ω_2 handeln, mit deren Hilfe jedes andere Periodenpaar (ω_1', ω_2') in der Form $\omega_1' = a\,\omega_1 + b\,\omega_2$, $\omega_2' = c\,\omega_1 + d\,\omega_2$ mit ganzzahligen a, b, c, d dargestellt werden kann (Primitive Perioden).

Die einfachsten elliptischen Funktionen sind die Modulformen

$$(3) \qquad \sum_{m,n} \frac{1}{(z - \Omega_{mn})^r} \qquad\qquad (r \geqq 3,\ \text{ganz}) ,$$

wobei $\Omega_{mn} = 2m\,\omega_1 + 2n\,\omega_2$ ist, und die Summation sich über alle ganzen Zahlen $m, n = 0, \pm 1, \ldots$ erstreckt.

Da

$$(4) \qquad \sum_{m,n} \frac{1}{(m^2 + n^2)^{\frac{r}{2}}} \qquad\qquad (m^2 + n^2 \neq 0)$$

wegen

$$\sum_{m,n} \frac{1}{(m^2 + n^2)^{\frac{r}{2}}} < 6\left(\sum_{1}^{\infty} \frac{1}{n^{\frac{r}{2}}}\right)^2$$

konvergiert, so ist (3) in jeder kompakten Teilmenge von E, die keinen der Gitterpunkte Ω_{mn} enthält, absolut und gleichmäßig konvergent.

Der Leser möge folgende wichtigen Einzeltatsachen aus der Theorie der elliptischen Funktionen behalten:

Es bedeute bei gegebenem $z_0 \in E$ und festen, ganzzahligen m und n Π_{mn} (kurz Π) die Punktmenge

$$\{z \mid z = z_0 + 2(m + \alpha)\,\omega_1 + 2(n + \beta)\,\omega_2, 0 \leqq \alpha < 1, 0 \leqq \beta < 1\} .$$

Dann läßt sich E (sofern z_0 festgehalten wird) als Vereinigung aller solcher „Periodenparallelogramme'' Π_{mn} (für $m, n = 0, \pm 1, \ldots$) darstellen.

Man kann nun zeigen: *Ist $w(z)$ eine nicht konstante doppeltperiodische Funktion, so muß sie in einem Π (und somit in jedem) einen Pol haben (mit anderen Worten: Jede überall in E reguläre elliptische Funktion $w(z)$ ist konstant)*. Es ist üblich, die Anzahl der Pole einer elliptischen Funktion $w(z)$ innerhalb eines Periodenparallelogramms als die Ordnung von $w(z)$ zu bezeichnen. So ist z. B. (3) eine elliptische Funktion von der Ordnung r.

2. Die Summe der Residuen der Pole von $w(z)$ in Π ist stets Null.

Beweis. Es sei Γ_{Π} der Rand von Π. Man wähle z_0 so, daß auf Γ_{Π} keine Pole von $w(z)$ liegen. Dann ist

$$\int_{\Gamma_{\Pi}} w(z)\,dz = 0 .$$

Die Gesamtanzahl der Pole von $w(z)$ in einem Parallelogramm heißt (wie bereits erwähnt) die Ordnung von $w(z)$.

Ist $w(z)$ elliptisch, so ist offenbar jede Ableitung von $w(z)$ elliptisch. Wegen

$$\int_{\Gamma_\Pi} \frac{w'}{w}\, dz = 0$$

gilt der Satz:

3. Die Gesamtanzahl der Nullstellen von $w(z)$ in Π (und allgemein der a-Stellen) ist gleich der Ordnung von $w(z)$.

Def. *Die elliptische Funktion*

$$(5) \qquad \wp z = \frac{1}{z^2} + \sum_{m,n}{}' \left\{ \frac{1}{(z - \Omega_{mn})^2} - \frac{1}{\Omega_{mn}^2} \right\}$$

(geschrieben auch $\wp(z)$) heißt die Weierstraßsche Pe-Funktion. Es ist

$$(6) \qquad \wp' z = - 2 \sum_{m,n} \frac{1}{(z - \Omega_{mn})^3}\, {}^1.$$

Ist $|\Omega_{mn}|$ groß gegenüber $|z|$, so ist das allgemeine Glied von (5) absolut genommen kleiner als

$$2\, \frac{|z|}{|\Omega_{mn}|^3} \left(1 - \frac{|z|}{|\Omega_{mn}|} \right)^{-2}.$$

Das beweist die (absolute und gleichmäßige) Konvergenz von (5) in jeder kompakten Teilmenge von E, die keinen der Gitterpunkte Ω_{mn} enthält.

Man kann zeigen, daß $\wp(-z) = \wp(z)$ und $\wp'(-z) = -\wp'(z)$ ist. Zwischen $\wp z$ und $\wp' z$ besteht eine wichtige Relation. Man gehe in der Tat von der Laurent-Weierstraßschen Entwicklung von $\wp z$ in der Umgebung von $z = 0$

$$\wp z = \frac{1}{z^2} + c_2 z^2 + c_4 z^4 + \cdots$$

aus und bilde

$$\wp' z = - \frac{2}{z^3} + 2\, c_2 z + 4\, c_4 z^3 + \cdots .$$

Dann ist

$$\wp^3 z = \frac{1}{z^6} + \frac{3 c_2}{z^2} + 3\, c_4 + \cdots$$

und

$$\wp'^2 z = \frac{4}{z^6} - \frac{8 c_2}{z^2} - 16 c_4 + \cdots .$$

Daraus folgt, daß die (doppeltperiodische) Funktion

$$\wp'^2 z - 4\, \wp^3 z + 20 c_2\, \wp z$$

---

[1] Σ' (wie auch später Π') bedeutet eine Summation (bzw. Produktbildung) über alle „Gitterpunkte" Ω_{mn} mit $m^2 + n^2 \neq 0$.

in E eindeutig und regulär ist, und hiermit (da sie konstant sein muß) gilt

$$(7) \qquad \wp'^2 = 4\,\wp^3 - g_2\,\wp - g_3 \qquad (g_2 = 20\,c_2,\, g_3 = 28\,c_4)\,.$$

Danach genügt $\wp(z)$ der Differentialgleichung

$$(8) \qquad w'^2 = 4\,w^3 - g_2\,w - g_3$$

und hängt somit mit der Umkehrung des Integrals

$$(9) \qquad z = \int_w^\infty \frac{d\zeta}{\sqrt{4\,\zeta^3 - g_2\,\zeta - g_3}}$$

zusammen.

Neben $\wp z,\ \wp' z$ spielen in der Weierstraßschen Theorie noch die Funktionen

$$(10) \qquad \zeta z = \frac{1}{z} + \sum_{m,n}{}' \left\{ \frac{1}{z - \Omega_{mn}} + \frac{1}{\Omega_{mn}} + \frac{z}{\Omega_{mn}^2} \right\}$$

und

$$(11) \qquad \sigma z = z\,\Pi' \left\{ \left(1 - \frac{z}{\Omega_{mn}}\right) e^{\frac{z}{\Omega_{mn}} + \frac{1}{2}\frac{z^2}{\Omega_{mn}^2}} \right\}$$

eine wichtige Rolle. Die erste Funktion (ζ von z) hat als Ableitung die Funktion $-\wp z$ und die zweite Funktion (σ von z) hat als logarithmische Ableitung die Funktion ζz. Daß die rechten Seiten von (10) bzw. (11) in jeder kompakten Teilmenge von E, die keinen der Gitterpunkte Ω_{mn} enthält, absolut und gleichmäßig konvergieren, kann der Leser entweder direkt oder durch gliedweise Integration (von $\zeta = 0$ bis $\zeta = z$) unter Berücksichtigung der Gleichungen

$$\lim_{z \to 0} \left\{ \zeta z - \frac{1}{z} \right\} = 0$$

und

$$\lim_{z \to 0} \frac{\sigma(z)}{z} = 1$$

zeigen.

Die Funktionen ζz und $\sigma(z)$ sind keine elliptischen Funktionen, erstere nicht, weil sie (in Π) einen einfachen Pol hat, letztere, weil sie ganz transzendent ist. Wegen

$$\frac{d}{dz}\left\{ \zeta(z + 2\,\omega_k) - \zeta z \right\} = \wp z - \wp(z + 2\,\omega_k) = 0 \qquad (k = 1, 2)$$

gilt

$$(12) \qquad \zeta(z + 2\,\omega_k) = \zeta z + 2\,\eta_k \qquad (k = 1, 2)\,.$$

Die Konstanten $\eta_1,\ \eta_2$ lassen sich leicht bestimmen durch die Wahl $z = -\,\omega_k\ (k = 1, 2)$. Man findet dann mit Rücksicht darauf, daß ζz ungerade ist, die Gleichungen

$$(13) \qquad \zeta(z + 2\,\omega_k) = \zeta z + 2\,\zeta\,\omega_k \qquad (k = 1, 2)\,.$$

Mit Hilfe dieser Gleichung findet man leicht

$$\sigma(z + 2\,\omega_k) = -\,\sigma(z)\,e^{2\eta_k z + C_k}\,.$$

Die Konstanten C_1, C_2 lassen sich wieder dadurch bestimmen, daß man $z = -\,\omega_k$ setzt. Man erhält dann (wegen $\sigma(-z) = -\,\sigma(z)$) die Gleichungen

$$(14) \qquad \sigma(z + 2\,\omega_k) = -\,\sigma(z)\,e^{2\eta_k (z + \omega_k)} \qquad\qquad (k = 1, 2)\,.$$

6. Additionsformeln. Ist $\zeta \neq \Omega_{mn}$, so ist

$$\psi(z) = \frac{\sigma(z - \zeta)\,\sigma(z + \zeta)}{\sigma^2 z}$$

eine elliptische Funktion mit den Nullstellen $\pm\,\zeta$, und somit gilt

$$\wp z - \wp \zeta = c\,\psi(z) \quad (c \text{ konstant})\,.$$

Daraus folgt wegen

$$\lim_{z \to 0} \{\sigma^2 z\,(\wp z - \wp \zeta)\} = 1$$

$$(1) \qquad \wp z - \wp \zeta = -\,\frac{\sigma(z - \zeta)\,\sigma(z + \zeta)}{\sigma^2 z\,\sigma^2 \zeta}$$

und somit

$$(2) \qquad \frac{\wp' z}{\wp z - \wp \zeta} = \zeta(z + \zeta) + \zeta(z - \zeta) - 2\zeta z\,.$$

Vertauscht man hier z und ζ und addiert man die beiden Gleichungen, so erhält man

$$(3) \qquad \zeta(z + \zeta) = \zeta(z) + \zeta(\zeta) + \frac{1}{2}\,\frac{\wp' z - \wp' \zeta}{\wp z - \wp \zeta}$$

und durch nochmalige Differentiation nach z bzw. ζ

$$\wp(z + \zeta) - \wp z = \frac{1}{2} \cdot \frac{\wp' z\,(\wp' z - \wp' \zeta) - \wp'' z\,(\wp z - \wp \zeta)}{(\wp z - \wp \zeta)^2}$$

und

$$\wp(z + \zeta) - \wp \zeta = \frac{1}{2} \cdot \frac{\wp' \zeta\,(\wp' \zeta - \wp' z) - \wp'' \zeta\,(\wp \zeta - \wp z)}{(\wp z - \wp \zeta)^2}\,.$$

Daraus folgt durch Addition

$$2\,\wp(z + \zeta) - \wp z - \wp \zeta = \frac{1}{2}\,\frac{(\wp' z - \wp' \zeta)^2}{(\wp z - \wp \zeta)^2} - \frac{1}{2} \cdot \frac{\wp'' z - \wp'' \zeta}{\wp z - \wp \zeta}\,.$$

Nun ist

$$\wp'^2 = 4\,\wp^3 - g_2\,\wp - g_3\,,$$

also

$$\wp'' = 6\,\wp^2 - \frac{g_2}{2}\,.$$

Das gibt die Gleichung

$$(4) \qquad \wp(z + \zeta) = -\,\wp z - \wp \zeta + \frac{1}{4}\left(\frac{\wp' z - \wp' \zeta}{\wp z - \wp \zeta}\right)^2\,.$$

Die Gleichungen (3) und (4) heißen die Additionsformeln von ζz bzw. $\wp z$. Einen ausgezeichneten Überblick der klassischen Theorie der elliptischen Funktionen findet der Leser in den Vorlesungen über allgemeine Funktionentheorie und elliptische Funktionen von A. Hurwitz (*Berlin Springer-Verlag* 1922). Dort findet man nicht nur die Theorie der elliptischen Funktionen von Weierstrass meisterhaft dargestellt, sondern auch die gesamte Theorie der Jacobischen elliptischen Funktionen sowie die Theorie der Jacobischen ϑ-Reihen vollständig entwickelt. Von der angelsächsischen Literatur dürfte wohl das (schon zitierte) Buch von Whittaker-Watson die prägnanteste Darstellung der Theorie der elliptischen Funktionen geben. Das zweibändige Buch von Appell und Lacour, Principes de la théorie des fonctions elliptiques *(Paris, Gauthier-Villars,* 1922) weist gegenüber gleichartigen Darstellungen große pädagogische Vorzüge auf. Man vgl. auch das Buch von Valiron, Cours d'Analyse Mathématique, *Bd. 1, Paris* 1948.

7. Der Monodromiesatz. Der Monodromiesatz besagt: *Es sei G ein einfach zusammenhängendes Gebiet der komplexen Ebene und z_0 ein Punkt von G. Ist dann die Potenzreihe*

$$(1) \qquad P(\zeta - z_0) = \sum_0^\infty a_n (\zeta - z_0)^n \quad ^1$$

in einer Umgebung von z_0 konvergent und in G überall fortsetzbar, so ist die so erhaltene Funktion $w(z)$ in G eindeutig. Dabei wird unter überall fortsetzbar folgendes verstanden: *Ist z ein beliebiger Punkt von G, so gibt es mindestens eine (endliche) Kette mit dem Anfangselement $P(\zeta - z_0)$ und dem Endelement $P(\zeta - z)$.*

Der Monodromiesatz kann ähnlich bewiesen werden, wie der Fundamentalsatz der Cauchyschen Funktionentheorie, den er (da der Prozeß der analytischen Fortsetzung umfassender als der Integrationsprozeß ist) verallgemeinert.

Der Leser möge folgende Tatsachen festhalten:

1. Ist $\gamma (\gamma \subset G)$ eine stetige Kurve, die z_0 und z verbindet und nimmt man die Mittelpunkte der Kreisscheiben der Kette auf γ [Fortsetzung von $P(\zeta - z_0)$ längs der Kurve γ!], so wird das Resultat durch Hinzunahme weiterer Kettenelemente mit Mittelpunkt auf γ nicht geändert, sofern man sich an das Bildungsgesetz der Kette hält.

2. Ist

$$\gamma = \{z \mid z = z(\tau) , t_0 \leq \tau \leq t\}$$

und

$$A_\gamma = \{P(\zeta - z_k) \mid z_k = z(\tau_k), k = 0, 1, \ldots, n\}$$

---

[1] Ist $z_0 = \infty$, so ist $P(\zeta - z_0)$ durch $\sum_0^\infty a_n \zeta^{-n}$ zu ersetzen.

mit $t_0 = \tau_0 < \tau_1 < \cdots < \tau_n = t$ eine geordnete Kette von Elementen, so führt die (inverse) Kette

$$A_\gamma^{-1} = \{P(\zeta - z_k') \mid z_k' = z(\tau_{n-k}), k = 0, 1, \ldots, n\}$$

vom Element $P(\zeta - z)$ zum Element $P(\zeta - z_0)$ zurück.

3. Ist γ' eine Kurve in G mit dem Anfangspunkt in $z = z(t)$, so führt die Fortsetzung von $P(\zeta - z_0)$ längs der (orientierten) Kurve $\gamma + \gamma' + \gamma'^{-1}$ zu demselben Element $P(\zeta - z)$ zurück.

Im folgenden wird von γ wenig Gebrauch gemacht, sondern lediglich von der (geordneten) Folge (z_k) $(k = 0, 1, \ldots, n)$ der Mittelpunkte z_k. Da, wie bereits erwähnt, das Hinzufügen von Zwischenpunkten an dem Endelement nichts ändert, so wird darüber hinaus stets angenommen, daß die Strecken $z_{k-1} z_k (k = 0, 1, \ldots, n)$ in G liegen.

Man kann nun leicht zeigen, daß der Monodromiesatz mit folgender Behauptung äquivalent ist:

Jede geschlossene Kette

$$K = \{P(z - \zeta_k) \mid k = 0, 1, 2, \ldots, n; \zeta_n = \zeta_0\}$$

führt zum Ausgangselement von K zurück.

Nachfolgende Beweisskizze möge vom Leser in den einzelnen Schritten ausführlicher durchgeführt werden: Man nehme an, es gäbe eine Kette K, die nicht zum Ausgangselement führt. Dann gibt es eine einfache (d. h. eine solche, wo $\zeta_i = \zeta_k$, $i \neq k$ nur für den Anfangs- bzw. Endpunkt gilt) Kette, etwa (2), mit derselben Eigenschaft. Es sei Π die Polygonallinie, die man mit Hilfe der ζ_k (genommen in der gegebenen Reihenfolge) bilden kann. Diese liegt nach Voraussetzung in G. Ist Π nicht einfach, so muß ein einfach geschlossener Teilzug Π' von Π die Eigenschaft haben, daß die Fortsetzung längs Π' nicht zum Ausgangselement führt. Nun hat jedes einfach geschlossene Polygon (und somit auch Π') mindestens einen Winkel $\alpha < \pi$. Es seien AB, AC die beiden Seiten von Π', die den Winkel α bilden. Es sei A die dazugehörige Ecke. Dann gibt es eine Ecke B von Π' (etwa diejenige, die das Minimum der Entfernung von A von allen Ecken von Π' erreicht), so daß die Seite AB das Polygon Π' in zwei Polygone Π'' und Π''' in G mit einer kleineren Seitenzahl als Π' zerlegt. Setzt man dann diesen Abspaltungsprozeß fort, so kann man Π' als topologische Summe von endlich vielen (orientierten) Dreiecken darstellen und somit den Beweis des Monodromiesatzes auf folgendes Lemma zurückführen:

Ist Δ ein abgeschlossenes Dreieck in G und Γ sein Rand, so führt die analytische Fortsetzung längs Γ stets zum Ausgangselement zurück.

Beweis. Man halbiere die Seiten des Dreiecks (Abb. 15) und ersetze den Fortsetzungsweg 1 2 3 1 durch den äquivalenten Weg 1 2' 3' 2' 2 4' 2' 4' 3' 4' 3 3' 1. Führt dann der Weg 1 2 3 1 nicht zu demselben Element zurück, so muß dasselbe für einen der vier Dreieckwege 1 2′3′1, 2′ 2 4′ 2′, 4′ 3 3′ 4′ und 3′ 2′ 4′ 3′ gelten. Setzt man dieses Verfahren fort, so erhält man eine Folge $(\varDelta_n)$ $(n=1,2,\ldots)$ von ineinander geschachtelten Dreiecken $\varDelta_n$ mit dem Rand $\varGamma_n$ und der Eigenschaft, daß die Fortsetzung längs $\varGamma_n$ nicht zu dem Ausgangselement führt. Man setze $z_1 = \lim_{n\to\infty} \varDelta_n$ und setze das Element (1) bis zu dem Punkt z_1 fort. Dann hat $P(\zeta - z_1)$ einen endlichen Radius $r_1 > 0$, und somit liegen in $|\zeta - z_1| < r_1$ unendlich viele Drei-ecke $\varDelta_n$. Da aber die Fortsetzung in $|\zeta - z_1| < r_1$ durch Umordnung der Reihe $P(\zeta - z_1)$ bewerkstelligt werden kann, so muß von einem n an die Fortsetzung längs jedes $\varGamma_n$ zum Ausgangselement führen, was gegen die Voraussetzung ist.

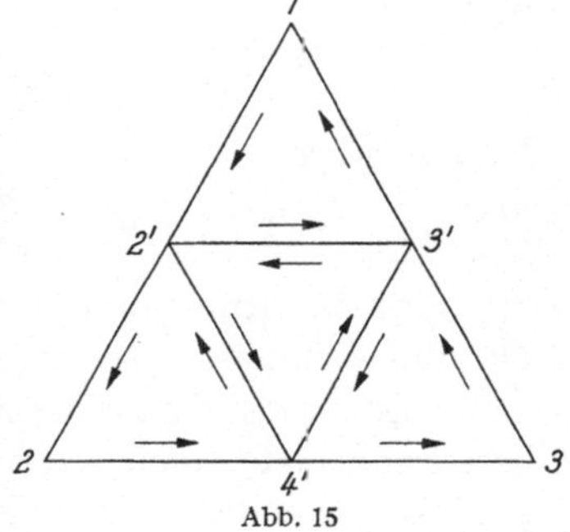

Abb. 15

Der eben bewiesene Monodromiesatz ist Spezialfall eines wesentlich allgemei-neren Satzes, der bei einem gegebenen Gebiet beliebigen Zusammenhangs die Äquivalenzklassen homotoper Wege den Stellen (z, w) einer Riemann-schen Fläche eineindeutig zuordnet. Man kann diesen Satz folgender-maßen formulieren:

Ist G von beliebigem Zusammenhang und kann (1) überall in G analytisch fortgesetzt werden, so führen zwei homotope Wege durch z_0 stets zu demselben Endelement.

Einen Beweis dieses Satzes findet der Leser in dem schon zitierten Buch von AHLFORS.

Aufgabe. *Der Leser möge als Aufgabe das Fundamentallemma der Cauchyschen Funktionentheorie unter Zugrundelegung von Polygonal-linien (nicht nur achsenparalleler Treppenkurven) beweisen.*

8. Das Weierstraßsche Permanenzprinzip der Funktionalgleichungen.

Es seien $(w_1 \mid G)$, $(w_2 \mid G)$ zwei auf einem zunächst beschränkten Gebiet definierte eindeutige analytische Funktionen. Wir nehmen an, daß sowohl $w_1(z)$ als auch $w_2(z)$ in einem Gebiet $G_0 \supset G$ fortsetzbar sind. Ist dann $F(z_1, z_2)$ eine eindeutige komplexe und in $E \times E$ stetige[1] Funktion von $z_1, z_2 (z_1, z_2 \in E)$ derart, daß in jedem Punkt $\dfrac{\partial F}{\partial z_1}$ und $\dfrac{\partial F}{\partial z_2}$ existieren und gilt

$$(1) \qquad\qquad F(w_1(z), w_2(z)) \equiv 0 \qquad\qquad (z \in G),$$

so gilt diese Gleichung auch dann, wenn man $w_1(z)$ und $w_2(z)$ in G_0 fortsetzt. Das ist die einfachste Form des Permanenzprinzips der Funktional-gleichungen.

---

[1] Man vgl. S. 82 ff.

Zum Beweis betrachte man zwei die Elemente $(w_1 \mid G)$, $(w_2 \mid G)$ fortsetzende Elemente $(\widetilde{w}_1 \mid G_1)$, $(\widetilde{w}_2 \mid G_1)$ $(G \cap G_1 \neq \emptyset)$ und bilde in $G \cup G_1$ die Funktion

$$(2) \qquad g(z) = F(\sigma_1(z), \sigma_2(z)),$$

mit

$$\sigma_1(z) = \begin{cases} w_1(z) \mid z \in G \\ \widetilde{w}_1(z) \mid z \in G_1 \end{cases}$$

und

$$\sigma_2(z) = \begin{cases} w_2(z) \mid z \in G \\ \widetilde{w}_2(z) \mid z \in G_1. \end{cases}$$

Da nun wegen

$$(3) \qquad g'(z) = \sigma'_1(z)\, \frac{\partial}{\partial \sigma_1} F(\sigma_1, \sigma_2) + \sigma'_2(z)\, \frac{\partial}{\partial \sigma_2} F(\sigma_1, \sigma_2)^1$$

$g(z)$ eine Ableitung besitzt, so ist diese in $G \cup G_1$ eindeutig analytisch. Da nun $g(z) \equiv 0 \,(z \in G)$ ist, so muß $g(z)$ in $G \cup G_1$ identisch verschwinden. Das beweist die Behauptung. Der Satz gilt auch dann, wenn G nicht beschränkt ist. Auch kann man an Stelle zweier Elemente $(w_1 \mid G)$, $(w_2 \mid G)$ eine endliche Anzahl $(w_k \mid G)$ $(k = 1, 2, \ldots, n)$ betrachten, sofern man $F(z_1, z_2)$ durch $F(z_1, \ldots, z_n)$ ersetzt. Ersetzt man $w_1(z)$, $w_2(z)$ durch $w(z)$, $w'(z)$ $(z \in G)$, so erhält man das Permanenzprinzip der (gewöhnlichen) Differentialgleichungen:

Genügt ein Funktionselement $(w \mid G)$ der Differentialgleichung

$$(4) \qquad F(w, w') = 0,$$

so bleibt diese auch dann gültig, wenn man $(w \mid G)$ fortsetzt.

Das Permanenzprinzip wurde von WEIERSTRASS aufgestellt. Man vgl. seine Vorlesungen an der Berliner Universität und die Abhandlung über die Theorie der analytischen Fakultäten (Mathematische Werke I, Seite 153).

9. Algebroide und algebraische Funktionen. Es sei G_0 ein Gebiet der komplexen Ebene. Genügt dann $w = w(z)$ in G_0 einer Gleichung von der Form

$$(1) \qquad w^n + A_1(z)\, w^{n-1} + \cdots + A_n(z) = 0 \quad (n > 0),$$

wobei jedes $A_k(z)$ in G_0 (das als Existenzgebiet von mindestens einem $A_k(z)$ angenommen wird) meromorph ist, so hat die (noch als Gesamtheit von Funktionselementen, die der Gleichung (1) genügen, zu definierende) Funktion $w(z)$ die Eigenschaft, daß ihre Riemannsche Fläche nur Verzweigungsstellen von der Ordnung $\leq n-1$ aufweisen kann. Sie heißt allgemein eine algebroide Funktion. Sind sämtliche $A_k(z)$ rationale Funktionen (wobei dann $G_0 = \overline{E}$ wird), so heißt $w(z)$ eine algebraische

---

[1] Man vgl. S. 82 ff.

Funktion. Im folgenden wird angenommen, daß die linke Seite von (1) irreduzibel, d. h. nicht in der Form

$$(w^p + B_1(z) w^{p-1} + \cdots + B_p(z)) \cdot (w^q + C_1(z) w^{q-1} + \cdots + C_q(z))$$

mit $p, q > 0$ und meromorphen bzw. rationalen $B_k(z)$ und $C_k(z)$ darstellbar ist (Irreduzibilität von $P(w, z) = w^n + A_1(z) w^{n-1} + \cdots + A_n(z)$!).

Man betrachte jetzt einen Punkt z_0 von G mit den Eigenschaften:

1. z_0 ist kein Pol der Funktionen $A_1(z), \ldots, A_n(z)$.

2. z_0 ist keine Nullstelle und kein Pol der Diskriminante $\Delta(z)$ von $P(w, z)^1$.

Da die Ausnahmewerte 1. und 2. im algebroiden Fall höchstens in abzählbarer Menge vorhanden sind und im algebraischen Fall endlich viele sind, so existiert stets ein z_0 mit den Eigenschaften 1. und 2. Löst man nun die Gleichung $P(w, z_0) = 0$ auf, so erhält man zunächst n voneinander verschiedene Wurzeln $w_1^0, w_2^0, \ldots, w^n$. Der Nachweis nun, daß es eine Kreisscheibe $K : |z - z_0| < r$ und n Funktionselemente $(w_1 \mid K), \ldots, (w_n \mid K)$ gibt derart, daß

$$P(w_k(z), z) \equiv 0 \qquad (z \in K)$$

wird mit $w_k(z_0) = w_k^0 (k = 1, 2, \ldots, n)$, kann folgendermaßen erbracht werden:

Man lege um jeden Punkt w_k^0 eine Kreisscheibe $K_k : |w - w_k^0| \leq \eta$ ($\eta > 0$) derart, daß $K_i \cap K_l = \emptyset$ ($i \neq l$) gilt. Es bedeute Γ_k die (positiv orientierte) Peripherie $|w - w_k^0| = \eta$. Dann ist

$$P(w, z_0) \neq 0 \qquad (w \in \Gamma_k)$$

und somit

$$(2) \qquad \frac{1}{2\pi i} \int_{\Gamma_k} \frac{P_w(w_1 z_0)}{P(w_1 z_0)} \, dz = 1 \qquad (k = 1, 2, \ldots, n) .$$

Man betrachte jetzt das Integral

$$(3) \qquad \frac{1}{2\pi i} \int_{\Gamma_k} \frac{P_w(w, z)}{P(w, z)} \, dz$$

in der Umgebung von $z = z_0$. Da dieses (bei festem z) nur ganzzahlige Werte annehmen kann, so gibt es mit Rücksicht auf die Stetigkeit von (3) eine Kreisscheibe $K : |z - z_0| < \eta_0$ derart, daß (3) für alle $z \in K$ den Wert eins hat. Das bedeutet, daß die Wurzeln von $P(w, z) = 0$ in K durch n

---

^{1} Die Diskriminante $\Delta(z)$ von $P(w, z) = 0$ ist bekanntlich das Eliminationsergebnis von w zwischen den Gleichungen $P(w, z) = 0$ und

$$P_w(w, z) = n w^{n-1} + (n - 1) A_1(z) w^{n-2} + \cdots + A_{n-1}(z) = 0 .$$

Die Diskriminante kann für ein $z \in G$ dann und nur dann verschwinden, wenn $P(w, z) = 0$ für das betreffende z eine mehrfache Wurzel hat.

eindeutige Funktionen $w_k = w_k(z)$ gegeben werden, deren Regularität aus der Darstellung

$$(4) \qquad w_k(z) = \frac{1}{2\pi i} \int_{\Gamma_k} w \, \frac{P_w(w, z)}{P(w, z)} \, dw$$

geschlossen werden kann. Daß nun noch $w_k(z_0) = w_k^0$ und daß $P(w, z)$ in K dann und nur dann verschwindet, wenn w gleich einem $w_k(z)$ ist, ist trivial und bedarf keiner weiteren Erläuterung.

Setzt man die Funktionen $w_i(z)$ (die n Zweige von w im Kleinen) im Gebiet $G_0 \setminus C$ fort, wobei C die vorhin definierte Ausnahmemenge bedeutet, so erhält man eine und dieselbe Gesamtheit W von Elementen mit der Eigenschaft, daß stets die über einem Punkt von $G_0 \setminus C$ liegenden n Zweige (im Kleinen) der Gleichung (1) genügen (Permanenzprinzip der Funktionalgleichungen!). Ist a ein Punkt von C, so wird das Verhalten der Zweige $w_i(z)$ im allgemeinen durch eine Entwicklung von der Form

$$(5) \qquad \sum_0^\infty A_k(z-a)^{\frac{k}{n}}$$

bzw.

$$(6) \qquad \sum_{-p}^\infty A_k(z-a)^{\frac{k}{n}} \qquad (p > 0 \text{ ganz})$$

charakterisiert.

Sind die $A_k(z)$ rationale Funktionen und somit w algebraisch, so kann auch das Verhalten von $w(z)$ in der Umgebung von $z = \infty$ leicht bestimmt werden. Man findet dann, daß (bei geeignetem h, h ganz $\geqq 1$) die Funktion $w(z^h)$ dort höchstens einen Pol hat. Man zeigt insbesondere, daß jede algebroide Funktion, deren Bestimmungsfunktionen $A_k(z)$ in der offenen komplexen Ebene meromorph sind, entweder reguläre Elemente oder Elemente von der Form (5) bzw. (6) (algebraische reguläre Stellen bzw. algebraische Pole) aufweist. Eine algebraische Funktion [deren Bestimmungsfunktionen $A_k(z)$ in $\overline{E}$ definiert sind] weist endlich viele kritische Stellen auf. Diese sind stets algebraischer Natur. Mit Hilfe einfacher Überlegungen kann man noch beweisen:

Es sei W eine endlich vieldeutige Funktion, welche in der vollen Ebene $\overline{E}$ nur Pole und Verzweigungspunkte hat. Dann genügt W einer Gleichung von der Form (1) mit rationalen $A_k(z)$. Hat W diese Eigenschaft nur im Endlichen, so genügt sie einer Gleichung von der Form (1) mit meromorphen $A_k(z)$ und ist mithin eine (in E) algebroide Funktion.

Algebraische Funktionen werden im Hinblick auf die entsprechende Theorie im Reellen auch algebraische Kurven genannt. Nachdem Riemann in seinen bahnbrechenden Arbeiten die Theorie auf geometrische Zusammenhänge (endlichblättrige Riemannsche Flächen) zurückgeführt hatte, entwickelte sich das Gebiet der algebraischen Funktionen zu einer großen Theorie, die tief in algebraische Zusammenhänge führt.

10. Pólyas Vermutung über Potenzreihen mit Fabry-Lücken. Ist

$$(1) \qquad w(z) = \sum_0^\infty a_k z^{\lambda_k}$$

eine in E konvergente Potenzreihe mit Fabry-Lücken $\left(\frac{\lambda_k}{k} \to \infty!\right)$ und ist

$$M(r) = \underset{|z|=r}{\text{Max}}\ |w(z)|$$

und

$$\mu(r) = \underset{|z|=r}{\text{Min}}\ |w(z)|\ ,$$

so hat Pólya [*Mathemat. Z.* **29**, 549—640 ff. (1929)] vermutet: *Gilt*

$$\overline{\lim_{r \to \infty}}\ \frac{\log \log M(r)}{\log r} < +\infty\ ,$$

so ist

$$(2) \qquad \overline{\lim_{r \to \infty}}\ \frac{\log \mu(r)}{\log M(r)} = 1\ .$$

Einen wichtigen Schritt zum Beweis dieser (noch unbewiesenen) Vermutung tat Turán (loc. cit. S. 83). Er hat bewiesen: Ist $e^{i\vartheta_0}$ ein beliebiger Punkt von $|z| = 1$ und wird für $\alpha < \pi$

$$M(r, \vartheta_0, \alpha) = \text{Max}\ \{|w(z)|\ |\ |z| = r,\ |\vartheta - \vartheta_0| < \alpha\}\ ,$$

und

$$\mu(r, \alpha) = \text{Min}\ \{M(r, \vartheta, \alpha)\ |\ 0 \leqq \vartheta \leqq 2\pi\}$$

gesetzt, so ist

$$(3) \qquad \overline{\lim_{r \to \infty}}\ \frac{\log \mu(r, \alpha)}{\log M(r)} = 1\ .$$

11. Ostrowskis Vertiefung des Hadamardschen Lückensatzes. *Die Lückenreihe*

$$(1) \qquad w(z) = \sum_0^\infty a_\nu z^{\lambda_\nu}$$

habe den Konvergenzradius eins.

Gilt dann

$$(2) \qquad \lambda_{\nu_{k+1}} - \lambda_{\nu_k} \geqq \vartheta\, \lambda_{\nu_k} \qquad (\vartheta > 1,\ k = 1, 2, \ldots)$$

und ist

$$(3) \qquad P_0(z) = a_0 + \cdots + a_{\nu_1} z^{\lambda_{\nu_1}}$$

und

$$(4) \qquad P_k(z) = a_{\nu_k} z^{\lambda_{\nu_k}} + \cdots + a_{\nu_{k+1}} z^{\lambda_{r_{k+1}}} \qquad (k = 1, 2, \ldots)\ ,$$

so konvergiert die Reihe

$$(5) \qquad P_0(z) + P_1(z) + \cdots$$

in der Umgebung einer jeden regulären Stelle auf $|z| = 1$ *der in* $|z| < 1$ *regulären Funktion* (5) *gleichmäßig.*

Das ist der Inhalt eines Satzes, den A. Ostrowski im Jahre 1926 [On representation of analytical functions by power series, *Journ. Lond. Math. Soc.* 1, 251—263] publiziert hat.

Eine Potenzreihe, welche eine spezielle Folge von Partialsummen besitzt, die außerhalb ihres Konvergenzkreises konvergieren, heißt überkonvergent. Beispiele von überkonvergenten Reihen hat vor Ostrowski R. Jentzsch [*Acta Mathemat.* 41, 219—251 (1917)] gegeben. Ostrowski (loc. cit.) hat das Beispiel der Reihe

$$(6) \qquad \sum_1^\infty p_n \{z(1-z)\}^{4^n} \qquad \left(\frac{1}{p_n} = \binom{4^n}{2 \cdot 4^{n-1}} \right),$$

welche der Abschnittswahl

$$P_k(z) = p_{k+1} \{z(1-z)\}^{4^{k+1}} \qquad (k = 0, 1, \ldots)$$

entspricht, gegeben. Wegen der Invarianz von (6) bei der Substitution $z \to 1-z$ konvergiert diese nicht nur in $|z| < 1$, sondern auch in $|1-z| < 1$.

Gilt anstelle (2) die Hadamardsche Lückenbedingung

$$\varliminf_{v \to \infty} \frac{\lambda_{v+1}}{\lambda_v} > 1 ,$$

so folgt aus dem Ostrowskischen Satz, daß (1) nicht fortsetzbar sein kann (denn sonst wäre sie gleichmäßig konvergent in einer vollen Umgebung eines Punktes von $|z| = 1$ und somit auch absolut außerhalb $|z| = 1$).

Eine vollständige Orientierung für den hier angeschnittenen Fragenkomplex gibt der Ergebnisbericht von Bieberbach (Analytische Fortsetzung, *Springer-Verlag* 1955).

12. Mordells Beweis des Hadamardschen Lückensatzes. Mordell hat [On power series with the circle of convergence as a line of essential singularities, *Journ. Lond. Math. Soc.* 2, 146—148 (1927)] folgenden kurzen und eleganten Beweis des Hadamardschen Lückensatzes gegeben: Es sei

$$(1) \qquad w(z) = \sum_0^\infty a_n z^{\lambda_n}$$

mit

$$(2) \qquad \frac{\lambda_{n+1}}{\lambda_n} \geqq \vartheta > 1$$

in $|z| < 1$ konvergent.

Man setze

$$z = \frac{1}{2} \zeta^p (1 + \zeta) \qquad (p \text{ ganz}, \geqq 1)$$

und wähle p so, daß

$$\vartheta > \frac{p+1}{p}$$

gilt. Setzt man dann

$$\frac{1}{2^{\lambda_n}}\, a_n \zeta^{p\,\lambda_n}(1+\zeta)^{\lambda_n} = \sum_{k=p\,\lambda_n}^{(p+1)\,\lambda_n} A_{n\,k}\zeta^k$$

und

$$C_k = \begin{cases} A_{n\,k} \ \text{für}\ p\,\lambda_n \leq k \leq (p+1)\,\lambda_n \\ 0 \qquad \text{sonst,} \end{cases}$$

so wird mit Rücksicht auf die Ungleichung

$$(p+1)\,\lambda_n < p\,\lambda_{n+1}$$

$$(3) \qquad\qquad w(z) = w_1(\zeta) = \sum_0^\infty C_k\,\zeta^k\,.$$

Wir zeigen jetzt: Die Reihe (3) hat den Konvergenzradius eins. Man bilde in der Tat $|C_k|$ für ein k, $p\,\lambda_n \leq k \leq (p+1)\,\lambda_n$. Dann ist

$$|C_k| = \frac{1}{2^{\lambda_n}}\,|a_n|\begin{pmatrix} \lambda_n \\ k - p\,\lambda_n \end{pmatrix},$$

und somit muß die Reihe $\sum_0^\infty C_k\zeta^k$ wegen

$$\sum_0^{p\,\lambda_n} |C_k|\,\xi^k \leq \sum_0^\infty |a_k|\,x^k\,(x = \xi^p(1+\xi)/2,\ 0 \leq x,\ \xi < 1)$$

und

$$\sum_0^n |a_k|\,x^k \leq \sum_0^\infty |C_k|\,\xi^k \qquad\qquad (n = 1, 2, 3, \ldots)$$

genau den Konvergenzradius $R = 1$ haben.

Nun ist für $\zeta \neq 1$, $|\zeta| = 1$

$$|z| = \frac{1}{2}\,|1 + \zeta| < 1$$

und mithin $w_1(\zeta)$ in der Umgebung jedes Punktes von $|\zeta| = 1\,(\zeta \neq 1)$ regulär. Wäre $w(z)$ über den Punkt $z = 1$ fortsetzbar, so wäre $w_1(\zeta)$ in der Umgebung jedes Punktes ζ, $|\zeta| = 1$ regulär und hätte somit einen Konvergenzradius $R > 1$.

Da man jeden Punkt ζ_0 von $|\zeta| = 1$ durch die Substitution $\zeta = \zeta_0\zeta'$ in den Punkt $\zeta = 1$ bringen kann, so liefert die Mordellsche Überlegung einen Beweis des Hadamardschen Lückensatzes.

13. Ein Satz von Fatou und Pólya. In seiner berühmten Abhandlung: Séries trigonométriques et séries de Taylor [*Acta Mathemat.* **30**, 335—400 (1906)] hat P. Fatou die Richtigkeit des Satzes vermutet:

Hat die Potenzreihe

$$(1) \qquad\qquad P(z) = a_0 + a_1 z + a_2 z^2 + \cdots$$

den Konvergenzradius eins und bildet man die Gesamtheit F aller Potenz-reihen

$$(2) \qquad \alpha_0 a_0 + \alpha_1 a_1 z + \alpha_2 a_2 z^2 + \cdots,$$

wobei die α_k nur die Werte $+1$ und -1 haben dürfen, so ist mindestens ein Element von F (über $|z| = 1$ hinaus) nicht fortsetzbar. Mit anderen Worten: *Man kann durch geeignete Änderung des Vorzeichens der α_k erreichen, daß die so entstandene neue Reihe nicht fortsetzbar ist.*

Diese Vermutung von FATOU wurde zuerst von PÓLYA [*Acta Mathemat.* **40**, 179—181 (1916)] bewiesen. Nachfolgender Beweis geht auf HURWITZ [*Acta Mathemat.* **40**, 181—183 (1916)] zurück.

Man betrachte die Reihe

$$(3) \qquad Q(z) = \sum_{1}^{\infty} a_{n_k} z^{n_k}$$

mit $a_{n_k} \neq 0$ $(k = 1, 2, \ldots)$,

$$(4) \qquad \lim_{k \to \infty} \sqrt[n_k]{|a_{n_k}|} = 1$$

und

$$(5) \qquad \lim_{k \to \infty} \frac{n_k}{k} = \infty .$$

Dann ist

$$(6) \qquad P(z) = P_0(z) + Q(z) .$$

Jetzt spalte man $Q(z)$ in abzählbar viele Fabry-Potenzreihen $P_1(z)$, $P_2(z), \ldots$, indem man aus den a_{n_k} nacheinander Fabrysche Teilfolgen herausnimmt (wobei jedes a_{n_k} in nur einer $P_r(z)$ vorkommt) und setze

$$P(z) = P_0(z) + P_1(z) + \cdots .$$

Wir betrachten die Teilklasse F' von F mit den Elementen

$$(7) \qquad \alpha_0 P_0(z) + \alpha_1 P_1(z) + \cdots$$

(wobei wieder die α_k nur die Werte $+1$ und -1 haben dürfen) und beachten, daß F' nicht abzählbar ist. (Denn die Gesamtheit aller Folgen, die man mit Hilfe der Zahlen $+1$ und -1 bilden kann, ist nicht abzählbar.)

Ist nun jede der (nicht abzählbar vielen) Funktionen fortsetzbar, so muß es auf $|z| = 1$ nicht abzählbar viele, punktfremde, offene Intervalle (Regularitätsintervalle der Elemente von F') geben. Denn sonst müßte es zwei Elemente, etwa

$$P_0(z) + \alpha_1' P_1(z) + \cdots \qquad\qquad (\alpha_k' = \pm 1)$$

und

$$P_0(z) + \alpha_1'' P_1(z) + \cdots \qquad\qquad (\alpha_k'' = \pm 1)$$

mit der Eigenschaft geben, daß die durch diese Reihen dargestellten Funktionen in der Umgebung eines Punktes z_0 von $|z| = 1$ sich regulär verhalten. Daraus würde aber folgen, daß auch

$$(\alpha_1' - \alpha_1')\, P_1(z) + (\alpha_2' - \alpha_2')\, P_2(z) + \cdots =$$
$$= (\alpha_1' - \alpha_1')\, a_{n_1} z^{\lambda_{n_1}} + (\alpha_2' - \alpha_2')\, a_{n_2} z^{\lambda_{n_2}} + \cdots$$

den Punkt z_0 als Regularitätspunkt besitzt, was wegen (5) unmöglich ist. Andererseits ist jede Menge $\{J\}$ von offenen Intervallen von $|z| = 1$ höchstens abzählbar, da es ja höchstens endlich viele J mit einer Länge $|J| \geq \dfrac{2\pi}{n}$ $(n = 1, 2, \ldots)$ geben kann. Das beweist den Satz von FATOU.

14. Die Umkehrung einer Potenzreihe. *Es sei*

$$(1) \qquad\qquad w = w(z) = a_1 z + a_2 z^2 + \cdots \qquad\qquad (a_1 \neq 0)$$

eine in $|z| \leq R\,(0 < R < + \infty)$ *holomorphe Funktion. Dann gibt es eine Reihe*

$$(2) \qquad\qquad z = z(w) = b_1 w + b_2 w^2 + \cdots \qquad\qquad (b_1 \neq 0)\,,$$

die in einer Kreisscheibe $|w| < R_1 < + \infty$ *konvergiert und dort der Gleichung* $w(z(w)) = w$ *genügt.*

Man setze in der Tat

$$(3) \qquad\qquad M = \mathrm{Max}\,\{|w(z)| \mid |z| = R\}$$

und nehme $z_1 \neq z_2$, $|z_1|, |z_2| \leq \dfrac{|a_1|\, R^2}{4\,M}$. Dann wird wegen

$$(4) \qquad \left| \frac{w(z_1) - w(z_2)}{z_1 - z_2} \right| \geq |a_1| - \sum_2^\infty |a_k|\, |z_1^{k-1} + z_1^{k-2} z_2 + \cdots + z_2^{k-1}|$$

und $|a_k| \leq \dfrac{M}{R^k}$ $(k = 2, 3, \ldots)$

$$(5) \qquad\qquad \left| \frac{w(z_1) - w(z_2)}{z_1 - z_2} \right| \geq \frac{2}{9}\, |a_1| > 0\,.$$

Aus (5) folgt zunächst, daß $w(z)$ in zwei verschiedenen Punkten der Kreisscheibe

$$(6) \qquad\qquad K_z : |z| \leq r_1 = \frac{|a_1|\, R^2}{4\,M}$$

verschiedene Werte annimmt. Nun ist wegen $|a_k| \leq \dfrac{M}{R^k}$

$$|a_k| \left(\frac{|a_1|\, R^2}{4\,M} \right)^k \leq M \left(\frac{|a_1|\, R}{4\,M} \right)^k \qquad\qquad (k = 1, 2, \ldots)\,,$$

und somit auf $|z| = r_1$

$$|w(z)| \geq \frac{|a_1|^2 R^2}{4\,M} - M \sum_2^\infty \left(\frac{|a_1|\, R}{4\,M} \right)^k \geq \frac{|a_1|^2 R^2}{6\,M} = R_1' \leq R_1.$$

Man betrachte jetzt den Ausdruck

$$n(w) = \frac{1}{2\pi i} \int\limits_{|z|=r_1} \frac{w'(z)}{w(z) - w}\, dz$$

mit $|w| < R_1$. Dann ist $n(w)$ dort konstant und somit (mit Rücksicht auf die Gleichung $n(0) = 1$) gleich eins. Danach gibt es zu jedem Punkt w aus der Kreisscheibe $K_w\colon |w| < R_1$ genau einen Punkt z der Kreisscheibe $K_z\colon |z| < r_1$ mit der Eigenschaft $w(z) = w$. Mit Rücksicht darauf, daß dann

$$z(w) = \frac{1}{2\pi i} \int\limits_{|z|=r_1} z\, \frac{w'(z)}{w(z) - w}\, dz$$

ist, muß $z(w)$ in $|w| < R_1'$ eindeutig regulär sein und die Reihe (2) konvergent.

Den genauen Wert R_1 des Holomorphieradius der inversen Reihe (2) hat LANDAU [Der Picard-Schottkysche Satz und die Blochsche Konstante, Sitzungsber. *Preuß. Akad. Wissensch.* **32**, 467—474 (1926)] gegeben. Er hat den Satz bewiesen:

Satz. *Ist $w(z)$ $(w(0) = 0,\ w'(0) \neq 0)$ in $|z| \leq R < +\infty$ holomorph und gilt auf $|z| = R$, $|w(z)| \leq M$, so ist $z = z(w)$ in der Kreisscheibe*

$$(7) \qquad\qquad |w| < R_1 = M\left(M_1 - \sqrt{M_1^2 - 1}\right)^2$$

mit $M_1 = M/|w'(0)|\, R$ holomorph[1]. Die Grenze ist genau und wird von jeder Funktion

$$w(z) = M z\, \frac{1 - Mz}{M - z} = z - \left(M - \frac{1}{M}\right) z^2 + \cdots$$

mit $M > 1$ erreicht.

Zum Beweis dieses (Landauschen) Satzes setze man (für $w(z) \not\equiv a_1 z$!)

$$g(z) = \frac{M_1}{z} \cdot \frac{w_1(z) - z}{M_1^2 z - w_1(z)} \qquad \left(w_1(z) = \frac{w(Rz)}{w'(0)\, R}\right)$$

und beachte, daß diese Funktion in $|z| \leq 1$ der Ungleichung $|g(z)| \leq 1$ genügt. Wegen

$$(w_1(z) - z)(M_1 + g(z)z) = z^2 g(z)(M_1^2 - 1)\,,$$

also

$$\operatorname*{Max}_{|z|=r} |w_1(z) - z| \leq (M_1^2 - 1)\, \frac{r^2}{M_1 - r} \qquad (0 \leq r \leq 1)$$

hat nun $w_1(z) - a$ (mit Rücksicht auf den Satz von ROUCHÉ) für jedes a mit

$$|a| < \operatorname*{Max}_{0 \leq r \leq 1}\left\{r - (M_1^2 - 1)\, \frac{r^2}{M_1 - r}\right\} = M_1\left(M_1 - \sqrt{M_1^2 - 1}\right)^2$$

---

[1] Wegen

$$\frac{1}{2\pi} \int_0^{2\pi} w(Re^{i\vartheta})\, \overline{w(Re^{i\vartheta})}\, d\vartheta = \sum_0^\infty |a_k|^2 R^{2k}$$

ist $|a_1|\, R \leq M$ und somit, sofern $w(z) \not\equiv a_1 z$ ist, $M_1 > 1$.

genau eine Wurzel, die in

$$|z| < r_0 = M_1 - \sqrt{M_1^2 - 1}$$

liegt. Daß diese Grenze die beste Schranke liefert, zeigt die Landausche Funktion $M_1 z \dfrac{1 - M_1 z}{M_1 - z}$ ($|z| < 1, M_1 > 1$), deren Ableitung für $z = r_0$ verschwindet.

Betrachtet man die Familie F aller in $|z| \leqq 1$ holomorphen Funktionen

$$(8) \qquad w(z) = z + a_2 z^2 + \cdots$$

mit $\underset{|z|=1}{\text{Max}} |w(z)| \leqq M$, so kann man zeigen, daß es eine Schranke $\varrho(M)$ ($0 < \varrho(M) \leqq 1$) mit der Eigenschaft gibt, daß jedes $w \in F$ in $|z| < \varrho(M)$ schlicht ist, d. h. dort in verschiedenen Punkten verschiedene Werte annimmt. Der (genaue) Wert von $\varrho(M)$ wird durch die Gleichung

$$\varrho(M) = M - \sqrt{M^2 - 1}$$

gegeben. Einen Beweis dieses auf VALIRON und LANDAU zurückgehenden Ergebnisses findet der Leser in dem Buch von MONTEL: Leçons sur les fonctions univalentes ou multivalentes, *Paris, Gauthier-Villars*, 1933, S. 92 ff.

Sechstes Kapitel

Die Eulersche Gammafunktion und die Riemannnsche Zetafunktion

45. Konvexe bzw. logarithmisch konvexe Funktionen. Ist $f(x)$ in einem Intervall

$$(45.1) \qquad J : a \leqq x \leqq b$$

reell eindeutig und genügt sie für jedes Punktetripel x_1, x_2, x ($a \leqq x_1 < x < x_2 \leqq b$) der Ungleichung

$$(45.2) \qquad f(x) \leqq \frac{x_2 - x}{x_2 - x_1} f(x_1) + \frac{x - x_1}{x_2 - x_1} f(x_2),$$

so heißt sie konvex in J.

Aus der Definition (45.2) einer konvexen Funktion folgt:

1. Sind $f_1(x), f_2(x)$ zwei konvexe Funktionen in J, so ist $f_1(x) + f_2(x)$ ebenfalls konvex in J. Entsprechendes gilt für die Summe von endlich vielen konvexen Funktionen.

2. Konvergiert die Reihe

$$(45.3) \qquad f_1(x) + f_2(x) + \cdots$$

der in J konvexen Funktionen $f_1(x), f_2(x), \ldots$ gegen eine Funktion $f(x)$, so ist diese konvex.

3. Hat $f(x)$ in J eine zweite Ableitung, so ist die Bedingung

$$(45.4) \qquad\qquad f''(x) \geqq 0 \qquad\qquad (x \in J)$$

hinreichend für die Konvexität von $f(x)$ in J. Man setze in der Tat

$$D = (x_2 - x_1) f(x) - \{(x_2 - x) f(x_1) + (x - x_1) f(x_2)\}.$$

Dann ist

$$D = (x_2 - x) \{f(x) - f(x_1)\} - (x - x_1) \{f(x_2) - f(x)\}$$

und somit

$$D = (x_2 - x) (x - x_1) \{f'(\xi_1) - f'(\xi_2)\}$$

mit $x_1 < \xi_1 < x < \xi_2 < x_2$. Eine nochmalige Anwendung des Mittelwertsatzes der Differentialrechnung gibt nun

$$D = - (x_2 - x) (x - x_1) (\xi_2 - \xi_1) f''(\eta) \leqq 0 \qquad (\xi_1 < \eta < \xi_2).$$

Das beweist die Behauptung.

Aus der Ungleichung (45.2) folgt ohne Schwierigkeit die Doppelungleichung

$$(45.5) \qquad \frac{f(x_2) - f(x_1)}{x_2 - x_1} \leqq \frac{f(x_3) - f(x_2)}{x_3 - x_2} \leqq \frac{f(x_4) - f(x_2)}{x_4 - x_2}$$

für alle Punkte x_1, x_2, x_3, $x_4 (x_1 < x_2 < x_3 < x_4)$ von J. Diese Ungleichung bildet ein wichtiges Beweismittel in der Bohr-Mollerupschen Theorie der Gammafunktion, die in der nächsten Nummer entwickelt wird.

Def. *Die in J positive Funktion $f(x)$ heißt logarithmisch konvex, wenn* $\log f(x)$ *im Sinne von* (45.2) *konvex ist. Danach gilt für jedes Punktetripel* x_1, x_2, $x(x_1 < x < x_2)$ *von J*

$$(45.6) \qquad f(x) \leqq f(x_1)^{\frac{x_2 - x}{x_2 - x_1}} \cdot f(x_2)^{\frac{x - x_1}{x_2 - x_1}}.$$

Sind $f_1(x)$, $f_2(x)$ logarithmisch konvex in J, so gilt dasselbe für die Funktion $f(x_1) \cdot f(x_2)$. Viel wichtiger als der entsprechende Satz über die logarithmische Konvexität eines konvergenten unendlichen Produktes einer Funktionenfolge ist folgender Satz:

Satz. *Sind $f_1(x)$, $f_2(x)$ in J logarithmisch konvex, so ist $f_1(x) + f_2(x)$ ebenfalls logarithmisch konvex.*

Beweis. Man setze

$$g(r) = r\alpha + (1 - r) \beta - \alpha^r \beta^{1-r} \qquad (\alpha, \beta > 0, 0 < r < 1).$$

Dann ist

$$g''(r) = - \alpha^r \beta^{1-r} \left(\log \frac{\alpha}{\beta}\right)^2 \leqq 0.$$

Daraus folgt wegen $\lim_{r \to 0} g(r) = \lim_{r \to 1} g(r) = 0$ die Ungleichung

$$g(r) = r\alpha + (1 - r) \beta - \alpha^r \beta^{1-r} \geqq 0 \qquad (0 < r < 1).$$

Man setze nun $r = r_1$, $1 - r = r_2$ und schreibe die letzte Ungleichung für die Wertepaare

$$\alpha = \frac{A_1}{A_1 + B_1}, \quad \beta = \frac{A_2}{A_2 + B_2}$$

und

$$\alpha = \frac{B_1}{A_1 + B_1}, \quad \beta = \frac{B_2}{A_2 + B_2}$$

mit A_1, A_2, B_1, $B_2 > 0$. Dann wird durch Addition mit Rücksicht auf die Gleichung $r_1 + r_2 = 1$

$$(A_1 + B_1)^{r_1} (A_2 + B_2)^{r_2} \geqq A_1^{r_1} A_2^{r_2} + B_1^{r_1} B_2^{r_2} \,.$$

Setzt man also in (45.6)

$$\frac{x_2 - x}{x_2 - x_1} = r_1, \quad \frac{x - x_1}{x_2 - x_1} = r_2 \,,$$

so folgt aus der logarithmischen Konvexität von $f_1(x)$ und $f_2(x)$

$$f_1(x) + f_2(x) \leqq f_1(x_1)^{r_1} f_1(x_2)^{r_2} + f_2(x_1)^{r_1} f_2(x_2)^{r_2} \,.$$

Wie man aber sieht, ist die rechte Seite dieser Ungleichung kleiner oder gleich

$$(f_1(x_1) + f_2(x_1))^{r_1} (f_1(x_2) + f_2(x_2))^{r_2} \,.$$

Das beweist die Behauptung.

Mit Rücksicht auf den eben bewiesenen Satz ist jedes Integral

$$(45.7) \qquad F(x) = \int_J g(t)\, t^x dt \qquad (J : 0 < a \leqq x \leqq b < +\infty)$$

mit stetigem $g(t) > 0$ logarithmisch konvex. Das kann man auch direkt sehen, wenn man unter dem Integral differenziert und beachtet, daß

$$F(x) F''(x) - F'(x)^2 = \frac{1}{2} \int_{J \times J} g(\sigma)\, g(t)\, (\sigma t)^x \left(\log \frac{\sigma}{t} \right)^2 d\sigma\, dt \geqq 0$$

gilt und somit

$$(\log F(x))'' F(x)^2 = F(x) \cdot F''(x) - F'(x)^2$$

ist.

Eine Reihe analytischer Funktionen, welche die Eigenschaft der logarithmischen Konvexität auf einem Teil der positiven reellen Halbachse besitzen, werden durch eine Funktionaltransformation gegeben, die zuerst von EULER verwendet wurde.

Es bedeute

$$g(z) = \sum_{k=1}^{\infty} a_k z^k$$

eine in $|z| < 1$ konvergente Potenzreihe mit folgenden Eigenschaften:
1. Die Koeffizienten a_k sind reell.
2. Es gibt eine endliche Zahl σ_0 derart, daß

$$(45.8) \qquad\qquad \lim_{x \nearrow 1} (1 - x)^\sigma g(x) = 0 \qquad\qquad (\sigma > \sigma_0)$$

gilt.
3. $$g(x) > 0 \qquad\qquad (0 < x < 1) .$$

Wir setzen $s = \sigma + it\,(\sigma,\, t$ reell$)$[1] und bilden das Integral

$$(45.9) \qquad\qquad f(s) = \int_0^\infty g(e^{-x})\, x^{s-1}\, dx \qquad\qquad (\sigma > \sigma_0) .$$

Dann ist $f(\sigma)$ auf der Halbachse $\sigma > \sigma_0$ logarithmisch konvex.

Zunächst soll kurz die Existenz und die Regularität des Integrals (45.9) diskutiert werden.

Es sei $\varepsilon > 0$ vorgegeben. Man setze allgemein für $0 < \eta < 1 < M < +\infty$

$$J_\eta^M (s) = \int_\eta^M g(e^{-x})\, x^{s-1}\, dx$$

und betrachte die kompakte Punktmenge $H_k\,(1 < k < +\infty)$

$$(45.10) \qquad \sigma_0 + k^{-1} \leqq \sigma \leqq \sigma_0 + k, \quad -k \leqq t \leqq k .$$

Dann ist für $0 < \eta' < \eta,\, M < M' < +\infty$

$$|J_\eta^M (s) - J_{\eta'}^{M'} (s)| \leqq \int_{\eta'}^\eta |g(e^{-x})|\, x^{\sigma_0 + k^{-1} - 1}\, dx +$$
$$+ \int_M^{M'} |g(e^{-x})|\, x^{\sigma_0 + k - 1}\, dx .$$

Daraus folgt mit Rücksicht auf (45.8): Zu jedem $\varepsilon > 0$ existieren ein $\eta_0 = \eta_0(\varepsilon,\, k)$ und ein $M_0 = M_0(\varepsilon,\, k)$ derart, daß

$$(45.11) \qquad\qquad |J_\eta^M (s) - J_{\eta'}^{M'} (s)| \leqq \varepsilon^2 \qquad\qquad (s \in H_k)$$

für alle $\eta,\, \eta' < \eta_0$ und alle $M,\, M' > M_0$ ausfällt. Das beweist die Behauptung.

Der einfachste Fall $g(z) = z$ wurde zuerst von Euler im Jahre 1764 studiert und heißt das (Eulersche) Integral zweiter Gattung. Man setzt

$$(45.12) \qquad\qquad \Gamma(s) = \int_0^\infty e^{-x} x^{s-1} dx$$

und bezeichnet die entsprechende (zunächst in H_0 existierende) analytische Funktion als die Eulersche Gammafunktion.

---

[1] Die Verwendung von s als komplexe Veränderliche in einer Reihe von Funktionen dieser und der nächsten Nummer hängt mit der berühmten Abhandlung von Riemann über die (später zur Sprache kommende) Funktion $\zeta(s)$ zusammen.

[2] Die Abschätzung (45.11) kommt dadurch zustande, daß für alle hinreichend großen bzw. kleinen x entsprechend die Ungleichungen $|g(e^{-x})| \leqq C_0 e^{-x}$ (C_0 endlich) bzw. $|g(e^{-x})| \leqq C_1 x^{-\sigma}$ ($C = C(k),\, \sigma \in H_k$) gelten.

46. Der Satz von Bohr und Mollerup. Harald Bohr und J. Mollerup[1] haben folgenden interessanten Satz bewiesen:

Satz (Bohr-Mollerup). *Jede im Intervall*

$$(46.1) \qquad J : 0 < \sigma < + \infty$$

positive, logarithmisch konvexe Lösung der Funktionalgleichung

$$(46.2) \qquad g(\sigma + 1) = \sigma g(\sigma)$$

ist in der ganzen s-Ebene meromorph und bis auf eine multiplikative Konstante gleich

$$(46.3) \qquad \Gamma(s) = \frac{1}{s}\, e^{-Cs} \prod_{1}^{\infty} \left\{ \left(1 + \frac{s}{n}\right) e^{-\frac{s}{n}} \right\}^{-1}.$$

Die Konstante C wird durch die Gleichung

$$(46.4) \qquad C = \lim_{n \to \infty} \left\{ 1 + \frac{1}{2} + \cdots + \frac{1}{n} - \log n \right\}$$

gegeben und heißt die Euler-Mascheronische Konstante[2].

Beweis. Man setze

$$y(\sigma) = \log g(\sigma) \qquad\qquad (0 < \sigma < \infty)$$

und normiere $y(\sigma)$ so, daß $y(1) = 0$ wird. Dann folgt aus der Konvexität von $y(\sigma)$ für jedes $n = 2, 3, \ldots$ und für ein σ, $0 < \sigma < 1$

$$y(n) - y(n-1) \leqq \frac{y(n+\sigma) - y(n)}{\sigma} \leqq y(n+1) - y(n)$$

und aus (46.2)

$$y(n + \sigma) = y(\sigma) + \log \prod_{0}^{n} (\sigma + k) .$$

Setzt man also

$$\Gamma_n(\sigma) = \frac{n^\sigma \cdot n!}{\sigma(\sigma + 1) \ldots (\sigma + n)} = \int_0^n \left(1 - \frac{t}{n}\right)^n t^{\sigma - 1}\, dt ,$$

so wird

$$\sigma \log\left(1 - \frac{1}{n}\right) + \log\left\{ \Gamma_n(\sigma) \frac{\sigma + n}{n} \right\} \leqq y(\sigma) \leqq \log\left\{ \Gamma_n(\sigma) \frac{\sigma + n}{n} \right\}$$

und somit

$$(46.5) \qquad y(\sigma) = \lim_{n \to \infty} \log \Gamma_n(\sigma) .$$

Diese Gleichung besagt: Hat (46.3) eine positive, logarithmisch konvexe (normierte) Lösung $g(\sigma)$, so gilt

$$(46.6) \qquad \lim_{n \to \infty} \Gamma_n(\sigma) = g(\sigma) .$$

---

[1] Bohr, H. (1887—1951), Mollerup, J. (1872—1937). Mit Rücksicht auf die funktionentheoretischen Ziele dieses Buches habe ich den Beweis des Satzes von Bohr und Mollerup mit der analytischen Fortsetzung von $\Gamma(s)$ gekoppelt.

[2] Oft auch Eulersche Konstante genannt.

Der weitere Teil des Beweises verläuft nun so: Zunächst folgt aus

$$(\log \Gamma_n(\sigma))'' = \sum_0^n \frac{1}{(\sigma + k)^2} > 0 ,$$

daß jedes $\Gamma_n(\sigma)$ im Intervall $0 < \sigma \leqq 1$ logarithmisch konvex ist. Könnte man zeigen, daß $\lim_{n \to \infty} \Gamma_n(\sigma)$ $(0 < \sigma \leqq 1)$ existiert, so würde mit Rücksicht auf die Gleichung

$$\Gamma_n(\sigma + 1) = \sigma \Gamma_n(\sigma) \frac{n}{n + \sigma + 1}$$

folgen, daß die Grenzfunktion logarithmisch konvex ist und der Funktionalgleichung (46.2) genügt.

Wir zeigen jetzt: Es gilt für $0 < \sigma < + \infty$

$$(46.7) \qquad \lim_{n \to \infty} \int_0^n \left(1 - \frac{t}{n}\right)^n t^{\sigma - 1} dt = \int_0^\infty e^{-t} t^{\sigma - 1} dt .$$

In der Tat ist für $n > 1,\ 0 \leqq t \leqq n$

$$e^{-t} - \left(1 - \frac{t}{n}\right)^n = \frac{e^{-t}}{n} \int_0^t e^\lambda \left(1 - \frac{\lambda}{n}\right)^{n-1} \lambda \, d\lambda .$$

Andererseits nimmt die Funktion

$$\left(1 - \frac{x}{n}\right)^{n-1} e^x \qquad\qquad (0 \leqq x \leqq n)$$

ihr Maximum für $x = 1$ an, und somit ist

$$0 \leqq e^{-t} - \left(1 - \frac{t}{n}\right)^n \leqq e^{-t} \frac{e t^2}{2n} ,$$

also

$$0 \leqq \int_0^n e^{-t} t^{\sigma - 1} \, dt - \Gamma_n(\sigma) \leqq \frac{e}{2n} \Gamma(\sigma + 2) .$$

Das beweist die (Gaußsche) Gleichung

$$\lim_{n \to \infty} \Gamma_n(\sigma) = \int_0^\infty e^{-t} t^{\sigma - 1} \, dt = \Gamma(\sigma) .$$

Man betrachte jetzt $\Gamma_n(\sigma)$ für ein komplexes $s \neq - n \, (n = 0, 1, \ldots)$. Dann wird

$$\Gamma_n(s) = \frac{n^s \cdot n!}{s(s + 1) \ldots (s + n)} = \frac{e^{-C_n s}}{s \prod_1^n \left\{\left(1 + \frac{s}{k}\right) e^{-\frac{s}{k}}\right\}}$$

mit

$$C_n = 1 + \frac{1}{2} + \cdots + \frac{1}{n} - \log n .$$

Aus

$$C_{n+1} - C_n = \frac{1}{n + 1} + \log \left(1 - \frac{1}{n + 1}\right) = - \int_{n+1}^\infty \frac{d x}{x^2 (x - 1)} < 0$$

folgt jetzt, daß die monotone Folge (C_n) gegen die Euler-Mascheronische Konstante C konvergiert und daß letztere der Doppelungleichung

$$1 - \frac{1}{2} \sum_1^\infty \frac{1}{k^2} < C < \frac{3}{2} - \frac{1}{2} \sum_1^\infty \frac{1}{k^2}$$

genügt[1]. Andererseits ist, wenn man

$$\left(1 + \frac{s}{n}\right) e^{-\frac{s}{n}} = 1 + \omega_n(s)$$

setzt, von einem n an

$$|\omega_n(s)| \leq \frac{M}{n^2} \qquad\qquad (M < +\infty),$$

sofern s in einer kompakten Menge liegt, die keinen der Punkte $n = 0$, $-1, -2, \ldots$ enthält. Das beweist die Konvergenz der $\Gamma_n(s)$ gegen die analytische Funktion

$$(46.8) \qquad\qquad e^{-Cs} \frac{1}{s} \prod_1^\infty \left\{ \left(1 + \frac{s}{n}\right) e^{-\frac{s}{n}} \right\}^{-1}$$

in jedem Punkt des Gebietes $E \setminus \{0, -1, \ldots\}$.

Die Produktdarstellung

$$(46.9) \qquad\qquad \frac{1}{\Gamma(s)} = s e^{Cs} \prod_1^\infty \left\{ \left(1 + \frac{s}{n}\right) e^{-\frac{s}{n}} \right\},$$

welche das Eulersche Integral über die Gerade $\sigma = 0$ nach links fortsetzt, geht auf SCHLÖMILCH zurück und heißt oft die Weierstraßsche Produktdarstellung der Γ-Funktion. Mit Rücksicht darauf, daß beide Ausdrücke auf $\sigma > 0$ zusammenfallen, stellt die durch (46.9) dargestellte Funktion die analytische Fortsetzung der (normierten) logarithmisch konvexen Lösung der Bohr-Mollerupschen Funktionalgleichung (46.2) dar.

Wie schon erwähnt, ist die Definition der Γ-Funktion durch EULER (im Jahre 1764) gegeben worden. Er war auf der Suche nach einem analytischen Ausdruck $A(s)$, der für $s = n \, (n = 1, 2, \ldots)$ gleich $n!$ wird. Der Leser wird ohne weiteres (durch partielle Integration) nachprüfen können, daß $\Gamma(n + 1) = n!$ und $\Gamma(1) = 1$ ist.

In der nächsten Nummer sollen die wichtigsten Eigenschaften von $\Gamma(s)$ untersucht werden.

47. Funktionalgleichungen. Neben der Eulerschen Funktionalgleichung

$$(47.1) \qquad\qquad \Gamma(s + 1) = s\,\Gamma(s)$$

---

[1] Den besten bekannten Wert von C ($C = 0{,}5772 \ldots$) hat STIELTJES berechnet. Sonst weiß man von C bisher sehr wenig, nicht einmal, ob C rational (was höchst unwahrscheinlich ist) oder irrational ist.

genügt $\Gamma(s)$ folgenden Funktionalgleichungen:

$$(47.2) \qquad \Gamma(s)\,\Gamma(1-s) = \frac{\pi}{\sin \pi s} \qquad\qquad \text{(EULER)}$$

und

$$(47.3) \qquad \Gamma(s)\,\Gamma\left(s+\frac{1}{2}\right) = 2^{1-2s}\sqrt{\pi}\,\Gamma(2s) \qquad \text{(LEGENDRE)[1].}$$

Letztere Gleichung ist ein Spezialfall der Funktionalgleichung von GAUSS

$$(47.4) \qquad \prod_{k=0}^{n-1}\Gamma\left(s+\frac{k}{n}\right) = (2\pi)^{\frac{n-1}{2}}\,n^{\frac{1}{2}-ns}\,\Gamma(ns) \,.$$

Um (47.3) zu beweisen, setze man

$$\Phi(s) = 2^{s-1}\,\frac{\Gamma\left(\frac{s}{2}\right)\Gamma\left(\frac{s+1}{2}\right)}{\Gamma\left(\frac{1}{2}\right)} \,.$$

Dann ist offenbar $\Phi(\sigma)$ $(\sigma > 0)$ logarithmisch konvex und genügt der Funktionalgleichung (46.2). Da noch $\Phi(1) = 1$ ist, so muß $\Phi(s) = \Gamma(s)$ gelten. Somit gilt zunächst

$$\Gamma(s)\,\Gamma\left(s+\frac{1}{2}\right) = \Gamma\left(\frac{1}{2}\right) 2^{1-2s}\,\Gamma(2s) \,.$$

Um den Wert $\Gamma\left(\frac{1}{2}\right)$ zu bestimmen, beweisen wir die Funktionalgleichung (47.2). Man setze

$$(47.5) \qquad \psi_n(s) = \frac{1}{\Gamma_n(s)\,\Gamma_n(-s)} = -s^2 \prod_1^n\left(1-\frac{s^2}{k^2}\right) \,.$$

Wegen der Konvergenz von $\sum_1^\infty \frac{1}{k^2}$ existiert dann $\lim_{n\to\infty}\psi_n(s)$, und es gilt

$$(47.6) \qquad \Gamma(s)\,\Gamma(1-s)\,\psi(s) = 1$$

mit

$$(47.7) \qquad \psi(s) = s \prod_1^\infty\left(1-\frac{s^2}{k^2}\right) \,.$$

Die (überall in E reguläre) Funktion $\psi(s)$ hat die Periode zwei. Denn ersetzt man in (47.6) s durch $s+1$, so wird

$$\Gamma(s+1)\,\Gamma(-s)\,\psi(s+1) = s\,\Gamma(s)\,\Gamma(-s)\,\psi(s+1) = 1 \,,$$

und somit muß $\psi(s+1) = -\psi(s)$ gelten. Wir setzen jetzt

$$y(s) = \frac{\psi(s)}{\sin \pi s}$$

---

[1] LEGENDRE, A. M. Exercices de calcul intégral, 2 (Paris), 1814.

und beachten, daß $y(s)$ folgende Eigenschaften aufweist:

1. $y(s)$ hat die Periode zwei.
2. Es ist $y(\sigma) > 0$ $(0 \leqq \sigma \leqq 1)$.
3. Es ist

(47.8) $$y\left(\frac{\sigma}{2}\right) y\left(\frac{\sigma+1}{2}\right) = A\,y(\sigma) \qquad (0 \leqq \sigma \leqq 1)$$

mit einem festen $A > 0$.

Da 1. und 2. selbstverständlich sind, beweisen wir nur (47.8). Man setze $\Gamma\left(\frac{1}{2}\right) = M > 0$. Dann ist

$$\Gamma\left(\frac{s}{2}\right) \Gamma\left(1 - \frac{s}{2}\right) \psi\left(\frac{s}{2}\right) = 1$$

und

$$\Gamma\left(\frac{s}{2} + \frac{1}{2}\right) \Gamma\left(\frac{1}{2} - \frac{s}{2}\right) \psi\left(\frac{s}{2} + \frac{1}{2}\right) = 1\,.$$

Daraus folgt durch Multiplikation und Heranziehung der Funktional-gleichung

$$\Gamma\left(\frac{s}{2}\right) \Gamma\left(\frac{s+1}{2}\right) = 2^{1-s} M \Gamma(s)\,,$$

$$2 M^2 \Gamma(s)\, \Gamma(1-s)\, \psi\left(\frac{s}{2}\right) \psi\left(\frac{s}{2} + \frac{1}{2}\right) = 1\,,$$

also

$$\psi\left(\frac{s}{2}\right) \psi\left(\frac{s}{2} + \frac{1}{2}\right) = \frac{1}{2M^2}\, \psi(s)\,.$$

Berücksichtigt man jetzt die Gleichung

$$2 \sin\frac{\pi s}{2} \sin \pi \left(\frac{s}{2} + \frac{1}{2}\right) = \sin \pi s\,,$$

so erhält man

$$y\left(\frac{s}{2}\right) y\left(\frac{s}{2} + \frac{1}{2}\right) = \frac{1}{M^2}\, \psi(s) = A\,y(s)\,.$$

Man setze nun

$$g(\sigma) = \log y(\sigma) \qquad (0 \leqq \sigma < +\infty)$$

und bilde $g''(\sigma)$. Dann wird

$$g''(\sigma) = \frac{1}{4}\left\{g''\left(\frac{\sigma}{2}\right) + g''\left(\frac{\sigma+1}{2}\right)\right\}$$

und somit (mit Rücksicht auf die Periodizität von $g''(\sigma)$)

$$|g''(\sigma)| \leqq \frac{K}{2} \qquad (0 \leqq K < +\infty)$$

mit

$$K = \mathrm{Max}\,\{|g''(\sigma)| \mid 0 \leqq \sigma \leqq 1\}\,.$$

Das ist aber unmöglich, sofern $K > 0$ ist. Es muß also $K = 0$ sein und mithin (wieder wegen der Periodizität von $g(s)$) $g(\sigma)$ konstant und somit

mit Rücksicht auf das Prinzip der Permanenz der Funktionalgleichungen auch $g(s)$ konstant. Läßt man dann $s \to 0$ konvergieren, so erhält man leicht

$$\psi(s) = \frac{\sin \pi s}{\pi} \,^1$$

und somit auch den Beweis von (47.2). Letztere Funktionalgleichung liefert für $s = \frac{1}{2}$ den Wert von $\Gamma\left(\frac{1}{2}\right)$.

Wir wenden uns nun dem Beweis von (47.4) zu. Es sei n ganz > 1. Man bilde das Produkt

$$(47.9) \qquad \Pi_n(\sigma) = n^\sigma \prod_{k=0}^{n-1} \Gamma\left(\frac{\sigma + k}{n}\right) \qquad\qquad (\sigma > 0)$$

und beachte, daß $\Pi_n(\sigma)$ in $\sigma > 0$ logarithmisch konvex ist. Nun gilt noch

$$\Pi_n(\sigma + 1) = \sigma\, \Pi_n(\sigma) \,,$$

und somit muß nach dem Satz von BOHR und MOLLERUP

$$\Pi_n(\sigma) = C_0 \Gamma(\sigma)$$

mit einem konstanten $C_0 > 0$ gelten. Die Konstante C_0 kann man am einfachsten dadurch bestimmen, daß man hier $\sigma = 1$ setzt. Man erhält dann leicht

$$C_0 = n \prod_{1}^{n-1} \Gamma\left(\frac{k}{n}\right).$$

Zur Bestimmung der rechten Seite gehe man jetzt von der Funktionalgleichung

$$\Gamma(\sigma)\,\Gamma(1 - \sigma) = \frac{\pi}{\sin \pi \sigma}$$

aus (deren Gültigkeit wir lediglich für das Intervall $0 < \sigma < 1$ brauchen) und setze nacheinander $\sigma = \frac{1}{n}, \frac{2}{n}, \ldots, \frac{n-1}{n}$. Dann folgt durch Multiplikation

$$\frac{C_0^2}{n^2} = \left\{ \prod_{1}^{n-1} \Gamma\left(\frac{k}{n}\right) \right\}^2 = \frac{\pi^{n-1}}{\prod\limits_{1}^{n-1} \sin \frac{\pi k}{n}} \,.$$

Nun ist

$$\lim_{z \to 1} \frac{z^n - 1}{z - 1} = n$$

und somit

$$\prod_{k=1}^{n-1} \left(e^{\frac{2\pi i k}{n}} - 1 \right) = (-1)^{n-1}\, n \,.$$

---

^{1} Der Beweisgedanke geht auf HERGLOTZ (1881—1953) zurück.

Daraus folgt nach leichten Umformungen

$$2^{n-1} \prod_{k=1}^{n-1} \sin \frac{\pi k}{n} = n \,,$$

also (wegen $C_0 > 0$)

$$C_0 = \frac{(2\pi)^{\frac{n-1}{2}}}{\sqrt{n}} \,.$$

Damit ist die Gaußsche Funktionalgleichung im Intervall $0 \leqq \sigma \leqq 1$ bewiesen worden. Der Rest des Beweises wird wieder durch Heranziehung des Verfahrens der analytischen Fortsetzung erbracht.

48. Das asymptotische Verhalten von $\boldsymbol{\Gamma(s)}$. Wir betrachten das in $\sigma > 0$ konvergente Integral

$$(48.1) \qquad \omega(s) = \int_{-\infty}^{0} e^{sx} \left(\frac{1}{e^x - 1} - \frac{1}{x} + \frac{1}{2} \right) \frac{dx}{x}$$

und nehmen zunächst s reell positiv an. Dann gilt der Satz:

Hilfssatz 1. *Die Funktion $\omega(\sigma)$ ist auf der Halbgeraden $\sigma > 0$ konvex und genügt der Funktionalgleichung*

$$(48.2) \qquad \omega(\sigma + 1) - \omega(\sigma) = 1 - \left(\sigma + \frac{1}{2} \right) \log \left(1 + \frac{1}{\sigma} \right) \,.$$

Beweis. Man wähle bei gegebenem $\sigma > 0$ $0 < |h| < \frac{\sigma}{2}$. Dann wird mit Rücksicht auf die Ungleichung

$$-\frac{1}{2} |h| \, x^2 e^{|hx|} \leqq \frac{e^{hx} - 1}{h} - x \leqq \frac{1}{2} |h| \, x^2 e^{|hx|} \quad (-\infty < x \leqq 0)$$

$$\left| \frac{\omega(\sigma + h) - \omega(\sigma)}{h} - \omega_1(\sigma) \right| \leqq \frac{1}{2} |h| \, \omega_2 \left(\frac{\sigma}{2} \right)$$

mit

$$\omega_1(\sigma) = \int_{-\infty}^{0} e^{\sigma x} \left\{ \frac{1}{e^x - 1} - \frac{1}{x} + \frac{1}{2} \right\} dx$$

und

$$\omega_2(\sigma) = \int_{-\infty}^{0} e^{\sigma x} \left\{ \frac{1}{e^x - 1} - \frac{1}{x} + \frac{1}{2} \right\} x \, dx \,.^{[1]}$$

Das beweist die Existenz der Ableitung

$$\omega'(\sigma) = \int_{-\infty}^{0} e^{\sigma x} \left\{ \frac{1}{e^x - 1} - \frac{1}{x} + \frac{1}{2} \right\} dx \,.$$

Analog findet man

$$\omega''(\sigma) = \int_{-\infty}^{0} e^{\sigma x} \left\{ \frac{1}{e^x - 1} - \frac{1}{x} + \frac{1}{2} \right\} x \, dx \,,$$

---

[1] Wie aus der später zu beweisenden Identität (Gleichung (48.8)!)

$$\frac{1}{e^x - 1} - \frac{1}{x} + \frac{1}{2} = 2 \sum_{1}^{\infty} \frac{x}{x^2 + 4\pi^2 k^2} \quad (-\infty < x < +\infty) \,,$$

folgt, ist die geschweifte Klammer negativ und insofern der Integrand positiv.

und somit muß $\omega(\sigma)$ konvex sein. Zum Beweis von (48.2) bilde man $\omega''(\sigma+1)-\omega''(\sigma)$ und beachte, daß diese Differenz gleich

$$\int_{-\infty}^{0} e^{\sigma x}\left\{x+\left(\frac{x}{2}-1\right)(e^x-1)\right\}dx$$

$$=-\frac{1}{2\sigma^2}-\frac{1}{2(\sigma+1)^2}-\frac{1}{\sigma+1}+\frac{1}{\sigma}$$

ist. Daraus folgt durch zweimalige Integration von σ bis ∞ und Berücksichtigung der Gleichungen

$$\lim_{\sigma\to\infty}\omega(\sigma)=\lim_{\sigma\to\infty}\omega'(\sigma)=0$$

die Gleichung (48.2).

Hilfssatz 2. *Man setze*

$$(48.3)\qquad\qquad \psi(\sigma)=\left(\sigma-\frac{1}{2}\right)\log\sigma-\sigma \qquad (0<\sigma<+\infty)\,.$$

Dann ist $\psi(\sigma)$ konvex und genügt der Funktionalgleichung

$$(48.4)\qquad \psi(\sigma+1)-\psi(\sigma)=\left(\sigma+\frac{1}{2}\right)\log\left(1+\frac{1}{\sigma}\right)+\log\sigma-1\,.$$

Beweis. Es gilt

$$\psi''(\sigma)=\frac{1}{\sigma}+\frac{1}{2\sigma^2}>0\,.$$

Die Gleichung (48.4) ist ohne weiteres zu verifizieren.

Man setze jetzt

$$a(\sigma)=K\,e^{\omega(\sigma)+\psi(\sigma)} \qquad\qquad (0<\sigma<+\infty)$$

mit

$$K=e^{1-\omega(1)} \qquad\qquad (K>0)\,.$$

Dann ist $a(\sigma)$ logarithmisch konvex und genügt der Funktionalgleichung (46.2). Da noch $a(1)=1$ ist, so ist $a(\sigma)=\Gamma(\sigma)$ und somit

$$(48.5)\qquad\qquad \log\Gamma(\sigma)=\log K+\psi(\sigma)+\omega(\sigma)\,.$$

Der Wert der Konstanten $K=\sqrt{2\pi}$ läßt sich am einfachsten mit Hilfe der Legendreschen Funktionalgleichung

$$\Gamma\left(\frac{\sigma}{2}\right)\Gamma\left(\frac{\sigma+1}{2}\right)=\sqrt{\pi}\,2^{1-\sigma}\,\Gamma(\sigma)$$

bestimmen, indem man (48.5) für $\frac{\sigma}{2}$ und $\frac{\sigma+1}{2}$ schreibt, die entsprechenden Gleichungen addiert, und anschließend $\sigma\to\infty$ konvergieren läßt. Wir gehen darauf nicht ein.

Hat man nun die Gleichung

$$(48.6)\qquad\qquad \Gamma(\sigma)=\sqrt{\frac{2\pi}{\sigma}}\left(\frac{\sigma}{e}\right)^{\sigma}e^{\omega(\sigma)}$$

bewiesen, so muß mit Rücksicht auf die Existenz von $\omega(s)$ in $\sigma > 0$

$$(48.7) \qquad \Gamma(s) = \sqrt{\frac{2\pi}{s}} \left(\frac{s}{e}\right)^{s} e^{\omega(s)} \qquad (\sigma > 0)[1]$$

gelten.

Setzt man hier $s = n + 1$, so erhält man leicht die Gleichung

$$\lim_{n \to \infty} \frac{n!}{\sqrt{2\pi n}} \left(\frac{e}{n}\right)^{n} = 1$$

oder in äquivalenter Schreibweise (wobei das Zeichen $\sim$ asymptotisch gleich bedeutet)

$$n! \sim \sqrt{2\pi n} \left(\frac{n}{e}\right)^{n}.$$

Letztere Formel heißt die Stirlingsche Formel[2].

Durch einen einfachen Kunstgriff kann man die in $\sigma > 0$ reguläre Funktion $\omega(s)$ fortsetzen und einen Ausdruck gewinnen, der in jedem Punkt der längs der negativen reellen Halbachse aufgeschlitzten Ebene analytisch ist. Dazu gehe man zunächst von der Darstellung

$$\sin s = s \prod_{1}^{\infty} \left(1 - \frac{s^2}{k^2 \pi^2}\right)$$

aus und ersetze s durch $i\sigma$. Dann wird

$$\frac{e^{\sigma} - e^{-\sigma}}{2} = \sigma \prod_{1}^{\infty} \left(1 + \frac{\sigma^2}{k^2 \pi^2}\right)$$

und somit

$$(48.8) \qquad \frac{1}{e^{\sigma} - 1} - \frac{1}{\sigma} + \frac{1}{2} = 2 \sum_{1}^{\infty} \frac{\sigma}{\sigma^2 + 4 k^2 \pi^2}.$$

Verwendet man diese Gleichung in der Definition (48.1) von $\omega(s)$, so erhält man

$$\omega(\sigma) = 2 \int_{-\infty}^{0} e^{\sigma x} \left\{\sum_{1}^{\infty} \frac{1}{x^2 + 4 k^2 \pi^2}\right\} dx \qquad (\sigma > 0)$$

und somit nach leichten Umformungen

$$\omega(\sigma) = \frac{1}{\pi} \int_{0}^{\infty} \left\{\sum_{1}^{\infty} \frac{e^{-2\pi k \sigma t}}{k}\right\} \frac{dt}{1 + t^2}.$$

Daraus folgt

$$(48.9) \qquad \omega(\sigma) = \frac{1}{\pi} \int_{0}^{\infty} \frac{\sigma}{\sigma^2 + v^2} \log\left(\frac{1}{1 - e^{-2\pi v}}\right) dv$$

---

[1] Unter $\sqrt{s}$ wird derjenige Zweig verstanden werden, der für positive Werte positiv ausfällt.

[2] Nach JAMES STIRLING (1696—1770).

und durch partielle Integration

$$(48.10) \qquad \omega(\sigma) = 2 \int_0^\infty \arctan \frac{v}{\sigma} \cdot \frac{dv}{e^{2\pi v} - 1} \qquad (\sigma > 0).$$

Gudermann[1] hat für das Restglied $\omega(\sigma)$ die Reihenentwicklung

$$(48.11) \qquad \omega(\sigma) = \sum_0^\infty \left\{ \left(\sigma + k + \frac{1}{2}\right) \log\left(1 + \frac{1}{\sigma + k}\right) - 1 \right\}$$

gegeben, die (zunächst) für $\sigma > 0$ konvergiert. Um das zu beweisen, setze man

$$J(\sigma) = \sum_0^\infty \left\{ \left(\sigma + k + \frac{1}{2}\right) \log\left(1 + \frac{1}{\sigma + k}\right) - 1 \right\} \qquad (\sigma > 0)$$

und beachte, daß diese Funktion folgende Eigenschaften besitzt:
1. Sie ist konvex.
2. Sie genügt der Funktionalgleichung

$$J(\sigma + 1) - J(\sigma) = -\left(\sigma + \frac{1}{2}\right) \log\left(1 + \frac{1}{\sigma}\right) + 1$$

und
3. sie konvergiert für $\sigma \to \infty$ gegen Null.

Da der Beweis von 2. aus der Struktur von $J(\sigma)$ folgt, so beweisen wir nur 1. und 3.

Man setze für den Augenblick

$$\mu(x) = \left(x + \frac{1}{2}\right) \log\left(1 + \frac{1}{x}\right) - 1 \qquad (0 < x < \infty)$$

und $\alpha = \dfrac{1}{(2x + 1)}$. Dann folgt aus der Gleichung

$$\log\left(1 + \frac{1}{x}\right) = \log\left(\frac{1 + \alpha}{1 - \alpha}\right) = 2\alpha \left\{ 1 + \frac{\alpha^2}{3} + \frac{\alpha^4}{5} + \cdots \right\} <$$
$$< 2\alpha + \left(\frac{2\alpha^3}{3(1 - \alpha^2)}\right)$$

und somit

$$0 < \mu(x) < \frac{1}{12} \left(\frac{1}{x} - \frac{1}{x + 1}\right),$$

also auch

$$0 < J(\sigma) < \frac{1}{12\sigma}.$$

Beachtet man noch, daß

$$\mu''(x) = \frac{1}{2x^2(x + 1)^2} > 0 \qquad (0 < x < +\infty)$$

ist, so muß $J''(\sigma) > 0$ und

$$J(\sigma) = \frac{\vartheta(\sigma)}{12\sigma} \qquad (0 < \vartheta(\sigma) < 1)$$

gelten.

---

[1] Zitiert nach Lindelöf (Le calcul des résidus, S. 96).

Aus den Eigenschaften 1., 2. und 3. folgt (durch Bildung von $J(\sigma) + \psi(\sigma)$ und Heranziehung des Bohr-Mollerupschen Satzes), daß $J(\sigma) = \omega(\sigma)$ sein muß. Schreibt man dann s anstelle von σ, so kann man (48.7) in der Form

$$(48.12) \qquad \Gamma(s) = \sqrt{\frac{2\pi}{s}} \left(\frac{s}{e}\right)^s e^{J(s)}$$

darstellen mit

$$(48.13) \qquad J(s) = \frac{1}{\pi} \int_0^\infty \frac{s}{s^2 + v^2} \log\left(\frac{1}{1 - e^{-2\pi v}}\right) dv$$

oder

$$(48.14) \qquad J(s) = 2 \int_0^\infty \operatorname{arctg} \frac{v}{s} \frac{dv}{e^{2\pi v} - 1} \qquad\qquad (\sigma > 0) .$$

Eine noch bessere Form des Restgliedes $J(s)$ erhält man aus (48.11), wenn man die Summe rechts als Integral schreibt. Man findet dann leicht

$$(48.15) \qquad J(s) = - \int_0^\infty \frac{P_1(x)}{x + s} dx$$

mit $P_1(x) = x - [x] - \frac{1}{2}$. Diese Form von $J(s)$ geht auf T. J. STIELTJES (1856—1895) zurück und hat (zusammen mit (48.11)) den Vorteil, daß die durch den Ausdruck rechts dargestellte Funktion in der längs der negativen reellen Achse aufgeschlitzten offenen komplexen Ebene holomorph ist.

Ich schließe an dieser Stelle noch einige Bemerkungen über das asymptotische Verhalten von $\Gamma(s)$ im Gebiet

$$(48.16) \qquad 0 < |s| < +\infty, \quad |\arg s| < \varepsilon\pi \qquad\qquad (0 < \varepsilon < 1)$$

an.

Def. *Es sei G ein nichtbeschränktes Gebiet der komplexen Ebene und $w(s)$ eine dort definierte eindeutige analytische Funktion. Ferner sei*

$$(48.17) \qquad a_0 + \frac{a_1}{s} + \frac{a_2}{s^2} + \cdots$$

eine für jedes $s \in G$ divergente Reihe. Man setze

$$s_n(s) = a_0 + \frac{a_1}{s} + \cdots + \frac{a_n}{s^n}.$$

Gilt dann bei festem n

$$\lim_{|s| \to \infty} |s^n(w(s) - s_n(s))| = 0 \qquad\qquad (s \in G)$$

und bei festem $s \in G$

$$\lim_{n \to \infty} |s^n(w(s) - s_n(s))| = \infty ,$$

so heißt (48.17) die asymptotische Entwicklung von $w(s)$ in G.

---

[1] Ähnliche Bemerkung wie in der Fußnote 1, S. 171.

Der Begriff der asymptotischen Entwicklung wurde von POINCARÉ in seinen klassischen Untersuchungen über lineare Differentialgleichungen eingeführt. Man kann zeigen: *Hat $w(s)$ im Sinne der vorherigen Definition eine asymptotische Entwicklung, so ist diese durch die beiden Bedingungen eindeutig bestimmt.*

Wir zeigen nun, daß (48.13) im Gebiet $\sigma > 0$ eine asymptotische Entwicklung besitzt.

Man setze

$$s_n(s) = \frac{A_1}{s} + \frac{A_2}{s^3} + \cdots + \frac{A_n}{s^{2n-1}} \qquad (n = 1, 2, \ldots)$$

mit

$$A_k = (-1)^{k-1} \frac{1}{\pi} \int_0^\infty v^{2k-2} \log\left(\frac{1}{1 - e^{-\imath\pi v}}\right) dv \quad (k = 1, 2, \ldots, n).$$

Dann ist

$$J(s) - s_n(s) = \frac{(-1)^n}{\pi s^{2n+1}} \int_0^\infty \frac{v^{2n}}{1 + \frac{v^2}{s^2}} \log\left(\frac{1}{1 - e^{-\imath\pi v}}\right) dv,$$

und somit gilt

$$\lim_{|s| \to \infty} \{s^{2n}(J(s) - s_n(s))\} = 0$$

und

$$\lim_{n \to \infty} |s^{2n}(J(s) - s_n(s))| = \infty.$$

Eine asymptotische Entwicklung von $\Gamma(s)$ im Gebiet $|\arg s| < \pi$ (und darüber hinaus in $E \setminus \{0, -1, \ldots\}$, dem maximalen Gebiet, in dem (48.15) existiert) liefert die Restgliedform (48.15).

Zum Schluß soll noch für den interessierten Leser der Zusammenhang der Entwicklungskoeffizienten A_k mit den Bernoullischen Zahlen skizziert werden[1].

Man entwickle die Funktion

(48.18)
$$\frac{1}{e^x - 1} - \frac{1}{x} + \frac{1}{2}$$

nach Potenzen von x und setze

(48.19)
$$\frac{1}{e^x - 1} - \frac{1}{x} + \frac{1}{2} = \sum_1^\infty (-1)^{k+1} \frac{B_k}{(2k)!} x^{2k-1}.$$

Dann heißen die Koeffizienten der für $|x| < 2\pi$ konvergenten Reihe rechts die Bernoullischen Zahlen[1]. Andererseits folgt aus der Plana-Abel-Cauchyschen Formel, wenn man dort $w(z) = e^{-\alpha z}\,(0 < \alpha < \infty)$ nimmt,

(48.20)
$$\frac{1}{e^\alpha - 1} - \frac{1}{\alpha} + \frac{1}{2} = 2 \int_0^\infty \frac{\sin \alpha x}{e^{2\pi x} - 1} dx \,[2]$$

---

[1] Nach JACOB BERNOULLI (1654—1705).
[2] Diese Gleichung geht auf LEGENDRE zurück.

und somit (durch Entwicklung von $\sin \alpha x$ und Vergleich der Koeffizienten)

$$B_k = 4k \int_0^\infty \frac{x^{2k-1}\, dx}{e^{\pi x} - 1} = \frac{2k(2k-1)}{\pi} \int_0^\infty x^{2k-2} \log\left(\frac{1}{1 - e^{-2\pi x}}\right) dx \,.$$

Daraus entnimmt man die Beziehungen

$$A_k = (-1)^{k-1} \frac{B_k}{2k(2k-1)} \qquad (k = 1, 2, \ldots)$$

und mithin die asymptotische Entwicklung von $J(s)$

$$J(s) = \frac{B_1}{1 \cdot 2} \cdot \frac{1}{s} - \frac{B_2}{3 \cdot 4} \cdot \frac{1}{s^2} + \cdots + (-1)^{n-1} \frac{B_n}{(2n-1)\,2n} \cdot \frac{1}{s^{2n-1}} +$$

$$+ \frac{(-1)^n}{s^{2n-1}} \cdot \frac{1}{\pi} \int_0^\infty \frac{v^{2n}}{v^2 + s^2} \log\left(\frac{1}{1 - e^{-2\pi v}}\right) dv \qquad (\sigma > 0)\,.$$

Für ein tieferes Eindringen in die zuletzt kurz gebrachten Zusammenhänge wird der Leser auf das schon zitierte Buch von LINDELÖF (Le calcul des résidus) hingewiesen.

49. Dirichlet-Reihen. Die Zetafunktion von RIEMANN. Funktionenreihen von der Form

$$(49.1) \qquad\qquad \frac{a_1}{1^s} + \frac{a_2}{2^s} + \frac{a_3}{3^s} + \cdots$$

mit konstanten a_k werden als Dirichlet-Reihen bezeichnet[1]. Sie bilden eine für die Funktionentheorie und analytische Zahlentheorie wichtige Funktionenklasse. Allgemeiner heißen Funktionenreihen von der Form

$$a_1 e^{-\lambda_1 s} + a_2 e^{-\lambda_2 s} + a_3 e^{-\lambda_3 s} + \cdots$$

mit konstanten a_k und $0 \leq \lambda_1 < \lambda_2 < \cdots \left(\lim_{n \to \infty} \lambda_n = \infty \right)$ allgemeine Dirichlet-Reihen.

Für die Konvergenz von (speziellen) Dirichlet-Reihen ist folgender Satz von Wichtigkeit:

Satz. *Konvergiert* (49.1) *für ein* $s = s_0$, *so konvergiert sie gleichmäßig in jedem Winkelraum*

$$(49.2) \qquad\qquad |s - s_0| \leq A(\sigma - \sigma_0)\,, \sigma \geq \sigma_0 + \eta \qquad (A < +\infty, \eta > 0)\,.$$

Beweis. Da die Transformation $s' = s - s_0$ den Punkt s_0 in den Nullpunkt bringt, kann ohne weiteres $s_0 = 0$ angenommen werden und

$$(49.3) \qquad\qquad a_1 + a_2 + a_3 + \cdots$$

konvergent. Man definiere die Funktion $A(x)$ $(x \geq 0)$ durch die Gleichung

$$(49.4) \qquad\qquad A(x) = \sum_{k \leq x} a_k$$

und beachte, daß wegen der Konvergenz von (49.3) $A(x)$ dem Betrag nach kleiner als eine endliche Konstante M bleibt.

---

[1] Nach GUSTAV LEJEUNE DIRICHLET (1805—1859).

Es sei nun $1 < m < n - 1$ $(m, n$ ganz$)$ und $x' = m + \frac{1}{2}$, $x'' = n + \frac{1}{2}$. Dann ist wegen $\sigma > 0$

$$\sum_{m+1}^{n} \frac{a_k}{k^s} = \int_{x'}^{x''} \frac{dA(x)}{x^s} = \frac{A(x)}{x^s} \bigg|_{x'}^{x''} + s \int_{x'}^{x''} \frac{A(x)}{x^{s+1}} \, dx .$$

Daraus folgt leicht

$$\left| \sum_{m+1}^{n} \frac{a_k}{k^s} \right| \leq \frac{2M}{m^\sigma} \left(1 + \frac{|s|}{\sigma} \right) \leq \frac{2M(1+A)}{m^{\sigma_0 + \eta}} .$$

Wählt man nun m so, daß

$$\frac{2M(1+A)}{m^{\sigma_0 + \eta}} < \varepsilon \qquad\qquad (\varepsilon > 0)$$

gilt, so wird für alle $m < n$

$$\left| \sum_{m+1}^{n} \frac{a_k}{k^s} \right| \leq \varepsilon$$

gleichmäßig in (49.2).

Aus dem eben bewiesenen Konvergenzsatz folgt:

Satz. *Konvergiert die Dirichlet-Reihe* (49.1) *für ein* $s_0 = \sigma_0 + it_0$, *so konvergiert sie gleichmäßig in jeder kompakten Teilmenge der Halbebene*

$$(49.5) \qquad\qquad \sigma > \sigma_0 ,$$

und somit stellt sie eine in (49.5) *reguläre Funktion* $f(s)$ *dar.*

Die einfachste unendliche Dirichlet-Reihe

$$(49.6) \qquad\qquad \zeta(s) = 1 + \frac{1}{2^s} + \frac{1}{3^s} + \cdots$$

konvergiert (absolut und gleichmäßig) in der Halbebene

$$(49.7) \qquad\qquad \sigma > 1 , \; -\infty < t < +\infty$$

und stellt eine dort eindeutige analytische Funktion, die Zetafunktion (kurz: ζ-Funktion), dar. Wir zeigen:

Die Reihe (49.6) kann über die Gerade $\sigma = 1$ hinaus fortgesetzt werden. Die so erhaltene Funktion ist in E mit Ausnahme eines einfachen Poles bei $s = 1$ eindeutig und regulär und wird die Riemannsche ζ-Funktion genannt.

Um diesen Satz zu beweisen, nehme man in der Plana-Abel-Cauchyschen Formel (Kap. 4, Aufg. 4) $w(z) = \frac{1}{z^\sigma}$ $(1 < \sigma < +\infty)$ und beachte, daß auf der Geraden $x = 1$

$$z^\sigma = (1 + y^2)^{\frac{\sigma}{2}} \{ \cos(\sigma \operatorname{arc tg} y) + i \sin(\sigma \operatorname{arc tg} y) \}$$

gilt. Danach wird für $\sigma > 1$

$$(49.8) \qquad\qquad \zeta(\sigma) = \frac{1}{2} + \frac{1}{\sigma - 1} + 2 J(\sigma)$$

mit

$$(49.9) \qquad J(\sigma) = \int_0^\infty \frac{\sin(\sigma \arctan t)}{(1+t^2)^{\frac{\sigma}{2}}} \cdot \frac{dt}{e^{2\pi t} - 1} \, .$$

Ersetzt man nun hier σ durch s, so sieht man ohne weiteres, daß $J(s)$ eine in der ganzen endlichen s-Ebene eindeutige Funktion von s ist. Somit gilt für jedes $s \in E$, $s \neq 1$

$$(49.10) \qquad \zeta(s) = \frac{1}{2} + \frac{1}{s-1} + 2J(s) \, . \, {}^{[1]}$$

Satz. (RIEMANN). *Die ζ-Funktion genügt der Funktionalgleichung*

$$(49.11) \qquad \zeta(1-s) = 2(2\pi)^{-s} \cos\frac{\pi s}{2} \, \Gamma(s) \, \zeta(s) \, .$$

Beweis. Für $\sigma > 1$ gilt

$$(49.12) \qquad \Gamma(\sigma) \, \zeta(\sigma) = \int_0^\infty \frac{x^{\sigma-1}}{e^x - 1} \, dx \, .$$

Man setze in der Tat für ein festes $\sigma > 1$

$$\Gamma(\sigma) \, J(\sigma) = \int_0^\infty \frac{x^{\sigma-1}}{e^x - 1} \, dx \, .$$

Dann wird wegen

$$\Gamma(\sigma) \, n^{-\sigma} = \int_0^\infty e^{-nx} x^{\sigma-1} \, dx \qquad (n = 1, 2, \ldots)$$

$$\Gamma(\sigma) \left\{ J(\sigma) - \sum_1^N \frac{1}{n^\sigma} \right\} = \int_0^\infty \frac{e^{-Nx}}{e^x - 1} \, x^{\sigma-1} dx = R_N(\sigma) \, .$$

Man wähle ein $\delta \, (0 < \delta < 1)$ derart, daß für $\sigma_0 = 1 + \eta$ (η vorgegeben)

$$\int_0^\delta e^{-x} \, x^{\sigma_0 - 2} dx < \varepsilon$$

ausfällt. Dann ist

$$0 < R_N(\sigma) < \varepsilon + \frac{2}{\delta} e^{-N\delta} \Gamma(\sigma) \, .$$

Das beweist die Behauptung.

Nun folgt aus (49.12) für $\sigma > 1$

$$\Gamma(\sigma) \, \zeta(\sigma) = \int_0^1 \left\{ \frac{1}{e^x - 1} - \frac{1}{x} \right\} x^{\sigma-1} dx + \frac{1}{\sigma - 1} + \int_1^\infty \frac{x^{\sigma-1}}{e^x - 1} \, dx$$

und mit Rücksicht darauf, daß die Integrale rechts für jedes endliche, komplexe s aus der Halbebene $\sigma > 0$ existieren und dort analytische Funktionen von s darstellen,

$$\zeta(s) \, \Gamma(s) = \int_0^1 \left\{ \frac{1}{e^x - 1} - \frac{1}{x} \right\} x^{s-1} dx + \frac{1}{s-1} +$$
$$+ \int_1^\infty \frac{x^{s-1}}{e^x - 1} \, dx \qquad\qquad (\sigma > 0) \, .$$

---

[1] Diese Formel für die ζ-Funktion wurde von CHARLES HERMITE (1822—1901) gegeben.

Man beschränke sich jetzt auf den Streifen

(49.13) $$0 < \sigma < 1 \,,\; -\infty < t < +\infty \,.$$

Dann wird wegen

$$\frac{1}{s-1} = -\int_1^\infty \frac{x^{s-1}}{x}\, dx \qquad\qquad (0 < \sigma < 1)$$

(49.14) $$\Gamma(s)\,\zeta(s) = \int_0^\infty \left\{\frac{1}{e^x-1} - \frac{1}{x}\right\} x^{s-1}\, dx$$

für alle Punkte von (49.13).

Man schreibe jetzt letztere Formel in der Form

$$\Gamma(s)\,\zeta(s) = \int_0^1 \left\{\frac{1}{e^x-1} - \frac{1}{x} + \frac{1}{2}\right\} x^{s-1}\, dx - \frac{1}{2s} +$$

$$+ \int_1^\infty \left\{\frac{1}{e^x-1} - \frac{1}{x}\right\} x^{s-1}\, dx$$

und beachte wieder, daß die beiden Integrale rechts in jeder kompakten Teilmenge des Streifens

(49.15) $$-1 < \sigma < 0 \,,\; -\infty < t < +\infty$$

gleichmäßig konvergieren und somit dort analytische Funktionen darstellen. Berücksichtigt man dann die Gleichung

$$-\frac{1}{2s} = \frac{1}{2}\int_1^\infty x^{s-1}\, dx \qquad\qquad (-1 < \sigma < 0)\,,$$

so erhält man die im Streifen (49.15) gültige Darstellung

(49.16) $$\Gamma(s)\,\zeta(s) = \int_0^\infty \left\{\frac{1}{e^x-1} - \frac{1}{x} + \frac{1}{2}\right\} x^{s-1}\, dx \,.$$

Bevor wir nun das Integral rechts umformen, beweisen wir den Hilfssatz:

Hilfssatz 1. *Es sei σ reell, $0 < \sigma < 1$ und*

(49.17) $$J(\sigma) = \int_0^\infty \frac{t^{\sigma-1}}{1+t}\, dt \,.$$

Dann ist

(49.18) $$J(\sigma) = \frac{\pi}{\sin \pi\sigma} \,.$$

Beweis. Man setze für $q > 0$ fest, $\sigma > 0$

$$A(\sigma) = \frac{\Gamma(\sigma+q)}{\Gamma(q)} \int_0^\infty \frac{t^{\sigma-1}}{(1+t)^{q+\sigma}}\, dt \,.$$

Dann ist wegen

$$\int_0^\infty \frac{t^{\sigma-1}}{(1+t)^{q+\sigma}}\, dt = \int_0^1 \tau^{\sigma-1}(1-\tau)^{q-1}\, d\tau$$

$A(\sigma)$ logarithmisch konvex. Andererseits ist

$$A(\sigma + 1) = \frac{\Gamma(\sigma + q)}{\Gamma(q)} (\sigma + q) \int_0^\infty \frac{t^\sigma}{(1 + t)^{q + \sigma + 1}} \, dt,$$

also

$$A(\sigma + 1) = \sigma A(\sigma).$$

Da noch

$$A(1) = q \int_0^\infty \frac{dt}{(1 + t)^{q+1}} = 1$$

ist, so ist $A(\sigma) = \Gamma(\sigma)$ und somit

(49.19)
$$\int_0^\infty \frac{t^{\sigma - 1}}{(1 + t)^{\sigma + q}} \, dt = \frac{\Gamma(\sigma)\,\Gamma(q)}{\Gamma(\sigma + q)} \cdot {}^1$$

Setzt man hier $q = 1 - \sigma$, so erhält man

$$J(\sigma) = \int_0^\infty \frac{t^{\sigma - 1}}{1 + t} \, dt = \Gamma(\sigma)\,\Gamma(1 - \sigma) = \frac{\pi}{\sin \pi \sigma}.$$

Hilfssatz 2. *Für* $-1 < \sigma < 1$ *ist*

(49.20)
$$J = \int_0^\infty \frac{t^\sigma}{1 + t^2} \, dt = \frac{\pi}{2 \cos \dfrac{\pi \sigma}{2}}.$$

Beweis. Zunächst ist J für $-1 < \sigma < 0$ konvergent. Man ersetze t durch $\sqrt{t}$. Dann wird

$$J = \frac{1}{2} \int_0^\infty \frac{t^{\alpha - 1}}{1 + t} \, dt \qquad\qquad \left(\alpha = \frac{\sigma + 1}{2}\right)$$

und somit gleich $\dfrac{\pi}{2 \cos \dfrac{\pi \sigma}{2}}$.

Mit Rücksicht auf die Hilfssätze 1. und 2. und auf die gleichmäßige Konvergenz des Integrals rechts in (49.16) wird nun

$$\int_0^\infty \left\{ \sum_1^\infty \frac{x}{x^2 + 4\pi^2 n^2} \right\} x^{\sigma - 1} \, dx = \sum_1^\infty \int_0^\infty \frac{x^\sigma}{x^2 + 4\pi^2 n^2} \, dx$$

---

[1] Die Integrale

$$\int_0^1 t^{p - 1} (1 - t)^{q - 1} \, dt \qquad\qquad (p, q > 0)$$

heißen nach EULER Beta-Integrale und werden durch $B(p, q)$ (lies: Beta pq) bezeichnet. Die Gleichung

$$B(p, q) = \frac{\Gamma(p)\,\Gamma(q)}{\Gamma(p + q)}$$

geht auf EULER zurück, die Heranziehung des Satzes von BOHR und MOLLERUP auf ARTIN.

und somit wegen

$$\int_0^\infty \frac{x^\sigma}{x^2 + 4\,\pi^2 n^2}\,dx = (2\,\pi n)^{\sigma-1} \int_0^\infty \frac{t^\sigma}{1 + t^2}\,dt$$

$$\Gamma(\sigma)\,\zeta(\sigma) = 2 \sum_1^\infty (2\,\pi n)^{\sigma-1}\,\frac{\pi}{2\cos\dfrac{\pi\sigma}{2}} = \frac{(2\pi)^\sigma\,\zeta(1-\sigma)}{2\cos\dfrac{\pi\sigma}{2}}\,.$$

Das beweist (mit Rücksicht auf das Weierstraßsche Prinzip der Permanenz der Funktionalgleichungen) die Riemannsche Funktionalgleichung (49.12).

Der hier zur Darstellung gekommene Beweis der Funktionalgleichung der ζ-Funktion geht auf E. C. TITCHMARSH (The Theory of the Riemann Zetafunction, *Oxford* 1951) zurück.

50. Zahlentheoretische Eigenschaften von $\zeta(s)$. Die Eulersche Produktdarstellung und der Satz von HADAMARD-DE LA VALLÉE-POUSSIN. Nachfolgender Satz deckt den Zusammenhang der Funktion $\zeta(s)$ mit den Primzahlen und somit mit Fragen der analytischen Zahlentheorie auf.

Satz. (EULER). *Es bedeute p eine Primzahl. Dann gilt in der Halbebene* $\sigma > 1$

$$(50.1) \qquad \zeta(s) = \prod_p \left(1 - \frac{1}{p^s}\right)^{-1},$$

wobei das Produkt über alle Primzahlen zu erstrecken ist.

Beweis. Es sei x eine reelle Zahl > 2. Man bilde das Produkt

$$\Pi_x = \prod_{p \le x}\left(1 - \frac{1}{p^s}\right)^{-1} = \prod_{p \le x}\left\{1 + \frac{1}{p^s} + \frac{1}{p^{2s}} + \cdots\right\}.$$

Multipliziert man die (endlich vielen) Reihen miteinander, so erhält man

$$\Pi_x = 1 + \Sigma'\,\frac{1}{n^s},$$

wobei die Summation über alle Zahlen zu erstrecken ist, die sich als Produkt von Primzahlpotenzen $p^\alpha(\alpha \ge 1)$ mit $p \le x$ darstellen lassen. Da nun alle natürlichen Zahlen $k,\ 2 \le k \le x$ solche Zahlen sind, so ist

$$\left|\Pi_x - \sum_1^{[x]} \frac{1}{k^s}\right| \le \sum_{[x]+1}^\infty \frac{1}{k^\sigma} \qquad (\sigma > 1),$$

sofern $[x]$, wie üblich, die größte natürliche Zahl $\le x$ bedeutet. Daraus folgt

$$(50.2) \qquad |\Pi_x - \zeta(s)| \le 2 \sum_{[x]+1}^\infty \frac{1}{k^\sigma} \qquad (\sigma > 1).$$

Das beweist die Behauptung.

Aus der Eulerschen Produktdarstellung (50.1) folgt (mit Rücksicht auf die absolute Konvergenz des Produkts rechts), daß $\zeta(s)$ in der Halbebene $\sigma > 1$ nicht verschwinden kann. Daß $\zeta(s)$ auf der Gerade $\sigma = 1$ nicht verschwindet, wurde im Jahre 1896 durch HADAMARD und DE LA VALLÉE-POUSSIN bewiesen.

Satz 4. (HADAMARD-DE LA VALLÉE-POUSSIN). *Die Funktion $\zeta(s)$ besitzt auf der Geraden $\sigma = 1$ keine Nullstelle.*

Beweis. Man definiere die (zahlentheoretische) Funktion $\Lambda_1(n)$ durch die Vorschrift:

$$\Lambda_1(n) = \begin{cases} \dfrac{1}{k} & \text{für } n = p^k,\, k = 1, 2, \ldots \\ 0 & \text{sonst.} \end{cases}$$

Dann ist

$$(50.3) \qquad \sum_1^\infty \frac{\Lambda_1(n)}{n^s}$$

für $\sigma > 1$ konvergent und gleich $\log \zeta(s)$[1].

Es genügt offenbar, die Behauptung für reelles $s = \sigma > 1$ zu beweisen. Dazu schreiben wir (50.2) in der Form

$$(50.4) \qquad \Pi_n = \zeta(\sigma)\,(1 + \varepsilon_n(\sigma)) \qquad (n = 2, 3, \ldots)$$

mit $\lim\limits_{n \to \infty} \varepsilon_n(\sigma) = 0$ gleichmäßig in jeder kompakten Teilmenge von $\sigma > 1$. Nun konvergiert (50.4) wegen $\Lambda_1(n) \leq 1$ absolut und gleichmäßig in jeder kompakten Teilmenge von $\sigma > 1$ und somit wird

$$\left| \log \Pi_n - \sum_1^\infty \frac{\Lambda_1(k)}{k^\sigma} \right| \leq 2 \sum_{n+1}^\infty \frac{1}{k^\sigma}.$$

Das beweist in Verbindung mit (50.4) die Gleichung

$$(50.5) \qquad \log \zeta(s) = \sum_1^\infty \frac{\Lambda_1(n)}{n^s} \qquad (\sigma > 1).$$

Es sei jetzt $s_0 = 1 + it_0\,(t_0 > 0)$ eine Nullstelle von $\zeta(s)$. Man bilde den Ausdruck

$$(50.6) \qquad H(\sigma) = \zeta(\sigma)^3\,|\zeta(\sigma + it_0)|^4 \cdot |\zeta(\sigma + 2it_0)|$$

mit einem $1 < \sigma < +\infty$.

Dann wird

$$\log H(\sigma) = \sum_1^\infty \frac{\Lambda_1(n)}{n^\sigma} \{3 + 4 \cos(t_0 \log n) + \cos(2\,t_0 \log n)\},$$

also

$$\frac{1}{2} \log H(\sigma) = \sum_1^\infty \frac{\Lambda_1(n)}{n^\sigma} \{1 + \cos(t_0 \log n)\}^2 \geq 0.$$

Daraus folgt zunächst

$$(50.7) \qquad \lim_{\sigma \downarrow 1} H(\sigma) \geq 1\,[2].$$

---

[1] Darunter wird derjenige Zweig verstanden, der für reelle s reell ist.

[2] Die Pfeilrichtung soll eine Abkürzung von $\lim \sigma = 1\,(\sigma > 1)$ bedeuten.

Andererseits ist für $s = \sigma + i\,t_0$

$$\frac{H(\sigma)}{\sigma - 1} = \{(\sigma - 1)\,\zeta(\sigma)\}^3 \left|\frac{\zeta(s)}{s - s_0}\right|^4 \cdot |\zeta(\sigma + 2it_0)|$$

und für $\sigma \downarrow 1$ bleiben alle drei Faktoren beschränkt. Daraus folgt

$$\lim_{\sigma \downarrow 1} H(\sigma) = 0\,,$$

was der Ungleichung (50.7) widerspricht. Somit kann $\zeta(1 + it_0)$ nicht Null sein.

Der eben bewiesene Satz von HADAMARD und DE LA VALLÉE-POUSSIN ist so tief[1], daß er (wie zuerst N. WIENER zeigte) allein imstande ist, die berühmte Vermutung von LEGENDRE und GAUSS über die Anzahl der Primzahlen $\leq x$ zu beweisen. Diese lautet:

Satz (Primzahlsatz). *Es bedeute* $\pi(x)$ $(x \geq 2)$ *die Anzahl der Primzahlen* $\leq x$. *Dann gilt*

$$(50.8) \qquad\qquad \pi(x) \sim \frac{x}{\log x}\,,$$

das heißt

$$\lim_{x \to \infty} \frac{\pi(x)\,\log x}{x} = 1\,.$$

Den Beweis dieses Satzes erbringen wir in der nächsten Nummer auf dem Umweg über den Satz:

Satz. *Es werde*

$$(50.9) \qquad\qquad \Lambda(n) = \begin{cases} \log p \mid n = p^k\,, & k = 1, 2, \ldots \\ 0 & \mid \text{sonst} \end{cases}$$

und

$$(50.10) \qquad\qquad \psi(x) = \sum_{n \leq x} \Lambda(n) \qquad\qquad (x \geq 1)$$

gesetzt. Dann folgt aus

$$(50.11) \qquad\qquad \psi(x) \sim x$$

die Aussage des Primzahlsatzes.

Beweis. Man setze

$$\pi_1(x) = \sum_{p^k \leq x} 1 \qquad (p\ \text{Primzahl}, k = 1, 2, \ldots)\,.$$

Dann ist

$$\pi_1(x) \leq \int_1^x \frac{d\psi}{\log t} = \frac{\psi(x)}{\log x} + \int_2^x \frac{\psi(t)}{(\log t)^2} \cdot \frac{dt}{t}$$

und

$$(50.12) \qquad\qquad \pi_1(x) \geq \frac{\psi(x)}{\log x}\,.$$

---

[1] RIEMANN hat in seiner berühmten Abhandlung (Über die Anzahl der Primzahlen unter einer gegebenen Größe, Monatsber. Berl. Akad. 1859, Ges. Werke Bd. 1, S. 145—153) die Vermutung ausgesprochen, daß $\zeta(s)$ in $\sigma > \frac{1}{2}$ nicht verschwindet. Diese (Riemannsche) Vermutung ist bisher weder bewiesen noch widerlegt worden.

Andererseits ist mit Rücksicht auf (50.11)

$$A_1 x \leqq \psi(x) \leqq A_2 x \quad (x \geqq 2,\, 0 < A_1 < 1 < A_2 < +\infty)$$

und somit

$$\frac{\pi_1(x) \log x}{x} \leqq \frac{\psi(x)}{x} \left[1 + \frac{A_2}{A_1} \cdot \frac{\log x}{x} \int_2^x \frac{dt}{(\log t)^2} \right]$$

und somit wegen

$$\int_2^x \frac{dt}{(\log t)^2} \leqq \frac{\sqrt{x}}{(\log 2)^2} + \frac{x - \sqrt{x}}{(\log \sqrt{x})^2}$$

$$\frac{\pi_1(x) \log x}{x} \leqq \frac{\psi(x)}{x} \left\{ 1 + A \left(\frac{\log \sqrt{x}}{\sqrt{x}} + \frac{1}{\log \sqrt{x}} \right) \right\}$$

mit

$$A = 2 \frac{A_2}{A_1} \left\{ \frac{1}{(\log 2)^2} + 1 \right\}.$$

Das beweist die Gleichung

$$(50.13) \qquad \pi_1(x) \sim \frac{\log x}{x}.$$

Nun ist

$$\pi_1(x) = \pi(x) + \pi\left(\sqrt{x}\right) + \pi\left(\sqrt[3]{x}\right) + \cdots + \pi\left(\sqrt[k]{x}\right),$$

mit

$$k = \left[\frac{\log x}{\log 2} \right] + 1,$$

und somit

$$\pi_1(x) = \pi(x) + s(x)$$

mit

$$0 \leqq s(x) \leqq K \sqrt{x} \log x \qquad (0 < K < +\infty).$$

Das beweist die Behauptung.

51. Beweis des Primzahlsatzes. Um dem Leser die Macht der Funktionentheorie zu demonstrieren, gebe ich hier einen kurzen Beweis von (50.11) unter Verwendung des gewonnenen Resultats, daß die Funktion

$$(51.1) \qquad g(s) = -\frac{1}{s} \left(\frac{\zeta'(s)}{\zeta(s)} - \frac{s}{s-1} \right)$$

in jedem endlichen Punkt der Gerade $\sigma = 1$ regulär ist. Eigentlich verlangt nachfolgender Beweis, der auf WIENER zurückgeht, nur noch die Stetigkeit von $g(1 + it)$ auf der Geraden $-\infty < t < +\infty$. Dem Beweis schicken wir folgenden Hilfssatz voraus:

Hilfssatz. *Die Funktion $f(\tau)$ sei in jedem Punkt des Intervalls*

$$(51.2) \qquad -\infty < \tau < +\infty$$

stetig. Dann gilt bei festem T und reellem y

$$(51.3) \qquad \lim_{y \to \infty} \int_{-T}^{+T} e^{iy\tau} f(\tau)\, d\tau = 0, \qquad (0 < T < +\infty).$$

Beweis. Man setze bei festem $y > 0$

$$J(y) = \int_{-T}^{+T} e^{iy\tau} f(\tau)\, d\tau$$

und ersetze τ durch $\tau + \dfrac{\pi}{y}$. Dann wird

$$J(y) = -\int_{-T-\frac{\pi}{y}}^{T-\frac{\pi}{y}} f\left(\tau + \frac{\pi}{y}\right) e^{iy\tau}\, d\tau$$

und somit

$$2\,J(y) = \int_{-T}^{-T-\frac{\pi}{y}} f(\tau)\, e^{iy\tau}\, d\tau +$$

$$+ \int_{-T}^{T-\frac{\pi}{y}} \left\{ f(\tau) - f\left(\tau + \frac{\pi}{y}\right) \right\} e^{iy\tau}\, d\tau +$$

$$+ \int_{T-\frac{\pi}{y}}^{T} f(\tau)\, e^{iy\tau}\, d\tau\,.$$

Es sei nun $|f(\tau)| \leqq M\,(\tau \in [-T, T])$. Man wähle bei gegebenem $\varepsilon > 0$ y_0 so groß, daß

$$\left| f(\tau) - f\left(\tau + \frac{\pi}{y}\right) \right| \leqq \frac{\varepsilon}{T} \qquad (y \geqq y_0, \tau \in [-T, T])$$

gilt. Dann folgt aus der letzten Gleichung

$$|J(y)| \leqq \pi \frac{M}{y} + \varepsilon\,.$$

Das beweist den Hilfssatz.

Nach dieser Vorbereitung beweisen wir den Primzahlsatz in der Form:

Satz (Gauss-Legendre-Riemann-Hadamard-De la Vallée-Poussin). *Es gilt*

$$\lim_{x \to \infty} \frac{\psi(x)}{x} = 1\,.$$

Beweis. Wir gehen von der Darstellung

$$(51.4) \qquad\qquad \log \zeta(s) = \sum_{1}^{\infty} \frac{\Lambda_1(n)}{n^s} \qquad\qquad (\sigma > 1)$$

aus und differenzieren beide Seiten nach s. Dann wird

$$-\frac{\zeta'(s)}{\zeta(s)} = \sum_{1}^{\infty} \frac{\Lambda(n)}{n^s} = \int_{1}^{\infty} \frac{d\,\psi(x)}{x^s} = s \int_{1}^{\infty} \frac{\psi(x)}{x^{s+1}}\, dx$$

und somit

$$g(s) = \int_{1}^{\infty} \frac{\psi(x) - x}{x^{s+1}}\, dx \qquad\qquad (\sigma > 1)\,.$$

Wir ersetzen hier x durch e^u und erhalten

$$g(s) = \int_0^\infty \{h(u) - 1\}\, e^{-(s-1)u}\, du$$

mit

$$h(u) = \psi(e^u)\, e^{-u}.$$

Wir setzen jetzt

$$s = 1 + \varepsilon + i\lambda t \qquad\qquad (\varepsilon > 0,\ \lambda > 0 \text{ fest})$$

und bilden das Integral

$$J = \lambda \int_0^2 \left(1 - \frac{t}{2}\right) \operatorname{Re}\left\{e^{i\lambda t y}\, g(1 + \varepsilon + i\lambda t)\right\} dt$$

mit einem festen $y > 0$.

Dann wird nach einigen einfachen Überlegungen

$$J = e^{-\varepsilon y} \int_{-\lambda y}^\infty \left\{h\left(y + \frac{v}{\lambda}\right) - 1\right\} e^{-\varepsilon \frac{v}{\lambda}}\, J_1(v)\, dv$$

mit

$$v = \lambda(u - y)$$

und

$$J_1(v) = \int_0^2 \left(1 - \frac{t}{2}\right) \cos vt\, dt.$$

Durch partielle Integration findet man nun $J_1(v) = \dfrac{\sin^2 v}{v^2}$ und somit

$$e^{\varepsilon y} J = \int_{-\lambda y}^\infty h\left(y + \frac{v}{\lambda}\right) \frac{\sin^2 v}{v^2}\, e^{\frac{-\varepsilon v}{\lambda}}\, dv - \int_{-\lambda y}^\infty \frac{\sin^2 v}{v^2}\, e^{\frac{-\varepsilon v}{\lambda}}\, dv.$$

Nun gilt für jedes $M > 0$

$$\int_{-\lambda y}^M \frac{\sin^2 v}{v^2}\, e^{\frac{-\varepsilon v}{\lambda}}\, dv \leqq \int_{-\lambda y}^\infty \frac{\sin^2 v}{v^2}\, e^{\frac{-\varepsilon v}{\lambda}}\, dv \leqq e^{\varepsilon y} \int_{-\lambda y}^\infty \frac{\sin^2 v}{v^2}\, dv$$

und somit (nach Grenzübergang $\varepsilon \to 0$, $M \to \infty$)

$$\lim_{\varepsilon \to 0} \int_{-\lambda y}^\infty \frac{\sin^2 v}{v^2}\, e^{\frac{-\varepsilon v}{\lambda}}\, dv = J_2(y) = \int_{-\lambda y}^\infty \frac{\sin^2 v}{v^2}\, dv < \pi.$$

Setzt man dann

$$(51.5) \qquad J_0(y) = \lambda \int_0^2 \left(1 - \frac{t}{2}\right) \operatorname{Re}\left\{e^{i\lambda t y}\, g(1 + it\lambda)\right\} dt,$$

so gilt zunächst

$$\lim_{\varepsilon \to 0} \int_{-\lambda y}^\infty h\left(y + \frac{v}{\lambda}\right) \frac{\sin^2 v}{v^2}\, e^{\frac{-\varepsilon v}{\lambda}}\, dv = J_0(y) + J_2(y).$$

Mit Rücksicht nun darauf, daß

$$\lim_{\varepsilon \to 0} \int_{-\lambda y}^{M} h\left(y + \frac{v}{\lambda}\right) \frac{\sin^2 v}{v^2}\, e^{\frac{-\varepsilon v}{\lambda}}\, dv$$

$$= \int_{-\lambda y}^{M} h\left(y + \frac{v}{\lambda}\right) \frac{\sin^2 v}{v^2}\, dv \leqq J_0(y) + J_2(y)$$

gilt und

$$e^{\varepsilon y} J + \int_{-\lambda y}^{\infty} \frac{\sin^2 v}{v^2}\, e^{\frac{-\varepsilon v}{\lambda}}\, dv \leqq e^{\varepsilon y} \int_{-\lambda y}^{\infty} h\left(y + \frac{v}{\lambda}\right) \frac{\sin^2 v}{v^2}\, dv$$

ist, erhält man die grundlegende Gleichung

$$J_0 = \int_{-\lambda y}^{\infty} h\left(y + \frac{v}{\lambda}\right) \frac{\sin^2 v}{v^2}\, dv - \int_{-\lambda y}^{\infty} \frac{\sin^2 v}{v^2}\, dv \,.$$

Man lasse jetzt $y \to \infty$ konvergieren. Dann konvergiert das zweite Integral wegen der Identität

$$\int_{-\infty}^{+\infty} \frac{\sin^2 v}{v^2}\, dv = - \int_{-\infty}^{+\infty} \sin^2 v\, d\left(\frac{1}{v}\right) = \int_{-\infty}^{+\infty} \frac{\sin 2v}{v}\, dv = \pi$$

gegen π, während die linke Seite (mit Rücksicht auf den Hilfssatz dieser Nummer) gegen Null konvergiert. Somit wird

$$\lim_{y \to \infty} \int_{-\lambda y}^{\infty} h\left(y + \frac{v}{\lambda}\right) \frac{\sin^2 v}{v^2}\, dv = \pi \,.$$

Aus diesen Gleichungen werden jetzt die beiden Aussagen abgeleitet:

1.
$$\overline{\lim_{y \to \infty}}\, h(y) \leqq 1$$

und

2.
$$\underline{\lim_{y \to \infty}}\, h(y) \geqq 1 \,.$$

Die Behauptung 1. beweist man so:
Man setze

$$y' = y + \frac{1}{\sqrt{\lambda}} \,.$$

Dann gilt im Intervall $-\sqrt{\lambda} \leqq v \leqq \sqrt{\lambda}$ wegen der Monotonie von $h(x)\, e^x$

$$h(y) \leqq h\left(y' + \frac{v}{\lambda}\right) e^{\frac{2}{\sqrt{\lambda}}} \,,$$

also

$$h(y) \int_{-\sqrt{\lambda}}^{+\sqrt{\lambda}} \frac{\sin^2 v}{v^2}\, dv \leqq e^{\frac{2}{\sqrt{\lambda}}} \int_{-\sqrt{\lambda}}^{\infty} h\left(y' + \frac{v}{\lambda}\right) \frac{\sin^2 v}{v^2}\, dv \,.$$

Da jetzt $-\sqrt{\lambda} \geqq -\lambda y'$ ist, so ist das letzte Integral rechts nicht größer als

$$\int_{-\lambda y'}^{\infty} h\left(y' + \frac{v}{\lambda}\right) \frac{\sin^2 v}{v^2}\, dv$$

und somit auch

$$h(y) \int_{-\sqrt{\lambda}}^{+\sqrt{\lambda}} \frac{\sin^2 v}{v^2}\, dv \leqq e^{\frac{2}{\sqrt{\lambda}}} \int_{-\lambda y'}^{\infty} h\left(y' + \frac{v}{\lambda}\right) \frac{\sin^2 v}{v^2}\, dv\, .$$

Läßt man nun hier (bei konstantem λ) y (also auch y') gegen unendlich konvergieren, so erhält man die Ungleichung

$$\varlimsup_{y \to \infty} h(y) \int_{-\sqrt{\lambda}}^{+\sqrt{\lambda}} \frac{\sin^2 v}{v^2}\, dv \leqq \pi\, e^{\frac{2}{\sqrt{\lambda}}}\, .$$

Läßt man hier $\lambda \to \infty$ konvergieren, so erhält man 1.

Um 2. zu beweisen, setze man

$$y' = y - \frac{1}{\sqrt{\lambda}}$$

und wähle bei festem λ $y \geqq \dfrac{2}{\sqrt{\lambda}}$.

Dann ist

$$h\left(y' + \frac{v}{\lambda}\right) \leqq e^{\frac{2}{\sqrt{\lambda}}} h(y) \qquad \left(|v| \leqq \sqrt{\lambda}\right)$$

und somit

$$\int_{-\sqrt{\lambda}}^{+\sqrt{\lambda}} h\left(y' + \frac{v}{\lambda}\right) \frac{\sin^2 v}{v^2}\, dv \leqq e^{\frac{2}{\sqrt{\lambda}}} h(y) \int_{-\sqrt{\lambda}}^{+\sqrt{\lambda}} \frac{\sin^2 v}{v^2}\, dv\, .$$

Jetzt wähle man λ so, daß bei gegebenem $\varepsilon > 0$

$$\int_{\sqrt{\lambda}}^{\infty} \frac{\sin^2 v}{v^2}\, dv \leqq \varepsilon\, \pi$$

wird. Da nun wegen 1. für alle $y \geqq 0$ $h(y) \leqq K$ mit einem endlichen $K \geqq 1$ gilt, so wird

$$\int_{-\lambda y'}^{\infty} h\left(y' + \frac{v}{\lambda}\right) \frac{\sin^2 v}{v^2}\, dv \leqq e^{\frac{2}{\sqrt{\lambda}}} h(y) \int_{-\sqrt{\lambda}}^{+\sqrt{\lambda}} \frac{\sin^2 v}{v^2}\, dv + 2\varepsilon K \pi$$

und mithin ist

$$\pi \leqq e^{\frac{2}{\sqrt{\lambda}}} \int_{-\sqrt{\lambda}}^{+\sqrt{\lambda}} \frac{\sin^2 v}{v^2}\, dv \left\{\varliminf_{y \to \infty} h(y)\right\} + 2\varepsilon K \pi\, .$$

Läßt man jetzt $\lambda \to \infty$ und anschließend $\varepsilon \to 0$ konvergieren, so erhält man den Beweis von 2.

Somit gilt

$$\lim_{y \to \infty} h(y) = \lim_{x \to \infty} \frac{\psi(x)}{x} = 1\, ,$$

also auch

$$\lim_{x \to \infty} \frac{\pi(x) \log x}{x} = 1\, .$$

Der hier entwickelte Beweis des Primzahlsatzes geht, wie schon erwähnt, auf WIENER zurück. Die gegebene Darstellung schließt sich an eine

Abhandlung von Landau (Über den Wienerschen neuen Weg zum Primzahlsatz, *Sitzungsber. Preuß. Akad. Wissensch.)* aus dem Jahre 1932 an.

52. Geschichtliche Zusammenhänge und Literaturangaben. Die Literatur über die Γ-Funktion ist sehr groß. Eine ziemlich vollständige Darstellung der Theorie von $\Gamma(s)$ vom Standpunkt der Funktionentheorie findet der Leser in dem Buch von Whittaker-Watson. Auch die Bücher von Ahlfors, Copson und Titchmarsh geben eine vollständige Darstellung der Grundeigenschaften der Γ-Funktion. Der Studierende findet in Carathéodorys Buch (Funktionentheorie, Bd. 1) eine gute Darstellung der Theorie von Bohr und Mollerup und darüber hinaus eine Darstellung der Zusammenhänge der Γ-Funktion mit der Theorie der Bernoullischen Zahlen und Polynome. Beim Aufbau der Theorie in den vorliegenden Vorlesungen habe ich mich von der ausgezeichneten Darstellung von Artin (Einführung in die Theorie der Gammafunktion, *Hamburger mathematische Einzelschriften* 11, *Leipzig* 1931) leiten lassen.

Das Zeichen Γ zur Bezeichnung des Eulerschen Integrals

$$\int_0^\infty e^{-x} x^{\sigma-1} \, dx \, ,$$

sowie die Namen Eulersches Integral zweiter Gattung und Γ-Funktion stammen von Legendre (etwa 1814). Euler kennt schon im Jahre 1781 die Form

$$\int_0^1 \left(\log \frac{1}{x}\right)^{\sigma-1} dx$$

des Γ-Integrals und (ebenso wie Gauss) die Zerlegung von $\Gamma(\sigma)^{-1}$ in Faktoren. Die Gleichung

$$\frac{1}{\Gamma(s)} = s\,e^{Cs} \prod_1^\infty \left\{ \left(1 + \frac{s}{n}\right) e^{-\frac{s}{n}} \right\}$$

ist, wie bereits erwähnt wurde, erstmalig von O. Schlömilch [*Arch. Math. Physik.* 4, 171 (1844)] gegeben worden. Sie findet sich in der leicht modifizierten Form

$$\frac{1}{\Gamma(s)} = s \prod_1^\infty \left\{ \left(1 + \frac{s}{n}\right) \left(\frac{n}{n+1}\right)^s \right\}$$

sowohl bei Euler (gegen 1729) als auch bei Gauss (gegen 1812) und bildete den Ausgangspunkt der Weierstraßschen Theorie der Produktdarstellung einer in der ganzen Ebene holomorphen (d. h. ganzen transzendenten) Funktion.

Die Literatur über die Riemannsche ζ-Funktion wäre ohne das bedeutende Buch von Titchmarsh (The Theory of the Zetafunction, *Oxford*, 2te Aufl. 1951) dem interessierten Leser schwer zugänglich. Dieses Buch enthält ziemlich alles, was man (über das Elementare hinaus, das man gut dargestellt auch bei WHITTAKER-WATSON findet) über diese Funktion weiß. Wie bereits erwähnt, hat die ζ-Funktion aus dem Grunde das große Interesse erlangt, weil ihre (nichttrivialen) Nullstellen im Streifen $0 < \sigma < 1$ mit dem Primzahlproblem, d. h. mit der Bestimmung der Größenordnung des Restgliedes

$$\Delta(x) = \pi(x) - \int_2^x \frac{dt}{\log t}$$

zusammenhängen. Von den wesentlichen funktionentheoretischen Fortschritten auf dem Gebiet der ζ-Funktion nach RIEMANNs fundamentaler Arbeit aus dem Jahre 1859 seien hier lediglich folgende erwähnt:

1. HADAMARDs Produktzerlegungsformel

$$(s - 1)\, \Gamma\left(\frac{s}{2} + 1\right) \zeta(s) = \frac{1}{2} e^{hs} \prod_{\varrho}\left\{\left(1 - \frac{s}{\varrho}\right) e^{\frac{s}{\varrho}}\right\},$$

wobei $h = \log 2\pi - 1 - \frac{1}{2} C$ ist und ϱ alle im Streifen $0 < \sigma < 1$ liegenden Nullstellen von $\zeta(s)$ durchläuft. [HADAMARD: Étude sur les propriétés des fonctions entières et en particulier d'une fonction considérée par Riemann, *J. de Math.* (4) 9, 171—215 (1893).]

2. Der v. Mangoldtsche Beweis [*Math. Ann.* 60, 1—19 (1905)] der Riemannschen Formel

$$N(T) = \frac{1}{2\pi} T \log T - \frac{1 + \log 2\pi}{2\pi} T + O(\log T)$$

für die Anzahl $N(T)$ der Nullstellen von $\zeta(s)$ im Rechteck $0 < \sigma < 1$, $0 < t \leqq T$.

3. HARALD BOHRs [Sur la fonction $\zeta(s)$ dans le demi-plan $\sigma > 1$, *Compt. Rend. Acad. Sci.* (Paris) 154, 1078—1081 (1912)] Satz, daß $\zeta(s)$ in jedem Streifen $1 < \sigma < 1 + \eta$ jeden Wert $a \neq 0, \infty$ unendlich oft annimmt.

4. HARDYs [G. H. HARDY, Sur les zéros de la fonction $\zeta(s)$ de Riemann, *Compt. Rend. Acad. Sci. Paris* 158, 1012—1014 (1914)] berühmtes Ergebnis, wonach $\zeta(s)$ auf der Geraden $\sigma = \frac{1}{2}$ unendlich viele Nullstellen besitzt.

Weitere Auskünfte über den Stand offener Probleme auf dem Gebiet der analytischen Zahlentheorie findet der interessierte Leser außer in TITCHMARSHs Buch auch in dem (speziell auf Anwendungen der Bohr-Turánschen Methode gerichteten) in 44. zitierten Buch von TURÁN.

Ergänzungen und Aufgaben zum sechsten Kapitel

1. Ein allgemeiner Satz von Hurwitz. *Ist $\sigma(z)$ eine beliebige meromorphe Funktion, so existiert eine meromorphe Funktion $g(z)$ mit der Eigenschaft*

$$(1) \qquad g(z + 1) = \sigma(z)g(z) \, .$$

Das ist der Inhalt einer wichtigen Arbeit von Hurwitz [Sur l'intégrale finie d'une fonction entière, *Acta Math.* 20, 285—312 (1897)]. Offenbar ist die allgemeine Lösung $w(z)$ von (1) von der Form $g(z)\,\pi(z)$, wobei $\pi(z)$ eine periodische Funktion mit der Periode Eins ist. Der Leser findet in dem Buch von Picard, Leçons sur quelques équations fonctionelles (*Paris* 1928) eine Reihe von Entwicklungen, die sowohl die Theorie der Γ-Funktion, als auch eine Reihe wichtiger Transzendenten berühren.

Es wäre von Interesse, unter Voraussetzungen, die denjenigen von Bohr-Mollerup analog laufen, die Eindeutigkeit der Lösung von (1) zu untersuchen.

2. Zwei Funktionalgleichungen von Legendre. Man setze für $\sigma > 0$

$$(1) \qquad \psi(\sigma) = \frac{\Gamma'(\sigma)}{\Gamma(\sigma)} \, .$$

Dann genügt $\psi(\sigma)$ der Funktionalgleichung

$$(2) \qquad \psi(\sigma + 1) - \psi(\sigma) = \frac{1}{\sigma} \, ,$$

und es gilt

$$\psi(\sigma + 1) = \psi(1) + \int_0^1 \frac{x^\sigma - 1}{x - 1} \, d x \, .$$

[Legendre, Exercices de calcul intégr. 2, S. 46, *Paris* 1814, Cauchy, *J. éc. polyt. calc.* 28, 147 (1841) und Gauss, Ges. Werke, Bd. 3, S. 155.]

Aus (2) folgt

$$\psi'(\sigma + 1) - \psi'(\sigma) = -\frac{1}{\sigma^2} \, .$$

Man beweise noch die Funktionalgleichung

$$(3) \qquad \psi'(\sigma) + \psi'(1 - \sigma) = \left(\frac{\pi}{\sin \pi \sigma}\right)^2 .$$

3. Kummers Fourier-Entwicklung von $\log \Gamma(\sigma)$. E. Kummer (1810 bis 1893) hat [*J. Math.* 35, 1 (1847)] für den $\log \Gamma(\sigma)$ $(0 < \sigma < 1)$ die Fourier-Entwicklung

$$(1) \qquad \begin{aligned} \log \Gamma(\sigma) = {}& (1 - \sigma) \log \pi + \left(\frac{1}{2} - \sigma\right) C - \frac{1}{2} \log \sin \pi \sigma + \\ & + \frac{1}{\pi} \sum_1^\infty \frac{\log 2n}{n} \sin (2n\,\pi\sigma) \end{aligned}$$

gegeben. Ersetzt man hier σ durch $1 - \sigma$ $(0 < 1 - \sigma < 1)$ und addiert man die beiden Gleichungen, so erhält man die Eulersche Funktionalgleichung $\Gamma(\sigma)\,\Gamma(1 - \sigma)\,\sin \pi\sigma = \pi$. Es wäre interessant, den Beweis der Kummerschen Entwicklung auf folgende Tatsache zu stützen:

Man bezeichne die rechte Seite von (1) mit $\varphi(\sigma)$ und setze für σ der Reihe nach $\frac{\sigma}{n}, \frac{\sigma}{n} + \frac{1}{n}, \ldots, \frac{\sigma}{n} + \frac{n-1}{n}$ $(n \geq 1$ ganz$)$. Addiert man dann die so erhaltenen Gleichungen, so erhält man mit $g(\sigma) = e^{\varphi(\sigma)}$

$$(2) \qquad g(\sigma) = \frac{n^{\sigma}}{\sqrt{n}\,(2\pi)^{\frac{n-1}{2}}} \prod_{k=0}^{n-1} g\left(\frac{\sigma + k}{n}\right).$$

Nun hat Artin (loc. cit.) gezeigt, daß jede positive, stetige Funktion, die allen Funktionalgleichungen (2) (d. h. für jedes $n = 1, 2, \ldots$) genügt, gleich $\Gamma(\sigma)$ sein muß.

Die Bestätigung von (2) erfolgt (wenn man von einfachen Überlegungen absieht) mit Hilfe der in $0 < \sigma < 1$ gleichmäßig konvergenten Entwicklungen

$$\frac{1}{2} - \sigma = \frac{1}{\pi} \sum_{\nu=1}^{\infty} \frac{\sin 2\pi\nu\sigma}{\nu}$$

und

$$\log 2 \sin \pi\sigma = -\sum_{\nu=1}^{\infty} \frac{\cos 2\pi\nu\sigma}{\nu}$$

Setzt man in (1) geeignete Werte von σ ein (etwa $\sigma = 1/4$), so erhält man eine Reihendarstellung der Eulerschen Konstante C.

4. Die Konvergenzabszissen einer allgemeinen Dirichlet-Reihe. Es sei

$$(1) \qquad f(s) = \sum_{1}^{\infty} a_n e^{-\lambda_n s} \qquad\qquad (s = \sigma + it)$$

mit $0 < \lambda_1 < \cdots < \lambda_n \left(\lim_{n\to\infty} \lambda_n = \infty\right)$ eine (allgemeine) Dirichlet-Reihe. *Man setze*

$$S_1(n) = \sum_{n}^{\infty} a_k \qquad \left(\sum_{1}^{\infty} a_k \text{ konvergent}\right)$$

und

$$S_2(n) = \sum_{1}^{n} a_k \qquad \left(\sum_{1}^{\infty} a_k \text{ divergent}\right).$$

Ferner setze man

$$s(n) = \begin{cases} S_1(n) \mid \text{ im Konvergenzfall} \\ S_2(n) \mid \text{ im Divergenzfall}. \end{cases}$$

Dann ist

$$(2) \qquad \sigma_K = \varlimsup_{n\to\infty} \frac{\log |s(n)|}{\lambda_n}$$

die Konvergenzabszisse von (1). *Diese hat die Eigenschaft, daß für jedes* $\sigma > \sigma_K$ *die Reihe* (1) *konvergiert (jedoch nicht notwendigerweise gleichmäßig) und für* $\sigma < \sigma_k$ *divergiert.*

Definiert man analog $T_1(n)$, $T_2(n)$ mit Hilfe der entsprechenden Abschnitte der Reihe $\sum\limits_1^\infty |a_k|$ und setzt man

$$T(n) = \begin{cases} T_1(n) & | \text{ im Konvergenzfall} \\ T_2(n) & | \text{ im Divergenzfall} \,, \end{cases}$$

so hat die Zahl

$$(3) \qquad \sigma_A = \varlimsup_{n \to \infty} \frac{\log T(n)}{\lambda_n}$$

die Eigenschaft, daß für $\sigma > \sigma_A$ die Reihe (1) absolut konvergiert. Die Zahl $\sigma_A (\sigma_A \geqq \sigma_K)$ heißt die Abszisse der absoluten Konvergenz. Neben den Abszissen σ_K und σ_A kennt man noch die von H. Bohr eingeführte Abszisse σ_G, die als untere Grenze aller σ_0 definiert wird, für die (1) in der ganzen Halbebene $\sigma > \sigma_0$ gleichmäßig konvergiert. Es ist offenbar

$$-\infty \leqq \sigma_K \leqq \sigma_G \leqq \sigma_A \leqq +\infty \,.$$

Bekannt ist noch, daß

$$(4) \qquad 0 \leqq \sigma_A - \sigma_K \leqq \lim_{n \to \infty} \frac{\log n}{\lambda_n}$$

ist.

Beim Beweis dieser Formeln, den der Leser leicht erbringen kann, beachte man, daß es dabei genügt, s reell anzunehmen. Denn konvergiert (1) für einen Punkt $s = s_0$, so konvergiert sie in jedem Winkelraum

$$(5) \qquad\qquad |s - s_0| \leqq M(\sigma - \sigma_0) \qquad\qquad (M < +\infty)$$

gleichmäßig. Man nehme in der Tat an, $f(s)$ konvergiere in einem Punkt $s_0 = \sigma_0 + i t_0$ und setze allgemein

$$s_m^n = \sum_m^n A_k = \sum_m^n a_k e^{-\lambda_k s_0}$$

und

$$\Delta e^{-\lambda_n s'} = e^{-\lambda_n s'} - e^{-\lambda_{n+1} s'} = s' \int_{\lambda_n}^{\lambda_{n+1}} e^{-\alpha s'} \, d\alpha$$

mit $s' = s - s_0$.

Dann wird bei gegebenem ε wegen

$$\sum_m^n a_k e^{-\lambda_k s} = \sum_m^{n-1} s_m^k \, \Delta e^{-\lambda_k s'} + s_m^n e^{-\lambda_n s'}$$

$$\left| \sum_m^n a_k e^{-\lambda_k s} \right| \leqq \varepsilon \frac{|s'|}{\sigma'} e^{-\lambda_m \sigma'} + \varepsilon e^{-\lambda_m \sigma'} \,,$$

sofern $\sigma' > 0$ vorausgesetzt wird und m hinreichend groß genommen wird. Daraus folgt aber

$$\left| \sum_m^n a_k e^{-\lambda_k s} \right| \leqq 2\varepsilon \frac{|s'|}{\sigma'} = 2\varepsilon \frac{|s - s_0|}{\sigma - \sigma_0} \,.$$

5. Der Abelsche Grenzwertsatz für allgemeine Dirichlet-Reihen. *Ist*

(1)
$$a_1 + a_2 + a_3 + \cdots$$

konvergent, so gilt

(2)
$$\lim_{s \to 0} \left\{ \sum_1^\infty a_k e^{-\lambda_k s} \right\} = a_1 + a_2 + \cdots$$

gleichmäßig in jedem Winkelraum $|s| \leq M \sigma$.

Man setze in der Tat

$$A(x) = \sum_{\lambda_k \leq x} a_k$$

und beachte, daß

$$\lim_{x \to \infty} A(x) = a = a_1 + a_2 + \cdots$$

ist. Dann wird mit $A_1(x) = A(x) - a$

$$f(s) = a + s \int_0^\infty A_1(x)\, e^{-sx} dx\,.$$

Man wähle jetzt N so groß, daß $|A_1(x)|$ für $x \geq N$ kleiner als ein vor-geschriebenes $\varepsilon > 0$ bleibt. Dann wird

$$|f(s) - a| \leq |s| \int_0^N |A_1(x)|\, e^{-\sigma x} dx + \varepsilon\, \frac{|s|}{\sigma}$$

und somit ($|s| < M\sigma$!)

$$\lim_{s \to 0} |f(s)| \leq \varepsilon M\,.$$

Das beweist die Behauptung.

6. Der Satz von Vivanti-Pringsheim-Landau. *Ist*

(1)
$$f(s) = \sum_0^\infty a_n e^{-\lambda_n s} \qquad\qquad (\lambda_0 = 0)$$

eine Dirichlet-Reihe mit

(2)
$$|\arg a_n| \leq \frac{\pi}{2} - \eta \qquad\qquad \left(0 < \eta < \frac{\pi}{2} \right)$$

und gilt $\sigma_K = \sigma_A = 0$, *so ist* $s = 0$ *ein singulärer Punkt von* $f(s)$. Das ist der Inhalt eines wichtigen Satzes von Vivanti, Pringsheim und Landau.

Zum Beweis nehme man gegen die Voraussetzung an, $s = 0$ sei ein regulärer Punkt von $f(s)$, und beachte, daß dann der Konvergenzradius der Taylorentwicklung

(3)
$$f(s) = \sum_0^\infty \frac{(s-1)^k}{k!} f^{(k)}(1)$$

größer eins sein muß. Man wähle jetzt $\sigma_1 < 0$ so, daß (3) konvergiert, und beachte, daß wegen

$$\operatorname{Re} a_n \geqq |a_n| \sin \eta \geqq 0$$

$$\operatorname{Re} f(\sigma_1) \geqq \sin \eta \sum_0^\infty \frac{(1-\sigma_1)^k}{k!} \left\{ \sum_0^\infty |a_n| \, \lambda_n^k \, e^{-\lambda_n} \right\}$$

gilt und somit (da alle Glieder rechts positiv sind) auch

$$\sum_0^\infty |a_n| \, e^{-\lambda_n \sigma_1} = \sum_0^\infty |a_n| \, e^{-\lambda_n} \left\{ \sum_0^\infty \frac{(1-\sigma_1)^k \lambda_n^k}{k!} \right\} \leqq \frac{1}{\sin \eta} \operatorname{Re} f(\sigma_1) \, .$$

Daraus würde aber folgen, daß (1) gegen die Voraussetzung in $\sigma > \sigma_1$ absolut konvergiert.

Der eben bewiesene Satz wurde zunächst für Potenzreihen ($\lambda_n = n$) aufgestellt und bewiesen [VIVANTI, G., Sulle serie di potenze, *Riv. di Mat.* 3, 111—114 (1893) und PRINGSHEIM, A., *Math. Ann.* 44, 41—56 (1894), *Münch. Sitzungsber.* 30, 41—56 (1900)] und wird oft als Satz von PRINGS-HEIM geführt. Man kann ihn so formulieren:

Hat die Potenzreihe

$$(4) \qquad\qquad w(z) = \sum_0^\infty a_k z^k$$

den Konvergenzradius Eins und gilt (von einem n an)

$$(5) \qquad\qquad |\arg a_n| \leqq \frac{\pi}{2} - \varepsilon$$

mit einem $\varepsilon > 0$, so ist $z = 1$ ein singulärer Punkt von $w(z)$. Die Über-tragung des Vivanti-Pringsheimschen Satzes auf Dirichlet-Reihen wurde von LANDAU [*Math. Ann.* 61, 527—550 (1905)] vorgenommen.

7. FABRYs Lückensatz für Dirichlet-Reihen. *Ist die Dirichlet-Reihe*

$$(1) \qquad\qquad f(s) = \sum_1^\infty a_n e^{-\lambda_n s}$$

mit

$$\lim_{n \to \infty} \frac{\lambda_n}{n} = \infty$$

in $\sigma > \sigma_0$ konvergent, so ist entweder jeder im endlichen liegende Punkt der Konvergenzgeraden $\sigma = \sigma_0$ ein Regularitätspunkt von $f(s)$ oder über-haupt keiner. Daraus folgt, daß (1) im Falle ganzzahliger λ_n über ihre Konvergenzgerade $\sigma = \sigma_0$ hinaus nicht fortgesetzt werden kann (man vgl. TURÁN, loc. cit., S. 75).

8. Ein Satz von HARALD BOHR. *Es sei*

$$(1) \qquad\qquad f(s) = \sum_0^\infty a_n e^{-\lambda_n s} \qquad\qquad (s = \sigma + it)$$

in $\sigma > 0$ konvergent, und es sei

$$(2) \qquad |\arg a_n| = |\alpha_n| \leqq \frac{\pi}{2} - \eta \qquad \left(0 < \eta < \frac{\pi}{2}\right)$$

und

$$(3) \qquad \sum_0^\infty |a_n| = \infty \,.$$

Dann kann (1) *nicht in jedem der Gebiete*

$$(4) \qquad \sigma > 0, |t| > M \qquad (M > 0)$$

beschränkt sein.

Dem Beweis dieses Satzes schicken wir folgenden (auf DIRICHLET zurückgehenden) Hilfssatz voraus:

Es seien $\lambda_1, \lambda_2, \ldots, \lambda_N$ N reelle Zahlen, und es sei $l > 0$, sonst beliebig. Ist dann q eine gegebene, natürliche Zahl, so gibt es im Intervall $l \leqq t \leqq l q^N$ ein t_0 derart, daß die Ungleichungen

$$(5) \qquad |t_0 \lambda_n - x_n| \leqq \frac{1}{q} \qquad (n = 1, 2, \ldots, N)$$

gleichzeitig mit gewissen ganzzahligen x_n erfüllt werden.

Man betrachte im N-dimensionalen euklidischen Raum die Punkte mit den Koordinaten

$$(6) \qquad \lambda_1 y - [\lambda_1 y], \lambda_2 y - [\lambda_2 y], \ldots, \lambda_N y - [\lambda_N y] \,,$$

wobei y die Werte $0, 1 \cdot l, 2 \cdot l, \ldots, q^N \cdot l$ annimmt. Alle diese Punkte liegen im abgeschlossenen Würfel

$$(7) \qquad 0 \leqq t_k \leqq 1$$

und somit (da man diesen in q^N achsenparallele kongruente Würfel mit der Kantenlänge $\frac{1}{q}$ zerlegen kann) gibt es zwei Werte y' und y'' mit

$$|(y' - y'') \lambda_k - [y' \lambda_k] - [y'' \lambda_k]| \leqq \frac{1}{q} \qquad (k = 1, \ldots, N) \,.$$

Das beweist die Behauptung.

Es sei jetzt $\sigma > 0$. Dann ist

$$|f(s)| \geqq \operatorname{Re} f(s)$$

und somit

$$(8) \qquad |f(s)| \geqq \operatorname{Re} \left\{ \sum_0^N a_n e^{-\lambda_n s} \right\} - \sum_{N+1}^\infty |a_n| \, e^{-\lambda_n \sigma} \,.$$

Jetzt wähle man vorerst q so groß, daß $q\,\eta \geqq 4\,\pi$ ist. Anschließend wähle man bei vorgegebenem $H > 0$ σ so, daß

$$(9) \qquad \sum_{0}^{\infty} |a_n|\, e^{-\lambda_n \sigma} > \frac{2}{\sin \dfrac{\eta}{2}}\, H$$

wird und (nach der Fixierung von σ) N so groß, daß

$$(10) \qquad \sum_{N+1}^{\infty} |a_n|\, e^{-\lambda_n \sigma} \leqq \frac{1}{2}\, H$$

bleibt.

Man wende den Dirichletschen Hilfssatz mit $l = M$ und $\dfrac{\lambda_n}{2\pi}$ statt λ_n an. Dann erhält man für ein t_0

$$M \leqq t_0 \leqq M\, q^N\,,$$

$$|t_0 \lambda_n - 2\,\pi\, x_n| \leqq \frac{2\,\pi}{q} \qquad\qquad (n = 1, 2, \ldots, N)$$

und somit

$$\alpha_n - t_0 \lambda_n = \alpha_n - 2\,\pi\, x_n - \frac{2\,\pi\, \vartheta_n}{q}$$

mit $|\vartheta_n| \leqq 1$. Daraus folgt

$$\cos(\alpha_n - t_0 \lambda_n) = \cos\left(\alpha_n - \frac{2\,\pi\, \vartheta_n}{q}\right) \geqq \sin \frac{\eta}{2} > 0$$

und somit

$$|f(s)| \geqq \sin \frac{\eta}{2} \sum_{0}^{N} |a_n|\, e^{-\lambda_n \sigma} - \sum_{N+1}^{\infty} |a_n|\, e^{-\lambda_n \sigma}$$

oder

$$|f(s)| \geqq \sin \frac{\eta}{2} \sum_{0}^{\infty} |a_n|\, e^{-\lambda_n \sigma} - 2 \sum_{N+1}^{\infty} |a_n|\, e^{-\lambda_n \sigma}\,,$$

also schließlich

$$|f(s)| \geqq 2\,H - H = H\,.$$

Das wesentliche an dem Beweis des vorherigen Satzes ist die Verwendung des Dirichletschen Hilfssatzes. Mit dessen Hilfe konnte HARALD BOHR [Über das Verhalten von $\zeta(s)$ in der Halbebene $\sigma > 1$, *Nachr. Königl. Ges. Göttingen, Math. Naturw. Kl.* 409—428 (1911)] den berühmten Satz beweisen, daß $\zeta(s)$ in jedem der Gebiete $\sigma > 1$, $|t| \geqq g\,(g > 0)$ nicht beschränkt sein kann.

Auch das Ergebnis, daß $\zeta(s)$ in jedem Streifen $1 < \sigma < 1 + \eta$ jeden Wert $a \neq 0, \infty$ unendlich oft annimmt, findet der Leser dort in allen Einzelheiten bewiesen.

9. Der Fall linear unabhängiger Exponenten. Existiert zwischen den Exponenten $\lambda_1, \lambda_2, \lambda_3, \ldots$ keine Relation von der Form

$$(1) \qquad\qquad r_1 \lambda_1 + \cdots + r_N \lambda_N = 0 \qquad\qquad (N \text{ beliebig})$$

mit nicht sämtlich verschwindenden rationalen Koeffizienten $r_1, \ldots, r_N$, so bezeichnet man das System $\lambda_1, \lambda_2, \ldots$ als linear unabhängig. In diesem Falle gilt anstelle des Dirichletschen Hilfssatzes folgendes Lemma von KRONECKER (1823—1891): *Es seien $\lambda_1, \ldots, \lambda_N$ N linear unabhängige reelle Zahlen, $\eta_1, \ldots, \eta_N$ und $\varepsilon > 0$ beliebige reelle Zahlen. Dann existieren N ganze Zahlen $x_1, \ldots, x_N$ und ein reelles t derart, daß gleichzeitig*

$$(2) \qquad |t\lambda_k - x_k - \eta_k| < \varepsilon \qquad (k = 1, 2, \ldots, N)$$

gilt.

Nachfolgender Beweis geht auf BOHR und B. JESSEN [One more Proof of Kronecker's Theorem, *Journ. Lond. Math. Soc.* **7**, 274—275 (1932)] zurück. Man setze

$$F(t) = 1 + \sum_1^N e^{2\pi i(t\lambda_k - \eta_k)},$$

$$K_n(t) = \sum_{-n}^{+n} \frac{n - |k|}{n} e^{ikt} = \frac{1}{n}\left(\frac{\sin\frac{1}{2}nt}{\sin\frac{1}{2}t}\right)^2$$

und

$$D_n(t) = \prod_1^n K_n(2\pi(t\lambda_k - \eta_k)).$$

Nun findet man durch Ausmultiplizieren

$$D_n(t) = 1 + \frac{n-1}{n}\sum_1^N e^{-2\pi i(t\lambda_k - \eta_k)} + R(t),$$

wobei $R(t)$ ein trigonometrisches Polynom ist, dessen sämtliche Exponenten verschieden von $0, -2\pi\lambda_1, \ldots, -2\pi\lambda_N$ sind. Daraus folgt

$$F(t)\,D_n(t) = 1 + \frac{n-1}{n}N + S(t)$$

mit einem trigonometrischen Polynom $S(t)$, dessen sämtliche Exponenten von Null verschieden sind. Daraus folgt

$$1 + \frac{n-1}{n}N = \lim_{T\to\infty}\frac{1}{2T}\int_{-T}^{+T} F(t)\,D_n(t)\,dt.$$

Man setze jetzt

$$\Gamma = \sup\{|F(t)|\; -\infty < t < +\infty\}.$$

Dann ist die rechte Seite dieser Gleichung nicht größer als

$$\Gamma\lim_{T\to\infty}\frac{1}{2T}\int_{-T}^{T} D_n(t)\,dt = \Gamma = N + 1.$$

Das beweist die Behauptung.

Dieser wichtige (ebenfalls von H. BOHR bei seinen tiefliegenden Untersuchungen über die ζ-Funktion herangezogene) Satz gestattet, in dem vorhin bewiesenen allgemeinen Satz, falls die Exponenten λ_k linear unabhängig sind, die Voraussetzung (2) zu streichen.

Satz. *Es sei*

$$(1) \qquad f(s) = \sum_0^\infty a_n e^{-\lambda_n s}$$

in $\sigma > 0$ *konvergent. Sind dann die Exponenten* $\lambda_1, \lambda_2, \ldots$ *linear unabhängig und gilt*

$$(2) \qquad \sum_0^\infty |a_k| = \infty \,,$$

so kann $f(s)$ *in* $\sigma > 0$ *nicht beschränkt sein.*

Beweis. Aus

$$(3) \qquad |f(s)| \geq \operatorname{Re}\left\{\sum_0^N a_n e^{-\lambda_n s}\right\} - \sum_{N+1}^\infty |a_n| e^{-\lambda_n \sigma}$$

erhält man durch Anwendung des Kroneckerschen Lemmas mit $\dfrac{\lambda_n}{2\pi}$ statt λ_n, $\eta_n = \dfrac{\alpha_n}{2\pi}$ und $\varepsilon = \dfrac{1}{q}$ (q ganz ≥ 1):

$$|\alpha_n - t\lambda_n - 2\pi x_n| \leq \frac{2\pi}{q} \qquad (n = 1, 2, \ldots, N)\,,$$

$$\cos(\alpha_n - \lambda_n t) \geq \cos\frac{2\pi}{q}\,,$$

und somit nach einer leichten Umformung

$$(4) \qquad |f(s)| \geq \cos\frac{2\pi}{q} \sum_0^\infty |a_n| e^{-\lambda_n \sigma} - 2\sum_{N+1}^\infty |a_n| e^{-\lambda_n \sigma}\,.$$

Das beweist den Satz.

In welcher Richtung man diesen Satz noch vertiefen kann, zeigt folgender Satz von HARALD BOHR [Sur l'existence de valeurs arbitrairement petites de la fonction $\zeta(s) = \zeta(\sigma + it)$ de Riemann pour $\sigma > 1$, Overs. Dan. Videnskab. Selskab. Forh. 201—208 (1911)].

Satz (H. BOHR). *Die Funktion* $\dfrac{1}{\zeta(s)}$ *ist in* $\sigma > 1$ *nicht beschränkt.*

Beweis. Für $\sigma > 1$ ist

$$\frac{1}{\zeta(s)} = \prod_p \left(1 - \frac{1}{p^s}\right) = \sum_1^\infty \frac{\mu(n)}{n^s}\,,$$

wobei die (Möbiussche) Funktion $\mu(n)$ folgendermaßen definiert wird:

$$\mu(n) = \begin{cases} 1 & \text{für } n = 1 \\ (-1)^r & \text{für } n = \prod_1^r p_{\nu_1} \ldots p_{\nu_r} \text{ mit } p_{\nu_i} \neq p_{\nu_s} \text{ für } i \neq s \\ 0 & \text{sonst}\,. \end{cases}$$

Nun sind die Zahlen $\log p$ ($p =$ Primzahl) linear unabhängig, und somit können die Ungleichungen

$$|t \log p_k - (2\,x_k + 1)\,\pi| \leqq \frac{2\,\pi}{q}$$

für alle Primzahlen $p_k \leqq N$ mit einem endlichen t und ganzzahligen x_k erfüllt werden. Daraus folgt aber, daß für jede quadratfreie Zahl $n \leqq N$, $n = p_{v_1} \cdots p_{v_r}$

$$t \log n \equiv \pi r + \frac{2\,\pi r}{q}\,\vartheta \qquad\qquad (\mathrm{mod}\ 2\,\pi)$$

mit einem reellen ϑ, $|\vartheta| \leqq 1$ gilt. Da nun noch $2^r \leqq N$ gilt, so kann man durch die Wahl $q \geqq \dfrac{N \log N}{\log 2}$ auf die Richtigkeit der Ungleichung

$$\left| \sum_1^N \frac{\mu(n)}{n^\sigma}\, e^{-it \log n} \right| \geqq \cos \frac{2\,\pi}{N} \sum_1^N \frac{|\mu(n)|}{n^\sigma}\,,$$

für mindestens ein endliches t schließen.

Somit existiert wegen

$$\sum_1^\infty \frac{|\mu(n)|}{n^\sigma} = \prod_1^\infty \left(1 + \frac{1}{p^\sigma}\right) = \frac{\zeta(\sigma)}{\zeta(2\sigma)} \qquad\qquad (\sigma > 1)$$

ein t mit

$$\left| \frac{1}{\zeta(s)} \right| \geqq \cos \frac{2\,\pi}{N}\, \frac{\zeta(\sigma)}{\zeta(2\sigma)} - 2 \sum_{N+1}^\infty \frac{1}{n^\sigma}\,.$$

Da man nun σ beliebig nahe an dem Punkt $\sigma = 1$ und anschließend (bei festem σ) N beliebig groß wählen kann, liefert letztere Ungleichung den Beweis des Bohrschen Satzes.

Die Bohrsche Entdeckung über das Verhalten von $\zeta(s)$ und $\dfrac{1}{\zeta(s)}$ in der Ebene $\sigma > 1$ hat den Anstoß zu einer Literatur gegeben, die der Leser in dem erwähnten Buch von TITCHMARSH finden kann. Wichtig vom funktionentheoretischen Standpunkt ist, daß $\zeta(s)$ in der Ebene $\sigma > 1$ (sogar in jedem Streifen $1 < \sigma < 1 + \eta$, $\eta > 0$) jeden Wert $c \neq 0, \infty$ annimmt. Dagegen hat $\zeta'(s)$ in $\sigma > 0$ unendlich viele Nullstellen. Man vgl. darüber die Note von LITTLEWOOD, *Compt. Rend. Acad. Sci. Paris* 1912, und die Arbeiten von HARALD BOHR, *J. reine angew. Math.* **141**, 217—234 (1912) und *Overs. K. Danske Videnskab. Selskab. Forhandl.* 3—11 (1913).

Der Leser findet in dem erwähnten Buch von TURÁN eine Reihe von Sätzen, welche die Bohrschen Überlegungen weiterführen und die hier bewiesenen Sätze wesentlich vertiefen.

10. Die Laurent-Weierstraßsche Entwicklung der Zetafunktion. Da $\zeta(s)$ lediglich in $s = 1$ eine Singularität hat, so muß sie eine Laurent-

Weierstraßsche Entwicklung nach Potenzen von $s-1$ besitzen. Diese lautet

$$(1) \qquad \zeta(s) = \frac{1}{s-1} + \sum_{0}^{\infty} \frac{(-1)^k}{k!}\, a_k (s-1)^k \qquad\qquad (s \neq \infty)$$

mit

$$a_k = \lim_{n \to \infty} \left\{ \sum_{\nu=1}^{n} \frac{\log^k \nu}{\nu} - \frac{1}{k+1}\, \log^{k+1} n \right\}.$$

Somit ist a_0 gleich der Eulerschen Konstante C. Der interessierte Leser findet den Beweis von (1) in der Arbeit von DENJOY, Une démonstration de l'identité fondamentale de la fonction $\zeta(s)$ de Riemann [*J. d'Analyse math.* **3**, 197—206 (1953—1954)].

DRITTER TEIL

Maximumprinzip und Werteverteilung

Siebentes Kapitel

Majorisierungs- und Wachstumsprobleme

53. Das Maximumprinzip für subharmonische Funktionen. Unter einer in einem Gebiet G der vollen komplexen Ebene subharmonischen Funktion wird in diesen Vorlesungen eine reelle, eindeutige, stetige Funktion $u(z)$ des Punktes z verstanden mit der Eigenschaft

$$(53.1) \qquad u(z) \leqq \frac{1}{2\pi} \int\limits_{|\zeta - z| = r} u(\zeta)\, d\vartheta \qquad\qquad (\zeta = z + r\,e^{i\vartheta})$$

für alle hinreichend kleinen $r < r(z)$. Liegt z_∞ in G, so ist (53.1) für $z = z_\infty$ durch die Ungleichung

$$(53.2) \qquad u(z_\infty) \leqq \frac{1}{2\pi} \int\limits_{|\zeta| = r} u(\zeta)\, d\vartheta \qquad\qquad (\zeta = r\,e^{i\vartheta})$$

für alle hinreichend großen r zu ersetzen.

Es sei nun ζ ein Punkt des Randes Γ von G, und es bedeute allgemein z einen Punkt von G. Wir setzen

$$(53.3) \quad M(\zeta) = M(\zeta, u) = \varlimsup_{z \to \zeta} u(\zeta) = \sup \{\varlimsup_{n \to \infty} u(z_n)|\ (z_n),\ z_n \to \zeta\}$$

und

$$(53.4) \qquad M(\Gamma) = M(\Gamma, u) = \varlimsup_{z \to \Gamma} u(z) = \sup \{M(\zeta)|\ \zeta \in \Gamma\}\,.$$

Dann gilt der Satz:

Satz (Maximumprinzip für subharmonische Funktionen). *Ist $u(z)$ subharmonisch in G, so gilt dort entweder $u(z) < M(\Gamma)$ oder $u(z) \equiv M(\Gamma)$.*

Beweis. Man setze

$$M(G) = \sup \{u(z)\ |\ z \in G\}\,.$$

Dann ist vorerst $M(\Gamma) \leqq M(G)$. Setzt man ferner

$$A = \{z|\ z \in G,\ u(z) = M(G)\}\,,$$

so soll gezeigt werden, daß entweder $A = \emptyset$ oder $A = G$ gilt. Denn ist $A \neq \emptyset$ und $A \neq G$, so muß es (da G nicht separierbar ist) einen Randpunkt

z_0 von A in G geben und dort

$$u(z_0) = M(G) = \frac{1}{2\pi} \int\limits_{|\zeta - z_0| = r} u(\zeta)\, d\vartheta$$

sein. Da nun r im Intervall $0 < r < r(z)$ willkürlich genommen werden kann, so muß in einer Umgebung von z_0 $u(z) = M(G)$ gelten und mithin kann z_0 kein Randpunkt von A sein. Somit gilt entweder $u(z) < M(G)$ oder $u(z) \equiv M(G)$ in G. Wäre nun $M(\Gamma) < M(G)$, so müßte es eine konvergente Folge (z_n) $(n = 1, 2, \ldots)$, $(z_n \in G)$ mit $\lim\limits_{n \to \infty} z_n = z_0 \in G$ und $\lim\limits_{n \to \infty} u(z_n) = M(G)$ geben und somit auch $u(z) \equiv M(G)$ $(z \in G)$ gelten. Das widerspricht aber der Annahme $M(\Gamma) < M(G)$. Es muß also $M(\Gamma) = M(G)$ sein und mithin $u(z) < M(\Gamma)$ oder $u(z) \equiv M(\Gamma)$ in G.

Mit Hilfe des eben bewiesenen Maximumprinzips kann man ohne Schwierigkeit zeigen, daß jede reelle, eindeutige, stetige Funktion $u(z)$, für welche in jedem Punkt von G der (Gaußsche) Mittelwertsatz

$$(53.5) \qquad u(z) = \frac{1}{2\pi} \int\limits_{|\zeta - z| = r} u(\zeta)\, d\vartheta$$

für hinreichend kleine (bzw. für hinreichend große, falls $z = z_\infty$ ist) r gilt, unbeschränkt differenzierbar in G ist und dort der (Potential-)Gleichung $\Delta u = 0$ genügt. Wir führen den Beweis für eine Kreisscheibe $K : |z| < r$ durch unter der Annahme, daß $\overline{K}$ in G liegt.

Man setze

$$g(z) = \frac{1}{2\pi} \int_0^{2\pi} u(\zeta)\, H(\zeta, z)\, d\vartheta$$

mit

$$H(\zeta, z) = \operatorname{Re} \frac{\zeta + z}{\zeta - z} \qquad (\zeta = r e^{i\vartheta}, |z| < r)$$

und beachte, daß $H(\zeta_0, z)$ bei festem ζ_0 als Realteil einer in K eindeutigen analytischen Funktion dem Mittelwertsatz

$$H(\zeta_0, z) = \frac{1}{2\pi} \int\limits_{|\zeta - z| = \varrho} H(\zeta_0, \zeta)\, d\psi \qquad (\zeta = z + \varrho e^{i\psi}, 0 < \varrho < r - |z|)$$

genügt. Daher wird,

$$g(z) = \frac{1}{2\pi} \int\limits_{|\zeta - z| = \varrho} g(\zeta)\, d\psi$$

und somit auch

$$g(z) - u(z) = \frac{1}{2\pi} \int\limits_{|\zeta - z| = \varrho} \{g(\zeta) - u(\zeta)\}\, d\psi .$$

Nun gilt (Ergänzungen und Aufgaben zum vierten Kapitel 11: Eine Ungleichung von H. A. Schwarz)

$$\lim_{z \to \zeta} g(z) = u(\zeta) \qquad\qquad (\zeta = r e^{i \vartheta}) ,$$

und somit nach dem Maximumprinzip $\pm \{g(z) - u(z)\} \leq 0$ in K. Das beweist die Gleichung $g(z) = u(z)$ $(z \in K)$ und gleichzeitig die Behauptung für jedes endliche $z \in G$. Der Fall, daß z_∞ in G liegt, erledigt sich durch die Bemerkung , daß der Ausdruck $H(\zeta, z)\, d\vartheta$ unverändert bleibt, wenn man ζ und z durch $\dfrac{1}{\zeta}$ bzw. $\dfrac{1}{z}$ ersetzt.

Aus dem Maximumprinzip für subharmonische Funktionen kann man durch Spezialisierung folgenden Satz entnehmen:

Satz (Maximumprinzip für harmonische Funktionen). *Ist $u(z)$ in G harmonisch, so ist entweder $u(z) < M(\Gamma)$ in jedem Punkt von G oder die Funktion $u(z)$ ist identisch gleich $M(\Gamma)$.*

Ist $w(z)$ holomorph in G und liegt bei gegebenem $z \in G$ die Kreisscheibe $|\zeta - z| \leq r$ in G, so folgt aus dem Cauchyschen Satz

$$(53.6) \qquad w(z) = \frac{1}{2\pi} \int\limits_{|\zeta - z| = r} w(\zeta)\, d\vartheta \qquad (\zeta = z + r e^{i \vartheta}) ,$$

und somit gilt

$$(53.7) \qquad |w(z)| \leq \frac{1}{2\pi} \int\limits_{|\zeta - z| = r} |w(\zeta)|\, d\vartheta .$$

Daraus folgt der Satz:

Satz (Maximumprinzip für den absoluten Betrag einer holomorphen Funktion). *Ist $w(z)$ holomorph in G und*

$$M(\Gamma) = \varlimsup_{z \to \Gamma} |w(z)| ,$$

so gilt entweder $|w(z)| < M(\Gamma)$ oder $|w(z)| \equiv M(\Gamma)$ in G.

Falls letztere Alternative gilt, so muß $w(z) = \varepsilon M(\Gamma)$ mit einem konstanten ε, $|\varepsilon| = 1$, gelten (denn aus $|\varepsilon(z)| = 1$ folgt $\varepsilon(z)\, \overline{\varepsilon'(z)} = 0$, und somit $|\varepsilon(z)|\, |\varepsilon'(z)| = |\varepsilon'(z)| = 0$).

54. Carlemans Prinzip der harmonischen Majorisierung. Lindelöfs Verallgemeinerung des Maximumprinzips. Ist $u(z)$ subharmonisch in G und $v(z)$ harmonisch in G, so ist die Funktion

$$(54.1) \qquad h(z) = u(z) - v(z)$$

subharmonisch in G. Das folgt durch Kombination der Ungleichung (53.1) und der Gleichung (53.5). Von dieser Bemerkung ausgehend hat nun CARLEMAN[1] unter Heranziehung des Maximumprinzips für subharmonische Funktionen folgenden Satz bewiesen:

Satz (CARLEMANs Prinzip der harmonischen Majorisierung).
Ist $u(z)$ subharmonisch in G und gilt $M(\zeta, h) \leqq 0 (\zeta \in \Gamma)$ mit einer harmonischen Funktion $v(z)$, so ist

$$(54.2) \qquad\qquad u(z) \leqq v(z) \qquad\qquad (z \in G) .$$

Das Gleichheitszeichen kann in einem Punkt z_0 von G dann und nur dann eintreten, wenn überall in G $u(z) = v(z)$ gilt.

Es sei nun $w(z)$ in der Umgebung jedes Punktes z von G eindeutig regulär und habe dort einen eindeutigen absoluten Betrag $|w(z)|$. Es bedeute N die Menge aller Nullstellen von $w(z)$ in G. Dann ist bekanntlich $(\overline{N} \setminus N) \cap G = \emptyset$. Man setze $G' = G \setminus N$ und nehme an, daß die Funktion $M(\zeta, h)$ $(\zeta \in \Gamma)$ nicht positiv ist. Da auf N $M(\zeta, h) = -\infty$ ist, so folgt daraus der Satz:

Satz (CARLEMAN). *Ist die in der Umgebung jedes Punktes z von G reguläre eindeutige Funktion $w(z)$ von eindeutigem Betrag und genügt $M(\zeta, h)$ mit $h(z) = \log |w(z)| - v(z)$ in jedem Punkt ζ von Γ der Ungleichung $M(\zeta, h) \leqq 0$, so ist*

$$(54.3) \qquad\qquad |w(z)| \leqq e^{v(z)} \qquad\qquad (z \in G) ,$$

und das Gleichheitszeichen kann in einem Punkt nur dann eintreten, wenn $|w(z)| = e^{v(z)} (z \in G)$ gilt.

Ist G beschränkt, so kann man die Bedingung über $M(\zeta)$ durch die Ungleichung

$$(54.4) \qquad\qquad \overline{\lim_{z \to \Gamma}} |w(z)| \, e^{-v(z)} \leqq 1$$

ersetzen.

Wir zerlegen nun bei gegebener subharmonischer Funktion $u = u(z)$ den Rand Γ von G in die drei Komponenten Γ_1, Γ_2 und Γ_3, je nachdem

$$M(\zeta, u) = -\infty \qquad\qquad (\zeta \in \Gamma_1) ,$$

$$-\infty < M(\zeta, u) < +\infty \qquad\qquad (\zeta \in \Gamma_2)$$

und

$$M(\zeta, u) = +\infty \qquad\qquad (\zeta \in \Gamma_3)$$

ist.

Ist $\Gamma_3 = \emptyset$, so kann man folgende Verallgemeinerung des Maximumprinzips für subharmonische Funktionen beweisen:

Satz. *Es sei G beschränkt und es sei N eine endliche oder abzählbare Teilmenge des Randes Γ von G. Gilt dann für die in G subharmonische Funktion $u(z)$*

$$(54.5) \qquad\qquad \overline{\lim_{z \to \Gamma \setminus N}} u(z) \leqq M < +\infty$$

---

[1] T. CARLEMAN (1892—1949).

und

(54.6) $$\overline{\lim_{z \to N}} \, u(z) < + \infty \qquad (z \in G),$$

so gilt

(54.7) $$u(z) \leq M$$

in G. Auch hier kann das Gleichheitszeichen dann und nur dann in einem inneren Punkt von G gelten, wenn u(z) eine Konstante ist.

Beweis. Es bedeute D den (endlichen) Durchmesser von G und $a_1, a_2, \ldots, a_n, \ldots$ die Punkte von N. Man bilde die Funktion

(54.8) $$V(z) = \sum_1^\infty \frac{1}{2^n} \log \frac{D}{|z - a_n|} \qquad^1 \qquad (z \in G)$$

und beachte, daß diese in G regulär harmonisch und nicht negativ ist. Das folgt aus der Tatsache, daß die Reihe rechts in jeder kompakten Teilmenge von G gleichmäßig konvergiert und daß jeder Summand

$$V_n(z) = \frac{1}{2^n} \log \frac{D}{|z - a_n|}$$

eine in G nichtnegative harmonische Funktion darstellt. Man setze jetzt

$$v(z) = u(z) - \varepsilon V(z) \qquad (\varepsilon > 0)$$

und bilde $M(\zeta, v)$. Ist nun $\zeta \in \Gamma \setminus N$, so gilt wegen $M(\zeta, v) \leq M(\zeta, u)$ auch $M(\zeta, v) \leq M$. Ist ζ gleich einem der a_n, etwa gleich a_k, so ist

$$v(z) \leq u(z) - \frac{\varepsilon}{2^k} \log \frac{D}{|z - a_k|},$$

und somit, da $M(a_k, u)$ endlich ist, $M(a_k, v) = -\infty$. Daraus folgt

$$u(z) - \varepsilon V(z) \leq M$$

und daher auch

$$u(z) \leq M + \varepsilon V(z) \qquad (z \in G).$$

Läßt man hier ε gegen Null konvergieren, so erhält man (54.7). Daß das Gleichheitszeichen in einem inneren Punkt nur bei konstantem $u(z)$ eintreten kann, wird wie im klassischen Fall ($N = \emptyset$!) bewiesen.

Als Anwendung des eben bewiesenen Satzes folgt der Satz:

Satz. *Ist $w(z)$ in einem beschränkten Gebiet G eindeutig und regulär und gilt*

$$\overline{\lim_{z \to \Gamma \setminus N}} \, |w(z)| \leq M < + \infty$$

und

$$\overline{\lim_{z \to N}} \, |w(z)| < + \infty \qquad (z \in G),$$

---

[1] Bei endlich vielen a_n, etwa q setze man

$$V(z) = \sum_1^{q-1} \frac{1}{2^k} \log \frac{D}{|z - a_k|} + \frac{1}{2^{q-1}} \log \frac{D}{|z - a_q|}.$$

so ist $|w(z)| \leq M$ *in* G. *Gleichheit in einem inneren Punkt kann nur bei Funktionen von der Form* $M\,e^{i\alpha}$ *(α reell) stattfinden.*

PHRAGMÉN und LINDELÖF, die als erste in ihrer großen Abhandlung aus dem Jahre 1908, die in den *Acta Mathematica* erschienen ist, diese Fragestellungen angeschnitten haben, haben noch folgende Sätze bewiesen:

Satz (PHRAGMÉN-LINDELÖF). *Die in* G *holomorphe Funktion* $w(z)$ *genüge folgender Bedingung:*

Für jeden Randpunkt $\zeta \neq \zeta_0 \in \Gamma$ *gilt*

$$\varlimsup_{z \to \zeta} |w(z)| \leq M < +\infty .$$

Gibt es dann eine in G *reguläre harmonische Funktion* $\omega(z)$ *derart, daß für jedes* $\varepsilon > 0$ *die Größe* $M(\zeta_0, v)$ *mit* $v(z) = \log|w(z)| - \varepsilon\,\omega(z)$ *beschränkt ist, so gilt* $|w(z)| \leq M$ *in* G.

Es war das große Verdienst von PHRAGMÉN und LINDELÖF, als erste auf folgende wichtige Tatsache hingewiesen zu haben: Wird im vorigen Satz keine Voraussetzung über die Größe $M(\zeta_0, w)$ gemacht, so gilt entweder $|w(z)| \leq M$ in G oder $|w(z)|$ wächst in der Umgebung von ζ_0 ins Unendliche, mit einer Stärke, die lediglich von der geometrischen Konfiguration von G in der Umgebung von ζ_0 abhängt. Wir kommen auf diesen Fragenkomplex in 58. zurück.

55. Konvexitätseigenschaften des Maximums von subharmonischen Funktionen. Der Dreikreisesatz von HADAMARD und das Schwarzsche Lemma. Aus den Entwicklungen der vorherigen Nummer, insbesondere aus dem Carlemanschen Prinzip der harmonischen Majorisierung, kann man eine allgemeine Eigenschaft der subharmonischen Funktionen ableiten, welche für die Funktionentheorie von grundlegender Bedeutung ist.

Wir schicken ohne Beweis folgende vorbereitenden Begriffsbildungen voraus:

Ist G ein Gebiet der komplexen Ebene mit dem Rand Γ, so existiert dort (unter sehr allgemeinen Bedingungen für den Rand Γ) bei gegebenem $z_0 \in G$ eine reelle Funktion $g(z, z_0)$ mit den Eigenschaften:

1. Die Funktion $g(z, z_0)$ ist in jedem Punkt $z \in G$, $z \neq z_0$ regulär harmonisch.

2. Es existiert der Grenzwert

$$(55.1) \qquad\qquad \lim_{z \to \Gamma} g(z, z_0) = c$$

und ist endlich oder positiv unendlich.

3. Ist $c < +\infty$, so ist

$$(55.2) \qquad\qquad g(z, z_0) + \log|z - z_0| \qquad\qquad (z_0 \neq \infty)$$

bzw.

$$(55.3) \qquad g(z, \infty) + \log \frac{1}{|z|} \qquad\qquad (z_0 = \infty)$$

in der Umgebung von z_0 beschränkt (und somit auch regulär harmonisch).

Ist $c = \infty$, so ist

$$(55.4) \qquad g(z, z_0) + \log \frac{1}{|z - z_0|} \qquad\qquad (z_0 \neq \infty)$$

bzw.

$$(55.5) \qquad g(z, \infty) + \log |z| \qquad\qquad (z_0 = \infty)$$

in der Umgebung von z_0 beschränkt und somit auch dort regulär harmonisch.

Ist $c < \infty$, so kann man stets erreichen, daß $\lim\limits_{z \to \Gamma} g(z, z_0) = 0$ wird. In diesem Falle gilt $g(z, z_0) > 0$ in jedem Punkt von G. Die so normierte Funktion heißt dann die Greensche Funktion des Gebietes G. Ist $c = \infty$, so kann man, ohne die entsprechende Eigenschaft von $g(z, z_0)$ abzuändern (durch Addition einer endlichen Konstanten), erreichen, daß

$$\lim\limits_{z \to z_0} \left\{ g(z, z_0) + \log \frac{1}{|z - z_0|} \right\} = 0$$

bzw.

$$\lim\limits_{z \to \infty} \left\{ g(z, \infty) + \log |z| \right\} = 0$$

wird. In diesem Falle heißt $g(z, z_0)$ die Evans-Selbergsche bzw. die Selbergsche (Kapazitäts-) Funktion. Die ausführliche Theorie der Greenschen Funktion und der Selbergschen Kapazitätsfunktion findet der Leser im achten Kapitel entwickelt[1].

Es sei jetzt $u(z)$ eine in G subharmonische Funktion, und es bezeichne $h(z)$ die Greensche oder die Selbergsche Funktion $g(z, z_0)$. Wir treffen folgende Verabredung: Hat G eine Greensche Funktion $g(z, z_0)$, so soll J_c das Intervall

$$(55.6) \qquad 0 < \mu < + \infty$$

bedeuten. Im Falle, daß G eine Selbergsche Funktion hat, soll dagegen J_c das Intervall

$$(55.7) \qquad -\infty < \mu < + \infty$$

bezeichnen.

Es sei jetzt $u(z)$ in G subharmonisch, und es bezeichne K_{12} die nichtleere Punktmenge

$$\{ z \mid z \in G,\ \mu_1 < h(z) < \mu_2,\ \mu_1 \in J_c,\ \mu_2 \in J_c \}.$$

---

[1] Man vgl. insbesondere die Nummern 56., 68. und 70.

Sind dann die Randteile Γ_1 bzw. Γ_2 von K_{12} durch die Gleichungen

$$\Gamma_1 = \{z \in K_{12} \mid h(z) = \mu_1\}$$

bzw.

$$\Gamma_2 = \{z \in K_{12} \mid h(z) = \mu_2\}$$

definiert und

$$M_1 = \operatorname*{Max}_{z \in \Gamma_1} u(z)\,, \quad M_2 = \operatorname*{Max}_{z \in \Gamma_2} u(z)\,,$$

so gilt, sofern $\omega(z)$ durch die Gleichung

$$\omega(z) = \frac{\mu_2 - h(z)}{\mu_2 - \mu_1}\, M_1 + \frac{h(z) - \mu_1}{\mu_2 - \mu_1}\, M_2$$

definiert wird,

$$\varlimsup_{z \to \Gamma_0} \{u(z) - \omega(z)\} \le 0 \qquad\qquad (\Gamma_0 = \Gamma_1 \cup \Gamma_2)\,.$$

Daraus folgt unter Heranziehung des Majorisierungsprinzips von CAR-
LEMAN

$$(55.8) \qquad\qquad u(z) \le \omega(z) \qquad\qquad (z \in K_{12})\,.$$

Es sei jetzt Γ_μ durch die Gleichung

$$\Gamma_\mu = \{z \mid z \in G,\, h(z) = \mu,\, \mu_1 < \mu < \mu_2\}$$

definiert und

$$M = \operatorname*{Max}_{z \in \Gamma_\mu} u(z)$$

gesetzt. Dann ist

$$(55.9) \qquad\qquad M \le \frac{\mu_2 - \mu}{\mu_2 - \mu_1}\, M_1 + \frac{\mu - \mu_1}{\mu_2 - \mu_1}\, M_2\,.$$

Somit gilt der Satz:

Satz. *Ist $u(z)$ subharmonisch in G und*

$$M(\mu) = \operatorname{Max}\{u(z)\mid z \in \Gamma_\mu\}\,,$$

so ist $M(\mu)$ eine konvexe Funktion von μ.

Ist $w(z)$ in

$$(55.10) \qquad\qquad 0 \le R_1 \le |z| \le R_2 < +\infty$$

eindeutig regulär (oder vom eindeutigen absoluten Betrag $|w(z)|$), so
kann man $h(z) = \log |z|$ nehmen. Somit erhält man den Satz:

Satz (Hadamardscher Dreikreisesatz). *Ist $w(z)$ in (55.10) von
eindeutigem absoluten Betrag, so gilt für $R_1 < r_1 < r < r_2 < R_2$*

$$(55.11) \qquad\qquad M(r) \le M(r_1)^{\vartheta(r)}\, M(r_2)^{1 - \vartheta(r)}$$

mit

$$\vartheta(r) = \frac{\log r_2 - \log r}{\log r_2 - \log r_1}\,.$$

Danach ist das Maximum $M(r)$ des absoluten Betrages von $|w(z)|$ auf $|z| = r$ eine im Intervall (55.10) logarithmisch konvexe Funktion von $\log r$ [1].

Man nehme jetzt an, die Funktion $w(z)$ sei in der Kreisscheibe

$$(55.12) \qquad\qquad |z| < R$$

holomorph und habe in $z = 0$ eine k-fache Nullstelle. Wendet man dann (55.11) auf die Funktion $w(z)\, z^{-k}$ an und läßt man $r_1 \to 0$ konvergieren, so erhält man daraus die Ungleichung

$$(55.13) \qquad\qquad |w(z)| \leqq \frac{M(r)}{r^k}\, |z|^k \qquad\qquad (0 \leqq |z| < r < R)\,.$$

Somit haben wir folgenden grundlegenden Satz der Funktionentheorie bewiesen:

Satz (SCHWARZ-CARATHÉODORY. Schwarzsches Lemma). *Die Funktion $w(z)$ sei in (55.12) holomorph und genüge dort den Bedingungen:*

1. $$w(0) = 0\,.$$

2. $$\varlimsup_{|z| \to R} |w(z)| \leqq M < +\infty.$$

Dann gilt

$$(55.14) \qquad\qquad |w(z)| \leqq \frac{M}{R}\, |z|\,,$$

und das Gleichheitszeichen gilt dann und nur dann, wenn $w(z)$ die Form $\varepsilon z\,(|\varepsilon| = 1)$ hat [2].

Hat man allgemeiner zwei in (55.12) holomorphe Funktionen $w(z)$ und $w_0(z)$, deren Quotient $\dfrac{w(z)}{w_0(z)}$ dort eine reguläre Funktion ist, und ist

$$\lim_{|z| \to R} |w_0(z)| = 1\,,$$

---

[1] Ohne Kenntnis der Hadamardschen Arbeit wurde der Dreikreisesatz einige Jahre später und unabhängig voneinander von O. BLUMENTHAL (1876—1944) und G. FABER wiederentdeckt.

[2] H. A. SCHWARZ, Zur Theorie der Abbildung, *Ges. Math. Abh.* 2, 109 (1890). Was SCHWARZ dort formuliert, ist eigentlich das (Schwarzsche) Lemma, bezogen auf eine spezielle Abbildungsfunktion. Die Formulierung des Lemmas in der jetzt üblichen Form geht auf CARATHÉODORY [*Math. Ann.* 72, 107 (1912)] zurück. Eine Bezeichnung des Schwarzschen Lemmas nach SCHWARZ *und* CARATHÉODORY wäre insofern historisch durchaus gerechtfertigt, zumal letzterer nicht nur die volle Tragweite dieses Hilfssatzes erfaßte, sondern ihn auch in einer Reihe von grundlegenden Arbeiten mit großem Erfolg verwendete. Der übliche, mit Hilfe des Maximum-Prinzips geführte Beweis des Schwarzschen Lemmas (der die Bildung von $\dfrac{w(z)}{z}$ in $|z| < R$ verwendet), geht auf eine mündliche Mitteilung von ERHARD SCHMIDT an CARATHÉODORY zurück.

so gilt für $|z| < R$

(55.15) $$|w(z)| \leqq M\,|w_0(z)|\,.$$

Ein Spezialfall dieser Ungleichung ist die sogenannte Jensensche Ungleichung: *Man betrachte die Punkte $z_1, \ldots, z_n$ von $|z| < R$ und setze $w(z_k) = w'_0\,(k = 1, 2, \ldots, n)$ voraus. Dann ist (unter Annahme von 2.)*

$$\frac{M}{R^n}\left|\frac{w - w_0}{M^2 - \bar{w}_0 w}\right| \leqq \prod_1^n \left|\frac{z - z_k}{R^2 - \bar{z}_k z}\right|\,.$$

Diese Ungleichung enthält (55.14) als Spezialfall.

56. Einbeziehung der Nullstellen von $w(z)$. Blaschkesche Sätze. Besitzt G eine Greensche Funktion $g(z, z_0)$, so kann gezeigt werden, daß das Vorhandensein von Nullstellen das Wachstum einer in G eindeutigen regulären Funktion hemmt. Man nehme in der Tat an, $w(z)$ verschwinde in den Punkten $a_1, \ldots, a_q$ (wobei bei eventueller Vielfachheit einige zusammenfallen dürfen) und bilde zunächst die Funktion

$$u(z) = \log |w(z)| + \sum_{k=1}^{q} g(z, a_k)\,.$$

Jetzt nehme man an, es gilt

(56.1) $$\varlimsup_{z \to \Gamma} |w(z)| \leqq M < +\infty$$

und wende auf $u(z)$ das Maximumprinzip an. Dann wird mit Rücksicht auf die Gleichungen

(56.2) $$\lim_{z \to \Gamma} g(z, a_k) = 0 \qquad (z \in G, k = 1, 2, \ldots, q)$$

$\varlimsup\limits_{z \to \Gamma} u(z) \leqq \log M$ und somit auch

(56.3) $$\log |w(z)| \leqq \log M - \sum_1^q g(z, a_k) \qquad (z \in G)\,.$$

Daraus kann man den Schluß ziehen: Verschwindet $w(z)$ auf einer abzählbaren Teilmenge $N = \{a_n\}\,(n = 1, 2, \ldots)$ von G derart, daß

(56.4) $$\lim_{n \to \infty} \sum_{k=1}^{n} g(z_1, a_k) = \infty \qquad (z_1 \neq a_k)$$

(bei festem $z_1 \in G$) ist, so verschwindet $w(z)$ identisch in G. Beim Beweis dieses Satzes kann man ohne Einschränkung der Allgemeinheit $w(z_1) \neq 0$ annehmen. (Denn sonst gäbe es ein ganzzahliges $\lambda > 0$ mit der Eigenschaft, daß $\log |w(z)| - \lambda g(z, z_1)$ in der Umgebung von z_1 regulär wäre.) Man numeriere die $a \in N\,(a \neq z_1)$ und betrachte eine endliche Anzahl, etwa die Teilmenge $a_1, \ldots, a_q$ von N. Dann wird

$$\log |g(z)| \leqq \log M - \sum_1^q g(z, a_k)$$

und somit auch

$$\log |g(z_1)| \leqq \log M - \sum_{1}^{q} g(z_1, a_k) \,.$$

Daraus folgt aber für $q \to \infty$ $g(z_1) = 0$, was gegen die Voraussetzung ist. Ist G die offene Kreisscheibe $|z| < 1$, so ist

$$g(z, z_0) = \log \left| \frac{1 - \bar{z}_0 z}{z - z_0} \right| \,,$$

und somit (unter Beibehaltung der Voraussetzungen für $w(z)$)

$$(56.5) \qquad \log |w(z)| \leqq \log M - \sum_{1}^{q} \log \left| \frac{1 - z \bar{a}_k}{z - a_k} \right| \,.$$

Hierbei darf angenommen werden, daß $w(0) \neq 0$ ist. Setzt man in (56.5) $z = 0$ ein, so erhält man

$$(56.6) \qquad |w(0)| \leqq M \prod_{1}^{q} |a_k| \,.$$

Aus dieser, auf JENSEN [JENSEN, J. L., Sur un nouvel et important théorème de la théorie des fonctions, *Acta Math.* **22**, 359 (1899)] zurückgehenden Ungleichung hat BLASCHKE als erster [BLASCHKE, W., Eine Erweiterung des Satzes von VITALI über Folgen analytischer Funktionen, *Leipzig. Ber.* **67**, 194—200 (1915)] folgenden wichtigen Schluß gezogen:

Satz (BLASCHKE). *Verschwindet eine in $|z| < 1$ eindeutige, reguläre, beschränkte Funktion $w(z)$ auf einer abzählbaren Punktmenge $\{a_n\}$ $(n = 1, 2, \ldots)$ und ist $\sum_{1}^{\infty} (1 - |a_n|)$ divergent, so verschwindet $w(z)$ identisch in $|z| < 1$.*

Den Beweis dieses Satzes kann der Leser erbringen, indem er die bekannte Tatsache heranzieht, daß aus der Divergenz der Reihe $\sum_{1}^{\infty} (1 - |a_n|)$ die Gleichung

$$\lim_{q \to \infty} \prod_{1}^{q} |a_k| = 0 \qquad\qquad (a_k \neq 0)$$

folgt.

Einen mit dem Blaschkeschen Satz verwandten Satz, dessen Beweis vom methodischen Standpunkt aus von Interesse sein dürfte, liefert der Fall der Halbebene

$$(56.7) \qquad H : x > 0 \,, \; 0 < |z| < + \infty$$

und die Wahl

$$(56.8) \qquad g(z, z_0) = \log \left| \frac{z + \bar{z}_0}{z - z_0} \right| \qquad\qquad (z_0 \in H) \,.$$

Man nehme an, die in H eindeutige reguläre Funktion $w(z)$ sei dort dem Betrag nach $\leqq M$. Verschwindet dann $w(z)$ auf einer abzählbaren

Punktmenge $\{a_k\}$ $(k = 1, 2, \ldots, a_k \in H)$, so genügt

$$u(z) = \log |w(z)| + \sum_{k=1}^{q} g(z, a_k)$$

für jedes endliche η der Ungleichung

$$\varlimsup_{z \to i\eta} u(z) \leq \log M .$$

Daraus kann man leicht schließen, daß für jedes $q = 1, 2, \ldots$

$$(56.9) \qquad \log \frac{|w(z)|}{M} \leq - \sum_{1}^{q} \log \left| \frac{z + \bar{a}_k}{z - a_k} \right|$$

in jedem Punkt von H gilt.

Man nehme nun an, $w(z)$ verschwinde nicht identisch in H. Dann muß es ein $z_0 = x_0 + iy_0 \in H$ geben mit $w(z_0) \neq 0$. Ersetzt man dann in (56.9) z durch z_0, so erhält man wegen

$$\left| \frac{z_0 + \bar{a}_k}{z_0 - a_k} \right| = \left| 1 + \frac{2x_0}{a_k - z_0} \right|$$

für hinreichend große $\operatorname{Re} a_k$

$$x_0 \operatorname{Re} \frac{1}{a_k} \leq \log \left| \frac{z + \bar{a}_k}{z - a_k} \right| \leq 3 x_0 \operatorname{Re} \frac{1}{a_k} .$$

Daraus kann man folgenden (Blaschkeschen) Satz entnehmen:
Es sei $w(z)$ in H eindeutig regulär und dort beschränkt. Verschwindet dann $w(z)$ auf einer Punktmenge $\{a_k\}$ $(k = 1, 2, \ldots)$ von H mit $\operatorname{Re} a_k \to \infty$ und

$$\sum_{k=1}^{\infty} \operatorname{Re} \frac{1}{a_k} = \infty ,$$

so verschwindet $w(z)$ in H identisch.

57. Die Formel von Carleman und der Satz von Carlson-Nevanlinna. Es bedeute $(\overline{G}_r)$ $(0 < r < \infty)$ eine einparametrige Familie beschränkter Teilbereiche von G mit folgenden Eigenschaften:

1. Es ist

$$(57.1) \qquad \overline{G}_r \subset G_{r'} \qquad\qquad (r < r').$$

2. Es ist

$$(57.2) \qquad \lim_{r \to \infty} G_r = G .$$

Das soll bedeuten: Zu jedem $z \in G$ existiert ein $r = r_z$ mit der Eigenschaft, daß jedes G_r mit $r > r_z$ den Punkt z enthält[1].

3. Bei gegebenem $z_0 \in G$ besitzt jedes Gebiet $G_r (r > r_{z_0})$ eine Greensche Funktion $g_r(z, z_0)$.

---

[1] Daß zu jedem G mindestens eine Ausschöpfungsfamilie $(\overline{G}_r)$ existiert, zeigt man am einfachsten durch Bildung der Mengen

$$\left\{ z \mid z \in G, \, [z, \varGamma] \geq \frac{1}{r} \right\} \qquad\qquad (\varGamma = \overline{G} \setminus G) .$$

Man setze nun

$$M(r) = \text{Max}\ \{|w(z)| \mid z \in \Gamma_r = \overline{G}_r \setminus G_r\}$$

und

$$s_r(z) = \sum_a g_r(z, a) \qquad (a \in G_r) ,$$

wobei die Summe rechts über alle Nullstellen von $w(z)$ in G_r zu erstrecken ist.

Dann gilt für jedes $z \in G$ (von einem hinreichend großen r an)

$$\log |w(z_0)| \leqq \log M(r) - s_r(z_0) .$$

Daraus kann man den Satz ableiten:

Satz. *Gilt für einen Punkt z_0 $(z_0 \neq a)$ von G*

$$\lim_{r \to \infty} \{\log M(r) - s_r(z_0)\} = -\infty ,$$

so verschwindet $w(z)$ in G identisch.

F. und R. NEVANLINNA haben in einer wichtigen Arbeit aus dem Jahre 1923 die hier entwickelten Zusammenhänge auf meromorphe Funktionen in einer Halbebene übertragen und eine Reihe von wichtigen Sätzen von PHRAGMÉN, LINDELÖF und CARLSON[1] verallgemeinert. Der einfachste Zugang zu diesem Fragenkomplex dürfte die Poissonsche Formel (29.13) für einen Halbkreis sein.

Man betrachte den Halbkreis H_r

$$(57.3) \qquad\qquad x \geqq 0 , \quad |z| \leqq r \qquad\qquad (z = x + iy)$$

und nehme zunächst an, $w(z)$ sei in jedem im Endlichen liegenden Punkt der imaginären Achse noch meromorph. Man bilde (bei festem r) die Funktion

$$(57.4) \qquad\qquad g_r(z) = w(z)\,\frac{\varPi\,\varphi(z, b_k)}{\varPi\,\varphi(z, a_k)}$$

mit

$$(57.5) \qquad\qquad \varphi(z, c) = \frac{z - c}{z + c} \cdot \frac{r^2 + cz}{r^2 - cz}$$

und lasse a_k, b_k (im Produkt rechts) die Nullstellen bzw. die Pole von $w(z)$ im Innern von H_r durchlaufen[2]. Hat dann $w(z)$ auf dem (positiv orientierten Rand Γ_r von H_r) weder Nullstellen noch Pole, so gilt wegen

$$|w(z)| = |g_r(z)| \qquad\qquad (z \in \Gamma_r)$$

$$(57.6)\ \ \log |g_r(z)| = \frac{1}{2\pi} \int_{\Gamma_r} \log |w(\zeta)|\,\text{Re}\left\{\left(\frac{\zeta + z}{\zeta - z} - \frac{r^2 - z\zeta}{r^2 + z\zeta}\right) \frac{d\zeta}{i\zeta}\right\} .$$

---

[1] L. E. PHRAGMÉN (1863—1937), F. CARLSON (1888—1952).

[2] Die Nullstellen bzw. Pole werden, wie üblich, nach wachsenden Beträgen unter Berücksichtigung ihrer Multiplizität numeriert.

Hat $w(z)$ in $z = 0$ eine Nullstelle bzw. einen Pol, so gibt es eine ganze Zahl λ derart, daß $w(z)\, z^\lambda$ in einer Umgebung von $z = 0$ regulär und $\neq 0$ ist. Beachtet man dann, daß

$$\log |z| = \frac{1}{2\pi} \int_{\Gamma_r} \log |\zeta|\, \mathrm{Re} \left\{ \left(\frac{\zeta + z}{\zeta - z} - \frac{r^2 - z\zeta}{r^2 + z\zeta} \right) \frac{d\zeta}{i\zeta} \right\}$$

ist, so erhält man die Gleichung

$$\log |g_r^*(z)| = \lambda \log |z| + \frac{1}{2\pi} \int_{\Gamma_r} \log |w(\zeta)|\, \mathrm{Re} \left\{ \left(\frac{\zeta + z}{\zeta - z} - \frac{r^2 - z\zeta}{r^2 + z\zeta} \right) \frac{d\zeta}{i\zeta} \right\}$$

mit

$$g_r^*(z) = g_r(z)\, z^\lambda .$$

Das zeigt, daß (57.6) auch dann gilt, wenn $w(z)$ in $z = 0$ einen Pol bzw. eine Nullstelle hat. Analog zeigt man die Gültigkeit von (57.6), wenn $w(z)$ in einem beliebigen Randpunkt eine Nullstelle bzw. einen Pol hat. Daß dabei das Integral rechts an der betreffenden Stelle (im Cauchyschen Sinne) existiert, wird als bekannt vorausgesetzt.

Das Analogon der Jensenschen Formel für den Halbkreis (d. h. kurz die Formel (57.6) für $z = 0$) ist von CARLEMAN[1] gegeben worden. Zur Aufstellung dieser Jensen-Carlemanschen Formel wähle man r_0 positiv, kleiner als Min $\{|a_1|, |b_1|\}$ und bilde

$$\frac{1}{x_0} \left\{ \log |g_r^*(x_0)| - \log |g_{r_0}^*(x_0)| \right\}$$

für ein reelles x_0, $0 < x_0 < r_0$. Läßt man dann $x_0 \to 0$ konvergieren, so erhält man nach leichten Rechnungen die Gleichung

(57.7) $$J(r, r_0) = S_r(\infty) - S_r(0) + J(r) + \frac{m(r)}{r} - \frac{m(r_0)}{r_0}$$

mit

$$S_r(0) = \sum_k \left\{ \frac{1}{|a_k|} - \frac{|a_k|}{r^2} \right\} \cos \alpha_k ,$$

$$S_r(\infty) = \sum_k \left\{ \frac{1}{|b_k|} - \frac{|b_k|}{r^2} \right\} \cos \beta_k ,$$

$$J(r) = \frac{1}{2\pi} \int_{r_0}^{r} \left\{ \log |w(-iy)| + \log |w(iy)| \right\} \left\{ \frac{1}{y^2} - \frac{1}{r^2} \right\} dy ,$$

$$\frac{m(r)}{r} = \frac{1}{\pi r} \int_{-\frac{\pi}{2}}^{+\frac{\pi}{2}} \log |w(r e^{i\vartheta})|\, \cos \vartheta\, d\vartheta$$

und

$$J(r, r_0) = -\frac{1}{2\pi} \left(\frac{1}{r_0^2} - \frac{1}{r^2} \right) \int_{-r_0}^{+r_0} \log |w(iy)|\, dy .$$

---

[1] Über die Approximation analytischer Funktionen durch lineare Aggregate von vorgegebenen Potenzen [*Ark. Mat. Astr. Fys.* 17, N:o 9 (1922)].

Der Schluß nun, den F. und R. Nevanlinna in ihrer Arbeit aus (57.7) gezogen haben, ist folgender:

Satz (Carlson-Nevanlinna). *Konvergiert die rechte Seite von (57.7) für $r \to \infty$ gegen $-\infty$, so verschwindet $w(z)$ identisch in $x \geqq 0$.*

Dieser Satz enthält einen vorher von Carlson bewiesenen Satz:

Satz (Carlson). *Die holomorphe Funktion $w(z)$ möge den beiden Bedingungen genügen:*

1. $$|w(z)| < A\, e^{\gamma |z|} \qquad (0 < A < +\infty,\, 0 < \gamma < \pi)\,.$$

2. $$w(n) = 0 \qquad\qquad (n = 1, 2, 3, \ldots)\,.$$

Dann ist $w(z) \equiv 0$.

Beweis. Nach Voraussetzung ist

$$S_r(0) \geqq \log r - 1 - \frac{1}{2}\left(1 + \frac{1}{r}\right) \qquad (1 \leqq r < +\infty)\,,$$
$$S_r(\infty) \equiv 0\,,$$
$$\frac{m(r)}{r} \leqq \frac{2}{\pi}\left(\gamma + \frac{\log A}{r}\right)$$

und

$$J(r) \leqq \frac{\gamma}{\pi}\left\{\log \frac{r}{r_0} - \frac{1}{2}\left(1 - \frac{r_0^2}{r^2}\right)\right\} + \text{Konstante.}$$

Somit wird

$$J(r, r_0) \leqq \left\{\frac{\gamma}{\pi} - 1\right\}\log r + \text{beschränkte Größe} \to -\infty\,.$$

Man kann aus dem Carlson-Nevanlinnaschen Satz noch folgende Folgerung ziehen:

Erfüllt die holomorphe Funktion $w(z)$ die Bedingungen

1. $$|w(z)| < A\, e^{\gamma |z|} \qquad (0 < \gamma < +\infty)\,,$$

2. $$\varlimsup_{y \to \infty} \frac{\log |w(-iy)| + \log |w(iy)|}{y} < 0\,,$$

so ist sie identisch Null.

Der Leser möge den Beweis dieses Satzes selbst erbringen.

58. Zwei Sätze von Lindelöf. Ist $w(z)$ im Winkelraum S_k

$$(58.1) \qquad 0 < |z| < +\infty\,, \quad |\arg z| < \frac{\pi}{2k} \qquad \left(\frac{1}{2} \leqq k < +\infty\right)$$

eindeutig und regulär und gilt bei Annäherung an jeden endlichen Randpunkt ζ von S_k

$$(58.2) \qquad \varlimsup_{z \to \zeta} |w(z)| \leqq 1\,,$$

so muß $w(z)$ in S_k entweder beschränkt sein oder der Bedingung

$$(58.3) \qquad \varliminf_{r \to \infty} \frac{\log M_k(r)}{r^k} > 0$$

mit

$$(58.4) \qquad M_k(r) = \sup \left\{ |w(r e^{i\vartheta})| \,\Big|\, |\vartheta| < \frac{\pi}{2k} \right\}$$

genügen. Das ist ein klassisches Ergebnis von ERNST LINDELÖF. Ich gebe für diesen Satz drei verschiedene Beweise, die von prinzipieller Bedeutung sind.

Es bezeichne Γ_r den Rand des Gebietes S_k^r

$$(58.5) \qquad 0 < |z| < r, \quad |\arg z| < \frac{\pi}{2k}$$

und $\Phi_k(z)$ die Funktion

$$\frac{k}{2\pi} \int_{-\frac{\pi}{2k}}^{+\frac{\pi}{2k}} \overset{+}{\log} |w(r e^{i\vartheta})| \, \mathrm{Re}\left(\frac{\zeta^k + z^k}{\zeta^k - z^k} - \frac{\bar\zeta^k - z^k}{\bar\zeta^k + z^k} \right) d\vartheta \qquad (\zeta = r e^{i\vartheta})\ [1],$$

wobei allgemein $\overset{+}{\log} |a|$ durch die Vorschrift

$$(58.6) \qquad \overset{+}{\log} |a| = \mathrm{Max}\,\{0, \log |a|\}$$

definiert wird. Dann gilt

$$(58.7) \qquad \overset{+}{\log} |w(z)| \leq \Phi_k(z) \qquad\qquad (z \in S_k^r)\,.$$

Da $\Phi_k(z)$ bei Annäherung an einen inneren Punkt der geradlinigen Begrenzung von S_k^r offenbar gegen Null konvergiert, so genügt es zu zeigen, daß $\Phi_k(z)$ bei Annäherung an einen Punkt des Bogens

$$\zeta = r e^{i\vartheta_0} \qquad\qquad \left(|\vartheta_0| \leq \frac{\pi}{2k}\right)$$

gegen $\overset{+}{\log} |w(\zeta)|$ konvergiert. Dabei genügt es, $k = 1$ und $r = 1$ zu nehmen. Man setze

$$v(z) = \frac{1}{2\pi} \int_{-\frac{\pi}{2}}^{+\frac{\pi}{2}} u(\vartheta) \, \mathrm{Re}\left\{ \frac{\zeta + z}{\zeta - z} - \frac{\bar\zeta - z}{\bar\zeta + z} \right\} d\vartheta$$

mit einem im Intervall $-\frac{\pi}{2} \leq \vartheta \leq \frac{\pi}{2}$ stetigen $u(\vartheta)$ und definiere auf der Einheitsperipherie $|\zeta| = 1$ die Funktion $\psi(\vartheta)$ durch die Bedingungen

$$\psi(\vartheta) = \begin{cases} u(\vartheta) & \left| -\frac{\pi}{2} \leq \vartheta \leq \frac{\pi}{2} \right. \\[2mm] -u(\pi - \vartheta) & \left| \ \frac{\pi}{2} < \vartheta < \frac{3\pi}{2} \right. \end{cases}.$$

Dann wird

$$v(z) = \frac{1}{2\pi} \int_0^{2\pi} \psi(\vartheta) \, \mathrm{Re}\left\{ \frac{\zeta + z}{\zeta - z} \right\} d\vartheta$$

---

[1] Unter $\mathrm{Re}\,\zeta^k$ wird die Funktion $r^k \cos k\vartheta$ $\left(|\vartheta| \leq \frac{\pi}{2k}\right)$ verstanden.

und somit (mit Rücksicht auf die Entwicklungen von 11., Ergänz. Kap. 4)

$$\lim_{\varrho \to 1} v(\varrho\, e^{i\,\vartheta_0}) = \psi(\vartheta_0) \qquad\qquad (2\vartheta_0 \neq \pm\,\pi)\,.$$

Man setze jetzt $z = |z|\, e^{i\varphi}$. Dann ist

$$\operatorname{Re}\left(\frac{\zeta^k + z^k}{\zeta^k - z^k} - \frac{\overline{\zeta}^k - z^k}{\overline{\zeta}^k + z^k}\right) = \frac{4\,|z|^k \cos k\vartheta \cos k\varphi}{r^k}\,\{1 + \varepsilon(z, \zeta)\}$$

mit

$$\lim_{r \to \infty} \varepsilon(z, \zeta) = 0 \qquad\qquad (|z| = \text{const})\,.$$

Setzt man dann

$$(58.8) \qquad m_k(r) = \frac{k}{2}\int_{-\frac{\pi}{2k}}^{+\frac{\pi}{2k}} \overset{+}{\log} |w(r\, e^{i\vartheta})|\, \cos k\vartheta\, d\vartheta$$

und (bei festem $|z|$)

$$\varepsilon(r) = \operatorname{Max} |\varepsilon(z, \zeta)|\,,$$

so wird

$$\frac{\overset{+}{\log} |w(z)|}{|z|^k} \leq \frac{4}{\pi}\,(1 + \varepsilon(r))\,\frac{m_k(r)}{r^k} \cos k\,\varphi\,.$$

Hierbei ist

$$m_k(r) \leq \overset{+}{\log} M_k(r)\,, \quad \lim_{r \to \infty} \varepsilon(r) = 0\,.$$

Diese auf F. und R. Nevanlinna zurückgehende Abschätzung von $\overset{+}{\log} |w(z)|$ führt (durch Grenzübergang $r \to \infty$) ohne Schwierigkeit zur folgenden Fassung des Lindelöfschen Satzes:

Satz (Lindelöf-Nevanlinna). *Genügt die in S_k reguläre analytische Funktion $w(z)$ der Bedingung (58.2), so gilt entweder $|w(z)| \leq 1$ in S_k oder*

$$(58.9) \qquad \varliminf_{r \to \infty} \frac{m_k(r)}{r^k} > 0\,.$$

Man nehme nun an, $w(z)$ sei holomorph und genüge der Bedingung

$$(58.10) \qquad\qquad |w(\zeta)| \leq 1 \qquad\qquad \left(\zeta = |\zeta|\, e^{\pm i\,\frac{\pi}{2k}}\right)\,.$$

Gilt dann

$$(58.11) \qquad\qquad \varliminf_{r \to \infty} \frac{\log M(r)}{r^k} = 0 \qquad\qquad \left(\tfrac{1}{2} \leq k \leq 1\right)$$

mit

$$M(r) = \operatorname*{Max}_{|z| = r} |w(z)|\,,$$

so ist $w(z)$ eine Konstante.

Man bestimme in der Tat k' durch die Gleichung

$$\frac{1}{k} + \frac{1}{k'} = 2$$

und beachte, daß für $k \leq 1$ k' nicht kleiner als k sein kann. Dann gilt mit Rücksicht auf (58.11)

$$\varliminf_{r \to \infty} \frac{\log M(r)}{r^{k'}} = 0 \,,$$

und somit muß $w(z)$ sowohl in S_k als auch in dem komplementären Sektor

$$0 < |z| < +\infty \,, \quad \frac{\pi}{k} \leq |\arg z| \leq \pi$$

beschränkt, also (mit Rücksicht auf den Cauchy-Liouvilleschen Satz) in E konstant sein.

Für $k = 1$ erhält man den Satz:

Satz (LINDELÖF). *Genügt die holomorphe Funktion $w(z)$ den Bedingungen*

(58.12)
$$|w(iy)| \leq 1$$

und

(58.13)
$$\varliminf_{r \to \infty} \frac{\log M(r)}{r} = 0 \,,$$

so ist sie eine Konstante.

Für diese Lindelöfschen Sätze kann man noch zwei Beweise geben, die methodisch von Interesse sind. Man definiere zunächst $F(z)$ durch die Gleichung

$$F(z) = \left(\frac{z}{r}\right)^k \qquad\qquad (z \in S_k^r)$$

und beachte, daß der Imaginärteil der in S_k^r eindeutigen regulären Funktion

$$\frac{2}{\pi} \log \frac{1 + i F(z)}{1 - i F(z)} \qquad\qquad (|F(z)| < 1)$$

gleich

$$\omega(z) = \frac{2}{\pi} \operatorname{arc\,tg} \frac{2\,(r\,|z|)^k \cos k\,\varphi}{r^{2k} - |z|^{2k}} \qquad\qquad (z = |z|\,e^{i\,\varphi})$$

ist und somit

$$\omega(z) \overset{+}{\log} M_k(r)$$

eine harmonische Majorante für $\log |w(z)|$ darstellt. Wegen

$$\omega(z) \leq \frac{2}{\pi} \operatorname{arc\,tg} \frac{2\,(r\,|z|)^k}{r^{2k} - |z|^{2k}} \leq \frac{4}{\pi} \operatorname{arc\,tg} \frac{|z|^k}{r^k} \leq \frac{4}{\pi} \cdot \frac{|z|^k}{r^k}$$

gilt nun

$$\log |w(z)| \leq \frac{4}{\pi} |z|^k \frac{\overset{+}{\log} M_k(r)}{r^k}$$

und somit auch

(58.14)
$$\frac{\overset{+}{\log} |w(z)|}{|z|^k} \leq \frac{4}{\pi} \cdot \frac{\overset{+}{\log} M_k(r)}{r^k} \qquad (|z| < r) \,.$$

Der dritte (und letzte) Beweis der beiden Lindelöfschen Sätze dieser Nummer geht, wie der zweite, ebenfalls auf Ideen von CARLEMAN zurück, benutzt jedoch (mindestens explizit) die harmonische Majorisierung nicht.

Wir schicken vorerst folgende Hilfssätze voraus:

Hilfssatz 1. *Genügt die in S_k eindeutige reguläre Funktion $w(z)$ der Bedingung (58.2), so ist die Teilmenge von S_k*

$$(58.15) \qquad S_\varepsilon = \{z \mid |w(z)| > 1 + \varepsilon\}$$

für jedes $\varepsilon > 0$ entweder leer, oder sie besteht aus einem oder mehreren zusammenhängenden Gebieten, die alle den Punkt z_∞ als Randpunkt besitzen.

Ferner besteht jeder im Endlichen liegende Teil des Randes von S_ε (falls S_ε nicht leer ist) aus endlich vielen analytischen Kurvenstücken. Die Anzahl der Peripherien $|z| = r \, (r \leq r_0)$, die den Rand von S_ε berühren, ist für jedes r_0, $0 < r_0 < + \infty$ höchstens endlich.

Beweis. Wir zeigen zunächst, daß, falls S_ε nicht leer ist, der Punkt z_∞ ein Randpunkt von S_ε sein muß. Wäre nämlich dies nicht der Fall, so wäre S_ε beschränkt. Andererseits sind $\log \dfrac{|w(z)|}{1 + \varepsilon}$ und $- \log \dfrac{|w(z)|}{1 + \varepsilon}$ in S_ε regulär harmonisch und nehmen auf dem Rande den Wert Null an. Daraus folgt $|w(z)| \leq 1 + \varepsilon$ und $|w(z)| \geq 1 + \varepsilon$ in jedem Punkt von S_ε. Es muß also $|w(z)| = 1 + \varepsilon$ in S_ε gelten, und somit wäre S_ε leer. Mithin ist S_ε unbeschränkt, und jede zusammenhängende Komponente von S_ε muß den Punkt z_∞ als Randpunkt enthalten. Es sei jetzt S_ε nicht leer, und es seien z_0, z Punkte des Randes von S_ε mit $|z - z_0| < r(z_0)$. Man setze $z = z_0 + \zeta$ und entwickele $w(z)$ in eine Potenzreihe. Dann ist

$$w(z) = w(z_0) + \zeta^k \sum_0^\infty a_\mu \zeta^\mu \qquad (k \geq 1)$$

mit einem $a_0 \neq 0$ und somit gilt in einer Umgebung U_0 von $\zeta = 0$

$$(58.16) \qquad g_0(z) = \frac{1}{2} \log \frac{w(z)}{w(z_0)} = \zeta^k f(\zeta)$$

mit einer in U_0 holomorphen und dort nicht verschwindenden Funktion $f(\zeta)$. Jetzt schreibe man $f(\zeta)$ in der Form $f(0)\,(1 + h(\zeta))$ und nehme den Radius der Kreisscheibe K_0: $|\zeta| < r_0$ so klein, daß $|h(\zeta)| < 1$ $(\zeta \in K_0)$ gilt. Es bezeichnen $f_\nu(\zeta)$ die k Zweige von $\zeta \sqrt[k]{f(\zeta)}$, die sich durch die k Anfangswerte $f(0)^{\frac{1}{k}} = A_1^{(\nu)}$ $(\nu = 0, 1, \ldots, k - 1)$ mit Hilfe des Monodromiesatzes bestimmen lassen. Bekanntlich ist $A_1^{(\nu)} = A_1^{(0)} \varepsilon_\nu$ mit $\varepsilon_\nu = e^{\frac{2\pi i \nu}{k}}$. Dann gelten, wenn man $g_0(z) = s^k \,(s = \sigma + it)$ setzt, die Darstellungen

$$(58.17) \qquad s = A_1^{(\nu)} \{\zeta + \sum_2^\infty A_n \zeta^n\} \qquad (|\zeta| < r_0)$$

und somit (nach den Entwicklungen von S. 157) die Gleichungen

$$\zeta = P_\nu(s) = \sum_1^\infty C_n^{(\nu)} s^n \qquad\qquad (|s| < \varrho_0)$$

mit einem geeigneten, positiven ϱ_0. Wegen $C_n^{(\nu)} = C_n^{(0)}\,\varepsilon_\nu^n$ gilt stets $P_\nu(s) = P_0(\varepsilon_\nu s)$. Diese Überlegungen, welche zugleich die lokale Umkehrung einer holomorphen Funktion im allgemeinsten Fall liefern, zeigen (mit Rücksicht auf die Tatsache, daß $g_0(z)$ auf dem in K_0 liegenden Randteil γ von S_ε reell ist), daß s auf γ nur von der Form $\varepsilon_\nu\,\tau$ ($\nu = 0, 1, \ldots, k-1$) sein kann. Mithin besteht γ aus k analytischen Kurvenbögen γ_ν, welche durch die Gleichungen

$$z_\nu(\tau) = \sum_0^\infty C_n^{(0)}\,\varepsilon_\nu^n\,\tau^n \quad (C_0^{(\nu)} = z_0;\, \nu = 0, 1, \ldots, k-1)$$

dargestellt werden. Hat man nun dieses Ergebnis gewonnen, so genügt es, zum Beweis des ersten Teiles des Satzes den Heine-Borelschen Satz heranzuziehen. Wir überlassen diesen Teil des Beweises sowie den Nachweis, daß die Punkte z (wegen $w'(z_0) = 0$) mit $k > 1$ isoliert auf dem Rand von S_ε liegen, dem Leser. Was den zweiten Teil des Satzes anbetrifft, so genügt es zu beachten, daß eine Anhäufung von Berührungspunkten, etwa in z_0, die auf γ_ν liegen, dann und nur dann (da die Ableitung von $|z_\nu(\tau)|$ in den Berührungspunkten verschwinden muß) stattfinden kann, wenn γ_ν auf der Kreisperipherie $|z| = |z_0|$ liegt.

Hilfssatz 2. *Es sei $y = y(\vartheta)$ im Intervall*

$$(58.18) \qquad\qquad J : |\vartheta| \le \frac{\pi}{2k} \qquad\qquad \left(k \ge \frac{1}{2}\right)$$

eindeutig, stetig und stückweise stetig differenzierbar. Gilt dann $y\!\left(-\dfrac{\pi}{2k}\right) = y\!\left(\dfrac{\pi}{2k}\right) = 0$, so ist

$$(58.19) \qquad\qquad \int_J y'^2\,d\vartheta \ge k^2 \int_J y^2\,d\vartheta.$$

Beweis. Wir können ohne weiteres $k = 1$ nehmen und voraussetzen, daß J mit dem Intervall $0 \le \vartheta \le \pi$ übereinstimmt. Man setze

$$v(\vartheta) = \frac{y(\vartheta)}{\sin\vartheta}\,.$$

Dann ist

$$\int_J v'^2 \sin^2\vartheta\,d\vartheta = \int_J (y'^2 - 2yy'\cotg\vartheta + y^2\cotg^2\vartheta)\,d\vartheta$$

und

$$2\int_J yy'\cotg\vartheta\,d\vartheta = \int_J (1 + \cotg^2\vartheta)\,y^2\,d\vartheta\,.$$

Das gibt die Identität

$$\int_J (y'^2 - y^2)\,d\vartheta = \int_J v'^2 \sin^2\vartheta\,d\vartheta\,,$$

welche den Hilfssatz 2 beweist.

Nach diesen vorbereitenden Sätzen kehren wir zum Lindelöfschen Satz zurück, bilden für ein $\varepsilon > 0$ die Funktion $\dfrac{w(z)}{1+\varepsilon}$, setzen

$$(58.20) \qquad u(z) = \overset{+}{\log} \frac{|w(z)|}{1+\varepsilon}$$

und

$$(58.21) \qquad \mu(r) = \int_J u(r e^{i\vartheta})^2 d\vartheta \,.$$

Ist dann S_ε nicht leer, so gibt es ein $r_0 (r_0 \geqq 0)$ derart, daß für $r > r_0$ $\mu(r) > 0$ ist. Die Funktion $\mu(r)$ ist offenbar an jeder r-Stelle zweimal differenzierbar, für die die Peripherie $|z| = r$ den Rand von S_ε nicht berührt. Solche Stellen werden im folgenden als regulär bezeichnet.

Es sei r $(r > r_0)$ eine reguläre Stelle von $\mu(r)$. Dann ist

$$(58.22) \qquad \frac{1}{2}\mu' = \int u\,u_r\,d\vartheta \qquad\qquad \left(u_r = \frac{\partial u}{\partial r}\right)$$

und

$$(58.23) \qquad \frac{1}{2}\mu'' = \int (u\,u_{rr} + u_r^2)\,d\vartheta \,.$$

Nun folgt aus (58.22) durch Anwendung der Schwarzschen Ungleichung

$$\int_J u_r^2 d\vartheta \geqq \frac{1}{4} \cdot \frac{\mu'^2}{\mu} \,.$$

Andererseits ist wegen $\Delta u = 0\,(z \in S_\varepsilon)$

$$u_{rr} + \frac{u_r}{r} + \frac{u_{\vartheta\vartheta}}{r^2} = 0 \,.$$

Beachtet man dann, daß mit Rücksicht auf den Hilfssatz 2

$$-\int_J u\,u_{\vartheta\vartheta}\,d\vartheta = \int_J u_\vartheta^2\,d\vartheta \geqq k^2 \int_J u^2 d\vartheta = k^2 \mu$$

ist, so wird schließlich

$$\frac{1}{2}\mu'' \geqq -\frac{1}{2} \cdot \frac{\mu'}{r} + \frac{1}{4} \cdot \frac{\mu'^2}{\mu} + \frac{k^2}{r^2}\mu \,,$$

also

$$(58.24) \qquad 2\left(\frac{\mu''}{\mu} + \frac{\mu'}{r\mu}\right) - \left(\frac{\mu'}{\mu}\right)^2 \geqq \frac{4k^2}{r^2} \,.$$

Aus dieser Ungleichung folgt zunächst, daß für $r > r_0$ $\mu'(r)$ für jedes reguläre r (mit Rücksicht auf die Gleichung $\lim\limits_{r \to r_0} \mu(r) = 0$) positiv sein muß. Schreibt man dann (58.24) in der Form

$$2\frac{\mu'}{\mu}\left(\frac{\mu''}{\mu'} + \frac{1}{r}\right) - \left(\frac{\mu'}{\mu}\right)^2 \geqq \frac{4k^2}{r^2} \,,$$

so folgt daraus

$$\left(\frac{\mu''}{\mu'} + \frac{1}{r}\right) \geqq \frac{4k^2}{r^2}$$

und somit schließlich

$$\frac{\mu''}{\mu'} \geqq \frac{2k-1}{r} \qquad\qquad (r > r_0)$$

oder auch

$$(58.25) \qquad \frac{d}{dr}\left(\frac{d\mu}{dr^{2k}}\right) \geqq 0 \,.$$

Diese Ungleichung bringt folgende wichtige Eigenschaft der Funktion $w(z)$ zum Ausdruck:

Satz. *Die Funktion $w(z)$ sei in (58.1) eindeutig und regulär. Genügt sie dann dort der Bedingung (58.2), so ist die Menge*

$$(58.26) \qquad \{z \mid |w(z)| > 1 \,,\ z \in S_k\}$$

entweder leer, oder der Ausdruck

$$(58.27) \qquad \int_J (\overset{+}{\log} |w(r\,e^{i\vartheta})|)^2\,d\vartheta$$

ist von einem r an positiv und konvex in r^{2k}.

Beweis. Es genügt zu beweisen, daß, falls (58.26) nicht leer ist, der Ausdruck (58.27) eine konvexe Funktion von r^{2k} ist. Man schreibe $\mu_\varepsilon(r)$ für $\mu(r)$ und beachte, daß mit Rücksicht auf die Ungleichung (58.25) für jedes reguläre r und die Stetigkeit von $\mu_\varepsilon(r)$ jedes $\mu_\varepsilon(r)$ eine konvexe Funktion von r^{2k} ist. Somit ist aber auch

$$\int_J (\overset{+}{\log} |w(r\,e^{i\vartheta})|)^2\,d\vartheta = \lim_{\varepsilon \to 0} \mu_\varepsilon(r)$$

ebenfalls konvex in r^{2k}.

Aus der Konvexität von (58.27) als Funktion von r^{2k} folgt ohne weiteres, daß der Ausdruck

$$\left\{\int_J (\overset{+}{\log} |w(r\,e^{i\vartheta})|)^2\,d\vartheta\right\}^{\frac{1}{2}} : r^k$$

mit r monoton wächst. Daß dies auch für den Ausdruck $\frac{m_k(r)}{r^k}$ zutrifft, ist von AHLFORS bewiesen worden.

59. Der allgemeine Konvexitätssatz. Der Satz von WIMAN. Enthält die Menge

$$(59.1) \qquad \{z\mid |w(z)| > 1,\ z \in E\}$$

einer holomorphen Funktion $w(z)$ eine zusammenhängende Teilmenge G von E von ähnlicher Struktur wie die Menge S_k, so kann man unter bestimmten Voraussetzungen die Entwicklungen der vorigen Nummer auf das Studium des Anwachsens von $|w(z)|$ in G ohne Schwierigkeit übertragen.

Def. *Das Gebiet G soll ein L-Gebiet heißen, wenn jede Peripherie* $|z| = r \, (r > r_0 \geqq 0)$ *den Rand Γ von G trifft.*

Man setze jetzt $s_r = G \cap \{z \mid |z| = r\} \; (r > r_0)$ und bilde wieder die Größe

$$(59.2) \qquad \mu(r) = \int_{s_r} (\mathring{\log} |w(r e^{i\vartheta})|)^2 \, d\vartheta \, .$$

Bezeichnet dann $s(r)$ die Länge von s_r, so findet man durch Wiederholung der Überlegungen der vorigen Nummer für jedes reguläre $r > r_0$ die Ungleichung

$$(59.3) \qquad \frac{\mu''}{\mu'} + \frac{1}{r} \geqq \frac{2\pi}{s(r)} \, .$$

Eine leichte Überlegung zeigt noch, daß diese Ungleichung auch dann gilt, wenn man unter $s(r)$ die Länge des größten Teilbogens von s_r versteht.

Wir bilden jetzt die Funktion

$$(59.4) \qquad \psi(r) = \int_{r_1}^{r} e^{2\pi\varphi(t)} \frac{dt}{t} \qquad\qquad (r_1 > r_0)$$

mit

$$(59.5) \qquad \varphi(r) = \int_{r_1}^{r} \frac{dt}{s(t)} \qquad\qquad (r > r_1)$$

und beachten, daß an jeder regulären Stelle

$$(59.6) \qquad \frac{d}{dr} \log\left(r \frac{d\psi}{dr}\right) = \frac{2\pi}{s(r)}$$

gilt. Dann folgt mit Rücksicht auf die Ungleichung (59.3) der Satz:

Satz. *Unter den gemachten Voraussetzungen ist die Funktion $\mu(r)$ im Intervall (r_1, ∞) eine konvexe Funktion von $\psi(r)$, und somit existiert*

$$(59.7) \qquad \lim_{r \to \infty} \frac{\mu(r)}{\psi(r)} = \gamma > 0 \, .$$

Es sei nun G ein L-Gebiet und $w(z)$ eine dort definierte, eindeutige, reguläre Funktion mit der Eigenschaft, daß

$$(59.8) \qquad \overline{\lim_{z \to \zeta}} \, |w(z)| \leqq 1$$

für jeden im Endlichen liegenden Punkt $\zeta \in \Gamma$ gilt. Man nehme an, es existiere für $r \geqq r_1 > r_0$ eine Funktion $\alpha(r)$ mit den Eigenschaften:

1. Man bilde $s_r = G \cap \{z \mid |z| = r\} \, (r \geqq r_1)$ und bezeichne durch $s(r)$ die obere Grenze der Bogenlänge der (höchstens abzählbar vielen) Kreisbögen, aus denen s_r besteht. Dann soll

$$(59.9) \qquad s(r) \leqq \alpha(r)$$

gelten.

2. Für jedes $r, r_1 < r < +\infty$, existiert das Integral

$$(59.10) \qquad g(r) = \int_{r_1}^{r} \frac{dt}{\alpha(t)} .$$

Dann kann man folgenden Satz beweisen:

Satz. *Gilt* (59.8), *so ist die Größe*

$$(59.11) \qquad \mu(r) = \int_{s_r} (\overset{+}{\log} |w(r e^{i\vartheta})|)^2 d\vartheta$$

eine konvexe Funktion von

$$(59.12) \qquad \psi(r) = \int_{r_1}^{r} e^{2\pi g(t)} \frac{dt}{t} .$$

Dabei kann $\mu(r)$ auch identisch verschwinden.

Man kann das hier gewonnene Ergebnis in abgeschwächter Form so formulieren:

Entweder gilt

$$(59.13) \qquad\qquad |w(z)| \leqq 1 \qquad\qquad (z \in G) ,$$

oder die Funktion $w(z)$ wächst so stark, daß

$$\varlimsup_{r \to \infty} \frac{\log M(r)}{\sqrt{\psi(r)}}$$

positiv ausfällt. Dabei ist

$$(59.14) \qquad M(r) = \sup \{|w(z)| \,|z \in G, |z| = r\} .$$

Den Beweis des Satzes kann der Leser durch Heranziehung der in bezug auf die Funktion (59.12) konvexen Funktionen

$$\int_{s_r} \left(\overset{+}{\log} \frac{|w(r e^{i\vartheta})|}{1 + \varepsilon} \right)^2 d\vartheta \qquad\qquad (\varepsilon > 0)$$

durch Konvergenzbetrachtungen $(\varepsilon \to 0!)$ selbst erbringen. Der Fall $\alpha(r) = 2\pi r$ führt zu dem klassischen Satz von WIMAN[1]:

Satz (WIMAN). *Ist $w(z)$ holomorph, nicht konstant und gilt*

$$(59.15) \qquad\qquad \underset{|z|=r}{\text{Min}} |w(z)| \leqq 1 \qquad\qquad (r > r_0 \geqq 0) ,$$

so ist

$$(59.16) \qquad\qquad \varlimsup_{r \to \infty} \frac{\log M(r)}{\sqrt{r}} > 0 .$$

Dabei ist

$$(59.17) \qquad\qquad M(r) = \underset{|z|=r}{\text{Max}} |w(z)| .$$

---

[1] *Ark. Mat. Astr. Fys.* **2**, N:o 14 (1904), *Math. Ann.* **75**, 1915, 187—211. [A. WIMAN (1865—1959)].

Dieses Ergebnis von Wiman kann man so formulieren: *Gilt für eine holomorphe Funktion $w(z)$ neben* (59.15) *die Bedingung*

$$(59.18) \qquad \lim_{r \to \infty} \frac{\log M(r)}{\sqrt{r}} = 0 \,,$$

so ist $w(z)$ eine Konstante. Daß man die Wimansche Bedingung (59.19) nicht abschwächen kann, sieht der Leser an dem Beispiel der holomorphen Funktion $\cos \sqrt{z}$, die auf der positiven reellen Achse der Bedingung $\left| \cos \sqrt{z} \right| \leq 1$ genügt.

60. Der Satz von Denjoy-Carleman-Ahlfors. Wir schicken folgende (z. T. bekannten) vorbereitenden Tatsachen voraus:

Def. *Es sei G ein Gebiet von E, das den Punkt z_∞ als Randpunkt besitzt. Ist dann*

$$(60.1) \qquad \gamma_\tau = \{ z \mid z = z(t) \,,\ 0 \leq t \leq \tau < + \infty \}$$

ein für jedes τ, $0 \leq \tau < + \infty$, Jordanscher Kurvenbogen in G und gilt

$$(60.2) \qquad \lim_{\tau \to \infty} [z(\tau), z_\infty] = 0 \,,$$

so heißt

$$\gamma = \{ z \mid z = z(t) \,,\ 0 \leq t < + \infty \}$$

ein zum Punkt z_∞ führender Weg.

Die Definition des Weges für einen endlichen Randpunkt ζ_0 lautet entsprechend.

Ist ζ_0 ein Randpunkt von G und läßt sich ein Weg γ (in G) bestimmen, der von einem Punkt z_0 von G zum Punkt ζ_0 im Sinne der vorigen Definition führt, so heißt ζ_0 ein erreichbarer Punkt. Natürlich braucht nicht jeder Randpunkt von G erreichbar zu sein. Nimmt man z. B. als G das Quadrat

$$|x| < 1 \,, \quad |y| < 1 \,,$$

von dem man noch die Strecken

$$S_k : x = - \frac{k-1}{k} \,, \quad - \frac{k-1}{k} \leq y \leq \frac{k-1}{k} \quad (k = 1, 2, \ldots)$$

entfernt hat, so ist jeder Randpunkt ζ mit den Koordinaten $x = -1$, y, $|y| < 1$, nicht erreichbar.

Def. *Ist $w(z)$ holomorph und hat γ die Eigenschaft, daß*

$$60.3) \qquad \lim_{t \to \infty} w(z(t)) = \lim_{\substack{z \to \infty \\ z \in \gamma}} w(z) = a$$

gilt, so heißt γ ein asymptotischer Weg für die Funktion $w(z)$.

Der Weg γ heißt ein endlicher asymptotischer Weg, wenn $a \neq \infty$ ist.

Satz (LINDELÖF). *Es bedeute G ein L-Gebiet, dessen Rand γ aus zwei Wegen γ_1, γ_2 besteht, die vom Punkt $z = 0$ ausgehen und zum Punkt $z = \infty$ führen. Sind dann γ_1 und γ_2 asymptotische Wege für die holomorphe Funktion $w(z)$ und gilt*

$$(60.4) \qquad\qquad |w(z)| \leqq 1 \qquad\qquad (z \in G)$$

und

$$(60.5) \qquad\qquad \lim_{\substack{z \to \infty \\ z \in \gamma_1}} w(z) = \lim_{\substack{z \to \infty \\ z \in \gamma_2}} w(z) = a$$

mit einem endlichen a, so konvergiert $w(z)$ innerhalb G gleichmäßig gegen a.

Das bedeutet: *Setzt man*

$$M(r) = \operatorname{Max} \{|w(z) - a| \mid z \in G, |z| = r\},$$

so gilt

$$(60.6) \qquad\qquad \lim_{r \to \infty} M(r) = 0 .$$

Beweis. Wir nehmen an (was keine Einschränkung der Allgemeinheit bedeutet), a sei gleich Null, und ersetzen (60.5) durch folgende Voraussetzung: Zu jedem $\varepsilon > 0$ existiert ein $r_0 = r_0(\varepsilon)$ derart, daß für alle $|\zeta| \geqq r_0 (\zeta \in \gamma_1 + \gamma_2)$

$$(60.7) \qquad\qquad \overline{\lim_{z \to \zeta}} |w(z)| \leqq \varepsilon \qquad\qquad (z \in G)$$

gilt. Es sei $R > r_0$ und $z = z(t)$ $(0 \leqq t < + \infty)$ die Parameterdarstellung von γ_1. Dann gibt es auf $|z| = R$ einen Punkt $z_1 = z(\tau_1)$ $(0 < \tau_1 < + \infty)$ derart, daß für alle $t > \tau_1 |z(t)| > R$ ist. Hierbei kann man ohne Einschränkung der Allgemeinheit annehmen, daß z_1 auf der negativen reellen Achse liegt. Man spiegele jetzt das Gebiet

$$G_R = G \cap \{z \mid |z| > R\}$$

an der reellen Achse und bezeichne das so erhaltene Gebiet durch G_R^*. Dann ist die Menge $P = G_R \cap G_R^*$ entweder leer oder besteht aus höchstens abzählbar vielen Gebieten, die symmetrisch zur x-Achse liegen. Man bilde jetzt P durch die Inversion

$$\zeta = \frac{R^2}{z}$$

auf das Innere der Peripherie $|z| = R$ ab und betrachte den Fall, daß P nicht leer ist. Es sei für $\alpha > 0$

$$w\left(\frac{R^2}{\zeta}\right) \overline{w\left(\frac{R^2}{\bar\zeta}\right)} \left(\frac{\zeta}{R}\right)^{\alpha} = g_\alpha(\zeta)$$

gesetzt. Da $\overline{w\left(\dfrac{R^2}{\bar\zeta}\right)}$ in P eine eindeutige analytische Funktion ist, so ist $\log |g_\alpha(\zeta)|$ in P (mit Ausnahme der Nullstellen von $w(z)$ und $\overline{w(\bar z)}$ in P)

regulär harmonisch, und mithin gilt wegen

$$\lim_{\zeta \to 0} |g_\alpha(\zeta)| = 0 \,,$$

$$|g_\alpha(\zeta)| \leq \varepsilon \qquad\qquad (z \in P)^1,$$

also

$$(60.8) \qquad \left| w\left(\frac{R^2}{\zeta}\right) \overline{w\left(\frac{R^2}{\bar\zeta}\right)} \right| \left| \frac{\zeta}{R} \right|^\alpha \leq \varepsilon \,.$$

Läßt man nun hier (bei festem ζ) $\alpha \to 0$ konvergieren, so erhält man

$$(60.9) \qquad \left| w\left(\frac{R^2}{\zeta}\right) \right| \left| w\left(\frac{R^2}{\bar\zeta}\right) \right| \leq \varepsilon \,,$$

und somit gilt für jeden Punkt $z \in P$ der reellen Achse

$$(60.10) \qquad |w(z)|^2 \leq \varepsilon \,,$$

das heißt

$$(60.11) \qquad |w(z)| \leq \sqrt{\varepsilon} \,.$$

Man bilde jetzt den Durchschnitt D von G_R mit der reellen negativen Achse und zähle diese (im Falle, daß $D \neq \emptyset$ ist) aus höchstens abzählbar vielen Intervallen von $J: -\infty < x < -R$ bestehende Punktmenge zu dem Rand von G_R. Dadurch wird G_R in höchstens abzählbar viele Gebiete $G_1, G_2, \ldots$ zerlegt, von denen jedes mit J höchstens Randpunkte gemeinsam hat.

Man setze jetzt

$$E_R = \{z \mid |z| > R\}$$

und betrachte in $E_R \setminus J$ die Funktion

$$(60.12) \qquad \omega(z) = \frac{2}{\pi} \arctan \frac{2\,\mathrm{Re}\sqrt{\dfrac{R}{z}}}{1 - \dfrac{R}{|z|}} \,,$$

wobei $\mathrm{Re}\sqrt{\dfrac{R}{z}}$ durch die Gleichung

$$\mathrm{Re}\sqrt{\frac{R}{z}} = \sqrt{\frac{R}{|z|}} \cos\frac{1}{2}\vartheta \qquad\qquad (|\vartheta| < \pi)$$

---

^{1} Nach dem Maximum-Prinzip. In jedem von $\zeta = 0$ verschiedenen Randpunkt σ der durch Inversion aus P erhaltenen Punktmenge P' gilt in der Tat

$$\overline{\lim_{\zeta \to \sigma}} |g_\alpha(\zeta)| \leq \varepsilon;$$

denn es gilt bei Annäherung an den Randpunkt $\sigma \neq 0$ entweder

$$\left| w\left(\frac{R^2}{z}\right) \right| \leq \varepsilon \quad \text{und} \quad \left| \overline{w\left(\frac{R^2}{\bar z}\right)} \right| \leq 1$$

oder

$$\left| w\left(\frac{R^2}{z}\right) \right| \leq 1 \quad \text{und} \quad \left| w\left(\frac{R^2}{\bar z}\right) \right| \leq \varepsilon \,.$$

Der hier verwendete Kunstgriff der Bildung von $g_\alpha(\zeta)$ wurde zuerst (für ähnliche Zwecke) von Painlevé (Paul Painlevé 1863–1933) verwendet.

definiert wird, und beachte, daß $\omega(z)$ in $E_R \setminus J$ regulär harmonisch ist[1] und die Grenzwerte 0 bzw. 1 hat, sofern sich z einem Punkt von $J (\neq z = -R!)$ bzw. von $|z| = R$ nähert. Das hat zur Folge, daß $\omega(z)$ in jedem Gebiet G_k positiv ist.

Es sei nun $R_1 > R$. Man wähle $\sigma (\sigma > 0)$ so, daß

$$(60.13) \qquad \sigma \log \frac{R_1}{R} = \log \frac{1}{\sqrt{\varepsilon}} \qquad \left(0 < \varepsilon < \frac{1}{4}\right)$$

ist und betrachte die Funktion

$$v(z) = \log |w(z)| + \sigma \log \frac{R}{|z|} - \log \sqrt{\varepsilon} - \omega(z) \log \frac{1}{\sqrt{\varepsilon}}$$

in einem Gebiet G_k, dessen Punkte z der Doppelungleichung $R < |z| < R_1$ genügen. Liegt ein Randpunkt ζ von G_k auf $|z| = R$, so ist

$$\overline{\lim_{z \to \zeta}} \, v(z) \leq 0 \, .$$

Liegt ζ auf $|z| = R_1$, so wird mit Rücksicht auf die Ungleichung $|w(z)| \leq \leq 1 (z \in G)$ und die Gleichung (60.13) ebenfalls $\overline{\lim_{z \to \zeta}} \, v(z) \leq 0$.

In jedem anderen Falle ist

$$\overline{\lim_{z \to \zeta}} \, |w(z)| \leq \varepsilon < \sqrt{\varepsilon}$$

und somit auch $\overline{\lim_{z \to \zeta}} \, v(z) \leq 0$. Läßt man nun $R_1 \to \infty$ konvergieren, so konvergiert $\sigma \to 0$, und mithin gilt in jedem G_k

$$\log |w(z)| \leq \log \sqrt{\varepsilon} + \omega(z) \log \frac{1}{\sqrt{\varepsilon}} \, ,$$

also wegen

$$0 \leq \omega(z) \leq \frac{2}{\pi} \arctan \frac{2\sqrt{\frac{R}{|z|}}}{1 - \frac{R}{|z|}} \leq \frac{4}{\pi} \arctan \sqrt{\frac{R}{|z|}} \leq \frac{4}{\pi} \sqrt{\frac{R}{|z|}} \, ,$$

$$(60.14) \qquad \log |w(z)| \leq \log \sqrt{\varepsilon} + \frac{4}{\pi} \sqrt{\frac{R}{|z|}} \log \frac{1}{\sqrt{\varepsilon}} \, .$$

Berücksichtigt man jetzt, daß für jeden auf J liegenden Punkt von $G_R \, |w(z)| \leq \sqrt{\varepsilon}$ gilt, so erhält man aus (60.14) leicht die Ungleichung

$$(60.15) \qquad |w(z)| \leq 2\sqrt{\varepsilon}$$

für alle Punkte von G, die der Ungleichung

$$|z| \geq \frac{4}{\pi^2} R \left(\frac{\log \frac{1}{\varepsilon}}{\log 2}\right)^2$$

genügen.

---

[1] Als Imaginärteil der in $E \setminus J$ regulären Funktion

$$\frac{2}{\pi} \log \frac{1 + iF}{1 - iF} \qquad \left(F = \sqrt{\frac{R}{z}}\right).$$

Das beweist den ersten Lindelöfschen Satz.

Satz (Lindelöf). *Man ersetze im vorherigen Satz (60.5) und (60.4) durch die Bedingungen*

$$(60.16) \qquad \lim_{\substack{z \to \infty \\ z \in \gamma_1}} w(z) = a$$

und

$$(60.17) \qquad \lim_{\substack{z \to \infty \\ z \in \gamma_2}} w(z) = b$$

mit zwei endlichen und voneinander verschiedenen a, b. Dann kann $w(z)$ in G nicht beschränkt sein.

Beweis. Man nehme an, $w(z)$ sei beschränkt in G. Dann ist

$$(60.18) \qquad g(z) = (w(z) - a)(w(z) - b)$$

ebenfalls beschränkt in G, und $\dfrac{g(z)}{M}$ genügt bei geeigneter Wahl von $M\,(M > 0)$ den Bedingungen des ersten Lindelöfschen Satzes. Daraus folgt, daß bei gegebenem $\varepsilon > 0$ für alle Punkte z von G mit $|z| \geqq R_0$

$$(60.19) \qquad |w(z) - a|\,|w(z) - b| \leqq \varepsilon$$

gilt.

Man betrachte jetzt den Kreis $K : |z| = R\,(R > R_0)$ und bilde $G \cap K$. Dann erhält dieser Durchschnitt bei geeigneter Wahl von R einen zusammenhängenden Bogen γ_0 von K, dessen Endpunkte ζ_1 bzw. ζ_2 auf γ_1 bzw. γ_2 liegen, und zwar derart, daß

$$\varlimsup_{z \to \zeta_1} |w(z) - a| \leqq \eta\,, \qquad \varlimsup_{z \to \zeta_2} |w(z) - b| \leqq \eta$$

mit einem $\eta,\, 0 < \eta < \dfrac{1}{4}|a - b|$, gilt. Es bezeichne jetzt T diejenige Gerade, welche durch die Mitte der die beiden Punkte a und b verbindenden Strecke S geht und senkrecht zu S steht. Dann gibt es auf γ_0 mindestens einen Punkt z_0 (da $w(\gamma_0)$ die Gerade T treffen muß) derart, daß $w_0 = w(z_0)$ von beiden Punkten a und b dieselbe Entfernung aufweist. Trägt man dieser Tatsache Rechnung, so folgt aus (60.19) die Ungleichung

$$\left| \frac{a - b}{2} \right| \leqq \sqrt{\varepsilon},$$

was der Voraussetzung $a \neq b$ widerspricht.

Hat die holomorphe Funktion $n\,(n \geqq 1)$ voneinander verschiedene (endliche) asymptotische Werte $a_1, a_2, \ldots, a_n$, so kann

$$M(r) = \operatorname*{Max}_{|z|\,=\,r} |w(z)|$$

nicht allzu schwach ins Unendliche wachsen. Genauer besagt der Satz von DENJOY-CARLEMAN-AHLFORS:

Satz (DENJOY-CARLEMAN-AHLFORS). *Hat die holomorphe Funktion* $w(z)$ *n voneinander verschiedene (endliche) asymptotische Werte, so gilt*

$$(60.20) \qquad \varliminf_{r \to \infty} \frac{\log M(r)}{r^{\frac{n}{2}}} > 0 \,.$$

Wir beweisen im folgenden: *Wird*

$$(60.21) \qquad T_1(r, w) = \left\{ \frac{1}{2\pi} \int\limits_{|z| = r} (\overset{+}{\log} |w(z)|)^2 \, d\vartheta \right\}^{\frac{1}{2}}$$

gesetzt, so gilt

$$(60.22) \qquad \varliminf_{r \to \infty} \frac{T_1(r, w)}{r^{\frac{n}{2}}} > 0 \,.$$

Beweis. Man setze

$$C = \mathrm{Max}\, (|w(0)|, |a_1|, \ldots, |a_n|, 1)$$

und

$$(60.23) \qquad g(z) = \frac{w(z)}{2C} \,.$$

Dann besteht die Menge

$$\{z \mid |g(z)| > 1\}$$

aus mindestens n L-Gebieten $G_1, G_2, \ldots, G_n$, die den Punkt $z = 0$ nicht enthalten.

Es bezeichnen nun μ_k, φ_k $(k = 1, 2, \ldots, n)$ die zu dem Gebiet G_k gehörenden Größen (59.2) und (59.5), gebildet für die Funktion $g(z)$. Dann erhält man bei geeigneter Wahl von r_0 $(r_0 > 0)$ durch Wiederholung des Verfahrens der vorigen Nummer

$$\mu_k(r) \geqq \mu_k(r_0) + A_k \int_{r_0}^r e^{2\pi\varphi_k(t)} \frac{dt}{t} \qquad (k = 1, 2, \ldots, n)$$

mit $A_k > 0$.

Addiert man diese Ungleichungen und berücksichtigt man, daß die rechten Seiten mit r gegen Unendlich konvergieren, so erhält man wegen

$$\sum_{k=1}^n \mu_k(r) \leqq T_1(r, w)^2$$

die Ungleichung

$$(60.24) \qquad T_1(r, w)^2 \geqq A \int_{r_0}^r \left\{ \frac{1}{n} \sum_1^n e^{2\pi\varphi_k(t)} \right\} \frac{dt}{t}$$

mit

$$A = n \, \mathrm{Min}\, (A_k \mid k = 1, 2, \ldots, n) \,.$$

Sind nun allgemein $\alpha_1, \alpha_2, \ldots, \alpha_n$ n positive Zahlen, so gilt

$$\frac{1}{n}\left(\sum_1^n \alpha_k\right) \geqq \left(\prod_1^n \alpha_k\right)^{\frac{1}{n}}$$

und

$$\sum_1^n \frac{1}{\alpha_k} \geqq \frac{n^2}{\left(\sum_1^n \alpha_k\right)} \quad [1]$$

und somit auch wegen

$$\frac{1}{n}\left(e^{2\pi\varphi_1} + \cdots + e^{2\pi\varphi_n}\right) \geqq e^{\frac{2\pi}{n}(\varphi_1 + \cdots + \varphi_n)}$$

und

$$\frac{2\pi}{n}\left(\frac{1}{s_1} + \cdots + \frac{1}{s_n}\right) \geqq \frac{n}{r}$$

$$T_1(r, w) \geqq A_0 r^{\frac{n}{2}} \qquad (A_0 > 0).$$

Der zuletzt bewiesene Satz wurde zuerst (auf Grund der Überlegung für geradlinige asymptotische Wege) von DENJOY im Jahre 1907 als Vermutung ausgesprochen. Im Jahre 1921 konnte CARLEMAN den Satz mit $\frac{2n}{\pi^2}$ anstelle von $\frac{n}{2}$ beweisen und im Jahre 1929 AHLFORS [Untersuchungen zur Theorie der konformen Abbildung und der ganzen Funktionen. *Acta Soc. Sci. Fennicae N. Ser.* 1, Nr. 9 (1930)] den genauen Exponenten bestimmen. Einen anderen Beweis hat später BEURLING (Études sur un problème de majoration, *Dissert. Upsala*, 1933) veröffentlicht. Der hier gegebene Beweis stützt sich auf eine Note von CARLEMAN (Sur une inégalité différentielle dans la théorie des fonctions analytiques. *Compt. rend. acad. sci. Paris* **196**) aus dem Jahre 1933.

61. Geschichtliche Zusammenhänge und Literaturnachweis. Die Einführung harmonischer Majoranten bei der Behandlung globaler Abschätzungen regulärer analytischer Funktionen in einem gegebenen Gebiet G geht auf CARLEMAN [Sur les fonctions inverses des fonctions entières d'ordre fini, *Arkiv för Mat. o. Phys.* **15**, 10 (1921)] zurück. F. und R. NEVANLINNA (Über die Eigenschaften analytischer Funktionen in der Umgebung einer singulären Stelle oder Linie, *Acta Soc. Sci. Fennicae* 1922), A. OSTROWSKI (Über die Bedeutung der Jensenschen Formel für einige Fragen der komplexen Funktionentheorie,

---

[1] Die erste Ungleichung ist die bekannte, klassische Ungleichung zwischen dem arithmetischen und dem geometrischen Mittel von n positiven Zahlen. Die zweite folgt durch Anwendung der Schwarzschen Ungleichung auf die Summe

$$\left(\frac{\sqrt{\alpha_1}}{\sqrt{\alpha_1}} + \cdots + \frac{\sqrt{\alpha_n}}{\sqrt{\alpha_n}}\right) = n.$$

Acta Litt. ac. Scient. Univ. Hung. **1** 1923) und G. JULIA [Sur quelques majorantes utiles dans la théorie des fonctions analytiques ou harmoniques, *Ann. sci. école norm. super.* (3), **48** (1931)] haben anschließend wesentliche Beiträge geliefert. Einen vorläufigen Abschluß findet die Theorie durch die bedeutende Dissertation von A. BEURLING. Die Heranziehung subharmonischer Funktionen bei der Behandlung funktionentheoretischer Probleme verdankt man PERRON [Eine neue Behandlung der ersten Randwertaufgabe für $\Delta u = 0$, *Math. Z.* **18** (1923)], die Aufstellung einer allgemeinen Theorie F. RIESZ (Über subharmonische Funktionen und ihre Rolle in der Funktionentheorie und in der Potentialtheorie, *Acta Szeged* **2**, 1925, und Sur les fonctions sousharmoniques et leur rapport à la théorie du potentiel, *Acta Math.* 1926 und 1930). Das ausgezeichnete Buch von T. RADÓ (Subharmonic functions, Ergebnisse der Math. und ihrer Grenzgebiete, Bd. 5, *Springer-Verlag* 1937) gibt einen vollständigen Überblick über die Entwicklung der subharmonischen Funktionen bis 1936.

Sollte dem Leser die Verwendung von harmonischen Funktionen bei der Formulierung des Maximumprinzips und der damit zusammenhängenden Sätze nicht allzu tief vorkommen, so möge er im Kapitel 8 PERRONs Lösung des Dirichletschen Problems lesen, wo gezeigt wird, wie die Heranziehung subharmonischer Funktionen eine äußerst einfache Lösung dieses schwierigen Problems ermöglicht.

Der Hadamardsche Dreikreisesatz [*Bull. soc. math. France* **24**, 186—187 (1896)] gab Anstoß zu einer Reihe von Arbeiten, die erst nach der Aufstellung der Evans-Selbergschen Funktion und des harmonischen Maßes (man vgl. die diesbezügliche Entwicklung im Kapitel 8) die in Frage kommenden Probleme zum Abschluß bringen konnten. Der Beweis, der in **58.** für den Satz von LINDELÖF gegeben wird, folgt den Gedanken der vorhin zitierten Abhandlung von F. und R. NEVANLINNA.

Die von AHLFORS aufgeworfene Frage, ob außer $\dfrac{m_k(r)}{r^k}$ auch $\dfrac{\log M_k(r)}{r^k}$ einem Limes zustrebt, wurde von M. HEINS (*Ann. Math.* 1946) positiv beantwortet. M. HEINS zeigte darüber hinaus [Entire functions with bounded minimum modulus; subharmonic function analogues, *Ann. Math.* **49**, 200—213 (1948)], daß, falls für eine ganze transzendente Funktion $w(z)$ (mit einem endlichen asymptotischen Wert)

$$\varliminf_{r \to \infty} \log M(r) / \sqrt{r}$$

endlich ist,

$$\lim_{r \to \infty} \frac{\log M(r)}{\sqrt{r}} = \alpha \qquad (0 < \alpha \leqq \infty)$$

existiert. Gilt

$$\varlimsup_{r \to \infty} \frac{\log \log M(r)}{\log r} = \varrho \qquad (0 \leqq \varrho < 1),$$

so ist [J. E. LITTLEWOOD, *Proc. London Math. Soc.* (2), Bd. 6, 1908, VALIRON, *Ann. fac. sci. univ. Toulouse* (3), **5**, 117—257 (1913), WIMAN, *Math. Ann.* 1915 und BESICOVITCH, *Math. Ann.* 1927]

$$\varlimsup_{r \to \infty} \frac{\log \mu(r)}{\log M(r)} \geqq \cos \pi \varrho \quad (\mu(r) = \text{Min}\,\{|w(z)|\,|\,|z| = r\}).$$

Das allgemeine Problem, die Größe $\varlimsup\limits_{r \to \infty} \left\{ \dfrac{\log \mu(r)}{\log M(r)} \right\}$ bei allgemeinen Klassen ganzer Funktionen nach unten abzuschätzen, ist sehr schwierig und trotz wichtiger Beiträge von HAYMAN [*Proc. London Math. Soc.* (3), **2**, 468—512 (1952)] und vor kurzem von B. KJELLBERG [*Math. Scand.* **8**, 189—197 (1960)] noch unerledigt.

Zum eigentlichen Denjoy-Carleman-Ahlforsschen Satz (mehr als ein asymptotischer Wert) möge noch folgende Bemerkung hinzugefügt werden: *Ist*

$$\lim_{r \to \infty} \frac{\log M(r)}{r^{\frac{n}{2}}} = \alpha < +\infty,$$

so gilt

$$\varlimsup_{r \to \infty} \frac{\log \log M(r)}{\log r} = \frac{n}{2}.$$

Dieses interessante Resultat stammt von M. HEINS (On the DENJOY-CARLEMAN-AHLFORS theorem, *Ann. Math.* (2), **49**, 533—537, 1948).

Ergänzungen und Aufgaben zum siebenten Kapitel

1. Eine wichtige Identität. Ist $w(z)$ in G eindeutig regulär und z_0 ein isolierter Randpunkt von G, so betrachte man die Laurent-Weierstraßsche Entwicklung

$$(1) \qquad w(z) = \sum_{-\infty}^{+\infty} a_k h^k$$

mit $h = z - z_0$, $|h| < r_0(z_0)$, bilde $w(z)\,\overline{w(z)}$ und integriere über einen Kreis $|h| = r\,(0 < r < r_0(z_0))$. Nimmt man dann der Einfachheit halber $z_0 = 0$ an, so erhält man die Identität

$$(2) \qquad \sum_{-\infty}^{+\infty} |a_k|^2 \, r^{2k} = \frac{1}{2\pi} \int_0^{2\pi} w(r e^{i\vartheta})\, \overline{w(r e^{i\vartheta})}\, d\vartheta.$$

Ist z_0 ein Regularitätspunkt von G, so heißt die entsprechende Gleichung

$$(3) \qquad \sum_0^{\infty} |a_k|^2 \, r^{2k} = \frac{1}{2\pi} \int_0^{2\pi} w(r e^{i\vartheta})\, \overline{w(r e^{i\vartheta})}\, d\vartheta,$$

die Identität von A. GUTZMER (1860—1924). Der Leser kann beide Identitäten leicht beweisen, indem er bei der (erlaubten) gliedweisen

Integration des Produkts der entsprechenden Reihen die Identitäten

$$(4) \qquad \frac{1}{2\pi} \int_0^{2\pi} e^{ik\vartheta}\,d\vartheta = \begin{cases} 0 \mid k \neq 0 \\ 1 \mid k = 0 \end{cases}$$

berücksichtigt. Setzt man, wie üblich,

$$M(r) = \text{Max } |w(re^{i\vartheta})| \qquad\qquad (0 \leq \vartheta \leq 2\pi)$$

mit $0 < r < r_0(z_0)$, so gilt stets

$$(5) \qquad\qquad |a_0| \leq M(r)$$

und

$$(6) \qquad\qquad |a_k|^2 \leq \frac{M^2(r) - |a_0|^2}{r^{2k}} \qquad (k = \pm 1, \pm 2, \ldots) \,.$$

Ist z_0 ein Regularitätspunkt, so gelten anstelle von (6) die Ungleichungen

$$(7) \qquad\qquad |a_k|^2 \leq \frac{M^2(r) - |w(0)|^2}{r^{2k}} \,.$$

2. Nochmals das Maximumprinzip. Es sei $w(z)$ in G eindeutig und regulär, und es sei $z_0 \in G$. Dann gilt

$$(1) \qquad\qquad w(z) = w(z_0) + c_k h^k + c_{k+1} h^{k+1} + \cdots.$$

mit $h = z - z_0$, $|h| < r(z_0)$. Aus (1) erhält man leicht

$$|w(z)|^2 = w(z)\,\overline{w(z)} = |w(z_0)|^2 + 2\,\text{Re}\,\{\overline{w(z_0)}\,c_k h^k\} + O(|h|^{k+1}) \,.$$

Schreibt man $h = |h|\,e^{i\vartheta}$, so ist

$$\text{Re}\{\overline{w(z_0)}\,c_k h^k\} = |w(z_0)|\,|c_k|\,|h|^k \cos(k\vartheta + \alpha) \,,$$

und somit kann bei geeigneter Wahl von ϑ (etwa $k\vartheta = -\alpha$ bzw. $k\vartheta = \pi - \alpha$) die Differenz $|w(z)|^2 - |w(z_0)|^2$ in der Nähe von z_0 sowohl positiv als auch negativ gemacht werden. Das beweist das Maximumprinzip für den absoluten Betrag von $w(z)$ (man vgl. TITCHMARSH, loc. cit. S. 166 ff.).

Es sei nun $w(z)$ in $|z| < R$ eindeutig regulär und

$$(2) \qquad\qquad \varliminf_{|z| \to R} |w(z)| = \mu_0 > 0 \,.$$

Ist dann

$$\mu = \inf\{|w| \mid |z| < R\}$$

und $\mu < \mu_0$, so hat $w(z)$ eine Nullstelle in $|z| < R$ (Beweis?). Man beweise nun den Fundamentalsatz der Algebra, indem man anstelle der Potenzreihe

$$w(z) = a_0 + a_1 z + \cdots + a_n z^n + \cdots$$

das Polynom

$$P(z) = a_0 + a_1 z + \cdots + a_n z^n$$

betrachtet und durch die Wahl eines R die Ungleichung $\mu < \mu_0$ herleitet.

3. Eine Ungleichung von AHLFORS. Die Funktion $w(z)$ sei in $\mathrm{Re}\, z > 0$ eindeutig regulär und genüge der Bedingung

$$(1) \qquad\qquad \overline{\lim_{z \to i\eta}} |w(z)| \leqq 1 \qquad (-\infty < \eta < +\infty) .$$

Dann genügt

$$m(r, \varepsilon) = \int_{-\frac{\pi}{2}}^{+\frac{\pi}{2}} \overset{+}{\log} \frac{|w(re^{i\vartheta})|}{1+\varepsilon}\ \cos\vartheta\, d\vartheta$$

der Differentialungleichung

$$r^2 m'' + r m' - m \geqq 0 .$$

Mit Hilfe dieser Ungleichung konnte AHLFORS [On Phragmén-Lindelöf's Principle, *Trans. Am. Math. Soc.* **41**, 1—8 (1937)] zeigen, daß $\frac{m(r)}{r}$ $(m(r) = m(r,0))$ für $r \to \infty$ (und bei entsprechender Problemstellung auch für $r \to 0$) einen Grenzwert besitzt.

4. Verallgemeinerung des vorstehenden Ergebnisses. Geht man von der Ungleichung

$$(1) \qquad \overset{+}{\log} |w(z)| \leqq \frac{1}{2\pi} \int_{-\frac{\pi}{2}}^{\frac{\pi}{2}} \overset{+}{\log} |w(\zeta)|\, H(\zeta, z)\, d\varphi$$

aus mit

$$H(\zeta, z) = \mathrm{Re} \left\{ \frac{\zeta + z}{\zeta - z} - \frac{\bar\zeta - z}{\bar\zeta + z} \right\} \qquad (\zeta = \varrho e^{i\varphi}, z = r e^{i\vartheta}) ,$$

und setzt man

$$H(\zeta, z) = 4 \sum_{1}^{\infty} \left(\frac{r}{\varrho}\right)^n \psi_n(\vartheta)\, \psi_n(\varphi) \qquad\qquad (r < \varrho) ,$$

so ist das Funktionensystem $(\psi_n(\vartheta))$ $(n = 1, 2, \ldots)$

$$\psi_n(\vartheta) = \begin{cases} \cos n\vartheta \mid n\ \text{ungerade} \\ \sin n\vartheta \mid n\ \text{gerade} \end{cases}$$

im Intervall

$$J : -\pi \leqq 2\vartheta \leqq \pi$$

orthogonal, und es gilt

$$\frac{2}{\pi} \int_J \psi_i \psi_k d\vartheta = \begin{cases} 1 \mid i = k \\ 0 \mid i \neq k . \end{cases}$$

Es sei nun

$$P\left(\frac{1}{r}, \vartheta\right) = \frac{a_1}{r}\, \psi_1(\vartheta) + \cdots + \frac{a_n}{r^n}\, \psi_n(\vartheta)$$

mit reellen Koeffizienten a_k. Dann ist

$$\frac{1}{2\pi} \int_J H(\zeta, z)\, P\left(\frac{1}{r}, \vartheta\right) d\vartheta = P\left(\frac{1}{\varrho}, \varphi\right) .$$

Mit Rücksicht auf (1) erhält man das Ergebnis:

Gilt auf J $P\left(\dfrac{1}{r}, \vartheta\right) \geqq 0$, *so ist für jede in* $\operatorname{Re} z > 0$ *reguläre eindeutige Funktion* $w(z)$, *die der Bedingung* (1) *von* 3. *genügt,*

$$\mu(r) = \int_J \overset{+}{\log} |w(r e^{i\vartheta})|\, P\left(\frac{1}{r}, \vartheta\right) d\vartheta$$

nicht abnehmend [*Kgl. Norske Videnskab. Selskabs Forh.* **30**, 59—64 (1957)].

Entsprechende Sätze erhält man, wenn man vom Poissonschen Kern

$$H(\zeta, z) = \frac{\zeta + z}{\zeta - z}$$

ausgeht.

5. Der Satz von **Julia-Wolff-Carathéodory.** Ist $w(z)$ in $|z| < 1$ regulär und dort $|w(z)| < 1$, so hat Julia [Extension nouvelle d'un Lemme de Schwarz, *Acta Math.* **42**, 349—355 (1920)] unter der zusätzlichen Voraussetzung, daß $w(z)$ in der Umgebung von $z = 1$ noch regulär ist und dort den Wert Eins hat, die Ungleichung

$$(1) \qquad \frac{|1 - w(z)|^2}{1 - |w(z)|^2} \leqq w'(1) \frac{|1 - z|^2}{1 - |z|^2} \qquad\qquad (|z| < 1)$$

bewiesen. Diese Juliasche Verallgemeinerung des Schwarzschen Lemmas erfuhr einige Jahre später zwei wesentliche Vertiefungen durch J. Wolff [Sur une généralisation d'un théorème de Schwarz, *Compt. rend. acad. sci.* Paris **182**, 918—920 (1926)] und (unabhängig von ihm) durch C. Carathéodory (Über die Winkelderivierten von beschränkten analytischen Funktionen, *Sitzber. preuss. Akad. Wiss.* 1929). Nachfolgender Satz, den Landau und Valiron [A deduction from Schwarz's Lemma, *J. London Math. Soc.* **4**, 162—163 (1929)] gefunden haben, bildet den einfachsten Weg zum gesamten Fragenkomplex.

Satz (Julia-Carathéodory-Landau-Valiron). *Es sei* $w(z)$ $(z = x + i y)$ *in* $x > 0$ *regulär eindeutig und von nichtnegativem Realteil. Dann gibt es eine endliche Konstante* $c \geqq 0$, *so daß*

$$1. \qquad\qquad \operatorname{Re}\{w(z) - c z\} \geqq 0 \qquad\qquad (x > 0)$$

ist und

$$2. \qquad\qquad \lim_{z \to \infty} \frac{w(z)}{z} = c$$

gleichmäßig in $|\arg z| \leqq \dfrac{\pi}{2} - \varepsilon$ $(\varepsilon > 0)$ *gilt.*

Beweis. Man setze

$$(2) \qquad\qquad c = \inf\left\{ \frac{\operatorname{Re} w(z)}{x} \,\middle|\, x > 0 \right\}$$

und $g(z) = w(z) - c z$. Dann gilt $\operatorname{Re} g(z) \geqq 0$ in $x > 0$, und man kann (sofern $g(z)$ nicht konstant ist) $\operatorname{Re} g(z) > 0$ $(x > 0)$ annehmen. Es sci

$z_0 = x_0 + iy_0\,(x_0 > 0)$ fest. Wir bilden die Funktion

$$(3) \qquad \sigma(z) = \frac{g(z) - g(z_0)}{g(z) + \overline{g(z_0)}} \qquad\qquad (x > 0)\,.$$

Dann ist (nach dem Schwarzschen Lemma)

$$(4) \qquad |\sigma(z)| \leqq |\zeta| \qquad\qquad \left(\zeta = \frac{z - z_0}{z + \overline{z_0}}\right).$$

Jetzt setze man

$$g(z) = u + iv\,, \quad g(z_0) = u_0 + iv_0$$

und

$$t(z) = \frac{g(z) - iv_0}{u_0}\,.$$

Dann wird

$$(5) \qquad \left|\frac{t - 1}{t + 1}\right| \leqq \left|\frac{\tau - 1}{\tau + 1}\right| \qquad\qquad \left(\tau = \frac{z - iy_0}{x_0}\right).$$

Daraus folgt nach einfachen Rechnungen

$$\frac{|g|^2 + |g_0|^2 - 2vv_0}{|z|^2 + |z_0|^2 - 2yy_0} \leqq \frac{u}{x}\,\frac{u_0}{x_0} \qquad\qquad (z \neq z_0)$$

und somit auch

$$(6) \qquad \frac{|g|^2 + |g_0|^2 - 2vv_0}{|z|^2 + |z_0|^2 - 2yy_0} \leqq \frac{|g|}{|z|}\,\frac{u_0}{x_0}\,M$$

mit $M^{-1} = \sin \varepsilon > 0$. Man wähle jetzt bei vorgegebenem $\eta > 0$ den Punkt z_0 so, daß $\dfrac{u_0}{x_0}\,M < \eta$ ausfällt. Dann folgt aus (6)

$$\frac{(|g| - |g_0|)^2}{(|z| + |z_0|)^2} \leqq \frac{|g|}{|z|}\,\eta\,.$$

Daraus folgt durch Grenzübergang $z \to \infty$ $\left(|\arg z| \leqq \dfrac{\pi}{2} - \varepsilon\right)$ die Behauptung ohne Schwierigkeit.

Dinghas *(Sitzber. preuß. Akad. Wiss. 1938)* hat noch gezeigt, daß man den Beweis des Julia-Wolff-Carathéodory-Landau-Valironschen Satzes auch mit Hilfe der Poissonschen Formel für den Halbkreis erbringen kann. Es zeigt sich dann, daß

$$\mu(r) = \frac{2}{\pi r} \int_{-\frac{\pi}{2}}^{+\frac{\pi}{2}} \mathrm{Re}\, w(re^{i\vartheta}) \cos\vartheta\, d\vartheta$$

mit wachsendem r nicht zunimmt und daß

$$\lim_{r \to \infty} \mu(r) = c$$

ist.

Mit Hilfe von 2. und unter Heranziehung der Darstellung

$$w'(z) - c = \frac{1}{2\pi i} \int_{|\zeta - z| = r} \frac{w(\zeta) - c\zeta}{(\zeta - z)^2}\, d\zeta \qquad\qquad (r = |z| \sin \varepsilon)$$

kann man noch zeigen, daß $w'(z)$ in jedem Winkelraum $|\arg z| \leqq \dfrac{\pi}{2} - 2\varepsilon$
mit wachsendem $|z|$ gleichmäßig gegen c konvergiert. Von dieser Tatsache
wird am Ende dieser Ergänzung Gebrauch gemacht.

Man betrachte jetzt eine Punktfolge (z_n) $(n = 1, 2, \ldots)$ von $x > 0$
mit $\lim\limits_{n \to \infty} |z_n| = \infty$. Man setze $w_n = w(z_n)$ und nehme an, daß $\lim\limits_{n \to \infty} |w_n| = \infty$
ist. Dann gilt

$$(7) \qquad \varliminf_{n \to \infty} \frac{u_n}{x_n} \geqq c \geqq \varlimsup_{n \to \infty} \left\{ \frac{x_n}{u_n} \left| \frac{w_n}{z_n} \right|^2 \right\} \qquad\qquad (u_n = \operatorname{Re} w_n).$$

Man schreibe in der Tat (4) (mit $w(z)$ anstelle von $g(z)$) in der Form

$$(8) \qquad \log \left| \frac{1 + \dfrac{w}{\overline{w}_n}}{1 - \dfrac{w}{w_n}} \right| \geqq \log \left| \frac{1 + \dfrac{z}{\overline{z}_n}}{1 - \dfrac{z}{z_n}} \right|,$$

halte z (also auch w) fest und lasse $n \to \infty$ konvergieren. Dann folgt
leicht aus (8)

$$\frac{\operatorname{Re} w}{x} \geqq \varlimsup_{n \to \infty} \left\{ \frac{x_n}{u_n} \left| \frac{w_n}{z_n} \right|^2 \right\}$$

und mithin auch

$$c \geqq \varlimsup_{n \to \infty} \left\{ \frac{x_n}{u_n} \left| \frac{w_n}{z_n} \right|^2 \right\}.$$

Da andererseits für jedes n

$$\frac{u_n}{x_n} \geqq c$$

ist, so muß

$$(9) \qquad \varliminf_{n \to \infty} \frac{u_n}{x_n} \geqq c \geqq \varlimsup_{n \to \infty} \left\{ \frac{x_n}{u_n} \left| \frac{w_n}{z_n} \right|^2 \right\}$$

gelten.

Es sei nun $w(z)$ in $|z| < 1$ regulär eindeutig, und es sei dort $|w(z)| < 1$.
Man bilde die Funktion

$$f(z) = \frac{1 + w(z)}{1 - w(z)} \qquad\qquad (|z| < 1)$$

und setze

$$\zeta = \frac{1 + z}{1 - z}$$

und

$$F(\zeta) = f(z) = f\left(\frac{\zeta - 1}{\zeta + 1} \right).$$

Dann gilt in $|z| < 1$

$$(10) \qquad \frac{1 - |w|^2}{|1 - w|^2} \geqq c \, \frac{1 - |z|^2}{|1 - z|^2}$$

oder auch

$$(11) \qquad \frac{|1 - w|^2}{1 - |w|^2} \leqq \frac{1}{c} \, \frac{|1 - z|^2}{1 - |z|^2}.$$

Dabei ist

$$(12) \qquad 0 \leqq c = \inf_{|z| < 1} \left\{ \frac{1 - |w|^2}{1 - |z|^2} \, \frac{|1 - z|^2}{|1 - w|^2} \right\} < + \infty.$$

Die Anwendung der vorherigen Überlegungen (insbesondere der Relation (7)) auf die Funktion $F(\zeta)$ führt ohne Schwierigkeit zu dem Satz:

Satz (Julia-Wolff-Carathéodory). *Ist $w(z)$ in $|z| < 1$ eindeutig regulär und dort dem Betrag nach kleiner als Eins, und gibt es Folgen (z_n) von $|z| < 1$ derart, daß gleichzeitig*

$$(13) \qquad \lim_{n \to \infty} z_n = 1 \,, \quad \lim_{n \to \infty} w_n = 1$$

und

$$(14) \qquad \lim_{n \to \infty} \frac{1 - |w_n|}{1 - |z_n|} = \alpha < + \infty \,,$$

gelten, so ist stets $\alpha \geqq \dfrac{1}{c} >$, und es gilt in $|z| < 1$

$$(15) \qquad 0 < \frac{|1 - w(z)|^2}{1 - |w(z)|^2} \leqq \alpha \, \frac{|1 - z|^2}{1 - |z|^2} \,.$$

Gibt es in $|z| < 1$ einen Punkt derart, daß in (15) das Gleichheitszeichen gilt, so besteht stets die Gleichung

$$\frac{|1 - w(z)|^2}{1 - |w(z)|^2} = \alpha \, \frac{|1 - z|^2}{1 - |z|^2} \qquad\qquad (|z| < 1)$$

und

$$w(z) = \frac{(1 + z) - a(1 - z)}{(1 + z) + \bar{a}(1 - z)} \qquad\qquad (\mathrm{Re}\, a = \alpha) \,.$$

Verbindet man die zuletzt entwickelten Zusammenhänge mit dem Julia-Carathéodory-Landau-Valironschen Satz, so erhält man den

Satz (Carathéodory). *Es sei $w(z)$ in $|z| < 1$ eindeutig regulär und es sei dort $|w(z)| < 1$.*

Dann existiert der Grenzwert

$$(16) \qquad \lim_{z \to 1} \frac{1 - w(z)}{1 - z} \,,$$

sofern z innerhalb des von zwei Kreisbögen durch $z = \pm 1$ begrenzten Gebietes

$$C_\varepsilon : x^2 + (y \pm \mathrm{tg}\,\varepsilon)^2 = \cos^{-2}\varepsilon \qquad\qquad \left(0 < \varepsilon < \frac{\pi}{2} \right)$$

gegen Eins konvergiert, und ist entweder gleich unendlich oder gleich einer reellen positiven Zahl (der Winkelderivierten von $w(z)$ in $z = 1$). Ist der Grenzwert (16) endlich, so ist $c > 0$, und es gilt noch

$$(17) \qquad \lim_{z \to 1} w'(z) = \lim_{z \to 1} \frac{1 - w(z)}{1 - z} = \frac{1}{c} \qquad\qquad (z \in C_\varepsilon) \,.$$

Einen ausführlichen Beweis der beiden letzteren Sätze nach der ursprünglichen Methode von Carathéodory findet der Leser in der Funktionentheorie von Bieberbach (Bd. 2, S. 113) und in dem ersten Band der Principes géométriques d'Analyse *(Gauthier-Villars, Paris 1930)* von Julia.

6. Der Satz von Milloux-Schmidt. *Es sei $w(z)$ eindeutig regulär in einem Gebiet G, das von der Einheitsperipherie K begrenzt wird und von einem einfachen Kurvenbogen γ, der den Nullpunkt mit dem Punkt $z = -1$ von K verbindet. Gilt dann*

$$(1) \qquad \overline{\lim_{|z| \to 1}} \, |w(z)| \leqq 1$$

und

$$(2) \qquad \overline{\lim_{z \to \zeta}} \, |w(z)| \leqq \mu < 1 \qquad\qquad (\zeta \in \gamma),$$

so gilt in jedem Punkt z von G

$$(3) \qquad |w(z)| \leqq \mu^{\frac{1}{\pi}(1 - |z|)}.$$

Das ist der Inhalt des Satzes von Milloux-Schmidt. Milloux [*J. Math.* (9), **3**, 345—401 (1924) und *Bull. soc. math. France* **53**, 181—207 (1925)] hatte ursprünglich (in Verallgemeinerung eines Ergebnisses von Ostrowski und Nevanlinna) nur die Existenz einer von γ unabhängigen Konstante c gezeigt. Der Nachweis, daß diese gleich $\frac{1}{\pi}$ ist, gelang erst Erhard Schmidt (*Sitzber. preuss. Akad. Wiss. Phys.-Math. Klasse* 1932). Ist γ der Radius, der durch den Punkt $z = -1$ geht, so sieht man ohne weiteres ein, daß

$$(1 - \omega(z)) \log \mu$$

mit

$$\omega(z) = \frac{2}{\pi} \arctg \frac{2\sqrt{|z|} \cos \frac{\vartheta}{2}}{1 - |z|} \qquad (z = |z|\, e^{i\vartheta}, |\vartheta| < \pi)$$

eine harmonische Majorante für $\log |w(z)|$ ist, und somit gilt in G

$$(4) \qquad |w(z)| \leqq \mu^{\frac{4}{\pi}\left(\frac{\pi}{4} - \arctg \sqrt{|z|}\right)}.$$

Nun ist

$$\frac{\pi}{4} - \arctg \sqrt{|z|} = \int_{\sqrt{|z|}}^{1} \frac{dt}{1 + t^2} \geqq \frac{1}{2}\left(1 - \sqrt{|z|}\right) \geqq \frac{1}{4}\left(1 - |z|\right)$$

und mithin nach (4)

$$(5) \qquad |w(z)| \leqq \mu^{\frac{1}{\pi}(1 - |z|)}.$$

Mit Hilfe eines Painlevéschen Gedankens kann man im allgemeinen Fall (Bieberbach, Funktionentheorie II, S. 136) leicht die Abschätzung

$$(6) \qquad |w(z)| \leqq \mu^{\frac{1}{2\pi}(1 - |z|)}$$

gewinnen. Es genügt, G an der reellen Achse zu spiegeln und nach dem in 60. entwickelten Verfahren das Problem auf den eben studierten Spezialfall mit $\sqrt{\mu}$ anstelle von μ zurückzuführen. Wir gehen darauf (sowie auf den Schmidtschen Beweis des Millouxschen Satzes) nicht näher ein. R. Nevanlinna, der kurz danach und unabhängig von Erhard Schmidt den genauen Wert der Millouxschen Konstante bestimmt hat (Über eine Minimumaufgabe in der Theorie der konformen Abbildung, *Nachr. Ges. Wiss. Göttingen, Math.-physik. Klasse* 1933), konnte die Voraussetzungen des Millouxschen Satzes wesentlich lockern. Man nehme an, $w(z)$ sei in einem Gebiet G von $|z| < 1$ eindeutig regulär. Hat dann G die Eigenschaft, daß $\Gamma = \overline{G} \cap G$ von jeder Peripherie $|z| = r\,(0 < r < 1)$ mindestens einmal getroffen wird, so gilt (5), sofern

$$\varlimsup_{z \to \zeta} |w(z)| \leqq \mu \qquad (\zeta \in \Gamma, |\zeta| < 1)$$

und

$$\varlimsup_{z \to \zeta} |w(z)| \leqq 1 \qquad (\zeta \in \Gamma, |\zeta| = 1)$$

ist.

Beurling (loc. cit. S. 94) hat in diesem Zusammenhang folgendes allgemeine Resultat erzielt:

Es sei $w(z)$ in $|z| \leqq r$ eindeutig regulär und es sei für ein $r_0,\,0 < r_0 < r$, und ein $\mu,\,\mu > 0$,

$$B_0^\mu = \left\{ t \mid r_0 \leqq t \leqq r,\ \operatorname*{Min}_{|z|=t} |w(z)| \leqq \mu \right\}.$$

Dann ist

(7)
$$|w(z)| \leqq \mu \left(\frac{M}{\mu} \right)^{\alpha(r_0, r)} \qquad (|z| \leqq r_0)$$

mit

$$M = M(r) = \operatorname*{Max}_{|z|=r} |w(z)|$$

und

$$\alpha(r_0, r) = 2\,e^{-\frac{1}{2} m_l(r_0, r)}.$$

Dabei ist noch

$$m_l(r_0, r) = \int_{B_0^\mu} d \log t.$$

Dieses wichtige Resultat von Beurling liefert nun, geeignet angewandt, eine Verschärfung des Wimanschen Satzes.

Man setze für eine in E holomorphe Funktion

$$\mu_l(r) = \frac{m_l(r_0, r)}{\log r}$$

und bilde bei festem r_0

$$\underline{\mu}_l = \varliminf_{r \to \infty} \mu_l(r) \qquad (\underline{\mu}_l \leqq 1).$$

Dann gilt der Satz: *Ist die Ordnung*

(8)
$$\varrho = \varlimsup_{r \to \infty} \frac{\log \log M(r)}{\log r} < \frac{1}{2}$$

und $\underline{\mu}_l > 2\varrho$, so ist $w(z)$ eine Konstante.

Man wähle in der Tat $\varepsilon > 0$ so, daß $\underline{\mu}_l \geqq 2\varrho + \varepsilon$ ausfällt, und nehme in (7) (was keine Einschränkung der Allgemeinheit bedeutet) $\mu = 1$. Dann erhält man aus

$$\log |w(z)| \leqq 2 \log M(r)\, r^{-\frac{1}{2}\mu_l(r)}$$

(durch Grenzübergang $r \to \infty$) leicht $|w(z)| \leqq 1$. Daraus folgt (mit Rücksicht auf den Satz von Cauchy-Liouville), daß $w(z)$ konstant sein muß. Der Satz gilt auch dann, wenn $\bar{\mu}_l > 2\varrho$ ist.

7. Ein Satz von Fatou und Riesz. *Ist* $w(z) = a_0 + a_1 z + a_2 z^2 + \cdots$ *in* $|z| < 1$ *konvergent und gilt*

(1) $$\lim_{n \to \infty} a_n = 0 \, ,$$

so konvergiert die Reihe rechts auf jedem Bogen von $|z| = 1$, *auf dem die dadurch definierte Funktion* $w(z)$ *holomorph ist.* Dieses wichtige Ergebnis von Fatou [Séries trigonométriques et séries de Taylor, *Acta Math.* **30**, 335—400 (1906)] ist von M. Riesz [Über einen Satz von Fatou, *J. Math.* **140**, 89—99 (1911) und Neuer Beweis des Fatouschen Satzes, *Nachr. Ges. Wiss. Göttingen* 62—65 (1916)] weitgehend verallgemeinert worden. M. Riesz konnte nämlich beweisen, daß die Konvergenz von $a_0 + a_1 z + a_2 z^2 + \cdots$ unter der Voraussetzung (1) in jedem abgeschlossenen Regularitätsbogen von $|z| = 1$ gleichmäßig ist. Der Beweis läuft (nach M. Riesz) so:

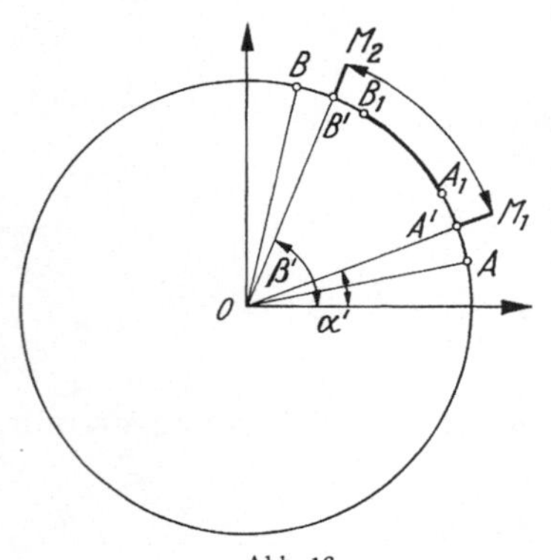

Abb. 16

Es sei $w(z)$ in der Umgebung jedes Punktes des Bogens $\widehat{AB}$

(2) $$\{z \mid |z| = 1 \, , \, \alpha < \arg z < \beta\}$$

holomorph, und es sei $\widehat{A_1 B_1}$ (Abb. 16) ein abgeschlossener Teilbogen von (2).

Man wähle $M_1 M_2$ gleich entfernt vom Nullpunkt O und richte es so ein, daß folgende Bedingungen erfüllt sind:

1. Es ist $O M_1 = O M_2 = 1 + \eta\ (\eta > 0)$.

2. Der Bogen $\widehat{AB}$ enthält den Durchschnitt des Kreissektors $\widehat{B}$: $O M_1 M_2$ mit der Peripherie $|z| = 1$ in seinem Innern.

3. Der Bogen $\widehat{A_1 B_1}$ ist im Inneren von $\widehat{B}$ enthalten und

4. Die Funktion $w(z)$ ist regulär in einer hinreichend kleinen Umgebung jedes Punktes von $\widehat{B}$. Man setze nun

(3) $$M(\widehat{B}) = M = \text{Max}\,\{|w(z)| \mid z \in \widehat{B}\}$$

und bilde die Folge $(g_n(z))$ $(n = 1, 2, \ldots)$

$$(4) \qquad g_n(z) = \frac{w(z) - S_n(z)}{z^{n+1}} (z - a')(z - b') ,$$

mit $a' = e^{i\alpha'}$, $b' = e^{i\beta'}$ und $S_n(z) = a_0 + a_1 z + \cdots + a_n z^n$. Es sei z ein Punkt auf OM_1 oder OM_2 mit $|z| < 1$. Man wähle n_0 so, daß für $n \geq n_0$ die Ungleichung $|a_n| \leq \delta$ mit einem vorgegebenen $\delta > 0$ gilt. Dann wird für $n \geq n_0$

$$|w(z) - S_n(z)| \leq |z|^{n+1} \left| \sum_1^\infty a_{n+k} z^{k-1} \right| \leq \delta \frac{|z|^{n+1}}{1 - |z|}$$

und somit

$$(5) \qquad |g_n(z)| \leq \frac{2\delta}{1 - |z|} (1 - |z|) = 2\delta .$$

Ist z ein Punkt von OM_1 oder OM_2 mit $1 < |z| \leq 1 + \eta$, so ist für $n \geq n_0$

$$|w(z) - S_n(z)| \leq M_0 + \delta \frac{|z|^{n+1}}{|z| - 1}$$

mit einer Konstanten, die von M, $|a_0|, \ldots, |a_{n_0}|$ und η abhängt. Da noch $g_n(a') = g_n(b') = 0$ gilt, so ist auf den beiden geradlinigen Begrenzungsstrecken von B

$$|g_n(z)| \leq \mathrm{Max} \left\{ 2\delta, \left(M_0 + \frac{\delta |z|^{n+1}}{|z| - 1} \right) \frac{2(1 + \eta)(|z| - 1)}{|z|^{n+1}} \right\}$$

oder auch wegen

$$\frac{|z| - 1}{|z|^{n+1}} < \frac{1}{1 + |z| + \cdots + |z|^n} < \frac{1}{n} , \qquad\qquad (|z| > 1)$$

$$(6) \qquad |g_n(z)| \leq P\delta + \frac{Q}{n} \qquad\qquad (n \geq n_0)$$

mit zwei Konstanten $P, Q > 0$.

Auf dem Bogen $\widehat{M_1 M_2}$ gilt nun

$$|w(z) - S_n(z)| \leq M_0 + \frac{(1 + \eta)^{n+1} \delta}{\eta} ,$$

also wegen

$$|g_n(z)| \leq |w(z) - S_n(z)| \frac{4}{(1 + \eta)^{n-1}}$$

auch

$$|g_n(z)| \leq \frac{4 M_0}{(1 + \eta)^{n-1}} + \frac{4(1 + \eta)^2}{\eta} \delta .$$

Hieraus folgt leicht in Verbindung mit der Ungleichung (6), daß $|g_n(z)|$ für große n auf dem gesamten Rand von B kleiner als eine vorgegebene, positive Zahl ε gemacht werden kann.

Achtes Kapitel

Geometrische Funktionentheorie. Konforme Abbildung

62. Nochmals die linearen Transformationen. Die im ersten Kapitel betrachteten linearen Transformationen

$$(62.1) \qquad w = Tz = \frac{az + b}{cz + d} \qquad (ad - bc \neq 0)$$

mit reellen oder komplexen a, b, c, d stellen, wie dort gezeigt wurde, eineindeutige Abbildungen der vollen Ebene $\bar{E}$ dar, wobei das Punktepaar $\left(-\dfrac{d}{c}, z_\infty\right)$ dem Punktepaar $\left(w_\infty, \dfrac{a}{c}\right)$ zugeordnet wird.

Liegt die Gleichung

$$(62.2) \qquad A\bar{A}z\bar{z} + \bar{B}z + B\bar{z} + C = 0$$

mit

$$(62.3) \qquad B\bar{B} - A\bar{A}C \geqq 0$$

vor, so stellt diese in der z-Ebene einen Kreis bzw. eine Gerade dar. Umgekehrt kann leicht gezeigt werden, daß die Gesamtheit der Kreise und der Geraden der komplexen Ebene durch die Klasse der Gleichungen (62.2) dargestellt wird.

Def. *Zwei Elemente $S(A, B, C)$ und $S'(A', B', C')$ der so definierten Familie $\mathfrak{M}$ heißen orthogonal, wenn*

$$(62.4) \qquad B\bar{B}' + B'\bar{B} = CA'\bar{A}' + C'A\bar{A}$$

gilt.

Man betrachte nun die Gesamtheit $\mathfrak{M}_0$ der durch die Gleichungen der Form (62.2) (ohne die Bedingung (62.3)) dargestellten Gebilde und definiere die Orthogonalität zweier Elemente von $\mathfrak{M}_0$ durch die Gleichung (62.4). Dann gilt der Satz:

Satz. *Man transformiere die z-Ebene durch die Gleichung (62.1) und deute w als Punkt der z-Ebene. Dann gehen sowohl $\mathfrak{M}$ als auch $\mathfrak{M}_0$ in sich über. Dabei bleibt die Orthogonalitätseigenschaft erhalten.*

Beweis. Wegen

$$(62.5) \qquad z = \frac{-dw + b}{cw - a}$$

geht (62.2) in die Gleichung

$$(62.6) \qquad A'\bar{A}'w\bar{w} + \bar{B}'w + B'\bar{w} + C' = 0$$

über mit

$$(62.7) \qquad B'\bar{B}' - A'\bar{A}'C' = D\bar{D}(B\bar{B} - A\bar{A}C)$$

und $D = ad - bc$.

Ferner ist

$$A'\bar{A}' = A\bar{A}d\bar{d} - \bar{B}\bar{c}d - Bd\bar{c} + Cc\bar{c}$$
$$B' = -A\bar{A}\bar{d}b + \bar{B}\bar{c}b + Ba\bar{d} - Ca\bar{c}$$
$$C' = A\bar{A}b\bar{b} - \bar{B}b\bar{a} - B\bar{b}a + Ca\bar{a}.$$

Die Gleichung (62.7) zeigt, daß der reelle Ausdruck $B\overline{B} - A\overline{A}C$ (wegen $D\overline{D} > 0$) bei der Transformation (62.1) sein Vorzeichen beibehält. Das hat zur Folge, daß $\mathfrak{M}$ in sich übergeht. Was die Orthogonalität anbetrifft, so kann man leicht zeigen: Sind die Gebilde mit den Koeffizienten A, B, C und A^*, B^*, C^* orthogonal, und setzt man

$$F = B\overline{B}^* + B^*\overline{B} - C^*A\overline{A} - CA^*\overline{A}^*\,,$$

so gilt, falls man den neuen Ausdruck durch F' bezeichnet,

$$F' = D\overline{D}F\,.$$

Der Leser möge die Rechnungen selbst durchführen.

63. Fixpunkte. Elliptische, hyperbolische und parabolische Transformationen. Die Gleichung

$$(63.1) \qquad z = Tz = \frac{az + b}{cz + d} \qquad (D = ad - bc \neq 0)\,,$$

das heißt

$$cz^2 + (d - a)z - b = 0\,,$$

hat im allgemeinen zwei Wurzeln p und q, welche als die Fixpunkte der Transformation $w = Tz$ bezeichnet werden. Setzt man $(a - d)^2 + 4bc \neq 0$ und $c \neq 0$ voraus, so ist $p \neq q$, und somit wird

$$(63.2) \qquad (p, q, \infty, w) = \left(p, q, -\frac{d}{c}, z\right)\,.$$

Daraus folgt

$$(63.3) \qquad \frac{w - p}{w - q} = M\,\frac{z - p}{z - q} \qquad \left(M = \frac{cq + d}{cp + d}\right)\,.$$

Aus dieser Gleichung lassen sich zunächst für den Multiplikator die Gleichungen

$$(63.4) \qquad M = \left.\frac{dw}{dz}\right|_{z=p} = \frac{D}{(cp + d)^2}$$

und

$$(63.5) \qquad \frac{1}{M} = \left.\frac{dw}{dz}\right|_{z=q} = \frac{D}{(cq + d)^2}$$

gewinnen.

Nun folgt aus (63.3)

$$(63.6) \qquad w = -\,\frac{(Mq - p)z + pq(1 - M)}{(1 - M)z + Mp - q}$$

und somit durch Vergleich mit (62.1)

$$\frac{1 - M}{c} = \frac{pM - q}{d} = \frac{qM - p}{-a} = \frac{pq(1 - M)}{-b}\,.$$

Daraus erhält man leicht

$$p + q = \frac{(a - d)}{c}\,, \qquad pq = -\frac{b}{c}$$

und somit die quadratische Gleichung für M

$$(63.7) \qquad DM^2 - ((a+d)^2 - 2D)\,M + D = 0\,.$$

Diese Gleichung hat stets zwei voneinander verschiedene Wurzeln mit Ausnahme folgender Fälle:

1. $a + d = 0$. In diesem Falle ist $(M+1)^2 = 0$, und die Transformation heißt eine Involution.

2. $(a-d)^2 + 4bc = 0$. In diesem Falle ist $(M-1)^2 = 0$. Um die Form der Transformation zu erhalten, bemerken wir, daß, falls $p \to q$ konvergiert, $M \to 1$ konvergieren muß. Schreibt man also

$$M = 1 - \frac{c(p-q)}{cp+q} = 1 - M_0(p-q)\,,$$

so folgt aus (63.3)

$$\left(1 - \frac{p-q}{w-q}\right) = (1 - M_0(p-q))\left(1 - \frac{p-q}{z-q}\right)$$

und somit

$$(63.8) \qquad \frac{1}{w-q} = \frac{1}{z-q} + M_0\,.$$

Diesem Verfahren lag die Voraussetzung zugrunde, daß der Fixpunkt q der Transformation (62.1) im Endlichen liegt. Ist $q = \infty$, so sieht man leicht, daß die entsprechende Transformation die Form

$$(63.9) \qquad w = z + h$$

mit einem komplexen h hat.

Die kanonischen Formen (63.3), (63.8) und (63.9) gestatten, die Potenzen $T^n z\,(n = 0, \pm 1, \ldots)$ in übersichtlicher Form zu schreiben. Schreibt man in der Tat z_0 für z und z_n für $T^n z$, so hat man die Gleichungen

$$(63.10) \qquad \frac{z_n - p}{z_n - q} = M^n\,\frac{z_0 - p}{z_0 - q}\,,$$

$$(63.11) \qquad \frac{1}{z_n - q} = \frac{1}{z_0 - q} + nM_0$$

und

$$(63.12) \qquad z_n = z_0 + nh\,.$$

Wir untersuchen die drei Fälle:

1. $|M| \neq 1\,(|M| > 1)$. In diesem Falle bestehen die Folgen (z_n) und $(z_{-n})\,(n = 0, 1, 2, \ldots)$ aus voneinander verschiedenen Punkten und es gilt

$$\lim_{n \to \infty} z_n = q\,, \quad \lim_{n \to \infty} z_{-n} = p\,.$$

Ist M komplex, so heißt (62.1) loxodromisch. Im Falle, daß M reell ist $(|M| > 1)$, heißt (62.1) hyperbolisch[1].

---

[1] Allgemein sind die loxodromischen bzw. die hyperbolischen Transformationen durch die Bedingungen $M = $ komplex $\neq 0$ bzw. $M > 0$ charakterisiert.

2. $|M| = 1$. Setzt man allgemein

$$(63.13) \qquad w_n = \frac{z_n - p}{z_n - q} \,,$$

so hat man die Gleichungen

$$(63.14) \qquad w_n = M^n w_0 \qquad\qquad (n = 0, \pm 1, \ldots)$$

und somit können die Transformationen (63.10) auf Rotationen zurückgeführt werden. Setzt man

$$M = e^{i\omega} \qquad\qquad (\omega \neq 2m\pi) \,,$$

so wird

$$w_n = e^{2in\omega} w_0 \qquad\qquad (n = 0, \pm 1, \ldots) \,.$$

Transformationen mit $|M| = 1$ werden elliptische Transformationen genannt. Ist insbesondere $\omega = \pi\,(M = -1)$, so nennt man sie Involutionen.

3. Liegen die Fälle (63.11) und (63.12) vor, so liegen die z_n (im Falle (63.11) erst durch die Abbildung $w = (z-q)^{-1}$) auf einer geraden Linie und werden durch Verschiebung erhalten. Die entsprechenden Transformationen heißen dann parabolisch.

Eine wichtige Klasse linearer Transformationen mit reellen Koeffizienten bildet diejenige Untergruppe, deren Transformationen die reelle Achse invariant lassen und die obere Halbebene in sich überführen. Setzt man dann $w = u + iv$, $z = x + iy$ und verlangt, daß aus $y > 0$ auch $v > 0$ folgt, so folgt aus

$$v = \frac{(ad - bc)\,y}{|cz + d|^2} = \frac{D y}{|cz + d|^2} \,,$$

daß $D > 0$ sein muß. Die Gesamtheit $\mathfrak{F}$ aller solchen Transformationen mit $D > 0$ bildet offenbar eine Gruppe und spielt in den wichtigen Untersuchungen von H. POINCARÉ über automorphe Funktionen eine fundamentale Rolle. Nimmt man (ohne Einschränkung der Allgemeinheit) $D = 1$, so kann man zeigen, daß $\mathfrak{F}$ (da im Falle, wo p und q konjugiert komplex sind, $|M| = 1$ sein muß) lediglich elliptische, hyperbolische oder parabolische Transformationen enthalten kann.

64. Spiegelung an einem Kreis. Das Schwarzsche Spiegelungsprinzip.

Sind p, q zwei voneinander verschiedene Punkte von E, so stellt die Familie

$$(64.1) \qquad \left| \frac{z - p}{z - q} \right| = k \qquad\qquad (0 \leq k < +\infty)$$

Kreise dar, welche in der geometrischen Funktionentheorie eine Rolle spielen. In der Tat folgt aus (64.1)

$$\frac{z - p}{z - q} = k\varepsilon \qquad\qquad (|\varepsilon| = 1) \,,$$

also

$$(64.2) \qquad z = \frac{p - qk\varepsilon}{1 - k\varepsilon}$$

und somit für $k \neq 1$

$$z - \frac{p - k^2 q}{1 - k^2} = \varepsilon \frac{k (p - q)}{1 - k^2} \cdot \frac{1 - k \bar\varepsilon}{1 - k \varepsilon} \, .$$

Daraus folgt

(64.3)
$$\left| z - \frac{p - k^2 q}{1 - k^2} \right| = k \, \frac{|p - q|}{|1 - k^2|} \, .$$

Ist $k = 1$, so ist

$$|z - p| = |z - q| \, ,$$

und somit stellt (64.1) eine Gerade durch den Punkt $\dfrac{p + q}{2}$, senkrecht zu der Strecke, welche die Punkte p und q verbindet, dar.

Hiermit stellt (64.1) eine Familie von Kreisen dar mit dem Mittelpunkt

$$a = a(k) = \frac{p - k^2 q}{1 - k^2}$$

und dem Radius

$$r = r(k) = k \, \frac{|p - q|}{|1 - k^2|} \, .$$

Nun ist

$$p - a = \frac{(q - p) k^2}{1 - k^2} \, , \qquad q - a = \frac{(q - p)}{1 - k^2}$$

und mithin

(64.4)
$$|p - a| \, |q - a| = r^2 \, .$$

Def. *Es sei*

(64.5)
$$|z - a|^2 = r^2$$

ein reeller Kreis von E. Liegen die Punkte p, q und a auf einer Geraden und gilt

$$|p - a| \, |q - a| = r^2 \, ,$$

so heißen p, q reziprok (oder Spiegelpunkte) in bezug auf (64.5).

Nach dieser Definition sind also wegen

$$(p - a) \, \overline{(q - a)} = \frac{|p - q|^2 k^2}{|1 - k^2|^2} = r^2$$

die Punkte p, q in bezug auf jeden Kreis (64.1) reziprok.

Die Eigenschaft der Punkte p und q, spiegelbildlich zueinander zu liegen, ist gegenüber linearen Transformationen invariant. Unterwirft man in der Tat z der Transformation $w = T z$, so wird wegen

$$z = T^{-1} w = \frac{-d w + b}{c w - a} \, ,$$

$$\left| \frac{T^{-1} w - p}{T^{-1} w - q} \right| = k \, ,$$

(64.6)
$$\left| \frac{w - T p}{w - T q} \right| = k \left| \frac{c q + d}{c p + d} \right| \, .$$

Danach gilt der Satz:

Satz. *Geht ein Kreis* K_z*, etwa der Kreis* (64.1)*, durch die lineare Transformation* $w = Tz$ *in den Kreis* K_w *der* w*-Ebene über, so geht jedes in bezug auf* K_z *reziproke Punktepaar* p, q *in ein in bezug auf den Kreis* K_w *reziprokes Punktepaar* Tp, Tq *über.*

Der hier entwickelte Spiegelungsbegriff wurde von H. A. SCHWARZ dazu verwendet, um unter bestimmten Voraussetzungen eine in einem Gebiet G eindeutige reguläre Funktion fortzusetzen, sofern der Rand von G einen Kreisbogen bzw. eine Strecke enthält.

Satz. *Es sei* $w(z) = u(z) + iv(z)$ *in einem Halbkreis* H

$$\tag{64.7} \operatorname{Re} z > 0, \ |z| \leqq \varrho$$

eindeutig regulär. Ferner gelte für jeden Randpunkt $\zeta_0 = i\eta\,(-\varrho \leqq \eta \leqq \varrho)$ *die Gleichung*

$$\tag{64.8} \lim_{z \to \zeta_0} u(z) = 0 \qquad\qquad (z \in H)\,.$$

Dann ist $w(z)$ *in* $|z| < \varrho$ *regulär, und es gilt*

$$\tag{64.9} w(-\bar{z}) = -\overline{w(z)}\,.$$

Beweis. Man setze

$$\psi(\varrho e^{i\vartheta}) = \begin{cases} u(\varrho e^{i\vartheta}) & \text{für } -\dfrac{\pi}{2} < \vartheta < \dfrac{\pi}{2} \\[2mm] 0 & \text{für } \vartheta = \pm\dfrac{\pi}{2} \\[2mm] -u(-\varrho e^{-i\vartheta}) & \text{für } \dfrac{\pi}{2} < \vartheta < \dfrac{3\pi}{2} \end{cases}$$

und beachte, daß der Realteil der in $|z| < \varrho$ eindeutigen analytischen Funktion

$$\tag{64.10} g(z) = \frac{1}{2\pi} \int_0^{2\pi} \psi(\varrho e^{i\vartheta}) \frac{\varrho e^{i\vartheta} + z}{\varrho e^{i\vartheta} - z}\, d\vartheta$$

für rein imaginäres z verschwindet. Man schreibe jetzt $g(z)$ in der Form

$$g(z) = \frac{1}{2\pi} \int_{-\frac{\pi}{2}}^{+\frac{\pi}{2}} u(\zeta) \left\{ \frac{\zeta + z}{\zeta - z} - \frac{\bar{\zeta} - z}{\bar{\zeta} + z} \right\} d\vartheta \qquad (\zeta = \varrho e^{i\vartheta})$$

und beachte, daß $\operatorname{Re} g(z)$ auf

$$\Gamma_1 = \left\{ \zeta \mid \zeta = \varrho e^{i\vartheta}, -\frac{\pi}{2} < \vartheta < \frac{\pi}{2} \right\}$$

die Randwerte $u(\varrho e^{i\vartheta})$ und auf

$$\Gamma_2 = \{ \zeta \mid \zeta = i\eta, -\varrho < \eta < \varrho \}$$

die Randwerte Null hat. Bildet man also die (in H reguläre harmonische) Funktion

$$V(z) = u(z) - \operatorname{Reg}(z) \, ,$$

so hat diese auf $\Gamma_1 \cup \Gamma_2$ die Randwerte Null und muß infolgedessen nach dem Maximumprinzip in H identisch verschwinden. Es ist also

$$w(z) = iC + g(z) \qquad\qquad (z \in H; \; C \text{ reell})$$

und mithin (da $g(z)$ in $|z| < \varrho$ eindeutig und regulär ist) liefert die Funktion $iC + g(z)$ die analytische Fortsetzung von $w(z)$ in $|z| < \varrho$. Man setze jetzt

$$J(z) = iC + g(z) \, .$$

Dann ist

$$J(-\bar z) = iC + \frac{1}{2\pi} \int_{-\frac{\pi}{2}}^{+\frac{\pi}{2}} u(\zeta) \left\{ \frac{\zeta - \bar z}{\zeta + \bar z} - \frac{\bar\zeta + \bar z}{\bar\zeta - \bar z} \right\} d\vartheta$$

und somit

$$\overline{J(-\bar z)} = -iC - \frac{1}{2\pi} \int_{-\frac{\pi}{2}}^{+\frac{\pi}{2}} u(\zeta) \left\{ \frac{\zeta + z}{\zeta - z} - \frac{\bar\zeta - z}{\bar\zeta + z} \right\} d\vartheta \, .$$

Das beweist die Behauptung.

Der Leser wird selbst merken, daß man die Voraussetzungen des vorherigen Satzes etwas abschwächen kann, indem man die Bedingung (64.8) lockert. So könnte man z. B. voraussetzen, daß (64.8) mit Ausnahme einer endlichen bzw. abzählbaren Teilmenge von Γ_2 gilt. Allgemeiner wirkt sich jede Vertiefung des Maximumprinzips in dieser Richtung auf die Bedingung (64.8) aus.

Die Gleichung (64.9) setzt die Funktion $w(z)$ links der imaginären Achse fort, indem sie Spiegelpunkten in bezug auf diese Achse Spiegelwerte zuordnet. Berücksichtigt man noch, daß der Reziprozitätsbegriff bei jeder linearen Transformation erhalten bleibt, so kann man den gewonnenen Sachverhalt folgendermaßen formulieren:

Satz. (SCHWARZs Spiegelungsprinzip). *Der Rand Γ von G möge einen (offenen) Kreisbogen Γ_z eines Kreises K_z enthalten. Hat dann $w(z)$ die Eigenschaft, daß für jedes $\zeta \in \Gamma_z$ $\lim\limits_{z \to \zeta} w(z)$ existiert und auf einer festen Peripherie K_w liegt, so kann $w(z)$ in genügender Nähe von Γ_z (über Γ_z hinaus) fortgesetzt werden, indem man jedem Spiegelungspunkt z' eines Punktes z von G einer hinreichend kleinen Umgebung von Γ_z den Spiegelwert von $w = w(z)$ in bezug auf K_w zuordnet.*

Beweis. Mit Rücksicht auf die Invarianz der Spiegeleigenschaft in bezug auf einen Kreis gegenüber linearen Transformationen kann man ohne Einschränkung der Allgemeinheit annehmen, daß Γ_z eine Strecke der imaginären Achse ist und daß K_w mit dieser Achse zusammenfällt. Genauer gesagt, nehmen wir an:

1. Die Strecke $-\varrho \leqq y \leqq \varrho\,(\varrho > 0)$ der imaginären Achse ist in Γ_z enthalten.

2. Der durch (66.7) definierte Halbkreis ist in G enthalten.

Sind nun diese Voraussetzungen erfüllt, so folgt der Beweis des Schwarzschen Spiegelungsprinzips ohne Schwierigkeit. Ist die Fortsetzung von $w(z)$ in der Nähe von Γ_z möglich, so kann natürlich (mit den üblichen Methoden) die Fortsetzung von $w(z)$ auf dem ganzen Spiegelbild des in K_z liegenden Teiles von G durchgeführt werden. Der Leser wird wohl ohne Schwierigkeit folgende Fassung des Spiegelungsprinzips von SCHWARZ selbst beweisen können:

Satz. *Enthält der Rand Γ von G einen offenen Kreisbogen Γ_z einer Peripherie K und liegt G entweder im Inneren oder im Äußeren von K, so kann man $w(z)$ in dem in bezug auf K gespiegelten Gebiet G' dadurch fortsetzen, daß man dem Spiegelpunkt z' von $z \in G$ in bezug auf K den Spiegelwert w' von $w = w(z)$ in bezug auf K_w zuordnet.*

65. Zusammenhänge mit der hyperbolischen Geometrie. PICKs Formulierung des Schwarzschen Lemmas.

EUGENIO BELTRAMI (1835—1900) und später nachdrücklicher HENRI POINCARÉ haben durch Ergänzung der Begriffsbildungen der drei vorherigen Nummern gezeigt, daß man für die zweidimensionale nichteuklidische, insbesondere für die hyperbolische Geometrie, ein Modell geben kann, bei dem die zu einem festen Kreise orthogonalen Kreise die Rolle der Geraden der euklidischen Geometrie spielen.

Es bedeute H die Teilmenge von $\overline{E}$, deren Punkte z der Ungleichung

$$(65.1) \qquad\qquad K\,|z|^2 + 1 > 0$$

genügen, wobei K eine feste (positive, negative oder verschwindende) Zahl darstellt. Ist $K \geqq 0$ (elliptisch-euklidischer Fall), so fällt H mit $\overline{E}$ zusammen. Dagegen besteht H im Falle $K < 0$ (hyperbolischer Fall) aus allen Punkten der offenen Kreisscheibe $|z|^2 < -\dfrac{1}{K}$. Im folgenden wird $K \neq 0$ angenommen.

Das Gebilde

$$(65.2) \qquad\qquad S:\ Kz\overline{z} + 1 = 0$$

wird der Fundamentalkreis von H genannt. Dieser ist für $K < 0$ reell und für $K > 0$ imaginär (mit reeller Gleichung). Sind z_1, z_2 zwei voneinander verschiedene Punkte von H (für $K < 0$), so gibt es offenbar einen und nur einen Kreis durch z_1 und z_2, der S senkrecht schneidet.

Def. *Jeder Kreisbogen in H, der S orthogonal schneidet, soll eine (nichteuklidische) Gerade heißen.*

Sind z_1, z_2 zwei Punkte von H und S_1 der durch diese bestimmte Orthogonalkreis auf S, so bezeichnen wir mit z_0, z_∞ die Schnittpunkte von S und S_1.

Def. *Die Größe*

$$(65.3) \qquad |z_1, z_2| = \frac{1}{2} \left| \log (z_0, z_\infty, z_1, z_2) \right|$$

soll die nichteuklidische Entfernung von z_1 und z_2 heißen.

Wie man leicht sieht, gilt wegen

$$\arg \frac{z_1 - z_0}{z_1 - z_\infty} = \arg \frac{z_2 - z_0}{z_2 - z_\infty} + 2 k \pi i$$

$$(z_0, z_\infty, z_1, z_2) = \left| \frac{z_1 - z_0}{z_1 - z_\infty} \right| : \left| \frac{z_2 - z_0}{z_2 - z_\infty} \right| .$$

Daraus folgt die Symmetrieeigenschaft

$$|z_1, z_2| = |z_2, z_1| .$$

Setzt man

$$(65.4) \qquad (z_1, z_2) = \frac{1}{2} \log (z_0, z_\infty, z_1, z_2) ,$$

so stellt (z_1, z_2) die algebraische Entfernung von z_1, z_2 in bezug auf die (durch die Festlegung von z_0 und z_∞) orientierte Gerade S' dar. Ist z_3 ein Punkt auf S' ($z_3 \in H$), so wird wegen

$$(65.5) \qquad \begin{aligned} (z_0, z_\infty, z_1, z_3) &= (z_0, z_\infty, z_1, z_2)(z_0, z_\infty, z_2, z_3) \\ (z_1, z_3) &= (z_1, z_2) + (z_2, z_3) \end{aligned}$$

und

$$(65.6) \qquad |z_1, z_3| \leqq |z_1, z_2| + |z_2, z_3| .$$

Um den Ausdruck (65.3) durch weitere Eigenschaften als Entfernung zu rechtfertigen, betrachten wir die Klasse der Transformationen

$$w = \varepsilon \frac{z - z_0}{1 + K \bar{z}_0 z} \qquad\qquad (z_0 \in H, \ |\varepsilon| = 1)$$

und erinnern daran, daß jede solche Transformation den Raum H in sich überführt. Man setze jetzt $K = -1$ voraus und wähle bei gegebenen $z_1, z_2 \in H$ in der Transformation

$$(65.7) \qquad w = \varepsilon \frac{z - z_1}{1 - \bar{z}_1 z}$$

die Einheitszahl ε so, daß der Punkt

$$w_2 = \varepsilon \frac{z_2 - z_1}{1 - \bar{z}_1 z_2}$$

auf der reellen positiven Achse liegt. Dann bestätigt man leicht, daß (bei geeigneter Festlegung von z_0 und z_∞) die Gleichung

$$(65.8) \qquad (z_0, z_\infty, z_1, z_2) = (-1, 1, 0, w_2)$$

gilt. Daraus erhält man nach leichten Rechnungen

$$|z_1, z_2| = \frac{1}{2} \log \frac{1 + |w_2|}{1 - |w_2|}\,.$$

Im folgenden bezeichnen wir die rechte Seite der letzten Gleichung mit $[z_1, z_2]$ und nennen sie die hyperbolische Entfernung von z_1, z_2[1]. Ersetzt man in der Gleichung

$$(65.9) \qquad [z_1, z_2] = \frac{1}{2} \log \frac{1 + |w_2|}{1 - |w_2|}$$

z_1 durch z und z_2 durch $z + \Delta z (\Delta z \neq 0)$, und bildet man den Grenzwert

$$\lim_{|\Delta z| \to 0} \frac{[z, z + \Delta z]}{|\Delta z|} = \frac{[dz]}{|dz|}\,,$$

so findet man

$$(65.10) \qquad [dz] = \frac{|dz|}{1 - |z|^2}\,.$$

Die Größe $[dz]$ nennt man (im Einklang mit der gewählten Terminologie) das hyperbolische Bogenelement von H.

Def. *Es bedeute γ_z eine (differenzierbare) Kurve des Einheitskreises $|z| < 1$, gegeben durch die Gleichung*

$$(65.11) \qquad \gamma_z = \{z \mid z = z(t), t_1 \leq t \leq t_2\}\,.$$

Dann heißt die Größe

$$(65.12) \qquad [L_\gamma] = \int_{t_1}^{t_2} \frac{|z'(t)|}{1 - |z(t)|^2}\, dt = \int_\gamma \frac{|dz|}{1 - |z|^2}$$

die hyperbolische Länge von γ_z.

Neben der allgemeinen Additivität ($[L_{\gamma_1 + \gamma_2}] = [L_{\gamma_1}] + [L_{\gamma_2}]$) weist die hyperbolische Strecke, welche die Punkte z_1 und z_2 verbindet, die Eigenschaft auf, die kleinste Länge unter allen Kurven zu besitzen,

---

[1] Für ein allgemein gewähltes K findet man die Gleichung

$$|z_1, z_2| = \frac{1}{2\sqrt{-K}} \log \frac{1 + \sqrt{-K}\,|w_2|}{1 - \sqrt{-K}\,|w_2|}\,.$$

Dabei wird w_2 durch die Gleichung

$$w_2 = \frac{z_2 - z_1}{1 + K\bar{z}_1 z_2}$$

gegeben.

welche diese Punkte verbinden. Um dies (für differenzierbare Kurven) nachzuweisen, setze man $z_1 = z(t_1)$, $z_2 = z(t_2)$ und $\gamma_w = w(\gamma_z)$, wobei w durch die Gleichung (65.7) gegeben wird. Die Kurve γ_w geht dann durch die Punkte 0 und $w_2 (w_2 > 0)$ und es gilt $[L_{\gamma_z}] = [L_{\gamma_w}]$. Da umgekehrt jede Kurve von H, die durch 0 und w_2 geht, durch die Transformation

$$z = \frac{\varepsilon w + z_1}{1 + \varepsilon \bar{z}_1 w}$$

in eine durch z_1 und z_2 gehende Kurve von H übergeht, so genügt es, diejenige Kurve durch $w = 0$ und $w = w_1$ zu bestimmen, für welche das Integral

$$J(\gamma) = \int_0^{w_2} \frac{|dz|}{1 - |z|^2} \qquad (w_2 > 0,\, z = z(t))$$

den kleinsten Wert annimmt. Wegen $|dz| \geqq |d\,|z||$ findet man nun

$$J(\gamma) \geqq \int_0^{w_2} \frac{dx}{1 - x^2}$$

und somit stellt (sofern man wieder zu den Punkten z_1 und z_2 zurückgeht) der Teilbogen von S', der z_1 und z_2 verbindet, die gesuchte Minimalkurve dar.

Satz (SCHWARZ-PICK). *Jede von einer hyperbolischen Bewegung verschiedene Abbildung von $H: |z| < 1$ in sich durch eine eindeutige analytische Funktion $w(z)$ unter Zugrundelegung der hyperbolischen Länge ist eine echt kontrahierende Abbildung. Ist γ_z eine Kurve von H, so geht diese bei der Abbildung $w = w(z)$ in eine Kurve γ_w von H über, deren Länge $[L_{\gamma_w}]$ kleiner als die Länge $[L_{\gamma_z}]$ von γ ist.*

Beweis. Setzt man $w(z_1) = w_1 (z_1, w_1 \in H)$, so gilt nach dem Schwarzschen Lemma

(65.13)
$$\left| \frac{w - w_1}{1 - \bar{w}_1 w} \right| \leqq \left| \frac{z - z_1}{1 - \bar{z}_1 z} \right|$$

und somit

$$\left| \frac{w - w_1}{z - z_1} \right| \leqq \left| \frac{1 - \bar{w}_1 w}{1 - \bar{z}_1 z} \right| .$$

Es wird also

(65.14)
$$\frac{|w'|}{1 - |w|^2} \leqq \frac{1}{1 - |z|^2}$$

für jedes $z \in H$ und mithin

(65.15)
$$\frac{|w'(z(t))|}{1 - |w(z(t))|^2} \leqq \frac{|z'(t)|}{1 - |z(t)|^2} .$$

Aus (65.13) folgt mit Rücksicht darauf, daß die Funktion

$$y = \frac{1}{2} \log \frac{1 + x}{1 - x}$$

im Intervall $0 < x < 1$ monoton wachsend ist,

$$(65.16) \qquad [w_1, w_2] \leqq [z_1, z_2]$$

und somit der Beweis des ersten Teiles des Satzes. Der Beweis der Verkleinerung von $[L_{\gamma w}]$ folgt durch Integration von (65.15) von $t = t_1$ bis $t = t_2$.

Man nehme jetzt an, es gelte in einem Punkt z_0 von H: $|z| < 1$

$$(65.17) \qquad |w'| = \frac{1 - |w|^2}{1 - |z|^2} .$$

Man definiere die Funktion $g(\zeta)$ durch die Gleichung

$$g(\zeta) = w^*(z(\zeta))$$

mit

$$w^*(z) = \frac{w(z) - w_0}{1 - \bar{w}_0 w(z)} \qquad (w_0 = w(z_0))$$

und

$$z = \frac{\zeta + z_0}{1 + \bar{z}_0 \zeta} \qquad (|\zeta| < 1) .$$

Dann ist $g(\zeta)$ in $|\zeta| < 1$ regulär und besitzt wegen $|g'(0)| = 1$ die Entwicklung

$$g(\zeta) = \varepsilon \zeta + a_2 \zeta^2 + a_3 \zeta^3 + \cdots \qquad (|\varepsilon| = 1) .$$

Daraus folgt wegen $g(0) = 0$, $|g(\zeta)| \leqq 1$ und somit $|g(\zeta)| \leqq |\zeta|$,

$$r^2 + |a_2|^2 r^4 + |a_3|^2 r^6 + \cdots = \frac{1}{2\pi i} \int\limits_{|\zeta| = r} g(\zeta) \, \overline{g(\zeta)} \, \frac{d\zeta}{\zeta} \leqq r^2 .$$

Es ist also $g(\zeta) = \varepsilon \zeta$ und mithin

$$\frac{w(z) - w_0}{1 - \bar{w}_0 w(z)} = \varepsilon \frac{z - z_0}{1 - \bar{z}_0 z} .$$

Das beweist die Behauptung.

Für das Eintreten des Gleichheitszeichens in der Ungleichung

$$(65.18) \qquad [L_{\gamma w}] \leqq [L_{\gamma z}]$$

schließt man analog. Ist nämlich $[L_{\gamma w}] = [L_{\gamma z}]$, so muß für mindestens ein t (65.17) gelten und somit $w(z)$ ein Automorphismus sein.

Auf die hier entwickelten Zusammenhänge kommen wir in der Nummer 68 zurück. Dort wird der Leser erfahren, wie man den hier bewiesenen Satz von SCHWARZ und PICK wesentlich verallgemeinern kann.

66. Schlichte Funktionen. Der Riemannsche Abbildungssatz. Ist $w = w(z)$ in einem Gebiet G eindeutig regulär, so heißt sie dort schlicht, wenn für je zwei Punkte $z_1, z_2 (z_1 \neq z_2)$ von G stets $w(z_1) \neq w(z_2)$ gilt. Die einfachsten schlichten Funktionen sind offenbar die linearen Transformationen.

Satz. *Ist $w(z)$ schlicht in G, so gilt $w'(z) \neq 0$ in jedem Punkt $z \in G$.*

Beweis. Man nehme an, es gibt einen Punkt z_0 von G mit $w'(z_0) = 0$. Dann gilt in einem hinreichend kleinen Kreis $K_r : |z - z_0| \leqq r \; (r > 0)$

$$w(z) - w_0 = (z - z_0)^n g(z) \qquad (n \geqq 2, \; w_0 = w(z_0))$$

mit einem dort regulären $g(z)$, $g(z) \neq 0$. Es bezeichne Γ_r den (positiv orientierten) Rand von K_r. Dann gilt

Es sei nun
$$\frac{1}{2\pi i} \int_{\Gamma_r} \frac{w'}{w - w_0} \, dz = n \; .$$

$$m = \mathrm{Min} \left\{ |w(z) - w_0| \; \big| \; |z - z_0| = r \right\} > 0$$

und $|a - w_0| \leqq \frac{1}{2} m$. Dann wird, wenn N die Anzahl der Nullstellen von $w(z) - a$ in K_r ist

also
$$|N - n| \leqq \frac{|w_0 - a|}{2\pi} \int_{\Gamma_r} \frac{|w'| \, |dz|}{\big||w - w_0| - |w_0 - a|\big| \, |w - w_0|} \, ,$$

$$|N - n| \leqq \frac{|w_0 - a|}{\pi m^2} \int_{\Gamma_r} |w'| \, |dz|$$

und somit ist für kleine $|w_0 - a|$ $\; N - n = 0$ (da die linke Seite eine ganze Zahl $\geqq 0$ ist). Das würde aber bedeuten, daß die Funktion $w(z)$ in K_r den Wert a n-mal annimmt.

Satz. *Es sei $w(z)$ schlicht in G. Man schreibe G_z für G und setze $G_w = w(G)$. Ist dann $g(w)$ schlicht in G_w, so ist $f(z) = g(w(z))$ schlicht in G_z.*

Beweis. Es sei $z_1 \neq z_2$. Man setze $w_1 = w(z_1)$ und $w_2 = w(z_2)$. Da $w(z)$ schlicht ist, so ist $w_1 \neq w_2$ und somit (wegen der Schlichtheit von g) auch $f(z_1) \neq f(z_2)$.

Satz. *Es bedeute $(w_n(z))$ $(z = 1, 2, \ldots)$ eine Folge schlichter Funktionen in G. Konvergiert dann $(w_n(z))$ gleichmäßig in jeder kompakten Teilmenge von G gegen eine (reguläre) nicht konstante Funktion $w(z)$, so ist diese in G schlicht.*

Beweis. Zunächst ist es klar, daß $w(z)$ in G eindeutig regulär ist. Man setze nun $r > 0$ so klein voraus, daß $w(z) - w(z_0)$ (kurz $w - w_0$) in $K_r : |z - z_0| \leqq r$ lediglich die Nullstelle $z = z_0$ hat. Ferner nehme man k so groß, daß auf dem Rande Γ_r von K_r

$$|w_k(z) - w_0| \geqq \frac{1}{2} m > 0 \qquad\qquad (k \geqq k_0)$$

gilt, wobei wieder

$$m = \mathrm{Min} \left\{ |w(z) - w_0| \; \big| \; |z - z_0| = r \right\} > 0$$

ist. Das ist stets möglich, weil $w_k(z)$ auf Γ_r gleichmäßig gegen $w(z)$ konvergiert. Jetzt setze man

$$N = \frac{1}{2\pi i} \int_{\Gamma_r} \frac{w'}{w - w_0}\, dz \qquad (N \text{ ganz}, > 0)$$

und für $k = 1, 2, \ldots$

$$N_k = \frac{1}{2\pi i} \int_{\Gamma_r} \frac{w_k'}{w_k - w_0}\, dz \qquad (N_k \text{ Null oder Eins}).$$

Somit wird

$$|N - N_k| \leqq \frac{1}{2\pi} \int_{\Gamma_r} \left| \frac{w'}{w - w_0} - \frac{w_k'}{w_k - w_0} \right| |dz|,$$

das heißt

$$|N - N_k| \leqq \frac{1}{2\pi} \int_{\Gamma_r} \left| \frac{w' - w_k'}{w - w_0} \right| |dz| + \frac{1}{2\pi} \int_{\Gamma_r} \frac{|w - w_k|\,|w_k'|}{|w_k - w_0|\,|w - w_0|} |dz|$$

und für hinreichend große k (und $m \leqq 1$)

$$|N - N_k| \leqq \frac{2r}{m^2} \operatorname{Max} \left\{ |w' - w_k'| + |w - w_k|\,|w_k'| \ \big| \ |z| = r \right\}.$$

Daraus folgt wegen der gleichmäßigen Konvergenz von (w_k) und (w_k') auf Γ_r gegen w bzw. w' und den Bedingungen $N \neq 0, N_k = 0$ oder $N_k = 1$ von einem k an $N_k = N = 1$. Wäre nun $w(z)$ in G nicht schlicht, so müßte sie dort jedenfalls eine von Null verschiedene Ableitung besitzen. Andererseits kann $w(z)$ in zwei voneinander verschiedenen Punkten z_1, z_2 von G nicht denselben Wert w_0 annehmen. Denn sonst müßte jedes w_k mit $k \geqq k_1$ in einer hinreichend kleinen Umgebung um z_1 und um z_2 denselben Wert annehmen, was der Schlichtheit jeder Funktion $w_k(z)$ widerspricht.

Satz. *Es sei $(w_n(z))$ $(n = 1, 2, \ldots)$ eine Folge gleichmäßig beschränkter, schlichter Funktionen in G. Dann läßt sich aus $(w_n(z))$ eine Teilfolge $(w_{n_k}(z))$ $(k = 1, 2, \ldots)$ auswählen, die entweder gegen eine endliche Konstante oder gegen eine in G schlichte Funktion $w(z)$ konvergiert.*

Beweis. Die Existenz einer konvergenten Teilfolge $(w_{n_k}(z))$ ist durch die Entwicklungen von **37.** gesichert. Konvergiert dann $(w_{n_k}(z))$ nicht gegen eine Konstante $\left(\text{wie z. B. im Falle der Folge } \left(\frac{z}{n}\right)\right)$, so muß die Grenzfunktion $w(z)$ schlicht sein.

Folgender Satz möge vom Leser bewiesen werden:

Satz 5. *Ist $w = w(z)$ in einem Gebiet G_z der z-Ebene schlicht, so ist die inverse Funktion $z = z(w)$ im Gebiet $G_w = w(G_z)$ schlicht.*

Dem Beweis des Riemannschen Abbildungssatzes schicken wir folgende vorbereitende Tatsachen voraus: Gibt es eine reguläre analytische Funktion $w(z)$, welche ein gegebenes Gebiet G_z der komplexen Ebene eineindeutig auf ein (ebenso gegebenes) Gebiet G_w abbildet, so heißen

G_z und $G_w = w(G_z)$ konform äquivalent. Die Bestimmung der Abbildungsfunktion $w = w(z)$ und ihre Eigenschaften bilden das zentrale Problem der Abbildung schlichter Gebiete. Man kann ohne weiteres zeigen, daß es Paare von Gebieten gibt, die nicht konform äquivalent sind. So können z. B. die offene komplexe Ebene und die Kreisscheibe $K : |z| < 1$ nicht konform äquivalent sein, denn jede eindeutige reguläre Funktion $w = w(z)$ mit der Eigenschaft $w(E) = K$ müßte nach dem Cauchy-Liouvilleschen Satz konstant sein.

Die konforme Äquivalenz weist die drei charakteristischen Eigenschaften der Äquivalenz-Relation auf:

1. Reflexivität, 2. Symmetrie, 3. Transitivität.

Gilt in der Tat $G_w = w(G_z)$ und ist $z = z(w)$ die zu $w = w(z)$ inverse Funktion, so ist $z(w)$ ebenfalls schlicht und somit $G_z = z(G_w)$. Ebenso leicht zeigt man, daß die konforme Äquivalenz transitiv ist. Der Begriff der konformen Äquivalenz teilt die Gesamtheit aller nichtleeren Gebiete der vollen komplexen Ebene in konform-äquivalente Klassen.

Satz (RIEMANN). *Jedes einfach zusammenhängende Gebiet G mit mindestens zwei voneinander verschiedenen Randpunkten a, b ist zu jeder offenen Kreisscheibe $|z| < R (R < \infty)$ konform äquivalent.*

Beweis. Da $w = Rz$ die Kreisscheibe $K : |z| < 1$ auf die Kreisscheibe $|w| < R$ konform abbildet, genügt es, $R = 1$ zu nehmen. Es bezeichne S die Klasse aller in G regulären Funktionen $f = f(z)$, die dort schlicht sind und die Eigenschaft $f(G) \subseteqq K$ haben. Wir behaupten zunächst: Die Klasse S ist nicht leer. Man betrachte in der Tat die Funktion

$$\sqrt{\frac{1 - a\zeta}{1 - b\zeta}}$$

in der Nähe von $\zeta = 0$ und nehme denjenigen Zweig, der für $\zeta \to 0$ gegen $+ 1$ konvergiert. Dann ist

$$w(z) = \sqrt{\frac{z - a}{z - b}}$$

in G eindeutig (da G einfach zusammenhängend und $w(z)$ unbeschränkt fortsetzbar in G) und schlicht in G, kann aber dort mit c den Wert $- c$ nicht annehmen. Daraus folgt, es gibt ein endliches c derart, daß für alle z in G $|w(z) - c| \geqq \eta > 0$ bleibt. Das hat wieder zur Folge, daß bei geeigneter Wahl von A und B die Funktion

$$w_1(z) = \frac{A}{w(z) - c} + B$$

in G schlicht und dem Betrag nach < 1 ist.

Es sei jetzt z_0 ein fester Punkt von G. Ist dann $f \in S$, so setze man $f_0 = f(z_0)$ und

$$w(z) = \frac{f(z) - f_0}{1 - \bar{f_0} f(z)},$$

und beachte, daß die neue Familie

$$S_0 = \{w \mid f(z) \in S\}$$

aus Funktionen besteht, die in G schlicht sind und dem Betrag nach kleiner als Eins. Man betrachte jetzt die Kreisscheibe $K_0: |z - z_0| < r(z_0)$. Dann ist jedes $w \in S_0$ dort regulär und dem Betrag nach kleiner Eins. Da noch $w(z_0) = 0$ ist, gilt nach dem Schwarzschen Lemma

$$|w(z)| \leqq \frac{|z - z_0|}{r(z_0)}$$

und mithin auch

$$(66.1) \qquad |w'(z_0)| \leqq \frac{1}{r(z_0)} .$$

Danach ist

$$(66.2) \qquad D = \sup \{|w'(z_0)| \mid w \in S_0\}$$

höchstens gleich $\dfrac{1}{r(z_0)}$ und somit endlich.

Es bedeute jetzt $(g_n(z))$ $(n = 1, 2, \ldots)$ eine abzählbare Teilmenge von S_0 mit

$$(66.3) \qquad \lim_{n \to \infty} |g_n'(z_0)| = D .$$

Dann gibt es wegen $|g_n(z)| \leqq 1$ eine Teilfolge $(g_{n_k}(z))$ $(k = 1, 2, \ldots)$ von $(g_n(z))$, die in jeder kompakten Teilmenge von G gleichmäßig gegen eine (reguläre) Funktion konvergiert[1]. Schreibt man also $w_k(z)$ für $g_{n_k}(z)$, so gilt

$$(66.4) \qquad \lim_{k \to \infty} w_k(z) = w(z) \qquad\qquad (z \in G) ,$$

und die Grenzfunktion $w(z)$ ist (da sie wegen $w(z_0) = 0$, $|w'(z_0)| = D$ keine Konstante sein kann) nach dem vorhin bewiesenen Satz schlicht in G. Wir behaupten nun:

Die Funktion $w(z)$ bildet das Gebiet G eineindeutig auf K ab.

Man nehme in der Tat an, die Menge $K_1 = K \setminus w(G)$ sei nicht leer und betrachte die Funktion

$$w_1(z) = \sqrt{\frac{w - a}{1 - \bar{a}w}} \qquad\qquad (a \in K_1)$$

mit einem festen a. Dann sind alle beide Zweige der so definierten Funktion in G eindeutig regulär und schlicht. Man wähle einen dieser Zweige und bilde die Funktion

$$w_0(z) = \frac{w_1(z) - w_1(z_0)}{1 - \overline{w_1(z_0)}\, w_1(z)} .$$

---

[1] Die Funktionen $g_n(z)$ können natürlich alle gleich sein. Dieser Fall tritt sicher ein, falls es in S_0 eine Funktion $w(z)$ mit $|w'(z_0)| = D$ gibt. Was die Konvergenz der Folge $(g_{n_k}(z))$ anbetrifft, so wird diese für den Fall, daß der Punkt $z = \infty$ innerer Punkt von G ist, durch die Transformation $\zeta = \dfrac{1}{z}$ erledigt.

Dann ist $w_0(z) \in S_0$, und es gilt

$$w_0'(z_0) = \frac{dw_0}{dz}\bigg|_{z=z_0} = \frac{1+|a|}{2\sqrt{-a}}\, w'(z_0)\,,$$

also

$$|w_0'(z_0)| = \frac{1+|a|}{2\sqrt{|a|}}\,|w'(z_0)| = \frac{1+|a|}{2\sqrt{|a|}}\, D > D\,.$$

Das ist aber gegen die Voraussetzung (66.2). Somit ist $w(G) = K$ und der Satz bewiesen.

Da $w(z)$ noch von der (willkürlichen) Wahl von z_0 abhängt, so schreiben wir im folgenden $w(z, z_0)$ anstelle $w(z)$ und normieren diese Funktion durch Multiplikation mit einer Zahl $\varepsilon\,(|\varepsilon| = 1)$, so daß $w'(z, z_0) > 0$ wird. Wie man leicht sieht, wird $w(z, z_0)$ durch diese zusätzliche Bedingung eindeutig bestimmt.

67. Das Dirichletsche Problem. Greensche Funktion und harmonisches Maß. Bedeutet $\varGamma$ den Rand des einfach zusammenhängenden Gebietes G der vorigen Nummer und konvergiert (z_n) $(z_n \in G; n = 1, 2, \ldots)$ gegen $\varGamma$, so liegt jeder Häufungspunkt der Bildpunktfolge (w_n) $(w_n = w(z_n))$ auf dem Rand des Einheitskreises K. Wäre nämlich dies nicht der Fall, so gäbe es eine Teilfolge (w_{n_k}) $(n = 1, 2, \ldots)$ von (w_n) mit $\lim_{k \to \infty} w_{n_k} = w_0\,(|w_0| < 1)$. Es sei jetzt $z_0 = z(w_0)$. Dann gilt mit Rücksicht darauf, daß $z(w)$ in der Umgebung von w_0 holomorph ist, $\lim_{w \to w_0} z(w) \to z_0$, was für $w = w_{n_k}$ falsch ist. Es folgt also aus $z_n \to \varGamma$ stets $|w_n| \to 1$ und umgekehrt.

Man setze jetzt

$$(67.1) \qquad\qquad g(z, z_0) = \log \frac{1}{|w(z, z_0)|}\,.$$

Dann hat $g(z, z_0)$ folgende Eigenschaften:

1. $g(z, z_0)$ ist in jedem Punkt $z \in G$, $z \neq z_0$ eine reguläre harmonische Funktion.

2. In der Umgebung von z_0 ist

$$(67.2) \qquad\qquad \log|z - z_0| + g(z, z_0)$$
regulär harmonisch.

3. Es gilt

$$(67.3) \qquad\qquad \lim_{z \to \varGamma} g(z, z_0) = 0\,.$$

Die Funktion $g(z, z_0)$ ist harmonisch in bezug auf z_0. Genauer gesagt gilt der

Satz. *Sind p, q zwei beliebige Punkte von G, so ist stets*

$$(67.4) \qquad\qquad g(p, q) = g(q, p)\,.$$

Beweis. Man fasse die Funktion

$$(67.5) \qquad w(z) = \frac{w(z, q) - w(p, q)}{1 - \overline{w(p, q)}\, w(z, q)}$$

als Funktion von $w(z, p)$ auf. Dann ist wegen $G \leftrightarrow K\ w(z)$ eine eindeutige (reguläre) Funktion von $w(z, p)$, und somit gilt (da beide Funktionen für $z = p$ verschwinden) nach dem Schwarzschen Lemma

$$|w(z)| \leqq |w(z, p)|\,,$$

also

$$(67.6) \qquad |w(p, q)| \leqq |w(q, p)|\,.$$

Vertauscht man die Rolle von p und q, so wird entsprechend

$$(67.7) \qquad |w(q, p)| \leqq |w(p, q)|$$

und somit auch $|w(q, p)| = |w(p, q)|$.

Def. *Ist G ein beliebiges Gebiet der komplexen Ebene und existiert dort eine Funktion $g(z, z_0)$ mit den Eigenschaften 1., 2., 3., so heißt diese die Greensche Funktion von G.*

Nach den vorherigen Entwicklungen besitzt jedes einfach zusammenhängende Gebiet der komplexen Ebene mit mindestens zwei Randpunkten eine Greensche Funktion. Daß es auch Gebiete gibt, die keine Greensche Funktion besitzen, sieht der Leser an dem Beispiel der offenen komplexen Ebene E.

Der Nachweis der Existenz einer Greenschen Funktion $g(z, z_0)$ bei gegebenem G hängt eng mit der Lösung des sog. Dirichletschen Problems zusammen, das man folgendermaßen formulieren kann:

Es sei G ein Gebiet der komplexen Ebene, dessen Rand Γ kein aus einem einzigen Punkt bestehendes Kontinuum enthält. Ist $\sigma(\zeta)$, $\zeta \in \Gamma$, eine stetige Funktion von ζ, so soll eine in G reguläre harmonische Funktion $u(z)$ mit der Eigenschaft

$$(67.8) \qquad \lim_{z \to \zeta} u(z) = \sigma(\zeta) \qquad\qquad (z \in G)$$

gefunden werden.

Nachfolgende Bestimmung von $u(z)$ geht auf eine Arbeit von PERRON aus dem Jahre 1923 zurück und führt für eine breite Klasse von Gebieten G zum Ziel.

Hilfssatz 1 (Prinzip von HARNACK). *Es sei (u_n) $(n = 1, 2, \ldots)$ eine nicht abnehmende Folge von regulären eindeutigen harmonischen Funktionen*

$u_n = u_n(z)$ $(z \in G)$. *Dann ist die Grenzfunktion*

$$(67.9) \qquad u(z) = \lim_{n \to \infty} u_n(z) \qquad\qquad (z \in G)$$

entweder die Konstante $+ \infty$ *oder eine in G harmonische Funktion*[1].

Beweis. Es sei z_0 ein Punkt von G, den man ohne Einschränkung der Allgemeinheit als den Nullpunkt nehmen kann. Dann gilt zunächst in jedem Punkt z der Kreisscheibe $|z| < \varrho < r(0)$

$$(67.10) \qquad u_n(z) = \frac{1}{2\pi} \int_0^{2\pi} u_n(\varrho\, e^{i\vartheta})\, \mathrm{Re}\, \frac{\varrho\, e^{i\vartheta} + z}{\varrho\, e^{i\vartheta} - z}\, d\vartheta$$

und somit

$$\sigma_{m,n}(z) = \frac{1}{2\pi} \int_0^{2\pi} \sigma_{m,n}(\varrho\, e^{i\vartheta})\, \mathrm{Re}\, \frac{\varrho\, e^{i\vartheta} + z}{\varrho\, e^{i\vartheta} - z}\, d\vartheta$$

mit $\sigma_{m,n}(z) = u_m(z) - u_n(z)$.

Nimmt man $m \geqq n \geqq 1$, so erhält man wegen $\sigma_{m,n}(z) \geqq 0$ und

$$\sigma_{m,n}(0) = \frac{1}{2\pi} \int_0^{2\pi} \sigma_{m,n}(\varrho\, e^{i\vartheta})\, d\vartheta$$

die Doppelungleichung

$$\frac{\varrho - |z|}{\varrho + |z|}\, \sigma_{m,n}(0) \leqq \sigma_{m,n}(z) \leqq \frac{\varrho + |z|}{\varrho - |z|}\, \sigma_{m,n}(0)\,.$$

Daraus kann man leicht folgendes Resultat ableiten: Es sei z_0 ein beliebiger Punkt in G. Dann gilt in $|z - z_0| < \frac{1}{2}\, r(z_0)$

$$(67.11) \qquad \frac{1}{3}\, |\sigma_{m,n}(z_0)| \leqq |\sigma_{m,n}(z)| \leqq 3\, |\sigma_{m,n}(z_0)|$$

für alle $m, n \geqq 1$. Da man jede kompakte Teilmenge von G durch endlich viele Kreisscheiben $K_1, K_2, \ldots, K_N$ derart überdecken kann, daß der Mittelpunkt von $K_r (r = 2, \ldots, N)$ in K_{r-1} liegt, erhält man dadurch einen Beweis des Harnackschen Satzes.

Ein Gebiet G wird als zulässig bezeichnet, wenn zu jedem Punkt ζ des Randes Γ von G eine harmonische Funktion $\omega(z, \zeta)$ $(z \in G)$ mit folgenden Eigenschaften existiert:

1. Es ist $\omega(z, \zeta) > 0$ $(z \in G)$.
2. Es gilt $\lim\limits_{z \to \zeta} \omega(z, \zeta) = 0$.

---

[1] Bei den nachfolgenden Entwicklungen wird, ohne daß dies jedesmal hervorgehoben wird, angenommen, daß der Rand Γ von G im Endlichen liegt. Entsprechend wird (aus Vereinfachungsgründen) bei den Konvergenzbeweisen vorausgesetzt, daß G beschränkt ist. Der Leser wird alle diese Beweise, sofern er nicht die Eigenschaft der konformen Invarianz [Gleichung (67.2)!] verwenden will, auch direkt auf den Fall $z_\infty \in G$ ausdehnen können, nachdem er den Hilfssatz von 70. kennengelernt hat.

3. Zu jedem $\eta > 0$ existiert eine (von η abhängige) Konstante $A > 0$ derart, daß

$$\omega(z, \zeta) \geqq A \qquad\qquad (z \in G \setminus G \cap K_\eta^\zeta)$$

gilt.

Aus 1. und 2. folgt ohne weiteres (mit Rücksicht auf den Mittelwertsatz für harmonische Funktionen), daß Γ keine isolierten Randpunkte enthalten kann. Gibt es einen Punkt ζ_0 außerhalb G derart, daß die Strecke $\overline{\zeta\zeta_0}$ ebenfalls außerhalb G liegt, so kann man die Funktion $\omega(z, \zeta)$ konstruieren, indem man

$$(67.12) \qquad\qquad \omega(z, \zeta) = \mathrm{Im}\left(e^{-i\varkappa}\sqrt{\frac{z - \zeta}{z - \zeta_0}}\right)$$

setzt und rechts nach Festlegung des Zweiges von $\sqrt{\dfrac{z - \zeta}{z - \zeta_0}}$ die Zahl α geeignet wählt. In den später zur Anwendung kommenden Fällen ist die Konstruktion der Funktionen $\omega(z, \zeta)$ für jeden Randpunkt ζ nach dem hier geschilderten Verfahren stets möglich. Es bezeichne jetzt bei gegebenem (zulässigem) G $\mathfrak{S}$ die Menge aller in G subharmonischen Funktionen $v(z)$ mit der Eigenschaft

$$(67.13) \qquad\qquad \overline{\lim_{z \to \zeta}}\, v(z) \leqq \sigma(\zeta) \qquad\qquad (\zeta \in \Gamma)\,.$$

Die Menge $\mathfrak{S}$ ist offenbar nicht leer, denn sie enthält alle Konstanten $C \leqq -M$ mit

$$M = \sup\{|\sigma(\zeta)| \mid \zeta \in \Gamma\}\,.$$

Aus der Definition von $\mathfrak{S}$ folgt, daß die Größe

$$M(\mathfrak{S}) = \sup\{v(z) \mid z \in G, v \in \mathfrak{S}\}$$

kleiner oder gleich M ist und somit endlich ausfällt. Denn bildet man $v^*(z) = v(z) - M$, so gilt $\lim\limits_{z \to \zeta} v^*(z) \leqq 0$ und somit (da $v^*(z)$ subharmonisch ist) auch $v^*(z) \leqq 0$ in jedem Punkt von G.

Hilfssatz 2 (Perron-Radó-Riesz). *Die in jedem Punkt von G definierte Funktion*

$$(67.14) \qquad\qquad u(z) = \sup\{v(z) \mid v \in \mathfrak{S}\} \qquad\qquad (z \in G)$$

ist harmonisch in G.

Beweis. Es sei $z_0 \in G$. Dann gibt es eine Folge $(g_n(z))$ $(n = 1, 2, \ldots;\ g_n(z) \in \mathfrak{S})$ derart, daß

$$(67.15) \qquad\qquad \lim_{n \to \infty} g_n(z_0) = u(z_0)$$

gilt. Wir definieren die Folge $(v_n(z))$ durch die Gleichung

$$(67.16) \qquad\qquad v_n(z) = \mathrm{Max}(g_1(z), \ldots, g_n(z))$$

und beachten, daß jedes $v_n(z)$ eine (stetige) subharmonische Funktion ist.

In der Tat ist jedes $v_n(z)$ mit Rücksicht auf (67.16) stetig. Andererseits ist

$$g_n(z) \leq \frac{1}{2\pi} \int\limits_{|\zeta-z|=r} g_n(\zeta)\, d\vartheta \leq \frac{1}{2\pi} \int\limits_{|\zeta-z|=r} v_n(\zeta)\, d\vartheta \qquad (\zeta = r\, e^{i\vartheta})$$

und somit auch

$$v_n(z) \leq \frac{1}{2\pi} \int\limits_{|\zeta-z|=r} v_n(\zeta)\, d\vartheta \qquad (n = 1, 2, \ldots)\,.$$

Wir haben also vorerst folgendes Teilresultat gewonnen: Ist $z_0 \in G$, so gibt es eine nicht abnehmende Folge $(v_n(z))$ mit der Eigenschaft

$$(67.17) \qquad\qquad \lim_{n \to \infty} v_n(z_0) = u(z_0)\,.$$

Es sei jetzt $|z - z_0| = r < r(z_0)$. Man ersetze für jedes $n = 1, 2, \ldots$ die Werte von $v_n(z)$ in der abgeschlossenen Kreisscheibe $|z - z_0| \leq r$ durch die entsprechenden Werte der harmonischen Funktion

$$(67.18) \qquad\qquad v_n^*(z) = \frac{1}{2\pi} \int\limits_{|\zeta-z|=r} v_n(\zeta)\, \mathrm{Re}\, \frac{\zeta + z}{\zeta - z}\, d\vartheta$$

und bilde die Funktionen

$$(67.19) \qquad\qquad h_n(z) = \begin{cases} v_n^*(z) \mid |z - z_0| < r \\ v_n(z) \mid |z - z_0| \geq r. \end{cases}$$

Da jedes $v_n(z)$ stetig ist und $v_n^*(z)$ bei Annäherung an den Peripheriepunkt ζ gegen $v_n(\zeta)$ konvergiert, so ist zunächst jedes $h_n(z)$ in G stetig und genügt in jedem Punkt z der Kreisscheibe $|z - z_0| < r$ der Ungleichung $h_n(z) \geq v_n(z)$. Daß $h_n(z)$ noch subharmonisch ist, sieht man folgendermaßen ein:

Es sei $|z - z_0| > r$. Dann gilt für hinreichend kleines $\eta > 0$ (da außerhalb $|z - z_0| \leq r$ $h_n(z) \equiv v_n(z)$ gilt)

$$h_n(z) \leq \frac{1}{2\pi} \int\limits_{|\zeta-z|=\eta} h_n(\zeta)\, d\vartheta\,.$$

Ähnlich schließt man, wenn $|z - z_0| < r$ ist. Es sei jetzt $|z - z_0| = r$ und es bedeuten α_1 bzw. α_2 die Teile dieser Peripherie, die innerhalb bzw. außerhalb der Kreisscheibe $|\zeta - z_0| \leq \eta$ liegen. Dann wird wegen

$$h_n(z) = v_n(z) \leq \frac{1}{2\pi} \int_{\alpha_1} v_n(\zeta)\, d\vartheta + \frac{1}{2\pi} \int_{\alpha_2} v_n(\zeta)\, d\vartheta$$

und $v_n(\zeta) \leq h_n(\zeta)$ $(\zeta \in \alpha_1)$, $v_n(\zeta) = h_n(\zeta)$ $(\zeta \in \alpha_2)$

$$h_n(z) \leq \frac{1}{2\pi} \int\limits_{|\zeta-z|=\eta} h_n(\zeta)\, d\vartheta\,.$$

Das Verfahren (67.19), wodurch $h(z)$ aus einer (stetigen) subharmonischen Funktion mit Hilfe von (67.18) gewonnen wird, soll im folgenden als P-Verfahren bezeichnet werden. Da dieses Verfahren das Randverhalten (67.13) nicht beeinflußt, liegt jede dadurch gewonnene Funktion $h_n(z)$ wieder in $\mathfrak{S}$. Andererseits liefert die Gleichung (67.17) in Verbindung mit den Ungleichungen $v_n(z) \leqq h_n(z)$ unter Heranziehung des Harnackschen Prinzips die in der Kreisscheibe $K_{z_0}^r : |z - z_0| < r$ reguläre harmonische Funktion

$$(67.20) \qquad h(z) = \lim_{n \to \infty} h_n(z) \qquad (z \in K_{z_0}^r)$$

mit der Eigenschaft $h(z_0) = u(z_0)$. Wie bekannt, ist die Konvergenz der Folge $(h_n(z))$ in jedem Kreis $\overline{K}_{z_0}^{r_0} : |z - z_0| \leqq r_0 < r$ gleichmäßig. Wir zeigen jetzt: Es existiert eine in der Umgebung von z_0 reguläre harmonische Funktion $H(z)$ derart, daß dort $u(z) = H(z)$ gilt. Man betrachte in der Tat einen Punkt $z_1(z_1 \neq z_0)$ aus der Kreisscheibe $K_{z_0}^{r_0}$ mit $r_0 = \dfrac{r}{4}$ und bilde, ähnlich wie vorhin, eine nicht abnehmende Folge $(\tilde{v}_n(z))$ mit

$$\lim_{n \to \infty} \tilde{v}_n(z_1) = u(z_1) .$$

Bezeichnet dann $(\tilde{h}_n(z))$ die durch das P-Verfahren (in der Kreisscheibe $K_{z_1}^{r_1} : |z - z_1| < r_1 = \dfrac{r}{2}$) transformierte Folge von $(\tilde{v}_n(z))$, so erhält man eine dort reguläre harmonische Funktion $\tilde{h}(z)$ mit der Eigenschaft $\tilde{h}(z_1) = u(z_1)$. Zum Beweis, daß in $K_{z_0}^{r_0}$ $h(z) = \tilde{h}(z)$ ist, bilde man die Folge $(V_n(z))$ durch die Vorschrift

$$V_n(z) = \mathrm{Max}\,(v_n(z),\, \tilde{v}_n(z))$$

und konstruiere wieder (durch Anwendung des P-Verfahrens) in $K_{z_1}^{r_1}$ die Folge der regulären harmonischen Funktionen $(H_n(z))$. Setzt man dann

$$H(z) = \lim_{n \to \infty} H_n(z) \qquad (z \in K_{z_1}^{r_1}) ,$$

so erhält man leicht die Ungleichungen

$$h(z) \leqq H(z),\, \tilde{h}(z) \leqq H(z) \qquad (z \in K_{z_1}^{r_1}) .$$

Nun sind beide Funktionen $v(z) = h(z) - H(z)$ und $\tilde{v}(z) = \tilde{h}(z) - H(z)$ auf dem Rande von $K_{z_0}^{r_0}$ nicht positiv und verschwinden in z_0 bzw. z_1. Daraus folgt aber (mit Rücksicht auf das Maximumprinzip) $v(z) = \tilde{v}(z) = 0$ $(z \in K_{z_0}^{r_0})$ und somit auch $u(z_0) = h(z_0)$ und $u(z_1) = h(z_1)$. Da z_1 willkürlich in $K_{z_0}^{r_0}$ gewählt werden kann, folgt daraus der Beweis der Behauptung.

Hilfssatz 3 (PERRON). *Für jedes zulässige Gebiet G ist* (67.8) *stets erfüllt.*

Beweis. Man wähle bei vorgegebenem $\varepsilon > 0$ die Zahl $\eta > 0$ so, daß für alle $\zeta \in \Gamma$, $|\zeta - \zeta_0| < \eta$, die Ungleichung $|\sigma(\zeta) - \sigma(\zeta_0)| < \varepsilon$ gilt. Wir bezeichnen den entsprechenden Randteil von Γ mit Γ_1 und setzen $\Gamma_2 = \Gamma \setminus \Gamma_1$. Jetzt bilde man die (harmonischen) Funktionen

$$H_1(z) = \sigma(\zeta_0) + \varepsilon + \frac{\omega(z, \zeta_0)}{A}\,(M - \sigma(\zeta_0))$$

sowie

$$H_2(z) = \sigma(\zeta_0) - \varepsilon - \frac{\omega(z, \zeta_0)}{A}\,(M + \sigma(\zeta_0))$$

und beachte, daß

$$\varliminf_{z \to \zeta} H_1(z) \geqq \begin{cases} \sigma(\zeta_0) + \varepsilon > \sigma(\zeta) \mid \zeta \in \Gamma_1 \\ M + \varepsilon \qquad\qquad \mid \zeta \in \Gamma_2 \end{cases}$$

ist. Daraus folgt mit Rücksicht auf das Maximumprinzip und auf die Gleichung (67.13) $u(z) \leqq H_1(z)$. Nun ist noch

$$\varlimsup_{z \to \zeta} H_2(z) \leqq \begin{cases} \sigma(\zeta_0) - \varepsilon < \sigma(\zeta) \mid \zeta \in \Gamma_1 \\ -M - \varepsilon \qquad\quad \mid \zeta \in \Gamma_2, \end{cases}$$

und somit liegt $H_2(z)$ in $\mathfrak{S}$. Es ist also $H_2(z) \leqq u(z)$ und mithin

$$H_2(z) \leqq u(z) \leqq H_1(z)\,.$$

Läßt man hier $z \to \zeta_0$ konvergieren, so erhält man (67.8). Mit Hilfe des Hilfssatzes 2. von PERRON-RADÓ und F. RIESZ kann nun die Existenz einer Greenschen Funktion für ein zulässiges G leicht nachgewiesen werden, indem man zunächst für jedes $z_0 \in G \cap E$ die Rand- bzw. Belegfunktion $\sigma(\zeta)$ durch die Gleichung

$$\sigma(\zeta) = u(\zeta, z_0) = \log \mid \zeta - z_0 \mid$$

vorschreibt. Setzt man dann

$$g(z, z_0) = \log \frac{1}{|z - z_0|} + u(z, z_0) \qquad\qquad (z \in G \setminus z_0)\,,$$

so erfüllt diese Funktion die für die Greensche Funktion geforderten Eigenschaften 1.—3. Im folgenden soll zur Herausstellung des Gebietes G bzw. dessen Randes Γ auch $g(z, z_0, G)$ bzw. $g(z, z_0, \Gamma)$ für $g(z, z_0)$ geschrieben werden. Ist $|z - z_0|$ klein, so läßt sich $u(z, z_0)$ in der Form $\gamma(z_0) + \varepsilon(z, z_0)$ mit $\lim\limits_{z \to z_0} \varepsilon(z, z_0) = 0$ schreiben und infolgedessen wird in der Nähe von z_0

$$(67.21) \qquad g(z, z_0) = \log \frac{1}{|z - z_0|} + \gamma(z_0) + \varepsilon(z, z_0)\,.$$

Die (endliche) Größe $e^{\gamma(z_0)}$ $(z_0 \in G \cap E)$ heißt oft der innere Radius von G (in bezug auf z_0).

Die Greensche Funktion ist in folgendem Sinne konform invariant: Es sei $w = w(z)$ eine konforme Abbildung von G auf ein Gebiet $G_w = w(G)$ der w-Ebene. Dann ist

$$(67.22) \qquad g(w, w_0, G_w) = g(z, z_0, G)\,.$$

Der Leser möge diese Gleichung verwenden, um (mit Hilfe etwa der Transformation $w = \dfrac{1}{z - z_1}$, $z_1 \in G \cap E$) das Verhalten von $g(z, z_0, G)$ in der Nähe von $z = \infty$ zu studieren, falls dieser Punkt in G liegt. Auch der Fall $z_0 = z_\infty$ läßt sich auf diese Weise erledigen.

Der für Verallgemeinerungen interessierte Leser findet in der Arbeit von PERRON [Math. Z. **18**, 42—54 (1923)] mehrere Hinweise, wie man diese Methode für nicht schlichte Gebiete bzw. für Riemannsche Flächenstücke zu modifizieren hat. Der Beweis des Hilfssatzes 2 (dessen Richtigkeit von PERRON vermutet wurde) geht auf T. RADÓ und F. RIESZ [Math. Z. **22**, 41—44 (1925)] zurück. Beim Beweis des Hilfssatzes 3 (von PERRON) wurde eine Beweisführung von AHLFORS zugrunde gelegt.

Eine zweite wichtige Anwendung des Dirichletschen Problems ist die Konstruktion des harmonischen Maßes $\omega(z, \gamma)$ einer (abgeschlossenen) Teilmenge γ von Γ. Hier wird Funktion $\sigma(\zeta)$ durch die Vorschrift

$$(67.23) \qquad \sigma(\zeta) = \begin{cases} 1 \mid \zeta \in \gamma \\ 0 \mid \zeta \in \Gamma \setminus \gamma \end{cases}$$

definiert. Die Lösung dieses Problems nach der vorhin entwickelten Methode von PERRON führt zu einer Funktion $\omega(z, \gamma)$ mit folgenden Eigenschaften:

1. $\omega(z, \gamma)$ ist harmonisch in G und nimmt im allgemeinen Werte aus dem Intervall $0 < x < 1$ an.

2. In jedem Stetigkeitspunkt ζ von $\sigma(\zeta)$ gilt

$$(67.24) \qquad \lim_{z \to \zeta} \omega(z, \gamma) = \begin{cases} 1 \mid \zeta \in \gamma \\ 0 \mid \zeta \in \Gamma \setminus \gamma \end{cases}.$$

Dieses Ergebnis genügt für die Anwendungen, sofern die Unstetigkeitsmenge von $\sigma(\zeta)$ aus endlich vielen Punkten besteht. Ein wesentlich tieferes Eindringen in die Theorie des harmonischen Maßes findet der Leser in dem Buch von NEVANLINNA: Eindeutige analytische Funktionen.

68. Approximationsfragen. Die Symmetrieeigenschaft der Greenschen Funktion. LINDELÖFs Kontraktionstheorem. Hat man bei gegebenem Gebiet G und für ein $z_0 \in G$ die Greensche Funktion $g(z, z_0)$ konstruiert, so kann man leicht zeigen, daß jede andere Funktion mit den geforderten Eigenschaften (d. h. mit den Eigenschaften 1., 2. und 3. von 67.) mit $g(z, z_0)$ übereinstimmen muß. Denn hat $g^*(z, z_0)$ diese Eigenschaften, so ist

$$u(z) = g(z, z_0) - g^*(z, z_0)$$

in G regulär harmonisch und genügt der Gleichung

$$\lim_{z \to \zeta} u(z) = 0 \qquad\qquad (\zeta \in \Gamma).$$

Daraus folgt aber $u(z) \equiv 0$ in G.

Wir verbinden den Beweis der Symmetrieeigenschaft

$$(68.1) \qquad\qquad g(z, z_0) = g(z_0, z)$$

von $g(z, z_0)$ mit wichtigen Approximationsbetrachtungen.

Ist G ein Gebiet von $\overline{E}$, dessen Rand Γ im Endlichen liegt, so kann dieses durch eine ansteigende Folge (G_n) $(n = 1, 2, \ldots)$ von Gebieten G_n mit folgenden Eigenschaften ausgeschöpft werden:

1. Es ist $\overline{G}_n \subset G_{n+1}$.

2. Der Rand Γ_n von G_n besteht aus endlich vielen achsenparallelen, geschlossenen, nichtausgearteten Polygonzügen.

3. Der Punkt z_0 liegt in jedem G_n.

Es bedeute nun allgemein $g_n(z, z_0)$ die (existierende) Greensche Funktion von G_n, und es sei

$$u_n(z) = g_n(z, z_0) - g_{n+1}(z, z_0) \qquad\qquad (z \in G_n) .$$

Dann ist wegen

$$\varlimsup_{z \to \zeta} u_n(z) \leqq 0 \qquad\qquad (\zeta \in \Gamma_n)$$

$u_n(z) \leqq 0$ in G_n und somit die Folge $(g_n(z, z_0))$ nicht abnehmend. Nach dem Harnackschen Prinzip muß also die Grenzfunktion

$$(68.2) \qquad\qquad \sigma(z, z_0) = \lim_{n \to \infty} g_n(z, z_0)$$

entweder harmonisch in G sein oder stets den Wert $+\infty$ haben. Liegt der erste Fall vor, so ist $\sigma(z, z_0)$ die Greensche Funktion eines Gebietes $\tilde{G}$, das eventuell das Gebiet G enthält[1].

Man bestimme jetzt für jedes n die zu $g_n = g_n(z, z_0)$ konjugierte harmonische Funktion $h_n = h_n(z, z_0)$ mit Hilfe der Cauchy-Riemannschen Differentialgleichungen

$$\frac{\partial g_n}{\partial x} = \frac{\partial h_n}{\partial y}, \quad \frac{\partial g_n}{\partial y} = -\frac{\partial h_n}{\partial x}$$

und Integration des totalen Differentials

$$d h_n = \frac{\partial h_n}{\partial x} d x + \frac{\partial h_n}{\partial y} d y$$

und bilde die Funktion

$$(68.3) \qquad\qquad w_n(z, z_0) = e^{-(g_n + i h_n)} .$$

Da h_n in G_n (das nicht einfach zusammenhängend zu sein braucht) im allgemeinen nicht eindeutig ist, so ist diese Funktion dort nicht unbedingt eindeutig, hat jedoch, wie man leicht sieht, bei $z = z_0$ eine einfache Null-

---

[1] Das trifft z. B. ein, wenn G isolierte Randpunkte hat. Für ein zulässiges Gebiet gilt natürlich stets $\sigma(z, z_0) = g(z, z_0)$.

stelle. (Eine Anleitung zum Beweis dieser Tatsache findet der Leser in der Ergänzung 10 am Ende dieses Kapitels.) Die Funktion

$$q_n(z, z_0) = g_n(z, z_0) + i h_n(z, z_0)$$

kann mit Hilfe des Schwarzschen Spiegelungsprinzips (da g_n auf Γ_n verschwindet) in der Umgebung jedes Punktes ζ von Γ_n, der von einem Eckpunkt verschieden ist, über Γ_n hinaus fortgesetzt werden. Ist ζ ein Eckpunkt von Γ_n, so ist $q_n(z, z_0)$ in dessen Umgebung von algebraischem Charakter. Bildet man also die Ableitung

$$q'_n(z, z_0) = -\frac{w'_n(z, z_0)}{w_n(z, z_0)} = \frac{\partial}{\partial x} g_n(z, z_0) + \frac{1}{i} \frac{\partial}{\partial y} g_n(z, z_0)\,,$$

so ist diese in jedem (von achsenparallelen Polygonzügen begrenzten) Gebiet $G^*(G_{n-1} \subset \overline{G}^* \subset G_n)$ holomorph und hat in $z = z_0$ einen einfachen Pol mit dem Residuum -1. Somit wird bei geeigneter Orientierung der Randstücke Γ^* von G^*

$$(68.4) \qquad f(z_0) = \frac{1}{2\pi i} \int_{\Gamma^*} f(\zeta)\, \frac{w'_n(\zeta, z_0)}{w_n(\zeta, z_0)}\, d\zeta\,,$$

für jede in $\overline{G}_n$ eindeutige analytische Funktion $f(z) = u(z) + i v(z)$. Geht man hier zum Realteil über, so erhält man nach leichten Überlegungen

$$u(z_0) = \frac{1}{2\pi} \int_{\Gamma^*} u(\zeta)\, \frac{\partial}{\partial \nu_\zeta} g_n(\zeta, z_0)\, |d\zeta| + \varepsilon_n\,,$$

wobei

1. $\dfrac{\partial}{\partial \nu_\zeta} g_n(\zeta, z_0)$ die Ableitung von $g_n(\zeta, z_0)$ $(\zeta \in G^*)$ nach der inneren Normalrichtung ν_ζ von G^* im Punkte $\zeta \in \Gamma^*$ bedeutet und

2. ε_n eine Größe darstellt, die mit $G^* \to G_n$ gegen Null konvergiert.

Läßt man nun $G^* \to G_n$ konvergieren, so erhält man (mit Rücksicht auf das Verhalten von $q_n(z, z_0)$ auf Γ_n)

$$u(z_0) = \frac{1}{2\pi} \int_{\Gamma_n} u(\zeta)\, \frac{\partial}{\partial \nu_\zeta} g_n(\zeta, z_0)\, |d\zeta|\,{}^1$$

und mithin allgemein

$$(68.5) \qquad u(z) = \frac{1}{2\pi} \int_{\Gamma_n} u(\zeta)\, \frac{\partial}{\partial \nu_\zeta} g_n(\zeta, z)\, ds \qquad\qquad (ds = |d\zeta|)\,.$$

Die auf diese Art gewonnene Darstellung der eindeutigen harmonischen Funktion $u(z)$ gilt auch dann, wenn die zu dieser konjugiert harmonische Funktion $v(z)$ (und mithin auch $f(z)$) in G_n nicht eindeutig ist. Man kann dies leicht beweisen, indem man G_n durch endlich viele Polygonallinien

---

(Rückkehrschnitte), die nicht durch z_0 gehen, zu einem einfach zusammenhängenden Gebiet macht, irgendeinen (fest gewählten) Zweig heranzieht
und beachtet, daß die zu dem Integral (68.4) rechts hinzukommenden
Integrale rein imaginär sind. Das rührt wieder davon her, daß die Sprünge
von $f(z)$ bei Überqueren der Rückkehrschnitte (d. h. die Differenz der
Werte von $f(z)$ auf beiden Seiten eines solchen Rückkehrschnitts) entweder Null oder rein imaginär sind. Wendet man dieses Ergebnis auf die
Funktion $f(z) = - \log \dfrac{w_n(z, z_0)}{z - z_0}$ an, so stellt man leicht fest, daß deren
Realteil $g_n(z, z_0) + \log|z - z_0| = u_n(z, z_0)$ durch die Gleichung

$$u_n(z, z_0) = \frac{1}{2\pi} \int_{\Gamma_n} \log|\zeta - z_0| \frac{\partial}{\partial \nu_\zeta} g_n(\zeta, z)\, ds$$

gegeben wird. Daher ist $u_n(z, z_0)$ und somit auch

$$g_n(z, z_0) = \log \frac{1}{|z - z_0|} + u_n(z, z_0)$$

(bei festem $z \in G_n$) harmonisch in bezug auf z_0. Nun ist (bei festem z_0
bzw. bei festem z) $g_n(z, z_0) - g_n(z_0, z)$ in G_n harmonisch, und es gilt

$$\overline{\lim_{z \to \Gamma_n}} \{g_n(z, z_0) - g_n(z_0, z)\} \leqq 0$$

und

$$\underline{\lim_{z_0 \to \Gamma_n}} \{g_n(z, z_0) - g_n(z_0, z)\} \geqq 0 .$$

Somit muß diese Differenz (nach dem Maximumprinzip) in G_n verschwin-
den. Berücksichtigt man noch die Gleichung $\lim\limits_{n \to \infty} g_n(z, z_0) = g(z, z_0)$,
so erhält man aus den Gleichungen

$$g_n(z, z_0) = g_n(z_0, z) \qquad\qquad (z, z_0 \in G_n)$$

durch Grenzübergang die Symmetrieeigenschaft der Greenschen Funktion $g(z, z_0)$ von G.

Die zu $g(z, z_0)$ konjugiert harmonische Funktion $h(z, z_0)$ ist in G,
nicht eindeutig. Betrachtet man wieder die Funktion

$$(68.6) \qquad\qquad w(z, z_0) = e^{-(g(z, z_0) + i h(z, z_0))} ,$$

so ist diese (und dies soll hier ohne eingehende Begründung lediglich
der Vollständigkeit wegen erwähnt werden) auf der universellen Überlagerungsfläche G^∞ von G eindeutig und bildet diese (eineindeutig) auf
das Innere des Einheitskreises ab. Der interessierte Leser findet in den
Ergänzungen dieses Kapitels (Ergänzung 18: Das Uniformisierungsproblem) bzw. in dem Buch von NEVANLINNA: „Eindeutige analytische
Funktionen" eine (generelle) Behandlung des Abbildungsproblems einer
universellen Überlagerungsfläche auf das Innere des Einheitskreises
bzw. ein tieferes Eindringen in viele damit zusammenhängende Fragen.

Eine wichtige Anwendung der Greenschen Funktion auf funktionentheoretische Fragen verdankt man ERNST LINDELÖF [Mémoire sur certaines inégalités dans la théorie des fonctions monogènes et sur quelques propriétés nouvelles de ces fonctions dans le voisinage d'un point singulier essentiel, *Acta Soc. Sci. Fennicae* 35, Nr. 7 (1908)].

Satz (Lindelöfsches Prinzip). *Es sei G ein Gebiet der komplexen Ebene mit dem Rand Γ und $w = w(z)$ eine dort definierte eindeutige analytische Funktion von z. Ist dann $w(G) \subseteq G_0$, so gilt, falls sowohl G als auch G_0 eine Greensche Funktion besitzen,*

$$(68.7) \qquad g(w(z), w(z_0), G_0) \geqq g(z, z_0, G) \qquad (z_0 \in G \cap E).$$

Beweis. Man bilde die Funktion $u(z) = g(z, z_0, G) - g(w(z), w(z_0), G_0)$ $(z \in G)$ und beachte, daß $u(z)$ mit Rücksicht auf die Entwicklung

$$w(z) = w(z_0) + c_k (z - z_0)^k + \cdots \qquad (k \geqq 1 \text{ ganz})$$

von $w(z)$ in der Umgebung von z_0 entweder in $G \setminus z_0$ oder in G regulär harmonisch ist. Da im ersten Falle $(k > 1)$ $\lim_{z \to z_0} u(z) = -\infty$ gilt und in beiden Fällen $\overline{\lim}_{z \to \Gamma} u(z) \leqq 0$ ausfällt, so muß nach dem Maximumprinzip $u(z) \leqq 0$ in G gelten. Das beweist die Ungleichung (68.7).

Tritt in (68.7) für einen Punkt z_1 von G das Gleichheitszeichen ein, so muß

$$(68.8) \qquad g(w(z), w(z_0), G_0) = g(z, z_0, G)$$

überall in $G \setminus z_0$ gelten und daher $k = 1$ sein. Das hat wieder zur Folge, daß (68.8) in jedem Punkt von G gilt.

Wir zeigen nun: Ist (68.8) richtig, so muß $G_0 = w(G)$ sein. Es sei in der Tat $G_0 \setminus w(G) \neq \emptyset$. Dann hat $w(G)$ einen Randpunkt $\tilde{w}$ in G_0. Man betrachte eine gegen $\tilde{w}$ konvergente Folge (w_n) von Punkten von $w(G)$ und setze $w_n = w(z_n)$. Ist dann (z_{n_k}) $(k = 1, 2, \ldots)$ eine konvergente Teilfolge von (z_n), so muß

$$g(\tilde{w}, w(z_0), G_0) = \lim_{k \to \infty} g(z_{n_k}, z_0, G) = 0$$

gelten, was der Eigenschaft $g(w, w(z_0), G_0) > 0$ in jedem Punkt von G_0 widerspricht. Man kann über das hier gewonnene Ergebnis hinaus noch zeigen: Gilt (68.8), so ist $w = w(z)$ in G unbeschränkt fortsetzbar und liefert eine bestimmte, konforme Abbildung der universellen Überlagerungsfläche von G auf sich selbst. Auf den Beweis dieser Zusammenhänge soll jedoch hier wieder nicht eingegangen werden.

Wir kehren jetzt zu den Entwicklungen der vorigen Nummer zurück und nehmen der Einfachheit halber an, daß der Punkt z_∞ entweder ein äußerer oder ein Randpunkt von G ist. Es sei z_0 ein Punkt von G und $u(z, z_0)$ durch die Gleichung

$$u(z, z_0) = g(z, z_0) + \log|z - z_0| \qquad (z \in G)$$

definiert. Um die Stetigkeit von $u(z, z)$ in G nachzuweisen, genügt es zu zeigen, daß diese Funktion in der Umgebung des Nullpunktes (der ohne Beeinträchtigung der Allgemeinheit als Punkt von G angenommen werden darf) stetig ist.

Es bedeute $\overline{K}_\varrho$ eine (abgeschlossene) Kreisscheibe um den Punkt $z = 0$ und es seien z_0, z zwei (zunächst) verschiedene Punkte von K_ϱ. Dann ist

$$(68.9) \qquad u(z, z_0) = \frac{1}{2\pi} \int_0^{2\pi} u(z, \zeta)\, H(\zeta, z_0)\, d\vartheta \qquad (\zeta = \varrho\, e^{i\vartheta})$$

mit

$$H(\zeta, z_0) = \operatorname{Re} \frac{\zeta + z_0}{\zeta - z_0}\,.$$

Daraus folgt (da $H(\zeta, z_0)$ stetig in z_0 ist)

$$\gamma(z, G) = u(z, z) = \frac{1}{2\pi} \int_0^{2\pi} u(z, \zeta)\, H(\zeta, z)\, d\vartheta\,,$$

und somit ist $u(z, z)$ stetig in $|z| < \varrho$[1].

Def. *Es sei*

$$\gamma = \{z \mid z = z(t),\, t_0 \leqq t \leqq t_1\}$$

eine in G stückweise stetig differenzierbare Kurve. Dann soll die Größe

$$L(\gamma, G) = \int_\gamma e^{-\gamma(z, G)}\, |dz| = \int_{t_0}^{t_1} e^{-\gamma(z(t), G)}\, |z'(t)|\, dt$$

die Lindelöfsche Länge von γ heißen.

Mit Hilfe von $L(\gamma, G)$ kann man dem Lindelöfschen Prinzip eine geometrische Deutung geben, die als Spezialfall die Picksche Fassung des Schwarzschen Lemmas liefert. Dazu schreiben wir γ_z für γ, setzen $\gamma_w = w(\gamma_z)$ und definieren $L(\gamma_w, G_0)$ durch die Gleichung

$$L(\gamma_w, G_0) = \int_{\gamma_w} e^{-\gamma(w, G_0)}\, |dw|\,.$$

Dann läßt sich der vorige Satz von Lindelöf folgendermaßen formulieren:

Satz (Lindelöf). *Unter den Voraussetzungen des Lindelöfschen Prinzips (68.7) besteht zwischen der Länge $L(\gamma_z, G)$ einer stückweise stetig differenzierbaren Kurve γ_z in G und der Länge $L(\gamma_w, G_0)$ von γ_w die Ungleichung*

$$(68.10) \qquad L(\gamma_w, G_0) \leqq L(\gamma_z, G)\,.$$

---

[1] Auf den Beweis der Tatsache, daß $-\gamma(z) = -u(z, z)$ subharmonisch (man nennt dann $u(z, z)$ superharmonisch) ist, wird hier nicht eingegangen.

Beweis. Man schreibe w, w_0 für $w(z), w(z_0)$ und bilde die Größen $u(z, z_0, G) = g(z, z_0, G) + \log |z - z_0|$ sowie $u(w, w_0, G_0) = g(w, w_0, G_0) + \log |w - w_0|$. Dann folgt aus (68.7)

$$\left| \frac{w - w_0}{z - z_0} \right| e^{-u(w, w_0, G_0)} \leqq e^{-u(z, z_0, G)}$$

und mithin durch Grenzübergang $z \to z_0$

$$|w'(z_0)| \, e^{-\gamma(w_0, G_0)} \leqq e^{-\gamma(z_0, G)} \, .$$

Das beweist (68.10).

Man kann zeigen, daß, falls für eine Kurve γ_z in G in (68.10) das Gleichheitszeichen gilt, die Gleichungen $G_0 = w(G)$ und (68.8) gelten müssen.

Gilt $w(G) \subseteqq G$, so kann man in (68.10) anstelle von G_0 wieder das Gebiet G nehmen. Es gilt dann der Satz:

Satz (Lindelöf-Picksches Kontraktionstheorem). *Bildet $w(z)$ das Gebiet G in sich ab, so gilt stets*

$$(68.11) \qquad\qquad L(\gamma_w, G) \leqq L(\gamma_z, G) \, .$$

Auch hier kann gezeigt werden, daß das Gleichheitszeichen dann und nur dann eintritt, wenn $w(G) = G$ ist und (68.8) gilt. Geht man dann zu der Abbildung von G^∞ auf den Einheitskreis $|z| < 1$ über, so ist die (konforme) Abbildung $G^\infty \leftrightarrow w(G^\infty)$ ein Automorphismus. Ein tieferes Eindringen in diese Fragen findet der Leser in dem Buch von CARATHÉODORY: Conformal Representation und in der bereits erwähnten Monographie von R. NEVANLINNA.

Das Lindelöf-Picksche Kontraktionstheorem enthält für $G = K : |z| < 1$ und $|w(z)| < 1$ $(z \in K)$ wegen

$$\gamma(z, K) = \log(1 - |z|^2)$$

die Picksche Fassung des Schwarzschen Lemmas als Spezialfall. Der Leser möge als weitere Anwendung den Fall einer Halbebene behandeln, etwa der Halbebene

$$H : \operatorname{Im} z > 0 \, .$$

In diesem Fall ist

$$g(z, z_0, H) = \log \left| \frac{z - \bar{z}_0}{z - z_0} \right|$$

und somit wegen

$$\gamma(z_0, H) = \log 2 \operatorname{Im} z_0$$

$$L(\gamma_z, H) = \frac{1}{2} \int_\gamma \frac{|dz|}{\operatorname{Im} z} \, .$$

Die durch das Bogenelement

$$[dz] = \frac{|dz|}{\operatorname{Im} z}$$

definierte Geometrie fällt inhaltlich mit der hyperbolischen Geometrie des Einheitskreises $|z| < 1$ zusammen. Dieser Zusammenhang ist (wie bereits erwähnt) von POINCARÉ entdeckt worden und liefert ein einfaches Modell der nichteuklidischen (hyperbolischen) Geometrie. Aus diesem Grunde nennt man oft die obere (komplexe) Halbebene die Poincarésche Halbebene.

Daß nichteuklidische Verhältnisse beim Lindelöf-Pickschen Kontraktionstheorem auch im allgemeinen Fall eines beliebigen (zulässigen) Gebietes G eine Rolle spielen, liegt im wesentlichen an der bereits erwähnten Tatsache, daß die universelle Überlagerungsfläche G^∞ (wie dies vorhin angedeutet wurde) auf die Kreisscheibe K konform abgebildet werden kann. Wie der Leser in der nächsten Nummer in einem wichtigen Spezialfall erfahren wird, sind die Bedingungen für die konforme Abbildung von G^∞ auf den Einheitskreis K auch dann gegeben, wenn der Rand von G mindestens drei Punkte hat. Eine Vertiefung der hier entwickelten Sätze von LINDELÖF (durch O. LEHTO) findet der Leser in den Ergänzungen und Aufgaben (Ergänzung 1) zum neunten Kapitel.

69. Funktionen auf Riemannschen Flächen. Konstruktion der Modulfunktion durch das Spiegelungsprinzip. Die Entwicklungen von 41. können dahin verallgemeinert werden, daß man bei vorgegebener fester, nicht eindeutiger analytischer Funktion $g(z)$ ihre über der z-Ebene ausgebreitete Riemannsche Fläche S zum Ausgangspunkt einer Funktionentheorie macht, bei der die in Frage kommenden Definitionsgebiete nicht Teilgebiete von E, sondern von S sind. Von diesem Standpunkt aus gesehen erhält der Begriff der Riemannschen Fläche nicht nur erhöhte Bedeutung, sondern auch (beim Versuch, S zu einer allgemeineren Grundmannigfaltigkeit als die komplexe Ebene zu machen) den Wert einer von der speziellen analytischen Funktion unabhängigen, abstrakten Konzeption.

Um dem Leser ein einfaches Beispiel einer Riemannschen Fläche zu geben, ohne eine bestimmte mehrdeutige Funktion zum Ausgangspunkt zu machen, kehre man zu der am Ende des fünften Kapitels kurz skizzierten Theorie der algebraischen Funktionen zurück und wende folgendes Verfahren an, das, wie bereits angedeutet wurde, zuerst von RIEMANN in seiner Dissertation angewandt wurde. Dieser Weg liefert eine übersichtliche Vorstellung über den Gesamtverlauf einer algebraischen Funktion, sofern man rückwärts von einer algebraischen Gleichung $P(w, z) = 0$ ausgeht und die entsprechende Riemannsche Fläche der algebraischen Funktion $w = w(z)$ in entsprechender Weise konstruiert. Man betrachte die in $q\,(q > 1)$ Punkten $a_1, \ldots, a_q$ punktierte, volle komplexe Ebene E_q und führe die Numerierung so durch, daß die aus den Strecken $a_1 a_2,\ a_2 a_3,\ \ldots,\ a_{q-1} a_q$ gebildete Polygonallinie Π_q einfach ist.

Nun schlitze man die volle komplexe Ebene $\overline{E}$ längs Π_g auf und denke sich q Exemplare $R_1, \ldots, R_q$ (welche die Rolle von Blättern zu spielen haben) der so aufgeschlitzten Ebene übereinander gelegt. Verbindet man die durch das Aufschlitzen der R_k entstandenen Ufer miteinander[1], so entsteht im allgemeinen ein Gebilde, das nicht zusammenhängend zu sein braucht. Das ist z. B. der Fall, wenn man die aufgeschlitzten Blätter wieder zu der Ebene $\overline{E}$ zusammenheftet. Es ist aber leicht zu sehen, daß man die $2q$ Ufer von $R_1, \ldots, R_q$ (je zwei gegenüberliegende) so verschmelzen kann, daß das so entstehende Gebilde R aus einem einzigen Stück besteht, d. h. im Sinne der Theorie der Riemannschen Fläche zusammenhängend ist. Der Nachweis, daß zu jedem so gegebenen Gebilde R eine algebraische Funktion (d. h. ein irreduzibles Polynom $P(w, z)$) existiert, deren Riemannsche Fläche gerade R ist, gehört zu den Großtaten RIEMANNs.

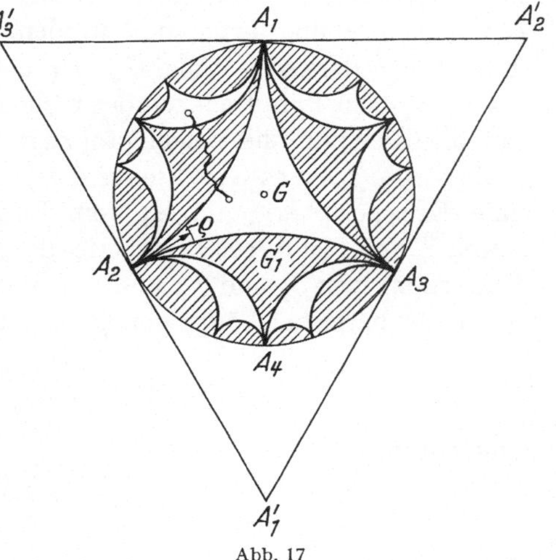

Abb. 17

Läßt man die unendlichblättrige Fläche beiseite, die man dadurch konstruieren kann, daß man E längs der negativen reellen Achse aufschlitzt und die übereinander liegenden Exemplare $\ldots, R_{-1}, R_0, R_1, \ldots$ so verheftet, daß das untere Ufer von R_{n-1} mit dem oberen Ufer von R_n identifiziert wird (Riemannsche Fläche des $\log z$), so ist die sog. Modulfläche von großer Bedeutung für die Funktionentheorie. Ihre Konstruktion kann genauso geführt werden wie die Konstruktion der vorhin angegebenen algebraischen Flächen und der logarithmischen Fläche. Im folgenden wählen wir einen Weg, der nicht nur zu der Modulfläche führt, sondern zugleich die Funktion liefert, welche diese konform und schlicht auf das Innere des Einheitskreises abbildet.

Wir betrachten das gleichseitige Dreieck $A_1' A_2' A_3'$ (Abb. 17) mit dem Einheitskreis $K : |z| = 1$ als Innenkreis und konstruieren das nullwinklige Kreisbogendreieck $A_1 A_2 A_3$, dessen Inneres wir mit G bezeichnen. Es ist ohne weiteres zu sehen, daß die Kreisbögen $A_1 A_2$, $A_2 A_3$, $A_3 A_1$ mit den Mittelpunkten A_3', A_1', A_2' den Kreis K (Fundamentalkreis genannt)

---

[1] Allgemeine Regel: Es kommen stets nur solche Ufer zur Verheftung, deren Spuren in der z-Ebene gegenüberliegen.

Die Entfernung von zwei aufeinanderfolgenden Blättern wird als Null vorausgesetzt.

orthogonal schneiden. Da nun die obere Halbebene $H_1\,(H_1\!:\operatorname{Im} z > 0)$ und die Kreisscheibe konform äquivalent sind, so kann zunächst G auf H_1 eineindeutig und konform abgebildet werden. Jetzt wird behauptet: *Die (konforme) Abbildung $G \to H_1$ kann so normiert werden, daß die Ecken A_1, A_2, A_3 in die Punkte $\zeta = \infty, \zeta = 0$ und $\zeta = 1$ übergehen.* Man nehme in der Tat an, $\zeta(z)$ leistet die konforme Abbildung von G auf H_1. Dann kann sie vorerst über jeden Punkt der drei (offenen) Kreisbögen hinaus analytisch fortgesetzt werden. Denn ist z. B. z_0 ein (innerer) Punkt von $A_1 A_2$, und betrachtet man die Kreisscheibe

$$K_{r_0}\!:\left|\frac{z - z_0}{1 - \bar{z}_0 z}\right| \leqq r_0$$

mit einem hinreichend kleinen r_0, so kann $\zeta(z)$, da sie in $K_{r_0} \cap G$ regulär ist und bei Annäherung an $A\,B$ reellen Werten zustrebt, in $K_{r_0}\backslash K_{r_0} \cap G$ durch Spiegelung fortgesetzt werden. Das hat den Sachverhalt zur Folge: Bei der Abbildung $G \to H_1$ gehen die drei Kreisbögen $A_1 A_2$, $A_2 A_3$, $A_3 A_1$ in Punktmengen der reellen Achse über, die stereographisch auf die Riemannsche Kugel projiziert, drei offene, punktfremde Intervalle J_1, J_2, J_3 eines Großkreises dieser Kugel geben. Man lege zunächst eine Kreisperipherie um A_2 vom Radius $r, 0 < r < \varrho$, und bezeichne durch S_r den Teil dieser Peripherie, der in G fällt. Es sei d die sphärische Entfernung von J_1 und J_2, und es sei γ_r die Bildkurve von S_r. Ist dann L_{γ_r} die (sphärische) Länge von γ_r, so ist

$$d \leqq L_{\gamma_r} = \int_{\gamma_r}[d\zeta] = \int_{S_r}\frac{|\zeta'(z)|}{1 + |\zeta(z)|^2}\,|dz|\,,$$

und mithin

$$d^2 \leqq \pi r \int_{S_r}\frac{|\zeta'(z)|^2}{(1 + |\zeta(z)|^2)^2}\,|dz|\,.$$

Daraus folgt, wenn man das (euklidische) Flächenelement von E mit $d\sigma$ bezeichnet,

$$\frac{d^2}{\pi}\log\frac{r}{r_0} \leqq \int_{S_{\underset{r_0}{r}}}\frac{|\zeta'|^2}{(1 + |\zeta|^2)^2}\,d\sigma\,,$$

wobei $S_{\underset{r_0}{r}}$ aus allen Punkten z von G mit $r_0 \leqq \left|z - e^{\frac{7\pi}{6}i}\right| \leqq r\;(r_0 < r)$ besteht. Läßt man jetzt, bei festem r, r_0 gegen Null konvergieren, so erhält man (da die rechte Seite kleiner als π ist), falls $d > 0$ angenommen wird, einen Widerspruch. Wiederholt man dasselbe Verfahren für die beiden übrigen Ecken, so hat man das Ergebnis, daß $\bar{J}_1 \cup \bar{J}_2 \cup \bar{J}_3$ den Großkreis voll ausfüllt. Übt man dann auf E eine lineare Transformation aus, welche H_1 in sich überführt und die Abbildungspunkte von A_1, A_2, A_3 in die Punkte $\zeta = \infty$, $\zeta = 0$ und $\zeta = 1$ bringt, so hat man die gesuchte Transformation. Diese bezeichnen wir im folgenden wieder mit $\zeta(z)$.

Wir spiegeln jetzt G an dem Kreisbogen $A_2 A_3$ und setzen (nach dem Spiegelungsprinzip von SCHWARZ) die Funktion $\zeta(z)$ in G_1 dadurch fort, daß wir dieser in jedem in bezug auf $A_2 A_3$ inversen Punkt von $z \in G$ den Wert $\overline{\zeta(z)}$ zuordnen. Auf diese Weise wird mit Hilfe der (durch die Spiegelung ergänzten) Funktion $z = z(\zeta)$ die längs der reellen Achse von $-\infty$ bis $\zeta = 0$ und von $\zeta = 1$ bis ∞ aufgeschlitzte Ebene E eineindeutig und konform auf das (fundamentale) Kreisviereck $G_0 : A_1 A_2 A_3 A_4$ abgebildet. Jetzt bezeichne man die so aufgeschlitzte komplexe Ebene mit F_0 (Abb. 18) und konstruiere abzählbar viele kongruente Exemplare $F_1, F_2, \ldots$ von F_0, die wir als Blätter einer Riemannschen Fläche übereinanderlegen und folgendermaßen verheften: Es bezeichnen allgemein $\alpha_n, \alpha_n', \beta_n, \beta_n'$ die (über $\alpha_0, \alpha_0', \beta_0, \beta_0'$ liegenden) Ufer des n-ten Blattes F_n. Wir verheften α_0 mit α_1', α_0' mit α_2, β_0 mit β_3' und β_0' mit β_4. Die so verhefteten fünf Blätter $F_0, \ldots, F_4$ stellen ein Riemannsches Flächenstück W_1 dar, das man auf dasjenige Kreiszwölfeck eineindeutig und konform

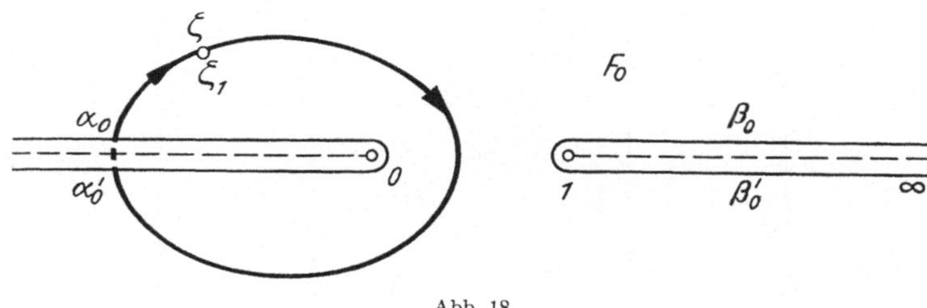

Abb. 18

abbilden kann, das sich durch Spiegelung von G_0 an den Kreisbögen $A_1 A_2$, $A_2 A_4$, $A_1 A_3$ und $A_3 A_4$ ergibt. Setzt man dieses Verfahren unendlich fort, so erhält man durch Hinzufügung neuer Blätter eine Fläche W (die durch eine wohldefinierte ansteigende Folge (W_k) von zusammenhängenden Riemannschen Flächenstücken ausgeschöpft wird), die man als Modulfläche des Einheitskreises bezeichnet. Die Funktion $\nu(\zeta)$, welche die Fläche W konform und schlicht auf das Innere des Einheitskreises abbildet, ist als Funktion des Spurpunktes ζ der in $\zeta = 0$, $\zeta = 1$ und $\zeta = \infty$ punktierten komplexen Ebene E' unendlich vieldeutig und besitzt diese Punkte als Windungspunkte unendlich hoher Ordnung. Geht man von einem Punkt ζ_0 des Existenzbereiches E' aus und verfolgt man die Werte von $\nu(\zeta)$ (nach Festlegung des Anfangszweiges $\nu(\zeta_0)$) längs einer geschlossenen Kurve γ in E', so stellt man leicht fest, daß $\nu(\zeta)$ nach der Rückkehr zum Ausgangspunkt ζ_0 eine lineare Transformation erleidet. Das ist eine Folge der Tatsache, daß der Anfangspunkt $\nu(\zeta_0)$ sowie der Endpunkt einer in E' geschlossenen Linie stets in Gebieten gleicher Farbe (Abb. 17) liegen und infolgedessen mittels einer geraden Anzahl von Spiegelungen auseinander hervorgehen. Da nun jede Spiegelung die Form $w = T\bar{z}$ hat, so zeigt eine leichte Überlegung, daß bei dem Umlauf längs γ der repräsentative Punkt $\nu(\zeta)$ eine lineare Transformation (einer bestimmten Gruppe) erleidet. Die Funktion $\nu(\zeta)$ gehört zu einer Gruppe wichtiger Transzendenten $\nu(\zeta; a_1, \ldots, a_q)$, die man als linear polymorphe Funktionen bezeichnet. Diese sind in der Umgebung jedes Punktes $\zeta \neq a_1, \ldots, a_q$ regulär und besitzen diese Punkte als Windungspunkte unendlich hoher Ordnung. Diese Funktionen sind ferner so beschaffen, daß ihre Umkehrungen $\lambda(z; a_1, \ldots, a_q)$ (kurz $\lambda(z)$) in $|z| < 1$ regulär eindeutig (holomorph) sind und bei allen linearen Transformationen einer gewissen Gruppe, die den (Fundamental-)Kreis $|z| = 1$ in sich überführen, invariant bleiben. Bei festen

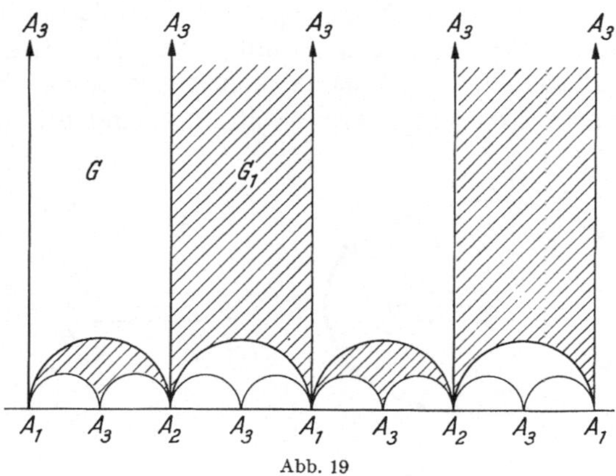

Abb. 19

$a_1, \ldots, a_q$ nimmt $\lambda(z)$ in $|z| < 1$ alle komplexen Werte, mit Ausnahme der Werte $a_1, \ldots, a_q$, unendlich oft an. Der Leser wird am Ende dieses Kapitels einiges über diese Klasse der sog. automorphen Funktionen erfahren.

Einen Überblick über die Gruppe der linearen Transformationen des Einheitskreises, welche die Modulfunktion $\lambda(z; 0, 1, \infty)$ (kurz $\lambda(z)$) des Einheitskreises invariant lassen, gewinnt man am einfachsten, wenn man diesen durch die Transformation

$$(69.1) \qquad t = \frac{z - i}{z\varepsilon + i\varepsilon^2} = Tz \qquad \left(\varepsilon = e^{\frac{\pi i}{3}}\right)$$

auf die obere Halbebene so abbildet (Abb. 19), daß die Punkte A_1, A_2 in die Punkte $t = 0$ und $t = 1$ übergehen und der Punkt A_3 in den Punkt $t = \infty$ der t-Ebene kommt.

Mit Hilfe der Abbildung (69.1) kann man leicht die Existenz einer in der ζ-Ebene (mit Ausnahme der Punkte $\zeta = 0$, $\zeta = 1$ und $\zeta = \infty$) definierten unendlich vieldeutigen Funktion $t = \omega(\zeta)$ nachweisen mit den Eigenschaften:

1. *Die (unendlich vieldeutige) Funktion $\omega(\zeta)$ ist in der Umgebung jedes Punktes $\zeta \neq 0, 1, \infty$ regulär und besitzt die Punkte $\zeta = 0, 1, \infty$ als Windungspunkte unendlich hoher Ordnung.*

2. *Es gilt stets* $\mathrm{Im}\,\omega(\zeta) > 0$.

3. *Die zu der Funktion $\omega(\zeta)$ inverse Funktion (Modulfunktion) $\lambda(t)$ existiert in* $\mathrm{Im}\,t > 0$ *und besitzt die Achse $t = 0$ als natürliche Grenze.*

4. *Die Funktion $\lambda(t)$ bleibt im Sinne der Gleichung*

$$(69.2) \qquad \lambda\left(\frac{at+b}{ct+d}\right) = \lambda(t)$$

für alle linearen Transformationen

$$(69.3) \qquad t' = \frac{at+b}{ct+d}$$

invariant, welche man durch (finite) Zusammensetzung der beiden (erzeugenden) Transformationen

$$T_1 : t' = t + 2$$

und

$$T_2 : t' = \frac{t}{2t+1}$$

erhalten kann.

Die hier entwickelte allgemeine Methode der Spiegelung (in Verbindung mit dem Riemannschen Abbildungssatz) zur Konstruktion wichtiger Transzendenten geht auf H. A. SCHWARZ zurück [Über diejenigen Fälle, in welchen die Gaußsche hypergeometrische Reihe eine algebraische Funktion ihres vierten Argumentes darstellt, *Crelle's J. Math.* **75**, 292 (1873), *Ges. math. Abhandl.* **2**, 211—259], der als erster die Theorie der nach ihm benannten eindeutigen Dreiecksfunktionen (die der Pflasterung einer Kreisscheibe mit nicht notwendig nullwinkligen Kreisdreiecken entsprechen) vollständig entwickelte. Neben SCHWARZ dürften in diesem Zusammenhang noch RIEMANN (und vor ihm GAUSS) und L. FUCHS genannt werden. Den weitaus größten Beitrag zur Entwicklung der Theorie der automorphen Funktionen lieferte HENRI POINCARÉ, dessen Publikationen über diesen Gegenstand (in Unkenntnis der Arbeiten von RIEMANN, SCHWARZ und KLEIN) im Jahre 1881 [Sur les fonctions fuchsiennes, *Compt. rend. acad. sci. Paris* **92**, 333—335 (1881)] einsetzen. Wir kommen auf diese Zusammenhänge am Ende dieses Kapitels zurück.

70. Kapazitätsfragen. Die Evans-Selbergsche Kapazitätsfunktion.

Wir betrachten wieder ein Gebiet G, dessen Rand Γ im Endlichen liegt, und das den Punkt $z = \infty$ als inneren Punkt hat. Wir approximieren G durch die Folge (G_n) $(n = 1, 2, \ldots)$ von 67. und untersuchen zunächst genauer die Struktur des Gebietes $\tilde{G}$, in dem die Funktion $\sigma(z, z_0)$ $(z \in G \cap E)$, falls diese endlich ausfällt, existiert.

Hilfssatz. *Ist die eindeutige Funktion $u(z)$ in einer punktierten Kreisscheibe $K_0: 0 < |z| < R$ harmonisch und $|u(z)|$ beschränkt in K_0, so gibt es eine in $K: |z| < R$ eindeutige harmonische Funktion $u(z)$, die in K_0 mit $u(z)$ übereinstimmt.*

Beweis. Man konstruiere in K_0 mit Hilfe der Gleichung

$$dv = -u_y\,dx + u_x\,dy$$

die zu $u(z)$ konjugiert harmonische Funktion $v(z)$ in K_0 und beachte, daß diese als Funktion der Stelle $\mathfrak{z}$ des universellen Überlagerungsflächenstückes K_0^∞ von K_0 eindeutig ist. Setzt man dann $w(z) = u(z) + iv(z)$, so erfährt diese Funktion bei einem (einfachen) Umlauf um $z = 0$ längs einer Kurve in K_0 den Zuwachs $2\pi i q\,(0 \leq q < \infty)$. Man setze jetzt

$$f(z) = \begin{cases} \exp w(z) & | \; q = 0 \\ \exp \dfrac{1}{q} w(z) & | \; 0 < q < \infty. \end{cases}$$

Dann ist $f(z)$ in K_0 holomorph und dem Betrag nach kleiner oder gleich $e^{|u(z)|}$ bzw. $e^{\frac{1}{q}|u(z)|}$. Daraus folgt aber, daß $z = 0$ eine hebbare Stelle für $f(z)$ sein muß. Da nun noch $f(z) \neq 0$ in $|z| < R$ ist, so muß dort $u(z) = \log |f(z)|$ bzw. $u(z) = q \log |f(z)|$ regulär harmonisch sein. Ein entsprechender Hilfssatz gilt, wenn anstelle der Kreisscheibe $0 < |z| < R$ das Gebiet $R < |z| < +\infty$ genommen wird[1].

Der eben bewiesene Hilfssatz hat zur Folge, daß $\tilde{G}$ wegen $\sigma(z, z_0) > 0$ $(z \in G)$ keine isolierten Randpunkte enthalten kann. Bevor jedoch eine genauere Charakterisierung des Randes Γ^* von $\tilde{G}$ gegeben werden kann, wird es notwendig sein, die Alternativen $\lim\limits_{n \to \infty} g_n(z, z_0) = g(z, z_0) < +\infty$ oder $\lim\limits_{n \to \infty} g_n(z, z_0) = \infty$ durch die Einführung des Kapazitätsbegriffes zu präzisieren. Zunächst ermöglicht der vorhin bewiesene Hilfssatz, den Punkt z_0 ins Unendliche zu verlegen und das Verhalten der Funktionen

$$(70.1) \qquad u_n(z, \infty) = g_n(z, \infty) - \log |z|$$

in der Umgebung von $z = \infty$ erschöpfend zu behandeln[2].

Man setze jetzt

$$\gamma(\Gamma_n) = \gamma_n(\infty, G) = u_n(\infty, \infty).$$

Dann ist $(\gamma(\Gamma_n))$ nicht abnehmend, und somit existiert der endliche bzw. unendliche Grenzwert

$$(70.2) \qquad \gamma(\Gamma) = \lim_{n \to \infty} \gamma(\Gamma_n).$$

---

[1] Dieser Hilfssatz erledigt die in den Ergänzungen zum dritten Kapitel (Ergänzung 4.) nicht restlos behandelte Frage der Definition einer (eindeutigen) harmonischen Funktion in der Nähe von $z = \infty$.

[2] Durch diesen Hilfssatz erhalten auch die Ausführungen von 67. (sofern der Punkt z_∞ in G liegt) eine solidere Basis.

Der Leser kann ohne Schwierigkeit beweisen, daß der Wert von $\gamma(\Gamma)$ von der Art der Ausschöpfung von G (sofern für jedes G_n die entsprechende Greensche Funktion existiert) unabhängig ist.

Die Größe $\gamma(\Gamma)$ heißt die Robinsche Konstante von G. Ist $\gamma(\Gamma)$ endlich, so kann man mit Hilfe des Harnackschen Prinzips zeigen, daß der Grenzwert $\lim\limits_{n\to\infty} g_n(z, z_0)$ in jedem Punkt von G endlich ausfällt. Dagegen fällt dieser Grenzwert gleich $+\infty$ aus, wenn $\gamma(\Gamma) = +\infty$ ist.

Def. *Die Größe*

$$(70.3) \qquad\qquad C(\Gamma) = e^{-\gamma(\Gamma)}$$

heißt die Kapazität von Γ. Ist $C(\Gamma) = 0$, so heißt Γ eine (Rand-)Menge von verschwindender Kapazität.

Ist Γ von verschwindender Kapazität, so haben G. C. Evans und Henrik Selberg ziemlich gleichzeitig und unabhängig voneinander gezeigt, daß in diesem Falle (als eine Art Ersatz für die fehlende Greensche Funktion) eine in $G\backslash z_\infty$ eindeutige harmonische Funktion $g(z)$ existiert mit der Eigenschaft $\lim\limits_{z\to\zeta} g(z) = \infty$ $(\zeta \in \Gamma)$. Genauer gesagt, haben Evans und Selberg folgenden Satz bewiesen[1]:

Satz. *Es sei $G(G \neq \overline{E})$ ein Gebiet der vollen komplexen Ebene $\overline{E}$, das den Punkt z_∞ enthält. Gilt dann $\gamma(\Gamma) = \infty$ (also $C(\Gamma) = 0$), so gibt es eine reelle Funktion $g(z)$ (ausführlicher: $g(z, G)$) mit den Eigenschaften:*

1. $g(z)$ ist harmonisch in $G\backslash z_\infty$.

2. In der Umgebung von z_∞ gilt

$$(70.4) \qquad\qquad g(z) = -\log|z| + \text{harmonisch} \qquad\qquad (z \in G).$$

3. Für jeden Punkt $\zeta \in \Gamma$ ist $\lim\limits_{z\to\zeta} g(z) = \infty$.

Darüber hinaus kann gezeigt werden, daß jede Komponente von Γ aus einem Punkt besteht[2].

---

[1] Evans, G. C.: Potentials and positively infinite singularities of harmonic functions [*Monatsh. Math. Physik* **43**, 419—424 (1936)]. Selberg, H.: Über die ebenen Punktmengen von der Kapazität Null (*Avhandl. Norske Videnskaps-Akad. Oslo*, I, 1937, No. 10). Während Evanss Arbeit, in der Punktmengen des gewöhnlichen Raumes zugrundegelegt werden, einen großen Einfluß auf die Entwicklung der allgemeinen Kapazitätstheorie ausübte, beeinflußte die Selbergsche Arbeit die moderne Funktionentheorie in wesentlichen Punkten. Wie bedeutend für die Funktionentheorie die Selbergsche Funktion $g(z)$ ist, zeigt am eindruckvollsten die Dissertation von G. af Hällström. (Man vgl. Ergänzungen und Aufgaben zum neunten Kapitel, Ergänzung 5.)

[2] Eine kompakte Punktmenge von $\overline{E}$, die aus lauter ausgearteten, punktfremden Kontinuen besteht, heißt ein diskontinuierliches Kompaktum bzw. ein punkthaftes Kontinuum.

Beweis. Man betrachte für ein n $(n = 0, 1, 2, \ldots)$ die Gesamtheit $\mathfrak{N}_n$ der Quadrate (11.4) (kurz das Netz $\mathfrak{N}_n$) und bezeichne mit B_n den größten Bereich in G mit den Eigenschaften:

1. Es ist $z_\infty \in B_n$.

2. Die Menge $B_n \setminus z_\infty$ ist die Vereinigung von (abzählbar vielen) Rechtecken des Netzes $\mathfrak{N}_n$.

Es sei nun Γ^n der (jedes Mal im Endlichen liegende) Rand von B_n, $g_n(z, \infty)$ die Greensche Funktion von $G^n = B_n \setminus \Gamma^n$ und ν_ζ die innere Normalrichtung in dem Punkt $\zeta \in \Gamma^n$. Wir konstruieren die Funktionenfolge $(u_n(z))$ $(n = 1, 2, \ldots)$ mit

$$u_n(z) = \frac{1}{2\pi} \int_{\Gamma^n} \log \frac{1}{|\zeta - z|} \cdot \frac{\partial}{\partial \nu_\zeta} g_n(\zeta, \infty)\, ds \qquad (z \in G^n)$$

und beachten, daß wegen

$$u_n(z) + \log|z| = \frac{1}{2\pi} \int_{\Gamma^n} \log \frac{|z|}{|\zeta - z|} \cdot \frac{\partial}{\partial \nu_\zeta} g_n(\zeta, \infty)\, ds$$

in der Umgebung von $z = \infty$ die Entwicklung

$$(70.5) \qquad u_n(z) = -\log|z| + \varepsilon\left(\frac{1}{|z|}\right)$$

mit $\lim\limits_{|z| \to \infty} \varepsilon\left(\frac{1}{|z|}\right) = 0$ gleichmäßig in n gilt. Man nehme nun z_1 in $\overline{E} \setminus \overline{G^n}$ und setze

$$v_n(z) = \log \frac{1}{|z - z_1|} + g_n(z, \infty) \qquad (z \in G^n) \, .$$

Da $v_n(z)$ in G^n harmonisch ist, gilt

$$v_n(\infty) = \frac{1}{2\pi} \int_{\Gamma^n} v_n(\zeta)\, \frac{\partial}{\partial \nu_\zeta} g_n(\zeta, \infty)\, ds \, ,$$

also wegen $v_n(\infty) = u_n(\infty, \infty) = \gamma(\Gamma^n)$,

$$(70.6) \qquad -\log C(\Gamma^n) = \frac{1}{2\pi} \int_{\Gamma^n} \log \frac{1}{|\zeta - z_1|} \cdot \frac{\partial}{\partial \nu_\zeta} g_n(\zeta, \infty)\, ds \, .$$

Jetzt entferne man aus jedem G^n alle Quadrate (von $\mathfrak{N}_n$), welche an dessen Rand Γ^n angrenzen, und definiere innerhalb der so entstandenen (Quadrat-)Menge A^n das Gebiet G_n nach dem Vorbild von G^n. Danach ist $\overline{G}_n$ der größte aus Quadraten des Netzes $\mathfrak{N}_n$ zusammengesetzte Bereich, der den Punkt z_∞ enthält und dessen Rand Γ_n aus endlich vielen Polygonzügen besteht, die einen (echten oder unechten) Teil des Randes von A^n ausmachen.

Es bedeutet nun keine Einschränkung der Allgemeinheit, wenn man Γ_1 innerhalb des Quadrates $|x| < \frac{1}{4}, |y| < \frac{1}{4}$ annimmt. Man betrachte ein beliebiges n $(n = 1, 2, \ldots)$ und bezeichne mit $Q_{n1}, Q_{n2}, \ldots, Q_{nN}$ $(n = N(n))$

diejenigen Quadrate von $\overline{E}\backslash G^n$, die mit $\varGamma^n$ mehr als einen Punkt gemeinsam haben. Ist dann γ_{nk} der Randteil von Q_{nk}, der auf $\varGamma^n$ fällt, so sollen die einzelnen Bögen, die γ_{nk} ausmachen, die gleiche Orientierung wie $\varGamma^n$ erhalten. Jetzt wähle man in jedem Q_{nk} einen Punkt von $\varGamma$, etwa a_{nk}, und schreibe $u_n(z)$ in der Form

$$(70.7) \qquad u_n(z) = \sum_1^N \mu_k \log \frac{1}{|z-a_k|} + \varepsilon_n(z) = V_n(z) + \varepsilon_n(z)$$

mit

$$\mu_k = \frac{1}{2\pi} \int_{\gamma_k} \frac{\partial}{\partial \nu_\zeta} g_n(\zeta, \infty)\, ds \qquad (\mu_1 + \cdots + \mu_N = 1),$$

wobei noch a_k und γ_k für a_{nk} und γ_{nk} geschrieben wurde. Dann zeigt eine leichte Überlegung, daß die Funktion

$$\varepsilon_n(z) = \sum_1^N \left\{ \frac{1}{2\pi} \int_{\gamma_k} \log \frac{|z-a_k|}{|z-\zeta|} \cdot \frac{\partial}{\partial \nu_\zeta} g_n(\zeta, \infty)\, ds \right\}$$

auf $\varGamma_n$ dem Betrag nach kleiner als eine numerische Konstante bleibt. Aus (70.4) und (70.6) folgt nun zunächst

$$(70.8) \quad u_n(z) + \log C(\varGamma^n) = \frac{1}{2\pi} \int_{\varGamma^n} \log \frac{|\zeta - z_1|}{|\zeta - z|} \cdot \frac{\partial}{\partial \nu_\zeta} g_n(\zeta, \infty)\, ds,$$

wobei z_1 frei in $\overline{E}\backslash \overline{G}^n$ gewählt werden darf. Um daraus eine wichtige Eigenschaft der $V_n(z)$ abzuleiten, wähle man $z = z_0$, wobei jetzt z_0 einen Punkt darstellt, in dem $u_n(z)$ auf $\varGamma_n$ ihr Minimum annimmt, und bestimme z_1 durch die Forderungen:

1. z_1 ist Mittelpunkt eines der Quadrate, die $E\backslash G^n$ ausmachen,
2. Der Wert $|z_0 - z_1|$ kann durch die Wahl eines anderen (zulässigen) Punktes nicht verkleinert werden.

Durch diese Wahl von z_1 wird nun

$$\log \frac{|\zeta - z_1|}{|\zeta - z_0|} \geqq \log \frac{1}{5} \qquad\qquad (\zeta \in \varGamma^n)$$

und daher mit Rücksicht auf die Gleichung

$$\frac{1}{2\pi} \int_{\varGamma^n} \frac{\partial}{\partial \nu_\zeta} g_n(\zeta, \infty)\, ds = 1$$

sowie auf die Definition (70.7)

$$V_n(z) \geqq -\log C(\varGamma^n) - C_0 \qquad\qquad (z \in \varGamma_n),$$

wobei C_0 eine numerische Konstante bedeutet. Um die Existenz einer Funktion $g(z)$ mit den oben angegebenen Eigenschaften nachzuweisen, genügt es, jetzt nur noch die Voraussetzung $\lim_{n \to \infty} C(\varGamma^n) = 0$ heranzuziehen.
Es sei in der Tat (α_k) $(k = 1, 2, \ldots)$ eine beliebige monotone Nullfolge

positiver Zahlen mit $\alpha_1 + \alpha_2 + \cdots = 1$. Man bestimme eine (nicht abnehmende) Indizesfolge (q_k) $(k = 1, 2, \ldots)$ derart, daß

$$-\log C\,(\Gamma^{q_k}) \geqq \frac{k}{\alpha_k} \qquad\qquad (k = 1, 2, \ldots)$$

gilt und setze

$$(70.9) \qquad\qquad g(z) = \sum_1^\infty a_k V_{q_k}(z)\,.$$

Dann ist $g(z)$ in jeder kompakten Teilmenge K von $G^* = \lim_{n \to \infty} G_n$ gleichmäßig konvergent und stellt eine dort harmonische Funktion dar[1]. Die Funktion $g(z)$ hat nun folgende Eigenschaften:

1. Es ist

$$\lim_{|z| \to \infty} \{g(z) + \log|z|\} = \lim_{|z| \to \infty} \left\{ \sum_1^\infty \alpha_k \left(V_{q_k}(z) + \log|z|\right)\right\} = 0\,.$$

2. Es gilt auf Γ^{q_k}

$$g(z) \geqq \alpha_k V_{q_k}(z) \geqq k - \alpha_k C_0\,.$$

Da letztere Ungleichung die (gleichmäßige) Konvergenz von $g(z)$ gegen $+\infty$ für $z \to \Gamma$ zur Folge hat, stellt $g(z)$ eine der möglichen Evans-Selbergschen Funktionen dar.

Der Leser kann leicht feststellen, daß im Falle einer aus endlich vielen Punkten $a_1, a_2, \ldots, a_N$ bestehenden Randmenge Γ als $g(z)$ jede der Funktionen

$$\sum_1^N \mu_k \log \frac{1}{|z - a_k|} \qquad\qquad \left(\mu_k > 0, \sum_1^N \mu_k = 1\right)$$

genommen werden kann. Das zeigt zugleich, daß die Funktion $g(z)$ nicht eindeutig bestimmt ist.

Daß Γ keine echten (d. h. nur ausgeartete) Kontinuen enthalten kann, zeigt man am einfachsten so: Es sei C eine nicht ausgeartete Komponente von Γ und es bezeichne C_0 das kleinste Kontinuum, das 1. C enthält und 2. die Eigenschaft besitzt, daß $G_0 = \overline{E} \setminus C_0$ einfach zusammenhängend ist. Dieses Kontinuum kann man etwa dadurch bestimmen, daß man die Gesamtheit $\mathfrak{a}$ aller monoton abnehmenden Folgen (B_n) von Bereichen B_n betrachtet, die 1. von einem (einfachen, achsenparallelen) Polygonzug berandet sind und 2. das Kontinuum C überdecken. (Das Kontinuum C_0 ist dann gleich $\underline{\lim}\,\mathfrak{a}$.)

Das Gebiet G_0 enthält offenbar G als Teilgebiet. Denn wäre z. B. $z_0 \in G$ und $z_0 \notin G_0$, so könnte man diesen Punkt durch einen Weg γ in G

---

[1] Der Konvergenzbeweis läßt sich am leichtesten durchführen, wenn man die Summanden $\log \dfrac{1}{z - a_k}$ durch $\log \dfrac{D}{|z - a_k|}$ (mit einem $D > \sup\{|z - a_k|\,|\,z \in K, a_k \in \Gamma\}$) ersetzt, die in K positiv sind.

mit dem Punkt z_∞ verbinden und anschließend eine Folge (B_n^*) konstruieren mit $B_n^* \cap \gamma = \emptyset$ für alle n und $\lim\limits_{n \to \infty} B_n^* = C_0$. Das widerspricht aber der Annahme, daß $z_0 \notin G_0$ ist.

Es bezeichne jetzt kurz $g_0(z, \infty)$ die (nach dem Riemannschen Abbildungssatz existierende) Greensche Funktion von G_0. Man bilde die Folge $(\sigma_n(z))$ mit

$$\sigma_n(z) = g_n(z, \infty) - g_0(z, \infty) \qquad (z \in G^n)$$

und beachte, daß $\sigma_n(z)$ in G^n (einschließlich z_∞!) harmonisch ist. Da nun noch $\lim\limits_{z \to \Gamma^n} \sigma_n(z) \leq 0$ gilt, so ist dort $g_n(z, \infty) \leq g_0(z, \infty)$, und somit kann die Folge $(g_n(z, \infty))$ nicht gegen $+\infty$ konvergieren.

Durch den in 67. erbrachten Nachweis der Greenschen Funktion sowie durch die Konstruktion der Kapazitätsfunktion werden die in 55. offengelassenen Existenzfragen beantwortet.

Die Ausführungen dieser Nummer gestatten zunächst, die in 54. gegebene Verschärfung des Maximumprinzips für harmonische und subharmonische Funktionen in einer Hinsicht (da eine Menge verschwindender Kapazität nicht notwendigerweise abzählbar sein muß) zu verallgemeinern.

Es sei G ein beschränktes Gebiet der komplexen Ebene und $u(z)$ eine dort definierte subharmonische Funktion. Dann gilt der Satz:

Satz (Allgemeines Maximumprinzip). *Hat für jedes $\varepsilon > 0$ die Menge*

$$(70.10) \qquad C_\varepsilon = \zeta \,|\, M(\zeta, u) \geq \varepsilon, \, \zeta \in \Gamma\}$$

die Kapazität Null und gilt $M(\zeta, u) < +\infty$ auf Γ, so ist entweder $u(z) < 0$ in G oder $u(z) \equiv 0$.

Beweis. Man konstruiere für ein gegebenes $\varepsilon > 0$ die Kapazitätsfunktion $g(z) = g(z, \overline{E} \setminus C_\varepsilon)$ und betrachte in G die Funktion $v(z) = u(z) - \eta g(z)$ mit einem $\eta > 0$. Da nun $v(z)$ in G subharmonisch ist und $M(\zeta, v)$ für jedes $\zeta \in \Gamma$ kleiner ε ausfällt, muß (nach dem klassischen Maximumprinzip) $v(z) \leq \varepsilon$ und mithin $u(z) \leq \eta g(z) + \varepsilon$ in G gelten. Daraus folgt durch Grenzübergang $\eta \to 0$ (bei festem z) $u(z) \leq \varepsilon$, und somit auch $u(z) \leq 0$. Der Beweis der Alternativen $u(z) < 0$ oder $u(z) \equiv 0$ in G läuft nach dem Schema des klassischen Maximumprinzips.

Mit Hilfe des allgemeinen Maximumprinzips kann man (durch den Ansatz $u(z) = \log |w_1(z) - w_2(z)|$) folgenden Satz beweisen:

Satz. *Es seien $w_1(z)$, $w_2(z)$ zwei in G holomorphe Funktionen. Man setze*

$$M(\zeta) = \varlimsup_{z \to \zeta} |w_1(z) - w_2(z)| \qquad (\zeta \in \Gamma).$$

Hat dann für jedes $\varepsilon > 0$ die Menge

$$C_\varepsilon = \{\zeta \,|\, \zeta \in \Gamma, \, M(\zeta) \geq \varepsilon\}$$

die Kapazität Null, so gilt $w_1(z) = w_2(z)$ in G. Dabei wird wieder $M(\zeta) < +\infty$ $(\zeta \in \Gamma)$ vorausgesetzt.

Mit Hilfe der Kapazitätsfunktion ist es möglich geworden, eine Reihe von grundlegenden funktionentheoretischen Fragen wesentlich zu vertiefen (obwohl die Frage nach der „maximalen funktionentheoretischen Nullmenge" noch nicht allgemein beantwortet werden konnte). So kann man z. B. folgenden Satz beweisen:

Satz. *Es sei G ein (beschränktes) Gebiet der komplexen Ebene und A eine Teilmenge von G mit der Eigenschaft, daß die Mengen $A \cap K$ für jede abgeschlossene Teilmenge K von G die Kapazität Null haben. Ist dann $w(z)$ eine in G eindeutige stetige komplexe Funktion von z und existiert in $G \backslash A$ die Ableitung $w'(z)$ im Sinne der Gleichung* (18.1), *so ist $w(z)$ holomorph in G.*

Ersetzt man hier die Forderung der Stetigkeit durch die der Regularität in $G \backslash A$ und der Beschränktheit von $|w(z)|$ in der Umgebung jedes Punktes ζ von A (also $\overline{\lim_{z \to \zeta}} |w(z)| < + \infty$ für jedes $\zeta \in A$), so erhält man dadurch eine wesentliche Vertiefung des Begriffs der hebbaren Stelle. Die Übertragung schließlich der durch den zuletzt formulierten Satz gewonnenen Erkenntnisse liefert einen Zugang zu der Frage, die zu Beginn dieser Nummer gestellt (jedoch nicht beantwortet) wurde, nämlich nach der Struktur der Menge $\tilde{G} \backslash G$, in der $\sigma(z, z_0)$ noch regulär harmonisch sein kann. Man kann z. B. zeigen [man vgl. z. B. P. MYRBERG: Über die Existenz der Greenschen Funktion auf einer gegebenen Riemannschen Fläche, *Acta Math.* **61**, 39—79 (1933)], daß der Rand $\tilde{\Gamma}$ von $\tilde{G}$ (der transfinite Kern von Γ genannt) keine Mengen wie die vorhin betrachteten Mengen A enthalten kann.

Die moderne Entwicklung des Kapazitätsbegriffs beginnt mit den Arbeiten von NORBERT WIENER, DE LA VALLÉE-POUSSIN, FEKETE, POLYA und SZEGÖ. Aber erst durch die Dissertation von O. FROSTMAN (Potentiel d'équilibre et capacité des ensembles, *Medd. Lunds Univ. mat. sem.* **3**, *Lund*, 1933) und die Arbeiten von G. CHOQUET [man vgl. etwa die zusammenfassende Darstellung: Theory of Capacities, *Ann. Inst. Fourier* **5**, 131—295 (1955)] erreichen die Begriffsbildungen und diesbezüglichen Resultate einen mehr oder weniger definitiven Stand.

Der hier gegebene Beweis des Evans-Selbergschen Satzes schließt sich im wesentlichen an das Selbergsche Beweisverfahren an. Hierbei ist die Beschränkung auf die Dimensionszahl $n = 2$ unerheblich. Bei der Einführung des Kapazitätsbegriffs wurde hier der Approximationsweg der direkten Einführung (durch den transfiniten Durchmesser) vorgezogen. Eine Konstruktion der Kapazitätsfunktion $g(z)$, welche diesen Begriff (man vgl. Ergänzung 21 dieses Kapitels) zugrunde legt und dem Schema nach dem (für den dreidimensionalen Raum gegebenen) Beweis von EVANS nachgebildet ist, gibt K. NOSHIRO in seinem vor kurzem erschienenen Buch (Cluster Sets, *Ergeb. Math., Springer-Verlag* 1960).

71. Anwendung der Modulfunktion auf den Beweis der Sätze von Picard, Landau und Schottky. Die Funktion $v(z)$, welche die universelle Überlagerungsfläche der in $z = 0$, $z = 1$ und $z = \infty$ punktierten Ebene auf den Einheitskreis eineindeutig und konform, wie dies in der Nummer 69 gezeigt wurde, abbildet, gestattet, eine auf Picard zurückgehende, wesentliche Vertiefung des Casorati-Weierstraßschen Satzes zu beweisen.

Wir beschränken uns zuerst auf den sog. kleinen Picardschen Satz.

Satz (Picard). *Ist $w(z)$ in E eindeutig regulär und nimmt sie dort zwei endliche Werte a, $b\,(a \neq b)$ nicht an, so ist sie konstant.*

Beweis. Man bilde die Funktion

$$(71.1) \qquad g(z) = \frac{w(z) - a}{b - a}.$$

Dann ist $g(z)$ holomorph und nimmt in E die Werte Null und Eins nicht an. Man lege jetzt den Anfangswert $v(g(0))$ in $|v(z)| < 1$ fest und beachte, daß $v(g(z))$ in E (da $g(z)$ Null und Eins nicht annimmt) unbeschränkt fortsetzbar und somit dort eindeutig ist. Andererseits gilt

$$(71.2) \qquad |v(g(z))| < 1 \qquad\qquad (z \in E),$$

was nach dem Liouvilleschen Satz unmöglich ist.

Landau hat im Jahre 1905 diesen Picardschen Satz folgendermaßen verallgemeinert:

Satz (Landau). *Ist $w(z)$ in $|z| < R$ eindeutig regulär und gilt dort $w(z) \neq 0$, $w(z) \neq 1$, so ist*

$$(71.3) \qquad R \leq L\big(w(0), w^{(k)}(0)\big),$$

wobei $w^{(k)}(z)$ die erste im Nullpunkt nicht verschwindende Ableitung von $w(z)$ bedeutet.

Nachfolgender Beweis des Landauschen Satzes, der zugleich den genauen Wert der Landauschen Schranke $L(w(0), w^{(k)}(0))$ liefert, geht auf Carathéodory zurück. Man bilde (nach Festlegung von $v(w(0))$) die Funktion

$$(71.4) \qquad \sigma(z) = \frac{v(w(z)) - v(w(0))}{1 - \overline{v(w(0))}\, v(w(z))}.$$

Dann ist $\sigma(z)$ in $|z| < R$ unbeschränkt fortsetzbar und somit dort eindeutig regulär. Da noch $\sigma(0) = 0$ ist, so gilt nach dem Schwarzschen Lemma, falls $\sigma(z)$ die Entwicklung

$$\sigma(z) = A_k z^k + A_{k+1} z^{k+1} + \cdots$$

hat,

$$|\sigma(z)| \leq \left(\frac{|z|}{R}\right)^k \qquad\qquad (|z| < R),$$

und somit auch

$$|A_k|\, R^k \leq 1.$$

Nun ist, wie man leicht feststellt,

$$k!\,A_k = w^{(k)}(0)\,\frac{\nu'(w(0))}{1 - |\nu(w(0))|^2}\,,$$

und somit wird

$$(71.5) \qquad R \leqq \left\{\frac{k!\,(1 - |\nu(w(0))|^2)}{|w^{(k)}(0)|\,|\nu'(w(0))|}\right\}^{\frac{1}{k}}.$$

Insbesondere ist für $k = 1$

$$(71.6) \qquad R \leqq \frac{1 - |\nu(w(0))|^2}{|w'(0)|\,|\nu'(w(0))|}\,.$$

Wie man an dem Beispiel $w(z) = \lambda\left(\dfrac{z}{R}\right)$ sieht, ist die Abschätzung (71.6) genau.

F. SCHOTTKY (1851—1935) hat den Satz von PICARD ebenfalls vertieft und bewiesen:

Satz (SCHOTTKY). *Nimmt die in $|z| < 1$ eindeutige reguläre Funktion dort die Werte Null und Eins nicht an, so gilt:*

$$(71.7) \qquad |w(z)| \leqq S(w(0),\,|z|)\,,$$

mit einer nur von $w(0)$ und $|z|$ abhängigen Schranke $S(w(0),\,|z|)$ (Schott-kysche Schranke).

Aus dieser Ungleichung folgt mit Rücksicht auf das Maximumprinzip

$$(71.8) \qquad |w(z)| \leqq S(w(0),\,\vartheta) \qquad\qquad (|z| \leqq \vartheta < 1)\,.$$

Im folgenden führen wir den Beweis des Schottkyschen Satzes teilweise durch, indem wir bis zur Abschätzung (71.10) vordringen. Aus dieser folgt dann mehr oder weniger leicht, daß (mit Rücksicht darauf, daß sonst die Werte $\nu(w(z))$ beliebig nahe an die Peripherie $|z| = 1$ heranrücken würden) eine Ungleichung von der Form (71.7) gelten muß.

Beweis. Man setze $|z| \leqq \vartheta < 1$ voraus. Dann ist nach dem Schwarzschen Lemma

$$|\sigma(z)| \leqq \vartheta \qquad\qquad (|z| \leqq \vartheta)\,.$$

Nun ist die Gleichung

$$\left|\frac{\zeta - a}{1 - \bar{a}\zeta}\right| = \vartheta \qquad\qquad (|a| < 1)$$

mit der Kreisgleichung

$$|\zeta - \zeta_0| = r_0$$

äquivalent, wobei

$$\zeta_0 = a\,\frac{(1 - \vartheta^2)}{1 - |a|^2\vartheta^2}$$

und

$$r_0 = \vartheta\,\frac{(1 - |a|^2)}{1 - |a|^2\vartheta^2}$$

ist. Daraus folgt wegen

$$|\zeta| \leqq |\zeta_0| + r_0 = \frac{|a| + \vartheta}{1 + |a|\,\vartheta}\,,$$

daß in $|z| \leqq \vartheta$

$$(71.9) \qquad |\nu(w(z))| \leqq \frac{|\nu(w(0))| + \vartheta}{1 + |\nu(w(0))|\vartheta} < 1$$

gelten muß. Das hat aber zur Folge, daß $w(z)$ nicht zu nahe an die Punkte $z = 0,\,1$ und $z = \infty$ kommen kann.

Nimmt man in (71.9) den Punkt z auf der Peripherie $|z| = \vartheta$, so erhält man

$$(71.10) \qquad |v(w(z))| \leq \frac{|v(w(0))| + |z|}{1 + |v(w(0))|\,|z|} \, .$$

Die hier gegebenen Beweise der Sätze von Landau und Schottky gehen auf Carathéodory [Sur quelques généralisations du théorème de M. Picard, *Compt. rend. Acad. Sc. (Paris)* **145**, 1213 (1905)] zurück. Der Leser möge zeigen, daß aus dem Schottkyschen Satz der Landausche Satz (und somit auch der Picardsche Satz) unmittelbar folgt.

Die explizite Aufstellung einer einfachen Schranke für $S(w(0), \vartheta)$ ist mit Hilfe der Modulfunktion schwierig durchzuführen und verlangt genaue Kenntnis des Verhaltens von $v(z)$ in der Nähe der kritischen Stellen. Nachfolgende Methode von Bloch führt leichter zum Ziel.

72. Blochs Methode zum Beweis der Sätze von Picard, Landau und Schottky.

André Bloch (1893—1947) hat als erster im Jahre 1924 eine Beweisanordnung der Sätze von Picard, Landau und Schottky gegeben, die neben der Kürze noch den Vorzug hat, lediglich elementare Hilfsmittel zu benutzen. Nachfolgende Darstellung der Blochschen Methode stützt sich auf Gedanken von Landau und Valiron.

Satz (Bloch). *Ist $w(z)$ in $|z| \leq 1$ eindeutig regulär und gilt $|w'(0)| \geq 1$, so gibt es eine Konstante $B > 0$ derart, daß eine bestimmte offene Kreisscheibe vom Radius B das schlichte Bild eines Gebietes von $|z| < 1$ ist.*

Ein ähnlicher Satz gilt auch dann, wenn man auf die Schlichtheit der Überdeckung verzichtet.

Satz (Bloch-Landau). *Ist $w(z)$ in $|z| \leq 1$ regulär und $|w'(0)| \geq 1$, so nimmt $w(z)$ in $|z| < 1$ alle Werte aus einer offenen Kreisscheibe mit dem Radius $\dfrac{1}{16}$ an.*

Wir beweisen zuerst den Satz von Bloch. Man setze für $|z| = r$, $0 \leq r \leq 1$,

$$M_1(r) = \mathrm{Max}\,\{|w'(z)| \mid |z| = r\}\,.$$

Dann gibt es wegen

$$\lim_{r \to 0} r\,M_1(1 - r) = 0$$

und

$$\lim_{r \to 1} r\,M_1(1 - r) = M_1(0) = |w'(0)| \geq 1$$

ein (kleinstes) r_0, $0 < r_0 \leq 1$, mit

$$r_0 M_1(1 - r_0) = 1 \,.$$

Man wähle ζ auf $|\zeta| = 1 - r_0$ so, daß $|w'(\zeta)| = M_1(1 - r_0)$ wird, und setze

$$g(z) = w(z + \zeta) - w(\zeta)\,.$$

Dann ist $g(z)$ in $|z| \leqq r_0$ regulär, $g(0) = 0$ und

$$|g'(0)| = |w'(\zeta)| = \frac{1}{r_0}.$$

Da nun $|\zeta + z| \leqq |z| + 1 - r_0$ ist, so gilt in $|z| \leqq \dfrac{r_0}{2}$

$$|g'(z)| = |w'(z + \zeta)| \leqq M_1 \left(1 - \frac{r_0}{2}\right) \leqq \frac{2}{r_0}$$

und somit dort

$$|g(z)| \leqq \int_0^{\frac{r_0}{2}} |g'(z)|\,|dz| \leqq 1.$$

Das beweist aber (mit Rücksicht auf die Ergebnisse von S. 157, daß $g(z)$ in $|z| \leqq \dfrac{r_0}{2}$ jeden Wert aus der Kreisscheibe

$$|w| \leqq \left(\frac{r_0}{2}\right)^2 \cdot \frac{1}{6r_0^2} = \frac{1}{24}$$

genau einmal annehmen muß. Danach nimmt $w(z)$ in $|z - \zeta| \leqq \dfrac{r_0}{2}$ jeden Wert der Kreisscheibe

$$(72.1) \qquad\qquad |w - w(\zeta)| \leqq \frac{1}{24} \leqq B$$

genau einmal an.

Der Beweis des Bloch-Landauschen Satzes kann so geführt werden: Es sei $g(z) \neq d\left(|z| \leqq \dfrac{r_0}{2}\right)$, wobei noch d ohne Einschränkung der Allgemeinheit reell positiv angenommen werden darf. Dann ist

$$h(z) = \sqrt{1 - \frac{g(z)}{d}} \qquad\qquad (h(0) = 1)$$

in $|z| \leqq \dfrac{r_0}{2}$ eindeutig regulär, und somit wird mit Rücksicht auf die Ungleichung von GUTZMER

$$1 + \frac{|g'(0)|^2}{4d^2}\left(\frac{r_0}{2}\right)^2 \leqq \operatorname*{Max}_{|z| = \frac{r_0}{2}} |h(z)|^2 \leqq 1 + \operatorname*{Max}_{|z| = \frac{r_0}{2}} \frac{|g(z)|}{d} \leqq 1 + \frac{1}{d},$$

also (wegen $|g'(0)|\,r_0 = 1$) $d \geqq \dfrac{1}{16}$. Somit überdeckt das Riemannsche Flächenstück von $w(z)$ die Kreisscheibe $|w - w(\zeta)| < \dfrac{1}{16}$.

Man kann das durch den Satz von BLOCH aufgeworfene Problem auch so formulieren:

Man betrachte die Klasse $\mathfrak{B}$ aller in der Kreisscheibe

$$K : |z| < 1$$

eindeutigen regulären Funktionen mit der Eigenschaft, daß das Riemannsche Flächenbild (d. h. das Riemannsche Flächenstück der inversen Funktion) keine schlichte Kreisscheibe vom Radius größer Eins enthält. Dann ist

$$B^{-1} = \sup\{|w'(0)| \mid w \in \mathfrak{B}\}.$$

Der genaue Wert der (Blochschen) Konstanten B ist bisher noch nicht ermittelt worden. Man konnte beweisen (Ahlfors und Grunsky, *Math. Z.* 1937), daß

$$B \leqq 2^{\frac{1}{4}} \sqrt{\pi} \, \frac{\Gamma\left(\frac{1}{3}\right)}{\Gamma\left(\frac{1}{4}\right)} \left\{ \frac{\Gamma\left(\frac{11}{12}\right)}{\Gamma\left(\frac{1}{12}\right)} \right\}^{\frac{1}{2}} = 0{,}4718\ldots$$

ist, und man vermutet, daß hier das Gleichheitszeichen steht. Ahlfors (*Trans. Am. Math. Soc.* 1938) konnte durch eine scharfsinnige Methode zeigen, daß $B > 0{,}43 \ldots$ gilt. Somit steht fest, daß B zwischen $0{,}43 \ldots$ und $0{,}47 \ldots$ liegt.

Wir setzen jetzt

$$(72.2) \qquad b(z) = \frac{1}{2i} \, \text{arc cos} \left\{ \frac{1}{\pi i} \log(-z) \right\}$$

und nehmen an, die in $|z| \leqq 1$ reguläre eindeutige Funktion $w(z)$ nehme dort die Werte Null und Eins nicht an. Dann ist

$$g(z) = b(w(z))$$

nach Festlegung von $b(w(0))$ (auf der Riemannschen Fläche) in $|z| \leqq 1$ überall fortsetzbar und somit dort eindeutig regulär. Wir behaupten nun:

Die Funktion $g(z)$ (Blochsche Hilfsfunktion genannt) nimmt für kein z, $|z| \leqq 1$, einen der Werte

$$\alpha_{nm} = \pm \log\left(\sqrt{m} + \sqrt{m-1}\right) + \frac{n\pi i}{2} \qquad (m, n \text{ ganz}; m \geqq 1)$$

an. Wäre dies nämlich für ein z der Fall, so würde, wie man leicht feststellt,

$$e^{2g(z)} + e^{-2g(z)} = 2(-1)^n (2m-1)$$

gelten, und somit wäre

$$w(z) = -e^{\pi i (-1)^n (2m-1)} = 1 \, ,$$

was wegen $w(z) \neq 1$ falsch ist. Da nun die Differenz von zwei aufeinanderfolgenden Abszissen der Zahlen α_{nm} kleiner als Eins und $\frac{\pi}{2} < \sqrt{3}$ ist, so ist das Zahlengitter (α_{nm}) in der z-Ebene so verteilt, daß jede (offene) Kreisscheibe vom Radius Eins mindestens eine der Zahlen α_{nm} überdeckt. Somit muß $g(z)$ der Klasse $\mathfrak{B}$ angehören.

Satz. *Jede in $|z| \leqq 1$ eindeutige reguläre Funktion $w(z)$, die der Klasse $\mathfrak{B}$ angehört, genügt der Ungleichung*

$$(72.3) \qquad |w'(z)| \leqq \frac{1}{B} \, \frac{1}{1 - |z|^2} \qquad (|z| < 1) \, .$$

Beweis. Da für eine konstante Funktion $w(z)$ (72.3) erfüllt ist, so kann man $w'(z) \not\equiv 0$, $|z| < 1$, annehmen. Man nehme $|z| \leq \vartheta < 1$ an und bestimme ζ, $|\zeta| = \vartheta$ so, daß

$$(72.4) \qquad |w'(\zeta)| = \operatorname*{Max}_{|z| = \vartheta} |w'(z)|$$

wird. Man setze

$$w^*(z) = w\left(\frac{z + \zeta}{1 + \bar{\zeta} z}\right).$$

Dann gehört $w^*(z)$ ebenfalls der Klasse $\mathfrak{B}$ an, und somit gilt

$$|w^{*'}(0)| = |w'(\zeta)| \, (1 - |\zeta|^2) \leq \frac{1}{B},$$

also wegen (72.4)

$$|w'(z)| \leq \frac{1}{B} \frac{1}{1 - |z|^2}$$

auf $|z| = |\zeta|$. Da ϑ willkürlich im Intervall $0 \leq \vartheta < 1$ genommen werden kann, ist (72.3) richtig.

Aus (72.3) folgt:

Gehört die in $|z| < 1$ eindeutige Funktion $g(z)$ der Klasse $\mathfrak{B}$ an, so gilt für je zwei Punkte z_1, z_2, $|z_1| < 1$, $|z_2| < 1$,

$$(72.5) \qquad |g(z_1) - g(z_2)| \leq \frac{1}{B} [z_1, z_2] .$$

Insbesondere ist für $|z| < 1$

$$(72.6) \qquad |g(z) - g(0)| \leq \frac{1}{2B} \log \frac{1 + |z|}{1 - |z|} .$$

Die Ungleichung (72.6) hat den Schottkyschen Satz zur Folge. Denn ist $w(z)$ in $|z| < 1$ eindeutig regulär und dort $\neq 0,1$, so ist

$$g(z) = b(w(z))$$

nach Festlegung von $b(w(0))$ unbeschränkt fortsetzbar und somit dort eindeutig. Da nach dem vorhin Gesagten $g(z)$ der Klasse $\mathfrak{B}$ angehört, so gilt in $|z| \leq \vartheta < 1$

$$|g(z)| \leq |g(0)| + \frac{1}{2B} \log \frac{1 + \vartheta}{1 - \vartheta} ,$$

also

$$|g(z)| \leq |b(w(0))| + \frac{1}{2B} \log \frac{1 + \vartheta}{1 - \vartheta} .$$

Das beweist wegen

$$|w(z)| \leq e^{\pi e^{2|g(z)|}} \qquad\qquad (|z| \leq \vartheta)$$

den Schottkyschen Satz.

Daß man aus dem Schottkyschen Satz

$$|w(z)| \leq S(w(0), \vartheta) \qquad\qquad (|z| \leq \vartheta)$$

den Landauschen Satz mit Hilfe der Cauchyschen Abschätzung des Koeffizienten a_k der Entwicklung

$$(72.7) \qquad w(z) = a_0 + a_k z^k + a_{k+1} z^{k+1} + \cdots$$

in der Form

$$(72.8) \qquad R \leqq \frac{1}{\vartheta} \left\{ \frac{S(w(0), \vartheta)}{|a_k|} \right\}^{\frac{1}{k}} \qquad (\vartheta \text{ fest})$$

erhalten kann (und somit auch den Beweis des kleinen Picardschen Satzes) ist wohl trivial und bedarf hier keiner weiteren Erläuterung.

Für die Entwicklungen der nächsten Nummer, insbesondere für den Beweis des großen Picardschen Satzes, ist es von Vorteil, zu zeigen, daß man die Schottkysche Schranke $S(w(0), \vartheta)$ durch eine Größe $\omega(|w(0)|, \vartheta)$ nach oben abschätzen kann, die in bezug auf $|w(0)|$ monoton wachsend ist.

Satz. *Ist $w(z)$ in $|z| < 1$ eindeutig regulär und dort $\neq 0, 1$, so gilt in* $|z| \leqq \vartheta < 1$

$$(72.9) \qquad \overset{+}{\log} |w(z)| \leqq A (1 + \overset{+}{\log} |w(0)|),$$

mit einem nur von ϑ abhängigen $A > 0$.

Beweis. Ist $|w(z)| < 1$ $(|z| < 1)$, so ist offenbar (72.9) mit $A = 1$ richtig. Wir betrachten nun die Fälle:

1. Es gilt $|w(z)| > 1$ $(|z| \leqq \vartheta)$.
2. Es gibt einen Punkt z_0, $|z_0| \leqq \vartheta$ derart, daß $|w(z_0)| = 1$ ist.

Wir betrachten $g(z) = b(w(z))$ und beachten, daß man hier ohne weiteres denjenigen (in $|z| < 1$ eindeutigen) Zweig $\sigma(z)$ der Funktion $\log(-w(z))$ zugrunde legen kann, dessen Imaginärteil $\arg(-w)$ in einem willkürlich gewählten Punkt in $|z| < 1$ der Ungleichung $-\pi \leqq \arg(-w(z_1)) < \pi$ genügt. Man nehme zunächst $z_1 = 0$ und bilde $g'(z)$. Dann ist

$$g'(z) = \frac{1}{2} \frac{\sigma'(z)}{\sqrt{\pi^2 + \sigma^2(z)}}$$

und somit wegen

$$\left| \sqrt{\pi^2 + \sigma^2(z)} \right| \leqq \pi \sqrt{1 + |\sigma(z)|^2}$$

und

$$|g'(z)| \leqq \frac{1}{(1 - \vartheta^2) B} \qquad (|z| \leqq \vartheta)$$

$$(72.10) \qquad \frac{|\sigma'(z)|}{\sqrt{1 + |\sigma(z)|^2}} \leqq C_0 = C_0(\vartheta).$$

Man setze jetzt allgemein

$$X(\alpha) = \alpha + \sqrt{1 + \alpha^2} \qquad (\alpha \geqq 0)$$

und setze

$$|\sigma(0)| < |\sigma(\zeta)| \qquad (\zeta \neq 0, |\zeta| \leqq \vartheta)$$

voraus. Dann folgt aus (72.10) durch Integration längs der Strecke, die $z = 0$ und $z = \zeta$ verbindet,

$$X(|\sigma(\zeta)|) \leqq e^{C_0 \vartheta} X(|\sigma(0)|).$$

Da diese Ungleichung auch dann gilt, wenn $|\sigma(\zeta)| \leq |\sigma(0)|$ ist, so wird wegen

$$2\alpha \leq X(\alpha) \leq 2(1+\alpha)$$

$$|\sigma(\zeta)| \leq e^{C_0\vartheta}(1+|\sigma(0)|)$$

und somit auch

(72.11) $$\overset{+}{\log}|w(\zeta)| \leq A_0(1 + \overset{+}{\log}|w(0)|)$$

mit einem $A_0 = A_0(\vartheta) > 0$.

Um den Fall 2. zu erledigen, wähle man $z_1 = z_0$ und integriere die Differentialungleichung (72.10) von $z = z_0$ bis zu $z = \zeta$ längs der Strecke, welche die beiden Punkte verbindet. Dabei darf noch $|w(\zeta)| > 1$ angenommen werden. Das Ergebnis ist wieder (mit Rücksicht auf $|\sigma(z_0)| \leq \pi$) eine Ungleichung von der Form $\overset{+}{\log}|w(\zeta)| \leq C_1(\vartheta)$, wobei die Konstante rechts ebenfalls nur von ϑ abhängt. Das gibt zusammenfassend die Ungleichung (72.9).

Mit Rücksicht auf das Maximumprinzip kann (72.9) auch in der Form

(72.12) $$\overset{+}{\log}|w(z)| \leq A(1 + \overset{+}{\log}|w(0)|)$$

mit $A = A(|z|)$ oder auch in der Form

(72.13) $$|w(z)| \leq C(1 + |w(0)|)^C$$

mit einem geeigneten $C = C(|z|)$ geschrieben werden.

Scharfe Abschätzungen des absoluten Betrages von $w(z)$ durch $|w(0)|$ gab (mit Hilfe der Funktion $\nu(z)$) A. Ostrowski (Studien über den Schottkyschen Satz, *Basel* 1931).

Ahlfors *(Trans. Am. Math. Soc.* 1938) konnte mit Hilfe einer scharfsinnigen elementaren Methode anstelle (72.9) die Abschätzung

$$\overset{+}{\log}|w(z)| \leq \frac{1+|z|}{1-|z|}(7 + \overset{+}{\log}|w(0)|) \qquad (|z| < 1)$$

gewinnen.

73. Der allgemeine Satz von Picard und der Satz von Julia. Ist $w(z)$ in

(73.1) $$r_0 < |z| < +\infty \qquad (r_0 > 0)$$

meromorph, d. h. bis auf Pole eindeutig regulär, und nimmt sie dort drei voneinander verschiedene Werte a, b, c nicht an, so kann sie bei $z = \infty$ höchstens einen Pol haben. Anders ausgedrückt: *Ist $z = \infty$ eine singuläre Stelle für $w(z)$, so kann sie in* (73.1) *höchstens zwei Werte der vollen komplexen Ebene auslassen*[1]. Dieses schon in 24. angegebene Ergebnis (großer

---

[1] Unter einer wesentlichen isolierten singulären Stelle von $w(z)$ wird im folgenden im Einklang mit den Ausführungen auf S. 50 entweder eine Laurent-Stelle oder ein (isolierter) Häufungspunkt von Polen von $w(z)$ verstanden. Diese ist also stets ein isolierter Randpunkt des Rationalitätsbereiches von $w(z)$. (Früher wurden solche Stellen auch isolierte Singularitäten zweiter Art genannt.) Daß für solche Stellen der Casorati-Weierstraßsche Satz gilt, hat der Leser inzwischen schon erkannt.

Picardscher Satz) von PICARD aus dem Jahre 1879 hat die gesamte Forschung der letzten 70 Jahre auf dem Gebiet der Funktionentheorie entscheidend beeinflußt.

Hilfssatz. *Es sei $w(z)$ in $|z| \leq r$ eindeutig regulär, und es sei*

1. $w(z) \neq a, b$ $(a, b$ endlich, $a \neq b)$
2. $|w(0)| < \alpha$
3. Max $\{|a|, |b|, |b - a|^{-1}\} < \beta < + \infty$.

Dann gibt es eine nur von α und β abhängige Schranke $V(\alpha, \beta)$ derart, daß in $|z| \leq \dfrac{r}{2}$

$$(73.2) \qquad\qquad |w(z)| \leq V(\alpha, \beta)$$

gilt.

Beweis. Setzt man

$$g(z) = \frac{w(rz) - a}{b - a} ,$$

so ist $g(z)$ in $|z| \leq 1$ eindeutig regulär und $\neq 0, 1$. Da

$$|g(0)| = \left| \frac{w(0) - a}{b - a} \right| \leq (\alpha + \beta) \beta$$

ist, so muß in $|z| \leq \dfrac{1}{2}$ (mit Rücksicht auf (72.9))

$$|g(z)| \leq C \cdot \text{Max} \{1, (\alpha + \beta)^{C_1} \cdot \beta^{C_1}\} = V_1(\alpha, \beta)$$

mit $C_1 = A\left(\dfrac{1}{2}\right)$ und $C = e^{C_1}$ gelten.

Daraus folgt

$$|w(z)| \leq \beta(1 + 2V_1(\alpha, \beta)) = V(\alpha, \beta) .$$

Man setze jetzt

$$(73.3) \qquad\qquad 0 < \mu < \text{Min} \left\{\frac{1}{4}, |a|^{-1}, |b|^{-1}, |a - b|\right\}$$

voraus und nehme an, $w(z)$ sei in (73.1) von a, b, c $(a, b \in E; c = \infty)$ verschieden. Man bestimme die (monoton wachsende) Folge (r_n) $(n = 1, 2, \ldots, r_1 > 2r_0, r_n \to \infty)$ so, daß es auf $|z| = r_n$ einen Punkt z_n gibt derart, daß $|w(z_n)| < 1$ gilt, was nach dem Casorati-Weierstraßschen Satz möglich ist. Jetzt schreibe man ζ_1 für z_n, setze $N = \left[\dfrac{4\pi}{\mu}\right] + 1$ und

$$\zeta_k = \zeta_1 e^{\frac{2\pi k i}{N}} \qquad\qquad (k = 1, 2, \ldots, N)$$

und wende den vorherigen Satz auf die Kreisscheiben

$$K_\nu^n : |z - \zeta_\nu| \leq 2\mu |\zeta_\nu| \qquad\qquad (\nu = 1, 2, \ldots, N)$$

an, indem man mit dem Kreis K_1^n beginnt. Da $|w(\zeta_1)| < 1$ ist, so gilt in $|z - \zeta_1| \leq \mu |\zeta_1|$

$$|w(z)| \leq V_1(\mu)$$

und somit (wegen $|w(\zeta_2)| \leq V_1(\mu)$) auch

$$|w(z)| \leq V_2(\mu) \qquad\qquad (|z - \zeta_2| \leq \mu |\zeta_2|) .$$

Wiederholt man dieses Verfahren Nmal, so erhält man die Ungleichung

$$(73.4) \qquad\qquad |w(z)| \leqq V(\mu) \qquad\qquad (|z| = r_n)$$

mit $V(\mu) = V_N(\mu)$.

Diese Ungleichungen haben aber (mit Rücksicht auf den Casorati-Weierstraßschen Satz) zur Folge, daß $z = \infty$ eine hebbare Singularität sein muß, was gegen die Voraussetzung ist.

G. Julia hat als Verallgemeinerung dieses allgemeinen Picardschen Satzes u. a. folgenden Satz bewiesen:

Satz (Julia). *Hat die in* (73.1) *bis auf Pole eindeutige reguläre Funktion* $w(z)$ *einen asymptotischen Weg, so gibt es zu jedem (einfachen) Weg*

$$(73.5) \qquad\qquad \gamma = \{z(t) \mid 0 \leqq t < +\infty\},$$

der von dem Punkt $z = 0$ *zu dem Punkt* $z = \infty$ *führt, einen Winkel* $\alpha\,(0 \leqq \alpha < 2\pi)$ *derart, daß* $w(z)$ *in*

$$(73.6) \qquad\qquad |z - e^{i\alpha} z(t)| \leqq \varepsilon |z(t)| \qquad\qquad (0 \leqq t < +\infty)$$

für noch so kleines $\varepsilon > 0$ *jeden Wert mit höchstens zwei Ausnahmen unendlich oft annimmt.*

Hierbei soll wieder der Punkt z_∞ eine wesentliche Singularität für $w(z)$ sein.

Im folgenden beweisen wir den Juliaschen Satz für den Fall, daß $w(z)$ in (73.1) regulär ist, ohne dabei (explizit) von der Tatsache Gebrauch zu machen, daß es einen asymptotischen Weg gibt mit $\lim\limits_{t \to \infty} w(z(t)) = w_\infty$.

Zunächst kann man aus dem vorhin bewiesenen Hilfssatz folgenden Schluß ziehen: Zu jedem durch die Bedingung $0 < \mu < \dfrac{1}{4}$ festgelegten μ existieren unendlich viele Kreisscheiben

$$(73.7) \qquad\qquad |z - z_k| \leqq \mu |z_k| \qquad\qquad (k = 1, 2, \ldots)$$

derart, daß $w(z)$ in jedem dieser Kreise jeden Wert aus der Kreisscheibe $|w| \leqq \dfrac{1}{\mu}$ annimmt mit Ausnahme von höchstens einer Punktmenge M, die man durch eine Kreisscheibe vom Radius μ überdecken kann. Man betrachte in der Tat die Gesamtheit der Kreisscheiben K_ν^n ($n = 1, 2, \ldots$), bezeichne mit K_μ die Kreisscheibe $|w| \leqq \dfrac{1}{\mu}$ und bilde bei festem n die Punktmengen

$$A_\nu^n = K_\mu \backslash w(K_\nu^n) \qquad\qquad (\nu = 1, 2, \ldots, N).$$

Enthält dann jedes A_ν^n zwei Punkte a, b mit $|a - b| \geqq \mu$, so gilt auf $|z| = r_n$ $|w(z)| \leqq V(\mu)$. Das kann aber (da $z = \infty$ für $w(z)$ eine wesentliche Singularität ist) für höchstens endlich viele n stattfinden. Somit existiert zu jedem μ eine Kreisfolge

$$C^k : |z - z_k| \leqq \mu |z_k| \qquad\qquad (k = 1, 2, \ldots)$$

mit $\lim |z_k| = \infty$ derart, daß $w(z)$ in jedem C^k jeden Wert aus K_μ mit Ausnahme höchstens einer Teilmenge A, die man mit einer Kreisscheibe vom Radius μ überdecken kann, mindestens einmal annimmt[1]. Es sei jetzt (μ_n) $(n = 1, 2, \ldots)$ eine monoton gegen Null konvergierende Folge positiver Zahlen. Man bestimme zu jedem μ_n die Kreise C_n^k $(k = 1, 2, \ldots)$ und bilde die Diagonalfolge C_k^k (kurz C_k) aller dieser Kreisscheiben.

Jetzt bestimme man bei festem s (s ganz ≥ 1) einen Winkel α_s ($0 \leq \alpha_s < 2\pi$) derart, daß im Winkelraum

$$|z - e^{i\alpha_s}z(t)| \leq \frac{1}{s}|z(t)| \qquad\qquad (0 \leq t < +\infty)$$

unendlich viele Kreisscheiben C_r liegen. Wählt man dann nacheinander $s = 1, 2, \ldots$ und nimmt man einen Häufungspunkt, etwa α, der Folge (α_s), so enthält

$$(73.8) \qquad\qquad |z - e^{i\alpha}z(t)| \leq \varepsilon|z(t)| \qquad\qquad (0 \leq t < +\infty)$$

für jedes feste $\varepsilon > 0$ unendlich viele Kreisscheiben $C_{r_1}, C_{r_2}, \ldots$. Dabei hängt im allgemeinen die Indexfolge (r_k) von ε ab. Nun kann folgendes vorkommen: Entweder liegt jeder Wert a der w-Ebene (bei festem ε) in unendlich vielen $w(C_{r_k})$, und in diesem Falle nimmt $w(z)$ in (73.8) jeden Wert unendlich oft an, oder es gibt ein (endliches) a, das in nur endlich vielen $w(C_{r_k})$ liegt.

In diesem Falle muß aber (da die μ_k gegen Null konvergieren) $w(z)$ jeden Wert $b \neq a, \infty$ in jedem Kreis C_{r_k} mit hinreichend großem k mindestens einmal annehmen. Das beweist den Satz. Der allgemeinere Satz von Julia für meromorphe Funktionen mit einem asymptotischen Wert wird ähnlich bewiesen. Ostrowski [Über Folgen analytischer Funktionen und einige Verschärfungen des Picardschen Satzes, *Math. Z.* 24, 225 (1925)] konnte beweisen, daß die Juliasche Aussage über die Gültigkeit des Picardschen Satzes in jedem Raum (73.8) bei geeignetem α für meromorphe Funktionen dann und nur dann richtig ist, wenn die Funktionenfamilie

$$F = \{w(\sigma_n z) \mid \sigma_n \in E, \lim \sigma_n = \infty\}$$

für mindestens eine Folge (σ_n) keine normale Familie ist. Meromorphe Funktionen $w(z)$, für die jede Familie F normal ist (und für die es kein α mit der Juliaschen Eigenschaft gibt), werden nach Ostrowski als Ausnahmefunktionen im Juliaschen Sinne bezeichnet.

Lehto und Virtanen haben neuerdings (On the behaviour of meromorphic functions in the neighbourhood of an isolated singularity, *Ann. Acad. Sci. Fennicae, Helsinki* 1957) die (von Ostrowski auf andere

---

[1] Kreisscheiben von relativ kleinem Radius, in denen der Wertevorrat von $w(z)$ große Gebiete der w-Ebene überdeckt, werden nach Milloux als *Ausfüllungskreise* (cercles de remplissage) bezeichnet.

Weise erledigte) Frage der Juliaschen Ausnahmefunktionen erneut aufgegriffen und folgendes bewiesen:

Die notwendige und hinreichende Bedingung dafür, daß die in der Umgebung von $z = \infty$ meromorphe Funktion $w(z)$ eine Juliasche Ausnahmefunktion ist, besteht darin, daß

$$\varlimsup_{z \to \infty} |z| \frac{|w'(z)|}{1 + |w(z)|^2} < \infty$$

ist.

Der vorhin gegebene Beweis des Juliaschen Satzes stützt sich auf Gedanken von VALIRON *(Bull. sci. Math.*, Bd. **49**) und MILLOUX *(J. Math.* 9e *ser.* 1934). Das Buch von JULIA (Leçons sur les fonctions uniformes à point singulier essentiel isolé, *Gauthier Villars* 1924) gibt einen vollständigen Überblick über die Juliaschen Arbeiten. Für die hier gegebene Darstellung vgl. man auch das im Literaturverzeichnis erwähnte Buch von VALIRON.

74. Geschichtliche Zusammenhänge und Literaturangaben. RIEMANNs berühmter Satz, wonach *jedes einfach zusammenhängende Gebiet, das nicht die gesamte komplexe Ebene E ausmacht, auf das Innere des Einheitskreises abgebildet werden kann*, der die konforme Äquivalenz aller einfach zusammenhängenden Gebiete mit mindestens zwei Randpunkten begründete (Grundlagen für eine allgemeine Theorie der Funktionen einer veränderlichen komplexen Größe, *Diss. Göttingen* 1851, Ges. Werke 2te Aufl., S. 3—48), eröffnete zusammen mit dem Begriff der Riemannschen Fläche ein neues, großes Feld funktionentheoretischer Forschung (die geometrische Funktionentheorie), das trotz einer mehr als hundertjährigen intensiven Bearbeitung weder seine Bedeutung noch seinen Reiz verloren hat. Den ersten vollständigen Beweis des Satzes, daß jedes einfach zusammenhängende (schlichte), mit einer endlichen Anzahl von analytischen Kurvenstücken, die sich unter einem von Null verschiedenen Winkel schneiden, berandete Gebiet G einschließlich seines Randes Γ eineindeutig und stetig auf den Einheitskreis derart abgebildet werden kann, daß die Abbildung von G auf $|z| < 1$ schlicht ist, lieferte H. A. SCHWARZ im Jahre 1869 (Zur Theorie der Abbildung, *Programm d. eidgenössischen polyt. Schule Zürich*, 1869/70, *Ges. Math. Abhandl. 2, Berlin, Verlag Julius Springer* 1890, S. 108—132. Ferner: Über einen Grenzübergang durch alternierendes Verfahren, *Vierteljahrschr. naturf. Ges. Zürich*, Jahrg. 15, 1870, S. 272—286, *Ges. Math. Abhandl.* 2, S. 133—143. Dazu käme noch die Abhandlung: Über die Integration der partiellen Differentialgleichung $\Delta u = 0$ unter vorgeschriebenen Grenz- und Unstetigkeitsbedingungen, *Monatsber. Kgl. Akad. Wiss. Berlin*, 1870, S. 767—795). Eine ausgezeichnete Darstellung des alternierenden Verfahrens von SCHWARZ findet der Leser in den Monographien von NEVANLINNA. H. A. SCHWARZ und später W. OSGOOD haben

als erste das Problem der konformen Abbildung der inneren Punkte eines
Bereiches von dem Problem des Anschlusses dieser Abbildung an den
Rand getrennt, eine Trennung, die bald gestattete, über den von Schwarz
behandelten Fall eines von stückweise analytischen Kurven begrenzten
Bereiches hinauszugehen und die Abbildung des allgemeinsten, zulässigen
Gebietes zu studieren [W. F. Osgood, On the existence of the Green's
Function for the most general simply connected plane region, *Trans.
Am. Math. Soc.* 1, 310—314 (1900)]. H. Poincaré [*Acta Math.* 4, 231
(1886)] hat zuerst darauf hingewiesen, daß die konforme Äquivalenz
von zwei einfach zusammenhängenden Gebieten aufeinander (nach
geeigneter Zuordnung von zwei Linienelementen) auch dann eindeutig
bestimmt ist, wenn man über die gegenseitigen Zuordnungen der Ränder
gar keine Voraussetzung macht.

Es ist Carathéodorys großes Verdienst, diesen Sachverhalt [Un-
tersuchungen über die konformen Abbildungen von festen und veränderlichen Gebieten, *Math. Ann.* 12, 107—144 (1912)] vertieft und gezeigt
zu haben, daß die Abbildung zweier Gebiete aufeinander schon vollständig bestimmt ist, wenn man die schlichte Abbildung der Gebiete aufeinander verlangt, ohne von vornherein die gegenseitige Abbildung der
Ränder vorauszusetzen Der Beweis von Carathéodory wurde kurz
darauf von Koebe *(Göttinger Nachr. Math. Phys. Klasse*, 1912) verein-
facht und durch eine Reihe neuer wichtiger Gesichtspunkte ergänzt
(man vgl. z. B. Die Kreisabbildung der allgemeinsten einfach und zwei-
fach zusammenhängenden schlichten Bereiche und die Ränderzuordnung
bei konformer Abbildung, *Crelles J.* 145, 1915). Neben den hier angeführten Arbeiten verdienen zunächst noch die Arbeiten von Carathéodory
[Elementarer Beweis für den Fundamentalsatz der konformen Abbildungen, *Math. Abhandl. Hermann Amandus Schwarz zu seinem fünfzig-
jährigen Doktorjubiläum am* 6. *Aug.* 1914, *gewidmet von Freunden und
Schülern. Berlin, Verlag Julius Springer*, 1914, und Bemerkungen zu den
Existenztheoremen der konformen Abbildung, *Bull. Calcutta Math.
Soc.* 20, 125—134 (1928)] sowie die Arbeit von T. Radó (Über die Fun-
damentalabbildungen schlichter Gebiete, *Acta Litt. ac. Scient. Univ.
Hung.* 1, 240—251, 1923) erwähnt zu werden, in der der Leser auch die
Leistungen von F. Riesz und L. Fejér gewürdigt findet.

Eine ausführliche Geschichte der verschiedenen Phasen des Problems
bis 1918 findet ferner der Leser in dem ausführlichen Enzyklopädieartikel von Lichtenstein, Neuere Entwicklungen der Potentialtheorie.
Konforme Abbildung, II, C3 (Vol. II, 3, 1). Auch das Carathéodorysche
Buch Conformal Representation *(Cambridge Tracts, London* 1932) enthält ein ausführliches Literaturverzeichnis.

E. Lindelöf (Sur la représentation conforme d'une aire simplement
connexe sur l'aire du cercle, *Quatrième Congrès des mathém. Scandinaves*

à Stockholm 1916, S. 59—90) gab eine Fassung der Carathéodoryschen Methode, in der das Auswahlprinzip vermieden wird. Die Methode besteht in der Bildung einer (durch Iteration gewonnenen) Folge, deren Funktionen, absolut genommen, eine nicht abnehmende Folge bilden, und deren Grenzwert die gesuchte Abbildungsfunktion ist.

Läßt man die Arbeiten von C. NEUMANN beiseite, so hat neben SCHWARZ H. POINCARÉ im Jahre 1890 (Sur les équations aux dérivées partielles de la physique mathématique, *Am. J. Math.* **12**) eine Methode zur Lösung des Dirichletschen Problems, wie dieses von RIEMANN in seiner Dissertation gestellt wurde (nämlich die Lösung von $\Delta u = 0$ bei vorgeschriebenen Randwerten) gegeben, die sog. Ausfegemethode (Mèthode de Balayage), die in der neuesten Zeit zur weiteren Entwicklung gekommen ist (man vgl. z. B. das Buch von DE LA VALLÉE-POUSSIN, Le Potentiel logarithmique, *Paris, Gauthier-Villars*, 1949). Den ersten exakten Beweis des von RIEMANN verwendeten Dirichletschen Prinzips hat D. HILBERT (Das Dirichletsche Prinzip, *Gött. Festschr.* 1901) gegeben. Eine (mehr oder weniger veränderte) Darstellung der Hilbertschen Methode findet der Leser in dem schon zitierten Buch von WEYL, Die Idee der Riemannschen Fläche, sowie in dem Buch von R. COURANT, Dirichlet's Principle, Conformal Mapping, and Minimal Surfaces, *Intersc. Publishers, New York* 1950. Die im Text gegebene Methode zur Lösung des Dirichletschen Problems ist, wie dies schon erwähnt, diejenige, die O. PERRON in seiner klassischen Abhandlung (Eine neue Behandlung der ersten Randwertaufgabe $\Delta u = 0$, *Math. Z.* **18**) aus dem Jahre 1923 entwickelt hat. Dabei wurden einige, später von T. RADÓ und F. RIESZ [Über die erste Randwertaufgabe für $\Delta u = 0$, *Math. Z.* **22**, 41—44 (1925)] vorgebrachte Vereinfachungen verwendet. Eine auf der Perronschen Methode fußende Behandlung des Dirichletschen Problems hat noch CARATHÉODORY [On Dirichlet's Problem, *Am. J. Math.* **59**, 709—731 (1937)] gegeben. Dem für geschichtliche Zusammenhänge interessierten Leser wäre hier noch REMAKs Note [Über potentialkonvexe Funktionen, *Math. Z.* **20**, 126—130] aus dem Jahre 1924 zu empfehlen.

Um das Problem der Ränderzuordnung sowie das Verhalten der konformen Abbildung in der Umgebung eines Randpunktes hat sich eine umfangreiche Literatur angesammelt, von der hier nur die zwei wichtigen Arbeiten von AHLFORS und OSTROWSKI [Untersuchungen zur Theorie der konformen Abbildung und der ganzen Funktionen, *Acta Soc. Sci. Fennicae* A, I, Nr. 9, 1930 und: Über den Habitus der konformen Abbildung am Rande des Abbildungsbereiches, *Acta Math.* **64**, 81—184 (1935)] angeführt werden können. Einen wichtigen Satz von AHLFORS (Ahlforsscher Verzerrungssatz) findet der Leser (in äquivalenter Form formuliert) in den Ergänzungen und Aufgaben dieses Kapitels.

Der funktionentheoretische Beweis des Hauptsatzes der konformen Abbildung kann ebenso leicht für mehrfach zusammenhängende Gebiete sowie auch für Riemannsche Flächenstücke durchgeführt werden. Der Leser findet einen solchen Beweis in der Arbeit von CARATHÉODORY, A Proof of the First Principal Theorem on Conformal Representation [Studies and Essays presented to R. COURANT on his 60th birthday, Jan. 8, 1948, *Intersc. Publishers, New York*, S. 77—83, *Ges. Math. Schr.* 3, 334—361 (1948)] bzw. im zweiten Band seiner Funktionentheorie. Daß man aus der mit Hilfe der Perronschen Methode gewonnenen Greenschen Funktion auch das Problem der Abbildung von Gebieten von endlichem Zusammenhang auf bestimmte (sog. Normal-)Gebiete erledigen kann, findet der Leser ebenfalls in den anschließenden Ergänzungen. Die Abbildung der über drei Punkten der komplexen Ebene regulär verzweigten Riemannschen Fläche (Riemannsche Fläche der Modulfunktion) durch die Funktion $\lambda(z)$, wie diese im Anschluß an eine klassische Arbeit von LINDELÖF gegeben wurde, ist ein Spezialfall des sog. Problems der Uniformisierung einer (abstrakt gegebenen) Riemannschen Fläche. Darüber erfährt der Leser manches in den Ergänzungen und Aufgaben dieses Kapitels. Die Konstruktion der Funktion $\lambda(z)$ (in etwas veränderter Form, die durch die Abbildung des Einheitskreises auf die obere Halbebene entsteht) ist historisch sowohl für das Uniformisierungsproblem, das in seiner allgemeinsten Form erstmalig von POINCARÉ aufgeworfen (und später gegen 1907 gleichzeitig mit KOEBE gelöst) wurde, von Bedeutung, wie auch für das (durch HADAMARD und BOREL gegründete) Gesamtgebiet der Werteverteilung. Dieses Problem wird im nächsten Kapitel behandelt.

PICARDs große Entdeckung von 1879 [Sur une proprieté des fonctions entières, *Compt. rend. Acad. Sci. (Paris)* **88**, 1024—1027 (1879), und Mémoire sur les fonctions entières, *Ann. Sci. Ec. nor.* sup. Ser. 2, Bd. 9, 146—148 (1880)], die durch die Betrachtung von $\nu(w(z))$ zustande kam, eröffnete zwar ein neues, großes Feld mathematischer Forschung, lieferte jedoch kaum die Mittel (erst F. NEVANLINNA gelang es im Jahre 1927 auf dem von PICARD gewiesenen Wege, die gesamten Werteverteilungsergebnisse von R. NEVANLINNA zu erhalten), diese Resultate mit dem übrigen Teil der Funktionentheorie in einen organischen Zusammenhang zu bringen. Ein Einbau der Ergebnisse von PICARD in die damalige Funktionentheorie begann (was im nächsten Kapitel ausführlicher auseinandergesetzt werden soll) mit HADAMARD 1892 (ganze Funktionen endlicher Ordnung) und BOREL 1896 (ganze Funktionen beliebiger Ordnung) und endete mit R. NEVANLINNA im Jahre 1924 (meromorphe Funktionen beliebiger Ordnung). Die Entdeckungen von E. LANDAU (Über eine Verallgemeinerung des Picardschen Satzes, *Sitzungsber. Preuß. Akad. Wiss.* 1904, S. 1118—1133) und F. SCHOTTKY

(Über den Picardschen Satz und die Borelschen Ungleichungen, ebenda, 1904, S. 1244—1262), die unabhängig voneinander entstanden sind, sowie die Note von Carathéodory [Sur quelques géneralisations du théorème de M. Picard, *Compt. rend. Acad. Sci. (Paris)* 1905, S. 1212 bis 1215 und Sur quelques applications du théorème de Landau-Picard, ebenda **144**, 1203—1206 (1907)] bedeuten einen Wendepunkt in der Entwicklung der Borelschen Methode und des Picardschen Satzes. Insbesondere liefern die zuletzt angeführten Carathéodoryschen Noten durch konsequente Anwendung des Schwarzschen Lemmas auf die Funktion $v(w(z))$ neben einer Verallgemeinerung des Landauschen Satzes die genauen Schranken für R.

Die große Wendung in dem Fragenkomplex des Picard-Landauschen Satzes kommt (merkwürdigerweise in demselben Jahr, in dem R. Nevanlinna seinen elementaren Beweis des Picardschen Satzes für meromorphe Funktionen findet) im Jahre 1924 durch Bloch [Démonstration direct de théorèmes de M. Picard, *Compt. rend. Acad. Sci. Paris*, **178**, 1593—1595 (1924)]. Eine vollständige Liste der Blochschen Arbeiten zum Picard-Landauschen Satz findet der Leser in seinem Buch Les fonctions holomorphes et méromorphes dans le cercle-unité, *Mém. sci. math., Paris* 1926. Neben Blochs Arbeiten sind hier die Veröffentlichungen von Landau von Bedeutung, die mehr oder weniger in seinem bereits erwähnten Buch, Darstellung und Begründung einiger neuerer Ergebnisse der Funktionentheorie (2te Aufl. *Springer-Verlag, Berlin* 1929) zusammengefaßt sind. Neben den (klassisch gewordenen) Leistungen von Landau, welche, wie dies bereits hervorgehoben wurde, die Gestaltung der entsprechenden Nummern des Textes wesentlich beeinflußt haben, dürften hier noch die Arbeiten von Valiron [man vergleiche etwa: Sur le théorème de Bloch, *Rend. Circ. Palermo*, **54**, 76—82 (1930)] besonders hervorgehoben werden.

Auf den Zusammenhang zwischen den asymptotischen Werten einer meromorphen Funktion $w(z)$ und den nichtalgebraischen Singularitäten ihrer inversen Funktion (Sätze von A. Hurwitz, F. Iversen und W. Gross) ist mit Rücksicht auf den Umfang, den dieser Fragenkomplex in den letzten Jahren angenommen hat, nicht eingegangen worden. Der Leser findet diese klassischen Ergebnisse (und darüber hinaus eine Reihe neuer Resultate) in den beiden Monographien von Nevanlinna dargestellt.

Eine ausführliche Literatur über Riemannsche Flächen und ihre Uniformisierung findet der Leser neben den erwähnten Büchern von Weyl und Nevanlinna auch in den ausgezeichneten Büchern von G. Springer (Introduction to Riemann Surfaces, *Addison-Wesley Publish. Comp. Inc.* 1957) und A. Pfluger (Theorie der Riemannschen Flächen, *Springer-Verlag, Berlin-Göttingen-Heidelberg*, 1957), sowie in der kürzlich erschienenen Monographie von Ahlfors und Sario.

Die Literatur über den Kapazitätsbegriff und den damit zusammenhängenden Begriff der harmonischen Nullmengen (Punktmengen vom harmonischen Maß Null) findet der Leser in den beiden Büchern von NEVANLINNA, Eindeutige analytische Funktionen und Uniformisierung. Einige prinzipiell wichtige Tatsachen werden kurz in den Aufgaben und Ergänzungen dieses Kapitels entwickelt.

Ergänzungen und Aufgaben zum achten Kapitel

1. Der isometrische Kreis einer linearen Transformation. Ist

$$(1) \qquad w = \frac{az + b}{cz + d} \qquad (ad - bc = 1)$$

eine lineare Transformation und ist $c \neq 0$, so heißt der Kreis

$$(2) \qquad J : |cz + d| = 1$$

der isometrische Kreis von (1).

Man beweise: Im Inneren von J werden Längen und Flächeninhalte vergrößert.

2. Der Fundamentalbereich einer Gruppe. Es sei S eine Gruppe linearer Transformationen. Sind dann A, A' zwei Punktmengen von $\overline{E}$, so heißen sie in bezug auf die Gruppe S kongruent (äquivalent), wenn es ein $T \in S$ gibt, das A in A' überführt.

Eine größte Punktmenge R_0 von $\overline{E}$, die kein Paar äquivalenter Punkte (in bezug auf S) enthält, heißt ein Fundamentalbereich von S. Man kann (neben der Schlichtheit von R_0) zeigen, daß für jedes $T \in S$ $T(R_0) \cap$ $\cap R_0 = \emptyset$ ist, sofern T nicht die identische Transformation ist.

Enthält S unendlich viele Transformationen T, so spielt die abgeschlossene Hülle H der Mittelpunkte der isometrischen Kreise von S eine wichtige Rolle.

Eine Gruppe S heißt eigentlich diskontinuierlich, falls ein Kreis $K : |z - z_0| < r (r > 0)$ existiert, so daß für jede Transformation $T \in S$, die nicht die identische Transformation ist, $|Tz_0 - z_0| \geq r$ gilt. Bei den nachfolgenden Betrachtungen kommen lediglich (eigentlich) diskontinuierliche Gruppen S in Frage. Zu erwähnen wäre hier noch, daß die Elemente einer (eigentlich) diskontinuierlichen Gruppe entweder endlich oder abzählbar sind.

Man unterscheidet:

1. *Elementare Gruppen.* Das sind Gruppen, die entweder endlich viele Elemente T aufweisen, oder Gruppen, für die H höchstens zwei Punkte enthält.

2. *Gruppen mit Grenzkreis oder Fuchssche Gruppen.* Ist S eine solche Gruppe, so hat jedes $T \in S$ die Eigenschaft, daß ein fester Kreis (der sog. Fundamentalkreis) in sich übergeht.

3. *Gruppen ohne Grenzkreis bzw. Schottky-Kleinsche Gruppen.* Das sind Gruppen, die weder elementar noch solche mit Grenzkreis sind.

3. Der Begriff der automorphen Funktion. Eine komplexe Funktion $w(z)$ soll eine in bezug auf eine Gruppe $S = \{T_n\}$, $(n = 0, 1, 2, \ldots)$ automorphe Funktion heißen, wenn

1. $w(z)$ eindeutig regulär in einem Gebiet G ist,
2. $T_n(G) \subseteq G\,(n = 1, 2, \ldots)$ gilt und
3. $w(T_n z) = w(z)$

für alle n ist.

Der Begriff der automorphen Funktion (der in seiner größten Allgemeinheit von POINCARÉ in seinen bahnbrechenden Arbeiten aus den Jahren 1881—1884 entwickelt wurde) enthält die Exponentialfunktion, die trigonometrischen und die elliptischen Funktionen als Spezialfall. Eine (nichttriviale) automorphe Funktion hat der Leser in 69 kennengelernt.

Eine allgemeine Konstruktionsmethode von automorphen Funktionen hat POINCARÉ (Sur les fonctions fuchsiennes, *Acta Math.* 1, 193—294 (1882)] gegeben. Es bedeute $R(z)$ eine rationale Funktion mit der Eigenschaft, daß kein Pol von $R(z)$ in H liegt. Man schreibe die Transformationen von S in der Form

$$T_n z = \frac{a_n z + b_n}{c_n z + d_n} \qquad (a_n d_n - b_n c_n = 1)$$

für $n = 0, 1, 2, \ldots (T_0 z = z!)$ und setze

$$(1) \qquad \theta(z) = \sum_0^\infty (c_n z + d_n)^{-2m} R(T_n z) \qquad (m \text{ ganz}, > 1)\,.$$

Dann gilt

$$\theta(T_k z) = (c_k z + d_k)^{2m}\, \theta(z)\,.$$

Hat man nun zwei Reihen von der Form (1), etwa $\theta_1(z)$, $\theta_2(z)$, die zu demselben m gehören, so ist offenbar

$$w(z) = \frac{\theta_1(z)}{\theta_2(z)}$$

eine (eindeutige) automorphe Funktion.

Spezielle automorphe Funktionen sind, wie bereits erwähnt:
1. Die Exponentialfunktion $w = e^z$, für die Gruppe S:

$$T_n z = z + 2in\pi \qquad (n = 0, \pm 1, \pm 2, \ldots)\,.$$

2. Alle trigonometrischen Funktionen.
3. Die Modulformen (ϑ-Reihen!)

$$(2) \qquad w(z) = \sum_{n=-\infty}^{n=+\infty} \frac{1}{(z - 2in\pi)^m} \qquad (m \text{ ganz}, > 1)\,.$$

4. Alle Modulformen

$$(3) \qquad w(z) = \sum_{k,l=-\infty}^{k,l=\infty} \frac{1}{(z - 2k\omega_1 - 2l\omega_2)^m} \qquad (m \text{ ganz}, > 2),$$

sofern ω_1 und ω_2 nicht linear abhängig sind.

Aufgabe: *Man beweise, daß (2) und (3) in jeder kompakten Teilmenge von E, die keinen der Punkte $2ni\pi$ ($n = 0, \pm 1, \pm 2, \ldots$) bzw. der Punkte $2k\omega_1 + 2l\omega_2$ ($k, l = 0, \pm 1, \pm 2, \ldots$) enthält, gleichmäßig konvergieren.*

4. Eine Ungleichung von Plemelj und Carathéodory. *Es sei $w(z)$ in $|z| \leq 1$ regulär, $w(0) = 0$ und*

$$(1) \qquad |\mathrm{Re}\, w(z)| \leq A \qquad (|z| = 1).$$

Dann gilt in $|z| < 1$

$$(2) \qquad |\mathrm{Im}\, w(z)| \leq \frac{2A}{\pi} \log \frac{1 + |z|}{1 - |z|}.$$

Die Ungleichung gilt auch dann, wenn $w(z)$ nur in $|z| < 1$ regulär und

$$\varlimsup_{|z| \to 1} |\mathrm{Re}\, w(z)| \leq A$$

ist.

Beweis. Man bilde die Funktion

$$g(z) = e^{\frac{\pi i}{2A} w(z)}. \qquad (|z| \leq 1).$$

Dann ist

$$\mathrm{Re}\, g(z) = e^{-\frac{\pi}{2A} v} \cos \frac{\pi}{2A} u \geq 0 \qquad (w = u + iv).$$

Somit ist wegen $g(0) = 1$

$$g(z) = \frac{1}{2\pi} \int_0^{2\pi} \mathrm{Re}\, g(e^{i\vartheta}) \frac{e^{i\vartheta} + z}{e^{i\vartheta} - z} d\vartheta,$$

also

$$(3) \qquad \frac{1 - |z|}{1 + |z|} \leq |g(z)| \leq \frac{1 + |z|}{1 - |z|}.$$

Ist $w(z)$ nur in $|z| < 1$ regulär, so wende man die Poissonsche Formel auf eine Reihe von Peripherien $K_n : |z| = 1 - \frac{1}{n}$ an und lasse $n \to \infty$ konvergieren.

Aus (3) folgt die Behauptung wegen

$$|g(z)| = e^{-\frac{\pi}{2A} v(z)}$$

ohne Schwierigkeit.

Man beweise nun (2) (wie es Carathéodory getan hat) mit Hilfe des Schwarzschen Lemmas (Schwarzs Festschrift, S. 21).

5. Der Verzerrungssatz von Koebe und Bieberbach. *Ist $w(z)$ in* $|z| < 1$ *schlicht und gilt $w(0) = 0$, $w'(0) = 1$, so ist*

$$(1) \qquad \frac{|z|}{(1 + |z|)^2} \leq |w(z)| \leq \frac{|z|}{(1 - |z|)^2}$$

und

$$(2) \qquad \frac{1 - |z|}{(1 + |z|)^3} \leq |w'(z)| \leq \frac{1 + |z|}{(1 - |z|)^3} \, .$$

Beide Ungleichungen sind scharf und besitzen als Extremalfunktionen die (Koebeschen) schlichten Funktionen

$$(3) \qquad w(z) = \frac{z}{(1 + \varepsilon z)^2} \qquad\qquad (|\varepsilon| = 1) \, .$$

Folgender Beweis geht auf Bieberbach *(Sitzber. preuss. Akad. Wiss.* 1916) und R. Nevanlinna *(Övers. av Vet. Soc. Förh.,* Bd. **62**, 1919—1920) zurück. Es sei $z \, (|z| < 1)$ fest und

$$(4) \qquad g(\zeta) = \frac{w\left(\dfrac{\zeta + z}{1 + \bar{z}\zeta}\right) - w(z)}{(1 - z\bar{z}) \, w'(z)} = \zeta + a_2 \zeta^2 + \cdots$$

mit $|\zeta| < 1$. Dann ist $\left(\text{da } \dfrac{\zeta + z}{1 + \bar{z}\zeta} \text{ bei festem } z \text{ in } |\zeta| < 1 \text{ schlicht ist}\right) g(\zeta)$ schlicht.

Man setze jetzt

$$F(\zeta) = \frac{1}{\sqrt{g\left(\dfrac{1}{\zeta^2}\right)}} \qquad \left(\sqrt{g(\zeta^2)} = \zeta + \frac{1}{2} a_2 \zeta^3 + \cdots\right).$$

Dann ist $F(\zeta)$ in $|\zeta| > 1$ schlicht und besitzt dort die Entwicklung

$$F(\zeta) = \zeta + \frac{c_1}{\zeta} + \frac{c_2}{\zeta^2} + \cdots$$

mit $c_1 = -\dfrac{1}{2} a_2$. Es sei jetzt $r > 1$ fest und γ die durch

$$F(r e^{i\vartheta}) = u + iv \qquad\qquad (0 \leq \vartheta \leq 2\pi)$$

dargestellte einfachgeschlossene, positiv orientierte Kurve. Dann stellt

$$J = \int_\gamma u \, dv = \int_0^{2\pi} u \, \frac{\partial v}{\partial \vartheta} \, d\vartheta$$

den Inhalt des von γ eingeschlossenen Gebietes dar. Nun ist wegen

$$u = \frac{1}{2} (F + \overline{F}), \; v = \frac{1}{2i} (F - \overline{F}), \; J = \frac{1}{4} \int_0^{2\pi} \psi(r, \vartheta) \, d\vartheta$$

mit

$$\psi(r, \vartheta) = \left\{ r\varepsilon + r\bar{\varepsilon} + \sum_1^\infty \frac{c_k \bar{\varepsilon}^k + \bar{c}_k \varepsilon^k}{r^k} \right\} \left\{ r\varepsilon + r\bar{\varepsilon} - \sum_1^\infty \frac{k c_k \bar{\varepsilon}^k + k \bar{c}_k \varepsilon^k}{r^k} \right\}$$

und $\varepsilon = e^{i\vartheta}$, und somit wird nach leichten Rechnungen

$$\pi \left(r^2 - \sum_1^\infty k\,|c_k|^2\, r^{-2\,k} \right) \geqq 0$$

und für jedes N, $N = 1, 2, \ldots$

$$\sum_1^N k\,|c_k|^2\, r^{-2\,k} \leqq r^2 \,.$$

Daraus folgt durch Grenzübergang $r \to 1$

$$\sum_1^N k\,|c_k|^2 \leqq 1$$

und durch Grenzübergang $N \to \infty$

$$(5) \qquad\qquad \sum_1^\infty k\,|c_k|^2 \leqq 1 \,.$$

Diese Ungleichung wurde unabhängig voneinander von L. BIEBERBACH [Über einige Extremalprobleme im Gebiete der konformen Abbildung, *Math. Ann.* **77**, 153—172 (1916)] und T. H. GRONWALL [Some remarks on conformal representation, *Ann. Math.* **16**, 72—76 (1914/15)] gefunden und wird in der Literatur als Flächensatz von BIEBERBACH bzw. als Flächensatz von GRONWALL geführt.

Man behalte jetzt in (5) lediglich das erste Glied bei und beachte, daß

$$c_1 = -\frac{1}{2}\, a_2 = -\frac{1}{4} \left(\frac{w''(z)\,(1 - z\bar{z})}{w'(z)} - 2\,\bar{z} \right)$$

ist. Es wird also

$$\left| \frac{w''(z)\,(1 - z\bar{z})}{w'(z)} - 2\,\bar{z} \right| \leqq 4$$

und somit

$$(6) \qquad \frac{2\,|z|^2 - 4\,|z|}{1 - |z|^2} \leqq \operatorname{Re} \left(\frac{z\,w''}{w'} \right) \leqq \frac{4\,|z| + 2\,|z|^2}{1 - |z|^2} \,.$$

Nun ist

$$\operatorname{Re} \left(\frac{z\,w''}{w'} \right) = |z|\, \frac{\partial}{\partial |z|} \log |w'(z)|$$

und allgemein

$$\left(\log \frac{1 - x}{(1 + x)^3} \right)' = \frac{2\,x - 4}{1 - x^2}$$

und

$$\left(\log \frac{1 + x}{(1 - x)^3} \right)' = \frac{4 + 2\,x}{1 - x^2} \,.$$

Verwendet man diese Gleichungen in (6), so erhält man

$$\frac{d}{d|z|} \log \frac{1 - |z|}{(1 + |z|)^3} \leqq \frac{\partial}{\partial |z|} \log |w'(z)| \leqq \frac{d}{d|z|} \log \frac{1 + |z|}{(1 - |z|)^3}$$

und somit durch Integration von $z = 0$ bis $z = z$ die Ungleichung (2).

20*

Es bezeichnen jetzt z_1, z_2 zwei Punkte von $|z| = r$ und γ_1, γ_2 zwei (differenzierbare) Kurven in $|z| \leq r$, die den Punkt $z = 0$ mit z_1 bzw. z_2 verbinden. Man wähle z_1 und z_2 so, daß $|w(z_1)| = \underset{|z|=r}{\mathrm{Max}}\, |w(z)|$ und $|w(z_2)| = \underset{|z|=r}{\mathrm{Min}}\, |w(z)|$ ist und nehme als γ_1 die Strecke $\overline{0z_1}$. Nimmt man dann als γ_2 diejenige Kurve, deren Bild $\gamma_2' = w(\gamma_2)$ die Strecke $\overline{0w_2}$ ($w_2 = w(z_2)$) der w-Ebene ist, so erhält man

$$|w(z)| \leq \int_{\gamma_1} |w'(\zeta)|\, |d\zeta| \leq \frac{|z|}{(1 - |z|)^2}$$

und

$$|w(z)| \geq \int_{\gamma_2'} |dw| = \int_{\gamma_2} \left|\frac{dw}{dz}\right| |dz| \geq \frac{|z|}{(1 + |z|)^2}\,.$$

Das Gleichheitszeichen (auf einer der beiden Seiten) in (1) oder in (2) für ein $z \neq 0$ kann offenbar dann und nur dann eintreten, wenn in (6) für eine Seite das Gleichheitszeichen gilt. Daraus folgt aber

$$\left|\frac{w''(z)\,(1 - z\bar{z})}{w'(z)} - 2\bar{z}\right| = 4\,,$$

und somit $|c_1| = 1$ und $c_2 = c_3 = \cdots = 0$. Es muß also

$$F(\zeta) = \zeta + \frac{\varepsilon}{\zeta} \qquad\qquad (\varepsilon = \varepsilon(z),\ |\varepsilon| = 1)$$

gelten und mithin

$$(7) \qquad\qquad g(\zeta) = \frac{\zeta}{(1 + \varepsilon\zeta)^2} \qquad\qquad (|\zeta| < 1)\,.$$

Diese Gleichung muß (da sowohl (2) als auch (1) durch Integration von (6) bewiesen wurden) für alle Punkte von γ_1 bzw. γ_2 gelten, je nachdem es sich um das Gleichheitszeichen rechts bzw. links handelt. Läßt man dann in (7) den Punkt z auf dem entsprechenden Wege gegen Null konvergieren, so erhält man

$$w(\zeta) = \lim_{z \to 0} g(\zeta) = \frac{\zeta}{(1 + \varepsilon_0\zeta)^2} \qquad\qquad (|\varepsilon_0| = 1)\,.$$

Aus (1) kann man noch folgenden Satz von KOEBE (1907) ableiten, der den Anstoß zu der ganzen späteren Literatur gegeben hat:

Satz. (KOEBE-CARATHÉODORY-FABER). *Ist $w(z)$ in $K\colon |z| < 1$ schlicht, so enthält $w(K)$ die Kreisscheibe*

$$|w - w(0)| < \frac{1}{4}\, |w'(0)|\,.$$

Die Konstante $\frac{1}{4}$ (die zuerst von G. FABER bestimmt wurde) kann, wie das Beispiel der Koebeschen Extremalfunktionen zeigt, durch keine größere ersetzt werden.

Von den wichtigsten älteren Arbeiten aus dem Koebe-Carathéodory-Bieberbach-Faberschen Fragenkreis sollen hier neben den vorhin zitierten Arbeiten von GRONWALL und BIEBERBACH [hierzu käme auch sein

Artikel über: Neuere Forschungen auf dem Gebiet der konformen Abbildung, *Glasnik hrv. prirod. društra* **33**, 24 S. (1921) in Betracht] noch die Arbeiten von G. Faber [Neuer Beweis eines Koebe-Bieberbachschen Satzes, *Münch. Ber. Jahrg.* 1916, 39—42] und G. Pick [Über den Koebeschen Verzerrungssatz, *Leipz. Ber.* **68**, 58—64 (1916)] erwähnt werden, sowie die Arbeit von R. Nevanlinna [Über die schlichten Abbildungen des Einheitskreises, *Övers. av Finska Vetensk. Soc. Förh.* **62**, 295—305 (1919—20)]. Das Ungleichungssystem (1) und (2) wurde (unter Annahme der später von Bieberbach bewiesenen genauen Abschätzung $|w''(0)| \leq 4$) zuerst von J. Plemelj [Über den Verzerrungssatz von P. Koebe, *Verh. d. Ges. Dtsch. Naturf. u. Ärzte* **85**, 249—252 (1913)] aufgestellt. Eine Reihe von Ergebnissen aus dem Koebe-Carathéodory-Faberschen Gedankenkreis sind von H. Grötzsch [man vergleiche z. B.: Über einige Extremalprobleme der konformen Abbildung I, II, *Leipz. Ber.* **80**, 367—376, 497—502 (1928)] auf schlichte Abbildungen von mehrfach zusammenhängenden Gebieten übertragen worden.

6. Der Drehungssatz von Bieberbach-Golusin. Aus der Ungleichung

$$\left| z\,\frac{w''}{w'} - \frac{2\,|z|^2}{1-|z|^2} \right| \leq \frac{4\,|z|}{1-|z|^2}$$

folgt

$$-\frac{4\,|z|}{1-|z|^2} \leq \mathrm{Im}\left(z\,\frac{w''}{w'}\right) \leq \frac{4\,|z|}{1-|z|^2}$$

und somit wegen

$$\mathrm{Im}\left(z\,\frac{w''}{w'}\right) = |z|\,\frac{\partial}{\partial |z|}\,\arg w'(z)$$

$$(1) \qquad |\arg w'(z)| \leq 2\log\frac{1+|z|}{1-|z|}\,.$$

Diese Ungleichung stammt von Bieberbach, liefert jedoch keine genaue universelle Abschätzung des Arguments für die gesamte Klasse der in $|z| < 1$ schlichten Funktionen. Die genauen Schranken für $|\arg w'(z)|$ gab zuerst Golusin *(Mat. Sb.* **1**, 1936, *Mat. Sb.* **6**, 1939 *und Mat. Sb.* **18**, 1946)*, der folgendes bewiesen hat: *Ist $w(z)$ in $|z| < 1$ eine normierte* ($w(0) = 0$, $w'(0) = 1$) *schlichte Funktion, so gilt*

$$(2) \qquad |\arg w'(z)| \leq \begin{cases} 4\,\mathrm{arc\,sin}\,|z| & |z| \leq \dfrac{1}{\sqrt{2}} \\[2ex] \pi + \log\dfrac{|z|^2}{1-|z|^2} & \dfrac{1}{\sqrt{2}} \leq |z| < 1\,. \end{cases}$$

Daß (2) scharf ist, lehren zwei von Golusin und Basilewitsch *(Mat. Sb.* **1**, 1936) gegebene Beispiele.

7. Das Koeffizientenproblem. Ist

$$(1) \qquad w(z) = z + a_2 z + a_3 z^3 + \cdots$$

eine in $|z| < 1$ schlichte Potenzreihe, so ist vermutet worden (BIEBER-
BACH 1916, loc. cit. S. 946), daß $|a_n| \leqq n \, (n = 2, 3, \ldots)$ gilt und somit daß

$$(2) \qquad w(z) = \frac{z}{(1 + \varepsilon z)^2} \qquad\qquad (|\varepsilon| = 1)$$

die Extremalfunktionen auch für das Koeffizientenproblem liefern.
Diese Vermutung ist bisher lediglich für $n = 2$ (BIEBERBACH 1916, loc.
cit.), für $n = 3$ (LÖWNER 1923, *Math. Ann.* Bd. 89) und für $n = 4$ [(GARA-
BEDIAN und SCHIFFER, *Arch. Rat. Mech. Anal.* 4, 427—465 (1955)] be-
wiesen. Neuerdings haben M. SCHIFFER und Z. CHARZYNSKI [A New
Proof of the BIEBERBACH Conjecture for the Fourth Coefficient, *Arch.
Rat. Mech. Anal.* 5, 187—193 (1960)] einen verblüffend einfachen Beweis
für die Ungleichung $|a_4| \leqq 4$ gegeben[1]. Neben den grundlegenden
Arbeiten von BIEBERBACH, LOEWNER und SCHIFFER zum Koeffizienten-
Problem dürfte hier noch das bahnbrechende Ergebnis von W. HAY-
MAN [La regularité des fonctions univalents, *Compt. rend. Acad. Sci.*
(Paris) 237, 1624—1625 (1953)] angeführt werden, wonach für die
Koeffizienten der schlichten, normierten Potenzreihe (1) die Gleichung

$$(3) \qquad \lim_{n \to \infty} \frac{|a_n|}{n} = \alpha < 1$$

gilt, sofern $w(z)$ mit keiner der Funktionen (2) zusammenfällt.

Ist die Vermutung $|a_n| \leqq n$ richtig, so können in jedem Punkt von
$|z| < 1$ genaue Abschätzungen für $|w^{(n)}(z)|$ nach oben gegeben werden.
Die ersten Schritte dazu wurden von E. LANDAU [Einige Bemerkungen
über schlichte Abbildung, *Jahresber. D. M. V.* 34, 239—243 (1925)]
gemacht. Scharfe Abschätzungen für $w^{(n)}(z)$ wurden von DINGHAS
(Avhandl. Norske Videnskaps-Akad. Oslo, 1959) gegeben und lauten

$$(4) \qquad \frac{|w^{(n)}(z)|}{n!} \leqq \frac{n + |z|}{(1 - |z|)^{n+2}} \left\{ \frac{(1 - |z|)^2 \, |w(z)|}{|z|} \right\}^{\mu},$$

mit

$$\mu = 2 \, \frac{1 + |z|^2}{(1 + |z|)^2}.$$

Ersetzt man hier μ durch Null, so erhält man die Landauschen Abschätzungen. Allgemein gilt [F. MARTY, *Compt. rend. Acad. Sci. (Paris)* 194,
1308—1310 (1953) und DINGHAS, *Arch. Math.* 8, 413—416 (1957)]

$$(5) \qquad \frac{|w^{(n)}(z)|}{n!} \leqq |w'(z)| \, \frac{n + |z|}{(1 + |z|)\,(1 - |z|)^{n-1}}.$$

---

[1] Wie mir Herr M. SCHIFFER und Herr W. K. HAYMAN Anfang November 1960
mitteilten, enthält der kürzlich von K. KOSÉKI im *Math. J. Okayama Univ.* 9,
173—197 (1960) publizierte Beweis der Bieberbachschen Vermutung Lücken, die
bisher nicht ausgefüllt werden konnten.

Der interessierte Leser findet eine Reihe von Fortschritten auf dem Gebiet der schlichten Funktionen in den Büchern von W. Hayman (Multivalent Functions, *Cambridge Univ. Press* 1958), J. Jenkins (Univalent Functions and Conformal Mapping, *Ergeb. Math. und ihrer Grenzgeb.*, *Springer-Verlag* 1958) und G. Golusin (Geometrische Funktionentheorie, *Akademie-Verlag Berlin* 1957).

8. Die konforme Abbildung eines Polygons auf eine Halbebene. Das Problem der konformen Abbildung eines Polygons P mit den Ecken $A_1, \ldots, A_n$ und den (inneren) Winkeln $\alpha_1, \ldots, \alpha_n$ ist ein Musterbeispiel der Riemannschen Auffassung, daß durch das Verhalten einer analytischen Funktion $w(z)$ in der Umgebung aller ihrer singulären Stellen diese im wesentlichen bestimmt wird. Wir nehmen an, daß P einfachzusammenhängend ist und daß sein Rand aus einem einfachen Polygonzug Γ besteht. Es sei $w(z)$ die Funktion, welche die obere Halbebene Im $z > 0$ auf das Innere von P eineindeutig und konform (Abb. 20) abbildet.

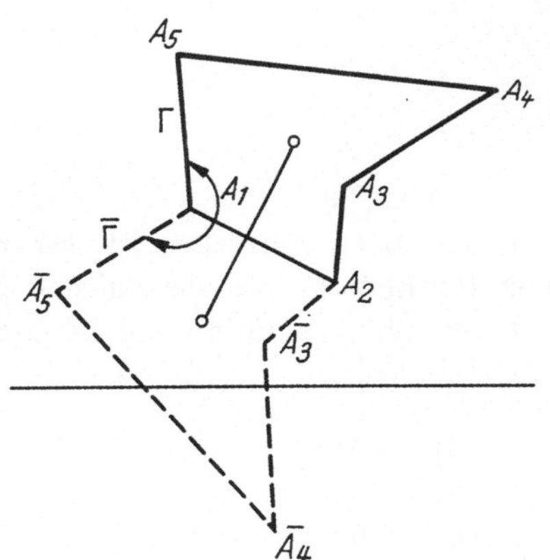

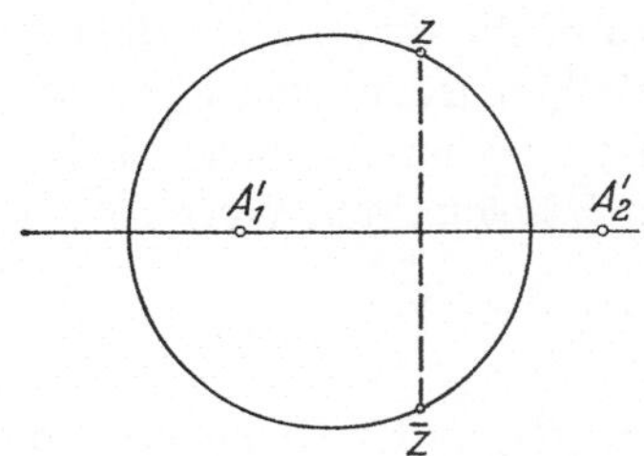

Abb. 20

Da der Rand von P aus geradlinigen Strecken besteht, kann man sowohl $z = z(w)$, als auch $w = w(z)$ durch Spiegelung an jeder der Strecken $A_{k-1}A_k$ fortsetzen, was zunächst das Ergebnis liefert, daß der Rand von P in die (volle) reelle Achse der z-Ebene übergeht und daß jeder Ecke A_k von P (ein-eindeutig) ein Punkt A_k' dieser Achse entspricht.

Es sei jetzt a_1 die komplexe Zahl, die dem Punkt A_1 entspricht. Man bilde $(w(z) - a_1)^{\frac{\pi}{\alpha_1}}$. Dann ist diese Funktion in der Umgebung von a_1' schlicht und hiermit gilt

$$(w(z) - a_1)^{\frac{\pi}{\alpha_1}} = c_1(z - a_1') + c_2(z - a_1')^2 + \cdots \qquad (c_1 \neq 0).$$

Daraus folgt leicht

$$(1) \qquad \frac{w''(z)}{w'(z)} = \frac{\dfrac{\alpha_1}{\pi} - 1}{z - a_1'} + g(z - a_1')$$

mit einem regulären $g(z - a_1')$. Analog verfährt man mit den übrigen Ecken. Entspricht dem Punkt $z = \infty$ eine Ecke, etwa die Ecke A_2, so findet man leicht die Entwicklung (in der Umgebung von $z = \infty$)

$$(w(z) - a_2)^{\frac{\pi}{\alpha_2}} = \frac{c_1}{z} + \frac{c_2}{z^2} + \cdots,$$

und somit die Differentialbeziehung

$$(2) \qquad \frac{w''(z)}{w'(z)} = -\frac{1 + \dfrac{d_2}{\pi}}{z} + \frac{d_2}{z^2} + \cdots$$

Im Falle, daß dem Punkt $z = \infty$ keine Ecke von P entspricht, ist

$$w(z) = c_0 + \frac{c_1}{z} + \frac{c_2}{z^2} + \cdots$$

und mithin

$$(3) \qquad \frac{w''(z)}{w'(z)} = -\frac{2}{z} + \frac{d_2}{z^2} + \cdots$$

Wir bilden jetzt die Funktion

$$(4) \qquad g(z) = \frac{w''(z)}{w'(z)} - \sum' \frac{\alpha_k - \pi}{\pi(z - a_k')},$$

wobei die Summation über alle endlichen a_k' zu erstrecken ist. Da nun $w'(z)$ in jedem von a_k' verschiedenen Punkt von Null verschieden ist, hat $g(z)$ im Endlichen lediglich hebbare Singularitäten und ist somit in E holomorph. Wegen

$$\frac{1}{\pi} \sum_1^n (\alpha_k - \pi) = \frac{1}{\pi} \{(n - 2)\pi - n\pi\} = -2$$

hat $g(z)$ in der Umgebung von $z = \infty$ die Form

$$g(z) = \frac{d_2}{z^2} + \cdots$$

und mithin muß sie nach dem Liouvilleschen Satz identisch verschwinden. Aus

$$\frac{w''(z)}{w'(z)} = \sum' \frac{\alpha_k - \pi}{\pi(z - a_k')} = \sum' \frac{\beta_k - 1}{z - a_k'}$$

erhält man leicht durch Integration

$$(5) \qquad w(z) = C_1 \int_{z_0}^{z} \{\Pi'(\zeta - a_k')^{\beta_k - 1}\} \, d\zeta + C_2$$

mit zwei endlichen Konstanten $C_1, C_2\,(C_1 \neq 0)$.

Aufgabe: *Man beweise: Ist $n > 4$, so kann die Funktion $z = z(w)$ nicht eindeutig sein.*

Gibt man $w = w(z)$ durch die Gleichung

$$(6) \qquad w(z) = \int_z^{\infty} \zeta^{\alpha - 1}(\zeta - 1)^{\beta - 1} \, d\zeta \qquad (0 < \alpha + \beta < 1)$$

so stellt diese die Abbildung der Halbebene Im $z > 0$ auf ein Dreieck mit den Winkeln $\pi\alpha$, $\pi\beta$ und $\pi\gamma = \pi(1 - \alpha - \beta)$ dar. Setzt man α, β, γ rational und von der Form $\alpha = \dfrac{1}{m}$, $\beta = \dfrac{1}{n}$, $\gamma = \dfrac{1}{p}$ mit $m, n, p > 0$ ganz und $m \geqq n \geqq p$ voraus, so sind offenbar lediglich die Fälle

1. $\qquad\qquad\qquad m = n = p = 3$,

2. $\qquad\qquad\qquad m = n = 4, p = 2$,

3. $\qquad\qquad\qquad m = 6, n = 3, p = 2$,

4. $\qquad\qquad\qquad m = \infty, n = 2, p = 2$

möglich. Der Leser möge als Aufgabe die Struktur der zu diesen Fällen zugehörigen inversen (eindeutigen) Funktionen studieren.

Der Fall eines (im Endlichen liegenden) Rechtecks führt zu der Funktion

$$(7) \qquad w(z) = \int_z^\infty \frac{d\zeta}{\sqrt{(\zeta - e_1)(\zeta - e_2)(\zeta - e_3)(\zeta - e_4)}} .$$

Diese ist vom funktionentheoretischen Standpunkt aus zu der Funktion

$$(8) \qquad w(z) = \int_0^z \frac{d\zeta}{\sqrt{(1 - \zeta^2)(1 - k^2\zeta^2)}} \qquad\qquad (0 < k < 1)$$

äquivalent (was man ohne weiteres einsieht, wenn man die z-Ebene einer geeigneten linearen Transformation unterwirft).

Das Integral (8) (elliptisches Integral erster Gattung) führt direkt zur Jacobischen Theorie der elliptischen Funktionen. Einen ausgezeichneten Überblick darüber geben die Bücher von HURWITZ-COURANT und WHITTAKER-WATSON (insbesondere Kap. 22, The Jacobian elliptic functions).

Geht man vom Integral (7) aus, ohne dabei vorauszusetzen, daß e_1, e_2, e_3 und e_4 Bildpunkte eines Rechtecks sind, so wird man auf die allgemeinen elliptischen Integrale

$$(9) \qquad w(z) = \int_z^\infty \frac{d\zeta}{\sqrt{P(\zeta)}}$$

mit

$$P(\zeta) = a_0\zeta^4 + 4a_1\zeta^3 + 6a_2\zeta^2 + 4a_3\zeta + a_4$$

geführt. Hierbei darf ohne Einschränkung der Allgemeinheit angenommen werden, daß $P(\zeta)$ keine mehrfachen Wurzeln hat. Auch für dieses Problem sei hier der Leser auf die beiden vorhin erwähnten Bücher hingewiesen.

Die Formel (5) (für $n = 3$) ist im Jahre 1864 von H. A. SCHWARZ [*Ges. Math. Abhandl.* 2, 65—83 (1890)] gegeben worden und unabhängig von ihm von CHRISTOFFEL [*Annali di matematica, Ser.* II, 1, 89 (1867)]. Sie heißt oft die Schwarz-Christoffelsche Formel.

9. Der Ahlforssche Verzerrungssatz. Es bedeute G ein einfachzusammenhängendes Gebiet der komplexen Ebene, das die Punkte $z = 0$ und $z = \infty$ als Randpunkte enthält. Aus Vereinfachungsgründen wird angenommen, daß die beiden Randteile Γ_1, Γ_2 des Randes von G, die von $z = 0$ zu dem Punkt $z = \infty$ führen, aus höchstens abzählbar vielen analytischen Randstücken bestehen, deren Ecken sich (falls es unendlich viele gibt) nur im Unendlichen häufen. Man betrachte den Durchschnitt von G mit der Peripherie $|z| = r$. Dann gibt es einen Kreisbogen s_r von $|z| = r$ mit der Länge $s(r) > 0$ derart, daß s_r die Punkte $z = 0$ und $z = \infty$ voneinander trennt. Man sieht leicht, daß unter den zugrunde gelegten Voraussetzungen (die stark abgeschwächt werden können) die Funktion $s(r)$ in jedem endlichen r-Intervall, mit Ausnahme von höchstens endlich vielen Sprungstellen, stetig ist. Jetzt bilde man G mit Hilfe der Funktion $w = w(z)$ derart auf die rechte w-Halbebene konform ab,

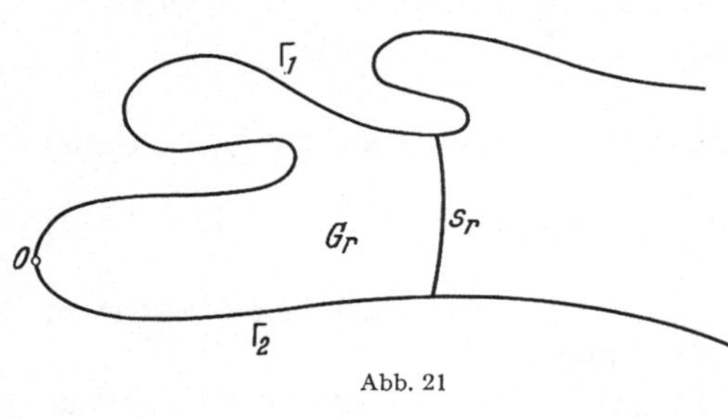

Abb. 21

daß der Punkt $z = 0$ fest bleibt und der Punkt $z = \infty$ in den Punkt $w = \infty$ der w-Ebene kommt. Setzt man dann für ein $r > 0$

$$\mu(r) = \text{Min}\,\{|w(z)| \mid z \in s_r\}$$

und

$$M(r) = \text{Max}\,\{|w(z)| \mid z \in s_r\},$$

so lautet der Ahlforssche Verzerrungssatz:

Ist $0 < r_1 < r_2$ und

$$\int_{r_1}^{r_2} \frac{dt}{s(t)} > 2\,,$$

so gilt

$$(1) \qquad \log \frac{\mu(r_2)}{M(r_1)} \geqq \pi \int_{r_1}^{r_2} \frac{dt}{s(t)} - 4\pi\,.$$

Wir bezeichnen nun mit G_r dasjenige Gebiet, das von dem Bogen s_r und den daran anschließenden Teilen von Γ_1 und Γ_2 begrenzt wird (Abb. 21).

Man bilde mit Hilfe der Funktion $\zeta(z)$ das Gebiet G_r auf den Halbkreis H

$$(2) \qquad |\zeta| < 1\,,\ \text{Re}\,\zeta > 0$$

derart konform ab (G_r und H sind als einfachzusammenhängende Gebiete konform äquivalent), daß bei der stetigen Abbildung des Randes Γ_r von G_r auf den Rand von H die Punkte $\zeta = 0$, $\zeta = -i$ und $\zeta = i$ dem Punkt $z = 0$ sowie den Endpunkten A und B von s_r entsprechen. Dann kann man mit Hilfe der Ahlforsschen Beweismethode zeigen:

Ist $0 < |z| < r$ *und*

$$\int_{|z|}^{r} \frac{dt}{s(t)} > 2 \, ,$$

so gilt

$$(3) \qquad |\zeta(z)| \leq e^{4\pi - \pi \int_{|z|}^{r} \frac{dt}{s(t)}} \qquad (z \in s_{|z|}) \, .$$

MILLOUX [Sur les domaines de détermination infinie des fonctions entières, *Acta Math.* **61**, 105—134 (1933)] hat mit Hilfe von (1) die Abschätzung einer in G_r holomorphen Funktion $w(z)$ gegeben, die den Bedingungen

$$\varlimsup_{z \to \zeta} |w(z)| \leq M = M(r) \qquad (\zeta \in s_r)$$

und

$$\varlimsup_{z \to \zeta} |w(z)| \leq m \qquad (0 < m < M(r))$$

für $\zeta \in \Gamma_r \backslash s_r$ genügt. Man setze nämlich

$$f(\zeta) = w(z(\zeta)) \qquad (\zeta = \xi + i\,\eta) \, .$$

Dann gilt nach den Entwicklungen von 58.

$$\log \frac{|f(\zeta)|}{m} \leq \frac{4}{\pi} \log \frac{M}{m} \, |\zeta(z)| \, ,$$

und somit für $z \in G_r$ (von einem r an)

$$(4) \qquad \log \frac{|w(z)|}{m} \leq c \log \frac{M(r)}{m} \, e^{-\pi \int_{|z|}^{r} \frac{dt}{s(t)}}$$

mit $c = \frac{4}{\pi} e^{4\pi}$. Wie bereits erwähnt, hat AHLFORS [Untersuchungen zur Theorie der konformen Abbildung und der ganzen Funktionen, *Acta Soc. Sci. Fennicae N. Ser. A*, **1**, Nr. 9 (1930)] mit Hilfe des Verzerrungssatzes als erster die Denjoysche Vermutung bewiesen. Eine allgemeinere Formulierung und einen Beweis (unter allgemeineren Voraussetzungen) findet der Leser in der Ahlforsschen Abhandlung und in den Büchern von NEVANLINNA und BIEBERBACH.

10. Kanonische konforme Abbildungen. Ist das (beschränkte) Gebiet G nicht einfachzusammenhängend, so muß man beim Problem der konformen Äquivalenz entweder auf die Eindeutigkeit der abbildenden Funktion oder auf die Abbildung auf den vollen Kreis $|z| < 1$ verzichten. Beide Alternativen sind (unter gewissen Voraussetzungen) durchführbar und führen zu wesentlichen Ergebnissen.

Der Leser kann für zwei, allgemeinere wichtige Fälle nichteindeutige Abbildungsfunktionen angeben:

1. Für den Fall der in $z = 0$ und $z = \infty$ punktierten Ebene und
2. Für den Fall der in $z = 0$, $z = 1$ und $z = \infty$ punktierten Ebene.

Im Falle 1. ist die gesuchte Funktion der $\log z$ und im Falle 2. die in 69. konstruierte Funktion $v(z)$.

Es sei jetzt G ein beschränktes Gebiet der komplexen Ebene, das (was keine Einschränkung der Allgemeinheit ist) den Punkt $z = 0$ enthält. Dann kann man zeigen, daß es in G Funktionen $w(z)$ gibt mit folgenden Eigenschaften:

1. Jedes $w(z)$ ist in einem festen Kreis $K_0 : |z| < r_0 (K_0 \subset G)$ holomorph und längs jedes Weges γ in G fortsetzbar.

2. Sind γ', γ'' zwei Wege in G, die den Punkt $z = 0$ mit den Punkten z', $z'' (z' \neq z'')$ verbinden, so ist für die durch Fortsetzung längs γ', γ'' erhaltenen Werte $w_{\gamma'}(z')$, $w_{\gamma''}(z'') : w_{\gamma'}(z') \neq w_{\gamma''}(z'')$.

3. Für jeden Weg γ von G gilt

$$|w_\gamma(z)| < 1 \, .$$

4. Ist w_0 ein Punkt von $|w| < 1$, so gibt es einen Punkt $z_0 \in G$ und einen Weg γ_0 der $z = 0$ mit $z = z_0$ verbindet derart, daß $w_{\gamma_0}(z_0) = w_0$ gilt.

Wegen 2. ist z_0 eindeutige Funktion von w_0, falls w_0 in $|w| < 1$ variiert. Man bestätigt leicht, daß die Funktion $z = f(w)$ den Einheitskreis $|w| < 1$ auf eine über G liegende einfachzusammenhängende Riemannsche Fläche G_∞ (ohne relativen Rand über G) abbildet, die universelle Überlagerungsfläche von G. Der Leser findet in der Conformal Representation von CARATHÉODORY den vollen Beweis der hier angeführten Ergebnisse, sowie den Nachweis, daß die Funktion $z = f(w)$ in $|w| < 1$ automorph ist. Das hat wiederum zur Folge, daß die (linear polymorphe) Funktion $w = w(z)$ beim Durchlaufen einer Klasse geschlossener homotoper Wege eine lineare Transformation erleidet. Hat man eine zweite Funktion $\tilde{f}(w)$ in $|w| < 1$, die aus der Inversion einer Funktion $\tilde{w}(z)$ mit den Eigenschaften 1. bis 4. hervorgeht, so liefert die Gleichung $f(w) = \tilde{f}(\tilde{w})$ $(w = w(z), \tilde{w} = w(z))$ eine nichteuklidische Bewegung von $|w| < 1$.

Wir wenden uns jetzt ausführlicher der Aufgabe zu, ein Gebiet von endlichem Zusammenhang $r > 1$ auf ein Normalgebiet ein-eindeutig und konform abzubilden. Dabei wird angenommen, daß G beschränkt ist und daß $\Gamma = \overline{G} \backslash G$ aus r punktfremden einfach geschlossenen Kurven γ_1, γ_2, $\ldots$, γ_r mit einer stetig variierenden Tangente besteht. Dabei wird die Numerierung so vorgenommen, daß γ_r alle übrigen Kurven einschließt. Ferner ist es bei der Bildung der Summe $\gamma = \gamma_1 + \cdots + \gamma_r$ zweckmäßig, die Orientierung von γ_r positiv und die Orientierungen von γ_1, γ_2, $\ldots$, γ_{r-1} negativ zunehmen.

Nun kann man mit Hilfe der Entwicklungen von 67. zeigen:

1. Die Greensche Funktion $g(\zeta, z)$ von G hat eine stetige Ableitung nach der inneren Normale n in jedem Punkt von Γ.

2. Die Funktion $\sigma(\zeta, z) = g(\zeta, z) + i h(\zeta, z)$ (wobei $h(\zeta, z)$ die zu $g(\zeta, z)$ konjugiert harmonische Funktion in bezug auf ζ darstellt) hat die „Residuen"

$$(1) \qquad 2\pi i\, \omega_k(z) = -\int_{\gamma_k} d\sigma = -i \int_{\gamma_k} dh = -i \int_{\gamma_k} \frac{\partial h}{\partial s}\, ds$$
$$= i \int_{\gamma_k} \frac{\partial}{\partial n}\, g(\zeta, z)\, ds$$

Jedes $\omega_k(z)$ stellt dann das harmonische Maß von γ_k dar. Mit Hilfe der $\omega_k(z)$ kann man wieder die Funktionen $w_k(z) = \omega_k(z) + i h_k(z)$ (wobei $h_k(z)$ die zu $\omega_k(z)$ konjugiert harmonische Funktion ist) bilden und die Gleichungen

$$(2) \qquad J_{kl} = \frac{1}{i} \int_{\gamma_l} dw_k = -\int_{\gamma_l} \frac{\partial \omega_k}{\partial n}\, ds = -\int_{\gamma} \omega_l \frac{\partial \omega_k}{\partial n}\, ds$$

gewinnen. Da (wegen (25.6))

$$(3) \qquad -\int_{\gamma} \omega_l \frac{\partial \omega_k}{\partial n}\, ds = \int_G \left(\frac{\partial \omega_k}{\partial x} \frac{\partial \omega_l}{\partial x} + \frac{\partial \omega_k}{\partial y} \frac{\partial \omega_l}{\partial y} \right) dx\, dy$$

gilt, so ist stets $J_{nl} = J_{lk}$.

Man setze jetzt

$$(4) \qquad\qquad \omega(z) = \sum_1^r \alpha_k \omega_k(z) \qquad\qquad (\alpha_k \text{ reell})$$

und bilde die Größe

$$(5) \qquad J = \int_G (\omega_x^2 + \omega_y^2)\, dx\, dy = \sum_{i,\,k=1}^r J_{ik} \alpha_i \alpha_k \geqq 0\,.$$

Die Größe J verschwindet dann und nur dann, wenn $\omega(z) = C = $ Konstante ist. Läßt man nun z gegen γ_k konvergieren, so erhält man $\alpha_k = C$. Da andererseits $\omega_1(z) + \cdots + \omega_r(z) = 1$ ist, so kann J dann und nur dann verschwinden, wenn alle α_k zueinander gleich sind. Wählt man in (5) $\alpha_r = 0$, so kann offenbar die quadratische Form

$$(6) \qquad\qquad J_1 = \sum_{i,\,k=1}^{r-1} J_{ik} \alpha_i \alpha_k$$

dann und nur dann verschwinden, wenn alle $\alpha_i (i = 1, 2, \ldots, r-1)$ gleich Null werden. Somit ist J_1 positiv definit und die Matrix (J_{ik}) $(i, k = 1, 2, \ldots, r-1)$ hat eine inverse Matrix (J'_{ik}) $(i, k = 1, 2, \ldots \ldots, r-1)$. Man setze jetzt $A_{ik} = 2\pi J'_{ik}$ und

$$u_i(z) = \sum_1^{r-1} A_{ik} \omega_k(z)\,.$$

Ist dann

$$w(z, \zeta) = \sum_1^{r-1} u_k(\zeta)\, w_k(z)\,,$$

so ist die Funktion

$$f_0(z, \zeta) = \sigma(z, \zeta) + w(z, \zeta)$$

wegen

$$\int_{\gamma_k} dw = \sum_1^{r-1} u_\varrho(\zeta) \int_{\gamma_k} dw_\varrho = i \sum_1^{r-1} u_\varrho(\zeta) \int_{\gamma_k} \frac{\partial \omega_\varrho}{\partial n}\, ds$$

und

$$\frac{1}{i}\int_{\gamma_k} dw = -\sum_1^{r-1} u_\varrho(\zeta)\, J_{\varrho k} = -2\pi\,\omega_k(\zeta)\,.$$

eindeutig in G.

Die eindeutige Funktion
$$(7) \qquad\qquad f(z,\zeta) = e^{-f_0(z,\zeta)}$$

ist nun in G dem Betrag nach kleiner als Eins und hat in $z = \zeta$ eine einfache Nullstelle. Andererseits ist

$$\lim_{z\to\gamma_k} |f(z,\zeta)| = \begin{cases} e^{-u_k(\zeta)} \mid k < r^{\,1} \\ 1 \qquad\ \ \mid k = r \end{cases}$$

und somit kann man leicht schließen, daß $f(z,\zeta)$ das Gebiet G auf ein (Normal-)Gebiet K_r abbildet, das man aus dem Einheitskreis $|a| < 1$ erhält, wenn man diesen längs $r-1$ konzentrischen Bögen aufschlitzt, die auf den Peripherien $|a_k| = e^{-u_k(\zeta)}\ (k = 1,\ldots, r-1)$ liegen. Der Leser kann durch Betrachtung des Integrals

$$J(a) = \frac{1}{2\pi i}\int_\gamma \frac{f'(z,\zeta)}{f(z,\zeta) - a}\, dz^{\,2}$$

zeigen, daß $f(z,\zeta)$ jeden Wert a aus dem so aufgeschlitzten Kreis genau einmal annimmt.

Somit ist folgender Satz von KOEBE [Abhandlungen zur Theorie der konformen Abbildung, IV, *Acta Math.* **41**, 305—344 (1918)] bewiesen worden:

Jedes beschränkte Gebiet G, dessen Rand aus r einfach geschlossenen Kurven (mit einer stetig variierenden Tangente) besteht, läßt sich eineindeutig und konform auf ein Normalgebiet K_r so abbilden, daß ein beliebig vorgegebener Punkt ζ von G in den Nullpunkt kommt.

Läßt man in (7) den zusätzlichen Teil $w(z,\zeta)$ weg und setzt man

$$f(z,\zeta) = e^{-\sigma(z,\zeta)}\,,$$

so erhält man (auf anderem Wege) die eingangs dieser Nummer gemachten Entwicklungen.

Der interessierte Leser findet in dem umfassenden Artikel von M. SCHIFFER (COURANT, Dirichlets Principle, Conformal Mapping, and

---

[1] Das folgt leicht aus der Tatsache, daß alle Hauptunterdeterminanten von $|J'_{ik}|$ positiv sind.

[2] Bei allen hier auftretenden Randintegrationen können die Integrationswege durch stückweise analytische Kurven in hinreichender Nähe des betreffenden Randstückes ersetzt werden

Minimal Surfaces) eine weitere Entwicklung der hier kurz angeführten Tatsachen sowie eine Weiterführung der Ansätze und einen Vorstoß zu wichtigen Teilen der modernen Funktionentheorie.

11. Carathéodorys Verschärfung des großen Picardschen Satzes. Carathéodory hat [*Compt. rend. Acad. Sci. Paris* **154**, 1690—1693 (1912)] für den allgemeinen Satz von Picard eine Vertiefung gegeben, die derjenigen von Landau für den speziellen Picardschen Satz entspricht.

Sein Satz lautet:

I. Ist $w(z)$ in $0 < |z| < 1$ eindeutig regulär und gilt dort $w(z) \neq 0, 1$, so gibt es zu jedem Paar (α, β) $(0 < \alpha < \beta)$ eine Zahl $\sigma = \sigma(\alpha, \beta)$ $(0 < \sigma < 1)$ derart, daß in $0 < |z| < \sigma$ entweder $|w(z)| > \alpha$ oder $|w(z)| < \beta$ gilt.

Genauer kann man zeigen:

II. Ist $w(z)$ in $\varrho\sigma < |z| < 1$ mit einem festen ϱ[1]*, $0 \leq \varrho < \sigma$, eindeutig regulär und dort $\neq 0, 1$, so gilt in $\varrho < |z| < \sigma$ entweder $|w(z)| > \alpha$ oder $|w(z)| < \beta$.*

Aus dem Carathéodoryschen Satz folgt insbesondere der Picardsche Satz dadurch, daß mit Rücksicht auf den Casorati-Weierstraßschen Satz der Punkt $z = 0$ für $w(z)$ höchstens ein Pol sein kann.

Einen elementaren Beweis des Satzes II findet der Leser in der Note von Landau [Über die Carathéodorysche Verschärfung des großen Picardschen Satzes, *Math. Z.* **30**, 208—210 (1929) und Nachtrag dazu].

12. Eine Ungleichung von Ostrowski-Nevanlinna. Es sei G ein beschränktes Gebiet der komplexen Ebene, dessen Rand Γ man sich in n nichtausgeartete Kontinua $\Gamma_1, \Gamma_2, \ldots, \Gamma_n$ zerlegt denken möge, die, zu zweit genommen höchstens zwei Punkte gemeinsam haben. Man nehme an, daß man für jedes k das harmonische Maß $\omega(z, \Gamma_k, G)$ von Γ_k konstruieren kann.

Es bedeute nun $w(z)$ eine in G eindeutige reguläre Funktion mit der Eigenschaft

$$(1) \qquad \overline{\lim_{z \to \zeta}} \, |w(z)| \leq M_k \qquad (\zeta \in \Gamma_k, k = 1, 2, \ldots, n) \,,$$

sofern ζ kein gemeinsamer Punkt von zwei oder mehreren Γ_l ist. Ist dann $w(z)$ beschränkt in G, so ist offenbar

$$\omega(z) = \sum_1^n \omega(z, \Gamma_k, G) \log M_k$$

---

[1] Carathéodory bewies den Satz II mit ϱ^2 statt $\sigma\varrho$ sowie $\alpha = \dfrac{1}{2}$ und $\beta = 2$. Er teilte jedoch brieflich Landau (5. 6. 1912) mit, daß sich $0 < \alpha < \beta$ fast ebenso erledigen läßt. Die Verschärfung $\varrho^2 \to \sigma\varrho$ geht auf Ostrowski [*Jber. dtsch. Math.-Ver.* **34**, 103 (1926)] zurück.

eine harmonische Majorante von $\log |w(z)|$. Beachtet man noch, daß

$$\sum_1^n \omega(z, \Gamma_k, G) = 1$$

ist, so erhält man

$$(2) \qquad \log |w(z)| \leqq \sum_1^{n-1} \omega(z, \Gamma_k, G) \log \frac{M_k}{M_n} + \log M_n$$

und somit auch

$$(3) \qquad |w(z)| \leqq M_n \prod_1^{n-1} \left(\frac{M_k}{M_n}\right)^{\omega(z, \Gamma_k, G)}.$$

Man vgl. darüber die Arbeit von F. und R. NEVANLINNA (Über die Eigenschaften analytischer Funktionen in der Umgebung einer singulären Stelle oder Linie, *Acta Soc. Sci. Fennicae* **50**, Nr. 5, 1922), sowie die bereits erwähnte Arbeit von A. OSTROWSKI in den *Acta Litt. ac. Scient. Univ. Hung.* 1, 80—87 (1923).

13. Das Normalitätskriterium von CARATHÉODORY und LANDAU.
Nimmt keine der in einem festen Gebiet G der komplexen Ebene regulären eindeutigen analytischen Funktionen w(z) der Familie

$$(1) \qquad S = \{w \mid w \in S\}$$

zwei (endliche) Werte, etwa Null und Eins, an, so ist S normal in G. Sind die Funktionen w(z) in G meromorph, so kann man behaupten, daß S eine normale Familie bildet, sofern kein w drei feste voneinander verschiedene Werte a, b, c der vollen komplexen Ebene annimmt. Das ist der Inhalt des berühmten *Normalitätskriteriums*, das CARATHÉODORY und LANDAU im Jahre 1911 *(Sitzber. preuss. Akad. Wiss. Physik.-math. Kl.* 1911) bewiesen haben. Nachfolgender Beweis, bei dem (ohne Einschränkung der Allgemeinheit) $a = 0$, $b = 1$, $c = \infty$ vorausgesetzt wird, dürfte der einfachste sein. Es sei bei festem $z \in G$

$$S(z) = \sup \{|w(z)| \mid w \in S\}$$

gesetzt. Dann ist $S(z)$ entweder stets gleich unendlich oder es gibt einen Punkt $z_0 \in G$ derart, daß $S(z_0) = M_0 < +\infty$ ist. In diesem Falle gibt es eine endliche Konstante $M_1 = M_1(z_0, M_0)$ derart, daß in $|z - z_0| < \dfrac{r(z_0)}{2}$

$$(2) \qquad |w(z)| \leqq M_1 \qquad\qquad (w \in S)$$

gilt. Da man nun jede kompakte Teilmenge von G durch endlich viele Kreise $K_k : |z - \zeta_k| \leqq \dfrac{r(\zeta_k)}{2}$ $(k = 1, 2, \ldots, N)$ derart überdecken kann, daß $\zeta_{k-1} (k = 2, \ldots, N)$ in K_k liegt, so gibt es eine endliche Konstante M derart, daß in der betreffenden kompakten Menge

$$|w(z)| \leqq M \qquad\qquad (w \in S)$$

gilt. Das führt uns aber zu den Voraussetzungen des klassischen Vitalischen Satzes. Somit kann man aus S entweder eine Folge (w_n) $(n = 1, 2, \ldots)$

auswählen derart, daß $|w_n|$ gegen Unendlich konvergiert, oder es gibt eine Teilfolge (u_n), die gegen eine in G eindeutige analytische Funktion $w(z)$ (und zwar gleichmäßig in jeder kompakten Teilmenge von G) konvergiert. Das beweist das Normalitätskriterium von Carathéodory und Landau.

14. Der Montelsche Beweis des Picardschen Satzes. *Nimmt die in*

$$(1) \qquad\qquad M \leqq |z| < \infty \qquad\qquad (M > 0)$$

eindeutige reguläre Funktion $w(z)$ dort die Werte $0, 1$ nicht an, so ist die Funktionenfamilie

$$w_n(z) = w(3^n z) \qquad\qquad (n = 1, 2, \ldots)$$

in

$$(2) \qquad\qquad \Gamma : M \leqq |z| \leqq 3M$$

normal. Daraus folgt, daß eine Teilfolge $\{w_{n_k}\}$ $(k = 1, 2, \ldots)$ existieren muß, die in

$$(3) \qquad\qquad M < |z| < 3M$$

entweder gegen eine reguläre Funktion $w_0(z)$ konvergiert oder gegen die komplexe Zahl $z = \infty$. Im ersten Falle ist

$$\sup \{|w_{n_k}(z)| \mid |z| = 2M, k = 1, 2, \ldots\} = D$$

endlich. Daraus würde aber folgen, daß $w(z)$ auf $|z| = 2 \cdot 3^{n-1} M$ $(n = 1, 2, \ldots)$ dem Betrag nach kleiner oder gleich D ist, was (falls $z = \infty$ eine wesentliche Singularität ist) dem Weierstraßschen Satz widerspricht. Liegt der zweite Fall vor, so genügt es, die (ebenfalls in (2) regulären eindeutigen) Funktionen $\dfrac{1}{w_{n_k}(z)}$ zu betrachten. Der hier gegebene Beweis des Picardschen Satzes geht auf Paul Montel (man vgl. etwa Leçons sur les familles normales des fonctions analytiques et leurs applications, *Paris* 1927) zurück.

15. Nochmals der Satz von Julia. Wir erinnern an die Definition der normalen Familien von meromorphen Funktionen: *Die Familie*

$$(1) \qquad\qquad S = \{w \mid w \in S\}$$

der in G meromorphen Funktionen ist normal in G, wenn jede unendliche Teilmenge von S eine entweder gegen die Konstante $z = \infty$ oder gegen eine in G meromorphe Funktion konvergente, abzählbare Folge enthält. Man nehme nun an, $w(z)$ sei in

$$(2) \qquad\qquad M_0 \leqq |z| < + \infty$$

meromorph und besitze einen asymptotischen Wert a. Danach existiert ein Weg

$$(3) \qquad\qquad \Gamma = \{z \mid z = z(\tau), 1 \leqq \tau < + \infty\}$$

mit $z_1 = z(1)$ in (2) und

$$(4) \qquad\qquad \lim_{\tau \to \infty} w(z(\tau)) = a \qquad\qquad (a \in \overline{E}) .$$

Wir betrachten die Kurve γ von 60. und bilden die Familie

$$(5) \qquad\qquad S = \{w_t(z) \mid w_t(z) = w(z\sigma(t))\}$$

mit $0 \leqq t < +\infty$, wobei wir noch $|\sigma(0)| > M_0$ annehmen. Es sei

$$(6) \qquad\qquad M_1 \leqq |z| \leqq M_2 \quad (M_0 < M_1 < M_2 < +\infty) .$$

Dann wird behauptet: S ist nicht normal in (6).

Man nehme an, S sei in (6) normal, und betrachte eine Folge $(w_{t_n}(z))$ $\left(t_1 < t_2 < \ldots, \lim_{n \to \infty} t_n = \infty\right)$, die dort etwa gegen die Funktion $w_0(z)$ (wobei hier auch die Konstante w_∞ zugelassen wird) konvergieren möge. Wir zeigen, daß $w_0(z) \equiv a$ sein muß. Es sei in der Tat

$$K_M : |z| = M \qquad\qquad (M_1 < M < M_2)$$

eine feste Peripherie in (6). Dann gibt es mit Rücksicht auf (4) eine Folge (ζ_n) auf K_M mit der Eigenschaft $\lim w_{t_n}(\zeta_n) = a$. Es sei ζ_0 ein Häufungspunkt der Folge (ζ_n). Dann gilt, wie man leicht sieht, $w_0(\zeta_0) = a$, und somit muß (da M in (6) willkürlich genommen werden darf) $w_0(z) \equiv a$ sein. Daraus würde aber leicht folgen, daß für alle Punkte z des Kreisringes (6)

$$\lim_{t \to \infty} |w(z\,\sigma(t))| = |a|$$

gelten muß, was dem Casorati-Weierstraßschen Satz widerspricht.

Ist nun (w_{t_n}) in (6) nicht normal, so gibt es (mit Rücksicht auf den Heine-Borelschen Überdeckungssatz) zu jedem hinreichend kleinen $\varepsilon_1 > 0$ mindestens eine Kreisscheibe $K_{\varepsilon_1} : |z - z_1| \leqq \varepsilon_1$ mit z_1 in (6) derart, daß (w_{t_n}) in K_{ε_1} nicht normal ist. Man betrachte jetzt die Kreise

$$K_n^{\varepsilon_1} = \{\zeta \mid \zeta = z\sigma(t_n),\, z \in K_{\varepsilon_1}\} ,$$

setze

$$K^{\varepsilon_1} = \bigcup_1^n K_n^{\varepsilon_1}$$

und bezeichne mit A die Menge der komplexen Zahlen, die von der Funktion $w(z)$ in K^{ε_1} höchstens endlich oft angenommen werden. Diese Menge kann (mit Rücksicht auf das Normalitätskriterium von CARATHÉODORY und LANDAU) höchstens zwei voneinander verschiedene Punkte a, b enthalten. Wiederholt man diese Konstruktion für die Elemente einer (eigentlich monotonen) Nullfolge (ε_n) $(n = 1, 2, \ldots)$, so erhält man eine Folge von Kreisscheiben

$$K_{\varepsilon_n} : |z - z_n| \leqq \varepsilon_n \qquad\qquad (n = 1, 2, \ldots)$$

mit z_n in (6) sowie eine Folge (K^{ε_n}) mit der Eigenschaft, daß $w(z)$ in jedem K^{ε_n} höchstens zwei Werte $a_n, b_n (a_n \neq b_n)$ nicht unendlich oft annimmt.

Es sei nun z_0 ein Häufungspunkt der Folge (z_n). Man betrachte die Kurve $z_0\sigma(t)$ und gebe ein (hinreichend kleines) $\varepsilon > 0$ vor. Dann nimmt $w(z)$ in

$$|z - z_0\sigma(t)| \leqq \varepsilon|\sigma(t)| \qquad (0 \leqq t < +\infty)$$

jeden (endlichen oder unendlichen) komplexen Wert mit höchstens zwei Ausnahmen unendlich oft an. Das ist der allgemeine Juliasche Satz. Wie bereits erwähnt, hat Ostrowski [*Math. Z.* **24**, 215 (1926)] allgemeine Bedingungen dafür gegeben, daß der Juliasche Satz nicht gilt und somit $w(z)$ eine Ausnahmefunktion im Juliaschen Sinne ist.

Geht man bei den vorigen Überlegungen von einer Halbgeraden durch den Nullpunkt aus, so kann man unter den selben Voraussetzungen zeigen, daß $w(z)$ mindestens eine Juliasche Richtung J (auch Juliasche Gerade genannt) besitzt mit der Eigenschaft, daß $w(z)$ in jedem symmetrisch zu J gelegenen Winkelraum (von beliebig kleiner Öffnung) jeden Wert mit höchstens zwei Ausnahmen unendlich oft annimmt.

Lehto [The spherical derivative of meromorphic functions in the neighbourhood of an isolated singularity, *Comm. Helvetici* **33**, 196 (1959)] hat die Zusammenhänge von **73.** vertieft und gezeigt: *Ist $h(r)$ eine beliebige stetige Funktion mit* $\lim\limits_{r\to\infty} h(r)/r < +\infty$ *und gilt*

$$\varlimsup_{|z|\to\infty} \{h(|z|)\,\sigma(w)\} = \infty$$

mit

$$\sigma(w) = \frac{|w'(z)|}{1 + |w(z)|^2}\,,$$

so gibt es eine (von ε unabhängige) Kreisfolge

$$C_n: |z - z_n| < \varepsilon h(|z_n|) \qquad (n = 1, 2, \ldots)$$

mit der Eigenschaft, daß $w(z)$ in jedem der Gebiete $\bigcup\limits_{k=1}^{\infty} C_{n_k}(k = 1, 2, \ldots)$ *alle Werte a mit höchstens zwei Ausnahmen annimmt.*

Für die Größe $\sigma(w)$ hat Lehto ferner gezeigt, daß diese der Ungleichung

$$(7) \qquad \varlimsup_{|z|\to\infty} \{|z|\,\sigma(w)\} \geqq \frac{1}{2}$$

genügt. Ist $w(z)$ in der Umgebung der (endlichen) Stelle a meromorph und ist a eine wesentliche Singularität für $w(z)$, so gilt anstelle von (7) die Ungleichung

$$(8) \qquad \varlimsup_{|z|\to\infty} \{|z - a|\,\sigma(w)\} \geqq \frac{1}{2}\,.$$

Wie Lehto an dem Beispiel

$$w(z) = \prod_{n=1}^{\infty} \frac{z - a - a_n}{z - a + a_n} \qquad \left(\lim_{n\to\infty} \frac{|a_n|}{|a_{n+1}|} = 0\right)$$

zeigt, kann die rechte Seite von (8) durch keine größere Zahl ersetzt werden.

16. Das Problem der Ränderzuordnung. Sind G und G' zwei konformäquivalente beschränkte Gebiete, deren Ränder zwei einfach geschlossene Jordansche Kurven Γ bzw. Γ' sind, so können die Punkte von Γ und Γ' ein-eindeutig und stetig aufeinander bezogen werden. Dieser Sachverhalt wurde von W. F. Osgood im Jahre 1900 vermutet und von Carathéodory bewiesen. Die ausführliche Darstellung des Carathéodoryschen Beweises (dessen Hauptzüge in der Karlsruher Naturforscher-Versammlung im Jahre 1911 vorgetragen wurden) findet der Leser in seiner großangelegten Abhandlung: Über die gegenseitige Beziehung der Ränder bei der konformen Abbildung des Inneren einer Jordanschen Kurve auf einen Kreis [*Math. Ann.* **73**, 305—320 (1913), *Ges. Math. Abhandl.* **4**, 3—22 (1956)]. Fast gleichzeitig mit dieser Carathéodoryschen Arbeit bringt die gemeinsame Arbeit von Osgood und E. H. Taylor [Conformal transformation on the boundaries of their regions of definitions, *Trans. Am. Math. Soc.* **14**, 277 (1913)] einen Beweis der Osgoodschen Vermutung (und einer Reihe von Osgoodschen Sätzen aus dem Jahre 1903) mit rein potentialtheoretischen Hilfsmitteln. Kurze Beweise des Osgood-Carathéodoryschen Satzes findet der interessierte Leser in der Note von Carathéodory: Zur Ränderzuordnung bei konformer Abbildung (*Nachr. Ges. Wiss. Göttingen. Math.-physik. Kl.* 1913, S. 509—518) und in dem bereits zitierten Vortrag von Lindelöf, wo auch die Verdienste Koebes gewürdigt werden. Eine zusammenhängende Theorie des ganzen Fragenkomplexes der Ränderzuordnung, welche als Zugang zu einer Reihe klassischer (wie z. B. von Iversen und Gross) und moderner Arbeiten (etwa die Arbeiten von Collingwood und Cartwright) dienen kann, findet der Studierende in dem zweiten Band der Carathéodoryschen Funktionentheorie.

Zum Schluß sei noch nachfolgender auf Fejér (Über die Konvergenz der Potenzreihe an der Konvergenzgrenze in Fällen der konformen Abbildung auf die schlichte Ebene, Schwarzs Festschrift, S. 42—53) zurückgehender Satz ohne Beweis angeführt: *Wird durch die für* $|z| < 1$ *konvergente Reihe*

$$w = w(z) = a_0 + a_1 z + a_2 z^2 + \cdots$$

das Innere des Einheitskreises $|z| = 1$ *auf ein beschränktes Gebiet G, dessen Begrenzung* Γ *eine (einfach geschlossene) Jordansche Kurve ist, konform abgebildet, so ist die Reihe*

$$(1) \qquad a_0 + a_1 e^{i\vartheta} + a_2 e^{2i\vartheta} + \cdots$$

im Intervall $0 \leq \vartheta < 2\pi$ *gleichmäßig konvergent und somit dort stetig. Daraus folgt, daß die Funktion*

$$(2) \qquad w(e^{i\vartheta}) = \lim_{r \uparrow 1} w(r e^{i\vartheta})$$

durch die Reihe (1) *darstellbar ist.* Zieht man hier den berühmten Jordanschen Satz heran, wonach *jede einfach geschlossene Jordansche Kurve* γ

die komplexe Ebene in zwei Gebiete zerlegt und sie somit als Begrenzung eines beschränkten, einfach zusammenhängenden Gebietes aufgefaßt werden kann (einen schönen Beweis findet der Leser in dem Buch von P. ALEXANDROFF, Combinatorial Topology, *Graylock Press, Rochester*, N. Y. 1956), so weist dieser Fejérsche Satz (unter Heranziehung des Osgood-Carathéodoryschen Satzes) auf die Möglichkeit hin, die Koordinaten eines Punktes von Γ durch zwei (gleichmäßig konvergente) konjugierte Fourier-Reihen, nämlich durch den Real- bzw. Imaginärteil von (1), darzustellen.

17. Ein Satz von PICARD. E. PICARD (Traité d'Analyse Bd. II, Paris, *Gauthier-Villars*, 1905, S. 309) hat den Satz über die Ränderzuordnung in gewissem Sinne umgekehrt, indem er aus der ein-eindeutigen stetigen Zuordnung der Ränder und der Regularität einer Abbildung von G auf G' auf die Konformität schließt. Genauer formuliert lautet das Picardsche Resultat:

Es sei G einfach zusammenhängend, $\Gamma = \overline{G}\backslash G$ eine Jordansche Kurve und $w(z)$ eine Funktion von z, die in $G \cup \Gamma$ stetig und in G analytisch ist. Bildet dann $w(z)$ den Rand Γ ein-eindeutig und stetig auf eine einfach geschlossene (Jordansche) Kurve Γ' der w-Ebene ab, so bildet $w(z)$ das Gebiet G auf das von Γ' berandete Gebiet G' konform ab.

Man kann das Picardsche Ergebnis auch so zum Ausdruck bringen: Die Funktion $w(z)$, welche die Ränder Γ bzw. Γ' ein-eindeutig und stetig aufeinander abbildet und in G eindeutig regulär ist, ist in G schlicht.

Folgender kurzer Beweis von CARATHÉODORY und RADEMACHER [Über die Eindeutigkeit im Kleinen und im Großen stetiger Abbildungen von Gebieten, *Arch. Math. Phys.* (3), **26**, 1—9 (1917)] sei hier gegeben: Man betrachte die beschränkte und abgeschlossene Punktmenge $w(\overline{G})$. Da jedem inneren Punkt von $\overline{G}$ (also jedem Punkt von G) ein innerer Punkt von $w(G)$ entsprechen muß, besteht die Begrenzung von $w(\overline{G})$ aus lauter Punkten, die auf Γ' liegen. Andererseits kann $w(\overline{G})$ keine Teilmenge von Γ' sein, da diese keine inneren Punkte besitzt. Nun gibt es nur eine einzige beschränkte und abgeschlossene Punktmenge, die keine Teilmenge von Γ' ist, und deren Begrenzung in Γ' enthalten ist. Das ist der Bereich $\overline{G}'$. Hieraus folgt leicht die Behauptung. Einen mehr funktionentheoretischen Beweis gibt PICARD.

18. Das Uniformisierungsproblem. Das Problem der Uniformisierung einer Riemannschen Fläche entwickelte sich aus dem Bestreben heraus, eine gegebene analytische Funktion $W(z)$ nicht nur lokal in einer Parameterform im Sinne der Entwicklungen von 41. darzustellen, sondern ihren Verlauf durch eine einheitliche Darstellung $z = g(t)$, $w = h(t)$ mit Hilfe eines in einem Gebiet G_t der schlichten (komplexen) t-Ebene variierenden (uniformisierenden) Parameters t anzugeben. Dabei sollen noch die Funktionen $g(t)$ und $h(t)$ meromorph sein, für alle $t \in G_t$ die

Gleichung $h(t) = w(g(t))$ für jedes $(w \mid G) \in W(z)$ identisch erfüllen und durch Elimination von t in G_t aus den Elementepaaren rationalen Charakters der beiden Funktionen $g(t)$ und $h(t)$ alle Elemente algebraischen Charakters, also alle Stellen des analytischen Gebildes von $W(z)$ liefern.

Die Idee, daß man jedes analytische Gebilde mit einem Parameter t uniformisieren kann, der sich an jeder Stelle als lokaler uniformisierender Parameter eignet, faßte zuerst POINCARÉ im Jahre 1883 [Sur un théorème de la théorie générale des fonctions, *Bull. soc. math. France* **11**, 112—125 (1883)], nachdem KLEIN vorher den algebraischen Fall in Betracht gezogen hatte. Der mehr oder weniger vollständige Beweis dieses grundlegenden Satzes konnte aber erst im Jahre 1907 erbracht werden, und zwar gleichzeitig von POINCARÉ [Sur l'uniformisation des fonctions analytiques, *Acta Math.* **31**, 1—64 (1908)] und KOEBE (Über die Uniformisierung beliebiger analytischer Kurven, *Göttinger Nachr.* 1907, S. 197—210)[1].

Das Uniformisierungsproblem, wie dies zu Anfang gestellt wurde, ist zunächst auf mehr als eine Art lösbar. So kann man z. B. das analytische Gebilde von $z^2 + w^2 = 1$ sowohl durch den Ansatz

$$(1) \qquad \mathfrak{z} = \left(\frac{2t}{1 + t^2}, \frac{1 - t^2}{1 + t^2} \right),$$

wie auch durch den Ansatz

$$(2) \qquad \mathfrak{z} = (\sin t, \cos t),$$

wobei t in der komplexen t-Ebene variiert, uniformisieren. Verlangt man aber, daß der uniformisierende Parameter nicht bloß die Riemannsche Fläche F der gegebenen Funktion uniformisiert, sondern noch alle Funktionen der Riemannschen Flächen, die als unverzweigte Überlagerungsflächen von F aufgefaßt werden können, so gibt es im wesentlichen nur eine Lösung. Die auf diese Weise erweiterte Aufgabe führt die Uniformisierung von $W(z)$ auf die Uniformisierung der (einfach zusammenhängenden) universellen Überlagerungsfläche $\hat{F}$ von F zurück. Der Leser hat in **42.** und **69.** die einfachsten (nichttrivialen) universellen Überlagerungsflächen kennengelernt, nämlich die universellen Überlagerungsflächen der in $z = 0$ und $z = \infty$ bzw. $z = 0$, $z = 1$ und $z = \infty$ punktierten komplexen Ebene. Bei der Uniformisierung der Modulfläche wurde praktisch so vorgegangen, daß diese in den unendlich vielen kongruenten schlichten Blättern durch die beiden Schlitze von $z = \infty$ bis $z = 0$ längs der negativen reellen Achse und von $z = 1$ bis $z = \infty$ längs der positiven reellen Achse „zerschnitten" wurde und jedes dieser Blätter auf ein geeignetes Kreisbogendreieck des Einheitskreises ein-eindeutig und konform abgebildet wurde. Entsprechend wurde beim Fall der logarithmischen Fläche verfahren.

---

[1] Die Poincarésche Arbeit wurde im März 1907 gedruckt, die Koebesche Arbeit im Mai 1907 vorgelegt.

Der Konstruktion der universellen Überlagerungsfläche von F schicken wir folgende Definitionen voraus:

Def. *Zwei Kantenzüge α und α', die beide von einem Punkt $\mathfrak{a}$ zu einem Punkt $\mathfrak{b}$ von F führen, heißen kombinatorisch ineinander deformierbar (homotop), wenn man α durch finite Anwendung der beiden folgenden Schritte in α' überführen kann:*

1. Ersetzen einer Dreieckskante durch die nacheinander zu durchlaufenden beiden übrigen Kanten und

2. Hinzufügung oder Weglassung einer in beiden Richtungen zu durchlaufenden Kante.

Bei festem $\mathfrak{a}$ und gegebenem $\mathfrak{b}$ bilden alle homotopen Polygonzüge eine sog. Wegeklasse $\{(\mathfrak{a}, \mathfrak{b})\}$. Wegeklassen von der Form $\{(\mathfrak{a}, \mathfrak{b})\}$ und $\{(\mathfrak{b}, \mathfrak{c})\}$ können addiert werden (Produkt von Wegeklassen!). Die Gesamtheit aller geschlossenen Polygonzüge, die durch einen festen Punkt gehen, kann (ähnlich wie beim Fall eines Gebietes der z-Ebene) in Homotopieklassen eingeteilt werden, die dann als Elemente einer Gruppe aufgefaßt werden können.

Def. *Gibt es zu beliebig gegebenen $\mathfrak{a}$ und $\mathfrak{b}$ nur eine Wegeklasse, so heißt F einfach zusammenhängend.*

Man kann ohne weiteres zeigen daß diese Eigenschaft von F von der Wahl des Punktes $\mathfrak{a}$ unabhängig ist.

Die Konstruktion der universellen Überlagerungsfläche $\hat{F}$ von F kann nun folgendermaßen durchgeführt werden:

Man wähle einen (festen) Punkt $\mathfrak{o}$ von F und überlagere jedes Dreieck $\varDelta$ von F mit ebenso vielen (kongruenten) Dreiecken $\hat{\varDelta}$ wie es Wegeklassen gibt, die $\mathfrak{o}$ mit einer Ecke von $\varDelta$ verbinden. (Man zeigt leicht, daß die Anzahl der Wegeklassen unabhängig von der Wahl der Ecke ist.) Sind $\varDelta$ und $\varDelta'$ zwei benachbarte Dreiecke von F, die längs einer die Ecken $\mathfrak{a}$ und $\mathfrak{b}$ verbindenden Kante γ aneinanderstoßen, und ist beide Male dieselbe Wegeklasse $\{(\mathfrak{o}, \mathfrak{a})\}$ (oder $\{(\mathfrak{o}, \mathfrak{b})\}$) zugeordnet, so sollen auch die entsprechenden (darüber liegenden) Dreiecke der Überlagerungsfläche längs dieser Kante zusammengeheftet werden.

Die so konstruierte Fläche $\hat{F}$ (universeller Überlagerungskomplex) hat folgende wichtige Eigenschaften:

1. $\hat{F}$ ist (relativ zu F) unverzweigt.

2. $\hat{F}$ überlagert jede Überlagerungsfläche von F.

3. $\hat{F}$ ist einfach zusammenhängend.

Die Eigenschaft 1. ist eine unmittelbare Folgerung der Definition. Denn jede Ecke von $\hat{F}$ liegt über einer Ecke von F, und somit kann $\hat{F}$ nur Verzweigungsstellen haben, die über Ecken von F liegen. Zum Beweis von 3. verfahre man so: Es sei $\hat{\mathfrak{a}}$ ein Punkt von $\hat{F}$ (definiert durch $\alpha = (\mathfrak{o}\mathfrak{a})$) und β ein Weg, der vom Punkt $\mathfrak{a}$ zu dem Punkt $\mathfrak{b}$ führt. Dann gibt es einen (und nur einen) von $\hat{a}$ ausgehenden Weg $\hat{\beta}$ auf $\hat{F}$ mit dem Grundweg β (Projektion von $\hat{\beta}$ auf F!). Es sei $\hat{b}$ der Endpunkt von $\hat{\beta}$, und es sei $\hat{\gamma}$ ein zweiter Weg, der von $\hat{a}$ zu dem Punkt $\hat{b}$ führt. Dann bestimmt der Weg $\alpha\gamma$ (d. h. das nacheinander-Durchlaufen der Wege $(\mathfrak{v}\,\mathfrak{a})$ und γ) den Punkt $\hat{b}$ genau wie der Weg $\alpha\beta$. Daraus folgt aber leicht (durch Kombination mit dem entgegengesetzt durchlaufenen Weg α), daß β homotop zu γ ist. Da nun alle elementaren kombinatorischen Schritte, durch die γ in β überführt wird, auf $\hat{F}$ verfolgt werden dürfen, so folgt daraus, daß $\hat{\beta}$ und $\hat{\gamma}$ homotop sind. Das hat wieder zur Folge (da $\hat{a}$ sowie β und γ beliebig waren), daß $\hat{F}$ einfach zusammenhängend ist.

Auf den Beweis der Eigenschaft 2., von der im folgenden kein Gebrauch gemacht wird, wird hier nicht eingegangen. Der interessierte Leser findet einen solchen in dem Buch von SEIFERT und THRELFALL (Lehrbuch der Topologie) sowie in dem Buch von KERÉKJARTÓ (Vorlesungen über Topologie).

Die universelle Überlagerungsfläche $\hat{R}$ einer Riemannschen Fläche R ist natürlich wieder eine Riemannsche Fläche. Denn bei hinreichend feiner Unterteilung von R kann jedes Dreieck $\varDelta$ innerhalb einer Umgebung O angenommen werden und (mit Hilfe des Ortsparameters) konform auf ein schlichtes Gebiet der komplexen Ebene abgebildet werden. Somit können aber gleichzeitig (durch die Verwendung der Grundabbildung) auch alle über $\varDelta$ liegenden Dreiecke $\hat{\varDelta}$ von $\hat{R}$ abgebildet werden.

Def. *Eine in einem Gebiet G von R definierte komplexwertige Funktion soll dort regulär bzw. holomorph heißen, wenn sie in der Umgebung jedes Punktes $\mathfrak{a}$ von G in bezug auf die jeweilige lokale Uniformisierende z regulär ist.*

Ähnlich definiert man eine reguläre harmonische Funktion auf G. *Bildet eine komplexe Funktion w das Gebiet G ein-eindeutig auf ein Gebiet der w-Ebene ab, so sagen wir kurz, daß w eine konforme Abbildung von G auf die komplexe Ebene vermittelt.*

Der Hauptsatz der Uniformisierungstheorie lautet nun:

Auf jeder universellen Überlagerungsfläche $\hat{R}$ gibt es eine Funktion $t = t(\hat{a})$, welche diese konform entweder auf die volle t-Ebene (elliptischer Fall), oder auf die endliche Ebene (parabolischer Fall), oder auf das Innere des Einheitskreises der komplexen Ebene (hyperbolischer Fall) abbildet.

Dieser Satz wird oft als „*Grenzkreistheorem*" bezeichnet. Dies hängt damit zusammen, daß die Funktionen, welche die Abbildung vermitteln, im hyperbolischen Falle als Funktionen von t die Einheitsperipherie als natürliche Grenze haben. *(Automorphe Funktionen mit Grenzkreis!)*

Wie hängt nun der Uniformierungssatz mit der (eindeutigen Parameterdarstellung von w und z) Aufgabe von POINCARÉ-KLEIN zusammen? Es sei W die Riemannsche Fläche der analytischen Funktion $W(z)$. Wir schreiben $\mathfrak{a}$ für die Punkte von W (statt $\mathfrak{z} = (z, w)\ (w = w(z))$) und

$\mathfrak{z}$ für die Punkte der universellen Überlagerungsfläche $\widehat{W}$ von W. Es bezeichne K_t (je nach dem eintretenden Fall) die volle t-Ebene, oder die offene t-Ebene oder den Kreis $|t| < 1$ und $t = t(\mathfrak{z})$ die konforme Abbildung von $\widehat{W}$ auf K_t. Diese Relation geht, durch den Spurpunkt z und $\mathfrak{z}$ ausgedrückt (und jeder solche Punkt, in dessen Umgebung $w(z)$ meromorph ist, gehört dazu), in eine analytische Funktion $t = t(z)$ über, die im allgemeinen nicht eindeutig ist. Dagegen ist deren Umkehrungsfunktion $z = z(t)$ (mit Rücksicht darauf, daß zwei Punkte von $\widehat{W}$ mit verschiedenen Spurpunkten verschiedenen t entsprechen) in K_t stets eindeutig, und kann dort höchsten Pole haben. Da nun noch $w(z(t))$ in K_t eindeutig ist und dort ebenfalls höchstens Pole haben kann, gestattet die Uniformisierung von $\widehat{W}$ eine eindeutige Darstellung von $\mathfrak{z}$ durch den Parameter t. Wie der Leser sieht, werden durch die Uniformisierung von $\widehat{W}$ mit W alle unverzweigten Überlagerungsflächen $\widetilde{W}$ von W uniformisiert.

Die Heranziehung der universellen Überlagerungsfläche $\widehat{W}$, mit deren Hilfe man nicht nur $w(z)$, sondern auch alle Funktionen uniformisiert, die lokal durch t uniformisiert werden (d. h. alle relativ zu W unverzweigten Flächen), geht auf eine Idee von SCHWARZ (man vgl. z. B. den Brief von F. KLEIN an POINCARÉ vom 14. Mai 1882, KLEIN, *Ges. Math. Abhandl.* 3, Berlin, Verlag *Julius Springer*, S. 616) zurück und bildet die Grundlage einer der von POINCARÉ verwendeten Methoden.

Als letzte Aufgabe dieser längeren Nummer bleibt jetzt nur noch ein Hinweis darauf, wie man zu der Abbildung $t = t(\hat{a})$ kommt. Das geschieht durch Ausschöpfung von $\hat{R}$ durch Flächenstücke

$$F_n = \varDelta_1 + \cdots + \varDelta_n \qquad (n = 1, 2, \ldots)$$

und konforme Abbildung von F_n auf einen Kreis $K_n: |t| < r_n$, etwa durch die Gleichung $t_n = f_n(\hat{a})$[1]. Diese sukzessiven Uniformisierungen bilden mehr oder weniger die Grundlagen aller Uniformisierungsbeweise. VAN DER WAERDEN, dessen Arbeit Topologie und Uniformisierung der Riemannschen Flächen (*Leipz. Ber.* **93**, S. 147—160) hier zugrunde gelegt wurde, hat durch nachfolgenden Satz die Beweisanordnung des Uniformierungssatzes neu gestaltet und bewiesen:

Ist F eine einfach zusammenhängende, offene Fläche, so kann man stets die (unendlich vielen) Dreiecke $\varDelta_k$ von F so numerieren, daß jedes F_n von einem einzigen Polygonzug $\varGamma_n$ berandet ist.

---

[1] Bei Flächenstücken (Summe von endlich vielen Dreiecken) fällt die Bedingung, daß jede Kante genau zwei Dreiecken angehören muß, weg. Die Gesamtheit der „freien Kanten" bildet dann dessen Rand $\varGamma_n$. Eigentlich handelt es sich hier um die konforme Abbildung des durch $\varGamma_n$ begrenzten offenen Flächenstückes. Der Leser findet in der Note von CARATHÉODORY: Bemerkung über die Definition der Riemannschen Flächen [Mathem. Zeitschr. **52**, 103—108 (1950)] wertvolle Einzelheiten über die mögliche Wahl der Ränder der einzelnen Dreiecke.

19. Durchführung des Uniformisierungsbeweises. Mit Hilfe dieses Satzes von VAN DER WAERDEN und eines Kunstgriffes von CARATHÉODORY (Elementarer Beweis für den Fundamentalsatz der konformen Abbildungen, SCHWARZ' Festschrift, S. 36) kann man jetzt die Existenz der durch den Uniformisierungssatz behaupteten Abbildung $F \to K_t$ für den Fall einer offenen Fläche F leicht nachweisen (die Behandlung des Falles einer kompakten Fläche[1] kann der Leser am besten in der Originalabhandlung von VAN DER WAERDEN nachlesen).

Man bezeichne bei festem $n \geqq 1$ das van der Waerdensche Gebiet F_n durch F und das Dreieck Δ_{n+1} durch Δ und nehme an, daß man F derart topologisch auf die Kreisscheibe $|t| < 1$ abbilden kann, daß $t = t(\mathfrak{a})$ als Funktion des Ortsparameters ζ in der Umgebung des betreffenden Punktes schlicht ist. Dann soll gezeigt werden, daß derselbe Sachverhalt auch für $F + \Delta$ gilt. Da der Beweis (unter Zugrundelegung des van der Waerdenschen Satzes) unabhängig davon verläuft, ob Δ mit F eine oder zwei Seiten gemeinsam hat, soll im folgenden angenommen werden, daß Δ mit F eine Kante, etwa die Kante γ, gemeinsam hat und in einer kreishomöomorphen Umgebung O liegt. Wir bilden F auf die Kreisscheibe K der t-Ebene ab (Abb. 22) und beachten, daß das (einfach zu-

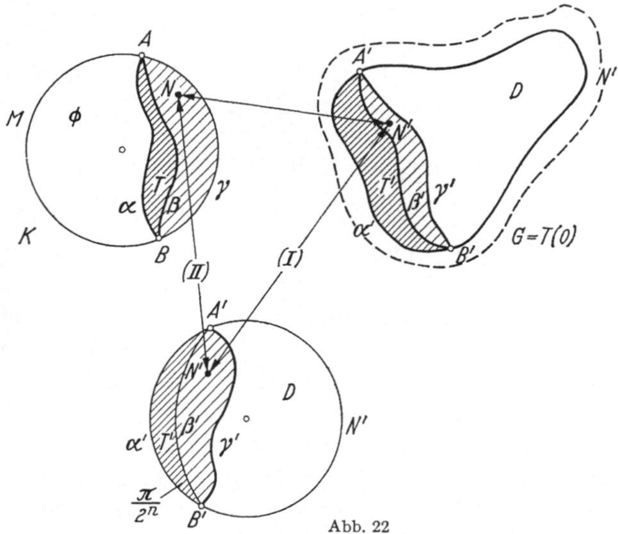

Abb. 22

sammenhängende) Gebiet $G = T(O)$ das Bild D des Dreiecks Δ enthält. Neben der topologischen Zuordnung der Seiten γ, γ' der Bilder Φ von

---

[1] Kompakt (oder geschlossen) nennt man eine Fläche F, wenn sie aus endlich vielen Dreiecken besteht, wobei jede Kante genau zwei (benachbarten Dreiecken angehört. Die Uniformisierung einer solchen Fläche wird nach einem Kunstgriff von CARATHÉODORY durch Entfernung eines inneren Punktes eines ihrer Dreiecke realisiert (wodurch F in eine offene Fläche umgewandelt wird.)

F und D von $\varDelta$ gibt es eine (Jordansche) Kurve α', die mit dem Rand von D außer A', B' keine weiteren Punkte gemeinsam hat, und zwar so, daß das von γ' und α' begrenzte Gebiet T' noch in G liegt. Der von α' und γ' begrenzte Lappen, dessen Anbringung an γ' auf eine Idee von CARATHÉODORY zurückgeht, wird jetzt helfen, die Verschmelzung von F und $\varDelta$ durchzuführen. Wir bilden $D + T'$ auf den Einheitskreis konform ab (Abb. 22, Mitte unten) und nehmen an (was stets durch die Wahl von α' zu erreichen ist), daß man die Punkte A' und B' durch einen Kreisbogen β' verbinden kann, der mit dem Bogen $A'\alpha'B'$ einen Winkel $\dfrac{\pi}{2^n}$ ($n \geqq 0$ ganz) bildet. Es sei β das Bild von β' in $\varPhi$. Wir bilden das von β und dem Kreisbogen AMB begrenzte Gebiet auf einen Kreis ab (Abb. 23), spiegeln das von α und β begrenzte Gebiet an der Peripherie

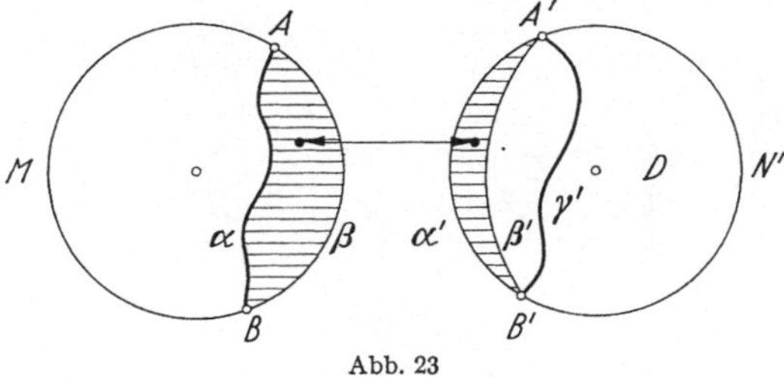

Abb. 23

(Abb. 24) und bilden das durch die Spiegelung erweiterte Gebiet $A M B \bar{\alpha}'$ erneut auf einen Kreis ab (Abb. 24, unten Mitte). Wiederholt man dieses Verfahren n-mal, so erhält man die (eineindeutige) Abbildung des Kreises

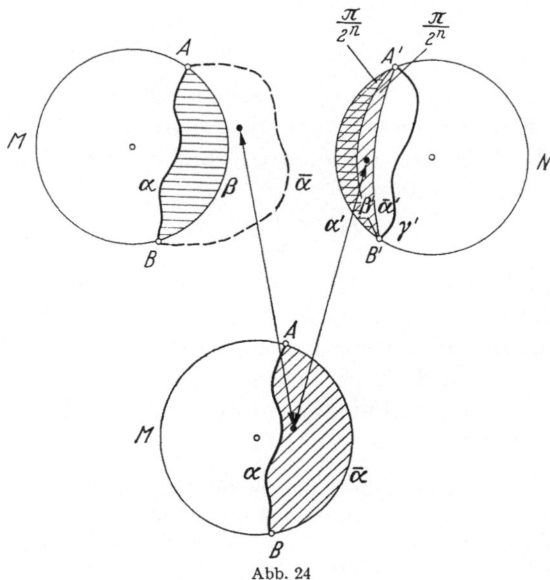

Abb. 24

K' auf das von der Kurve α und dem Kreisbogen $A N B$ begrenzte Gebiet des Kreises K (Abb. 25). Somit ist gezeigt worden, daß man die Kreisscheibe K' schlicht auf das von der Kurve α und dem Kreisbogen $A N B$ begrenzte Gebiet des Kreises K abbilden kann. Zugleich wird dadurch auch die gesuchte (schlichte) Abbildung von $F + \varDelta$ auf die Kreisscheibe K bewerkstelligt. Denn bei der Schlußabbildung (n-fache Wiederholung der Spiegelung und Übergang von K' zur Kreisscheibe K) gehen die Punkte der von den Kurven α, γ und α', γ' (Abb. 22 oben) begrenzten Gebiete T und T', welche durch eine schlichte Funktion $t = h(\zeta)^1$ ($\zeta \in T'$, $t \in T$) miteinander verbunden sind, in denselben Punkt des von α und γ begrenzten Gebietes von K über. Somit liefert das hier geschilderte Ver-

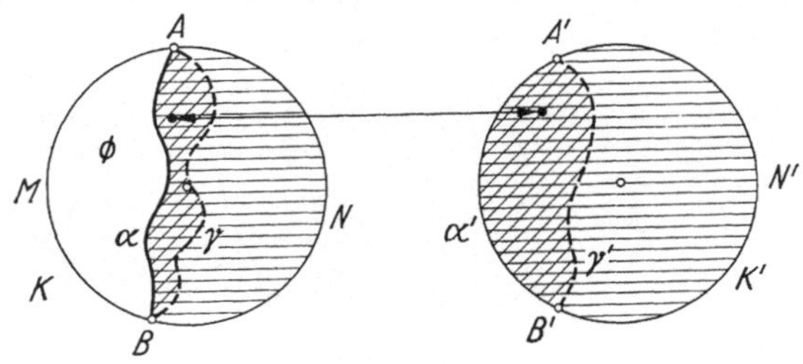

Abb. 25

fahren die Abbildung der Gebiete F_n ($n = 1, 2, \ldots$) auf die Kreisscheiben K_n ($n = 1, 2, \ldots$) der t-Ebene. Die Radien r_n dieser Kreisscheiben können eindeutig bestimmt werden, wenn man einen festen Punkt $\mathfrak{o}$ in $\varDelta_1$ wählt und verlangt, daß die Abbildungsfunktionen $f_n(\mathfrak{a})$ durch die Bedingungen

$$f_n(\mathfrak{o}) = 0, f_n'(\mathfrak{o}) = 1$$

normiert werden, wobei unter f_n' die Ableitung nach dem Ortsparameter verstanden wird. Ist diese Normierung vorgenommen, so zeigt man leicht, daß die Folge (r_n) monoton ist (und somit $r = \lim\limits_{n \to \infty} r_n$ existiert), und daß die Grenzfunktion

$$f(\mathfrak{a}) = \lim\limits_{n \to \infty} f_n(\mathfrak{a})$$

(als Funktion des jeweiligen Ortsparameters) schlicht ist.

Der Nachweis der Konvergenz der Folge $(f_n(\mathfrak{a}))$ wird nach ähnlichen Prinzipien durchgeführt wie beim klassischen Beweis des Riemannschen Abbildungssatzes. Ausführlich dargestellt findet man ihn z. B. in dem Buch von BIEBERBACH (Funktionentheorie II) und in der Arbeit von VAN DER WAERDEN.

---

[1] Das ist eine Folge der (direkt) konformen Nachbarrelationen von $T(O)$ und der entsprechenden Abbildung der Umgebung des an γ grenzenden Dreiecks von F. Der Ortsparameter dieser Umgebung ist offenbar eine schlichte Funktion von t, sofern t in der Nähe von γ (innerhalb der Kreisscheibe) bleibt.

Die hier gegebene kurze Skizze der Uniformisierungstheorie bedarf in vielen Punkten einer Ergänzung. Insbesondere fehlt noch der Beweis des Satzes über die (stetige) Ränderzuordnung von Gebieten, die von einer (einfach geschlossenen) Jordanschen Kurve begrenzt sind. Der Leser findet eine Reihe von grundlegenden Bemerkungen, die diesen und andere Punkte der Theorie betreffen, in der Note von CARATHÉODORY, Bemerkung über die Definition der Riemannschen Flächen, *Math. Z.* **52**, 703—708 (1950) (Ges. Werke Bd. 4, S. 125). Die Idee der Anbringung des Lappens T' (Abb. 22) an die Seite γ' (Carathéodoryscher Lappen!) ist wesentlich und gestattet die Verschmelzung der zwei benachbarten Gebiete ohne Verwendung von komplizierten Verfahren (also nur mit Hilfe des Riemannschen Satzes) durchzuführen[1].

Wesentlich breitere Darstellungen der Uniformisierung nach der Methode von KOEBE-CARATHÉODORY-VAN DER WAERDEN gibt das Buch von BEHNKE und SOMMER.

BIEBERBACHs Uniformisierungsmethode eines analytischen Gebildes (dargestellt im zweiten Band seiner Funktionentheorie) verwendet die Ausschöpfung der Riemannschen Fläche des Gebildes durch Flächenstücke, die man durch Verschmelzung von endlich vielen (abgeschlossenen) Kreisscheiben (in denen die entsprechenden Potenzreihen konvergieren) erhalten kann. Sehr nützlich (und zum Teil die Poincaréschen Resultate vermittelnd) ist für den Leser das Buch Conformal Representation von CARATHÉODORY. Die allgemeinsten und ausführlichsten Darstellungen der Uniformisierung geben neben BIEBERBACH die Monographien von WEYL, PFLUGER, NEVANLINNA und G. SPRINGER. Einen kurzen (bisher nicht in einem Lehrbuch aufgenommenen) Beweis der Uniformisierung einfach zusammenhängender Riemannscher Flächen gab noch M. HEINS [*Ann. Math.* **50**, 686—690 (1949)]. Hier wird irgendwelche Ausschöpfung von F zugrunde gelegt und die Triangulation explizit nicht verwendet. WITTICHs Ergebnisbericht (Neuere Untersuchungen über eindeutige analytische Funktionen, *Springer-Verlag* 1955) sowie NEVANLINNAs Monographien bringen den Leser mit einer Reihe von wichtigen, zum Teil ungelösten Problemen in Berührung.

20. Das alternierende Verfahren von SCHWARZ. Ein allgemeines, mit der Verschmelzung zweier Gebiete G_1, G_2 der komplexen Ebene zusammenhängendes Verfahren ist das (berühmte) alternierende Verfahren von SCHWARZ, das neben dem in **67.** entwickelten Perronschen Verfahren eine der grundlegenden Methoden zur Lösung des Dirichletschen

---

[1] CARATHÉODORY hebt in seiner Arbeit (loc. cit. S. 37) ausdrücklich hervor, daß durch sein Verfahren auch jedes (endlichblättrige und im Endlichen liegende) Riemannsche Flächenstück auf einen Kreis abgebildet werden kann.

Problems (durch sukzessive Ausschöpfung des betreffenden Gebietes) darstellt. Der Einfachheit halber beschränken wir uns auf folgenden Fall:

Gegeben sind zwei (beschränkte) Gebiete G_1, G_2 der komplexen Ebene mit den Rändern Γ_1, Γ_2. Wir nehmen an, daß $G_1 \cap G_2 = G \neq \emptyset$ ist und daß $\Gamma_1 \cap \Gamma_2$ aus endlich vielen Punkten besteht (Das ist z.B. bei konvexen G_1, G_2 stets der Fall). Ferner nehmen wir an, daß für G_1 und G_2 das Dirichletsche Problem mit den (reellen, beschränkten und bis auf endlich viele Punkte stetigen) Funktionen $f_1(\zeta)$ $(\zeta \in \Gamma_1)$ und $f_2(\zeta)$ $(\zeta \in \Gamma_2)$ lösbar sei. Dann kann gezeigt werden, daß dies auch für das Gebiet $G_1 \cup G_2$ der Fall ist. Man setze in der Tat $\alpha_1 = \Gamma_1 \setminus \Gamma_1 \cap \overline{G}_2$, $\alpha_2 = \Gamma_2 \setminus \Gamma_2 \cap \overline{G}_1$ und $\gamma = \Gamma_1 \cap \Gamma_2$. Ferner setze man $\beta_1 = \Gamma_1 \cap G_2$, $\beta_2 = \Gamma_2 \cap G_1$ und $\Gamma = \alpha_1 \cup \alpha_2 \cup \gamma$. Ist dann $f(\zeta)$ $(\zeta \in \Gamma)$ reellwertig, beschränkt und bis auf endlich viele Punkte stetig auf Γ, so konstruiere man die Folgen $(u_n(z))$ $(z \in G_1)$ und $(v_n(z))$ $(z \in G_2)$ mit $u_0(z) \equiv 0$ und

$$u_{n+1} = \begin{cases} f & | \ \zeta \in \alpha_1 \\ v_n & | \ \zeta \in \beta_1 \end{cases}$$

$$v_n = \begin{cases} f & | \ \zeta \in \alpha_2 \\ u_n & | \ \zeta \in \beta_2 \end{cases}$$

für $n = 1, 2, \ldots$

Wir behaupten:

1. *Die Grenzwerte*

$$(1) \qquad u(z) = \lim_{n \to \infty} u_n(z) \qquad\qquad (z \in G_1)$$

und

$$v(z) = \lim_{n \to \infty} v_n(z) \qquad\qquad (z \in G_2)$$

existieren und stellen in G_1 bzw. G_2 reguläre harmonische Funktionen dar.

2. *Es gilt*

$$(2) \qquad\qquad u(z) = v(z) \qquad\qquad\qquad (z \in G).$$

3. *Die Funktion*

$$(3) \qquad U(z) = \begin{cases} u(z) \ | \ z \in G_1 \\ v(z) \ | \ z \in G_2 \end{cases}$$

löst das Dirichletsche Problem für $G_1 \cup G_2$.

Zum Beweis von 1. nehme man an (was keine Einschränkung der Allgemeinheit bedeutet), daß $f \geq 0$ ist und bilde die harmonischen Funktionen

$$p_n = u_n - u_{n-1}, \quad q_n = v_n - v_{n-1} \qquad (n = 1, 2, \ldots).$$

Dann sind die Folgen (p_n) und (q_n) $(n = 1, 2, \ldots)$ wegen $v_0 \geq 0$ monoton wachsend, und somit existieren (mit Rücksicht auf die gleichmäßige Beschränktheit der Folgen (u_n) und (v_n) und auf das Harnacksche Prinzip) die Grenzwerte (1) und stellen in G_1 bzw. G_2 reguläre harmonische Funktionen dar. Die Gleichung (2) folgt durch Anwendung des Maximumprinzips auf die Funktionen $w_1(z) = u(z) - v(z)$ $(z \in G)$ und $w_2(z) = -w_1(z)$. Entsprechend beweist man (3).

Die Methode des alternierenden Verfahrens liefert ohne weiteres die Lösung des (allgemeinen) Dirichletschen Problems (und insbesondere die Konstruktion der Greenschen Funktion) für ein Gebiet G der komplexen Ebene.

Zunächst die Formulierung des allgemeinen Dirichletschen Problems (nach LEBESGUE und WIENER):

Es sei $f(\zeta)$ $(\zeta \in \Gamma)$ eine auf $\Gamma = \overline{G}\backslash G$ definierte, reelle, stetige Funktion von ζ. Ferner sei $F(z)$ eine auf $\overline{G}$ definierte reelle, stetige Funktion derart, daß $F(\zeta) = f(\zeta)$ gilt. Wir betrachten eine Folge (G_n) $(n = 1, 2, \ldots)$ von Gebieten, die G ausschöpfen, wobei jedesmal $\overline{G}_n$ in G liegt, und setzen voraus, daß für jedes G_n das Dirichletsche Problem mit den Randwerten $F(\zeta)$ $(\zeta \in \Gamma_n = \overline{G}_n\backslash G_n)$ lösbar sei, etwa durch die Funktion $u_n(z)$. Dann konvergiert $(u_n(z))$ $(n = 1, 2, \ldots)$ in jeder kompakten Teilmenge von G gegen eine harmonische Funktion $u(z)$. Diese (in ganz G) definierte harmonische Funktion heißt dann die Lösung des verallgemeinerten Dirichletschen Problems.

Der Beweis kann durch Ausschöpfung von G durch Gebiete geführt werden, die jedesmal eine Vereinigung von endlich vielen abgeschlossenen Kreisscheiben sind. Da für jede Kreisscheibe das Dirichletsche Prinzip durch das Poissonsche Integral explizit gelöst wird, liefert die Methode des alternierenden Verfahrens ohne Schwierigkeit die Lösung des allgemeinen Dirichletschen Problems. Was man mit dieser (geeignet verallgemeinerten) Schwarzschen Methode noch beweisen kann (etwa die gesamte Uniformisierung abstrakter Riemannscher Flächen), erfährt der Leser aus dem Buch von NEVANLINNA über Uniformisierung.

21. Der transfinite Durchmesser einer Punktmenge. Es sei K eine beschränkte abgeschlossene Punktmenge der komplexen Ebene. Man bilde bei gegebenem n die Größen

$$(1) \qquad r_n(z, K) = \operatorname{Max}\left\{ \prod_1^n |z - z_k|^{\frac{1}{n}} \;\middle|\; z_1, \ldots, z_n \in K \right\},$$

$$(2) \qquad r_n(K) = \operatorname{Min}\left\{ r_n(z, K) \mid z \in K \right\}$$

und

$$(3) \qquad d_n(K) = \operatorname{Max}\left\{ \left(\prod_{i < k} |z_i - z_k| \right)^{\frac{1}{\binom{n}{2}}} \;\middle|\; z_1, \ldots, z_n \in K \right\}.$$

Dann existieren die Grenzwerte

$$(4) \qquad r(K) = \lim_{n \to \infty} r_n(K)$$

und

$$(5) \qquad d(K) = \lim_{n \to \infty} d_n(K)$$

und sind einander gleich.

Die Größe $d(K)$ heißt nach FEKETE [*Math. Z.* **17**, 228—249 (1923)] der transfinite Durchmesser von M. FEKETE und SZEGÖ [*Math. Z.* **21**, 203—208 (1924)] haben folgenden Zusammenhang zwischen der Größe $d(K)$ und der Greenschen Funktion entdeckt:

Es sei Γ eine beliebige beschränkte abgeschlossene Punktmenge der komplexen Ebene und G diejenige (zusammenhängende) Komponente von $\overline{E}\setminus\Gamma$, die den Punkt $z = \infty$ enthält. Dann ist $d(\Gamma) = e^{-\gamma(\Gamma)}$. Die Größe $\gamma(\Gamma)$ (die Robinsche Konstante genannt) ist definitionsgemäß gleich $\lim_{|z|\to\infty}\{g(z,\infty) - \log|z|\}$, *wobei $g(z,\infty)$ die Greensche Funktion des Gebietes G, genommen in bezug auf $z = \infty$, bedeutet.*

Der Zusammenhang zwischen der Kapazitätsfunktion und dem transfiniten Durchmesser $d(\Gamma)$ ist insofern von Bedeutung, als man sowohl die Greensche Funktion als auch die Evans-Selbergsche Kapazitätsfunktion durch Betrachtungen konstruieren kann, welche die Größe $d(\Gamma)$ bzw. $r(\Gamma)$ verwenden. Man vgl. hierzu neben der erwähnten Arbeit von SZEGÖ noch die Arbeit von EVANS (Potentials and positively infinite singularities of harmonic functions, *Monatsh. Math. Physik* **41**, 419—424 (1934)]. Auch NEVANLINNAs Eindeutige analytische Funktionen geben einen Überblick über diesen wichtigen Teil der modernen Funktionentheorie.

Neuntes Kapitel

Eindeutige analytische Funktionen in der Umgebung einer wesentlichen isolierten Singularität

75. Die Wachstumscharakteristik einer meromorphen Funktion. Ist $w(z)$ in $|z| < R$ ($R \leq +\infty$) meromorph und a eine endliche oder unendliche komplexe Zahl, so soll, wie bisher, $n(r, a)$ ($0 \leq r < R$) die Anzahl der Nullstellen von $w(z) - a$ in $|z| \leq r$ unter Berücksichtigung ihrer Vielfachheit darstellen[1].

Setzt man für ein endliches a

$$\lambda = n(0, a) - n(0, \infty) ,$$

so ist die Funktion

$$(75.1) \qquad g(z) = (w(z) - a)\left(\frac{1}{z}\right)^{\lambda}$$

in der Umgebung von $z = 0$ regulär und von Null verschieden, und somit gilt die (Jensensche Formel) Gleichung

$$\log|g(0)| = \frac{1}{2\pi}\int_0^{2\pi} \log|w(r e^{i\vartheta}) - a|\, d\vartheta - N(r, a) + N(r, \infty)$$

---

[1] Im folgenden wird $n(r, \infty)$ für $n(r, z_\infty)$ geschrieben. Ferner wird bei gegebenem a stets $w(z) \not\equiv a$ vorausgesetzt.

mit

$$(75.2) \qquad N(r, a) = n(0, a) \log r + \int_0^r \frac{n(t, a) - n(0, a)}{t} \, dt$$

und

$$(75.3) \qquad N(r, \infty) = n(0, \infty) \log r + \int_0^r \frac{n(t, \infty) - n(0, \infty)}{t} \, dt \, .$$

Nun ist

$$|w - a| = \frac{[w, a]}{[w, \infty]} \sqrt{1 + |a|^2} \, .$$

Setzt man also

$$(75.4) \qquad m_A(r, a) = \frac{1}{2\pi} \int_0^{2\pi} \log \frac{1}{[w, a]} \, d\vartheta$$

und

$$(75.5) \qquad T_A(r, a) = m_A(r, a) + N(r, a) \, ,$$

so wird

$$(75.6) \qquad T_A(r, a) = C_A(a) + T_A(r, \infty)$$

mit

$$(75.7) \qquad C_A(a) = -\log |g(0)| + \log \sqrt{1 + |a|^2} \, .$$

Es sei nun

$$(75.8) \qquad m_N(r, a) = \frac{1}{2\pi} \int_0^{2\pi} \overset{+}{\log} \frac{1}{|w(re^{i\vartheta}) - a|} \, d\vartheta \qquad\qquad (a \neq \infty)$$

und

$$(75.9) \qquad m_N(r, \infty) = \frac{1}{2\pi} \int_0^{2\pi} \overset{+}{\log} |w(re^{i\vartheta})| \, d\vartheta$$

gesetzt. Dann wird

$$T_N(r, a) = -\log |g(0)| + \frac{1}{2\pi} \int_0^{2\pi} \overset{+}{\log} |w(re^{i\vartheta}) - a| \, d\vartheta + N(r, \infty)$$

mit

$$T_N(r, a) = m_N(r, a) + N(r, a) \, .$$

Es seien jetzt a, b komplex, beliebig. Dann ist

$$|a + b| \leq 2M \qquad\qquad (M = \text{Max}(|a|, |b|))$$

und mithin

$$\overset{+}{\log} |a + b| \leq \overset{+}{\log} M + \log 2 \leq \overset{+}{\log} |a| + \overset{+}{\log} |b| + \log 2 \, .$$

Das gibt die Abschätzung

$$|\overset{+}{\log} |w - a| - \overset{+}{\log} |w|| \leq \overset{+}{\log} |a| + \log 2$$

und somit die Gleichung

$$(75.10) \qquad T_N(r, a) = T_N(r, \infty) + O(1) \, .$$

Hierbei ist die Größe $O(1)$[1] kleiner oder gleich

$$\overset{+}{\log}|a| + \overset{+}{\log}|g(0)| + \overset{+}{\log}\frac{1}{|g(0)|} + \log 2 \;.$$

Wegen

$$0 \leq \log\sqrt{1+|w|^2} - \overset{+}{\log}|w| \leq \frac{1}{2}\log 2$$

gilt stets

$$(75.11) \qquad\qquad T_A(r, a) = T_N(r, a) + O(1)\;.$$

Die Größen $T_N(r, \infty)$ und $T_A(r, \infty)$ heißen entsprechend die Nevanlinnasche bzw. die Shimizu-Ahlforssche charakteristische Funktion (kurz Charakteristik bzw. sphärische Charakteristik)[2]. Sie besitzen eine Reihe wichtiger Eigenschaften, und im Falle einer ganzen Funktion charakterisieren sie das Wachstum des absoluten Betrages von $w(z)$ besser als die Funktion $M(r)$. Ihre beiden Bestandteile heißen die Schmiegungsfunktion bzw. die Anzahlfunktion von $w(z)$. Im folgenden soll unter $T(r, \infty)$ entweder die Nevanlinnasche oder die Shimizu-Ahlforssche Charakteristik verstanden werden. Entsprechendes soll für die Schmiegungsfunktion $m(r, \infty)$ gelten.

76. Der Nevanlinnasche Konvexitätssatz der charakteristischen Funktion. Wir beweisen: *Ist $w(z)$ in $|z| < R$ meromorph, so sind $T_N(r, \infty)$ und $T_A(r, \infty)$ im Intervall*

$$(76.1) \qquad\qquad 0 \leq r < R$$

konvexe Funktionen von $\log r$.

Wir beginnen mit dem Nachweis der Konvexität von $T_A(r, \infty)$. Man fasse in (75.6) a als Veränderliche auf und multipliziere beide Seiten mit dem Flächenelement

$$d\omega(a) = \frac{|a|\,d|a|\,d\alpha}{(1+|a|^2)^2} \qquad\qquad (a = |a|\,e^{i\alpha})$$

der Riemannschen Kugel R der komplexen Ebene und beachte, daß mit Rücksicht auf die geometrische Deutung von $[w, a]$ das Integral

$$\int_E \log\frac{1}{[w, a]}\,d\omega(a)$$

---

[1] Sind $g(x)$, $h(x)$ in einem halboffenen Intervall $\alpha \leq x < \beta$ definiert und dort $h(x) > 0$, so bedeutet die Schreibweise $g(x) = O(h(x))$ (lies: $g(x)$ ein Groß O von $h(x)$), daß $\varlimsup\limits_{x \to \beta} \dfrac{|g(x)|}{h(x)}$ endlich größer Null ist. Ist dieser obere Limes gleich null, so schreibt man mit LANDAU $g(x) = o(h(x))$ (lies: klein o von $h(x)$). Dabei kann man (in beiden Fällen) noch annehmen, daß die Veränderliche x in einer Teilmenge A des Intervalls $\alpha \leq x < \beta$ variiert, sofern $\beta \in \overline{A}$ gilt. Eine Größe ist ein $O(1)$ (Groß O von Eins), wenn sie für $x \to \beta$ beschränkt bleibt.

[2] Zeitlich ist die Nevanlinnasche Charakteristik der sphärischen Charakteristik von SHIMIZU-AHLFORS vorangegangen. Man findet sie zunächst in den *Compt. Rend. Acad. Sci. (Paris)* **178**, 367—370 (1924).

unabhängig von w und somit gleich einer Konstanten ist. Bildet man also

$$\int_E m_A\,(r,a)\,d\,\omega\,(a)\,,$$

so wird wegen

$$\int_E m_A\,(r,a)\,d\,\omega\,(a) = \frac{1}{2\,\pi}\int_0^{2\pi}\left\{\int_E \log\frac{1}{[w,a]}\,d\,\omega\,(a)\right\}d\vartheta = C$$

und

$$\int_E d\,\omega\,(a) = 2\,\pi\int_0^\infty \frac{|a|\,d\,|a|}{(1+|a|^2)^2} = \pi$$

(76.2) $$T_A\,(r,\infty) = K_0 + \frac{1}{\pi}\int_E N\,(r,a)\,d\,\omega\,(a)$$

mit

$$K_0 = \lim_{r\to 0} T_A\,(r,\infty) = \lim_{z\to 0}\log\left(\sqrt{1+|w\,(z)|^2}\cdot |z|^{n(0,\infty)}\right).$$

Der Ausdruck

(76.3) $$S\,(r,w) = \frac{1}{\pi}\int_E n\,(r,a)\,d\,\omega\,(a)$$

kann geometrisch gedeutet werden. Es bezeichne in der Tat K_r die Kreisscheibe $|z| \leq r$ und F_r das Riemannsche Flächenstück $w\,(K_r)$. Bildet man dann F_r durch stereographische Projektion auf R ab und bezeichnet das so erhaltene Flächenstück auf R durch $\overline{F}_r$, so ist

$$\int_{\overline{F}_r} d\,\omega\,(a) = \int_E n\,(r,a)\,d\,\omega\,(a)$$

und mithin wegen

$$d\,\omega\,(a) = \begin{vmatrix} u_x & u_y \\ v_x & v_y \end{vmatrix}\frac{d\,x\,d\,y}{(1+u^2+v^2)^2}\qquad (a=w=u+iv)$$

(76.4) $$S\,(r,w) = \frac{1}{\pi}\int_{K_r}\frac{|w'|^2}{(1+|w|^2)^2}\,d\sigma\qquad (d\sigma = d\,x\,d\,y = r\,d\,r\,d\vartheta)\,.$$

Daraus folgt

(76.5) $$T_A\,(r,\infty) = K_0 + \int_0^r S\,(t,w)\,\frac{d\,t}{t}$$

und

(76.6) $$T_A\,(r,a) = K_A\,(a) + T_A\,(r,w)$$

mit

(76.7) $$T_A\,(r,w) = \int_0^r S\,(t,w)\,\frac{d\,t}{t}$$

und einer leicht zu bestimmenden Konstanten $K_A\,(a)$.

Wie man leicht bestätigt, ist

$$\lim_{r\to 0}\frac{S\,(r,w)}{r} = 0\,.$$

Im folgenden wird unter sphärischer (bzw. Shimizu-Ahlforsscher) Charakteristik stets die Größe (76.7) verstanden. Aus der Darstellung

(76.7) folgt die Konvexität von $T_A(r, \infty)$ (und $T_A(r, w)$) als Funktion von $\log r$ ohne Schwierigkeit. In der Tat ist

$$\frac{d}{d \log r} T_A(r, w) = r \frac{d}{dr} T_A(r, w) = S(r, w),$$

und somit ist die linke Seite nicht abnehmend. Dasselbe gilt für

$$\frac{d}{d \log r} T_A(r, \infty).$$

Die Charakteristik $T_N(r, \infty)$ ist einer ähnlichen Deutung fähig wie die sphärische Charakteristik $T_A(r, w)$.

Es sei zunächst a eine endliche komplexe Zahl. Dann gilt

$$(76.8) \qquad J = \frac{1}{2\pi} \int_0^{2\pi} \log |a - e^{i\vartheta}| \, d\vartheta = \overset{+}{\log} |a| \, .$$

Es sei in der Tat $|a| > 1$. Dann ist

$$\log |a - e^{i\vartheta}| = \log |a| - \sum_1^\infty \left\{ \mathrm{Re} \, \frac{e^{in\vartheta}}{n \, a^n} \right\}$$

und somit wegen der gleichmäßigen Konvergenz der Reihe rechts im Intervall $0 \leqq \vartheta \leqq 2\pi$

$$J = \log |a| - \sum_1^\infty \frac{1}{2\pi n} \int_0^{2\pi} \left\{ \mathrm{Re} \, \frac{e^{in\vartheta}}{a^n} \right\} d\vartheta = \overset{+}{\log} |a| \, .$$

Ist $|a| < 1$, so ist

$$J = \frac{1}{2\pi} \int_0^{2\pi} \log |1 - a e^{-i\vartheta}| = - \sum_1^\infty \frac{1}{2\pi n} \int_0^{2\pi} \{ \mathrm{Re} \, a^n e^{in\vartheta} \} \, d\vartheta = 0 \, .$$

Der Fall $|a| = 1$ erledigt sich folgendermaßen: Man nehme $a = 1$ (was keine Einschränkung der Allgemeinheit bedeutet). Dann ist

$$\log |1 - e^{i\vartheta}| = \log \left| 2 \sin \frac{\vartheta}{2} \right|,$$

und somit

$$J = \log 2 + \frac{1}{2\pi} \int_0^{2\pi} \log \left| \sin \frac{\vartheta}{2} \right| d\vartheta \, .$$

Man ersetze ϑ durch $2\vartheta'$. Dann wird

$$J = \log 2 + \frac{1}{2\pi} \int_0^{2\pi} \log |\sin \vartheta'| \, d\vartheta',$$

also

$$J = 2 \log 2 + \frac{1}{2\pi} \int_0^{2\pi} \log \left| \sin \frac{\vartheta'}{2} \right| d\vartheta' + \frac{1}{2\pi} \int_0^{2\pi} \log \left| \cos \frac{\vartheta'}{2} \right| d\vartheta'.$$

Daraus folgt mit Rücksicht darauf, daß

$$\int_0^{2\pi} \log \left| \sin \frac{\vartheta'}{2} \right| d\vartheta' = \int_0^{2\pi} \log \left| \cos \frac{\vartheta'}{2} \right| d\vartheta'$$

ist,

$$J = 2 \left\{ \log 2 + \frac{1}{2\pi} \int_0^{2\pi} \log \left| \sin \frac{\vartheta}{2} \right| d\vartheta \right\} = 2 J \, ,$$

d. h. $J = 0$.

Man setze jetzt in der Jensenschen Formel

$$\log |g(0)| = \frac{1}{2\pi} \int_0^{2\pi} \log |w - a|\, d\vartheta - N(r, a) + N(r, \infty)$$

$a = e^{i\varphi}\,(0 \leq \varphi \leq 2\pi)$ voraus, multipliziere die Gleichung mit $d\varphi$ und integriere über das Intervall $0 \leq \varphi \leq 2\pi$. Dann wird mit Rücksicht auf (76.8)

$$\frac{1}{2\pi} \int_0^{2\pi} \overset{+}{\log} |w|\, d\vartheta = k_1 + \frac{1}{2\pi} \int_0^{2\pi} N(r, e^{i\varphi})\, d\varphi - N(r, \infty),$$

mit

$$k_1 = \frac{1}{2\pi} \int_0^{2\pi} \log |g(0)|\, d\varphi .^1$$

Setzt man hier

$$(76.9) \qquad s(r) = \frac{1}{2\pi} \int_0^{2\pi} n(r, e^{i\varphi})\, d\varphi ,$$

so erhält man das Analogon der Gleichung (76.5), nämlich die Identität

$$(76.10) \qquad T_N(r, \infty) = k_1 + \int_0^r \frac{s(t)}{t}\, dt .$$

Für die Größe $s(r)$ kann man eine ähnliche geometrische Deutung geben wie für $S(r)$. Führt man nämlich die (stets aus endlich vielen analytischen Kurvenbögen bestehende) Menge E_γ durch die Gleichung

$$E_\gamma = \{|z| \mid |z| \leq r,\ |w(z)| = 1\}$$

ein, so erhält man

$$s(r) = \frac{1}{2\pi} \int_{E_\gamma} |w'(z)|\, |dz| .$$

Somit stellt $2\pi s(r)$ die Gesamtsumme der Längen derjenigen Bögen auf F_r dar, deren Projektion auf die Peripherie $|w| = 1$ fällt.

Wir setzen, ähnlich wie vorhin,

$$(76.11) \qquad T_N(r, w) = \int_0^r s(t)\, \frac{dt}{t}$$

und nennen diese Größe die Nevanlinnasche Wachstumscharakteristik von $w(z)$. Es gilt stets

$$(76.12) \qquad T_N(r, a) = O(1) + T_N(r, w) .$$

Daß aus der Darstellung (76.11) die Existenz einer nicht abnehmenden hinteren und vorderen Derivierten (und somit die Konvexität von $T_N(r, \infty)$ und $T_N(r, w)$ als Funktion von $\log r$) folgt, ist wohl trivial und bedarf keiner weiteren Erläuterung.

---

[1] Bei der Integration darf nicht vergessen werden, daß $g(0)$ jedesmal von a (hier $|a| = 1$) abhängt. Für $w(0) \neq \infty$ findet man leicht $k_1 = \overset{+}{\log} |w(0)|$. Im allgemeinen Fall hängt k_1 nur von $\lim_{z \to 0} w(z)\, z^{\lambda_0}$ $(\lambda_0 = n(0, \infty))$ ab.

Die Charakteristik $T_N(r, \infty)$ wurde von R. Nevanlinna erstmalig im Jahre 1924 (*Acta Soc. Sci. Fennicae* **50**, Nr. 6) gegeben. Für die sphärische Charakteristik $T_A(r, w)$ vgl. man *Japan. J.* **6**, **119** (1929) und *Verh.* **7** *Congr. Math. Scand. Oslo* 1929. Der hier gegebene Beweis der Konvexität von $T_N(r, \infty)$ als Funktion von $\log r$ geht auf Henri Cartan [Sur la fonction de croissance attachée à une fonction méromorphe de deux variables et ses applications aux fonctions méromorphes d'une variable, *Compt. rend. Acad. Sci.* (Paris) **189**, 521—523, (1929)] zurück.

77. Charakterisierung rationaler Funktionen. Man verdankt R. Nevanlinna folgende Charakterisierung der rationalen Funktionen:

Satz. *Gilt für eine in* $|z| < +\infty$ *meromorphe Funktion* $w(z)$

$$(77.1) \qquad \lim_{r \to \infty} \frac{T(r, w)}{\log r} < +\infty ,$$

so ist sie eine rationale Funktion.

Beweis. Ist (77.1) richtig, so ist auch

$$\lim_{r \to \infty} \frac{N(r, a)}{\log r} < +\infty ,$$

und somit kann $w(z)$ höchstens endlich viele Nullstellen und Pole haben. Man setze nun

$$g(z) = w(z)\, z^{n(0, \infty) - n(0, 0)}$$

und beachte, daß

$$\lim_{r \to \infty} \frac{T(r, g)}{\log r} < +\infty$$

ist[1]. Es seien $a_k\,(k = 1, 2, \ldots, N_1)$ bzw. $b_k\,(k = 1, 2, \ldots, N_2)$ die Nullstellen bzw. Pole von $g(z)$. Dann ist für $r > \text{Max}\,(|a_{N_1}|, |b_{N_2}|, |z|)$

$$(77.2) \qquad \log |g(z)| = S_1(r, z) - S_2(r, z) + J(r, z)$$
mit

$$S_1(r, z) = \sum_1^{N_1} \log \left| \frac{r(z - a_k)}{r^2 - \bar{a}_k z} \right| ,$$

$$S_2(r, z) = \sum_1^{N_2} \log \left| \frac{r(z - b_k)}{r^2 - \bar{b}_k z} \right|$$

und

$$J(r, z) = \frac{1}{2\pi} \int_0^{2\pi} \log |g(r e^{i\vartheta})|\, \text{Re} \left\{ \frac{r e^{i\vartheta} + z}{r e^{i\vartheta} - z} \right\} d\vartheta .[2]$$

---

[1] Wegen $T(r, g) = T(r, w) + O(\log r)$ und (77.1).

[2] Die Gleichung (77.2) wird in der Literatur als Jensen-Nevanlinnasche Formel geführt. Der Leser kann sie leicht auf Grund der Tatsache beweisen, daß die Differenz $\log |g(z)| - (S_1(r, z) - S_2(r, z))$ in $|z| \leq r$ harmonisch ist und die Randwerte $\log |g(r e^{i\vartheta})|$ hat. Für $z = 0$ erhält man die Jensensche Formel.

Es sei jetzt z_0 ein Punkt mit $g(z_0) \neq 0, \infty$. Dann ist

$$\lim_{r \to \infty} \{S_1(r, z) - S_1(r, z_0)\} = \sum_1^{N_1} \log \left| \frac{z - a_k}{z_0 - a_k} \right|$$

und

$$\lim_{r \to \infty} \{S_2(r, z) - S_2(r, z_0)\} = \sum_1^{N_2} \log \left| \frac{z - b_k}{z_0 - b_k} \right| .$$

Man nehme jetzt

$$r > 2 \operatorname{Max} \{|z|, |z_0|\} .$$

Dann ist

$$|J(r, z) - J(r, z_0)| \leqq \frac{2|z_0 - z| \, r}{(r - |z|)(r - |z_0|)} \{m_N(r, 0) + m_N(r, \infty)\} ,$$

und somit für große r

$$|J(r, z) - J(r, z_0)| \leqq 20 |z_0 - z| \frac{T(r, g)}{r} .$$

Es wird also

$$\log \left| \frac{g(z)}{g(z_0)} \right| = \sum_1^{N_1} \log \left| \frac{z - a_k}{z_0 - a_k} \right| - \sum_1^{N_2} \left| \frac{z - b_k}{z_0 - b_k} \right| ,$$

d. h.

$$(77.3) \qquad g(z) = g(z_0) \prod_1^{N_1} \left(\frac{z - a_k}{z_0 - a_k} \right) \prod_1^{N_2} \left(\frac{z_0 - b_k}{z - b_k} \right) .$$

Läßt man jetzt $z_0 \to 0$ konvergieren, so erhält man

$$(77.4) \qquad w(z) = c \, z^\lambda \frac{\prod_1^{N_1} (z - a_k)}{\prod_1^{N_2} (z - b_k)}$$

mit einem konstanten c und $\lambda = n(0, 0) - n(0, \infty)$.

Ist umgekehrt $w(z)$ von der Form

$$\frac{P_m(z)}{P_n(z)} = \frac{a_0 z^m + \cdots + a_m}{b_0 z^n + \cdots + b_n} \qquad\qquad (a_0, b_0 \neq 0)$$

und nimmt man an, daß $P_m(z)$ und $P_n(z)$ keine gemeinsamen Nullstellen haben, so hat das Polynom

$$Q(z) = \varepsilon P_m(z) - P_n(z) \qquad\qquad (m < n)$$

für jedes ε, $|\varepsilon| = 1$, genau n Wurzeln innerhalb eines Kreises $|z| = r_0$, wobei r_0 von ε nicht abhängt. Daraus folgt, daß $s(r)$ für $r \geqq r_0$ genau gleich m ist. Ist $m > n$, so erhält man dasselbe Resultat mit m anstelle von n. Ist schließlich $m = n$, so ist $m(r, w)$ beschränkt, und es gilt

$$\lim_{r \to \infty} \frac{N(r, 0)}{\log r} = \lim_{r \to \infty} \frac{N(r, \infty)}{\log r} = n .$$

Somit gilt in allen Fällen

$$\lim_{r \to \infty} \frac{T(r, w)}{\log r} = \mathrm{Max}(m, n).$$

Letzteres Ergebnis führt in Verbindung mit der hinreichenden Bedingung (77.1) zu dem Satz:

Satz (NEVANLINNA). *Die notwendige und hinreichende Bedingung dafür, daß die meromorphe Funktion $w(z)$ eine rationale Funktion ist, ist die, daß*

$$\varliminf_{r \to \infty} \frac{T(r, w)}{\log r} < + \infty$$

ausfällt.

Man kann leicht beweisen: *Gilt*

$$\varliminf_{r \to \infty} \frac{T(r, w)}{\log r} < 1,$$

so ist $w(z)$ eine Konstante.

78. Der Begriff der lokalen Charakteristik. Charakterisierung der Stellen rationalen Charakters. Das Studium des Verhaltens einer eindeutigen analytischen Funktion $w(z)$ in der Umgebung einer wesentlichen singulären Stelle z_0 mit modernen Hilfsmitteln erfordert die Einführung des grundlegenden Begriffs der lokalen Charakteristik. Dabei bedeutet es keine Einschränkung der Allgemeinheit, wenn man $z_0 = z_\infty$ nimmt und somit voraussetzt, $w(z)$ sei im Ringgebiet

$$(78.1) \qquad 0 < M < |z| < + \infty$$

von meromorphem Charakter, d. h. bis auf Pole regulär.

Wir betrachten den abgeschlossenen Kreisring

$$(78.2) \qquad r_0 \leqq |z| \leqq r \qquad (M < r_0 < r < + \infty)$$

und nehmen zunächst an, daß $w(z)$ auf $|z| = r_0$ weder Null noch unendlich wird.

Def. *Es sei*

$$(78.3) \qquad S(r \mid r_0, w) = \frac{1}{\pi} \int\limits_{r_0 \leqq |z| \leqq r} \frac{|w'|^2}{(1 + |w|^2)^2}\, d\sigma.$$

Dann soll

$$(78.4) \qquad T(r \mid r_0, w) = \int_{r_0}^{r} S(t \mid r_0, w)\, \frac{dt}{t}$$

die lokale Charakteristik von w in der Umgebung von $z = \infty$ heißen.

Wie man unmittelbar sieht, ist $T(r \mid r_0, w)$ eine konvexe Funktion von $\log r$.

Nachfolgender Satz verallgemeinert den Satz der vorherigen Nummer.

Satz. *Ist $w(z)$ in*

$$(78.5) \qquad\qquad 0 < r_0 \leqq |z| < + \infty$$

meromorph, so ist die Stelle $z = \infty$ dann und nur dann eine Stelle rationalen Charakters (Pol oder hebbare Singularität), wenn

$$(78.6) \qquad\qquad \varliminf_{r \to \infty} \frac{T(r \mid r_0, w)}{\log r} < + \infty$$

gilt.

Beweis. Wir zeigen zunächst, daß die Bedingung notwendig ist. Es sei $z = \infty$ eine Rationalitätsstelle von $w(z)$. Dann gilt in einem Ringgebiet $r_0 \leqq |z| \leqq r$ die Entwicklung

$$w(z) = \sum_{-n}^{\infty} \frac{a_k}{z^k},$$

und somit ist

$$w'(z) = - \sum_{-n}^{\infty} k \frac{a_k}{z^{k+1}}.$$

Daraus folgt für große $|z| = r$

$$|w'(z)| = \begin{cases} O(r^{n-1}) & \text{für } n > 0 \\ O(r^{-2}) & \text{für } n \leqq 0 \end{cases}$$

und wegen

$$|w(z)| = (|a_{-n}| + o(1))\, r^n$$

die Abschätzung

$$\frac{|w'|^2}{(1 + |w|^2)^2} = O(r^{-4}).$$

Mithin ist

$$\varliminf_{r \to \infty} \frac{T(r \mid r_0, w)}{\log r} < + \infty.$$

Der Beweis, daß die Bedingung (78.6) auch hinreichend ist, gestaltet sich komplizierter.

Man setze

$$(78.7) \qquad\qquad g(z) = \frac{w(z) - a}{w(z) - b} \qquad\qquad (a \neq b)$$

und bezeichne mit Γ_r bzw. Γ_{r_0} (kurz Γ bzw. Γ_0) die (positiv orientierten) Peripherien $|z| = r$ bzw. $|z| = r_0$. Dann wird mit Rücksicht auf den Residuensatz

$$(78.8) \quad \frac{1}{2\pi i} \int_{\Gamma} \frac{g'}{g}\, dz - \frac{1}{2\pi i} \int_{\Gamma_0} \frac{g'}{g}\, dz = n(r \mid r_0, a) - n(r \mid r_0, b),$$

wobei allgemein $n(r \mid r_0, c)$ die Anzahl der c-Stellen von $w(z)$ (d. h. der Nullstellen von $w(z) - c$) in $r_0 \leq |z| \leq r$ bedeutet[1]. Man setze nun

$$A = \{w \mid w = w(z), z \in \Gamma\}$$

und

$$A_0 = \{w \mid w = w(z), z \in \Gamma_0\} \,.$$

Ist dann $a \notin A$, $a \notin A_0$, so folgt aus (78.8) die Gleichung

$$J_\Gamma(a) - J_{\Gamma_0}(a) + n(r \mid r_0, a) = J_\Gamma(b) - J_{\Gamma_0}(b) + n(r \mid r_0, b) \,,$$

wobei allgemein $J_\Gamma(c)$ das Integral

$$\frac{r}{2\pi} \int_\Gamma \frac{\partial}{\partial r} \log \frac{1}{[w, c]} \, d\vartheta$$

bedeutet. Diese zeigt, daß die Größe

$$J_\Gamma(a) - J_{\Gamma_0}(a) + n(r \mid r_0, a) = A_1$$

von a unabhängig ist. Um nun zu zeigen, daß

$$A_1 = S(r \mid r_0, w)$$

ist, setze man $w = u + iv$, $a = \alpha + i\beta$ und bei festem w

$$J_1 = \int_E \frac{(u - \alpha)\, u_r + (v - \beta)\, v_r}{|w - a|^2} \, d\omega(a) \,,$$

$$J_2 = \int_E \frac{u u_r + v v_r}{1 + |w|^2} \, d\omega(a) = \pi \, \frac{u u_r + v v_r}{1 + |w|^2} \,.$$

Dabei sollen u_r, v_r die partiellen Ableitungen nach r bedeuten. Jetzt führe man Polarkoordinaten durch die Gleichungen

$$u - \alpha = \varrho \cos \varphi, \quad v - \beta = \varrho \sin \varphi$$

ein und setze

$$\cos r = \frac{u}{|w|}, \quad \sin r = \frac{v}{|w|} \,.$$

Dann wird

$$d\omega(a) = \frac{\varrho \, d\varrho \, d\varphi}{(1 + |a|^2)^2}$$

und somit zunächst

$$J_1 = \int_0^\infty J_3 \, d\varrho$$

mit

$$J_3 = \int_0^{2\pi} \frac{u_r \cos(\varphi + r) + v_r \sin(\varphi + r)}{\{(1 + |w|^2 + \varrho^2) - 2|w| \varrho \cos\varphi\}^2} \, d\varphi \,.$$

---

[1] Falls auf Γ bzw. Γ_0 a- bzw. b-Stellen von $g(z)$ liegen (und das gilt für alle ähnlichen Fälle), verfährt man nach den Vorschriften des Residuensatzes. Für die Integrale links ist dann der Cauchysche Hauptwert zu nehmen. Im folgenden wird stets angenommen, daß der jeweilige Integrand endlich ist. Einfache Stetigkeitsbetrachtungen sichern dann meistens das diesbezügliche Ergebnis für alle in Frage kommenden r-Werte.

Nun ist

$$u_r \cos(\varphi + r) + v_r \sin(\varphi + r) = A \cos \varphi + B \sin \varphi$$

mit

und mithin
$$A = \frac{1}{|w|}(u u_r + v v_r), \quad B = \frac{1}{|w|}(v_r u - u_r v)$$

$$J_3 = \frac{u u_r + v v_r}{|w|} \int_0^{2\pi} \frac{\cos\varphi\, d\varphi}{\{(1 + |w|^2 + \varrho^2) - 2\,|w|\,\varrho \cos\varphi\}^2}\,.$$

Die explizite Ausrechnung des Integrals

$$J_4 = \int_0^{2\pi} \frac{\cos\varphi\, d\varphi}{(M - N \cos\varphi)^2} \qquad (M = 1 + |w|^2 + \varrho^2, N = 2\,|w|\,\varrho)$$

folgt aus der leicht zu beweisenden Gleichung

$$\int_0^{2\pi} \frac{\cos\vartheta\, d\vartheta}{(1 - \mu \cos\vartheta)^2} = \frac{2\,\pi\,\mu}{(\sqrt{1 - \mu^2})^3} \qquad (0 \leqq \mu < 1)\,,$$

wenn man dort μ durch $\dfrac{N}{M}$ ersetzt.

Man findet dann, mit $\lambda = \varrho^2$,

$$J_1 = 2\pi(u u_r + v v_r) \int_0^\infty \frac{d\lambda}{\{\lambda^2 + 2\lambda(1 - |w|^2) + (1 + |w|^2)^2\}^{\frac{3}{2}}}$$

und somit (mit Hilfe der Substitution $\lambda = 2\,|w|\,\sigma - (1 - |w|^2)$)

$$J_1 = \frac{\pi(u u_r + v v_r)}{2\,|w|^2} \int_{\frac{1 - |w|^2}{2|w|}}^\infty (1 + \sigma^2)^{-\frac{3}{2}}\, d\sigma = \pi\, \frac{u u_r + v v_r}{1 + |w|^2}\,.$$

Es ist also

$$A_1 = \frac{1}{\pi} \int_E n(r \mid r_0, a)\, d\omega(a) = S(r \mid r_0, w)$$

und

(78.9) $$J_\Gamma(a) - J_{\Gamma_0}(a) + n(r \mid r_0, a) = S(r \mid r_0, w)\,.$$

Setzt man

(78.10) $$T(r \mid r_0, a) = m_A(r, a) + N(r \mid r_0, a)$$

mit

(78.11) $$N(r \mid r_0, a) = \int_{r_0}^r n(t \mid r_0, a)\, \frac{dt}{t}\,,$$

so erhält man aus (78.9) durch Integration

$$T(r \mid r_0, a) = T(r \mid r_0, w) + m_A(r_0, a) + J_{\Gamma_0}(a) \log\frac{r}{r_0}$$

und somit die Gleichung

(78.12) $$T(r \mid r_0, a) = T(r \mid r_0, w) + O(\log r)[1]\,.$$

---

[1] Man kann hier ebenso wie im Falle $r_0 = 0$ neben $T_A(r \mid r_0, w)$ die Charakteristik $T_N(r \mid r_0, w)$ in Betracht ziehen. Der interessierte Leser findet in dem Buch von BIEBERBACH, Theorie der gewöhnlichen Differentialgleichungen, diese Sammlung 66, 1953, einen auf anderen Grundlagen fußenden Beweis der entsprechenden Gleichung $m_N(r, a) + N(r \mid r_0, a) = T_N(r \mid r_0, \infty) + O(\log r)$. Auf diese Gleichung kommen wir in der nächsten Nummer zurück.

Es sei jetzt

$$\varlimsup_{r \to \infty} \frac{T(r \mid r_0, w)}{\log r} < + \infty .$$

Dann kann $w(z)$ in (78.5) höchstens endlich viele Nullstellen und endlich viele Pole haben, und somit existiert ein $r_1 \geqq r_0$ derart, daß die Funktion

$$g(z) = \log w(z) - k_0 \log z \qquad\qquad (w(z) \neq 0, \infty)$$

bei geeigneter Wahl von k_0 in $r_1 \leqq |z| < + \infty$ eindeutig ist. Man betrachte jetzt das Ringgebiet $r_1 \leqq |z| \leqq r$ und bezeichne mit Γ_1, Γ die beiden positiv orientierten Peripherien $|z| = r$ bzw. $|z| = r_1$. Dann folgt aus dem Cauchyschen Residuensatz

$$2g(z) = \frac{1}{2\pi i} \int_{\Gamma} g(\zeta) \frac{\zeta + z}{\zeta - z} \frac{d\zeta}{\zeta} - \frac{1}{2\pi i} \int_{\Gamma_1} g(\zeta) \frac{\zeta + z}{\zeta - z} \frac{d\zeta}{\zeta}$$

für jedes z, $r_1 < |z| < r$. Andererseits wird (ebenfalls nach dem Residuensatz)

$$\frac{1}{2\pi i} \int_{\Gamma} g(\zeta) \frac{r^2 + \bar{z}\zeta}{r^2 - \bar{z}\zeta} \frac{d\zeta}{\zeta} - \frac{1}{2\pi i} \int_{\Gamma_1} g(\zeta) \frac{r^2 + \bar{z}\zeta}{r^2 - \bar{z}\zeta} \frac{d\zeta}{\zeta} = 0$$

und somit wegen $\zeta \bar{\zeta} = r^2 (\zeta \in \Gamma)$ und $\zeta \bar{\zeta} = r_1^2 (\zeta \in \Gamma_1)$

$$\frac{1}{2\pi i} \int_{\Gamma} \overline{g(\zeta)} \frac{\zeta + z}{\zeta - z} \frac{d\zeta}{\zeta} - \frac{1}{2\pi i} \int_{\Gamma_1} \overline{g(\zeta)} \frac{\zeta + z\varrho^2}{\zeta - z\varrho^2} \frac{d\zeta}{\zeta} = 0$$

mit $\varrho = \dfrac{r_1}{r}$.

Daraus folgt leicht

$$g(z) = \frac{1}{2\pi i} \int_{\Gamma} \mathrm{Re}\, g(\zeta) \frac{\zeta + z}{\zeta - z} \cdot \frac{d\zeta}{\zeta} - \omega(g \mid z)$$

mit

$$\omega(g \mid z) = \frac{1}{4\pi i} \int_{\Gamma_1} \left\{ g(\zeta) \frac{\zeta + z}{\zeta - z} + \overline{g(\zeta)} \frac{\zeta + z\varrho^2}{\zeta - z\varrho^2} \right\} \frac{d\zeta}{\zeta} .$$

Man differenziere jetzt $g(z)$ nach z und lasse r (bei festem z) gegen unendlich konvergieren. Dann wird zunächst

$$\lim_{r \to \infty} \omega'(g \mid z) = \frac{1}{2\pi i} \int_{\Gamma_1} g(\zeta) \frac{d\zeta}{(\zeta - z)^2} .$$

Andererseits ist

$$\left| \frac{1}{2\pi i} \int_{\Gamma} |\mathrm{Re}\, g(\zeta)| \frac{d\zeta}{\zeta} \right| \leqq m_N(r, 0) + m_N(r, \infty) + O(\log r) ,$$

und somit gilt wegen (78.6) und (78.12) für beliebig große r

$$\left| g'(z) + \frac{1}{2\pi i} \int_{\Gamma_1} g(\zeta) \frac{d\zeta}{(\zeta - z)^2} \right| = O\left(\frac{r \log r}{(r - |z|)^2} \right) + o(1) .$$

Das hat die Gleichung

$$g'(z) = \frac{w'(z)}{w(z)} - \frac{k_0}{z} = -\frac{1}{2\pi i}\int_{\Gamma_1} g(\zeta)\,\frac{d\zeta}{(\zeta - z)^2}$$

zur Folge und somit die Entwicklung

$$\frac{w'(z)}{w(z)} = \frac{k_0}{z} + \frac{A_2}{z^2} + \frac{A_3}{z^3} + \cdots \qquad (r_1 < |z| < +\infty)\,.$$

Danach hat $g'(z)$ in z_∞ eine hebbare Singularität und $w(z)$ die Form $z^{k_0}\sigma(z)$, wobei $\sigma(z)$ in $r_1 < |z| < +\infty$ durch eine Reihe

$$C_0 + \frac{C_1}{z} + \frac{C_2}{z^3} + \cdots$$

gegeben wird. Da nun $w(z)$ noch eindeutig ist, so muß k_0 eine ganze Zahl sein. Das beweist den Satz.

Der Leser kann ohne weiteres mit Hilfe der Laurent-Weierstraßschen Entwicklung von $w(z)$ zeigen, daß der Ausdruck $T(r|r_0, w)/\log r$ (für große r) beschränkt bleibt, wenn z_∞ eine außerwesentliche Stelle (hebbare Singularität oder Pol) ist.

Die hier entwickelten Zusammenhänge, insbesondere die Gleichung (78.9), führen zu einem neuen Beweis des Casorati-Weierstraßschen Satzes.

Man schätze vorerst $|J_\Gamma(a)|$ und $|J_{\Gamma_0}(a)|$ folgendermaßen nach oben ab: Es sei

$$D = \frac{\partial}{\partial r}\log\frac{1}{[w, a]} = -\frac{(u - \alpha)\,u_r + (v - \beta)\,v_r}{|w - a|^2} + \frac{u u_r + v v_r}{1 + |w|^2}$$

und

$$\frac{\partial}{\partial r}\log\frac{1}{[w, \infty]} = \frac{u u_r + v v_r}{1 + |w|^2}\,.$$

Wir setzen jetzt

$$A = (1 + |w|^2)\,|w - a|^2\,,$$
$$B = u\,|w - a|^2 - (u - \alpha)\,|w|^2$$

und

$$C = v\,|w - a|^2 - (v - \beta)\,|w|^2\,.$$

Dann wird

$$D = -\frac{(u - \alpha)\,u_r + (v - \beta)\,v_r}{A} + \frac{B u_r + C v_r}{A} = A_1 + A_2\,.$$

Nun erhält man mit Hilfe der Schwarzschen Ungleichung

$$|A_1| \leqq \frac{|w'|}{(1 + |w|^2)\,|w - a|}$$

und mit Rücksicht auf die Identität

$$B^2 + C^2 = |w - a|^2\,|w|^2\,|a|^2$$
$$|A_2| \leqq \frac{|w'|\,|w|\,|a|}{(1 + |w|^2)\,|w - a|}\,.$$

Somit ist

$$|D| \leqq \frac{|w'|}{(1 + |w|^2)\,[w, a]} \cdot \frac{1 + |w|\,|a|}{\sqrt{1 + |w|^2}\,\sqrt{1 + |a|^2}} \leqq \frac{|w'|}{(1 + |w|^2)\,[w, a]}$$

und

$$\left| \frac{\partial}{\partial r} \log \frac{1}{[w, \infty]} \right| \leqq \frac{|w'|}{(1 + |w|^2)\,[w, \infty]}\,.$$

Man erhält also

$$(78.13) \qquad |J_\Gamma(a)| \leqq \frac{r}{2\pi} \int_\Gamma \frac{|w'|}{1 + |w|^2} \frac{d\vartheta}{[w, a]}$$

und

$$(78.14) \qquad |J_{\Gamma_0}(a)| \leqq \frac{r_0}{2\pi} \int_{\Gamma_0} \frac{|w'|}{1 + |w|^2} \frac{d\vartheta}{[w, a]}\,.$$

Es sei nun in $r_0 \leqq |z| < +\infty$ für ein gegebenes a und ein gegebenes $\varepsilon > 0$, $[w, a] \geqq \varepsilon$. Dann ist mit Rücksicht auf (78.9) und die Abschätzungen (78.13), (78.14), sowie die Tatsache, daß $S(r \mid r_0, w)$ nicht beschränkt sein kann,

$$(78.15) \qquad S(r \mid r_0, w) = O(L(r))$$

mit

$$(78.16) \qquad L(r) = r \int_0^{2\pi} \frac{|w'|}{1 + |w|^2}\, d\vartheta\,.^1$$

Nun ist

$$L(r)^2 \leqq 2\pi r^2 \int_0^{2\pi} \frac{|w'|^2}{(1 + |w|^2)^2}\, d\vartheta$$

und somit auch

$$S(r \mid r_0, w)^2 = O(r\,S'(r \mid r_0, w))\,.$$

Das ist aber unmöglich, da ja daraus die Ungleichung

$$\log \frac{r}{r_0} = \int_{r_0}^{r} \frac{dt}{t} \leqq K \int_1^\infty \frac{dS}{S^2}$$

mit einem konstanten $K > 0$ folgen würde. Somit ist die Voraussetzung $[w, a] \geqq \varepsilon$ für alle Punkte von $r_0 \leqq |z| < +\infty$ falsch und die Behauptung des Casorati-Weierstraßschen Satzes richtig.

79. Der Nevanlinnasche Invarianzsatz. Der Begriff der Ordnung und des Konvergenzexponenten. Ist $a \neq \infty$ und

$$D = \log \frac{1}{[w, a]} - \overset{+}{\log} \frac{1}{|w - a|}\,,$$

so gilt

$$(79.1) \qquad 0 < D < \log 2(1 + |a|^2)\,.$$

---

[1] Die Größe $L(r)$ stellt die sphärische Länge der Kurve $w(|z| = r)$ dar. Die Gleichung (78.15) ist wohlgemerkt nur dann richtig, wenn z_∞ eine wesentliche Singularität von $w(z)$ ist.

Es sei in der Tat $|w - a| \leqq 1$. Dann ist

$$D = \frac{1}{2} \log \{(1 + |w|^2)(1 + |a|^2)\} > 0$$

und somit wegen

$$1 + |w|^2 \leqq 1 + (1 + |a|)^2 \leqq 4(1 + |a|^2)$$
$$D \leqq \log \{2(1 + |a|^2)\} \,.$$

Ist $|w - a| \geqq 1$, so setze man $|w - a| = \varrho$.
  Dann ist

$$1 + |w|^2 \leqq 1 + |a|^2 + \varrho^2 + 2\,|a|\,\varrho \leqq 2(1 + |a|^2)(1 + \varrho^2)$$

und mithin wegen $\varrho \geqq 1$

$$D = \frac{1}{2} \log \frac{(1 + |w|^2)(1 + |a|^2)}{\varrho^2} \leqq \frac{1}{2} \log 4(1 + |a|^2)^2 \,.$$

Das beweist die Behauptung.

Berücksichtigt man noch die Ungleichung (78.12), so erhält man die Relation

$$(79.2) \qquad T_N(r \mid r_0, a) = T(r \mid r_0, w) + O(\log r)$$

mit

$$(79.3) \qquad T_N(r \mid r_0, a) = m_N(r, a) + N(r \mid r_0, a) \,.$$

Insbesondere gilt

$$(79.4) \qquad T_N(r \mid r_0, \infty) = T(r \mid r_0, w) + O(\log r) \,.$$

Die Nevanlinnasche lokale Charakteristik $T_N(r \mid r_0, \infty)$ führt leicht zu folgendem wichtigen Satz:

Satz (NEVANLINNA). *Es sei*

$$(79.5) \qquad Uw = \frac{aw + b}{cw + d} \qquad\qquad (ad - bc \neq 0)$$

eine lineare Transformation von w mit komplexen a, b, c, d. Dann gilt

$$(79.6) \qquad T(r \mid r_0, Uw) = T(r \mid r_0, w) + O(\log r) \,.$$

Ist insbesondere $w(z)$ meromorph in E, so gilt

$$(79.7) \qquad T(r, Uw) = T(r, w) + O(1) \,.$$

Beweis. Jede nichtausgeartete, lineare Transformation läßt sich durch Zusammensetzung von folgenden speziellen Transformationen erhalten:

1. $\qquad\qquad\qquad w_1 = w + k_1 \qquad\qquad$ (Translation)

2. $\qquad\qquad\qquad w_2 = k_2 w_1 \qquad$ (Ähnlichkeit und Drehung)

3. $\qquad\qquad\qquad w_3 = \dfrac{1}{w_2} \qquad\qquad$ (Inversion).

Nun gilt wegen

$$0 \leqq \overset{+}{\log} |a + b| \leqq \overset{+}{\log} |a| + \overset{+}{\log} |b| + \log 2$$

und

$$0 \leqq \overset{+}{\log} |ab| \leqq \overset{+}{\log} |a| + \overset{+}{\log} |b|$$

$$|\overset{+}{\log} |w + k_1| - \overset{+}{\log} |w|| \leqq \overset{+}{\log} |k_1| + \log 2$$

und

$$|\overset{+}{\log} |k_2 w| - \overset{+}{\log} |w|| \leqq \overset{+}{\log} |k_2| + \overset{+}{\log} \frac{1}{|k_2|} .$$

Das beweist zunächst die Gleichungen

$$(79.8) \qquad m_N(r, w + k_1) = m_N(r, w) + O(1)$$
und
$$(79.9) \qquad m_N(r, k_2 w) = m_N(r, w) + O(1)\,^1$$

und somit, mit Rücksicht darauf, daß $w, w + k$ und kw dieselben Pole haben, die Invarianzrelationen

$$T_N(r \mid r_0, w + k_1) = T_N(r \mid r_0, w) + O(1)$$
und
$$T_N(r \mid r_0, k_2 w) = T_N(r \mid r_0, w) + O(1)\,.^1$$

Der Fall 3. erledigt sich durch die Bemerkung, daß $S(r \mid r_0, w)$ (und mithin auch $T(r \mid r_0, w)$) bei der Transformation $w \to \frac{1}{w}$ in sich übergeht.

Der Beweis von (79.7) erfolgt auf Grund entsprechender Überlegungen. Der eben bewiesene Satz nimmt in der Nevanlinnaschen Theorie der meromorphen Funktionen eine zentrale Stellung ein und soll als Nevanlinnascher Invarianzsatz bezeichnet werden.

Def. *Ist*

$$(79.10) \qquad \varrho(w) = \varlimsup_{r \to \infty} \frac{\log T(r, w)}{\log r} < + \infty ,$$

so soll die meromorphe Funktion $w(z)$ von endlicher Ordnung heißen. Andernfalls wird sie von unendlicher Ordnung genannt.

Entsprechende Definitionen gelten im lokalen Fall.

Ist $\varrho < + \infty$, so heißt die Größe

$$(79.11) \qquad \sigma(w) = \varlimsup_{r \to \infty} \frac{T(r, w)}{r^\varrho}$$

der Typus von $w(z)$.

Man unterscheidet drei Typen:

1. *den Minimaltypus von der Ordnung ϱ ($\sigma(w) = 0$),*
2. *den Normal- oder Mitteltypus ($0 < \sigma(w) < + \infty$) und*
3. *den Maximaltypus ($\sigma(w) = \infty$).* Eine entsprechende Klassifizierung liefert die lokale Ordnung.

---

[1] Wir schreiben hier $m_N(r, w)$ und $T_N(r|r_0, w)$ für $m_N(r, \infty)$ bzw. $T_N(r|r_0, \infty)$, um die Abhängigkeit dieser Größen von der jeweiligen Funktion hervorzuheben.

Man kann die Ordnung $w(z)$ einer in E meromorphen Funktion auch definieren, indem man die Menge

$$(79.12) \qquad \Lambda = \left\{ \lambda \,\middle|\, \int_1^\infty T(r, w)\, \frac{d\,r}{r^{\lambda+1}} \text{ konvergent} \right\}$$

bildet und

$$\lambda_0 = \inf\{\lambda \mid \lambda \in \Lambda\}$$

nimmt. Dann gilt $\lambda_0 = \varrho$, wobei dann und nur dann $\varrho = \infty$ ist, wenn die Klasse Λ leer ist. Ein entsprechender Sachverhalt liegt vor, wenn man die Klasse

$$(79.13) \qquad M = \left\{ \mu \,\middle|\, \lim_{r \to \infty} \frac{T(r, w)}{r^\mu} = 0 \right\}$$

bildet und die Größe

$$\mu_0 = \inf\{\mu \mid \mu \in M\}$$

nimmt. Auf entsprechende Begriffsbildungen für die lokale Charakteristik wird hier nicht eingegangen.

Hat die Gleichung $w(z) - c = 0$ in $r_0 \leq |z| < +\infty$ die Wurzeln $z_\nu(c)$ $(\nu = 1, 2, \ldots)$, so ordnen wir diese nach wachsenden Beträgen an. Dabei dürfen wir (falls $r_0 = 0$ ist) ohne Beeinträchtigung der Allgemeinheit $z_1(c) \neq 0$ annehmen.

Def. *Ist K die Zahlenmenge, für die bei gegebenem c die Reihe*

$$(79.14) \qquad \sum_1^\infty \frac{1}{|z_\nu(c)|^k}$$

konvergiert, so heißt die Zahl

$$(79.15) \qquad k(c) = \inf\{k \mid k \in K\}$$

der Konvergenzexponent der Folge $(z_\nu(c))$ $(\nu = 1, 2, \ldots)$. In den Fällen, wo K leer ist, bzw. die gesamte reelle Gerade enthält, wird $k(c) = \infty$, bzw. $k(c) = -\infty$ gesetzt.

Zwischen der Ordnung $\varrho(w)$ der meromorphen Funktion $w(z)$ und der Ordnung $\varrho(a)$

$$(79.16) \qquad \varrho(a) = \overline{\lim_{r \to \infty}} \frac{\log n(r, a)}{\log r}$$

der Anzahlfunktion $n(r, a)$, sowie zwischen $\varrho(w)$ und $k(c)$ bestehen wichtige Beziehungen, welche durch folgenden Satz von HADAMARD, BOREL und NEVANLINNA zum Ausdruck gebracht werden:

Satz. *Es gilt stets*

$$(79.17) \qquad \varrho(a) \leq \varrho(w)$$

und

$$(79.18) \qquad k(a) \leq \varrho(w) \,.$$

Durch Betrachtung der Funktion e^z, die für $a = 0$ keine a-Stellen hat, überzeugt man sich, daß für gewisse a $\varrho(a)$ und $k(a)$ kleiner als $\varrho(w)$

sein können. Um so überraschender wirkt dann folgender auf BOREL und NEVANLINNA zurückgehender Satz, der erst am Ende des Kapitels bewiesen werden wird:

Satz. *Sind a_1, a_2, a_3 drei voneinander verschiedene komplexe Zahlen, so gilt*

$$(79.19) \qquad \mathrm{Max}\ \{\varrho\,(a_1),\ \varrho\,(a_2),\ \varrho\,(a_3)\} = \varrho\,(w)$$

und

$$(79.20) \qquad \mathrm{Max}\ \{k\,(a_1),\ k\,(a_2),\ k\,(a_3)\} = \varrho\,(w)\ .$$

Der Beweis der Ungleichungen (79.17) und (79.18) stützt sich auf folgenden wichtigen Hilfssatz:

Hilfssatz. *Es bedeute $\varphi\,(\xi)$ eine im Intervall*

$$(79.21) \qquad 0 < r_0 \leqq \xi < + \infty$$

positive, nicht abnehmende reelle Funktion, deren Unstetigkeitsstellen sich im Endlichen nicht häufen. Dann sind für jedes $\lambda > 0$ die beiden Integrale

$$(79.22) \qquad \int_{r_0}^{\infty} \varphi\,(\xi)\, e^{-\lambda \xi}\, d\,\xi$$

und

$$(79.23) \qquad \int_{r_0}^{\infty} e^{-\lambda \xi}\, d\,\varphi\,(\xi)$$

gleichzeitig konvergent oder divergent.

Beweis. Man nehme an (was keine Einschränkung der Allgemeinheit bedeutet) $\varphi\,(r_0)$ sei gleich Null. Dann ist für $r > r_0$

$$\lambda \int_{r_0}^{r} \varphi\,(\xi)\, e^{-\lambda \xi}\, d\,\xi = -\,\varphi\,(r)\, e^{-\lambda r} + \int_{r_0}^{r} e^{-\lambda \xi}\, d\,\varphi\,(\xi)\ .$$

Daraus folgt, daß (79.22) konvergiert, falls (79.23) konvergiert. Ist nun das erste Integral konvergent, so ist

$$\varphi\,(r)\, e^{-\lambda r} \leqq \lambda \int_{r_0}^{\infty} \varphi\,(\xi)\, e^{-\lambda \xi}\, d\,\xi$$

und mithin

$$\int_{r_0}^{r} e^{-\lambda \xi}\, d\,\varphi\,(\xi) \leqq \lambda \int_{r_0}^{\infty} \varphi\,(\xi)\, e^{-\lambda \xi}\, d\,\xi\ .$$

Das beweist den Hilfssatz.

Man nehme nun an, es gäbe ein $\lambda > 0$ derart, daß

$$\int_{r_0}^{\infty} T\,(r,\,w)\, \frac{d\,r}{r^{\lambda+1}}$$

konvergiert. Dann muß wegen (76.6)

$$\int_{r_0}^{\infty} N\,(r,\,a)\, \frac{d\,r}{r^{\lambda+1}}$$

für jedes a ebenfalls konvergieren. Darüber hinaus folgt aus dem Hilfssatz (durch die Transformation $(r \to e^{\xi})$, daß die Integrale

$$\int_{r_0}^{\infty} \frac{1}{r^{\lambda}} \, dN(r, a) = \int_{r_0}^{\infty} \frac{n(r, a)}{r^{\lambda+1}} \, dr$$

und

$$\int_{r_0}^{\infty} \frac{1}{r^{\lambda}} \, dn(r, a) = \sum_{1}^{\infty} \frac{1}{|z_{\nu}(a)|^{\lambda}}$$

ebenfalls konvergieren müssen. Das beweist die Ungleichungen (79.17) und (79.18). Der Beweis läuft genauso, wenn man anstelle der Funktion $T(r, w)$ die lokale Charakteristik $T(r \mid r_0, w)$ betrachtet und in dem Hadamard-Borel-Nevanlinnaschen Satz die Größen $\varrho(w)$, $\varrho(a)$ und $k(a)$ durch die entsprechenden lokalen Größen ersetzt.

80. Die Ordnung eines kanonischen Produkts. F. Nevanlinnas Beweis der Produktdarstellung einer meromorphen Funktion. Sind a_1, a_2, a_3, ... $(0 < |a_1| \leq |a_2| \leq \cdots)$ endliche komplexe Zahlen mit der Eigenschaft, daß eine ganze Zahl $q \geq 0$ existiert derart, daß

$$(80.1) \qquad \sum_{1}^{\infty} \frac{1}{|a_n|^{q+1}}$$

konvergiert, während

$$(80.2) \qquad \sum_{1}^{\infty} \frac{1}{|a_n|^{q}}$$

divergiert, so ist das kanonische Produkt (vom Geschlecht q)

$$(80.3) \qquad w(z) = \prod_{1}^{\infty} E_q\left(\frac{z}{a_n}\right)$$

mit

$$E_q(z) = (1-z) \, e^{z + \frac{1}{2}z^2 + \cdots + \frac{1}{q}z^q}$$

in E regulär und somit dort holomorph. Wir beweisen den Satz:

Satz. *Die Ordnung des kanonischen Produkts* (80.3) *ist gleich dem Konvergenzexponenten k_0 der Folge (a_n).*

Beweis. Da allgemein $k(a) \leq \varrho(w)$ ist, so genügt es, die Ungleichung $\varrho(w) \leq k_0$ nachzuweisen. Wir setzen zunächst $q = 0$ voraus und bezeichnen durch $n(r)$ die Anzahl der a_k mit $|a_k| \leq r$. Dann ist

$$\sum_{1}^{n(r)} \frac{1}{|a_k|} = \int_{0}^{r} \frac{dn(t)}{t} = \frac{n(r)}{r} + \int_{0}^{r} \frac{n(t)}{t^2} \, dt \,.$$

Daraus folgt zunächst, daß das Integral

$$\int_{0}^{\infty} n(t) \, \frac{dt}{t^2}$$

konvergiert und somit

$$\lim_{r \to \infty} \frac{n(r)}{r} = 0$$

23*

ist. Es sei nun

$$M(r) = \text{Max}\{|w(z)| \mid |z| = r\}.$$

Dann ist

$$\log M(r) \leq \int_0^\infty \log\left(1 + \frac{r}{t}\right) dn(t),$$

also

$$(80.4) \qquad \log M(r) \leq r \int_0^\infty \frac{n(t)}{r+t} \frac{dt}{t}.$$

Wir zeigen jetzt: *Ist $q > 0$, so gibt es eine Konstante K derart, daß*

$$(80.5) \qquad \log M(r) \leq Kr^{q+1} \int_0^\infty \frac{n(t)}{r+t} \frac{dt}{t^{q+1}}$$

ist.

In der Tat ist für $|z| \leq \dfrac{q}{q+1}$

$$\log |E_q(z)| \leq \sum_{q+1}^\infty \frac{|z|^k}{k} \leq \frac{1}{q+1} \frac{|z|^{q+1}}{1-|z|} \leq |z|^{q+1}$$

und somit

$$\log |E_q(z)| \leq 2 \frac{|z|^{q+1}}{1+|z|}.$$

Ist $|z| > \dfrac{q}{q+1}$, so erhält man leicht

$$\log |E_q(z)| \leq 2^{q+1} q |z|^q \leq 2^{q+1}(2q+1) \cdot \frac{|z|^{q+1}}{1+|z|}.$$

Diese Ungleichung, verbunden mit der Bedingung

$$\lim_{r \to \infty} \frac{n(r)}{r^{q+1}} = 0,$$

die mit Rücksicht auf die Konvergenz von (80.1) erfüllt sein muß, hat die Ungleichung (80.5) zur Folge.

Es sei nun $k_0 < q+1$ und $k = k_0 + \varepsilon$. Dann folgt aus

$$\sum_1^{n(r)} \frac{1}{|a_n|^k} = \int_0^r \frac{dn(t)}{t^k} = \frac{n(r)}{r^k} + k \int_0^r n(t) \frac{dt}{t^{k+1}},$$

daß das Integral

$$\int_0^\infty n(t) \frac{dt}{t^{k+1}}$$

konvergiert und somit die Gleichung

$$(80.6) \qquad \lim_{r \to \infty} \frac{n(r)}{r^k} = 0$$

gilt.

Man wähle jetzt $\varepsilon > 0$ so, daß $\alpha = q + 1 - k_0 - 2\varepsilon \geq 0$ ausfällt. Setzt man dann $\beta = k_0 + 2\varepsilon - q$, so ist wegen $q \leq k_0$ die Zahl $\beta > 0$ und es gilt $\alpha + \beta = 1$. Nun ist

$$(80.7) \qquad r + t \geq r^\alpha t^\beta \;{}^1 \, ,$$

und somit

$$J(r) = r^{q+1} \int_0^\infty \frac{n(t)}{r+t}\, \frac{dt}{t^{q+1}} \leq r^{q+1-\alpha} \int_0^\infty n(t)\, \frac{dt}{t^{q+1+\beta}} \, ,$$

das heißt

$$J(r) < K r^{k_0 + 2\varepsilon}$$

mit einem endlichen $K > 0$. Daraus folgt wegen $m_N(r, \infty) \leq \log M(r)$

$$\varlimsup_{r \to \infty} \frac{\log T(r, w)}{\log r} \leq k_0 + 2\varepsilon \, .$$

Das beweist den Satz für $k_0 < q + 1$. Der übrigbleibende Fall $k_0 = q + 1$ läßt sich durch direkte Anwendung der Ungleichung (80.5) erledigen.

Ich verbinde den Geschlechtsbegriff eines kanonischen Produkts mit dem Nachweis, daß man jede meromorphe Funktion $w(z)$ endlicher Ordnung im wesentlichen als Quotienten von zwei kanonischen Produkten endlichen Geschlechts darstellen kann.

Wir setzen voraus, es existiere eine kleinste ganze Zahl $q \geq 0$ derart, daß

$$(80.8) \qquad \int_{r_0}^\infty T(r, w)\, \frac{dr}{r^{q+2}} \qquad\qquad (r_0 > 0)$$

konvergiert. Ferner setzen wir $w(0) \neq 0, \infty$ voraus und numerieren, wie üblich, die Nullstellen a_k bzw. die Pole b_k von $w(z)$ nach wachsenden Beträgen. Dann wird mit Rücksicht auf die Jensen-Nevanlinnasche Formel

$$\log w(z) = iC + \sum_1^{n(r,0)} \log \frac{r(z - a_k)}{r^2 - \bar{a}_k z} - \sum_1^{n(r,\infty)} \log \frac{r(z - b_k)}{r^2 - \bar{b}_k z} +$$

$$+ \frac{1}{2\pi} \int_0^{2\pi} \log |w(\zeta)|\, \frac{\zeta + z}{\zeta - z}\, d\vartheta$$

mit einem reellen C. Hierbei ist noch $|z| < |\zeta|$ und $\zeta = r e^{i\vartheta}$. Man differenziere nun diese Gleichung $q + 1$-mal nach z. Dann wird

$$\frac{d^{q+1}}{dz^{q+1}} \log w(z) = - q! \sum_1^{n(r,0)} \frac{1}{(a_k - z)^{q+1}} + q! \sum_1^{n(r,\infty)} \frac{1}{(b_k - z)^{q+1}} + S_r$$

---

^{1} Es genügt offenbar, diese Ungleichung für rationale α, β zu beweisen. Es sei $\alpha = \dfrac{m}{q}$, $\beta = \dfrac{n}{q}$ $(0 \leq m, n \leq q, \; m + n = q)$. Dann ist offenbar

$$(r + t)^q \geq r^m t^{q-m} = r^m t^n$$

und somit auch

$$r + t \geq r^{\frac{m}{q}} t^{\frac{n}{q}} \, .$$

mit

$$S_r = J_r(a) - J_r(b) + J_r(z)$$

und

$$J_r(a) = \Sigma\, q! \left(\frac{\bar{a}_k}{r^2 - \bar{a}_k z}\right)^{q+1},$$

$$J_r(b) = \Sigma\, q! \left(\frac{\bar{b}_k}{r^2 - \bar{b}_k z}\right)^{q+1},$$

$$J_r(z) = \frac{2(q+1)!}{2\pi i} \int\limits_{|\zeta|=r} \log|w(\zeta)|\, \frac{d\zeta}{(\zeta-z)^{q+2}}\,.$$

Nun ist

$$|J_r(a)| \leqq q!\, \frac{n(r,0)}{(r-|z|)^{q+1}}$$

und

$$|J_r(b)| \leqq q!\, \frac{n(r,\infty)}{(r-|z|)^{q+1}}\,,$$

also wegen

$$\lim_{r\to\infty} \frac{n(r,0)}{r^{q+1}} = \lim_{r\to\infty} \frac{n(r,\infty)}{r^{q+1}} = 0$$

$$\lim_{r\to\infty} J_r(a) = \lim_{r\to\infty} J_r(b) = 0\,.$$

Andererseits ist

$$|J_r(z)| \leqq (q+1)!\, \frac{2r}{(r-|z|)^{q+2}} J_r(w)$$

mit

$$J_r(w) = \frac{1}{2\pi} \int_0^{2\pi} \left\{ \overset{+}{\log}|w(r e^{i\vartheta})| + \overset{+}{\log} \frac{1}{|w(r e^{i\vartheta})|} \right\} d\vartheta\,.$$

Daraus folgt wegen

$$|J_r(z)| \leqq (q+1)!\, \frac{4|z|r}{(r-|z|)^{q+2}} (T(r,w) + O(1))$$

$$\lim_{r\to\infty} J_r(z) = 0$$

und somit schließlich

$$\frac{1}{q!}\, \frac{d^{q+1}}{dz^{q+1}} \log w(z) = \lim_{r\to\infty} \left\{ \sum_1^{n(r,0)} \frac{-1}{(a_k - z)^{q+1}} + \sum_1^{n(r,\infty)} \frac{1}{(a_k - z)^{q+1}} \right\}\,.$$

Der letzte Teil des Beweises verläuft nun so: Da die Konvergenz von $J_r(a)$, $J_r(b)$ und $J_r(z)$ gegen Null in jeder Kreisscheibe $|z| \leqq A$ gleichmäßig ist, konvergiert

$$-q! \sum_1^n \frac{1}{(a_k - z)^{q+1}} + q! \sum_1^n \frac{1}{(b_k - z)^{q+1}}$$

mit wachsendem n gleichmäßig gegen $\dfrac{d^{q+1}}{dz^{q+1}} \log w(z)$. Man bilde jetzt die kanonischen Produkte

$$\Pi_0(z) = \prod_1^\infty E_q\left(\frac{z}{a_n}\right)$$

sowie

$$\Pi_\infty(z) = \prod_1^\infty E_q\left(\frac{z}{b_n}\right)$$

und beachte, daß mit Rücksicht auf die Konvergenz der Reihen

$$\sum_1^\infty \frac{1}{|a_k|^{q+1}}, \quad \sum_1^\infty \frac{1}{|b_k|^{q+1}}$$

sowohl $\Pi_0(z)$, als auch $\Pi_\infty(z)$ in jeder beschränkten Teilmenge von E absolut und gleichmäßig konvergieren. Wegen

$$\frac{d^{q+1}}{dz^{q+1}} \log \Pi_0(z) = - q! \sum_1^\infty \frac{1}{(a_n - z)^{q+1}}$$

und

$$\frac{d^{q+1}}{dz^{q+1}} \log \Pi_\infty(z) = - q! \sum_1^\infty \frac{1}{(b_n - z)^{q+1}}$$

wird also

$$(80.9) \qquad \frac{d^{q+1}}{dz^{q+1}} \log \left\{ w(z)\, \frac{\Pi_\infty(z)}{\Pi_0(z)} \right\} = 0$$

und mithin

$$w(z) = e^{P_h(z)}\, \frac{\Pi_0(z)}{\Pi_\infty(z)}$$

mit einem Polynom $P_h(z)$ vom Grade $h \le q$. Hat $w(z)$ in $z = 0$ eine Nullstelle oder einen Pol, so gilt allgemein

$$(80.10) \qquad w(z) = z^\lambda\, e^{P_h(z)}\, \frac{\Pi_0(z)}{\Pi_\infty(z)}$$

mit $\lambda = n(0, 0) - n(0, \infty)$.

Mit Hilfe der Darstellung (80.10) kann man ohne Schwierigkeit auf die „*Minimaldarstellung*" von $w(z)$

$$(80.11) \qquad w(z) = z^\lambda\, e^{P_{h_0}(z)}\, \frac{\displaystyle\prod_1^\infty E_{q_0}\left(\frac{z}{a_n}\right)}{\displaystyle\prod_1^\infty E_{q_\infty}\left(\frac{z}{b_n}\right)}$$

kommen, wobei q_0, bzw. q_∞ das Geschlecht von (a_n) bzw. (b_n) bedeutet[1] und h_0 eine endliche Zahl ist. Nach einem Vorschlag von R. NEVANLINNA nennt man die Zahl

$$(80.12) \qquad q = \mathrm{Max}\, \{h_0,\, q_0,\, q_\infty\}$$

das Geschlecht der meromorphen Funktion $w(z)$.

---

[1] D. h. das Geschlecht der mit Hilfe von (a_n) bzw. (b_n) nach der Vorschrift von 80. definierten kanonischen Produkte.

81. Der Nevanlinnasche Hauptsatz der Werteverteilungstheorie. Der in 71. mit Hilfe der Funktion $v(z)$ bewiesene Picardsche Satz wurde mit elementaren Methoden zuerst von BOREL im Jahre 1896 bewiesen, wobei er noch wichtige Beziehungen zwischen der Ordnung der meromorphen Funktion $w(z)$ und der Dichte der a-Stellen von $w(z)$ aufdeckte. Die im Jahre 1924 einsetzenden Publikationen von R. NEVANLINNA haben die Borelschen Methoden wesentlich vertieft und stellten die Werteverteilungslehre meromorpher Funktionen auf einer allgemeinen Basis dar. Nachfolgender Beweis des Nevanlinnaschen Hauptsatzes der Werteverteilungstheorie geht auf AHLFORS [Über eine Methode in der Theorie der meromorphen Funktionen, *Soc. Sci. Fennicae Commentationes Phys.-Math.* **8**, N:o 10 (1935)] zurück. Ist $w(z)$ in (78.1) meromorph, so ist offenbar jede lineare Transformation von $w(z)$ ebenfalls meromorph. Im folgenden wird beim Studium der Verteilung der Nullstellen der Gleichungen

$$w(z) - a_k = 0 \qquad\qquad (k = 1, 2, \ldots, q)$$

angenommen, daß einer der voneinander verschiedenen q Werte $(q \geqq 3)$ $a_1, \ldots, a_q$, etwa a_q, gleich unendlich ist. Ferner wird (mit Rücksicht auf das regelmäßige Verhalten einer analytischen Funktion in der Nähe einer außerwesentlichen Stelle) noch vorausgesetzt, daß $z = \infty$ eine wesentliche (isolierte) Singularität für die betreffende (nicht konstante) Funktion $w(z)$ ist.

Dem Ahlforsschen Beweis des Nevanlinnaschen Fundamentalsatzes sollen vorerst einige grundlegende Hilfssätze vorausgeschickt werden. Dabei wird, um Wiederholungen zu vermeiden, vorausgesetzt, daß $C, C_1, \ldots$ bzw. $K, K_1, \ldots$ stets positive Konstanten bedeuten sollen. Ihr genauer Wert ist für die Gültigkeit der in Frage kommenden Ungleichungen von untergeordneter Bedeutung.

Hilfssatz 1. *Man setze*

$$(81.1) \qquad\qquad \Pi(a) = \prod_1^q \frac{1}{[a, a_k]} \qquad\qquad (a \in E)$$

und

$$(81.2) \qquad\qquad \mu(a) = C\, \Pi^2(a)\, \log^{-4} \Pi(a)$$

mit einem endlichen $C > 0$. Dann existiert das (uneigentliche) Integral

$$J = \int_E \mu(a)\, d\omega(a) \, .$$

Beweis. Da sowohl $\mu(a)$ als auch das Flächenelement $d\omega(a)$ der Riemannschen Kugel bei jeder Transformation

$$a' = \frac{a - a_0}{1 + \bar{a}_0 a}$$

invariant bleiben, so genügt es, die Konvergenz von J an der Stelle a_k für $a_k = 0$ zu untersuchen. Diese Konvergenz hängt, wie man leicht sieht, von der Konvergenz des Integrals

$$\int\limits_{|a|<1} \frac{(1+|a|^2)}{|a|^2} \log^{-4} \frac{(1+|a|^2)}{|a|^2} \, d\,\omega\,(a)$$

ab. Letzteres Integral ist aber mit Rücksicht auf die Konvergenz von

$$\int_0^1 \log^{-4}\left(1+\frac{1}{x^2}\right) \frac{d\,x}{x\,(1+x^2)}$$

konvergent.

Im folgenden wird in (81.2) die Konstante C so gewählt, daß

$$(81.3) \qquad \int_E \mu\,(a)\, d\,\omega\,(a) = 1$$

wird.

Hilfssatz 2. *Man setze*

$$(81.4) \qquad S_\mu(r) = S_\mu(r\,|\,r_0,\,w) = \int\limits_{r_0 \le |z| \le r} \frac{|w'|^2}{(1+|w|^2)^2} \mu\,(w)\, dx\,dy$$

und

$$(81.5) \qquad T_\mu(r) = T_\mu(r\,|\,r_0,\,w) = \int_{r_0}^r S_\mu(t)\, \frac{d\,t}{t} \qquad\qquad (r_0 > 0)\,.$$

Dann gilt

$$(81.6) \qquad T_\mu(r) \le K + K_1 \log r + T\,(r\,|\,r_0,\,w)\,.$$

Beweis. Man kann ohne Einschränkung der Allgemeinheit annehmen, daß auf $|z| = r_0$, $w\,(z) \ne a_k\,(k = 1, 2, \ldots, q)$ ist. Dann folgt aus (78.9) durch Integration

$$m_A\,(r,\,a) + N\,(r\,|\,r_0,\,a) = T\,(r\,|\,r_0,\,w) + m_A\,(r_0,\,a) + J_{\Gamma_0}(a) \log \frac{r}{r_0}$$

und somit

$$(81.7) \qquad N\,(r\,|\,r_0,\,a) \le T\,(r\,|\,r_0,\,w) + m_A\,(r_0,\,a) + J_{\Gamma_0}(a) \log \frac{r}{r_0}\,.$$

Nun sind

$$\int_E n\,(r\,|\,r_0,\,a)\, \mu\,(a)\, d\,\omega\,(a) = S_\mu(r)$$

und

$$J_1 = \int_E m_A\,(r_0,\,a)\, \mu\,(a)\, d\,\omega\,(a)$$

sowie

$$J_2 = \int_E |J_{\Gamma_0}(a)|\, \mu\,(a)\, d\,\omega\,(a)$$

endlich. Es sei in der Tat

$$d_k = \text{Min}\,\{[a_k,\,w\,(z)] \mid k = 1, 2, \ldots, q;\, z \in \Gamma_0\}$$

und $d = \text{Min}\,\{d_1, \ldots, d_q\}$. Ist dann

$$E_1 = \left\{a \,\middle|\, [a,\,w\,(z)] \ge \frac{d}{2} > 0;\, z \in \Gamma_0\right\}$$

und $E_2 = E \setminus E_1$, so ist

$$J_1 = \int_{E_1} m_A(r_0, a)\, \mu(a)\, d\omega(a) + \int_{E_2} m_A(r_0, a)\, \mu(a)\, d\omega(a)\,,$$

also

$$J_1 \leqq \log \frac{2}{d} + \int_{E_2} m_A(r_0, a)\, \mu(a)\, d\omega(a)\,.$$

Da nun $\mu(a)$ in E_2 beschränkt ist und

$$\int_{E_2} m_A(r_0, a)\, d\omega(a)$$

existiert, so gibt es (bei festen a_k) eine endliche Konstante K derart, daß $J_1 \leqq K$ gilt.

Bei der Abschätzung von J_2 nach oben, die auf ähnliche Weise erfolgt, bedient man sich am besten der Ungleichung (78.14).

Mithin ist

$$T_\mu(r) \leqq T(r \mid r_0, w) + K + K_1 \log \frac{r}{r_0}$$

mit konstanten K, K_1.

Hilfssatz 3. *Die Funktion $y(x)$ sei im Intervall*

$$(81.8) \qquad\qquad J: 0 < r_0 \leqq x < +\infty$$

positiv, stetig und monoton wachsend. Ferner sei $y(x)$ mit Ausnahme von höchstens abzählbar vielen Punkten, die sich im Endlichen nicht häufen, stetig differenzierbar. Ist dann

$$(81.9) \qquad\qquad \Delta_1 = \{x \mid y'(x) > y(x)^2,\ x \in J\}\,,$$

so ist

$$(81.10) \qquad\qquad \int_{\Delta_1} dx < +\infty\,.$$

Beweis. Es sei Δ_r der Durchschnitt von Δ_1 mit dem Intervall $r_0 \leqq$ $\leqq x \leqq r$. Dann gilt

$$\int_{\Delta_r} dx \leqq \frac{1}{y(r_0)} - \frac{1}{y(r)} < \frac{1}{y(r_0)}\,.$$

Das beweist die Behauptung.

Hat $y(x)$ eine zweite, positive, stetige Ableitung $y''(x)$ (mit eventueller Ausnahme von abzählbar vielen Punkten, die sich im Endlichen nicht häufen), so kann man durch zweimalige Anwendung des eben bewiesenen Hilfssatzes zeigen, daß auf einer Punktmenge Δ mit

$$\int_\Delta dx = \infty$$

die Ungleichungen

$$(81.11) \qquad\qquad y''(x) \leqq y'(x)^2 \leqq y(x)^4$$

gelten. Ersetzt man in dieser Ungleichung $y(x)$ durch die Funktion

$$g(x) = \int_{x_0}^x y(\eta)\, d\eta\,,$$

so erhält man leicht den Beweis des Satzes:

Hilfssatz 4. *Die Funktionen* $y_1(x)$, $y_2(x)$ *seien im Intervall* J *positiv, stetig, monoton wachsend und in jedem endlichen Teilintervall von J stückweise stetig differenzierbar.*

Man setze

$$(81.12) \qquad J_0(r \mid y_k) = \int_{r_0}^{r} y_k(x)\, d x \qquad (k = 1, 2)\,.$$

Gilt dann

$$(81.13) \qquad J_0(r \mid y_1) = O(J_0(r \mid y_2))\,,$$

so ist auf einer Intervallmenge Δ mit

$$\int_{\Delta} d x = \infty$$

$$(81.14) \qquad y_1'(r) = O(J_0(r \mid y_2)^4)\,.$$

Hilfssatz 5. *Es sei* $f(x)$ *im Intervall* $J : 0 \le x \le 1$ *positiv und integrierbar. Ist dann* $g(x)$ *in* J *monoton wachsend und stetig differenzierbar, so gilt*

$$(81.15) \qquad \frac{1}{A} \int_J g' \log f\, d x \le \log\left\{\frac{1}{A} \int_J f g'\, d x\right\},$$

sofern

$$A = \int_J g'\, d x = g(1) - g(0)$$

positiv ist.

Beweis. Für $x \ge 0$ ist $\log x \le x - 1$. Denn $y = \log x - x + 1$ ist wegen $y' = \dfrac{1}{x} - 1$ in $0 < x \le 1$ wachsend und in $1 \le x < +\infty$ abnehmend. Somit wird, wenn man

$$M = \frac{1}{A} \int_J f g'\, d x$$

setzt,

$$\frac{1}{A} \int_J \log \frac{f}{M} g'\, d x \le \frac{1}{A} \int_J \frac{f}{M} g'\, d x - 1\,.$$

Nun ist

$$\frac{1}{A} \int \frac{f}{M} g'\, d x = 1\,,$$

und somit wird

$$\frac{1}{A} \int \log \frac{f}{M} g'\, d x \le 0\,. \,^1$$

Nach diesen vorbereitenden Sätzen definiere man $n'(r \mid r_0, 0)$ bzw. $n'(r \mid r_0, \infty)$ als die Anzahl der Nullstellen bzw. Pole von $w'(z)$ in $r_0 \le \le |z| \le r$ und beachte, daß nach den Entwicklungen von (78.8)

$$\frac{r}{2\pi} \int_\Gamma \frac{\partial}{\partial r} \log |w'|\, d\vartheta - \frac{r_0}{2\pi} \int_{\Gamma_0} \frac{\partial}{\partial r_0} \log |w'|\, d\vartheta$$
$$= n'(r \mid r_0, 0) - n'(r \mid r_0, \infty)$$

---

[1] Der Beweisgedanke dieser Ungleichung geht auf F. Riesz (Journ. London Math. Soc. **5** (2), 120—121 (1930) zurück). (F. Riesz 1880—1956).

gilt, das heißt

$$(81.16) \quad \frac{1}{2\pi} \int_\Gamma \log |w'| \, d\vartheta = N'(r \,|\, r_0, 0) - N'(r \,|\, r_0, \infty) + O(\log r)$$

mit

$$N'(r \,|\, r_0, 0) = \int_{r_0}^r n(t \,|\, r_0, 0) \, \frac{dt}{t}$$

und

$$N'(r \,|\, r_0, \infty) = \int_{r_0}^r n(t \,|\, r_0, \infty) \, \frac{dt}{t} \,.$$

Setzt man dann

$$\Phi = \Phi(r e^{i\vartheta}) = \frac{|w'|}{1 + |w|^2} \sqrt{\mu(w)} \, \log^2 \Pi(w) \,,$$

so wird

$$\frac{1}{2\pi} \int_\Gamma \log \Phi \, d\vartheta$$

$$= \frac{1}{2\pi} \int_\Gamma \log |w'| \, d\vartheta - 2 \, m_A(r, \infty) + \sum_1^q m_A(r, a_k) + \frac{1}{2} \log C$$

und somit wegen (78.12) und (81.16)

$$\frac{1}{2\pi} \int_\Gamma \log \left\{ \frac{|w'|}{1 + |w|^2} \sqrt{\mu(w)} \, \log^2 \Pi(w) \right\} d\vartheta$$

$$= (q - 2) \, T(r \,|\, r_0, w) - \sum_1^q N(r \,|\, r_0, a_k) + N_1(r \,|\, r_0) + O(\log r)$$

mit

$$N_1(r \,|\, r_0) = N'(r \,|\, r_0, 0) - N'(r \,|\, r_0, \infty) + 2 N(r \,|\, r_0, \infty) \,.$$

Wir setzen jetzt

$$(81.17) \quad Q(r) = \frac{1}{2\pi} \int_\Gamma \log \left\{ \frac{|w'|}{1 + |w|^2} \sqrt{\mu(w)} \right\} d\vartheta$$

und beachten, daß

$$\frac{1}{2\pi} \int_\Gamma \log \left(\log^2 \Pi(w) \right) d\vartheta = O(\log r \, T(r \,|\, r_0, w))$$

gilt. Daher wird

$$(81.18) \quad (q - 2) \, T(r \,|\, r_0, w) \leq \sum_1^q N(r \,|\, r_0, a_k) - N_1(r \,|\, r_0) + S(r)$$

mit

$$(81.19) \quad S(r) \leq Q(r) + O(\log r \, T(r \,|\, r_0, w)) \,.$$

Man nehme nun an, daß die Stelle $z = \infty$ eine wesentlich singuläre Stelle für $w(z)$ ist, und somit

$$(81.20) \quad \lim_{r \to \infty} \frac{\log r}{T(r \,|\, r_0, w)} = 0$$

gilt. Dann ist

$$(81.21) \quad T_\mu(r) < K \, T(r \,|\, r_0, w)$$

und

$$(81.22) \quad S(r) \leq Q(r) + K_1 \log r \, T(r \,|\, r_0, w)$$

mit konstanten $K, K_1 > 0$. Andererseits ist nach dem Hilfssatz 5

$$Q(r) \leqq \log\left\{\frac{1}{2\pi} \int_\Gamma \frac{|w'|}{1 + |w|^2} \sqrt{\mu(w)}\, d\vartheta\right\},$$

also

$$Q(r) \leqq \frac{1}{2} \log\left\{\frac{1}{2\pi} \int_\Gamma \frac{|w'|^2}{(1 + |w|^2)^2}\, \mu(w)\, d\vartheta\right\},$$

das heißt

$$(81.23) \qquad Q(r) \leqq \frac{1}{2} \log\left\{\frac{S'_\mu(r)}{2\pi r}\right\} \leqq \frac{1}{2} \log S'_\mu(r) + O(1).$$

Man setze nun $\eta = \log r$, $\eta_0 = \mathrm{Max}\{1, \log r_0\}$ und

$$S_\mu(e^\eta) = y_1(\eta), \quad S(e^\eta \mid r_0, w) = y_2(\eta).$$

Dann gilt mit Rücksicht auf (81.21) die Abschätzung (81.14), und somit wird wegen

$$y'_1(\eta) = r\, \frac{d\, S_\mu(r)}{d\, r}$$

$$Q(r) \leqq \frac{1}{2} \log y'_1(\eta) + O(1).$$

Nun wird nach (81.14)

$$\log y'_1(\eta) \leqq 4 \log J_0(\eta \mid y_2) + O(1),$$

also auch

$$\log S'_\mu(r) \leqq 4 \log T(r \mid r_0, w) + O(1) \qquad\qquad (r \in \varDelta).$$

Dabei ist $\varDelta$ eine Intervallmenge von (81.8) mit

$$\int_\varDelta d \log r = +\infty.$$

Als letztes schätzen wir jetzt die Größe

$$n_1(r \mid r_0) = n'(r \mid r_0, 0) - n'(r \mid r_0, \infty) + 2n(r \mid r_0, \infty)$$

nach unten ab. Es sei c eine k-fache ($k \geq 1$) Nullstelle von $w(z) - a$ ($a \neq \infty$). Dann ist c eine Nullstelle von $w'(z)$ von der Vielfachheit $k - 1$. Für $a = \infty$ und $k \geq 1$ hat $w'(z)$ an der Stelle c einen Pol von der Ordnung $k + 1 = 2k - (k - 1)$. Bedeutet also allgemein $n_1(r \mid r_0, a)$ ($a \neq \infty$ oder $a = \infty$) die Anzahl der a-Stellen von a in $r_0 \leqq |z| \leqq r$, jede gezählt mit der Vielfachheit $k - 1$ statt k, so wird

$$n_1(r \mid r_0) \geqq \sum_1^q n_1(r \mid r_0, a_\nu)$$

und mithin

$$N_1(r \mid r_0) \geqq \sum_1^q N_1(r \mid r_0, a_\nu)$$

mit

$$N_1(r \mid r_0, a_\nu) = \int_{r_0}^r n_1(t \mid r_0, a_\nu)\, \frac{d\, t}{t} \qquad (\nu = 1, 2, \ldots, q).$$

Die Abschätzungen dieser Nummer führen zusammengefaßt zum folgenden Satz von R. NEVANLINNA, der zu den grundlegenden Tatsachen der Werteverteilungstheorie gehört:

Satz. *Ist $w(z)$ in (78.1) meromorph und sind $a_1, \ldots, a_q\,(q \geqq 3,\ a_q = \infty)\,q$ voneinander verschiedene Werte, so gilt*

$$(81.24) \quad (q-2)\,T(r\,|\,r_0,\,w) \leqq \sum_1^q N(r\,|\,r_0,\,a_\nu) - \sum_1^q N_1(r\,|\,r_0,\,a_\nu) + S(r)$$

mit

$$(81.25) \qquad\qquad S(r) = O(\log r\,T(r\,|\,r_0,\,w)) \qquad\qquad (r \in \varDelta)$$

und

$$\int_\varDelta d \log r = \infty,$$

sofern $z = \infty$ eine wesentliche Singularität von $w(z)$ ist.

In der nächsten Nummer sollen einige wichtige Anwendungen dieses Satzes gegeben werden.

82. Die Nevanlinnasche Defektrelation. R. NEVANLINNA hat aus seinem zuletzt bewiesenen Satz eine Reihe von wichtigen Folgerungen gezogen, die zu einer wesentlichen Vertiefung des Picardschen Satzes führen.

Def. *Es sei a eine endliche oder unendliche komplexe Zahl. Dann soll*

$$(82.1) \qquad\qquad \delta(a) = 1 - \varlimsup_{r \to \infty} \frac{N(r\,|\,r_0,\,a)}{T(r\,|\,r_0,\,w)}$$

der Defekt von a heißen. Entsprechend heißt die Größe

$$(82.2) \qquad\qquad \vartheta(a) = \varliminf_{r \to \infty} \frac{N_1(r\,|\,r_0,\,a)}{T(r\,|\,r_0,\,w)}$$

der Verzweigungsindex von a.

Beide Größen haben lokalen Charakter und beziehen sich auf die in Frage kommende isolierte Singularität. Ist $w(z)$ in der ganzen Ebene meromorph, so ist

$$(82.3) \qquad\qquad \delta(a) = 1 - \varlimsup_{r \to \infty} \frac{N(r,\,a)}{T(r,\,w)}$$

und

$$(82.4) \qquad\qquad \vartheta(a) = \varliminf_{r \to \infty} \frac{N_1(r,\,a)}{T(r,\,w)}\,;$$

wegen

$$N(r\,|\,r_0,\,a) \leqq T(r\,|\,r_0,\,w) + O(\log r)$$

und

$$N_1(r\,|\,r_0,\,a) \leqq N(r\,|\,r_0,\,a)$$

gilt stets

$$0 \leqq \delta(a) \leqq 1\,.$$

Man schreibe nun die Ungleichung (81.24) in der Form

$$\sum_1^q \left\{ 1 - \frac{N(r \mid r_0, a_k)}{T(r \mid r_0, w)} \right\} + \sum_1^q \frac{N_1(r \mid r_0, a_k)}{T(r \mid r_0, w)} \leqq 2 + S_1(r)$$

und beachte, daß

$$S_1(r) = O\left(\frac{\log r\, T(r \mid r_0, w)}{T(r \mid r_0, w)} \right) \qquad\qquad (r \in \varDelta)$$

gilt. Somit wird

$$(82.5) \qquad\qquad \sum_1^q \delta(a_k) + \sum_1^q \vartheta(a_k) \leqq 2 \,.$$

Diese für jedes $q > 2$ bewiesene Relation (die Nevanlinnasche Defekt-relation genannt) zeigt, daß bei gegebener meromorpher Funktion $w(z)$ die Defektmenge

$$(82.6) \qquad\qquad A = \{ a \mid a \in E, \delta(a) > 0 \}$$

höchstens abzählbar sein kann. Das folgt unmittelbar aus der Tatsache, daß jede der Mengen

$$A_n = \left\{ a \,\middle|\, a \in E\,, \frac{1}{n} \leqq \delta(a) \leqq 1 \right\} \qquad\qquad (n = 1, 2, \ldots)$$

mit Rücksicht auf die Ungleichung (82.5) höchstens $2n$ Elemente enthalten kann.

R. NEVANLINNA bezeichnet eine a-Stelle als Picardschen Ausnahmewert, wenn $\delta(a) > \dfrac{2}{3}$ ist. Berücksichtigt man dann die Relation (82.5), so erhält man den Satz:

Satz (PICARD-NEVANLINNA). *Hat die in (78.1) nichtkonstante meromorphe Funktion $w(z)$ bei z_∞ eine wesentliche Singularität, so kann sie dort höchstens zwei Picardsche Ausnahmewerte aufweisen.*

Ein wichtiges Problem, das durch die Nevanlinnasche Vertiefung des Picardschen Satzes aufgeworfen wird, ist die Konstruktion einer in E meromorphen Funktion mit vorgeschriebenen Defekten $\delta(a_k)$ $(k = 1, 2, \ldots)$ mit einer Gesamtsumme $\leqq 2$. Der interessierte Leser findet in den beiden Monographien von R. NEVANLINNA (Le théorème de Picard-Borel et la théorie des fonctions méromorphes, *Paris, Gauthier-Villars* 1929 und Eindeutige analytische Funktionen, diese Sammlung, Bd. 46) die Zusammenfassung einer Reihe von wichtigen Ergebnissen.

83. Der Satz von PICARD-BOREL. Die in 81. entwickelte Ahlforssche Methode zum Beweis des Nevanlinnaschen Werteverteilungssatzes führt bei geeigneter Vertiefung des Hilfssatzes 4. zu einem einfachen Beweis des Picard-Borelschen Satzes, wonach die Ordnung ϱ einer meromorphen Funktion höchstens gleich (und somit auch gleich) Max $\{k(a_1), k(a_2), k(a_3)\}$ $(a_1 \neq a_2, a_1 \neq a_3, a_2 \neq a_3)$ sein kann.

Es sei $k > 0$ und $r_0 > 0$. Dann folgt aus (78.9)

$$\int_{r_0}^{r} m_A'(t, a) \frac{dt}{t^k} + \int_{r_0}^{r} n(t \mid r_0, a) \frac{dt}{t^{k+1}} = \frac{T(r \mid r_0, w)}{r^k} +$$

$$+ k \int_{r_0}^{r} T(t \mid r_0, w) \frac{dt}{t^{k+1}} + O(1).$$

Daraus folgt wegen

$$\int_{r_0}^{r} m_A'(t, a) \frac{dt}{t^k} = \frac{m_A(r, a)}{r^k} + k \int_{r_0}^{r} m_A(t, a) \frac{dt}{t^{k+1}} - \frac{m_A(r_0, a)}{r_0^k}$$

$$(83.1) \quad \int_{r_0}^{r} n(t \mid r_0, a) \frac{dt}{t^{k+1}} \leqq k \int_{r_0}^{r} T(t \mid r_0, w) \frac{dt}{t^{k+1}} + \frac{T(r \mid r_0, w)}{r^k} + O(1).$$

Diese Ungleichung besagt: Konvergiert für $r \to \infty$ das Integral

$$(83.2) \qquad T_k(r) = \int_{r_0}^{r} T(t \mid r_0, w) \frac{dt}{t^{k+1}},$$

so konvergiert auch das Integral

$$(83.3) \qquad N_k(a) = \int_{r_0}^{\infty} n(t \mid r_0, a) \frac{dt}{t^{k+1}}$$

für jedes (endliche oder unendliche) a. Es seien nun a_1, a_2, a_3 $(a_3 = \infty)$ drei komplexe Zahlen, so daß die entsprechenden Integrale $N_k(a_1)$, $N_k(a_2)$, $N_k(a_3)$ konvergieren. Dann gilt zunächst nach den Entwicklungen von 81. von einem r an

$$(83.4) \qquad \frac{1}{2} T_k(r) \leqq K + \frac{1}{2} \int_{r_0}^{r} \log S_\mu'(t) \frac{dt}{t^{k+1}},$$

mit einem konstanten $K > 0$.

Die weitere Abschätzung von $T_k(r)$ in einer Intervallmenge Δ hängt von folgender Verallgemeinerung des Hilfssatzes 4 von 81. ab:

Hilfssatz. *Man setze unter den Voraussetzungen des Hilfssatzes 4. von 81.*

$$(83.5) \qquad J_k(\eta \mid y_\lambda) = \int_{\eta_0}^{\eta} y_\lambda(\eta) \, e^{-k\eta} d\eta \qquad (k > 0, \lambda = 1, 2).$$

Gilt dann (81.13) *und ist das Integral*

$$\int_{\eta_0}^{\infty} y_1(\eta) \, e^{-k\eta} d\eta$$

divergent, so gilt auf einer Punktmenge Δ mit

$$\int_{\Delta} d\eta = \infty$$

die Abschätzung

$$(83.6) \qquad J_k(\eta \mid y_1') = O(J_k(\eta \mid J_0(\eta \mid y_2))^4).$$

Beweis. Man schreibe $q(\eta)$ für $J_0(\eta \mid y_1)$ und $\sigma(\eta)$ für $J_k(\eta \mid q)$. Dann erhält man (durch zweimalige partielle Integration) die Gleichung

$$J_k(\eta \mid y_1') = e^{-k\eta}(q' + kq)\big|_{\eta_0}^{\eta} + k^2\sigma$$

und somit, wegen $q = \sigma' e^{k\eta}$, die Abschätzung

$$(83.7) \qquad J_k(\eta \mid y_1') \leqq \sigma''(\eta) + 2k\,\sigma'(\eta) + k^2\sigma(\eta)\,.$$

Diese Ungleichung liefert in Verbindung mit den Ungleichungen (81.11) und $q(\eta) \leqq J_0(\eta \mid y_2)$ den Beweis von (83.6).

Man setze jetzt in (83.5) $t = e^\eta$ und definiere $y_1(\eta)$, $y_2(\eta)$ wie in 81. Dann wird

$$J = \int_{r_0}^{r} \log S_\mu'(t)\,\frac{dt}{t^{k+1}} = O(1) + \int_{\eta_0}^{\eta} \log y_1'(\eta)\,e^{-k\eta}d\eta$$

und somit auch

$$J \leqq O(1) + K \log \int_{\eta_0}^{\eta} y_1'(\eta)\,e^{-k\eta}d\eta\,.$$

Nach (83.6) gilt nun

$$\int_{\eta_0}^{\eta} y_1'(\eta)\,e^{-k\eta}d\eta = O(J_k(\eta \mid q)^4)$$

auf einer Menge $\varDelta$ mit

$$\int_\varDelta d\log r = \infty$$

und somit auch

$$J \leqq O(1) + 4K \log T_k(r \mid r_0, w) \qquad\qquad (r \in \varDelta)\,.$$

Das zeigt aber, da $\varDelta$ mindestens eine Folge enthält, die gegen $+\infty$ konvergiert, daß $T_k(r)$ nicht divergieren kann.

Die Integrale

$$(83.8) \qquad \int_{r_0}^{\infty} N(r \mid r_0, a)\,\frac{dr}{r^{k+1}} \qquad\qquad (a \in \overline{E})$$

und das Integral

$$(83.9) \qquad \int_{r_0}^{\infty} T(r \mid r_0, w)\,\frac{dr}{r^{k+1}}$$

konvergieren oder divergieren mit Ausnahme von höchstens zwei a gleichzeitig. Ist a ein Ausnahmewert, so konvergiert stets (83.3), falls (83.2) konvergiert. Nun weiß man noch, daß die Integrale

$$\int_{r_0}^{\infty} N(r \mid r_0, a)\,\frac{dr}{r^{k+1}}\,,$$

$$\int_{r_0}^{\infty} n(r \mid r_0, a)\,\frac{dr}{r^{k+1}}$$

und die Reihe

$$\sum_{1}^{\infty} \frac{1}{|z_\nu(a)|^k} \qquad\qquad (z_1(a) \neq 0)$$

gleichzeitig konvergieren oder divergieren. Somit kann die Borelsche Vertiefung des Picardschen Satzes folgende Formulierung finden:

Satz (PICARD-BOREL-NEVANLINNA). *Ist $w(z)$ in der Umgebung von $z = \infty$ meromorph und ist $z = \infty$ eine wesentliche Singularität für $w(z)$, so gilt*

$$(83.10) \qquad \mathrm{Max}\,\{k(a_1),\, k(a_2),\, k(a_3)\} = \varrho(w)\,.$$

Dabei bedeuten $k(a_1)$, $k(a_2)$, $k(a_3)$ die (lokalen) Konvergenzexponenten der Stellen a_1, a_2, a_3 und $\varrho(w)$ die (lokale) Ordnung von $w(z)$.

Der hier bewiesene Satz wurde für ganze transzendente Funktionen (mit $\log M(r)$ anstelle $T(r, w)$) zuerst von BOREL bewiesen. Die Übertragung des Satzes auf meromorphe Funktionen, die neue Begriffsbildungen erforderte, verdankt man R. NEVANLINNA.

84. Meromorphe Funktionen im Einheitskreis. Ist $w(z)$ in $|z| < R$, $R < +\infty$, meromorph, so kann ohne Einschränkung der Allgemeinheit $R = 1$ angenommen werden.

Ist $w(z)$ in $|z| < 1$ meromorph und ist $T(r, w)$ dort nicht beschränkt, so kann

$$(84.1) \qquad \varlimsup_{r \to 1} \frac{\log \dfrac{1}{1 - r}}{T(r, w)} = N$$

unendlich, positiv oder Null sei. Letztere Klassen weisen in bezug auf den Nevanlinnaschen Werteverteilungssatz verschiedenes Verhalten auf.

Def. *Die Größe*

$$(84.2) \qquad \varlimsup_{r\,1} \frac{\log T(r, w)}{\log \dfrac{1}{1 - r}} = \varrho(w) = \varrho$$

heißt die Ordnung der meromorphen Funktion. Ist ϱ endlich, so heißt $w(z)$ von endlicher Ordnung.

Wie im Falle einer in E meromorphen Funktion fällt ϱ mit der oberen (bzw. unteren) Grenze der Zahlen k zusammen, für die

$$(84.3) \qquad \int_0^1 T(r, w)\,(1 - r)^{k-1}\,dr$$

divergiert (bzw. konvergiert).

Nachfolgender Hilfssatz kann durch die Substitution $\eta = \log \dfrac{1}{1 - r}$ auf den Hilfssatz von 79. zurückgeführt werden:

Hilfssatz. *Ist $g(x)$ $(g(0) = 0)$ in $0 \leq x < 1$ nicht abnehmend, so sind dort die beiden Integrale*

$$(84.4) \qquad \int_0^1 (1 - x)^{k-1} g(x)\,dx \qquad\qquad (k > 0)$$

und

$$(84.5) \qquad \int_0^1 (1 - x)^k\,dg(x)$$

gleichzeitig konvergent bzw. divergent.

Wendet man diesen Hilfssatz auf den Ausdruck $N(r, a)$ an, so folgt mit Rücksicht auf die Gleichungen (75.2) und (75.5) der Satz:

Satz (HADAMARD-BOREL-NEVANLINNA). *Konvergiert für ein $k > 0$ das Integral*

$$(84.6) \qquad \int_0^1 T(r, w)\, (1 - r)^{k-1}\, dr,$$

so sind für jedes a das Integral

$$(84.7) \qquad \int_0^1 n(r, a)\, (1 - r)^k\, dr$$

und die Reihe

$$(84.8) \qquad \sum_1^\infty (1 - |z_n(a)|)^{k+1}$$

gleichzeitig konvergent.

Der Nevanlinnasche Fundamentalsatz der Werteverteilungstheorie gestaltet sich verschieden, je nachdem für die charakteristische Funktion von w die Gleichung (84.1) mit $N = 0$ bzw. mit $N > 0$ gilt. Um die entsprechenden Entwicklungen von 81. für den Fall einer in $|z| < 1$ (nicht konstanten) meromorphen Funktion $w(z)$ zu gewinnen, setze man wieder

$$Q(r) = \frac{1}{2\pi} \int\limits_{|z|=r} \log\left\{ \frac{|w'|}{1 + |w|^2}\, \sqrt{\mu(w)} \right\} d\vartheta \qquad (0 < r < 1)$$

und

$$Q_1(r) = \frac{1}{2\pi} \int\limits_{|z|=r} \log \log^2 \Pi(w)\, d\vartheta\,.$$

Dann wird für $q \geqq 3$ und $a_q = \infty$

$$(q - 2)\, S(r, w) - \sum_1^q n(r, a_k) + n_1(r) = r\, Q' + r\, Q_1'$$

mit $n_1(r) = n'(r, 0) - n'(r, \infty) + 2n(r, \infty)$.[1]

Definiert man die Größen $n_1(r, a_k)$ durch die entsprechenden Größen $n_1(r \mid 0, a_k)$, so erhält man

$$(q - 2)\, T(r, w) \leqq \sum_1^q N(r, a_k) - \sum_1^q N_1(r, a_k) + S_1(r)\,,$$

mit

$$S_1(r) \leqq C_0 + Q(r) + Q_1(r)\,.$$

Wegen $Q_1(r) \leqq K_1 \log T(r, w)$ ist

$$S_1(r) \leqq C_0 + K_1 \log T(r, w) + Q(r)\,.$$

---

[1] $n'(r, 0)$ bzw. $n'(r, \infty)$ bedeuten hier die Anzahl der Nullstellen bzw. der Pole von $w'(z)$ in $|z| \leqq r$. Es wird wieder angenommen, daß $w'(z)$ auf $|z| = r$ weder Nullstellen noch Pole hat.

Die Abschätzung von $Q(r)$ nach oben kann unter Heranziehung des Hilfssatzes 4. von 81. und des Hilfssatzes von 83. durchgeführt werden.

Zunächst folgt aus (75.6) und (76.5)

$$T_A(r, a) = K(a) + T_A(r, w)$$

mit

$$K(a) = \log \sqrt{1 + |a|^2} + K_0 - \log |g(0)|,$$

und somit

$$\int_E T_A(r, a)\, \mu(a)\, d\omega(a) = C_1 + T_A(r, w),$$

mit einem endlichen C_1. Setzt man

$$S_\mu(r, w) = \int\limits_{|z|\leq r} \frac{|w'|^2}{(1 + |w|^2)^2}\, \mu(w)\, d\sigma \qquad (0 < r < 1)$$

und

$$T_\mu(r, w) = \int_{r_0}^r S_\mu(t, w)\, \frac{dt}{t} \qquad (0 < r_0 < 1),$$

so folgt leicht aus den Entwicklungen von 81. (Beweis des Hilfssatzes 2.) die Ungleichung

$$T_\mu(r, w) \leqq C_2 + T(r, w) = C_2 + \int_0^r S(t, w)\, \frac{dt}{t},$$

mit einem endlichen $C_2 > 0$.

Man setze jetzt

$$I_\mu(r, w) = \int_{r_0}^r S_\mu(t, w)\, dt$$

und führe die Veränderliche $\eta = \log \dfrac{1}{1 - r}$ ein. Dann wird wegen

$$S'_\mu = \frac{dS_\mu}{dr} = \frac{dS_\mu}{d\eta}\, e^\eta = \dot S_\mu e^\eta$$

und

$$S_\mu = \dot I_\mu e^\eta \qquad\qquad \left(\dot I_\mu = \frac{dI_\mu}{d\eta}\right),$$

$$S'_\mu = S'_\mu(r, w) = (\ddot I_\mu + \dot I_\mu)\, e^{2\eta} > 0.$$

Daraus folgt zunächst

$$\frac{1}{2} \log S'_\mu = \log \frac{1}{1 - r} + \frac{1}{2} \log (\dot I_\mu + \ddot I_\mu).$$

Nun ist (wegen $\dot I_\mu + \ddot I_\mu > 0$) $I_\mu + \dot I_\mu$ wachsend, und somit gilt nach dem Hilfssatz 4 von 81. außerhalb einer Intervallmenge $\varDelta_1$ mit

$$\int_{\varDelta_1} d\eta < +\infty$$

$\dot I_\mu + \ddot I_\mu = O(I_\mu^4)$. Daraus folgt mit Rücksicht auf die Ungleichung

$$I_\mu(r, w) \leqq T_\mu(r, w) \leqq C_1 + T(r, w),$$

daß innerhalb der zu $\varDelta_1$ komplementären Menge $\varDelta$ von $0 < r_0 < 1$

$$(84.9) \qquad S_1(r) = \log \frac{1}{1-r} + O(\log T(r, w))$$

ist. Somit gilt dort

$$(q-2)\, T(r, w) - \sum_1^q N(r, a_k) + \sum_1^q N_1(r, a_k) \leqq \log \frac{1}{1-r} +$$
$$(84.10) \qquad\qquad\qquad + O(\log T(r, w)) \,.$$

Diese auf R. Nevanlinna zurückgehende Ungleichung führt ohne Schwierigkeit zu dem Satz:

Satz (R. Nevanlinna). *Es sei $w(z)$ in $|z| < 1$ meromorph und von nicht beschränkter Charakteristik. Man setze allgemein*

$$(84.11) \qquad \delta(a) = \varliminf_{r \to 1} \frac{m(r, a)}{T(r, w)} = 1 - \varlimsup_{r \to 1} \frac{N(r, a)}{T(r, w)}$$

und

$$(84.12) \qquad \vartheta(a) = \varliminf_{r \to 1} \frac{N_1(r, a)}{T(r, a)} \,.$$

Ist dann N endlich, so ist

$$(84.13) \qquad \sum_1^q \delta(a_k) + \sum_1^q \vartheta(a_k) \leqq 2 + N \,.$$

Diese Ungleichung ist genau. In der Tat hat R. Nevanlinna durch eine scharfsinnige Überlegung gezeigt (Le théorème de Picard-Borel et la théorie des fonctions méromorphes, S. 149), daß es Funktionen $w(z)$ gibt, die in $|z| < 1$ meromorph sind und dort $q\,(q \geqq 3)$ vorgeschriebene (voneinander verschiedene) Werte $a_1, \ldots, a_q\,(a_q = \infty)$ nicht annehmen, und für die

$$T(r, w) \sim \frac{1}{q-2} \log \frac{1}{1-r}$$

gilt. In diesem Falle ist $N = q-2$ und $\delta(a_k) = 1\,(k = 1, \ldots, q)$.

Der Beweis des Picard-Borel-Nevanlinnaschen Satzes für Funktionen, die in $|z| < 1$ meromorph sind, geschieht auf der Grundlage des Hilfssatzes von 83. Man nehme an, daß für ein $\lambda > 0$ die Integrale

$$\int_{r_0}^1 N(r, a_k)\,(1-r)^{\lambda-1} dr \qquad (k = 1, 2, 3,\ a_3 = \infty)$$

konvergieren. Dann ist

$$T_\lambda(r) = \int_{r_0}^r T(t, w)\,(1-t)^{\lambda-1} dt \leqq O(1) + \int_{r_0}^r S_1(t)\,(1-t)^{\lambda-1} dt$$

und somit wird, mit Rücksicht auf die Konvergenz von

$$\int_{r_0}^{1} \log \frac{1}{1-r} \, (1-r)^{\lambda-1} dr \; ,$$

$$\frac{1}{2} \, T_\lambda(r) < K + K_1 \log J(\eta) \qquad (0 < K < +\infty)$$

mit

$$J(\eta) = \int_{\eta_0}^{\eta} y_1'(\eta) \, e^{-\lambda \eta} d\eta \; .$$

Das Integral $J(\eta)$ ist bereits in **83.** abgeschätzt worden. Wir wissen aus den dortigen Entwicklungen, daß daraus die Abschätzung

$$T_\lambda(r) = O(\log T_\lambda(r))$$

folgt, und zwar auf einer Intervallmenge $\varDelta$ mit

$$\int_{\varDelta} d \log \frac{1}{1-r} = \infty \; .$$

Letztere Gleichung hat zur Folge, daß $T_\lambda(r)$ konvergieren muß. Danach gilt der Satz:

Satz (PICARD-BOREL-NEVANLINNA). *Ist $w(z)$ in $|z| < 1$ meromorph, so sind für ein beliebiges $\lambda > 0$ die Integrale*

$$\int_{0}^{1} N(r, a) \, (1-r)^{\lambda-1} dr \qquad (a \in \overline{E})$$

und das Integral

$$\int_{0}^{1} T(r, w) \, (1-r)^{\lambda-1} dr$$

mit höchstens zwei Ausnahmen von a gleichzeitig konvergent oder divergent. Daraus folgt, daß die Ordnung $\varrho(w)$ von $w(z)$ mit höchstens zwei Ausnahmen von a gleich der Ordnung von $N(r, a)$ ist. Daß dasselbe für den Konvergenzexponenten $k(a)$ der Reihe

$$\sum_{1}^{\infty} (1 - |z_\nu(a)|)^{k+1}$$

gilt, möge der Leser durch geeignete Umformungen früherer, verwandter Entwicklungen selbst beweisen.

Eine ausführliche Darstellung der hier kurz berührten Fragestellungen findet der Leser in der vorhin und in **82.** zitierten Monographie von R. NEVANLINNA.

85. Geschichtliche Zusammenhänge und Literaturangaben. Die Werteverteilungstheorie, welche heute dank des mächtigen Impulses, den sie durch die Arbeiten von R. NEVANLINNA empfing, zu den am meisten bearbeiteten Gebieten der modernen Funktionentheorie gehört, beginnt mit den bahnbrechenden Abhandlungen von J. HADAMARD [Essai sur l'étude des fonctions données par leur développement de

Taylor, *J. Math.* (4) **8**, 101 (1892) und Etude sur les propriétés des fonctions entières et en particulier d'une fonction considerée par Riemann, *J. Math.* (4), **9**, 171 (1893)] und E. BOREL [Sur les zéros des fonctions entières, *Acta Math.* **20**, 357 (1897)]. Insbesondere ist BOREL der erste gewesen, der mit elementaren Methoden die Dichte der Nullstellen der meromorphen Funktionen $w(z) - a$ für die verschiedenen Werte von a (zunächst für ganze Funktionen beliebiger Ordnung) studierte und somit der Funktionentheorie der damaligen Zeit, als noch der Picardsche Satz vollkommen isoliert stand, ein neues, wichtiges Kapitel erschloß. Dieses Gebiet erhielt in der nachfolgenden Zeit durch die Entdeckungen von LANDAU und SCHOTTKY sowie durch die Arbeiten von CARATHÉODORY, KOEBE, LINDELÖF und JULIA bedeutende Beiträge. Insbesondere haben die Arbeiten von JULIA (*Ann. Ec. norm. Sup.* 1919—1931) das Werteverteilungsproblem analytischer Funktionen in der Umgebung einer isolierten Singularität dadurch erweitert, daß dort nicht nur Aussagen über den Beitrag der Wurzeln von $w(z) - a$ gegeben wurden, sondern noch die Frage nach der Verteilung der Argumente derselben erfolgreich aufgegriffen wurde. Diese Arbeiten zeigten zugleich die große Bedeutung der von MONTEL geschaffenen Theorie der normalen Familien. Aus der großen Fülle der so entstandenen Arbeiten seien hier lediglich die Arbeiten von CARATHÉODORY, OSTROWSKI, MILLOUX und VALIRON angeführt.

Die im wesentlichen von F. und R. NEVANLINNA Anfang der zwanziger Jahre konsequent entwickelte logarithmische Methode in der Funktionentheorie (deren Anfänge wohl auf die Jensensche Formel zurückgehen) gestattete erstmalig, eine Reihe von funktionentheoretischen Problemen durch eine einheitliche Methode anzugreifen.

Einen großen Erfolg verzeichnet diese Methode im Jahre 1925, als es R. NEVANLINNA (Zur Theorie der meromorphen Funktionen, *Acta Math.* **46**) gelang, den (vorhin durch ähnliche Methoden bewiesenen) Picard-Borelschen Satz (*Ann. Acad. Sci. Fennicae* **23** und *Acta Soc. Sci. Fennicae* **50**) wesentlich zu vertiefen und die allgemeine Defektrelation aufzustellen[1]. Diese drei Abhandlungen legten den Grundstein für die gesamte spätere Entwicklung und regten eine Reihe von Arbeiten an, von denen die Arbeiten von F. NEVANLINNA [Über die Anwendung einer Klasse uniformisierender Transzendenten zur Untersuchung der Werteverteilung analytischer Funktionen, *Acta Math.* **50**, 159 (1927)], L. V.

---

[1] Die Ungleichung (81.6) wurde von R. NEVANLINNA zuerst für $q = 3$ bewiesen. Kurz darauf und unabhängig voneinander haben LITTLEWOOD und COLLINGWOOD die Ungleichung (81.24) für ganze Funktionen (mit $r_0 = 0$) und ein beliebiges $q > 2$ bewiesen. Anschließend bewies R. NEVANLINNA [*Acta Math.* **46**, 1—99 (1925), Fußnote S. 91] die Ungleichung (81.24) allgemein und leitete daraus die Defektrelation ab.

AHLFORS [Über eine Methode in der Theorie der meromorphen Funktionen, *Comment. Phys.-Math. Soc. Sci. Fennicae* **8**, N:o 10 (1935)], H. SELBERG [Algebroide Funktionen und Umkehrfunktionen Abelscher Integrale, *Avh. Norske Vid.-Akad. Oslo, Math.-naturw. Kl.* **8**, 72 S. (1934)] und E. F. COLLINGWOOD besonders hervorzuheben sind.

Der Leser, der die Verdienste von HADAMARD, BOREL und NEVANLINNA in den Entwicklungen dieses Kapitels (insbesondere, was die Sätze von 79. und 83. anbetrifft) im einzelnen haben will, möge folgende wichtigen Resultate von HADAMARD notieren:

1. *Ist $w(z)$ die in E meromorphe Funktion von endlicher Ordnung ϱ, so konvergiert die Summe*

$$(85.1) \qquad \sum_{1}^{\infty} |z_\nu(a)|^{-(\varrho+\varepsilon)} \qquad\qquad (\varepsilon > 0) ,$$

(sofern diese nicht leer ist) für jedes a.

2. *Für jedes $\varepsilon > 0$ ist die Ungleichung*

$$(85.2) \qquad \log |w(r e^{i\vartheta})| \geqq - r^{\varrho+\varepsilon}$$

für mindestens eine Folge (r_n) mit $\lim_{n\to\infty} r_n = \infty$ erfüllt.

Der erste dieser (zunächst von HADAMARD für den Fall einer ganzen Funktion bewiesenen) Sätze liefert die Umkehrung eines fundamentalen Ergebnisses von POINCARÉ [Sur les fonctions entières, *Bull. soc. math. France* **11**, 136—144 (1883)], wonach für eine in E holomorphe (also ganze transzendente) Funktion $w(z)$ endlichen Geschlechts q stets

$$\lim_{|z|\to\infty} |w(z)| e^{-\varepsilon |z|^{q+1}} = 0$$

für jedes $\varepsilon > 0$ gilt. Das Ergebnis 1, dessen Übertragung (im Rahmen einer allgemeinen Theorie) auf meromorphe Funktionen man R. NEVANLINNA verdankt, hat den Anstoß zu einer Reihe von Arbeiten gegeben, von denen diejenigen von A. WIMAN, E. LINDELÖF und G. VALIRON hervorzuheben sind.

Die Ungleichung (85.2) bildete den Anfang einer Reihe von Untersuchungen mit dem Ziel, das Minimum $\mu(r)$ des absoluten Betrages $|w(z)|$ einer ganzen Funktion $w(z)$ auf $|z| = r$ für gewisse, beliebig große r nach unten durch $M(r)$ abzuschätzen. BOREL gelang es zuerst, über HADAMARD hinaus die Ungleichung

$$\log \mu(r) > - [\log M(r)]^{1+\varepsilon}$$

für mindestens eine Folge (r_n) mit $\lim_{n\to\infty} r_n = \infty$ zu beweisen, und zwar unabhängig davon, ob $w(z)$ von endlicher oder unendlicher Ordnung ist.

Dieses Resultat konnte erst 1952 durch W. K. HAYMAN weiter verschärft werden, indem er zeigte, daß für Funktionen unendlicher Ordnung

$$\log \mu\,(r) \geqq -H_0 \log M\,(r)\,\log\log\log M\,(r)$$

auf einer r-Menge mit $\mu_l > 0$ gilt. Hierbei kann man $H_0 > 2$ (aber nicht $H_0 \leqq 0{,}09!$) nehmen.

Eine Verschärfung der Hadamardschen Ungleichung (85.2) hat für Funktionen endlicher Ordnung J. E. LITTLEWOOD gegeben. LITTLEWOOD hat neben den auf S. 233 genannten Ergebnissen gezeigt, daß für jede ganze Funktion endlicher Ordnung die Ungleichung

$$\log \mu\,(r) \geqq -(L_0 + \varepsilon)\,\log M\,(r) \qquad (L_0 = L_0(\varrho))$$

für gewisse, beliebig große r gilt. Einzelheiten darüber findet der Leser in der auf S. 233 zitierten Arbeit von HAYMAN.

BORELs Anteil an dem Satz von 83. besteht zunächst in dem Nachweis, daß für jede ganze Funktion $w\,(z)$ die Gleichung

$$(85.3) \qquad\qquad \overline{\lim_{r \to \infty}}\ \frac{\log n\,(r,\,a)}{\log r} = \varrho \qquad\qquad (a \in E)$$

mit höchstens einer Ausnahme besteht. Die beiden Bücher von BOREL, Leçons sur les fonctions entières, *Paris, Gauthier-Villars* 1900 und Leçons sur les fonctions méromorphes, *Paris, Gauthier-Villars* 1903 geben einen ausgezeichneten Einblick in die Borelschen Methoden und einen Überblick über den Stand der Werteverteilungstheorie zu dieser Zeit.

NEVANLINNAs Beweis des Satzes von 81. für meromorphe Funktionen findet der Leser entweder in der vorhin zitierten Arbeit der Acta oder in einer der beiden ebenfalls zitierten Monographien von R. NEVANLINNA.

Das hier zur Behandlung gekommene Werteverteilungsproblem von WEIERSTRASS-PICARD-BOREL-NEVANLINNA ist trotz der Schwierigkeiten, die es in sich birgt, wohl das einfachste Problem dieser Art, nämlich das Verhalten der (eindeutigen) analytischen Funktion $w\,(z)$ in der Umgebung einer einzigen singulären Stelle. Daß dieses Problem jedoch nur ein Spezialfall eines bei weitem komplizierteren Fragenkomplexes ist, nämlich der Werteverteilung von $w\,(z)$ in der Nähe einer Randmenge von der Kapazität Null, erfährt der Leser, wenn er die Dissertation von G. AF HÄLLSTRÖM (Über meromorphe Funktionen mit mehrfach zusammenhängenden Existenzgebieten. *Dissertation Univ. Helsinki* 1939, gedruckt in den *Acta Acad. Aboensis, Math. et Phys.* 12, Nr. 8, 1939) liest. Eine kurze Darstellung der Hauptergebnisse der Nevanlinna-Hällströmschen Theorie von Funktionen, die in einem Gebiet meromorph sind, dessen Randpunktmenge die Kapazität Null hat, findet der Studierende in den Ergänzungen dieses Kapitels. Daß diese Ergänzungen wieder eine kleine

Auswahl von wichtigen Fragen der modernen Funktionentheorie darstellen, wird jeder Leser leicht feststellen können, der einige der Vorträge liest, die in den Proceedings of the International Colloquium on the Theory of Functions (*Helsinki*, 1958) zusammengefaßt sind.

Ergänzungen und Aufgaben zum neunten Kapitel

1. LITTLEWOODs Begriff der subordinierten Funktion. LEHTOs Maximumprinzip. Wir setzen voraus, $w(z)$ sei im Gebiet $K: |z| < 1$, meromorph und bezeichnen, wie üblich, mit $n(r, a, w)$ (kurz n) die Anzahl der Nullstellen von $w(z) - a$ in der Kreisscheibe

$$(1) \qquad \overline{K}_r: |z| \leq r < 1 \,.$$

Man nehme an, die Funktion $\tilde{w}(z)$ sei in $|z| < 1$ ebenfalls meromorph und $\tilde{w}(0) = w(0)$. Gibt es dann eine in $|z| < 1$ eindeutige reguläre Funktion $\sigma(z)$ mit den Eigenschaften 1. $\sigma(0) = 0$, 2. $|\sigma(z)| \leq 1$ für $|z| < 1$ (also nach dem Schwarzschen Lemma $|\sigma(z)| \leq |z|$) derart, daß

$$(2) \qquad w(z) = \tilde{w}(\sigma(z))$$

gilt, so heißt $w(z)$ nach LITTLEWOOD [On inequalities in the theory of functions, *Proc. London Math. Soc.* (2), **23**, 481—519 (1924) und Lectures on the theory of functions, *Oxford* 1944] der Funktion $\tilde{w}(z)$ subordiniert. Man kann diese Definition auch in folgende Form bringen: Es bedeute $\tilde{w}^{-1}$ die zu $\tilde{w}$ inverse Funktion, die das durch $\tilde{w}(z)$ erzeugte Riemannsche Flächenstück $\tilde{W}$ schlicht auf die Kreisscheibe $|z| < 1$ abbildet. Man betrachte jetzt den Zweig $\zeta(\tilde{w})$ der inversen Funktion $\tilde{w}^{-1}$ von $\tilde{w}(z)$ mit $\zeta(\tilde{w}(0)) = 0$. Ist nun $g(z) = \zeta(w(z))$ in $|z| < 1$ überall fortsetzbar, so ist $g(z)$ (nach dem Monodromiesatz) eindeutig in $|z| < 1$ und (nach dem Schwarzschen Lemma) dort dem Betrag nach kleiner als Eins. Somit ist $w(z) = \tilde{w}(g(z))$. Man kann also behaupten: *Ist $w(z)$ der meromorphen Funktion $\tilde{w}(z)$ subordiniert und bedeutet $\tilde{W}_r$ den Teil von $\tilde{W}$, der der Kreisscheibe $K_r (0 < r < 1)$ entspricht, so bleiben die Werte von $w(z)$ bei stetiger Fortsetzung von dem Punkt $w(0) = \tilde{w}(0)$ aus in $\tilde{W}_r$.*

Man betrachte nun die in $|z| < 1$ eindeutige reguläre Funktion $g(z)$ und bezeichne mit $n(r, a, g)$ (kurz n) die Anzahl der Nullstellen von $g(z) - a$ in der Kreisscheibe $\overline{K}_r: |z| \leq r < 1$. Es sei $a_0 = g(0)$ und $\overline{G}_r = g(\overline{K}_r)$. Setzt man dann

$$(3) \qquad L(r, a, g) = \begin{cases} N(r, a, g) & | \; a \in \overline{G}_r \setminus a_0 \\ 0 & | \; a \notin \overline{G}_r \setminus a_0 \,, \end{cases}$$

so ist nach LEHTO [A majorant principle in the theory of functions, *Mathematica scand.* **1**, 1—17 (1953)] $L(r, a, g)$ in $E \setminus a_0$ subharmonisch und $\log |a - a_0| + L(r, a, g)$ $\left(\text{bzw.} \log \dfrac{1}{|a|} + L(r, a, g), \text{ falls } a_0 = \infty \text{ ist}\right)$

in der Umgebung von a_0 endlich. Dieses Ergebnis kann man leicht aus der Darstellung

$$N(r, a, g) = \sum_1^n \log \frac{r}{|z_k(a)|} \qquad (a \in \overline{G}_r \setminus a_0)$$

entnehmen (wobei $z_k(a)$ die Nullstellen von $w(z) - a$ in K_r bezeichnen), indem man nachweist, daß bei festem $a \in E \setminus a_0$ und für hinreichend kleine ϱ

$$L(r, a, g) \leq \frac{1}{2\pi} \int\limits_{|a'-a|=\varrho} L(r, a', g) \, d\vartheta \qquad (a' = a + \varrho e^{i\vartheta})$$

gilt. Die Existenz des Integrals folgt aus der Stetigkeit von $L(r, a, g)$ in $E \setminus a_0$, die wieder unmittelbar aus der Darstellung (3) folgt.

Um die Endlichkeit von $\log|a - a_0| + L(r, a, g)$ $\left(\text{bzw.} \log\frac{1}{|a|} + L(r,a,g)\right)$ in der Nähe von a_0 zu zeigen, gehe man von der Entwicklung

$$g(z) = a_0 + a_m z^m + \cdots \qquad (a_0 \neq \infty; m \geq 1, \text{ganz})$$

aus und beachte, daß die $z_k(a)$ in der Umgebung von $z = 0$ in der ersten Approximation durch die m Werte von $\left\{\frac{1}{a_m}(a - a_0)\right\}^{\frac{1}{m}}$ gegeben werden. Analog verfährt man, wenn $z = 0$ ein Pol für $g(z)$ ist.

Es sei jetzt $\sigma(z)$ in $|z| < 1$ regulär, $\sigma(0) = 0$ und $|\sigma(z)| < 1$. Dann gilt nach dem Schwarzschen Lemma $|\sigma(z)| \leq |z|$, und somit ist

$$h(a) = L(r, a, \sigma) - \log \frac{r}{|a|} \qquad (a \neq 0)$$

in K_r subharmonisch. Da nun die Randwerte von $h(a)$ $(a \in K_r)$ verschwinden und $\lim\limits_{a \to 0} h(a)$ endlich ist, so gilt (nach dem erweiterten Maximum-Prinzip) $h(a) \leq 0$ und somit

$$(4) \qquad \prod_1^n \frac{r}{|z_k(a)|} \leq \frac{r}{|a|} \qquad (a \neq 0) \,.$$

Mit Hilfe dieses Resultats von Littlewood und Lehto kann leicht folgendes Ergebnis (Lehto loc. cit. S. 8) gewonnen werden: *Es seien* $q_1, \ldots, q_m$ *beliebige komplexe Zahlen vom Betrag kleiner oder gleich* $r (r < 1)$. *Bezeichnen dann* $z_1, \ldots, z_n$ *Punkte von* $|z| \leq r$, *in denen die Werte von* $\sigma(z_k)$ $(k = 1, 2, \ldots, m)$ *mit einer der n Zahlen* $q_1, \ldots, q_n$ *zusammenfallen, so gilt*

$$(5) \qquad \prod_1^m \frac{r}{|q_k|} \leq \prod_1^n \frac{r}{|z_i|} \,.$$

Man kehre nun zu der (der Funktion $\widetilde{w}(z)$ subordinierten) Funktion $w(z)$ zurück und bezeichne mit $\tilde{z}_l(a)$ $(l = 1, \ldots, \tilde{n})$ die a-Stellen $(a \neq a_0)$ von $\widetilde{w}(z)$ in $|z| \leq r$. Dann folgt aus

$$(6) \qquad w(z_k(a)) = \widetilde{w}(\sigma(z_k(a))) \qquad (k = 1, 2, \ldots, n)$$

mit Rücksicht auf die Ungleichung $|\sigma(z)| \leq |z|$, daß die Werte $\sigma(z_k(a))$ mit einem der Werte $\tilde{z}_l(a)$ $(l = 1, \ldots, \tilde{n})$ zusammenfallen. Somit wird

$$(7) \qquad \prod_1^n \frac{r}{|z_k(a)|} \leq \prod_1^{\tilde{n}} \frac{r}{|\tilde{z}_l(a)|} \qquad\qquad (a \neq a_0)$$

und infolgedessen auch

$$(8) \qquad N(r, a, w) \leq N(r, a, \tilde{w}) \, .$$

Es bezeichne jetzt $\varrho(a)$ eine in $\overline{E}$ definierte, nicht negative, reelle Funktion derart, daß für jedes $r < 1$ das Integral

$$\int_E N(r, a, \zeta)\, \varrho(a)\, d\omega(a)$$

existiert. Dann folgt aus (8) mit Rücksicht darauf, daß

$$S_\varrho(r, w) = \int_E n(r, a, w)\, \varrho(a)\, d\omega(a)$$
$$= \int_{|z| \leq r} \varrho(w)\, \frac{|w'|^2}{(1 + |w|^2)^2}\, dx\, dy$$

ist,

$$(9) \qquad T_\varrho(r, w) \leq T_\varrho(r, \tilde{w})$$

mit

$$T_\varrho(r, w) = \int_0^r S_\varrho(t, w)\, \frac{dt}{t}$$

und

$$T_\varrho(r, \tilde{w}) = \int_0^r S_\varrho(t, \tilde{w})\, \frac{dt}{t} \, .$$

Setzt man hier $\varrho(a) \equiv 1$ voraus, so geht die Ungleichung (9) in die Ungleichung

$$(10) \qquad T(r, w) \leq T(r, \tilde{w})$$

über.

Man nehme jetzt an, $w(z)$ sei in K meromorph derart, daß das Gebiet $G = w(K)$ mindestens drei Randpunkte hat. Man betrachte diejenige Funktion $\zeta(z)$, welche den Einheitskreis ein-eindeutig und konform auf die universelle Überlagerungsfläche W^∞ von G abbildet. Man normiere $\zeta(z)$ (mittels einer Bewegung von K) so, daß $\zeta(0) = w(0)$ wird, und bilde ζ^{-1}. Dann ist derjenige Zweig von $\zeta^{-1}(w(z))$, der für $z = 0$ verschwindet, in $|z| < 1$ (von $z = 0$ aus) unbeschränkt fortsetzbar und stellt (nach dem Monodromiesatz) eine in $|z| < 1$ eindeutige reguläre Funktion $\sigma(z)$ dar, die für $z = 0$ verschwindet. Somit ist $w(z) = \zeta(\sigma(z))$ und $w(z)$ der Funktion $\zeta(z)$ subordiniert. Danach gilt der

Satz (LEHTO). *Es bedeute H die Klasse aller in $K: |z| < 1$ meromorphen Funktionen $w(z)$ mit der Eigenschaft, daß $w(K)$ für jedes $w \in H$ in einem*

festen Gebiet G enthalten ist, das mindestens drei Randpunkte besitzt. Ist dann der Wert w (0) für alle Funktionen von H der gleiche, so stellt das Integral

$$(11) \qquad \int_0^r S_\varrho(r, \zeta)\, \frac{dt}{t},$$

konstruiert mit der vorhin definierten Funktion $\zeta(z)$, eine obere Grenze für die entsprechenden Integrale der Elemente von H dar.

Für den Kenner der Lebesgueschen Integrationstheorie möge noch darauf hingewiesen werden, daß man mit Lehto anstelle von $\varrho(a)\ d\omega(a)$ ein vollständig additives (nichtnegatives) Maß $\mu(a)$ zugrunde legen und

$$\int_E N(r, a, w)\, d\mu(a)$$

bilden kann.

Der Satz von Lehto stellt, geeignet angewandt, einen leichten (und neuen) Zugang zu einer Reihe wichtiger Fragen der modernen Funktionentheorie dar und liefert nicht nur eine Verallgemeinerung des klassischen Lindelöfschen Prinzips, sondern auch (unter Heranziehung der Methode von Picard-F. Nevanlinna) den Nevanlinnaschen Hauptsatz (man vgl. K. I. Virtanen, Eine Bemerkung über die Anwendung hyperbolischer Maßbestimmungen in der Werteverteilungslehre der meromorphen Funktionen, *Mathem. Scand.* **1**, 153—158, 1953) der Werteverteilungstheorie.

2. Eine Ungleichung von Ahlfors. Ist $w(z)$ in der offenen komplexen Ebene meromorph, so hat Ahlfors [Zur Theorie der Überlagerungsflächen, *Acta Math.* **65**, 157 (1935)] als Folgerung seiner berühmten metrisch-topologischen Theorie der berandeten Überlagerungsflächen unter vielen anderen Ergebnissen die Ungleichung

$$(1) \qquad (q-2)\, S(r, w) \leqq \sum_1^q n(r, a_k) - \sum_1^q n_1(r, a_k) + K L(r)$$

mit $q > 2$, $K = K(a_1, \ldots, a_q)$ und

$$(2) \qquad L(r) = \int\limits_{|z|=r} \frac{|w'(z)|}{1 + |w(z)|^2}\, |dz|$$

bewiesen. Da

$$L(r)^2 \leqq 2\pi r\, S'(r, w)$$

ist, so kann man zeigen, daß außerhalb einer Intervallmenge Δ mit

$$\int_\Delta d \log r < +\infty$$

$$(3) \qquad L(r) < \sqrt{S(r, w)}\, \log S(r, w)$$

gilt. Folgende Abschätzung von

$$A(r) = \int_1^r \frac{L(t)}{t}\, dt \qquad\qquad (1 < r < +\infty)$$

ist von Wichtigkeit. Es bedeuten $C_1, C_2, \ldots$ positive Konstanten. Dann ist zunächst

$$A\,(r)^2 \leqq C_1 \log r \int_1^r \frac{L^2}{t}\,dt \qquad (C_1 \geqq 1)$$

und somit auch

$$A\,(r)^2 \leqq C_2 \log r\, S\,(r, w) \leqq C_2\, r \log r\, T'\,(r, w) \qquad (C_2 \geqq C_1)\,.$$

Es sei nun $\varDelta_1$ die Intervallmenge von $r \geqq e$, auf der

$$r \log r\, T' \geqq T \log^2 T \qquad (T = T\,(r, w))$$

gilt. Dann ist

$$\int_{\varDelta_1} d \log \log r \leqq \int_{T_{(e)}}^{\infty} \frac{dT}{T \log^2 T} < + \infty\,.$$

Daraus folgt

(4) $$A\,(r) \leqq C_2\, T\,(r, w)^{\frac{1}{2}} \log T\,(r, w) \qquad (r \geqq e,\, r \notin \varDelta_1)\,.$$

Mit Hilfe dieser Abschätzung kann man aus (1) nach Division durch r und anschließender Integration die fundamentale Nevanlinnasche Ungleichung in der Form

$$(q-2)\, T\,(r, w) \leqq \sum_1^q N\,(r, a_k) - \sum_1^q N_1\,(r, a_k) + S\,(r)$$

mit

$$S\,(r) = O\left(\sqrt{T} \log T\right) \qquad (r \geqq e,\, r \notin \varDelta_1)$$

erhalten [man vgl. *Math. Z.* **44**, 568—572 (1939)].

3. Nochmals der Picard-Borelsche Satz. Will man aus der Ahlforsschen Ungleichung

(1) $$(q-2)\, S\,(r, w) \leqq \sum_1^q n\,(r, a_k) - \sum_1^q n_1\,(r, a_k) + K L\,(r)$$

den Picard-Borelschen Satz in der klassischen Form erhalten, so genügt es, diese für den parabolischen Fall mit $r^{-k-1}\,(k > 0)$ zu multiplizieren und das Restglied

(2) $$A_k\,(r) = \int_{r_0}^r L\,(t)\, \frac{dt}{t^{k+1}} \qquad (r_0 > 0)$$

mit Hilfe von

$$J_k\,(r, w) = \int_{r_0}^r S\,(t, w)\, \frac{dt}{t^{k+1}}$$

nach oben abzuschätzen. Nun ist

$$A_k\,(r) \leqq \sqrt{2\pi} \int_{r_0}^r \sqrt{t S'}\, \frac{dt}{t^{k+1}}$$

und somit

(3) $$A_k^2\,(r) \leqq 2\pi \int_{r_0}^r \frac{dt}{t^{k+1}} \int_{r_0}^r S'\, \frac{dt}{t^k}\,,$$

also auch

$$A_k^2\,(r) \leqq \frac{2\pi}{k r_0^k} \left\{ k J_k + \frac{S}{r^k} \right\}\,.$$

Nun ist

$$kJ_k + \frac{S}{r^k} = kJ_k + rJ'_k = kJ_k + \frac{d}{d\xi}J_k \qquad\qquad (r = e^\xi)$$

und somit (durch Anwendung des Hilfssatzes 3 von 81. mit dem Exponenten $1 + 2\varepsilon$, $1 < 2\varepsilon < 2$, anstelle von 2)

$$(4) \qquad\qquad A_k(r) = O\left(J_k(r)^{\frac{1}{2}+\varepsilon}\right)$$

auf einer Intervallmenge $\varDelta_k$ mit

$$\int_{\varDelta_k} d\xi = \int_{\varDelta_k} d\log r = \infty.$$

Diese Gleichung hat mit Rücksicht darauf, daß die Integrale $T_k(r, w)$ und $J_k(r)$ sowie $N_k(r, a)$ und

$$\int_{r_0}^{r} \frac{n(t, a)}{t^{k+1}} dt \qquad\qquad (r_0 > 0)$$

gleichzeitig konvergieren oder divergieren, den Picard-Borelschen Satz in der klassischen Nevanlinnaschen Form zur Folge. Ist $w(z)$ in $|z| < 1$ meromorph, so hat man anstelle von (3) die Ungleichung

$$(5) \qquad\qquad A_k^2(r) \leqq \int_{r_0}^{r} (1-t)^{k-1} dt \int_{r_0}^{r} (1-t)^{k+1} L^2 dt$$

mit

$$A_k(r) = \int_{r_0}^{r} L(t)(1-t)^k dt \qquad (0 < r_0 < r < 1),$$

und man erhält daraus (durch ähnliche Überlegungen) die Abschätzung

$$A_k(r) = O\left(J_k^{\frac{1}{2}+\varepsilon}\right)$$

und somit den Beweis des Borelschen Satzes. Die ausführliche Durchführung der Rechnungen findet der interessierte Leser in der *Math. Z.* **44**, 578ff. (1939).

Der Grenzfall $k = 0$ ist von besonderem Interesse. In diesem Falle erhält man durch einfache Rechnungen

$$(6) \qquad\qquad A_0^2(r) \leqq K_0 \log\left\{\frac{1}{1-r}\right\} \int_{r_0}^{r} (1-t)\, tS'\, dt$$

mit einem konstanten $K_0 > 0$ und, falls man wieder die Veränderliche $\eta = \log\dfrac{1}{1-r}$ einführt,

$$(7) \qquad\qquad A_0^2 \leqq K_0 \eta \int_{\eta_0}^{\eta} e^{-\eta}(1 - e^{-\eta})\, \dot{S}\, d\eta$$

mit $A_0 = A_0(1 - e^{-\eta})$, $\dot{S} = \dfrac{dS}{d\eta}$ und $K_0 > 0$. Nun ist $S = rT' = (1 - e^{-\eta})\dot{T}e^\eta$, und somit

$$e^{-\eta}(1 - e^{-\eta})\,\dot{S} < 2\dot{T} + \{(1 - e^{-\eta})^2\,\dot{T}\}^{\cdot}.$$

Nach (7) wird dann

$$(8) \qquad\qquad A_0^2 \leqq 2K_0\eta(T + \dot{T}).$$

Man nehme jetzt an, daß die charakteristische Funktion $T = T(r, w)$ die Bedingung

$$(9) \qquad \lim_{r \uparrow 1} \frac{\log \dfrac{1}{1 - r}}{T(r, w)} = \lim_{\eta \to \infty} \frac{\eta}{T} = 0$$

erfüllt. Dann wird

$$\varliminf_{r \uparrow 1} \left(\frac{A_0}{T}\right)^2 \leq 2\,K_0 \varliminf_{r \uparrow 1} \left(\frac{\eta\,\dot T}{T^2}\right) = 2 K_0 \alpha$$

mit einem $\alpha \geq 0$. Wäre nun $\alpha > 0$, so würde daraus für große η die Ungleichung $\eta\,\dot T \geq \alpha'\,T^2$ $(0 < \alpha' < \alpha)$ folgen, die offenbar wegen der Divergenz von

$$\int_1^\infty d \log \eta$$

falsch ist. Es muß also $\alpha = 0$ sein. Somit führt (1) im Falle einer in $|z| < 1$ meromorphen Funktion mit der Eigenschaft (9) zu der Ungleichung

$$(q - 2)\,T(r, w) \leq \sum_1^q N(r, a_k) - \sum_1^q N_1(r, a_k) + o(T(r, w)),$$

für mindestens eine Folge (r_n) mit $\lim_{n \to \infty} r_n = 1$. Allgemein kann man zeigen (indem man α' durch $1/\varphi(\eta)$ ersetzt), daß letztere Ungleichung auf einer Intervallmenge $\varDelta$ von $\eta \geq 1$ gilt, für die das Integral

$$\int_\varDelta \frac{d t}{t\,\varphi(t)}$$

(mit einer in $1 \leq \eta < +\infty$ positiven, stetigen, monoton gegen $+\infty$ konvergierenden Funktion $\varphi(\eta)$) divergiert, sofern dasselbe Integral erstreckt über das Intervall $1 \leq \eta < +\infty$ divergiert. Daß man aus (1) auch im hyperbolischen Fall $(|z| < 1)$ eine integrierte Ungleichung ableiten kann, hat (nachdem DINGHAS vorher den parabolischen Fall erledigt hatte) zuerst J. DUFRESNOY [Sur les domaines couverts par les valeurs d'une fonction méromorphe ou algebroide, *Ann. Sci. Éc. Norm. Sup.* (3) **58**, 179—259 (1941)] gezeigt.

4. BEURLINGs Verallgemeinerung eines Satzes von FATOU. Für den Leser, der die Lebesguesche Maßtheorie beherrscht, soll hier ein wichtiges Ergebnis von A. BEURLING angegeben werden, das ältere Ergebnisse von P. FATOU, F. und M. RIESZ und NEVANLINNA vertieft.

Es sei $w(z)$ in $|z| < 1$ holomorph, und es bezeichne F die Teilmenge von $K : |z| = 1$ mit der Eigenschaft, daß der (endliche oder unendliche) Grenzwert

$$(1) \qquad \lim_{r \uparrow 1} w(r\,e^{i\vartheta}) = g(\vartheta) \qquad\qquad (\vartheta \in F)$$

existiert. Dann hat zuerst FATOU (*Acta Math.* 30) bewiesen: *Ist $w(z)$ in $|z| < 1$ beschränkt, so ist $K \setminus F$ höchstens eine Nullmenge.* F. und M. RIESZ (Über die Randwerte analytischer Funktionen, *Compt. rend.*

du 4ième *Congr. scand. Stockholm,* 1916) haben unter anderem diesen Satz folgendermaßen vertieft:

Ist $w(z) \not\equiv a\,(|z| < 1)$ *beschränkt und*

$$E_a = \{\vartheta \mid g(\vartheta) = a\},$$

so ist E_a *höchstens eine Nullmenge.*

R. Nevanlinna [Über eine Klasse von meromorphen Funktionen, *Math. Ann.* **92**, 145 (1924)] hat die Sätze von Fatou und F. und M. Riesz auf solche in $|z| < 1$ meromorphen Funktionen übertragen, die eine beschränkte Charakteristik (beschränktartige Funktionen) haben.

Der Beurlingschen Vertiefung des Fatouschen Satzes schicken wir nun folgende begriffliche Hilfsbetrachtungen voraus: Es sei O eine offene Punktmenge auf der Einheitskreisperipherie K und μ eine Distribution der Einheitsmasse auf O, d. h. eine nicht negative Mengenfunktion, die auf O den Wert 1 und auf $K\backslash O$ den Wert 0 hat[1]. Man bilde jetzt die harmonische Funktion

$$(2) \qquad u(z) = \int_0^{2\pi} \log \frac{1}{|z - e^{i\vartheta}|}\, d\mu(\vartheta) \qquad (|z| < 1),$$

setze bei gegebenem μ

$$V_\mu = \sup\{u(z) \mid |z| < 1\},$$

und definiere $V(O)$ als die untere Grenze aller V_μ für alle zulässigen μ. Dann heißt die Größe

$$C(O) = e^{-V(O)}$$

(nach de la Vallée-Poussin) die logarithmische Kapazität von O. Ist E eine beliebige Teilmenge von K, so heißt (nach Frostman, Potentiel d'équilibre et capacité des ensembles, Dissert. *Lund* 1935) die Größe

$$(3) \qquad \overline{C}(E) = \inf\{C(O) \mid E \subset O\}$$

die äußere Kapazität von E.

Der Satz von Beurling [Ensembles exceptionels, *Acta Math.* **72**, 1—13 (1940)] lautet nun:

Es sei $w(z)$ *in* $|z| < 1$ *meromorph. Gilt dann*

$$\int\limits_{|z|<1} \varrho(w)^2\, r\, dr\, d\vartheta < \infty \qquad \left(\varrho(w) = \frac{|w'|}{1 + |w|^2}\right),$$

so hat $K\backslash F$ *eine verschwindende äußere Kapazität.* Dabei ist, wie bereits erwähnt, F diejenige Teilmenge von K, für die der radiale Grenzwert existiert.

Einen ausgezeichneten Überblick über die Entwicklung des Fatou-Rieszschen Fragenkomplexes sowie der allgemeineren Frage nach der Struktur der Randwertmengen von meromorphen Funktionen (im

---

[1] Zur Begriffsbildung vgl. man etwa de la Vallée-Poussin, loc. cit.

Sinne der auf S. 52 gegebenen Formulierung des Casorati-Weierstraß-schen Satzes) in einem beliebigen Gebiet findet der Leser außer in dem schon erwähnten Buch von NOSHIRO noch in der Abhandlung von E. F. COLLINGWOOD und M. L. CARTWRIGHT: Boundary theorems for a function meromorphic in the unit circle [*Acta Math.* **87**, 83—146 (1952)].

5. Die Theorie von NEVANLINNA-AF HÄLLSTRÖM. G. AF HÄLLSTRÖM hat in seiner schon erwähnten Dissertation mit Hilfe der Greenschen bzw. der Selbergschen Kapazitätsfunktion die Nevanlinnasche Theorie der meromorphen Funktionen wesentlich verallgemeinert, indem er die beiden Hauptsätze dieser Theorie, nämlich den Nevanlinnaschen Invarianzsatz und die Nevanlinnasche Fundamentalungleichung für Funktionen $w(z)$ beweist, die in einem Gebiet G bis auf Pole regulär sind, sofern G eine Greensche bzw. eine Selbergsche Funktion besitzt. Im folgenden behandeln wir kurz den Fall, daß der Rand Γ von G eine verschwindende Kapazität besitzt und somit die in 70. eingeführte Funktion $g(z)$ existiert[1]. Dabei nehmen wir an, daß $z = 0$ in G liegt. Wir konstruieren nun die zu $g(z)$ konjugiert harmonische Funktion $h(z)$ und bilden die Funktion

$$v(z) = g(z) + i h(z) \qquad\qquad (z \in G \setminus z = 0)$$

und beachten, daß

$$v'(z) = \frac{\partial g}{\partial x} - i \frac{\partial g}{\partial y}$$

in $G' = G \setminus 0$ eindeutig und regulär ist. Jetzt betrachte man die Niveaukurven

$$\Gamma_\lambda : g(z) = \lambda \qquad\qquad (-\infty < \lambda < \infty)$$

und wähle zunächst λ_0 negativ groß derart, daß Γ_{λ_0} aus einer einzigen einfach geschlossenen Kurve besteht. Bei festgehaltenem λ_0 soll nun G_λ durch die Gleichung

$$G_\lambda = \{ z \mid \lambda_0 < g(z) \leqq \lambda \}$$

definiert und dessen Ränder Γ_{λ_0} und Γ_λ (die nicht aus einer einzigen einfach geschlossenen Kurve zu bestehen brauchen) als positiv orientiert angenommen werden.

Jetzt definiere man mit AF HÄLLSTRÖM bei gegebenem $w(z)$ die Größen $m_H(\lambda, a)$ und $N_H(\lambda, a)$ durch die Gleichungen

$$(1) \qquad\qquad m_H(\lambda, a) = \frac{1}{2\pi} \int_{\Gamma_\lambda} \log \frac{1}{[w, a]}\, dh$$

und

$$(2) \qquad\qquad N_H(\lambda, a) = \int_{\lambda_0}^{\lambda} n(\lambda, a)\, d\lambda ,$$

---

[1] In diesem Falle muß (mit Rücksicht darauf, daß hier der Punkt $z = 0$ die Rolle von z_∞ übernimmt) das Konstruktionsverfahren von 70. durch eine Inversion ergänzt werden.

wobei allgemein $n(\lambda, a)$ die Anzahl der a-Stellen von $w(z)$ in G_λ bedeutet. Man definiere nun die Funktion $T_H(\lambda, a)$ durch die Gleichung

$$T_H(\lambda, a) = m_H(\lambda, a) + N_H(\lambda, a) \,.$$

Dann gibt es zwei (nur von dem Verhalten von w auf Γ_{λ_0} und von a abhängige) Konstanten C_0, C_1 derart, daß die (charakteristische) Funktion

$$(3) \qquad T_H(\lambda, w) = T_H(\lambda, a) + C_0 + \lambda C_1$$

von a unabhängig ist.

Diese Funktion ist eine konvexe Funktion von λ, und es gilt

$$(4) \qquad \lim_{\lambda \to \infty} \frac{T_H(\lambda, w)}{\lambda} = \infty \,.$$

Ist $\lambda_0 = -\infty$, so ist $T_H(\lambda, w)$ in $-\infty < \lambda < +\infty$ positiv und somit monoton wachsend. Wie G. af Hällström zeigte, kann man für $T_H(\lambda, w)$ eine Integraldarstellung geben, die der Darstellung (78.4) von $T(r\,|\,r_0, w)$ durchaus entspricht.

Der Nevanlinnasche Fundamentalsatz von 81. nimmt in der Nevanlinna-af Hällströmschen Theorie (für den Fall einer Randmenge Γ von verschwindender Kapazität) folgende Gestalt an:

Es ist

$$(5) \qquad \sum_1^q m_H(\lambda, a_k) \le 2\,T_H(\lambda, w) - N_1(\lambda) + F(\lambda) + O\left(\log T_H(\lambda, w)\right),$$

außer vielleicht auf einer Intervallmenge Δ mit

$$\int_\Delta T_H(\lambda, w)\, d\lambda < +\infty \,.$$

Dabei ist

$$N_1'(\lambda) = n(\lambda, 0, w') - n(\lambda, \infty, w') + 2n(\lambda, \infty, w)$$

und

$$F(\lambda) = \int_{-\infty}^{\lambda} n_G(\lambda)\, d\lambda - \lambda + \text{Konstante},$$

wobei $n_G(\lambda)$ die um Eins verminderte Zusammenhangszahl des Gebietes $-\infty \le g(z) < \lambda$ bedeutet[1].

---

[1] Besteht Γ aus n Punkten, so ist $F(\lambda) < (n-2)\lambda +$ Konstante, und somit kann die Summe $F(\lambda) + O(\log T_H(\lambda, w))$ durch ein $O(\lambda)$ ersetzt werden. Danach sind die (ohne Heranziehung der Evans-Selbergschen Kapazitätsfunktion durchgeführten) Entwicklungen von 81. und 82. in der allgemeinen Ungleichung (5) von G. Hällström enthalten.

Die Anwesenheit des Zusatzgliedes $F(\lambda)$ bewirkt, daß man aus der vorigen Ungleichung nicht ohne weiteres die Defektrelation

$$(6) \qquad \sum_{1}^{q} \delta_H(a_k) + \mu \leqq 2$$

mit

$$\delta_H(a) = \varliminf_{\lambda \to \infty} \frac{m_H(\lambda, a)}{T_H(\lambda, w)}$$

und

$$\mu = \varliminf_{\lambda \to \infty} \frac{N_1(\lambda)}{T_H(\lambda, w)}$$

ableiten kann. Das ist nur dann der Fall, wenn für die (im allgemeinen Fall schwer übersehbare) Größe $F(\lambda)$ die Gleichung

$$\lim_{\lambda \to \infty} \frac{F(\lambda)}{T_H(\lambda, w)} = 0$$

erfüllt ist.

Der Leser, der die Modifizierung der Theorie für den Fall einer positiven Kapazität des Randes (wo dann die Greensche Funktion $g(z, \infty)$ die Rolle von $g(z)$ übernimmt) erfahren will, möge die Dissertation von G. AF HÄLLSTRÖM selbst studieren. Er findet dort neben weiteren Entwicklungen noch eine Reihe wichtiger Fragen aufgezählt, die bisher ihre Beantwortung nicht endgültig gefunden haben.

6. Die Nevanlinna-Selbergsche Theorie der algebroiden Funktionen. Sind die Funktionen $A_1(z), \ldots, A_k(z)$ in $|z| < R\,(R \leqq \infty)$ meromorph, nicht konstant, und genügt $u(z)$ der irreduziblen Gleichung

$$(1) \qquad u^k + A_1(z)\,u^{k-1} + \cdots + A_{k-1}(z)\,u + A_k(z) = 0 \,,$$

so erzeugt die algebroide Funktion $u(z)$ eine offene Riemannsche Fläche $\mathfrak{X}$, deren Blätter den k Zweigen von $u(z)$ entsprechen. Im folgenden bezeichnen wir mit $\mathfrak{X}_r$ denjenigen Teil von $\mathfrak{X}$, welcher der Kreisscheibe $|z| < r\,(r < R)$ entspricht, und setzen

$$n(\mathfrak{X}_r) = \sum_{a \in \mathfrak{X}_r} (\lambda(a) - 1) \,,$$

wobei $\lambda(a)$ die Verzweigungsordnung von a bedeutet. Da $\lambda(a)$ für jede schlichte Stelle Eins ist, so ist die Summe rechts lediglich über die algebraischen Windungspunkte von $\mathfrak{X}_r$ zu erstrecken.

Im Anschluß an die Arbeiten von R. und F. NEVANLINNA hat nun H. SELBERG eine Theorie der Werteverteilung der algebroiden Funktionen gegeben [Über die Werteverteilung der algebroiden Funktionen, *Math. Z.* **31**, 709 (1930). Ferner: Algebroide Funktionen und Umkehrung Abelscher Integrale, *Avhandl. Norske Videnskaps-Akad. Oslo*,

1934, Nr. 8] gegeben, welche allen Anforderungen einer modernen Werteverteilungstheorie genügt. Die diesbezüglichen Resultate von H. SELBERG lauten:

Es bedeute Γ_r den (positiv orientierten) Rand von $\mathfrak{X}_r$. Man setze

$$m(r, a) = \frac{1}{2\pi k} \int_{\Gamma_r} \overset{+}{\log} \frac{1}{|w - a|}\, d\vartheta \qquad (a \neq \infty)\, ,$$

$$m(r,\infty) = \frac{1}{2\pi k} \int_{\Gamma_r} \overset{+}{\log} |w|\, d\vartheta$$

und

$$N(r, a) = \frac{1}{k} \int_0^r \{n(t, a) - n(0, a)\} \frac{dt}{t} + \frac{n(0, a)}{k} \log r\, ,$$

wobei, ähnlich wie im Falle $k = 1$, $n(r, a)$ die Anzahl der Stellen auf $\mathfrak{X}_r$ bedeutet, in denen $w(z) = a$ ist[1].

Dann gilt zunächst

$$(2) \qquad T(r, a) = T(r, w) + O(1)\, .$$

Setzt man ferner

$$N(\mathfrak{X}_r) = \frac{1}{k} \int_0^r \{n(\mathfrak{X}_t) - n(\mathfrak{X}_0)\} \frac{dt}{t} + \frac{n(\mathfrak{X}_0)}{k} \log r\, ,$$

so ist

$$(3) \qquad N(\mathfrak{X}_r) < (2k - 2)\, T(r, w) + O(1)\, .$$

Der Hauptsatz der Nevanlinnaschen Theorie der meromorphen Funktionen (zweiter Fundamentalsatz) erhält hier für $R = \infty$ die Gestalt

$$(4) \qquad (q - 2)\, T(r, w) - \sum_1^q N(r, a_k) + N_1(r) \leqq$$
$$\leqq O(\log T(r, w)) + O(\log r)\, ,$$

mit

$$N_1(r) = 2N(r, \infty, w) + N(r, 0, w') - N(r, \infty, w')\, .$$

Diese Ungleichung gilt für alle r mit Ausnahme von höchstens einer Intervallmenge Δ mit

$$\int_\Delta dr < +\infty\, .$$

Setzt man

$$N_1(r) + N(\mathfrak{X}_r) = N(\mathfrak{B}_r)\, ,$$

so charakterisiert letztere Größe die algebraische Verzweigtheit des Riemannschen Flächenstücks $\mathfrak{B}_r$ der Umkehrfunktion von $w(z)$ und ist positiv oder Null. Unter Heranziehung dieser Größe läßt sich dann (3) in der Form schreiben:

$$(5) \qquad (q - 2k)\, T(r, w) < \sum_1^q N(r, a_k) - N(\mathfrak{B}_r) + \qquad (r \notin \Delta)\, .$$
$$+ O(\log T(r, w)) + O(\log r)$$

---

[1] Diese Größen sind stets nach der Residuentheorie zu berechnen.

Diese Ungleichung verallgemeinert ältere Resultate von P. PAINLEVÉ und G. REMOUNDOS [REMOUNDOS: Sur les zéros d'une classe des fonctions transcendantes, *Ann. fac. sci. Toulouse* (2), **8**, 1—72 (1906). Daß die Anzahl der Ausnahmewerte der algebroiden Funktion (1) höchstens $2k$ sein kann, hat zuerst PAINLEVÉ vermutet] im Sinne der Nevanlinnaschen Theorie und führt nach Einführung der Größen

$$\delta(a) = 1 - \varlimsup_{r \to \infty} \frac{N(r,\,a)}{T(r,\,w)}$$

zu der Defektrelation

$$(6) \qquad \sum_{\nu=1}^{q} \delta(a_\nu) \leqq 2k \,.$$

Einen ausführlichen Beweis der Ungleichungen (4) und (6) findet der Leser in den vorhin zitierten Arbeiten von H. SELBERG.

7. Umkehrung des Nevanlinnaschen Fundamentalsatzes. Im Anschluß an eine wichtige Arbeit von O. TEICHMÜLLER [Eine Umkehrung des zweiten Hauptsatzes der Werteverteilungslehre, *Dtsch. Math.* **2**, 93—107 (1937)] und vorangehende Untersuchungen von E. F. COLLINGWOOD [Sur les valeurs exceptionelles des fonctions entières d'ordre fini, *Compt. rend. Acad. Sci.* (Paris) **179**, 1125—1127 (1924)] hat SELBERG [Eine Ungleichung der Potentialtheorie und ihre Anwendung in der Theorie der meromorphen Funktionen, *Comm. Math. Helveticae* **18**, 309—326 (1946)] einen Satz bewiesen, der einen Beitrag zum Problem liefert, unter welchen Bedingungen man die Nevanlinnasche Fundamentalungleichung umkehren kann.

Es sei $w(z)$ in $|z| < +\infty$ meromorph, und es sei bei gegebenem $\sigma > 0$ und festem a

$$G_\sigma(a) = \{z \mid [w,\, a] < \sigma\} \,.$$

Dann gilt der Satz: *Ist jedes der Gebiete $G_\sigma(a)$ beschränkt und sind die Riemannschen Flächenstücke $w(G_\sigma(a))$ höchstens p-blättrig mit einem festen $p < +\infty$, so ist*

$$m(r,\, a) < p \log r + \overset{+}{\log} \frac{1}{\sigma} + O(1) \,.$$

Entsprechende Aussagen gelten, wenn die (nicht rationale) Funktion $w(z)$ in $|z| < R$ meromorph ist. COLLINGWOOD hat [Sufficient Conditions for Reversal of the Second Fundamental Inequality for Meromorphic Functions, *J. d'anal. Math.* **2**, 29—50 (1952)] den Selbergschen Satz wesentlich verallgemeinert und große Klassen meromorpher Funktionen angegeben, für welche die Ungleichung

$$N_1(r) + \sum_{1}^{q} m(r,\, a_k) \geqq 2\, T(r,\, w) - o(T(r,\, w))$$

für alle $r < R$ gilt. Dabei ist wieder

$$N_1(r) = N(r,\, 0,\, w') - N(r,\, \infty,\, w') + 2N(r,\, \infty,\, w) \,.$$

Das entsprechende Problem in der Nevanlinna-af Hällströmschen Theorie ist bisher kaum in Angriff genommen worden.

8. Abhängigkeit des Defektes von der Wahl des Nullpunktes. Dugué [Le défaut au sens de M. Nevanlinna dépend de l'origine choisie, *Compt. rend. Acad. Sci.* (Paris) **225**, 555 (1947)] hat ein Beispiel gegeben, aus dem hervorgeht, daß die Defektindizes von der Wahl des Nullpunktes abhängen. Man definiere $w(z)$ durch die Gleichung

$$w(z) = \frac{e^{2\pi i e^z} - 1}{e^{2\pi i e^{-z}} - 1} \, .$$

Dann hat $w(z)$ die Nullstellen

$$a_{m,n} = \log m + \pi i n \qquad (m, n \text{ ganz}; m \geqq 2)$$

und die Pole

$$b_{m,n} = -\log m + \pi i n \, .$$

Danach ist $N(r, 0) = N(r, \infty)$. Andererseits ist

$$\overline{\lim_{r \to \infty}} \, \frac{N(r, 0)}{T(r, w)} \geqq \frac{1}{2} \, ,$$

also $\delta(0) = \delta(\infty) \leqq \dfrac{1}{2}$.

Es sei jetzt $c > 0$ endlich, und es bedeute $n_c(r, a)$ die Anzahl der a-Stellen von $w(z)$ in $|z - c| \leqq r$. Setzt man dann allgemein

$$N_c(r, a) = \int_0^r \{n_c(t, a) - n_c(0, a)\} \frac{dt}{t} + n_c(0, a) \log r \, ,$$

so erhält man

$$\lim_{r \to \infty} \frac{n_c(r, 0)}{n_c(r, \infty)} = \lim_{r \to \infty} \frac{N_c(r, 0)}{N_c(r, \infty)} = e^{2c} > 1 \, .$$

Man schreibe jetzt $S_c(r, w)$ für das Integral

$$\int\limits_{|z-c| \leqq r} \frac{|w'|^2}{(1 + |w|^2)^2} \, dx \, dy \qquad (z = x + iy)$$

und setze

$$T_c(r, w) = \int_0^r S_c(t, w) \frac{dt}{t} \, .$$

Dann wird

$$\frac{1 - \delta_c(0)}{1 - \delta_c(\infty)} = e^{2c} > 1$$

und somit $\delta_c(0) < \delta_c(\infty)$. Das hat aber zur Folge, daß entweder $\delta_c(0) \neq \delta(0)$ oder $\delta_c(\infty) \neq \delta(\infty)$ gilt.

9. Ein allgemeiner Satz über die Defektmenge einer meromorphen Funktion. Gilt für die in $|z| < 1$ meromorphe Funktion $N = \infty$, so kann die fundamentale Ungleichung von **84.** keine wesentliche Aussage über die Struktur der Menge

$$F = \{a \mid \delta(a) > 0\}$$

machen. In diesem Zusammenhang hat FROSTMAN [einen entsprechenden Satz von AHLFORS aus den *Compt. rend. Acad. Sci.* (Paris) **190**, 720 (1930) verschärfend] folgenden Satz bewiesen:

Ist $w(z)$ in $|z| < 1$ meromorph und gilt dort $\lim_{r \to 1} T(r, w) = \infty$, so hat die Menge F die Kapazität Null.

Der interessierte Leser findet in der (schon zitierten) Dissertation von FROSTMAN nicht nur den Beweis dieses Satzes, sondern auch eine Reihe von Sätzen, die sich auf die kanonische Darstellung von Funktionen beziehen, die in $|z| < 1$ meromorph sind.

Der eben zitierte Satz von FROSTMAN bildet zusammen mit ähnlichen Erkenntnissen den Anfang einer Vertiefung des Picardschen Satzes mit dem Ziel, das Verhalten von meromorphen Funktionen in der Nähe einer Punktmenge von verschwindender Kapazität zu klären. In diesem Zusammenhang ist folgendes Ergebnis von K. MATSUMOTO zu erwähnen: *Zu jeder abgeschlossenen Menge D von E der Kapazität Null existiert eine abgeschlossene Punktmenge $F \subset E$ von verschwindender Kapazität und eine in $E \backslash F$ meromorphe Funktion $w(z)$ mit den Eigenschaften, daß 1. jeder Punkt von F eine wesentliche Singularität von $w(z)$ ist und 2., daß $w(z)$ in einer Umgebung jedes Punktes von F eine Wertemenge ausläßt die jedesmal mit D zusammenfällt.*

Dieses wichtige Ergebnis von MATSUMOTO [*Journ. Sci. Hiroshima Univ.* (A) **24**, 143—153 (1960)] zerstört zunächst jede Hoffnung auf einen allgemeinen Picardschen Satz für meromorphe Funktionen außerhalb einer Punktmenge von verschwindender Kapazität. Um so überraschender ist deswegen folgender Satz, den L. CARLESON kürzlich [A remark on Picard's theorem, *Bull. Amer. Math. Soc.* **67**, 142—144 (1961)] bewiesen hat:

Es existiert eine Punktmenge F von E von positiver Kapazität derart, daß jede in $\overline{E} \backslash F$ meromorphe Funktion, die dort vier Werte ausläßt, eine rationale Funktion sein muß.

Literaturverzeichnis

(In diesem Verzeichnis sind lediglich größere Gesamtdarstellungen, wie Enzyklopädieartikel, gesammelte Werke und wichtige Monographien, aufgenommen worden, sofern diese im Text erwähnt worden sind. Die notwendigen Hinweise auf Einzelarbeiten sind im Text in aller Ausführlichkeit gegeben worden und werden hier nicht wiederholt.)

A. Enzyklopädieartikel und gesammelte Werke

Enzyklopädie der mathematischen Wissenschaften:

BIEBERBACH, L.: Neuere Untersuchungen über Funktionen von komplexen Variablen, II, C 4. (Vol. II, 3, 1.).

LICHTENSTEIN, L.: Neuere Entwicklungen der Potentialtheorie. Konforme Abbildung. II, C 3. (Vol. II, 3, 1.).

OSGOOD, W. F.: Allgemeine Theorie der analytischen Funktionen a) einer und b) mehrerer komplexen Größen, Vol. II. 2. 1.

Contributions to the Theory of Riemann Surfaces, Princeton University Press 1953.

Proceedings of the International Colloquium of the Theory of Functions, Helsinki 1958.

BOHR, H.: Collected Mathematical Works, Bd. I Dansk Matematisk Forening, København 1952.

Jubilé scientifique de M. EMILE BOREL. Paris: Gauthier-Villars 1940.

CARATHÉODORY, C.: Gesammelte Mathematische Schriften. III und IV. München: Ch. Beck-Verlag 1955 und 1956.

CAUCHY, A. L.: Oeuvres complètes, II. Serie, Bd. II. Paris: Gauthier-Villars 1958.

GAUSS, C. F.: Werke, Bd. II. Kgl. Ges. d. Wiss. zu Göttingen 1876. Einen Überblick über die funktionentheoretischen Arbeiten von GAUSS gibt der Artikel von L. SCHLESINGER „Über GAUSS' Arbeiten zur Funktionentheorie".

KLEIN, F.: Gesammelte Mathematische Abhandlungen, III. Berlin: Verlag Jul. Springer 1923.

POINCARÉ, H.: Oeuvres. II, IV. Paris: Gauthier-Villars 1916 und 1950.

RIEMANN, B.: Gesammelte Mathematische Werke. Leipzig: Teubner-Verlag 1876.

SCHWARZ, H. A.: Gesammelte Mathematische Abhandlungen. II. Berlin: Verlag Julius Springer 1890.

WEIERSTRASS, K.: Mathematische Werke I, II. Berlin: Verlag Mayer und Müller 1894 und 1895.

B. Lehrbücher und Monographien

AHLFORS, L. V.: Complex Analysis. New York: McGraw-Hill Book Comp., Inc. 1953.

— und L. SARIO: Riemann Surfaces. Princeton, New Jersey: Princeton University Press 1960.

ALEXANDROFF, P. S.: Combinatorial Topology. Rochester, N. Y.: Graylock Press. 1956.

APPELL-LACOUR: Principes de la théorie des fonctions elliptiques. Paris: Gauthier-Villars 1922.

ARTIN, E.: Einführung in die Theorie der Gammafunktion. Leipzig und Berlin: Hamb. Schr. Verlag Teubner 1931.

BEURLING, A.: Études sur un problème de majoration. Dissertation, Upsala 1933, Upsal, Alquist u. Wiksell.

BIEBERBACH, L.: Lehrbuch der Funktionentheorie, I. Bd., Elemente der Funktionentheorie 4. Aufl. 1934, II. Bd., Moderne Funktionentheorie 2. Aufl. 1931. Leipzig und Berlin: Verlag Teubner.
— Theorie der gewöhnlichen Differentialgleichungen. Berlin-Göttingen-Heidelberg: Springer-Verlag 1953.
— Analytische Fortsetzung. Berlin-Göttingen-Heidelberg: Ergebn. d. Mathem. Springer-Verlag 1955.

BLOCH, A.: Les fonctions holomorphes et méromorphes dans le cercle unité, Mémorial des sciences mathématiques, Paris 1926.

BOREL, E.: Leçons sur les fonctions entières. 2. Aufl. Paris: Gauthier-Villars 1921.
— Leçons sur les fonctions méromorphes. Paris: Gauthier-Villars 1903.
— Leçons sur les fonctions monogènes uniformes d'une variable complexe. Paris: Gauthier-Villars 1917.

CARATHÉODORY, C.: Conformal Representation, Cambridge Tracts, London 1932.
— Funktionentheorie I und II. Basel: Birkhäuser-Verlag 1950.

COPSON, E. T.: An Introduction to the Theory of Functions of a Complex Variable. Oxford: At the Clarendon Press 1935.

COURANT, R.: Dirichlet's Principle, Conformal Mapping, and Minimal Surfaces. New York: Intersc. Publ. 1950.

FROSTMAN, O.: Potentiel d'équilibre et capacité des ensembles avec quelques applications à la théorie des fonctions. Dissertation Lund, 1935. Medd. Lunds Univ. Matem. Sem. 3, Lund, C. W. K. Gleerup.

GOLUSIN, G. M.: Geometrische Funktionentheorie. Berlin: Deutscher Verlag der Wissenschaften 1957.

HÄLLSTRÖM, G. AF: Über meromorphe Funktionen mit mehrfach zusammenhängenden Existenzgebieten. Dissertation Helsinki, 1939. Åbo Akademi, Åbo.

HAYMAN, W. K.: Multivalent Functions. Cambridge University Press 1958.

HEFFTER, L.: Begründung der Funktionentheorie auf alten und neuen Wegen. Berlin-Göttingen-Heidelberg: Springer-Verlag 1955.

HURWITZ-COURANT: Vorlesungen über allgemeine Funktionentheorie und elliptische Funktionen. Berlin: Springer-Verlag 1922.

JENKINS, J. A.: Univalent Functions and Conformal Mapping, Ergebn. d. Mathem. N. F., Heft 18. Berlin-Göttingen-Heidelberg: Springer-Verlag 1958.

JULIA, G.: Leçons sur les fonctions uniformes à point singulier essentiel isolé. Paris: Gauthier-Villars 1924.
— Principes géométriques d'analyse Bd. 1. Paris: Gauthier-Villars 1930.

KERÉKJÁRTÓ, B. VON: Vorlesungen über Topologie I. Berlin: Verlag Julius Springer 1923.

KLEIN, F.: Über Riemanns Theorie der algebraischen Funktionen und ihrer Integrale. Leipzig und Berlin: Verlag B. G. Teubner 1882.

KNOPP, K.: Theorie und Anwendung der unendlichen Reihen. 4. Aufl. Berlin-Göttingen-Heidelberg: Springer-Verlag 1947.

KURATOWSKI, C.: Topologie, 3. Aufl., Bd. I. Warschau 1952.

LANDAU, E.: Darstellung und Begründung einiger neuerer Ergebnisse der Funktionentheorie, 2. Aufl. Berlin: Springer-Verlag 1929.

LINDELÖF, E.: Le calcul des résidus et ses applications à la théorie des fonctions. New York: Chelsea Publishing Company 1947 (Nachdruck).

LITTLEWOOD, J. E.: Lectures on the Theory of Functions. Oxford University Press 1944.

MONTEL, P.: Leçons sur les familles normales de fonctions analytiques et ses applications. Paris: Gauthier-Villars 1927.
— Leçons sur les fonctions univalentes ou multivalentes. Paris: Gauthier-Villars 1933.
NEVANLINNA, R.: Le théorème de Picard-Borel et la théorie des fonctions méromorphes. Paris: Gauthier-Villars 1929.
— Eindeutige analytische Funktionen. 2. Aufl. Berlin-Göttingen-Heidelberg: Springer-Verlag 1953.
— Uniformisierung. Berlin-Göttingen-Heidelberg: Springer-Verlag 1953.
NEWMAN, M. H. A.: Elements of the Topology of Plane Sets of Points. Cambridge: At the University Press 1951.
NOSHIRO, K.: Cluster Sets. Ergebn. d. Mathem. N. F. Heft 28. Berlin-Göttingen-Heidelberg: Springer-Verlag 1960.
OSTROWSKI, A.: Studien über den Schottkyschen Satz. Basel: B. Wepf u. Cie. 1931.
PFLUGER, A.: Theorie der Riemannschen Flächen. Berlin-Göttingen-Heidelberg: Springer-Verlag 1957.
PICARD, E.: Traité d'Analyse II. Paris: Gauthier-Villars 1905.
— Leçons sur quelques équations fonctionelles. Paris: Gauthier-Villars 1928.
RADÓ, T.: Subharmonic Functions, Ergebn. d. Mathem. Alte Serie, Bd. 5, Heft 1. Berlin: Springer-Verlag 1937.
SEIFERT-THRELFALL: Lehrbuch der Topologie. Leipzig und Berlin: Verlag B. G. Teubner 1934.
SPRINGER, G.: Introduction to Riemann Surfaces. Massachusetts: Addison-Wesley Publ. Comp. Inc. 1957.
THRON, W. J.: Introduction to the Theory of Functions of a complex Variable. New York: John Wiley & Sons 1953.
TITCHMARSH, E. C.: The Theory of the Riemann Zeta-Function. Oxford: At the Clarendon Press 1951.
— The Theory of Functions, 2te Aufl., Oxford Univ. Press 1939.
VALIRON, G.: Cours d'Analyse Mathématique T. I — Théorie des Fonctions, 2. Aufl. Paris: Masson & Cie, Editeurs 1948.
DE LA VALLÉE-POUSSIN: Le Potentiel logarithmique. Paris: Gauthier-Villars 1949.
WALSH, J. L.: Interpolation and approximation by rational functions in the complex domain. Amer. Mathem. Soc. Colloq. Public. 20, New York 1956.
WEYL, H.: Die Idee der Riemannschen Fläche. 2. Aufl. Stuttgart: Teubner-Verlagsgesellschaft 1955.
WHITTAKER-WATSON: A Course of Modern Analysis. 4. Aufl. Cambridge: University Press 1952.
WITTICH, H.: Neuere Untersuchungen über eindeutige analytische Funktionen. Ergebn. der Math., Heft 8. Berlin-Göttingen-Heidelberg: Springer-Verlag 1955.